大気環境における鋼構造物の防食性能回復の課題と対策

土 木 学 会

Issues and Countermeasures for Recovering Anticorrosion Performance of Steel Structures in Atmospheric Environment

Edited by

Shigenobu KAINUMA

Associate Professor
Department of Civil Engineering
Kyushu University

Published by

Subcommittee on Investigation and Research for
Recovering Anticorrosion Performance of Steel Structures
Committee on Steel Structures
Japan Society of Civil Engineers

May, 2019

まえがき

　少子・高齢化等による国家財政の悪化が問題視される中，高度経済成長時に建設された莫大な数の橋梁の多くが老朽化を迎え，その維持管理費の増大が深刻化している．特に，比較的規模が小さい地方自治体においては，既に橋梁維持管理に必要な予算確保が困難な財政状況に陥っているケースもある．最近，国や比較的規模の大きい自治体などの管理レベルが高い橋梁においても，腐食により主部材が破断するなどの致命的損傷が報告されている．致命的損傷を予測・回避できず，見落とせば，落橋など人命に関わる重大事故に繋がる．このような危機的状況を回避し，橋梁の供用期間中の安全性を確保し，かつ維持管理費を縮減するためには，損傷の主要因やその経時性を十分に把握し，致命的損傷を見逃すことのない経済的かつ効果的な維持管理が重要になる．

　鋼構造物を長寿命化するためには，その防食性能を補修により回復・維持することで，構造上重要な部位の耐荷力を確保することが重要になる．防食性能の回復方法は，長寿命化や維持管理費の縮減の観点から，対象部位の腐食環境，防食性能低下の程度やその範囲，防食方法，構造物の管理水準，性能回復後の期待耐用年数などを考慮して，適切に選定する必要がある．また，今後，鋼構造物を合理的に維持管理し，さらなる長寿命化を実現していくためには，腐食環境と各防食方法の性能低下の関係や，補修後の防食性能の回復効果と耐久性等について定量的に明らかにする必要がある．

　鋼構造物を合理的かつ継続的に維持管理していくためには，防食性能回復に関する課題を解決していくことが不可欠である．そこで，防食性能回復に焦点をあて，その中でも素地調整，部分塗替え，金属被覆防食の補修，耐候性鋼橋の塗装による補修，部位レベルの腐食環境評価と適切な防食方法の選定などをキーワードにして，既往の検討結果に基づき腐食環境と各防食方法の性能低下との関係や，各防食方法の性能回復時の施工における留意点取り纏め，防食性能の回復に関する最新の知見や技術の情報収集などを行い，鋼構造物の防食性能の回復に関する各種基準類やマニュアル等に反映していくことが重要と考えた．

　本書は，土木学会 鋼構造委員会 鋼構造物の防食性能の回復に関する調査研究小委員会の平成27年5月～平成30年3月の活動成果を「大気環境における鋼構造物の防食性能回復の課題と対策」として取り纏め，本編と付録から構成されている．本編では従来とは異なった学際的視点で部位レベルの腐食進行性と腐食環境の評価，腐食環境の改善，素地調整，塗膜，金属皮膜，耐候性鋼および防食性能回復に関する新技術について取り纏めたものである．また，付録では鋼構造物に関する腐食劣化メカニズムを理解するための一助となることを主眼において，腐食の基礎として鋼材の腐食機構，塗膜の劣化機構および塗装した鋼材の電気化学機構について取り纏めている．本書が土木分野だけではなく，他の産業分野においても，大気環境における鋼構造物の維持

管理を実質的に効率化するための一助となれば幸いである．

　最後に，本委員会の3年間にわたる調査研究活動に際して，ご協力・ご支援頂いた関係各位，ならびに日常業務でご多忙の中，本書の執筆にご尽力頂いた委員会幹事，委員に対して，深甚なる感謝を申し上げる．

2019年5月

土木学会　鋼構造委員会

鋼構造物の防食性能の回復に関する調査研究小委員会

委員長　貝沼　重信

土木学会 鋼構造委員会 鋼構造物の防食性能の回復に関する調査研究小委員会

委員構成（50音順，敬称略）

委員長		貝沼　重信	九州大学
幹事長		内田　大介	三井造船鉄構エンジニアリング(株)
委　員		芦塚憲一郎	西日本高速道路(株)
		麻生　稔彦	山口大学
		池田　龍哉	池田工業(株)
		石原　修二	三井造船(株)
		稲葉　尚文	中日本高速道路(株)
	*,**	井口　進	(株)横河ブリッジ ホールディングス
		今井　篤実	日鉄住金防蝕(株)
		伊礼　貴幸	国際航業(株)
		江畑　志郎	AGC 旭硝子
		大澤　隆英	日本ペイント(株)
		大塚　洋	防食溶射協同組合
		奥田　和男	(株)トヨコー
		押川　渡	琉球大学
		親泊　宏	(株)ホープ設計
		香川紳一郎	国際航業(株)
		片山　英樹	(国研)物質・材料研究機構
	*,**	片山　英資	(株)特殊高所技術
		片脇　清士	(同)管理技術
		金田　崇男	本州四国連絡高速道路(株)
		北川　尚男	JFE エンジニアリング(株)
	*,**	北根　安雄	名古屋大学
		金　仁泰	釜山大学
		楠原　栄樹	本州四国連絡高速道路(株)
		小寺　健史	極東メタリコン工業(株)
		坂田　鷹起	西日本旅客鉄道(株)
	*,**	坂本　達朗	(公財)鉄道総合技術研究所
		坂本　佳也	(国研)土木研究所
		三條　剛嗣	東海旅客鉄道(株)
		柴山　裕	(一社)日本溶融亜鉛鍍金協会
		下里　哲弘	琉球大学

	菅原　登志也	(株)ドーコン
	鈴木　周一	建設塗装工業(株)
	高木　優任	新日鐵住金(株)
	高柳　敬志	AGC 旭硝子
*,**	塚本　成昭	阪神高速技術(株)
	冨山　禎仁	(国研)土木研究所
**	中井　一寿	関西ペイント(株)
	中島　和俊	(一財)土木研究センター
*,**	永田　和寿	名古屋工業大学
	中村　聖三	長崎大学
	橋本　幹雄	新興アルマー工業(株)
	服部　雅史	中日本高速道路(株)
	姫野　岳彦	(株)川金コアテック
**	平山　繁幸	(一財)首都高速道路技術センター
*,**	広野　邦彦	(株)フジエンジニアリング
**	細見　直史	日本ファブテック(株)
	三浦　正純	(一財)土木研究センター
**	武藤　和好	九州大学（(株)富士技建）
	藪見　尚輝	大日本塗料(株)
	山田　謙一	(株)メタックス
旧委員	岩瀬　嘉之	大日本塗料(株)
	清水　義明	(一社)日本溶融亜鉛鍍金協会
	本郷　豊彦	(株)トヨコー
	松井　隆行	西日本高速道路(株)
	宮田　弘和	西日本高速道路(株)
	安波　博道	(一財)土木研究センター

* : ワーキンググループ主査, ** : 幹事
平成 30 年 3 月時点

大気環境における鋼構造物の防食性能回復の課題と対策

目　次

第1章　はじめに……………………………………………………………………………1

第2章　腐食損傷事例と防食性能回復の課題…………………………………………3
　2.1　典型的な腐食損傷事例とその発生要因…………………………………………3
　　2.1.1　湿潤状態になりやすい部位……………………………………………………4
　　2.1.2　飛来海塩が付着・蓄積しやすい部位…………………………………………4
　　2.1.3　適切な塗膜厚を確保することが困難な部位…………………………………6
　　2.1.4　防食性能回復が困難な部位……………………………………………………8
　　2.1.5　不十分な素地調整による腐食損傷事例………………………………………9
　2.2　防食性能回復の課題………………………………………………………………10

第3章　鋼構造物の部位レベルの腐食進行性と腐食環境の評価手法………………12
　3.1　腐食進行性の評価手法……………………………………………………………13
　　3.1.1　裸普通鋼板の腐食深さの経時性………………………………………………14
　　3.1.2　モニタリング鋼板（MSP）……………………………………………………15
　　3.1.3　めっきおよびステンレスの小片鋼板…………………………………………18
　　3.1.4　塗装小片鋼板……………………………………………………………………19
　3.2　腐食環境の評価手法………………………………………………………………23
　　3.2.1　ガルバニック電流測定…………………………………………………………24
　　3.2.2　電気化学インピーダンス測定…………………………………………………28
　3.3　腐食進行性と腐食環境の評価事例………………………………………………32
　　3.3.1　大気暴露試験……………………………………………………………………33
　　3.3.2　実構造物…………………………………………………………………………39

第4章　構造改良による腐食環境の改善………………………………………………52
　4.1　構造およびディテールの変更による腐食因子の排除…………………………53
　　4.1.1　腐食因子の進入防止……………………………………………………………53
　　4.1.2　格点部構造の改良………………………………………………………………57
　　4.1.3　高力ボルトの対策………………………………………………………………59
　　4.1.4　高力ボルト継手部の連結板の腐食対策………………………………………64
　　4.1.5　鋼コンクリート境界部の対策…………………………………………………68

   4.1.6 土砂・塵埃等の堆積対策・・75
   4.1.7 部材間接触・摩擦・狭隘構造の改善・・・・・・・・・・・・・・・・・・・・・・・・・・・・・79
   4.1.8 異種金属材料の取付けと接触防止・・・・・・・・・・・・・・・・・・・・・・・・・・・・・84
 4.2 塗膜の損傷と劣化の抑制・・88
   4.2.1 部材角部の防食性能確保・・・・・・・・・・・・・・・・・・・・・・・・・・・・・・・・・・・・・88
   4.2.2 足場用クランプ，チェーン等による塗膜損傷への配慮・・・・・・・・・・・・・90
   4.2.3 現場溶接部への配慮・・・93
   4.2.4 現場切断部への配慮・・・94
 4.3 適切な排水計画と排水設備の設置・・・・・・・・・・・・・・・・・・・・・・・・・・・・・・・・・・・96
   4.3.1 適切な排水計画・・96
   4.3.2 適切な排水設備の設置・・・・・・・・・・・・・・・・・・・・・・・・・・・・・・・・・・・・・・・97
   4.3.3 適切な排水機能の保持・・・・・・・・・・・・・・・・・・・・・・・・・・・・・・・・・・・・・・102
 4.4 漏水・滞水対策・・105
   4.4.1 結露水対策・・105
   4.4.2 伸縮装置からの漏水対策・・・・・・・・・・・・・・・・・・・・・・・・・・・・・・・・・・・・109
   4.4.3 床版からの漏水対策・・111
   4.4.4 水切りの設置・・115
   4.4.5 支承部周辺の滞水対策・・・・・・・・・・・・・・・・・・・・・・・・・・・・・・・・・・・・・・120
 4.5 腐食環境の改善・・123
   4.5.1 飛来塩分の影響を受ける大気腐食環境の改善・・・・・・・・・・・・・・・・・・123
   4.5.2 交差物の影響を受ける大気腐食環境の改善・・・・・・・・・・・・・・・・・・・123
   4.5.3 植生等の除去に腐食環境のよる改善・・・・・・・・・・・・・・・・・・・・・・・・・125
   4.5.4 桁端部空間の確保・・・127
 4.6 維持管理困難部位の排除・・・133
   4.6.1 鋼橋の維持管理の現状・・・・・・・・・・・・・・・・・・・・・・・・・・・・・・・・・・・・・133
   4.6.2 点検困難部位の事例・・・・・・・・・・・・・・・・・・・・・・・・・・・・・・・・・・・・・・・135
   4.6.3 維持管理困難部位の事例・・・・・・・・・・・・・・・・・・・・・・・・・・・・・・・・・・・138
   4.6.4 維持管理想定外部位の事例・・・・・・・・・・・・・・・・・・・・・・・・・・・・・・・・・141
   4.6.5 維持管理困難部位と維持管理想定外部位に望まれる対応・・・・・・・144
 4.7 桁端部における漏水に対する考え方・・・・・・・・・・・・・・・・・・・・・・・・・・・・・・・144
   4.7.1 伸縮装置からの漏水の現状・・・・・・・・・・・・・・・・・・・・・・・・・・・・・・・・・144
   4.7.2 フェイルセーフ機能・・146
   4.7.3 伸縮装置のディテール処理・・・・・・・・・・・・・・・・・・・・・・・・・・・・・・・・・147

第5章 素地調整・・152
 5.1 素地調整の現状・・152

5.2 素地調整工法······153
   5.2.1 代表的な素地調整工法······153
   5.2.2 ブラスト処理の施工管理······165
   5.2.3 ブラスト処理後の品質評価技術······166
   5.2.4 ブラストの補助工法······173
   5.2.5 ブラストと補助工法の組合せ······183
5.3 素地調整の課題と対策······187
   5.3.1 ブラスト工法······187
   5.3.2 動力工具を用いた素地調整······191
   5.3.3 米国の素地調整事例······194
5.4 素地調整の困難部位と不可能部位······197
   5.4.1 構造的な素地調整困難部位······198
   5.4.2 構造的な素地調整不可能部位······203
   5.4.3 素地調整時の配慮不足による素地調整困難部位······205
5.5 適切な素地品質確保のための取組み······206
   5.5.1 著しく腐食した塗装部材に対するブラスト工法の適用性······206
   5.5.2 塗替え塗装時における塗膜内に取り込まれる塩分の影響······213
   5.5.3 ブラスト素地調整における塩分除去の事例······220
   5.5.4 塗替え塗装における素地調整条件の最適化······222
5.6 耐候性鋼材の素地調整······230
   5.6.1 耐候性鋼材特有のさびの性質······230
   5.6.2 耐候性鋼橋の素地調整工法に関する検討事例······233
5.7 部分素地調整の事例······245
   5.7.1 道路橋······245
   5.7.2 鉄道橋······248

第6章 塗装······254

6.1 塗装鋼構造物の塗膜の維持管理······254
   6.1.1 塗替え塗装······254
   6.1.2 塗替え判定方法······255
   6.1.3 塗替え施工方法······261
   6.1.4 施工管理方法······262
6.2 塗膜に関する課題······263
   6.2.1 課題の概要······263
   6.2.2 典型的な腐食・塗膜変状······263
6.3 腐食損傷部位の塗替え······268

	6.3.1 塗替え判定方法の検討	268
	6.3.2 部分塗替え時の施工管理上の留意事項	271
	6.3.3 特定部材の部分塗替え時の留意事項	276
	6.3.4 塗装の施工管理におけるインスペクター制度の検討	277
6.4	旧塗膜の健全性評価	279
	6.4.1 外観見本帳による塗膜の健全性評価方法	279
	6.4.2 付着性評価試験による塗膜の健全性評価方法	282
	6.4.3 その他の方法	284

第7章 金属皮膜 287

- 7.1 金属皮膜の種類と変状事例 287
  - 7.1.1 大気環境中の鋼構造物の防食に用いられる金属皮膜の種類 287
  - 7.1.2 実構造物における金属皮膜の変状事例 288
  - 7.1.3 皮膜の組合せに関する耐食性と防食性の検討事例 302
- 7.2 防食性能評価 313
  - 7.2.1 金属溶射 313
  - 7.2.2 溶融めっき 319
- 7.3 防食性能の回復事例 328
  - 7.3.1 金属溶射 328
  - 7.3.2 溶融亜鉛めっき 340
  - 7.3.3 溶融アルミニウムめっき 344

第8章 耐候性鋼材 351

- 8.1 耐候性鋼材の防食性能の維持 351
  - 8.1.1 耐候性鋼材の防食性能 351
  - 8.1.2 防食性能の低下要因と回復の考え方 352
  - 8.1.3 定期点検時の維持作業 353
  - 8.1.4 維持管理の手順 355
- 8.2 維持管理における腐食減耗の評価方法と判断基準 356
  - 8.2.1 維持管理目標の設定 356
  - 8.2.2 耐候性鋼材の状態評価 357
  - 8.2.3 腐食速度の評価と予測 367
  - 8.2.4 補修要否の判断と防食性能の回復方法 371
- 8.3 防食性能の回復方法 373
  - 8.3.1 防食性能の回復事例 374
  - 8.3.2 異常さび発生要因の排除の可否に関する事例 386

	8.3.3 補修対策における選択と留意点	388
第9章	防食性能回復における関連技術	407
9.1	表面性状と腐食損傷の評価・測定技術	408
	9.1.1 レーザー散乱光表面粗さ計	408
	9.1.2 パターン光投影法による3次元表面測定	410
	9.1.3 地際腐食評価センサ	413
	9.1.4 地際腐食損傷の検査システム	415
9.2	素地調整の前処理技術	417
	9.2.1 レーザー光による表面処理	417
	9.2.2 化学的素地調整	420
9.3	表面被覆と犠牲陽極材による防食技術	422
	9.3.1 腐食性イオン固定化剤入り有機ジンクリッチペイント	422
	9.3.2 セメント系防食下地材	424
	9.3.3 一層塗り防せい塗料	426
	9.3.4 狭隘部で施工可能な溶射機	427
	9.3.5 大気犠牲陽極防食	429
9.4	ボルト連結部の防食技術	432
	9.4.1 ボルト・ナットキャップ	432
	9.4.2 55%Al-Zn めっきボルト	433
	9.4.3 Al-5%Mg 溶射高力ボルト	434
	9.4.4 低温溶射によるボルト連結部の防食	436
9.5	防食性能回復のため施工性向上技術	438
	9.5.1 先行床施工式フロア型システム吊足場	438
	9.5.2 熱収縮シート密封養生	441
第10章	鋼橋における防食性能回復の手順と事例	446
10.1	防食性能回復の手順	446
10.2	海岸部の鋼鉄道I桁橋（A橋）	448
	10.2.1 A橋の概要	448
	10.2.2 腐食損傷の調査	449
	10.2.3 腐食要因の調査	450
	10.2.4 腐食環境の改善方法の検討	452
	10.2.5 防食性能の回復方法の検討	453
10.3	平野部の鋼道路I桁橋（B橋）	455
	10.3.1 B橋の概要	455
	10.3.2 腐食損傷の調査	455

10.3.3　腐食環境の改善方法の検討・・・457
　　　10.3.4　防食性能の回復方法の検討・・・457
　　　10.3.5　防食性能回復後の経過観察・・・460
　10.4　河口部の鋼道路箱桁橋(C橋)・・・460
　　　10.4.1　C橋の概要・・・460
　　　10.4.2　腐食損傷の調査・・・461
　　　10.4.3　腐食要因の調査・・・463
　　　10.4.4　腐食環境の改善方法の検討・・・469
　10.5　山間部の鋼道路上路トラス橋(D橋)・・・470
　　　10.5.1　D橋の概要・・・470
　　　10.5.2　腐食損傷の調査・・・470
　　　10.5.3　腐食要因の調査・・・476
　　　10.5.4　腐食環境の改善方法の検討・・・494
　　　10.5.5　防食性能の回復方法の検討・・・495

付録

付録1　鋼材の腐食に関する基礎知識
付録2　塗膜による防食機構の基礎知識
付録3　金属皮膜による防食機構の基礎知識
施工動画（DVD）

第1章　はじめに

　橋梁やプラント施設などの鋼構造物の多くは，高度経済成長期に集中して建設され，近年，それらの老朽化に伴う維持管理や更新が深刻な問題となっている．これらの鋼構造物に対して，建設当初想定された耐用年数を超える長寿命化が求められている．鋼構造物の老朽化は，主として，疲労や防食性能の低下後に生じる腐食による劣化現象で進行する．例えば，鋼道路橋については，疲労き裂の多くは都市内高架橋などの重交通路線の特定地域で集中的に生じている．一方，腐食損傷については，これまで防食性能回復などの様々な検討がなされてきたが，橋梁がさらされる大気環境や構造ディテールへの配慮などが設計時に不十分であるなどのため，海塩が飛来する海岸部に加え，冬季に凍結防止剤が多量に散布される都市部や山間部などの様々な環境における橋梁で問題が顕在化している．

　鋼構造物では部位レベルの腐食環境が著しく異なる場合があるため，腐食損傷の発生や程度は供用年数と必ずしも相関があるわけではなく，部位によって進行性が著しく異なることが多い．例えば，紫外線で塗装劣化しやすい部位は，乾燥しやすく，飛来海塩環境であっても雨洗されやすいため，腐食の進行性が低い場合も少なくない．一方，紫外線の影響を受けない部位では，付着塩分が雨洗されにくいため，塗膜劣化前に塗膜の微視的欠陥から進行性が高い局部腐食が発生する場合もある．したがって，構造物全体の防食性能を同様な仕様で回復するのではなく，部位レベルの腐食環境や腐食進行性に応じて防食性能を回復することで経済的な維持管理が実現できると考えられる．

　塗装塗替えによる防食性能回復については，これまで多くの検討がなされ，経済的に有利であれば，全面塗替えではなく，部分塗替えを選択することが合理的であるとされている．しかし，素地調整や塗重ね塗装部の耐久性等に関する知見や，部分塗替えの適用事例が少ないことなどもあり，全面塗替えに比して，部分塗替えが有利になる条件が明確化されていない．また，近年，無塗装耐候性鋼橋に著しい腐食損傷が生じた場合や，亜鉛めっきや金属溶射などの金属被覆が劣化した場合に，塗装による防食性能回復がなされており，各防食方法の性能回復時に塗装が適用される事例が増加している．このように，既設の鋼構造物には，仕様を変えて塗装による防食性能回復が必要とされる場合もあるが，素地調整や塗装を適切に実施するための作業空間が確保できない部位が存在するなどの問題も指摘されている．

　鋼構造物を長期間にわたって合理的に維持管理していくためには，前述した防食性能回復に関する課題を解決していく必要がある．そこで，本書では構造上重要な部位の防食性能回復のための部位レベルの腐食環境評価，素地調整，部分塗替え，金属皮覆防食の補修，耐候性鋼橋の塗装による補修に着目した．そして，構造物の外観・景観性は考慮せず，各防食被膜の耐久性や防食性能の低下，各防食方法による防食性能回復時の施工の留意点や対策とともに，防食性能回復に関する最新の知見や技術を取りまとめた．また，本書では防食被膜の性能を被膜自体の耐久性と防食性能に分けて考える．したがって，防食被膜については劣化しても防食性能を有している段階では問題はないとして考える．例えば，めっきの場合については，表層皮膜や合金層が劣化・消耗しても，鋼素地自体が腐食していなければ，防食性能を有しているため，問題ないと考える．また，金属溶射皮膜の場合については，素地調整の品質などの問題により比較的小さい領域で皮

膜が劣化・剥離しても，溶射の犠牲陽極防食が十分に作用する腐食環境では，問題はないとして考える．防食性能については，鋼構造物の構造上重要部位における力学性能が所定の耐用年数において，腐食によって損なわれない性能として捉える．

　本編の**第2章**では，大気環境における鋼構造物の腐食損傷事例と防食性能回復の課題，**第3章**では，鋼構造物の部位レベルの腐食進行性を評価するための手法，および大気環境をモニタリングするための腐食センサの特徴などについて述べた上で，それらの活用事例について述べている．また，**第4章**では，漏水・滞水，付着塩分，植生などによる腐食環境の悪化要因について述べるとともに，腐食損傷が生じている橋梁形式や構造ディテールを例示している．また，構造改良などにより腐食環境を改善して腐食進行性を低下させるための基本的な考え方や具体的な対策について取りまとめている．**第5章**では，鋼部材の表面被覆の耐久性や防食性能に著しい影響を及ぼす素地調整の手法，課題および対策について述べる．この章では，素地調整として，ブラスト処理工法を主とし，補助工法である塗膜剥離剤，電磁誘導加熱（IH）式被膜剥離工法および動力工具等に着目して取りまとめている．また，国外の事例として，米国におけるブラストによる素地調整の現状についても述べている．

　第6章から**第8章**では，それぞれ塗膜，金属皮膜および耐候性鋼の防食性能回復の課題と対策について述べている．**第6章**の塗装では，構造上重要部位の力学性能を低下させる局部腐食の発生要因となる塗膜下腐食に主として着目して，塗装塗替え時の判定方法や施工の留意点などについて取りまとめている．また，施工管理体制の事例として，インスペクター制度を導入している国際海事機関（IMO）の取組みを述べている．**第7章**の金属皮膜では，金属溶射とめっき（亜鉛，アルミニウム，合金）について，劣化要因ごとに変状事例を示し，性能評価法の現状と課題を述べた上で，劣化レベルの判定基準の方向性や試案を示している．また，防食性能の回復事例と性能回復における留意点について述べることで，施工や研究・開発のための基礎的資料を取りまとめている．また，**第8章**の耐候性鋼材では，防食性能低下の要因と防食性能回復の考え方を述べて，定期点検時の維持作業，維持管理の手順，維持管理における腐食減耗の評価方法と判断基準，および防食性能の回復方法などについて述べている．**第9章**では，他の章で述べた大気環境における鋼構造物の防食性能回復において，既に実用化されている技術や今後，実用化が期待される新技術について，1）表面性状と腐食損傷の評価・測定技術，2）素地調整の前処理技術，3）表面被覆と犠牲陽極材による防食技術，4）ボルト連結部の防食技術，5）防食性能回復のための施工性向上技術，に大別することで，各技術の概要と適用時の留意点について取りまとめている．

　最後に，**第10章**では**第3章**から**第8章**までの知見に基づき実際に防食性能回復時に問題となっている橋梁の事例を取り上げ，その課題を抽出した上で具体的な対策やその考え方について取りまとめた．付録では，腐食の基礎として鋼材の腐食機構，塗膜や金属皮膜による防食機構などについて取りまとめている．

第 2 章　腐食損傷事例と防食性能回復の課題

2.1　典型的な腐食損傷事例とその発生要因

　本章では，鋼道路橋の特定部位で報告されている腐食損傷（以下，典型的な腐食損傷）とその要因について述べる．ここでは，典型的な腐食損傷が報告されている鋼 I 桁橋とトラス橋を例示して，その発生要因について概説する．鋼 I 桁橋における典型的な腐食損傷を図-2.1.1 に示す．
　鋼道路橋における腐食損傷は，以下のような特定部位に集中して生じることが多く，橋梁全体に同程度の腐食損傷が生じることはほとんどない．したがって，防食性能回復の際には，一般部と特定部位に応じて防食性能などを考慮することで，鋼構造物を経済的に長寿命化できる．

1) 桁端部等からの漏水による滞水，土砂堆積や橋梁周辺の植生の影響で長期間湿潤状態になりやすい部位
2) 降雨による付着塩分の洗浄効果がほとんどなく，飛来海塩や凍結防止剤による塩類が蓄積しやすい部位
3) 部材の角部のように，適切な塗膜厚を確保することが困難な部位
4) 防食性能回復時に適切な素地調整や塗装などが困難な狭隘部や著しい腐食損傷が生じた部位

　腐食損傷の差異は，橋梁の架設地点の温度，湿度，風向や飛来海塩，霧などによるマクロ腐食環境に加え，部材の板組みや漏水・滞水などによる部位レベルのミクロ腐食環境に起因する場合がある．前者は部材面などの比較的広範囲の領域で腐食環境が異なるが，後者は狭範囲の領域で腐食環境が著しく異なる場合が多い．
　構造上重要な部位に生じた腐食損傷に対して適切な対策を講じることなく，長期間放置すると橋梁の崩落や第三者に影響を及ぼす致命的な損傷の発生につながる．以下では腐食損傷を 1)湿潤状態になりやすい部位，2)飛来海塩が付着・蓄積しやすい部位，3)適切な塗膜厚を確保することが困難な部位，4)防食性能回復（素地調整など）が困難な部位，に分類して概説するとともに，5)不十分な素地調整による腐食損傷事例についても概説する．

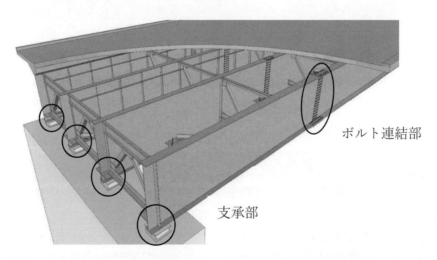

図-2.1.1　鋼 I 桁橋で典型的な腐食損傷が発生する部位の例

2.1.1 湿潤状態になりやすい部位

漏水による滞水，土砂堆積や植生の影響で長期間湿潤状態になりやすい部位の腐食損傷事例を**図-2.1.2**に示す．**図-2.1.2(a)**に示す鋼I桁の桁端部における腐食損傷は，路面上の雨水が伸縮装置や橋面排水装置などから漏水・滞水し，湿潤状態になりやすいことで，腐食損傷が生じる典型的な事例である．都市内高架橋などのように，冬季に凍結防止剤（20wt%程度の高濃度な塩水（NaCl）など）が多量に散布される橋梁では，漏水部位の腐食性が飛来海塩環境における橋梁に比して，高くなる場合もある．**図-2.1.2(b)**に示すような構造のトラス格点部は，下弦材と斜材を接合するガセット間に雨水が滞水し，土砂も堆積しやすいことから，長期間湿潤状態にさらされやすい．その結果，下弦材とガセットの接合部の塗膜が比較的早期に加水分解等により劣化した後に，進行性の高い局部腐食が生じることが多い．

我が国の下路トラス橋では**図-2.1.2(c)**に示すように，斜材をコンクリート床版に接触・貫通させる構造が経済性などの観点から数多く採用されてきた．斜材と床版との境界部（地際部ともいう）には，雨水が滞水しやすく，塗装の種類によっては加水分解等により境界部の塗膜が一般部に比して早期に劣化するため，境界部で進行性が高い局部腐食が生じやすい（**付1.4.5参照**）．大型車の交通量が多い橋梁では，腐食による断面減少がほとんどない場合であっても，局部腐食孔の底部の応力集中部から疲労き裂が発生・進展することで，部材が腐食減肉により破断する前に疲労破壊することも考えられる．下路トラス橋の斜材がコンクリート床版との境界部で破断した致命的損傷が生じた橋梁は，これまで数橋報告されており[1]，それらの斜材の腐食速度は0.1mm/年（斜材破断までの供用期間の平均値）程度である．鋼部材とコンクリート部材との境界部の腐食損傷は，都市内高速道路に適用されている鋼製橋脚の基部などにおいても多数生じている．特に，**図-2.1.2(d)**に示すように，境界部にボルト継手が挿入されている場合については，この継手の連結板が腐食により破断するなど著しい腐食損傷が報告されている．この疲労損傷を長期間放置すると腐食孔底部の応力集中により疲労き裂を誘発することが懸念さるため[2,3]，早期の防食性能回復が望まれる．同種の境界部にマクロセル腐食が生じやすい構造は，近年，新構造形式として架設されている鋼コンクリート複合構造物にも適用されているため，同種の腐食損傷の発生が懸念される．

2.1.2 飛来海塩が付着・蓄積しやすい部位

飛来海塩による塩類が蓄積しやすく，降雨による付着塩分の洗浄効果がほとんどない部位の腐食損傷事例を**図-2.1.3**に示す．飛来海塩は凍結防止剤に比して，一般に潮解現象が生じる相対湿度が低くなるため，鋼材が腐食しやすくなる（**付1.5.2参照**）．ここでは，無塗装耐候性鋼橋を例に挙げて概説する．飛来海塩環境にさらされる鋼I桁では，**図-2.1.3(a)**に示すように，外桁の外面は付着塩分が降雨により洗浄されるため，床版の軒下となる桁上部以外の部位については，腐食の進行性が低くなる傾向にある．一方，**図-2.1.3(b)**に示す外桁の内面や中桁については，海風が主桁間に流入し，そこで渦が生じることで，飛来海塩の付着・蓄積が繰り返される[4]．このような環境で鋼部材は，降雨により塩類が洗い流される部位のように，腐食速度が経時的に低下していくことはなく，その腐食深さはほぼ線形増加するため[5]，早期に防食性能を回復する必要がある場合が多い．主桁のウェブと下フランジの溶接ビード部やウェブに取り付けられた水平・垂直補剛材の主桁ウェブの溶接ビード部の近傍では，主桁ウェブ面の一般部に比して，さらに塩類が多量に付着・蓄積する傾向がある．その結果，外桁のウェブ内面の溶接線の近傍からの腐食がウェブの板厚方向に進行するため，**図-2.1.3(c)**に示すように，溶接線の近傍の腐食速度がウェブに

比して増加しやすくなる．

(a) 鋼I桁橋の桁端部

(b) トラス橋の格点部

(c) トラス橋の斜材の境界部

(d) 鋼製橋脚の基部

図-2.1.2　湿潤状態になりやすい部位の腐食損傷の例

(a) 降雨により付着した飛来海塩が雨洗される外主桁の外面

(b) 飛来海塩が付着・蓄積する外桁の内面と桁間の海風の渦

(c) 外桁内面のウェブと補剛材の溶接線から生じた局部腐食によるき裂の発生

図-2.1.3　飛来海塩の雨洗の有無による腐食損傷の差異と局部腐食によるき裂の発生

2.1.3　適切な塗膜厚を確保することが困難な部位

　ボルト・ナット部やそのピンテール部，部材端の角部などでは，部材の平滑部に比して所要の塗膜厚の確保が困難であるため，ピンホールなどの微細な物理的欠陥から早期に腐食損傷が発生することが多い．図-2.1.4 に基準膜厚が 160μm と 300μm の塗装仕様における種々の部位の実際の塗膜厚の例を示す．基準膜厚が 160μm の塗装仕様の場合については，鋼板の角部（2mm の R 面取り）では，塗膜厚が管理される平滑部の 50%程度になることもある．また，ボルトの角部につ

いては，平滑部の塗膜厚の30%以下になることもある．基準膜厚が300μmの塗装仕様の場合には，160μmの場合と比べて塗膜厚が厚くなる傾向にあるが，ボルトの角部などについては基準膜厚によらず同程度の比率になっている．

適切な塗膜厚が確保されていない部位については，腐食の発生起点になりやすい．特に，重防食塗装では一旦，腐食が発生すると，一般塗装に比して鋼素地に対する塗膜の密着性が高いなどの理由から，図-2.1.5に示すように，ボルト・ナットの角部などの塗膜が薄くなる部位の微細な物理的欠陥が起点となるマクロセル腐食が進行しやすい傾向がある．

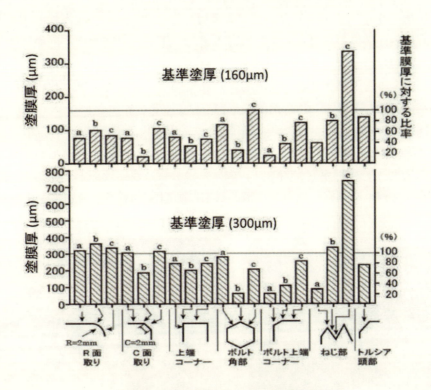

図-2.1.4 様々な部位の塗膜厚

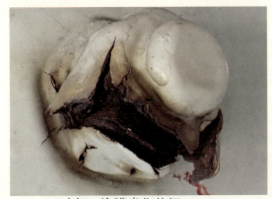 

(a) 塗膜劣化状況　　　　　　(b) 塗膜と腐食生成物の除去後の外観

図-2.1.5 適切な塗膜厚を確保することが困難な部位の腐食損傷の例
（ボルト・ナット部（重防食塗装））

2.1.4 防食性能回復が困難な部位

防食性能回復が困難な部位について，素地調整に着目して述べる．塗替え塗装時に素地調整が困難な部位の腐食損傷事例を図-2.1.6 に示す．図-2.1.6(a)は橋梁の架設時に構造部材をボルト接合する際に使われる施工用ハンドホールの内部の腐食損傷を示している．このような狭隘部に一旦，腐食が生じると塗装塗替え時に適切な素地調整をすることが困難になるため，塗替え塗装後の比較的早期に腐食が再発する．特に，塩類が腐食損傷の主要因である場合には，塗膜下腐食により塗替え塗装後の塗膜の耐久性が著しく低下する（6.2.2，付 2.2 参照）．このような維持管理作業が困難になる部位は，既設橋梁に複数存在するが，2014 年 3 月の道路法施行規則の改正によって道路構造物に 5 年に 1 回の定期点検が義務付けられ[6]，近接目視点検が実際された結果，新たに多数の点検困難部位が報告されている．本書では鋼部材の防食性能回復に際して，障害となるこれらの部位を維持管理困難部位と呼ぶこととする．また，これまでの目標耐用年数内では防食性能回復などの維持管理作業が不要と考えられていた部位，例えば，狭小箱断面の部位などを維持管理想定外部位と呼ぶ．これら部位については，4.6 を参照されたい．

図-2.1.6(b)に示すボルト継手の端部の隙間腐食は，部材と連結板端部の隙間に雨水が浸入し，腐食が進行した際，隙間の内部と外部に酸素濃度の差異による酸素濃淡電池が形成されることで生じる（付 1.4.3 参照）．隙間腐食に対して，塗替え塗装時に連結板部とその周辺の部材のさびを完全に除去する素地調整を実施しても，比較的早期に隙間腐食が進行，腐食生成物が膨張するこ

(a) 部材のハンドホール内部の腐食

(b) ボルト継手部の隙間腐食

図-2.1.6 防食性能回復が困難な部位の腐食損傷の例

とで，連結板周辺の塗膜が部材との境界で割れ，雨水が供給され，隙間腐食が再度活発に進行する．そのため，隙間腐食が生じた連結板を切除・交換しない限り，防食することは困難になる．

2.1.5 不十分な素地調整による腐食損傷事例

鋼構造物の設計時に狭隘部や入隅部が排除されないことで，これらの部位が腐食して，塗替え塗装時に素地調整の適切な品質が確保できない場合がある．特に，これらの部位に飛来海塩や凍結防止剤が残留する場合には，早期に塗膜下腐食が生じるなどの問題が生じることが少なくない．

塗替え塗装時に適切な素地調整の品質が確保されず，塗膜が早期劣化し，腐食が再発した損傷事例を**図-2.1.7**に示す．塩類に起因して腐食損傷が生じ，塗装塗替え時に適切な素地調整が実施できない場合には，早期に塗膜下腐食が生じて，塗膜劣化が再発する．特に，動力工具などによる素地調整程度2種の素地調整を行っても除錆度が低い場合には，塗替え塗装後の塗膜の耐久性が著しく低下することが多い．**図-2.1.7(a)** は塗膜下腐食が発生することで，ボルト部の塗膜が早期劣化した状況を示している．ボルト部は素地調整の品質を十分に確保することが困難であることに加え，2.1.3で示したように角部の塗膜厚が確保しにくいため，塗膜下腐食が生じやすい部位といえる．

図-2.1.7(b) は無塗装耐候性鋼橋の事例を示している．この橋梁では架設前の腐食環境調査が適切になされることなく，無塗装仕様の耐候性鋼材が適用された．架設後に飛来海塩等の影響を受

(a) 塗膜下腐食による塗装の早期劣化

(b) 補修塗装された耐候性鋼橋

図-2.1.7　不適切な素地調整による腐食損傷の例

け，緻密なさび層が形成されることなく，著しい腐食が進行したため，補修塗装された．塗装時に素地調整程度2種で素地調整されたため，塩類を含む腐食生成物が鋼素地に残留し，塗膜下腐食により著しい局部腐食が多数生じている．耐候性鋼の腐食生成物は普通鋼に比して，鋼素地への付着性や緻密性が高く強固であるため，素地調整の品質を確保することが困難な場合も多い（5.6参照）．

2.2 防食性能回復の課題

鋼構造物を長寿命化するためには，その防食性能を補修により回復・維持することで，構造上重要な部位の耐荷力を確保することが重要になる．防食性能の回復方法は，長寿命化や維持管理費の縮減の観点から，対象部位の腐食環境，防食性能低下の程度やその範囲，防食方法，構造物の管理水準，性能回復後の期待耐用年数などを考慮して，適切に選定する必要がある．今後，鋼構造物を合理的に維持管理し，さらなる長寿命化を実現していくためには，腐食環境と各防食方法の性能低下の関係や，補修後の防食性能の回復効果と耐久性等について定量的に明らかにする必要がある．

適用事例が最も多い塗替え塗装による防食性能回復については，経済的に有利であれば，全面塗替えではなく，部分塗替えを選択することが合理的であるとされている．しかし，素地調整や塗り重ね塗装部の耐久性等に関する知見や，部分塗替えの適用事例が少ないことなどもあり，全面塗替えに比して，部分塗替えが有利になる条件が施工性なども含めて明確化されていない．また，無塗装耐候性鋼橋に進行性の高い腐食損傷が生じた場合や，亜鉛めっきや金属溶射などの金属皮覆が劣化・消耗した場合に塗装による防食性能回復が選択されるなど，各防食方法の性能回復時に仕様が変更され，塗装が適用される事例が増加している．さらに，構造物の腐食環境は，部位レベルで著しく異なることがあるため，構造物全体の防食性能を同一の仕様で回復するのではなく，部位レベルのミクロ腐食環境に応じて防食性能を回復することが経済的になる場合もある．また，鋼構造物の防食性能回復に際して，その施工の障害となる維持管理の困難部位や不可能部位を排除するための構造改良が必要になる場合もある．

鋼構造物を合理的に長寿命化していくためには，前述した防食性能回復に関する諸問題を解決していくことが不可欠である．そのため，素地調整，部分塗替え，金属皮覆防食の補修，耐候性鋼橋の塗装による補修，部位レベルのミクロ腐食環境評価と適切な防食方法の選定，維持管理困難部位の構造改良などをキーワードとし，既往の検討結果に基づいた腐食環境と各防食方法の性能低下との関係や，各防食方法の性能回復時の施工における留意点のまとめ，防食性能の回復に関する最新の知見や技術の情報収集などを行い，鋼構造物の防食補修マニュアル等に反映していくことが重要と考える．

参考文献

1) 例えば，加藤光男：他人事でない木曽川大橋の斜材破断，日経コンストラクション，428号，pp.64-67, 2007.
2) S.Kainuma and N.Hosomi: Fatigue Life Evaluation of Corroded Structural Steel Members in Boundary with Concrete, International Journal of Fracture, Vol.158, No.1, pp.149-158, 2009.
3) 細見直史，貝沼重信：コンクリート境界部で腐食した鋼構造部材の疲労挙動に関する基礎的研

究,土木学会論文集 A,Vol.64,No.2,pp.333-349,2008.
4) 岩崎英治,伊藤俊,小島靖弘,長井正嗣:数値シミュレーションによる橋梁断面周辺の飛来塩分の推定,Vol.66,No.4,pp.752-766,2010.
5) 貝沼重信,山本悠哉,伊藤義浩,林秀幸,押川渡:腐食生成物層の厚さを用いた無塗装普通鋼材の腐食深さとその経時性の評価方法,材料と環境,Vol.61,No.12,pp.483-494,2012.
6) 国土交通省　道路局:道路法施行規則の一部を改正する省令,2014.

第 3 章　鋼構造物の部位レベルの腐食進行性と腐食環境の評価手法

　大気環境における鋼橋など大規模な鋼構造物では，腐食環境が部位レベルで著しく異なることが少なくない．そのため，鋼構造物の維持管理をより効率的に実施するためには，部位レベルの腐食深さの経時性（以下，腐食進行性）やミクロ腐食環境を定量的に把握した上で，塗装仕様，防食被覆の選定，塗替え時期や防食対策などを決定することが重要になる．これまで，温度，湿度，飛来塩分量，降雨量，風向・風速などのマクロ腐食環境データが一般に測定・モニタリングされてきた．これらのデータは，腐食要因が凍結防止剤や海塩などの塩類によるものか否かなどをおおよそ推定する上では有用であるといえる．しかし，これらのデータの経時変動や相互干渉は複雑であるため，部位レベルの腐食進行性をマクロ腐食環境データに基づき適正に評価することは困難といえる．

　そこで，マクロ腐食環境の各データの経時変動や相互干渉による腐食性の総合的な定量評価，すなわち，裸鋼材の腐食進行性を評価するために，裸鋼板を橋梁部材近傍に設置することによる大気暴露試験が実施されてきた．しかし，この方法では対象部位自体の進行性を直接評価できないなどの問題を有している．最近では，ワッペン式暴露試験（8.2.2 参照）と称し，表面を機械仕上げした小片裸鋼板（以下，ワッペン試験片 [1]）を対象部に両面粘着テープにより設置し，大気暴露することで腐食進行性の評価が行われている．一方，降雨や結露などによる濡れや飛来塩分などの諸因子による複雑な大気腐食環境をモニタリングする腐食環境モニタリングセンサ（以下，腐食センサ）として，ガルバニック腐食電流によりモニタリングするセンサの一つである ACM（Atmospheric Corrosion Monitor）型腐食センサ（以下，ACM センサ）が開発されている [2),3)]．ACM センサについても，ワッペン試験片と同様に対象部位に両面粘着テープで設置することで，これまで構造物の部位レベルの腐食環境がモニタリングされてきた．これらの方法は，対象部位の極近傍における腐食進行性や大気腐食環境を評価する上では有効な方法である．しかし，対象部位自体に対する腐食進行性の評価や腐食環境のモニタリングを適正に実施できない場合もある．これはブチルゴム系などの材料を用いた両面粘着テープの熱伝導性が低いため，対象部位によってはワッペン試験片や ACM センサの温度変化が対象部位と乖離し，乾湿や付着塩分の挙動が異なる場合があるためである．このことについては，設置の際の熱伝導ゲルシートによる熱伝導の考慮の有無の影響を確認することを目的とし，ACM センサを板厚 9mm の比較的大きい裸鋼板に貼付した検討が行われている．その結果，粘着テープのみに比してゲルシートを貼付した場合の日平均電気量が条件によっては 30%程度も大きくなるなど，ACM センサと対象部位の熱伝導を無視できない等の結果が示されている [4)]．そのため，対象部位との熱伝導性や設置部の表面起伏などに配慮した小片裸鋼板（モニタリング鋼板．以下，MSP）や ACM センサを設置する方法が提案されている [5)]．なお，裸鋼板を無塗装耐候性鋼橋に適用した場合は，対象部位の進行性を直接評価することになるが，塗装橋梁に適用した場合については，主として塗膜劣化後における対象部位の腐食進行性を評価することになる．

　鋼橋などの大規模な鋼構造物において，部位レベルの進行性を評価するためには，構造上重要

な部位のみに着目しても，評価対象部位が数百点以上となる場合もある．この場合に腐食センサのみを適用すると，①腐食センサやロガーが多数必要になること，②塩類等による高腐食進行性の環境では，Fe/Ag 対の ACM センサなどは耐久性が著しく低下するため，約 1 ヶ月程度の比較的短期に交換が必要となること，③センサの交換時に，足場の設置・撤去を繰り返さなければならない場合があることなどにより多大な費用が必要とされる．その結果，対象部位が多い場合や対象部位へのアクセスが困難な場合については，主として経済的理由から，腐食センサを適用することは現実的に難しくなる．この解決策の一つとして，安価な裸鋼板を先行して大気暴露することで，腐食センサにより評価を行う対象部位をスクリーニングすることが考えられる．また，裸鋼板や実構造部位の腐食生成物層の厚さに基づき，部位レベルの進行性を鋼材の平均腐食深さの経時性により定量評価する簡易手法[6]も提案されている．この裸鋼板と ACM センサ（Fe/Ag 対および Zn/Ag 対）を用いて，道路橋，鉄道橋，水門，クレーン，油槽所，輸送架台などの複数の構造物をモニタリング・評価することで，構造上重要な部位などを対象とした腐食の進行性の推定，防食皮膜や仕様の選定，効果的な維持管理方法などについて提案されている．

　本章では，小片裸鋼板，めっきおよびステンレス小片鋼板による腐食進行性評価，およびガルバニック電流測定，電気化学インピーダンス測定による腐食環境評価法について述べるとともに，これらの評価を併用した手法を大気暴露試験や実構造物に適用した事例について紹介する．

3.1　腐食進行性の評価手法

　部位レベルの進行性を評価する方法として，裸鋼板（普通鋼，耐候性鋼），めっき鋼板やステンレス鋼板，塗装鋼板などの小片鋼板を構造物の対象部位に直接貼付する方法がある．これらの暴露後の小片鋼板を**図-3.1.1(a)～(d)**に示す．

　裸鋼板による方法では，季節変動を考慮して 1 年間暴露した後に，鋼板表面の腐食生成物層の厚さや腐食生成物除去後の鋼板の重量減少量に基づき表層からの平均腐食深さを評価し，さらに平均腐食深さ（腐食による鋼板の重量減少量から求めた腐食深さ）の経時性を推定できる[2),7)]．この方法のうち，小片の裸普通鋼板は普通鋼材を用いた塗装鋼構造物が塗膜劣化した後の鋼部材の進行性評価が対象となる．また，裸耐候性鋼板については，耐候性鋼材を用いた塗装鋼構造物と無塗装鋼構造物が対象になる．めっき鋼板による方法[8)]については，鋼板外縁部の切断面による無めっき領域からめっき鋼板中央部への腐食の進行度（腐食の領域面積）から進行性を推定できる．ステンレス鋼板[8)]については，孔食やさびの発生度（孔食やさびの領域面積）から進行性を推定できる．塗装鋼板[9)]については，塗膜下腐食の進行程度の評価に用いられる．

(a) 裸鋼板　　(b) めっき鋼板　　(c) ステンレス鋼板　　(d) 塗装鋼板

図-3.1.1 大気暴露後の各種の小片鋼板の劣化状況

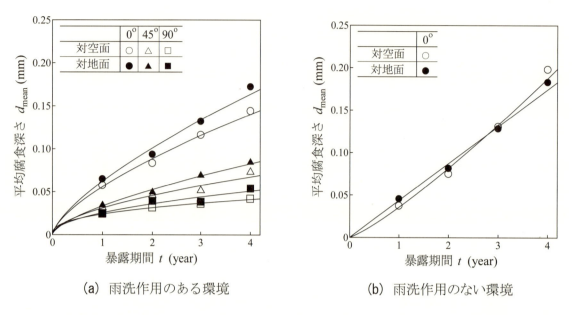

(a) 雨洗作用のある環境　　(b) 雨洗作用のない環境

図-3.1.2 付着塩分の雨洗作用の有無が裸普通鋼板の腐食深さの経時性におよぼす影響 [6] を一部修正

　塗膜や素地調整程度を考慮した方法としては，例えば，塗替え後の塗膜下腐食の発生を模擬するため，鋼材を塩化物による高進行性環境で腐食させた後に塗膜を塗布した鋼板を用いて，塗膜下腐食の挙動や進行性を評価する方法[9]がある．これらの方法は，対象部位に直接，小片鋼板を貼付するため，前述のように熱伝導ゲルシートなどを介して対象部位に貼付することで，対象部位の温度変化に極力追従させる工夫が必要になる[5]．小片鋼板を用いる方法は，後述する腐食センサに比して安価であるため，数百点レベルの膨大な数の対象部位が必要とされる場合がある鋼橋などの大規模な鋼構造物を評価する上で有用である．また，腐食センサで腐食要因を特定すべき部位をスクリーニングする上でも有用な方法である．

3.1.1　裸普通鋼板の腐食深さの経時性

　大気環境では一般に鋼材表面に生成されるさび層が水分，塩類などの腐食要因物質を鋼素地に浸透することを抑制する皮膜として作用する．しかし，さび層は比較的ポーラスであるため，腐食速度が低下することはあっても腐食が停留することはない．**図-3.1.2**は無塗装鋼板の普通鋼材を水平に対して 0°，45°，90°の角度で設置した大気暴露結果から得られた平均腐食深さの経時性を示している．図の横軸と縦軸はそれぞれ大気暴露年数 t と鋼材の平均腐食深さ d_{mean} を示している．大気暴露試験は飛来塩分の影響を受ける環境で降雨による鋼板表面の付着塩分の雨洗作用がある地点とない地点で実施された[6]．

　一般に雨洗作用がある大気環境における無塗装鋼材の腐食速度は，**図-3.1.2(a)**に示すように，腐食が発生する初期の段階では早くなるが，時間が経過するとともに減少する傾向がある．これは腐食の初期段階では点状のさびが鋼材表面に多数発生し，それらが塩化物などの腐食要因物質を吸着しやすくするためである．また，その後，点状のさびから層状のさびが形成され，その厚さが経時的に増加していくことで，腐食要因物質に対して保護性の皮膜作用が生じるためである．

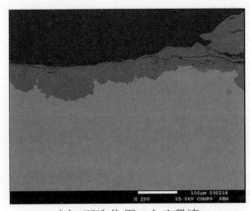 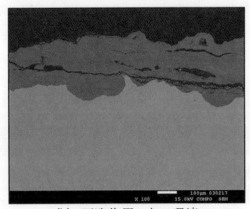

(a) 雨洗作用のある環境　　　　　　　　(b) 雨洗作用のない環境

図-3.1.3 裸普通鋼板の腐食生成物層断面のSEM画像[6]を一部修正

この保護皮膜作用による腐食速度の減少効果は，図-3.1.3(a)に示すように，比較的緻密なさび層が形成される環境で生じるが，その効果は普通鋼材については比較的小さい．降雨による付着塩分の洗浄効果がない環境では，さび層が図-3.1.3(b)に示すように，ポーラスな状態で形成されるため，さび層による腐食要因物質に対する保護性効果は著しく低下する．その結果，図-3.1.2(b)に示すように，腐食速度はほぼ線形的に増加する傾向を示すことが多い[6]．降雨による鋼板表面の付着塩文の洗浄効果がある場合とない場合の鋼板の腐食速度は次式で表すことができる．

$$d_{mean} = a \cdot t^b \tag{3.1.1}$$

d_{mean}：平均腐食深さ (mm)，a, b：定数，t：経過年数
降雨による付着塩分の雨洗作用がない腐食環境：$b \fallingdotseq 1$
降雨による付着塩分の雨洗作用がある腐食環境：$b < 1$

塗膜劣化後の腐食進行性を評価することは，部位ごとの維持管理レベルを設定する上で重要である．

3.1.2 モニタリング鋼板（MSP）
(1) 試験片の製作方法と貼付方法

MSPは対象部位との熱伝導性や設置部の表面起伏などに配慮されており，従来のワッペン試験片のような対象部位の表面極近傍における腐食性ではなく，対象部位自体の腐食性を評価できる．MSPには対象構造物の鋼種と同規格の60×60×3mmの鋼板を採用することが望ましい．この寸法は，後述するACMセンサと併用も考え，ACMセンサのFe基板の寸法（64×64mm）に基づき決定されている．板厚と材質について，例えば，鋼橋にMSPを適用する場合については，板厚6mmの溶接構造用圧延鋼板（以下，普通鋼板（JIS G 3106[10] SM材）あるいは溶接構造用耐候性熱間圧延鋼板（以下，耐候性鋼板（JIS G 3114[11] SMA材））の両面を1.5mm機械切削し，板厚3mm（鋼板を両面）に加工することでMSPを製作する．普通鋼板の代用として，安価なJIS G 3141[12]冷間圧延鋼板（以下，SPCC鋼板）を用いる場合には，板厚3.2mmの鋼板を選定し，腐食反応を遅延させるCuなどの元素が普通鋼板以上に含有されていないかを元素分析などで確認する必要があ

る．なお，板厚は後述する対象部位との熱伝導性[13),14)]や回収時のMSPの変形などに配慮して決定するとよい．また，MSPの表面は，大気暴露試験の開始後数日で腐食生成物層をMSP全表面に極力均一に生成させるために，算術平均粗さ Ra が100μm程度になるように，ブラスト処理することが望ましい．MSP表面に多量の研削材が残存するとMSPの初期の腐食性に影響を及ぼすことが懸念されるため，研削材の種類，吐出圧力や吐出角度などのブラスト条件に注意する必要がある．なお，暴露試験体の表面を機械仕上げした場合には，飛来塩分環境においても大気暴露開始から数ヶ月以上経過しても金属光沢が斑点状に残留し，一様に腐食生成物層が形成されない場合があるため留意を必要とする．

大気暴露したMSPの腐食生成物層の表面状態を図-3.1.4に示す．ここでは，トラス橋の下弦材の対空面（付着塩分の雨洗作用がある部位）と対地面（付着塩分の雨洗作用がない部位）に設置したMSPについて示している．対空面は対地面に比して表面起伏が小さくなっている．これは対空面では降雨により，MSPに生成された腐食生成物の一部が降雨時に流されるためである．また，対地面については，雨洗作用がなく，付着した塩類が蓄積するような環境にあるため，起伏が大きくポーラスな腐食生成物層が生成されている．

MSPの設置にあたっては，腐食，溶接による変形やスパッタなどによる表面起伏がMSPとの密着性を阻害しないように，熱伝導媒質として用いられるゲルシート（例えば，熱伝導率：6.5（W/m·K）程度以上）を介する必要がある．なお，ゲルシートを介して，MSPを塗装上に設置し

(a) 付着塩分の雨洗作用がある部位

(b) 付着塩分の雨洗作用がない部位

図-3.1.4 大気暴露したMSPの腐食生成物層の表面状態[5)]

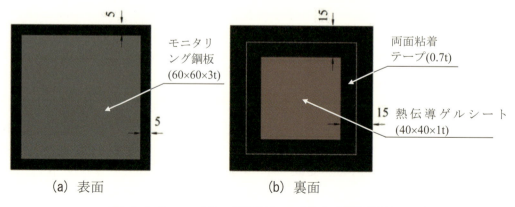

(a) 表面　　　(b) 裏面

図-3.1.5 モニタリング鋼板（MSP）[5)]を一部修正（単位：mm）

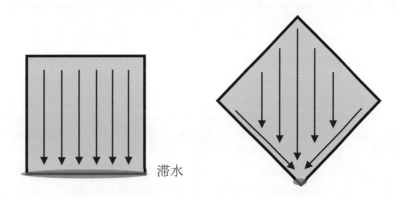

図-3.1.6 MSP の対象部位への貼付方法

た場合の熱伝導性は，鋼素地と同等になり，塗膜が熱伝導性に及ぼす影響はほとんどない[13]．MSP に貼付した熱伝導ゲルシートと両面粘着テープの状況の例を**図-3.1.5**に示す．両面テープはいずれも MSP から約 5mm はみ出すように貼付して階段状とし，MSP を垂直部位面に設置した場合に雨水が極力 MSP の表面上を流れやすいようにする．また，MSP 設置の向きは，雨水や結露水が MSP の下側端部に滞水しないように，**図-3.1.6**に示すように MSP の角部を下側に向けて設置するとよい．

(2) 評価方法

MSP による腐食進行性の評価期間については，季節による風向などの気象変動により部位レベルの腐食性の高低が変わる場合があるため，一般の大気環境における構造物については，原則，1年間としている．我が国については，各年における気候変動は比較的小さいため，季節による気象変動を考慮して評価期間は1年とすれば良いと考えられる．ただし，亜熱帯気候に属する沖縄地方については，台風の襲来回数や停滞時間などにより年により腐食性が著しく異なる場合もあるため，数年のデータを収集し，平均化するなどの工夫が必要になる．MSP の設置開始は，腐食進行性が高い時期が望ましい．これは初期に生成される腐食生成物層による腐食要因物質の遮断性が低くなるためである．一般に夏季では，ほかの季節に比して濡れ時間が長くなる傾向にあることから，腐食進行性が高いと考えられる[15]．しかし，飛来塩分や凍結防止剤により腐食性が高くなる場合については，冬季に設置開始することが考えられる．

腐食進行性は回収後の MSP の腐食生成物を酸性溶液やクエン酸水素二アンモニウムなどを用いて除去した後，腐食により減少した重量を計測することで，MSP 表面の平均腐食深さを算出できる．しかし，MSP の枚数が多く効率化したい場合や現場で腐食深さを測定したい場合には，1年間暴露した MSP 中央部における腐食生成物層の厚さ $t_{r,mean,1yr}$ を電磁誘導式デジタル膜厚計で測定（11回以上）することで得られる平均値に基づき，平均腐食深さの経時性を予測する方法が提案されている[16]．なお，鋼種の製造ロットの違いによる化学成分や腐食生成物の構成成分が電磁誘導式膜厚計の測定結果におよぼす影響は，10%程度以下である[17]．$t_{r,mean,1yr}$ の測定の際に，腐食進行性が著しく高いなど特殊環境では，腐食生成物が剥離する場合がある．この場合には $t_{r,mean,1yr}$ ではなく，MSP の腐食生成物の除去後に重量減少量から1年間の平均腐食深さ $d_{mean,1yr}$ を算出し，平均腐食深さの経時性を推定する必要がある．

1年間暴露した MSP の平均腐食深さ $d_{mean,1yr}$ は，$t_{r,mean,1yr}$ を式(3.1.2)に代入し，式(3.1.2)の係数 α

を降雨による雨洗や滞水の有無により，式(3.1.3)～(3.1.5)に基づき決定することで算出できる．また，平均腐食深さ d_{mean} の経時性は，$d_{mean,1yr}$ を式(3.1.6)に代入して，係数 b を飛来塩分の付着・蓄積の有無により，式(3.1.7)および式(3.1.8)により決定した上で算出できる[6)]．

$$d_{mean,1yr} = \alpha \cdot t_{r,mean,1yr} \tag{3.1.2}$$

　　$d_{mean,1yr}$：1年間の平均腐食深さ(mm)，α：係数
　　$t_{r,mean,1yr}$：1年間の腐食生成物層の厚さ (mm)

$$\alpha = 0.217 \quad (降雨による付着塩分の雨洗作用のない環境) \tag{3.1.3}$$
　　　　$0.073 \leq t_{r,mean,1yr} \leq 0.547$

$$\alpha = 0.358 \quad (降雨による付着塩分の雨洗作用のある環境) \tag{3.1.4}$$
　　　　$0.075 \leq t_{r,mean,1yr} \leq 0.156$

$$\alpha = 0.578 \quad (雨洗作用があり，滞水する環境) \tag{3.1.5}$$
　　　　$0.094 \leq t_{r,mean,1yr} \leq 0.175$

$$d_{mean,eva} = d_{mean,1yr} \cdot t^b \tag{3.1.6}$$

　　$d_{mean,eva}$：t年後の平均腐食深さの推定値 (mm)
　　$d_{mean,1yr}$：1年間の腐食生成物層の厚さ (mm)
　　a, b：係数，t：供用年数 (year)

$$b = -7.99 \cdot d_{mean,1yr} + 0.858 \quad (雨洗作用があり，飛来塩分が付着・蓄積しない環境) \tag{3.1.7}$$
$$ = 1 \quad (雨洗作用がなく，飛来塩分が付着・蓄積する環境) \tag{3.1.8}$$

3.1.3 めっきおよびステンレスの小片鋼板

　前述の MSP 等の小片裸鋼板は，腐食生成物を除去した後の重量減少量から腐食性を評価するものであるが，本項では，より簡便に腐食性を評価するために，亜鉛めっき鋼板とステンレス鋼板の外観評価から腐食性の評価を試みた事例を紹介する[8)]．この手法は，大気腐食の原因として濡れと付着塩分量に着目したものである．

(1) 試験片と暴露方法

　亜鉛めっき鋼板は板厚 0.8mm でめっき厚さ約 5μm のものを用いた．ステンレス鋼板は板厚を 4mm とし，JIS G 4304[18)]に規定されるもののうち，Cr 量が 12.7%と比較的少ない SUS410 鋼を用いた．これらを 50mm×50mm のサイズに切断し，アクリル板あるいは普通鋼板に両面テープで貼付け，図-3.1.7 に示すように暴露試験台に固定した．亜鉛めっき鋼板の外縁部切断面は下地鋼が露出しており，降雨や結露等により濡れると，亜鉛めっきが犠牲防食により溶解する．亜鉛が溶解し，外延部切断面を起点に赤さびが発生する．その赤さび発生面積率を腐食性評価の指標とする．一方，ステンレス鋼は表面に不動態皮膜が形成されることにより耐食性は良好である．塩類の付着する環境下では不動態皮膜が破壊されることにより，赤さびが発生する．しかし，汎用の SUS304 鋼では耐食性が良好すぎて，1年でも赤さびは軽微であることが予想される．そのため，Cr 添加量の少ない SUS410 鋼を選択している．これにより，暴露試験における赤さび発生面積率から，付着塩分と雨洗効果の有無により腐食性を評価できる（付 1.5.2 参照）．

図-3.1.7 暴露状況

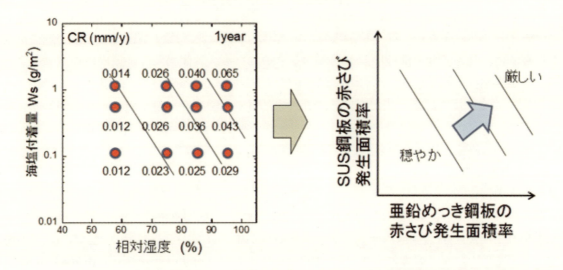

(a) 裸普通鋼板の一定腐食環境下での腐食速度　　　　　　(b) 評価手法のイメージ図
図-3.1.8　亜鉛めっき鋼板とステンレス鋼板の発錆面積率を用いた腐食環境の評価手法

　これらのような赤さび発生面積率による評価は，貼附部位によっては面積計測のために小片鋼板を回収する必要はなく，遠望からの撮影などによる評価が可能となる．
(2) 評価方法
　図-3.1.8(a)は，一定量の塩類を付着させた鋼板を一定湿度環境下に1年間置いた場合の腐食速度（Corrosion Rate：CR）を示す．付着塩分量が高く，高湿度ほど腐食速度は大きい．付着塩分量は雨洗により変化するため，測定は容易ではない上に，湿度も変動している．それらを付着海塩量は SUS410 鋼の赤さび発生面積率，相対湿度 RH は亜鉛めっきの赤さび発生面積率に置き換えれば，図-3.1.8 (b)のイメージ図に示すように，両者の赤さび面積率が高い環境では鋼材の腐食速度も高くなり，腐食性が高くなることが予想される．

3.1.4　塗装小片鋼板
　高腐食性環境に建設された鋼構造物は腐食しやすく，さびが残った状態で塗替えされることが多い．このような鋼構造物では，図-3.1.9に示すように，塗膜下での腐食（以下，塗膜下腐食とする．付2.2参照）が早期に発生することが知られている．しかし，塗膜下腐食の進行程度を定

図-3.1.9 塗膜下で進行した腐食事例 [19]

量的に評価する手法は少ない．裸小片鋼板を用いた手法は，塗膜下腐食が進行しやすい鋼構造物の抽出を目的に，その腐食の進行程度を評価する手法である．具体的には，室内促進試験によって製作した腐食鋼板に塗装を施したものを試験片（以下，塗装小片鋼板）とし，3.1.2 節で述べた MSP を用いた腐食速度の評価方法と同様，評価対象部材に試験片を貼付する．一定期間暴露した後，塗膜膨れの程度から，評価対象部材における塗膜下腐食の進行程度を推定するものである．以下に，塗装小片鋼板を用いた評価手法の概要を述べる．

(1) 試験片の製作方法

a) 腐食鋼板の製作

試験鋼板の材質についての指定はないが，一連の検討では JIS G 3101[20] に規定される冷間圧延鋼板（SS400）が用いられ，両面にサンドブラスト処理が施されている．鋼板の寸法についても特に指定はされていないが，暴露試験場での評価にあたってはウェザロサイズ（150×70×3.2mm），実構造物への貼付にあたっては落下の危険性を考慮して 75×70×3.2mm の寸法が用いられている．

試験鋼板の腐食条件には，腐食状態の再現性を求めるため，屋外暴露ではなく，室内での促進腐食試験方法である連続中性塩水噴霧条件が採用されている．このとき，実構造物であまり見られない"さびこぶ"などの腐食形態が生じにくいとされる条件 [21] を参考に，塩水濃度は 0.01wt% または 0.05wt%，噴霧時間は 168 時間または 840 時間と設定される．塩水噴霧終了後には，さびの表面に付着する塩類の除去と，さび／鋼材間での剥離の抑制を目的とした蒸留水噴霧を 168 時間実施し，さらに室内で 3 日間養生される．最後に，さびが残置された状態を再現するため，ワイヤブラシを用いてゆるく付着するさびを除去している．このようにしてさびを生じさせた鋼板が腐食鋼板とされる．

b) 塗装仕様の概要

塗装仕様には，対象とする鋼構造物に適用する塗装系を適用する．塗装方法についても，実際の塗替え施工時に選択される塗装方法（エアレススプレー，刷毛などでの塗装）を採用する．

(2) 貼付方法

本手法では，試験片を評価対象部材と同等の環境にさらす必要がある．このため，試験片の貼付方法は，3.1.2 で述べた MSP を用いた腐食速度の評価方法と同様に，粘着テープおよび熱伝導シートを用いる．試験片の貼付例を**図-3.1.10** に示す．貼付してからの暴露期間についても裸鋼板を用いた腐食速度の評価方法と同様，1 年以上とすることが望ましい．

図-3.1.10 試験片の貼付例

(a) 暴露した塗装小片鋼板の一例　　　　(b) 塗膜割れにより鋼材が露出した一例

図-3.1.11 暴露後回収した試験片

(3) 評価方法

暴露後回収した試験片には，図-3.1.11 (a)に示すように，塗膜下腐食の進行に伴う塗膜膨れが発生している．この塗膜膨れの進行程度を分析することで，対象部材の腐食しやすさを評価することができる．塗膜膨れの分析方法としては，膨れ面積率の測定，膨れ体積の測定，膨れの発生に伴う質量変化量の測定などが挙げられる．なお，図-3.1.11(b)に示すような塗膜割れに伴う鋼材の露出が見られる場合には，塗膜下での腐食だけでなく，鋼材の露出に伴う腐食も進行するため，塗膜下腐食の進行程度を評価することは困難である．

なお，本手法では，試験片の腐食条件（連続中性塩水噴霧条件）によって塗膜膨れの進行程度は異なる．このため，評価対象とする鋼構造物以外にも，明らかに低腐食性環境と判断される箇所に架設される鋼構造物（模擬部材でも問題はない）に試験片を貼付・暴露し，各々の測定結果から，塗膜下での腐食が進行しやすいと推定されるしきい値を決定する必要がある．

(4) 塗装小片鋼板の評価例（暴露試験場での試験）[22]

塗装小片鋼板と裸鋼板を日本ウエザリングテストセンター宮古島暴露試験場に設置した．設置条件はJIS Z 2381[23]に準じた方法とし，暴露時期は2015年4月から11月とした．なお，塗装小片鋼板の塗装仕様は，鋼鉄道橋で多くの使用実績を有する塗装系B相当の仕様（鉛・クロムフリーさび止めペイント2回塗＋長油性フタル酸樹脂塗料中塗および上塗各1回塗，以下塗装系B相当とする）または塗装系T（厚膜型変性エポキシ樹脂系塗料3回塗＋厚膜型ポリウレタン樹脂塗料

上塗1回塗）とした．なお，塗装系 B 相当としたのは，塗装系 B で使用されている鉛系さび止め塗料が現在入手困難であり，鉛・クロムフリーさび止め塗料に変更したためである．

　塗装小片鋼板の暴露経過月数と，目視により算出した塗膜膨れ面積率を図-3.1.12 に示す．これより，塗装系 B 相当を適用した塗装小片鋼板の方が大きな塗膜膨れ面積率を示した．これは，塗装系 B 相当の塗膜は塗装系 T の塗膜と比較して水蒸気の透過度が大きく，さらに，総膜厚が 1/2 程度であることなどから，水分が浸入しやすいためと推定される．また，いずれの塗装系においても，塗膜の膨れ面積率は一定の面積率で収束する傾向にあることが確認された．これは，さび中の塩化物イオンを含む領域において優先的に塗膜膨れが生じたため[24]，塗膜膨れ面積率が一定となる傾向にあったと推定される．

　次に，暴露月数に対する塗装小片鋼板の腐食度を評価した．裸鋼板の腐食度は，さび除去前後の鋼板質量の差分から計算した減肉厚みの平均値（侵食度）により評価した．塗装小片鋼板の場合，既に腐食した鋼板を使用していることや塗膜下のさびを除去するのは困難であることから，暴露前後の質量変化量を腐食度に見立てて[25]評価している．裸鋼板の暴露月数に対する侵食度を図-3.1.13 に，塗装系 T を適用した試験片の暴露月数に対する質量変化量を図-3.1.14 に示す．なお，塗装系 B 相当を適用した試験片では，暴露中に目視で判断し得るほどの過度な塗膜割れや剥がれが生じ，塗膜下腐食の進行程度のみの評価が困難であったため，本検討から除外した．

　3.1.1 節で述べたように，裸鋼板の侵食度は式(3.1.1)で近似され，暴露期間が延びるほど裸普通鋼板が腐食しにくくなることが知られている．これは，腐食に影響する環境因子に対して腐食生成物層が保護性を示すためと考えられる．本試験においても，最小二乗法による累乗回帰曲線と測定値が近い傾向にあった．

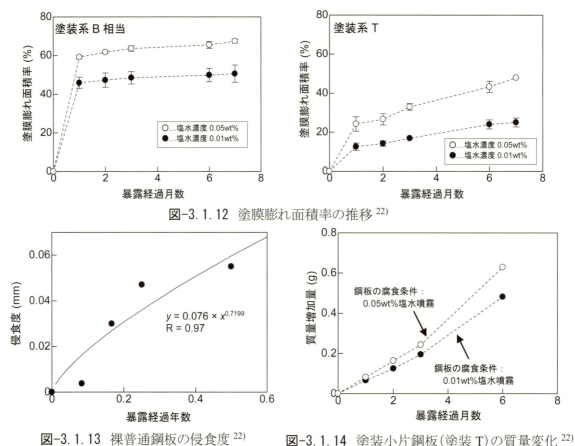

図-3.1.12 塗膜膨れ面積率の推移[22]

図-3.1.13 裸普通鋼板の侵食度[22]　　図-3.1.14 塗装小片鋼板（塗装 T）の質量変化[22]

その一方で，塗装小片鋼板の質量は暴露期間とともに指数関数的に増加しており，塗膜下腐食の進行は暴露期間が長くなるほど加速する傾向にある．この要因の一つに，塗膜下腐食の進行に伴う微細な塗膜割れ等の塗膜欠陥の発生による塗膜の環境遮断性の低下が上げられ，暴露期間が長くなるほど塗膜下腐食が進行しやすい状態になったことが推定される．また，塗膜下腐食では，さびを構成する結晶性酸化鉄の一つである含水水酸化鉄が式(3.1.9)に示す還元反応を生じる[21]．

$$8FeOOH + Fe^{2+} + 2e^{-} \to 3Fe_3O_4 + 4H_2O \tag{3.1.9}$$

この反応から，反応後の腐食生成物は安定な物質であるマグネタイトだが，その体積は水分子の離脱により収縮しており，多くの空隙が生じた脆弱な状態になっているといえる．このため，水分や酸素がさび中を通過し易くなり，腐食に対する保護性を示さなくなったことが推定される．

以上のように，塗膜下腐食の腐食度は裸鋼板の腐食度とは異なるため，部材への設置・暴露により鋼橋の塗膜下腐食の進行程度を評価する場合には，塗装小片鋼板の適用が望ましい．

3.2 腐食環境の評価手法

対象部位やその近傍の腐食環境をモニタリングするセンサには，Fe/Ag 対の ACM センサ[2),3)]や同心リング型腐食センサ（以下，同心リング型センサ）[26)]などがある．これらのセンサを図-3.2.1 に示す．

ACM センサは絶縁ペーストを介して，Fe と Ag が配置されており，水分や塩類などがセンサ表面に付着することで，Fe と Ag が短絡し，ガルバニック腐食電流が出力される．この出力と温湿度のデータから，結露，降雨，付着塩分量などの経時性を水分と塩類に着目した腐食環境としてモニタリングできる．また，センサ出力から算出される日平均電気量に基づき，鋼材の進行性を推定できる[27),28)]．同心リング型センサは，水分と塩類などが付着したセンサの交流インピーダンスをモニタリングすることで，その分極抵抗に基づき進行性をモニタリングするセンサである．これらのセンサについても，対象部位の極近傍における大気腐食環境ではなく，対象部位表面の温度変化なども考慮した腐食環境をモニタリングする必要があるため，前述の MSP 等のように，設置時に対象部位との温度の差異や雨水の流水などについて配慮する必要がある．

(a) ACM センサ

(b) 同心リング型センサ

図-3.2.1 各種の腐食センサ

屋外環境で測定システムを利用する場合の課題として、電源の確保が挙げられる。近くに電源を供給できる場所があれば全く問題ないが，測定したい場所が必ずしもそういう場所であるとは限らない。現在は，対応策の一つとして太陽電池とバッテリーの併用による電源供給システムが構築されており，電源の問題は解決されつつある。しかしながら，この場合，太陽電池パネルを設置する必要があり，測定に必要なスペースの確保が要求される。今後，技術革新が進み，測定システムの省電力化やエネルギーハーベスティングの利用などでよりコンパクトな測定システムに改善されることが期待される。

3.2.1　ガルバニック電流測定
(1)　センサの構造
ACMセンサの概要を**図-3.2.2**に示す。ACMセンサの製作方法は以下のとおりである[29]。64mm×64mmの基板Fe上に絶縁層となるBNペーストをスクリーン印刷により塗布後，焼成硬化させる。その後，導電性Agペーストを基板との絶縁が保たれるように絶縁層の上に積層印刷し，焼成硬化させる。基板のFeとAgは互いに絶縁状態にあるが，ACMセンサ上に雨水や結露などの薄い水膜が形成されると，基板Feをアノード，Agをカソードとしたガルバニック電流が生じることとなる。

(2)　大気環境のモニタリング
ACMセンサは3.1.2 (1)に示したMSPと同様に，熱伝導媒質として用いられるゲルシートを介し，**図-3.1.5**に示したように両面粘着テープで設置するとよい。大気環境をモニタリングするには，ACMセンサと最大16個を接続できる専用のロガーが用いられる。測定間隔は通常10分間隔である。ACMセンサの測定範囲は0.1nA～1mAである。また，環境因子としての気温，相対湿度を測定するための温湿度センサも同時に測定できる。100V電源がとれない場合は，バッテリーと太陽電池を併用することで測定が可能となる。

ACMセンサを大気環境に曝しておくと，一般的には，相対湿度RHの変動に追従する傾向にある。これは表面に目には見えない程度の水膜が形成することによる。したがって，夜間の結露に伴いACMセンサ出力（以下，センサ出力）は増大し，日中は気温の上昇および相対湿度の低下によりセンサ出力も低下する。降雨時には，結露時に比較して1～2桁大きな出力となることから，その経時変化を解析することにより降雨 (Rain)，結露 (Dew)，乾燥 (Dry) の3期間 (Train, Tdew, Tdry)

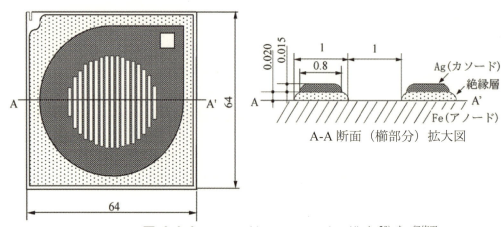

図-3.2.2　Fe-Ag対ACMセンサの構成[29]を一部修正

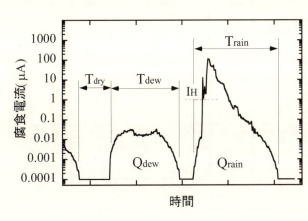

図-3.2.3　ACMセンサ出力解析方法の例[31]

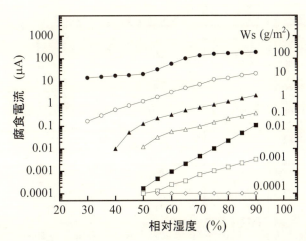

図-3.2.4　ACMセンサ出力に及ぼすRHとW_sの関係（I-RH校正曲線）[29]

を判定し分類することが可能である[29],[30]．図-3.2.3に3期間の分類の例を示す．降雨期間について，降雨の場合のセンサ出力はそれ以外の場合に比べて非常に大きな出力となることがわかっている．この例では，転倒ます型雨量計により10分間に0.5mm以上の降雨が観測された時のセンサ出力が，全体の80%が1μAを越えていたという結果から，しきい値I_H＝1μAとし，それ以上のセンサ出力の場合を降雨と判定している．降雨の開始時刻は，$I>I_H$となった時点からさかのぼり，Iの変化率（所定の時刻でのIと10min後のそれとの比）が2以上になる最も早い時期である．そして，Iがほぼ定常になった後，極大値をとるか，あるいはIの変化率が1/2以下になった時点で降雨が終了したと判定し，降雨開始から終了までを降雨期間としている．それ以外の期間については，0.1nAを超えるセンサ出力が検出された期間を結露期間，そうでない期間は乾燥期間である．乾燥期間については，測定限界が0.1nAであるという，測定機器に依存する形で決定している．このため，飛来塩分が多いような環境下では，一旦出力が観測されると，その後は常に出力が得られ，乾燥がないことになるが，このような場合の，濡れと乾燥を決めるしきい値の設定には注意を要する．

(3) 付着塩分量の推定法

次に，付着塩分量（W_s）の推定法について述べる．あらかじめ種々の量の塩類（$W_s=10^{-4}〜10^2 g/m^2$）を付着させたACMセンサを，恒湿槽中で所定の相対湿度RHに到達した後30分間保持することで，センサ出力（I）とRHの関係が求められている．図-3.2.4に種々のRHに対するセンサ出力（I）と

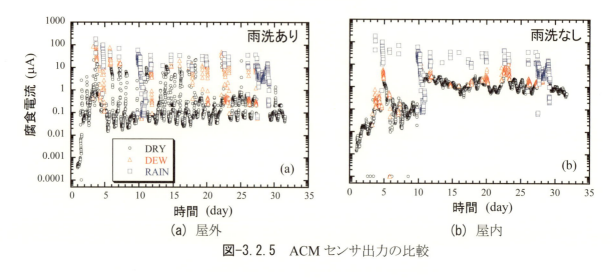

(a) 屋外　　　　　　　　　　　(b) 屋内

図-3.2.5　ACMセンサ出力の比較

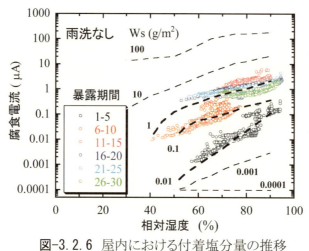

図-3.2.6　屋内における付着塩分量の推移

W_s の影響の関係（I-RH校正曲線）を示す．付着塩分量 W_s が多いほど，RHが高いほどセンサ出力は大きくなる．$W_s=10^{-4}g/m^2$ では，いずれのRHに保持してもセンサ出力は得られなかった．実時間で得られるセンサ出力とRHの関係をI-RH校正曲線に照合することで実際に付着している W_s が推定可能となる．これらの一連の作業は，専用の解析ソフトウェアでも実施することができる[32]．

(4) 雨がかりの有無

図-3.2.5は屋外と降雨のかかりにくい屋内でのセンサ出力を比較した図である．屋外は降雨により出力が増大するが，晴天時には出力は低下する．一方，屋内では，一旦出力が増大すると，高いセンサ出力を維持している．屋内で得られたセンサ出力をその時々の相対湿度RHに対してプロットすることで，付着塩分量 W_s が推定できることを示したのが図-3.2.6である．

塩分が付着していない場合，センサ出力は90%RHでも検出されないが，塩類が付着すると，その付着量に応じてセンサ出力が増大する．図中のプロットは，暴露5日目までは付着塩分量 $W_s=0.01g/m^2$ 上に分布しているが，期間の経過とともに増加し，$W_s=1g/m^2$ まで増加している．

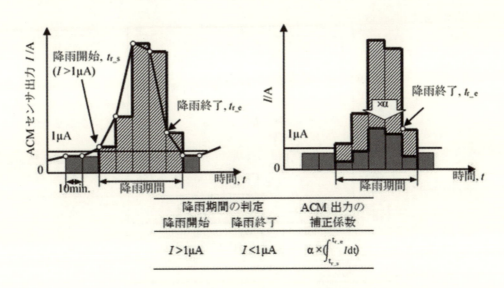

図-3.2.7 降雨時のセンサ出力の換算方法[28]

屋内において高いセンサ出力を維持していたのは，付着塩分量の増加のためである．すなわち，センサ出力と相対湿度から，付着塩分量を推定できることとなる．付着塩分量を推定するには，温湿度センサを併用する必要がある．湿度センサは高分子抵抗式と高分子静電容量式があるが，いずれも感湿部に塩類が付着する等，時間とともに劣化してしまうので，定期的に点検あるいは新品と交換した方が良い．

前述のように降雨時におけるセンサ出力は著しく増大するため，鋼板の腐食速度との相関が乖離する．降雨時のセンサ出力の換算方法の概念図[28]を図-3.2.7に示す．図中のプロットは10分ごとのセンサ出力値である．また，その出力に対する各帯は，任意時点でのセンサ出力が次の測定時点まで継続するとした仮定を示している．

この帯に基づき，センサ出力から電気量qを算出することとした．降雨期間は降雨の影響を受けない大気暴露試験から決定されるしきい値I_H（1 μA）となる出力期間として定義した．降雨期間の電気量は，降雨期間の各帯に換算係数αを乗じることで算出した．換算係数αを10〜50%に10%ごと変化させ検討した結果，平均腐食深さと電気量の大小関係が一致する値として$\alpha=20\%$とされている[28]．すなわち降雨時にはセンサ出力の20%が実際の鋼材の腐食速度とすることで，センサ出力から平均腐食深さd_{mean}を以下のように計算できる．

$$d_{mean} = (0.374 \cdot q + 0.0141) \cdot t^b \tag{3.2.1}$$

飛来塩分が付着・蓄積しない環境

$$b = -7.99 \cdot a + 0.858 \tag{3.2.2}$$

飛来塩分が付着・蓄積する環境

$$b = 1 \tag{3.2.3}$$

d_{mean}：平均腐食深さ(mm), a, b：係数, t：年数(year)

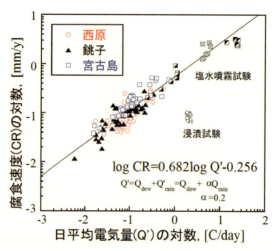

図-3.2.8 屋外におけるACMセンサ出力と腐食速度の関係 [34]

また，図-3.2.8に示すように，得られたACMセンサ出力から日平均電気量を算出し，鋼材の腐食速度を求める関係式[27]も提案されている．この場合も降雨の影響を受け，センサ出力は著しく増大するため，降雨時の電気量Q_{rain}に$\alpha=20\%$を乗じ，結露時の電気量Q_{dew}との和として日平均電気量Q'を計算することで，腐食速度を推定できる．アノードの基板がFeの場合は，自身の腐食劣化に伴い損傷が激しく，図-3.2.3に示した櫛部分が外れることがある．このようになると残っている櫛部分のみでのセンサ出力となり，初期状態とは明らかに異なるため，物理的な寿命と見なせる．

センサの使用期間に関しては，2ヶ月未満の暴露期間の影響は小さい[29]，あるいは，先行して暴露したセンサ（Old）と新品のセンサ（New）の出力比（Old/New）0.5～2倍を許容範囲として使用可能か判断した結果，総電気量 Q=18C までは使用可能，その比が 0.2～5 倍と許容範囲を広げると，総電気量 30C までは使用可能との報告[33]がある．また実際の鋼橋に設置して1年間のモニタリングに適用した事例も報告[35]されている．それに対しアノードの基板が Zn めっきの場合は，センサの劣化が Fe に比べて少ないため長期のモニタリングには適している．現状では長期のデータの解析例が少なく，さらなるデータの蓄積と解析が必要である．

3.2.2 電気化学インピーダンス測定

電気化学インピーダンス測定により得られたインピーダンスの周波数特性から腐食環境を評価することができる腐食センサが開発されている．

(1) 同心リング型腐食センサ

同心リング型センサ[26]の模式図を図-3.2.9に示す．同心リング型センサは同種類の金属材料から製作したリング電極およびピン電極からなり，両電極の絶縁性を確保するため，ピン電極にあらかじめテフロンテープを巻き，その後，両電極が同心円状になるように配置して，エポキシ樹脂に埋め込んである．両電極間の絶縁層の幅はおよそ100μmであり，両電極の露出面積は同一である．電極の同心円状の配置は，インピーダンス測定における電極形状の異方性を少なくすることを目的としている．また，このセンサでは金属材料の材質を換えることが可能であり，調査したい金属材料で腐食環境モニタリングできるという利点がある．ただし，両電極が

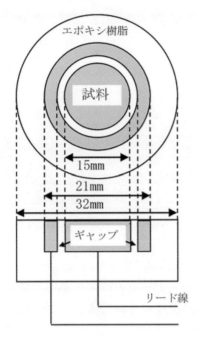
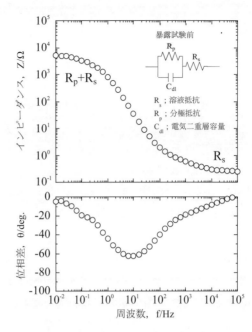

図-3.2.9 同心リング型センサの模式図[26] を一部修正

図-3.2.10 0.1M Na$_2$SO$_4$ 溶液中における同心リング型センサのインピーダンスの周波数特性[26] から一部抜粋して作図

濡れたときに応答が得られることから，ステンレス鋼やアルミニウムといった局部的な腐食を示す金属材料より，鉄鋼材料のような全面腐食を示す金属材料での利用が望ましい．電気化学インピーダンス法を利用するためのセンサには，このほか平板タイプ[36),37]，櫛形タイプ[38]などがあるが，同種・同面積の2電極を使用する点や測定原理は同じである．

(2) 電気化学インピーダンス法による腐食環境モニタリング

電気化学インピーダンス法では，得られるインピーダンスの周波数特性から測定した系における電極界面の等価回路を決定し，それぞれの回路素子の物理的意味を検討・解析する方法が一般的である．0.1M Na$_2$SO$_4$溶液中における同心リング型センサのインピーダンスの周波数特性を**図-3.2.10**に示す．インピーダンス特性は典型的な金属/水溶液界面のインピーダンスを示しており，**図-3.2.10**中に示す分極抵抗，電気二重層容量および溶液抵抗からなる集中定数型の等価回路により表すことができる．したがって，等価回路から腐食に関連する分極抵抗，表面の濡れの情報となる溶液抵抗の値を求められる．しかし，**図-3.2.10**を精度良く得るためには周波数を掃引して測定する必要があり，測定に時間がかかる．実際の腐食環境はさまざまな環境因子の影響を受け時々刻々と変化することから，より短時間での腐食環境の変化を捉える必要がある．また，インピーダンス測定で用いる周波数応答解析装置（FRA：Frequency Response Analyzer）は一般的に高価であり，屋外の多くの箇所で腐食環境をモニタリングする装置には適していない．そこで，短い間隔で腐食環境を連続的に測定できる安価な腐食環境モニタリングシステムが考案されている[39),40]．

図-3.2.10において，高周波数領域と低周波数領域には周波数に依存しにくい範囲がある．周波数に依存しないインピーダンスは抵抗に対応することから，高周波数領域のインピーダンス Z_{high} は溶液抵抗 R_s，低周波数領域のインピーダンス Z_{low} は溶液抵抗 R_s と分極抵抗 R_p の和に対応することがわかる（**図-3.2.10**）．すなわち，次式で示すように，周波数に依存しない領域の2周波数

でのインピーダンスを連続的に測定することで表面の濡れの状況（R_s）と腐食の状況（R_p）を把握できることになる．

$$R_s = Z_{high} \tag{3.2.4}$$
$$R_p = Z_{low} - Z_{high} \tag{3.2.5}$$

一般的な測定システムは，高周波数領域と低周波数領域の2周波数でのインピーダンスを測定する装置（以下，腐食環境モニタリング装置）と腐食センサからなる．現在市販されている装置では，本体にメモリー機能を有するタイプの装置やSDカードでプログラム制御と測定データを保存する装置などがある．

(3) 腐食環境モニタリングの測定例

普通鋼製の同心リング型センサを用いて，屋外環境での腐食環境モニタリングが行われている．実施場所は飛来塩分が少なく腐食性の低い環境であったため，人工海水の液滴をあらかじめセンサ表面に滴下した（付着塩分量はNaCl質量換算で1.0mg/cm^2）．センサは付着させた塩類が降雨などで洗い流されないように，遮蔽環境下で地面に対し水平になるように設置された（**図-3.2.11**）．電気化学インピーダンス測定は，およそ15m離れた試験場内の測定室において市販の腐食環境モニタリング装置により行われた．2電極間の印可電圧は10mVとし，周波数が10MHzおよび10kHzの時のインピーダンス Z_{10MHz}，Z_{10kHz} が連続的に測定された．

同心リング型センサの応答の1日における経時変化を試験場内の環境データとともに**図-3.2.12(a)**，(b)に示す．**図-3.2.12(a)**は晴れの日，**図-3.2.12(b)**は雨の日の測定結果である[41),42)]．晴れの日の場合，夜間は日中と比較して温度は低く，相対湿度は高い値を示している．このときの溶液抵抗 R_s および分極抵抗 R_p はともに低い値を示しており，これは夜間にセンサ表面が濡れて腐食が進行することを表している．なお，この場合の濡れは，あらかじめ塩類を付着させていることから，相対湿度の上昇による付着塩分の吸湿に起因するものと考えられる．また，昼間になると温度は上昇し，それとともに相対湿度は低下しているが，この時の R_s および R_p はともに高い値に変化し，センサ表面が乾き腐食が進行していないことを示唆する．一方，雨の日は日照がほとんどないため，気温の変化は1日中小さく，相対湿度もほぼ100%近い値を示していた．このときの溶液抵抗および分極抵抗は1日中低い値を示しており，雨の日は1日中センサ表面が濡れ，腐食が進行していることが検出された．以上のように，同心リング型センサの出力は環境因子の変化に良く対応していることから，屋外環境での腐食環境モニタリングに有用であると言える．

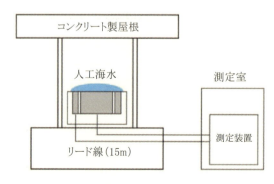

図-3.2.11 遮蔽環境下での腐食環境モニタリング測定状況 [42)]を一部修正

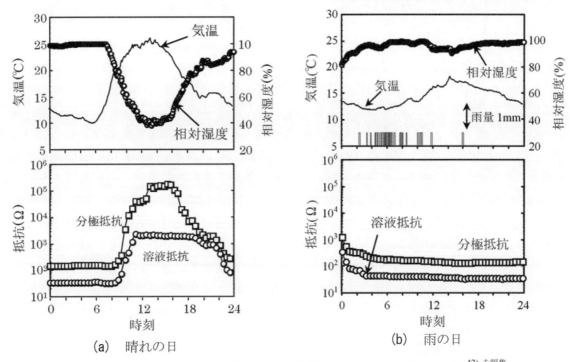

(a) 晴れの日　　　　　(b) 雨の日

図-3.2.12　同心リング型センサの応答の1日における経時変化[42)を編集]

(4) 適用範囲と同心リング型センサの寿命

基本的には全ての腐食環境に適用可能であるが，現在市販されている測定装置の電流の測定限界（10^{-9}A 以上）を考慮すると，比較的腐食環境が厳しい場所での使用に適していると考えられる．屋外環境下での測定時のノイズの影響などを考慮して，10^{-6}A 以上であれば正しい値を測定できると仮定して計算すると，$1cm^2$ の普通鋼試験片の年間腐食減肉量がおよそ $1\mu m$ 以上の腐食環境であれば適用できることになる．ただし，これは腐食生成物が形成されないという条件下での計算上の適用範囲であり，測定環境に依存することに注意されたい．

同心リング型センサの寿命については，第一に測定精度の低下による寿命が挙げられる．このセンサは腐食が進行し，さび層が形成されたあとも使用可能なセンサであり，交換せずに長期間使用することで腐食環境の実態に対応した変化を捉えることができるという特徴がある．しかしながら，さび層の堆積は測定精度に徐々に影響してくる．図-3.2.10 において，腐食速度に関係する R_p は低周波数域でのインピーダンスから高周波数域のインピーダンスの値を差し引くことによって求められるが，腐食生成物は高周波数領域のインピーダンスを増大させるため，その堆積により測定精度が低下していく可能性がある．具体的な限界については，腐食生成物の形態に依存するため明確ではないが，濡れ環境時の値が初期に比べて2～3桁以上増大した場合には注意する必要がある．第二には，センサの物理的な劣化による寿命が挙げられる．現在使用しているセンサでの2電極の埋め込みはエポキシ樹脂で行われており，耐光性はあまり高くない．日射量の多いもしくは強い環境においては樹脂自体が劣化してしまう可能性があり，例えばセンサ自身の割れなど物理的に測定できなくなることが予想される．しかし，鋼橋などにおける厳しい腐食環境は，一般に付着塩分の雨洗効果のない場所などのように日射や降雨の影響を直接受ける場所ではないため，第二の点でのリスクはほとんどないと考えられる．

3.3 腐食進行性と腐食環境の評価事例

　本節では，大気暴露試験と実構造物の腐食進行性と腐食環境を3.1および3.2で紹介した手法に基づき評価した事例を述べる．鋼橋など大規模な鋼構造物では，腐食環境が部位レベルで著しく異なることがある．そのため，構造物全体の防食性能を同じ性能で回復するのではなく，部位レベルの腐食環境に応じて防食性能の回復を図ることが効果的である．このような性能回復を行うためには，部位レベルの腐食環境や腐食の進行性を定量的に把握する必要がある．このための部位レベルの腐食性と腐食環境の評価のフローを**図-3.3.1**に示す．はじめに防食性能を回復すべき構造上重要部位に対して小片鋼板を用いた腐食性評価が実施される．この評価により部位ごとの腐食進行性が明らかとなる．腐食進行性評価の詳細は3.1に示されている．次にスクリーニングにより腐食環境評価の対象部位に対して腐食センサを用いた腐食環境評価が実施される．この評価により腐食原因が明らかとなる．環境評価の詳細は3.2に示されている．なお，腐食環境の評価が必要ない場合はフローの①の腐食性評価のみの実施でよいが，腐食性の評価だけでなく，腐食環境の評価が必要な場合はフローの②の腐食性評価と腐食環境評価の両方を実施する必要がある．また，性能回復が図られた後においてもこの評価フローにより適切に性能が回復していることを確認する必要がある．

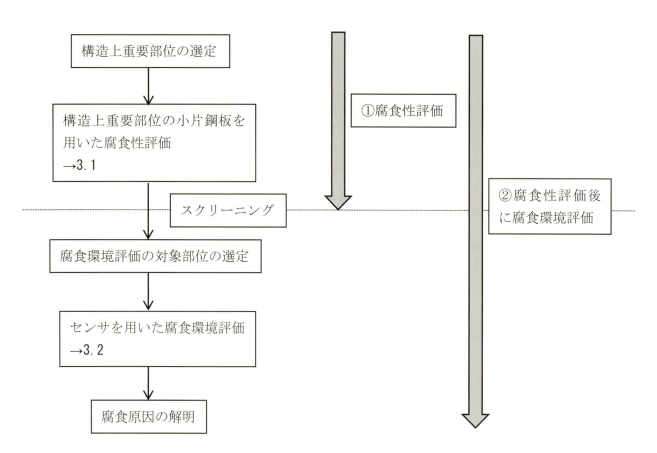

図-3.3.1　腐食性と腐食環境の評価フロー

3.3.1 大気暴露試験
(1) 電気化学インピーダンス測定および塗装小片鋼板
a) 暴露試験の概要

腐食センサおよび塗装小片鋼板の暴露試験は，兵庫県の南あわじ市福良丙（淡路島門崎）と徳島県の鳴門市鳴門町土佐泊浦（大毛島孫崎）間の海峡の最狭部を結ぶ長大橋の暴露試験施設（Lat.34°14'N, Long.134°39'E）で行われた．**図-3.3.2** に示すこの橋は中央支間長876mの吊橋（**図-3.3.3**）である．この橋は南東方向が太平洋に面していることから，非常に厳しい腐食環境となっており，1Aアンカレイジの一部が暴露試験場（**図-3.3.4**）として使用されている．

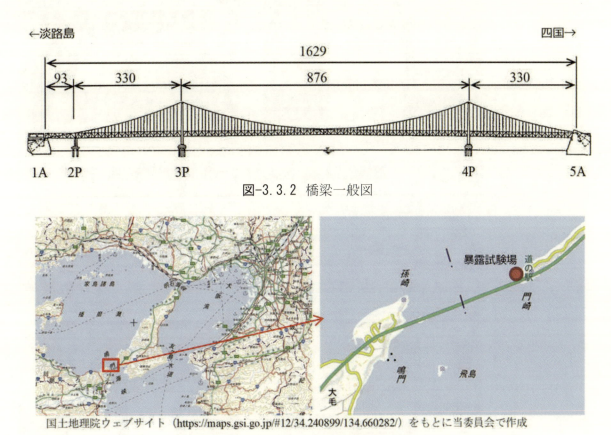

図-3.3.2 橋梁一般図

国土地理院ウェブサイト（https://maps.gsi.go.jp/#12/34.240899/134.660282/）をもとに当委員会で作成

図-3.3.3 橋梁位置図

図-3.3.4 暴露試験場概要

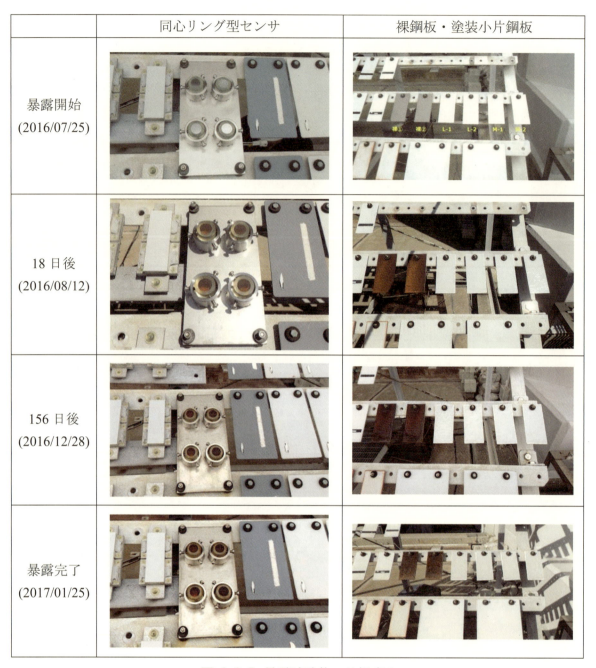

図-3.3.5 暴露試験体の外観変化

　腐食環境モニタリングには，普通鋼（SM490A）製および耐候性鋼（SMA490AW）製の同心リング型センサが用いられた（3.2.2 参照）．両電極の露出面積は同一で，両電極間の絶縁層の幅はおよそ 100μm である．

　塗装小片鋼板には，中性塩水（0.01wt%または 0.05wt%）連続噴霧により腐食させた普通鋼（SS400，寸法 150×70×3.2mm）に，鋼鉄道橋で多くの使用実績を有する塗装系 T（厚膜型変性エポキシ樹脂系塗料 3 回塗＋厚膜型ポリウレタン樹脂塗料上塗 1 回塗）を施したものが用いられた（3.1.4 参照）．

　同心リング型センサおよび塗装小片鋼板は 2016 年 7 月 25 日に設置され，2017 年 1 月 25 日に塗装小片鋼板と比較用に設置されていた裸鋼板，2017 年 3 月 3 日に同心リング型センサがそれぞ

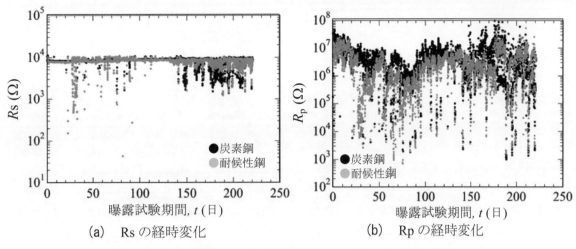

図-3.3.6 全期間における腐食環境モニタリングの測定結果

れ回収された．暴露期間中の試験体の外観変化については図-3.3.5に示すとおり，暴露18日後にはさびの発生が認められている．なお，今回の暴露試験では台風の接近が少なかったこともあり，この期間中における強風の頻度は通年に比べ少ない傾向であった．

b) 腐食環境モニタリングの測定結果と得られた応答の解釈

全期間における腐食環境モニタリングの測定結果を図-3.3.6(a), (b)に示す．図-3.3.6(a)は高周波数域でのインピーダンスから得られる R_s の経時変化を示しており，同心リング型センサ表面が濡れるとセンサ応答として小さい値が検出される．一方，図-3.3.6(b)は低周波数域でのインピーダンスと高周波数域でのインピーダンスとの差から得られる R_p の経時変化であり，同心リング型センサ表面が濡れ，腐食が進行すると小さい値が測定される．2つの図から，およそ7ヶ月間の暴露試験において，同心リング型センサ表面は降雨や結露，塩類の吸湿などでときどき濡れ，腐食が進行していることが示唆される．普通鋼と耐候性鋼との違いについては，暴露試験期間が短かったためか大きな差異はなかった．以下では，普通鋼での測定データをもとに環境変化に対するセンサ応答について詳細に述べる．

図-3.3.7(a)に暴露試験初期で降雨が観測されなかった日のセンサ応答と気温および相対湿度変化との関係を示す．気温および相対湿度は，気象庁の徳島（Lat.34°4.0'N，Long.134°34.4'E）でのデータを用いて整理した．測定データは測定開始2日後の深夜0時から2日分である．夜間の気温は25℃前後の値を示しており，日中は30℃を超える値が観測されている．相対湿度の変化は気温とは逆に夜間は比較的高い湿度（80%前後）を示し，昼間は60%以下に低下している．この時のセンサ応答 R_p は相対湿度と対応し，昼間より夜間の値の方が小さい値を示している．すなわち，この2日間において夜間は昼間よりも腐食性が高くなる．ただし，$10^7 \Omega$ という抵抗値は図-3.2.10で示したグラフから得られる R_p（$10^3 \sim 10^4 \Omega$）と比較してかなり高い値であり，それほど大きく腐食する環境にはないと判断できる．

図-3.3.7(b)に降雨が観測された日のセンサ応答と気温および相対湿度変化との関係を示す．測定データは測定開始55日後の深夜0時から2日分である．2日目は夜間から午後4時頃まで降雨が観測されており，気温も20℃前後でほぼ一定の値を示した．相対湿度については，降雨が観測されている時間帯はほぼ100%の値を示し，降雨後は相対湿度が低下しており，夜間に再度上昇した．センサ応答 R_p の値について，1日目の夜間の降雨時は前日からの降雨の影響もあり，$10^5 \Omega$

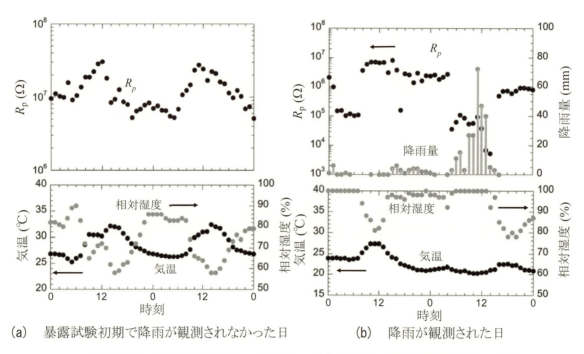

(a) 暴露試験初期で降雨が観測されなかった日　　(b) 降雨が観測された日

図-3.3.7　同心リング型センサ応答 Rp と気温および相対湿度変化との関係

にまで低下した．降雨後の昼間は気温の上昇と相対湿度の低下により R_p の値は再び上昇し，降雨が再び観測されると低下が観測された．特に2日目の12時過ぎには $10^4 \Omega$ 以下の値を示しており，この時間帯で腐食が大きく進行することを示している．測定開始140日後で降雨時のデータを図-3.3.8に示す．図-3.3.5からわかるように，この時の同心リング型センサ表面にはさび層が形成されている．図-3.3.7(b)と比較して，降雨量は少ないが2日目の深夜の降雨によって R_p の値が大きく低下しているのが観測された．したがって，さび層が形成されている状態でも同心リング型センサの応答により環境の変化を良く捉えられる．

　電気化学インピーダンス法を利用した腐食環境モニタリングでは，同心リング型センサにより材料表面の濡れと腐食状況を把握できる．通常のセンサでは試験前の清浄面を利用してセンシングするのに対し，同心リング型センサでは清浄面のみならずさび層が表面に堆積した状態でもセンシングできるのが特徴である．清浄面とさび層堆積面では，濡れ環境も腐食環境も異なり，また実環境ではさび層が堆積した状態で使用する時間の方が長い．このように，本技術は，実際の表面状態に対応した腐食環境をモニタリングする手法として有用である．

c) 塗装小片鋼板による塗膜下腐食挙動の推定

　暴露後の塗装小片鋼板の外観の一例を図-3.3.9に示す．塗膜割れ，剥がれの発生は認められず，塗膜下での腐食が進行している．暴露後に発生した塗膜膨れ面積率は，画像解析により7〜8%（0.01wt%塩水噴霧の場合），12〜13%（0.05wt%塩水噴霧の場合）であった．これを，沖縄県宮古島において同条件で暴露した塗装小片鋼板の塗膜膨れ面積率（3.1.4の図-3.1.12）と比較した結果を図-3.3.10に示す．この橋で暴露した場合，いずれの試験体においても宮古島に暴露した場合と比較して30〜40%の塗膜膨れ面積率となった．これより，この橋では宮古島と比較して塗膜下での腐食が進行しにくい（倍率にして半分以下）環境であることが推定される．

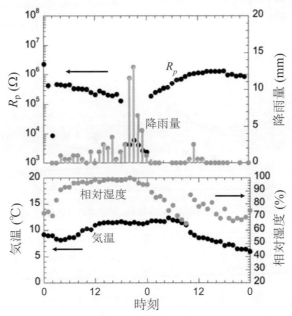

図-3.3.8 測定開始 140 日後で降雨が観測された日の同心リング型センサ応答 R_p と気温および相対湿度変化との関係

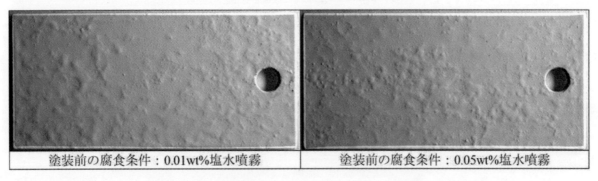

図-3.3.9 暴露試験後の塗装小片鋼板の外観の一例

(2) めっき，およびステンレスの小片鋼板

a) 暴露試験の概要

3.1.3 に示した亜鉛めっき小片鋼板およびステンレス小片鋼板に加え，普通鋼を図-3.3.11 に示す北海道から沖縄まで 10 箇所の地点でおよそ 1 年間暴露した．ガーゼ法による飛来塩分量の測定結果は 0.04～3.4mdd であった．亜鉛めっき小片鋼板とステンレス小片鋼板は外観写真を撮影し，画像処理によって赤さびのみを二値化して抽出し，面積率を求めた．普通鋼は腐食生成物を除去した後，重量減少から腐食速度に換算した．

b) 暴露試験の結果

暴露試験の結果を図-3.3.12 に示す．図中の数値は普通鋼の腐食速度 CR(mm/y) を示している．雨洗効果がない地域においては，国頭では亜鉛めっき小片鋼板もステンレス小片鋼板も腐食が著しく，かつ普通鋼の腐食速度も 0.47mm/y とかなり高く，濡れと海塩の影響を大きく受けていることがわかる．海まで 10m と近く，飛来塩分量も多い苫小牧では，ステンレス小片鋼板のみが腐食し，亜鉛めっき小片鋼板にはさほど赤さびが観察されなかった．しかし，普通鋼の腐食速度は大きい．何故，亜鉛めっき小片鋼板が赤さび発生に至らなかったのかは，今後，検討していく必要

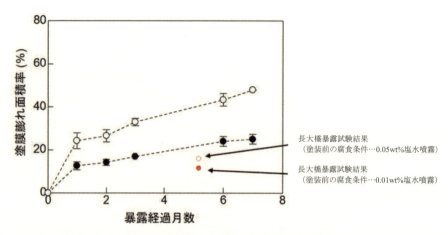

図-3.3.10 宮古島において同条件で暴露した塗装小片鋼板の塗膜膨れ面積率との比較結果[22] から一部抜粋して作図

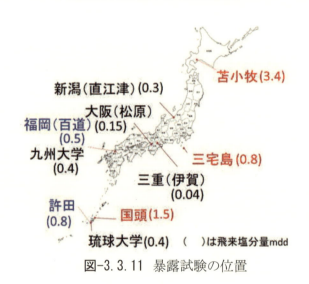

図-3.3.11 暴露試験の位置

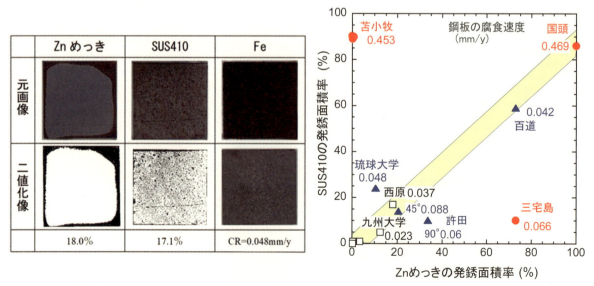

図-3.3.12 亜鉛めっき小片鋼板とステンレス小片鋼板の発錆面積率の評価例

がある．逆に三宅島では，亜鉛めっき小片鋼板の腐食が著しく，ステンレス小片鋼板は点状の細かな発銹が多かった．これは，濡れの要素以外に SO_2 の影響が現れたものと考えられる．また，雨洗効果が期待できない地域では，普通鋼の腐食速度はやや大きな値を示したが，必ずしもステンレス小片鋼板の発銹が大きいとはいえない．ステンレス小片鋼板では，細かな点状さびや上側から垂れ落ちてくるさびによる汚れの画像処理評価における精度を向上する必要がある．なお，亜鉛めっき小片鋼板とステンレス小片鋼板を同時に暴露することで，海塩の付着による影響も同時に評価することが可能になり，有用である．

3.3.2 実構造物

ここでは，大気環境における大規模鋼構造物として，吊橋（道路橋）と鋼 I 桁橋（道路橋と鉄道橋）を例に上げ，3.1.2 および 3.2.1 で述べた MSP と ACM センサを適用した事例について述べる．MSP は塗膜劣化後の腐食性評価に加えて，ACM センサの設置部位をスクリーニングするために用いた．また，ACM センサは MSP で評価した腐食性に対する腐食環境を把握するために用いた．

(1) 吊橋（道路橋）[5]

a) 腐食環境のモニタリングと腐食性評価の方法

対象橋梁は海上に位置する 3 径間鋼補剛桁を有する吊橋（橋長：1068m，スパン：178+712+178 m）である．対象橋梁の全景と諸元をそれぞれ図-3.3.13 および図-3.3.14 に示す．対象橋梁の橋軸方向と鉛直方向の位置における大気腐食環境を評価するため，補剛桁の側径間部，中央径間部と主塔部，および主塔の基部と頂部を対象とした．

補剛桁と主塔における部位レベルの腐食性やミクロ腐食環境を評価するために，これらの部材の各対象面（対空面，対地面，南東側の側面（以下，南東面）および北西側の側面（以下，北西面））に MSP（JIS G 3106 SM490A，60×60×3mm），Fe/Ag 対の ACM センサ（センサ出力：0.1nA〜1mA，分解能：0.1nA（0.1nA〜10μA）および 1μA（10μA〜1mA），電極間抵抗：1GΩ以上），温湿度センサ，風向・風速計および飛来塩分量測定のためのガーゼ枠（ドライガーゼ法（JIS Z 2382[43]））を設置した．なお，MSP の表面は，スチールグリッド（JIS G5903 G50）でブラスト処理（ISO 8501-1[44] Sa2.5（表面粗さ R_z：約 70μm））した．MSP と ACM センサについては，対象部位の表面にお

図-3.3.13 対象橋梁（吊橋）[5]

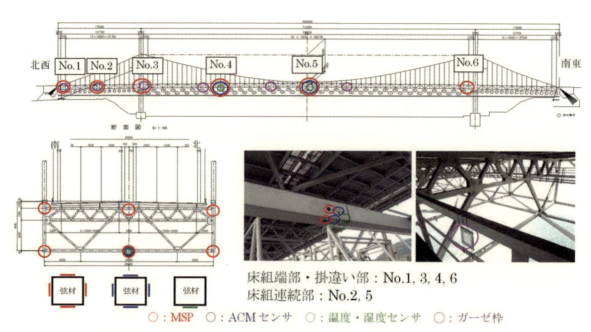

図-3.3.14 対象橋梁の諸元および MSP，ACM センサ，温湿度センサ，ガーゼ枠の主な設置位置 [5] を一部修正

ける温度変化に極力追従させる等のために，熱伝導ゲルシート（熱伝導率：1.9（W/m・K），厚さ：1.0mm）を介して，ブチルゴム系の両面粘着テープ（厚さ：0.7mm）で設置した．ACM センサの設置部位は，MSP を約 3 ヶ月間大気暴露して，その腐食生成物層の厚さと 3.1.2 の式(3.1.2)～(3.1.4)に基づき，MSP の設置部位（約 200 ヶ所）から 12 ヶ所を選定した．ACM センサの出力については，その出力を 10 分ごとにモニタリング・記録した．MSP および ACM センサを用いたモニタリング期間は，それぞれ 2012/06/26～2013/05/10 の約 11 ヶ月間，および 2012/09/13～2013/05/10 の約 9 ヶ月間とした．

大気暴露した MSP の腐食生成物層の厚さ $t_{r,mean}$ は，電磁式デジタル膜厚計（測定精度：±1μm，分解能：1μm（0～999μm），10μm（1～8mm），プローブの先端曲率半径：10.5mm）を用いて，MSP 中央部を 11 回以上測定した [16]．また，平均腐食深さ d_{mean} の経時性は，$d_{mean,1yr}$ を式(3.1.2)～(3.1.8)に基づき算出した．

b) 腐食環境モニタリングと腐食性評価の結果

ここでは，図-3.3.14 に示す対象部位のうちの中央径間部の補剛桁下支材（No.4）に対する腐食環境モニタリングと腐食性評価の結果について，主として説明する．

No.4 の補剛桁下支材，および北西側の主塔水平材における温度 T，相対湿度 RH および日降水量 P を図-3.3.15 に示す．補剛桁下支材と主塔の水平材の T と RH の挙動は，ほぼ一致している．また，補剛桁下支材と主塔水平材の濡れ時間 TOW（ISO 9223[45]）（T≧0°C かつ RH≧80%となる時間）の月平均値，2012/6/26～2013/5/10）についても，それぞれ 165 hr./month および 178 hr./month であり，同程度となっていた．この傾向は側径間部や中央径間部についても同様であった．

ドライガーゼ法による飛来塩分量 w_g（2012/9/13～12/25 および 2013/3/18～5/9）の平均値は，路面からの漏水の影響を大きく受ける補剛桁 No.6 の 1.54mdd を除いて，0.21～0.64mdd（平均値：0.35mdd）であった．

MSP による評価結果に基づき選定された対象部位の一部である補剛桁下支材（No.4）における

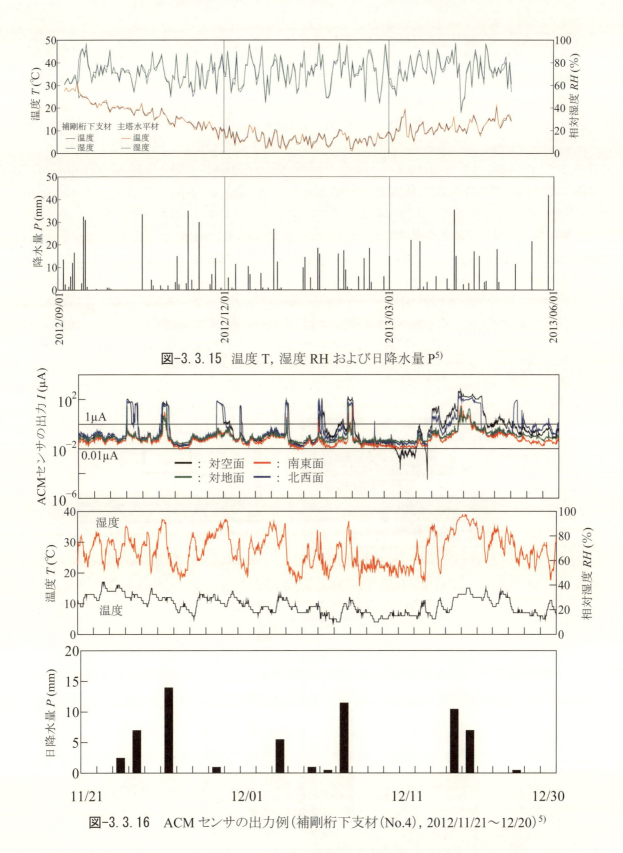

図-3.3.15 温度 T，湿度 RH および日降水量 P[5]

図-3.3.16 ACM センサの出力例（補剛桁下支材（No.4），2012/11/21〜12/20）[5]

ACM センサの出力例を**図-3.3.16**に示す．図中の実線は，降雨のしきい値 1μA，および濡れのしきい値 0.01μA を示している．降雨時，補剛桁の対空面と北西面のセンサ出力が 1μA 以上となり，対地面や南東面は 1μA 以下となる傾向にある．また，比較的降水量が多い降雨の際は，対地面と

南東面のセンサ出力も 1μA 以上となる傾向にある．

No.4 の補剛桁下支材の対空面，対地面，南東面および北西面に設置した ACM センサ出力 I から推定した降雨時における雨水の流水状況を**図-3.3.17** に示す．降雨時に上下車線間中央のオープングレーチング部から降り込む雨水は，対空面から北西面に流れると考えられる．したがって，対空面と北西面に付着した海塩は，降雨により雨洗されやすいといえる．一方，対地面と南東面に付着する海塩は雨洗されにくいため，海塩が付着・蓄積しやすい環境となる．

図-3.3.17 の ACM センサ出力 I から算出した降雨時間（$I \geq 1\mu A$）と濡れ時間（$I \geq 0.01\mu A$）の 30 日間における降雨時間の割合 R_r と濡れ時間の割合 R_w を**図-3.3.18** に示す．I から対地面と南東面の I はほかの面に比して，降雨時に 1μA 以上になることが少ない．対地面と南東面の R_r はほぼ同程度であり，対空面と北西面に比してそれぞれ約 20％，15％小さくなっている．また，対地面と南東面の（$R_w - R_r$）は同程度であり，対空面と北西面に比してそれぞれ約 25％，15％大きくなっている．

以上の結果から，**図-3.3.17** に示す上下線間のオープングレーチング部から落下する雨水は対空面から北西面に流れ，降水量が多い降雨の際は対地面と南東面にも流れる．また，対地面と南東面は雨洗の影響を受けにくいため，対空面と北西面に比して飛来海塩が付着・蓄積しやすく濡れやすいと推察される．

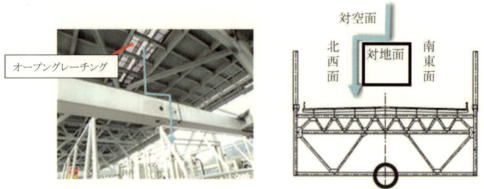

図-3.3.17 ACM センサ出力から推定した降雨時における雨水の流水特性 [5) を加筆修正]
（補剛桁下支材（No.4））

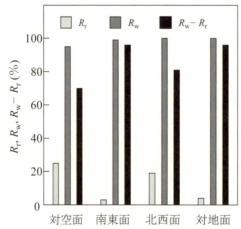

図-3.3.18 降雨時間の割合 R_r と濡れ時間の割合 R_w [5)]
（補剛桁下支材（No.4），2012/11/21～12/20）

c) MSP を用いた腐食性評価

No.4 の補剛桁下支材の対空面と対地面に設置した MSP のデジタルマイクロスコープで撮影した腐食表面を図-3.3.19 に示す．図-3.3.19(a)に示す対空面は，図-3.3.19(b)に示す対地面に比して表面の凹凸が小さくなっている．これは対空面では降雨により，MSP に生成された腐食生成物が降雨で流されたためと考えられる．また，対地面については，雨洗効果が無く，付着した海塩が蓄積するような環境にあるため，ポーラスな腐食生成物層が生成されている．

No.4 の補剛桁下支材に設置した MSP の腐食生成物層の厚さ $t_{r,mean}$ を図-3.3.20 に示す．対空面の $t_{r,mean}$ はほかの面に比して大きい．これは，対空面はほかの面に比して，降雨の影響を受けやすいため，対空面に設置した MSP の初期の腐食が促進されたことに起因すると考えられる．

3.1.2 の式(3.1.2)から式(3.1.8)に基づき，腐食生成物層の厚さ $t_{r,mean}$ を用いて算出した平均腐食深さの推定値 $d_{mean,eva}$ を図-3.3.21 に示す．なお，$d_{mean,eva}$ は飛来塩分量の測定結果，および ACM センサの出力に基づき，対空面と北西面を海塩の雨洗効果があるため，飛来塩分の付着・蓄積がない環境とした．また，南東面と対地面については，雨洗効果が無く飛来塩分の付着・蓄積がある

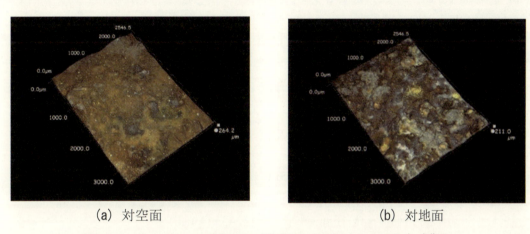

(a) 対空面   (b) 対地面

図-3.3.19 MSP の腐食状況（補剛桁下支材（No.4））[5] を一部修正

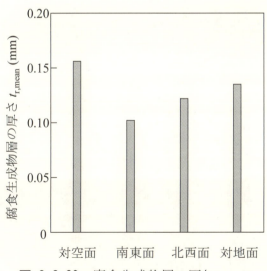

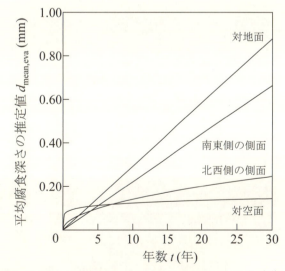

図-3.3.20 腐食生成物層の厚さ $t_{r,mean}$ [5]   図-3.3.21 平均腐食深さ d_{rmean} の経時性[5] を一部修正
（補剛桁下支材（No.4））   （補剛桁下支材（No.4））

環境とした．対空面と北西面の $d_{mean,eva}$ については，初期の数年間に著しく増加するが，その後，増加率は小さくなる．一方，対地面と南東面の $d_{mean,eva}$ は，ほぼ線形的に増加する．これらの結果から，対地面と南東面の腐食性は，対空面と北西面に比して高いと考えられるため，維持管理レベルや塗膜の防食性能を高く設定する必要があるといえる．

(2) 鋼I桁橋（道路橋）

a) 腐食環境のモニタリングと腐食性評価の方法

交流インピーダンスセンサとMSP，および塗装小片鋼板の実環境下における暴露試験を実施したK橋暴露試験場の概要を以下に示す．

K橋は，亜熱帯地域である沖縄県の沖縄自動車道最北端に位置する鋼多主鈑桁橋（図-3.3.22，図-3.3.23，図-3.3.24）である．この橋は名護湾の漁港を取り巻くように架橋されており，飛来塩分や高温多湿の影響を受ける腐食性の高い環境にある．暴露試験は2017年4月から1ヶ月間実施された．

対象部位は図-3.3.23(b)に示す海側の外主桁のウェブと下フランジであり，その表裏面に板厚：3.2mmのMSP（SPCC）と改良型同心リング型腐食センサ（以下，改良型同心リング型センサ）を貼付した．MSPについては暴露対象面をブラスト処理した．

改良型同心リング型センサの電極には普通鋼(SM490A)を用いた．両電極の露出面積は同一で，両電極間の絶縁層の幅はおよそ100µmとした．図-3.3.25に示す改良型同心リング型センサでは，図-3.2.9で示した同心リング型センサでは考慮できなかった材料温度の影響も考慮できるよう裏

<u>K橋</u>
　　橋　　長：304.0m（A1〜A2間），449.5m（A3〜A4間）
　　橋梁形式：鋼（2+3+2+3）径間連続鈑桁橋（A1〜A2間）
　　　　　　　鋼（3+3+3(4)+4）径間連続鈑桁橋（A3〜A4間）
　　供用年度：昭和50年（供用後41年経過）

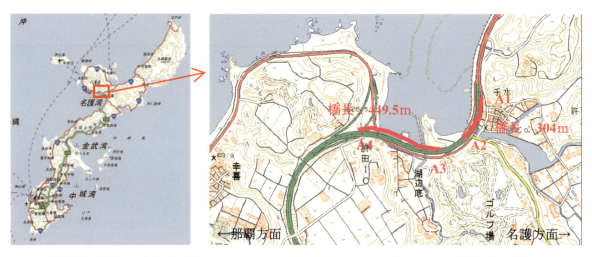

国土地理院ウェブサイト（https://mapps.gsi.go.jp/maplibSearch.do#1）をもとに当委員会で作成
図-3.3.22　K橋位置図

国土地理院ウェブサイト（https://mapps.gsi.go.jp/contentsImageDisplay.do?specificationId=480483&isDetail=true）
をもとに当委員会で作成

(a) 平面写真

(b) 側面写真

図-3.3.23　K橋写真

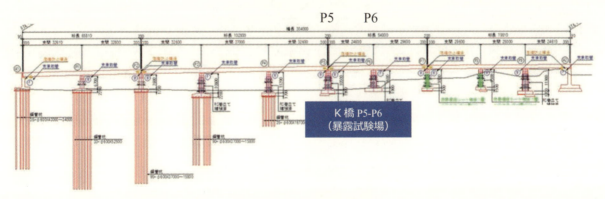

図-3.3.24　K橋側面図

面側も電極が露出した構造に改良されている．本腐食環境モニタリングでは，改良型同心リング型センサを熱伝導性のある両面テープでK橋に貼付しており（**図-3.3.26**参照），対象部位の温度変化に追従してセンサ電極の温度も変化するようになっている．また，この場所は電源を容易に

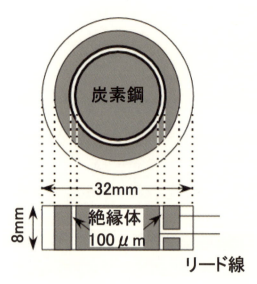

図-3.3.25 改良型同心リング型センサの模式図

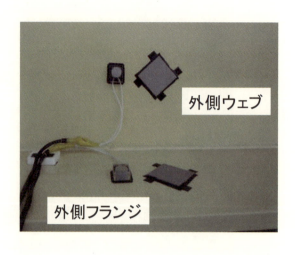

図-3.3.26 改良型同心リング型センサと小片裸鋼板の設置状況

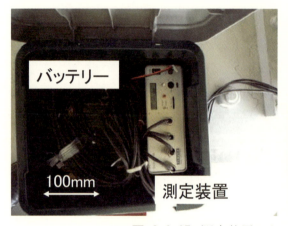

図-3.3.27 測定装置およびバッテリーの設置状況

確保できる場所ではないことから，腐食環境モニタリングに用いた測定装置の電源として，バッテリーのみを使用した．通常は太陽光パネルと併用して長期使用するが，スペース的に太陽光パネルの設置も困難であったことからバッテリーのみで実施した．測定装置およびバッテリーの設置状況を図-3.3.27に示す．

b) 腐食環境モニタリングと腐食性評価の結果

測定開始1ヶ月後までの各部位の腐食環境モニタリングの測定結果を図-3.3.28に示す．●は外側ウェブ，○は外側フランジ，□は対地面，■は内側ウェブのデータであり，降雨のデータも併せて示した．部位にかかわらず，降雨があるときの腐食抵抗は小さい値を示しており，特に外側ウェブおよび外側フランジでは腐食抵抗が著しく低下している．これは，外側部位は降雨の影響を受けるためと考えられる．一方，降雨が観測されなかった期間である4日目から7日目のデータについて調査した．その結果を環境因子の変化とともに図-3.3.29に示す．この期間も降雨時ほどではないが，腐食抵抗の増減が観察された．このときの環境データの変化について，相対湿度が上昇すると腐食抵抗が小さくなる．これは，表面に付着した塩類の吸湿によるものと考えられる．

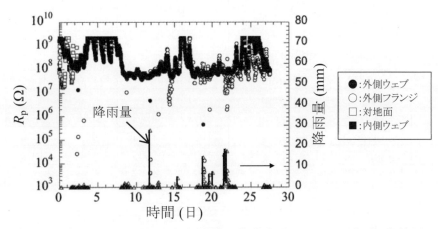

図-3.3.28 測定開始1ヶ月後までの各部位の腐食環境モニタリングの測定結果

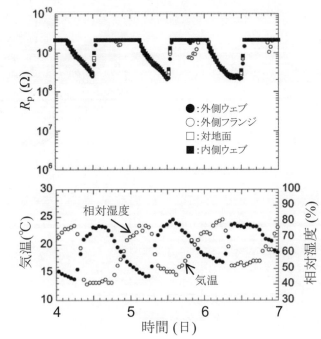

図-3.3.29 降雨の影響のない期間での R_p と環境因子の変化

(3) プレートガーダー橋（鉄道橋）[22]

a) 腐食環境のモニタリングと腐食性評価の方法

対象とした実構造物は，過去に著しい腐食が局所的に発生しており，高腐食性環境に架設される鋼鉄道橋3橋（A橋～C橋と呼ぶ）と，低腐食性環境である東京都国分寺市にある鉄道技術総合研究所内に設置した撤去桁とした．各構造物の架設または設置場所を**図-3.3.30**に示す．MSPと塗装小片鋼板の貼付位置は**図-3.3.31**に示すように各構造物の主桁に該当するI桁のウェブ外側および下フランジ下面とし，粘着テープおよび熱伝導シートを用いて小片鋼板を貼付した．暴露期間は約1年間とし，暴露後の塗装小片鋼板の塗膜膨れ面積率とMSPの侵食度を算出した．

b) 腐食環境モニタリングと腐食性評価の結果

試験結果を**表-3.3.1**に示す．設置場所別に比較すると，切り出し部材に貼付した場合には貼付

表-3.3.1 暴露1年後の侵食度と塗膜膨れ面積率[22]を一部修正

試験片の貼付位置[注1]		A 橋		B 橋		C 橋		切り出し部材[注2]	
		条件a	条件b	条件a	条件b	条件a	条件b	条件a	条件b
MSPの侵食度	部位①	0.04mm		0.11mm		0.04mm		0.02mm	
	部位②	0.06mm		0.16mm		0.13mm		0.02mm	
	部位③	0.02mm		0.10mm		0.10mm		0.01mm	
塗膜変状面積率	部位①	15%	35%	20%	40%	16%	38%	0.1%	7%
	部位②	10%	13%	10%	17%	9%	15%	0%	4%
	部位③	1%	13%	10%	20%	7%	30%	0%	4%

注1:部位①…海側I桁ウェブ外側,部位②…海側I桁下フランジ下面,部位③…山側I桁ウェブ外側
注2:切り出し部材では,部位①を南側I桁ウェブ外側(南方向),部位②を南側I桁下フランジ下面,部位③を北側I桁ウェブ外側(北方向)とした.
注3:条件a,bは鋼板の腐食条件である.a…0.01wt%塩水噴霧,b…0.05wt%塩水噴霧

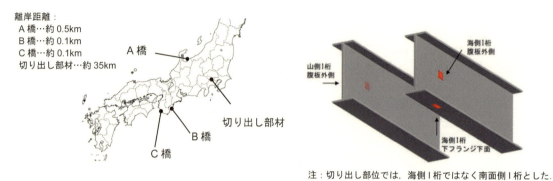

図-3.3.30 対象構造物の架設・設置場所[22]を一部修正　図-3.3.31 小片鋼板の貼付位置[22]

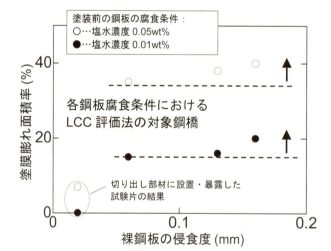

図-3.3.32 侵食度と塗膜膨れ面積率[22]

位置による大きな違いが見られないのに対して,A橋〜C橋に貼付した場合には,最も腐食度の大きいMSPと塗装小片鋼板の貼付位置が異なった.MSPの場合,雨洗効果の期待しにくい下フランジ下面で最も侵食度が大きくなる傾向がみられた.これは,当該部位において海塩由来の塩分が滞留・蓄積されたためと考えられる.塗装小片鋼板の場合,切り出し部材では南面を向くウェブ面,A橋〜C橋では海を向くウェブ面で最も大きな膨れ面積率を示す傾向にある.この要因

として，日照に伴う昇温により腐食反応が促進されたことや，海側を向く部材のため海塩の付着量が多く，潮解によって濡れ時間が増加し，塗膜を通じる水分量が多くなることで腐食しやすい状況になったと推定される．

各構造物において最も高い侵食度（MSP）と塗膜膨れ面積率（塗装小片鋼板）の関係を**図-3.3.32**に示す．切り出し部材に設置した試験片の侵食度および塗膜膨れ面積率は鋼鉄道橋（A, B, C 橋）に設置した試験片の値と比較して著しく小さくなり，各構造物の腐食状況を再現しているといえる．また，塗膜膨れ面積率は MSP の侵食度に対して線形の関係になっていない．これは**図-3.1.12**で示したように，塗膜膨れ面積率は一定の面積率へ収束するためと考えられる．このことから，ある程度以上の腐食性環境に 1 年間暴露した塗装小片鋼板は，同程度の塗膜膨れ面積率に達すると推察される．本試験では塩水濃度を 0.01wt%として作製した塗装小片鋼板では 15%以上，塩水濃度を 0.05wt%として作製した塗装小片鋼板では 35%以上であった．これらの値をしきい値とすることで，塗膜下腐食の発生しやすい鋼鉄道橋であるか否かを評価可能と考えられる．

参考文献

1) 例えば，岩崎英治，鹿毛勇，加藤真志，中西克佳，丹羽秀聡：耐候性鋼橋梁の断面部位別の腐食特性とその評価に関する一考察，土木学会論文集 A，Vol.66, No.2, pp.297-311, 2010.
2) 篠原正，元田慎一，押川渡：ACM センサによる環境腐食性評価，材料と環境，Vol.54, No.8, pp.375-382, 2005.
3) 篠原正：大気腐食の評価とモニタリング技術，材料と環境，Vol.64, No.2, pp.26-33, 2015.
4) 八木孝介，貝沼重信，平尾みなみ：熱伝導性を考慮した鋼構造部材の腐食環境モニタリングに関する基礎的研究，土木構造・材料論文集，No.33, pp.49-57, 2017.
5) 貝沼重信：鋼橋の腐食性・腐食環境評価のための小片裸鋼板と ACM 型腐食センサの適用とその事例，防錆管理，Vol.58, No.11, pp.446-453, 2016.
6) 貝沼重信，山本悠哉，伊藤義浩，林秀幸，押川渡：腐食生成物層の厚さを用いた無塗装普通鋼材の腐食深さとその経時性の評価方法，材料と環境，Vol.61, No.12, pp.483-494, 2012.
7) 貝沼重信，道野正嗣，山本悠哉，藤岡靖，藁科彰，高木真一郎，仲健一：高腐食性環境における無塗装耐候性鋼上路トラス橋における腐食損傷の要因推定と腐食性評価（その 3）－部位レベルの腐食環境と腐食性の評価－，防錆管理，Vol.60, No.9, pp.338-346, 2016.
8) 押川渡，佐藤壮一郎，中野敦：小型試験片を用いた大気環境の簡易評価手法，第 63 回材料と環境討論会，A-310, pp.93-94, 2016.
9) 坂本達朗，貝沼重信：塗装さび鋼板を用いた塗装鋼構造物の腐食度評価に関する検討，防錆管理，Vol.60, No.5, pp.165-172, 2016.
10) （一財）日本規格協会：JIS G 3106「溶接構造用圧延鋼材」，2017.
11) （一財）日本規格協会：JIS G 3114「溶接構造用耐候性熱間圧延鋼材」，2016.
12) （一財）日本規格協会：JIS G 3141「冷間圧延鋼板及び鋼帯」，2017.
13) 坂本達朗，太田達哉，貝沼重信：塗装試験鋼板を用いた実構造物の局所環境評価に関する基礎的検討，第 33 回防錆防食技術発表大会，pp.151-154, 2013.
14) H. Katayama, K. Noda, H. Masuda, M. Nagasawa, M. Itagaki and K. Watanabe : Corrosion Simulation of Carbon Steels in Atmospheric Environment, Corrosion Science, Vol.47, No.10, pp.2599-2606, 2005.

15) 郭小竜，貝沼重信，小林淳二，篠原正：大気暴露試験の開始時期が裸鋼板の腐食挙動に及ぼす影響に関する基礎的研究，第62回 材料と環境討論会講演集，pp.425-428，2015.

16) 山本悠哉，貝沼重信，向川優貴，伊藤義浩：さび厚を用いた無塗装耐候性鋼部材の腐食深さの評価方法に関する基礎的研究，鋼構造年次論文報告集，Vol.18，pp.567-570，2010.

17) 林秀幸，貝沼重信，山本悠哉，伊藤義浩：腐食生成物が鋼板さび厚の電磁膜厚計による測定精度に及ぼす影響，鋼構造年次論文報告集，Vol.21，pp.862-868，2013.

18) （一財）日本規格協会：JIS G 4304「熱間圧延ステンレス鋼板及び鋼帯」，2015.

19) （公財）鉄道総合技術研究所：鋼構造物塗装設計施工指針，2013.

20) （一財）日本規格協会：JIS G 3101「一般構造用圧延鋼材」，2017.

21) 田中誠：鉄道総研式複合サイクル試験による塗膜性能評価，防錆管理，Vol.47，No.6，pp.205-214，2003.

22) 坂本達朗，鈴木実，山中翔，小林裕介：腐食環境下に架設された鋼橋の防食に関するLCC評価法，RTRI REPORT，Vol.31，No.8，pp.41-46，2017.

23) （一財）日本規格協会：JIS Z 2381「大気暴露試験方法通則」，2017.

24) 坂本達朗，貝沼重信，小林淳二：塗装前の炭素鋼基材のさび性状と塗膜耐久性の関係に関する基礎検討，材料と環境，Vol.64，No.7，pp.1-8，2013.

25) 坂本達朗，太田達哉，貝沼重信：室内促進劣化試験における塗装さび鋼板の質量変化量評価，鋼構造年次論文報告集，Vol.25，pp.1-8，2014.

26) 片山英樹，野田和彦，山本正弘，小玉俊明：人工海水液薄膜下での鋼の腐食速度と水膜厚さの関係，日本金属学会誌，Vol.65，No.4，pp.298-302，2001.

27) 押川渡，糸村昌祐，篠原正，辻川茂男：雨がかかりのない条件下に暴露された炭素鋼の腐食速度とACMセンサの出力との関係，材料と環境，Vol.51，No.9，pp.398-403，2002.

28) 貝沼重信，山本悠哉，林秀幸，伊藤義浩，押川渡：Fe/Ag対ACM型腐食センサを用いた大気環境における無塗装普通鋼板の経時腐食深さの評価方法，材料と環境，Vol.63，No.2，pp.50-57，2014.

29) 元田慎一，鈴木揚之助，篠原正，兒島洋一，辻川茂男，押川渡，糸村昌祐，福島敏郎，出雲茂人：海洋性大気環境の腐食性評価のためのACM型腐食センサ，材料と環境，Vol.43，No.10，pp.550-556，1994.

30) 押川渡：沖縄における金属の腐食と環境評価，ウェザリング技術研究成果発表会，pp.73-83，2003.

31) 元田慎一，鈴木揚之助，篠原正，辻川茂男，押川渡，糸村昌祐，福島敏郎，出雲茂人：ACM型腐食センサで測定した海洋性大気の腐食環境条件の年変化，材料と環境，Vol.44，No.4，pp.218-225，1995.

32) （独）物質・材料研究機構：近未来の鉄鋼材料を知る 耐候性鋼・腐食解析版，2016.

33) 佐々木祐也，押川渡，篠原正：Fe-Ag対ACM型腐食センサの寿命，第52回材料と環境討論会講演集，pp.57-58，2005.

34) 押川渡，佐々木裕也，篠原正：屋外環境下におけるACMセンサ出力と腐食速度の関係，第52回材料と環境討論会講演集，pp.53-56，2005.

35) 押川渡，長山雅，篠原正：ACMセンサを用いた実橋梁における腐食環境評価，第55回材料と環境討論会講演集，D203，2008.

36) 西方篤, 熊谷草平, 水流徹：交流インピーダンス法の大気腐食の研究への適用 —金属/水膜界面のインピーダンス特性—, 材料と環境, Vol.43, No.2, pp.82-88, 1994.
37) 西方篤, 高橋岳彦, 侯保栄, 水流徹：乾湿繰り返し環境における炭素鋼の腐食速度のモニタリングとその腐食機構, 材料と環境, Vol.43, No.4, pp.188-193, 1994.
38) 西條康彦, 西方篤, 水流徹：模擬海浜大気環境下における鋼の腐食のモニタリング, 材料と環境'99講演集, pp.9-12, 1999.
39) 片山英樹, 山本貴文, 時枝寛之, 弓納持昇, 森英治：鋼製構造物各部位における腐食モニタリングシステムの開発, 土木学会第72回学術講演会講演概要集, CS14-010, pp.19-20, 2017.
40) 篠田ほなみ, 片山英樹, 星芳直, 四反田功, 板垣昌幸：大気腐食モニタリングにおける2電極式腐食センサの形状の影響, 材料と環境2017講演集, pp.77-78, 2017.
41) 片山英樹：電気化学インピーダンス法による屋外環境での大気腐食モニタリング, 材料の科学と工学, Vol.39, No.2, pp.54-58, 2002.
42) 山本正弘, 片山英樹, 小玉俊明：交流インピーダンス法を用いた屋外環境における鋼の腐食速度の連続測定, 日本金属学会誌, Vol.65, No.6, pp.465-469, 2001.
43) （財）日本規格協会：JIS Z 2382「大気環境の腐食性を評価するための環境汚染因子の測定」, 1998.
44) International Organization for Standardization : ISO 8501-1, Preparation of steel substrates before application of paints and related products-Visual assessment of surface cleanliness-Part 1:Rust Grades and preparation grades of uncoated steel substrates and of steel substrates after overall removal of previous coatings, 2007.
45) International Organization for Standardization : ISO 9223, Corrosion of metals and alloys - Corrosivity of atmospheres - Classification, determination and estimation, 2012.

第4章　構造改良による腐食環境の改善

　腐食性が高い環境にさらされ，腐食損傷が生じた鋼構造物を長寿命化するためには，腐食因子の排除，ミクロおよびマクロ腐食環境の改善，鋼構造物本体の防食性能を回復・維持・向上させることが重要となる．

　本章では，鋼構造物の中でも主に鋼道路橋を対象として，その構造形式やディテールを改善することで腐食環境を改善する対策について述べる．まず，4.1～4.5の各節では，具体的な腐食損傷事例とその腐食発生原因について述べ，これらの腐食損傷に対して，これまでに実際に行われた防食性能の回復事例，対策事例を主として取りまとめている．本章で対象とする腐食損傷とその要因について，表-4.1.1に示す．これらの事例には，既に発生している腐食損傷の対策事例に加えて，構造的な配慮など新設橋を設計するに際して参考になる事例も含めている．なお，橋梁がさらされる腐食環境や構造形式によっては，これらの対策を単に適用することでは意図する効果が必ずしも得られない場合がある．そのためにも，前章までに示した鋼構造物の部位レベルにおける腐食進行性や腐食環境の評価結果に基づき，適切な対策を選定することが重要になる．また，4.6，4.7の各節では，橋梁の構造的要因による点検および維持管理困難部位の考え方と第2章で示した腐食損傷が生じやすい桁端部における漏水に対する考え方を示している．

表-4.1.1　本章で対象とする腐食損傷とその要因

項目		項	大気・空間環境				濡れ時間					特殊環境			塗膜の欠陥	
			飛来塩	飛沫	植生	狭隘構造	湿潤	漏水	滞水	結露	塵埃	鋼・コンクリート境界部	隙間腐食	異種接触金属	膜厚不足	塗膜損傷
4.1 構造ディテール変更による腐食因子の排除	腐食因子の侵入	4.1.1	●				●									
	トラス構造などの格点部	4.1.2				●	●	●	●		●					
	高力ボルト	4.1.3													●	
	高力ボルト継手部の連結板	4.1.4					●	●	●				●		●	
	鋼・コンクリート境界部	4.1.5									●	●				
	土砂・塵埃などの堆積	4.1.6									●					
	部材間接触・摩擦など	4.1.7														●
	異種金属接触腐食	4.1.8												●		
4.2 塗膜の損傷・劣化抑制	部材角部	4.2.1													●	
	足場用クランプ等による塗膜の損傷	4.2.2														●
	現場溶接部	4.2.3													●	
	現場切断部	4.2.4													●	
4.3 排水計画排水設備	適切な排水計画	4.3.1					●	●								
	適切な排水設備	4.3.2					●	●								
	排水機能の保持	4.3.3					●	●								
4.4 漏水・滞水対策	結露水	4.4.1								●						
	伸縮装置からの漏水	4.4.2						●								
	床版からの漏水	4.4.3						●								
	水切りの設置	4.4.4						●								
	支承部周辺の滞水	4.4.5							●							
4.5 腐食環境の改善	飛来塩分	4.5.1	●													
	河川などからの飛沫	4.5.2		●			●									
	植生の影響	4.5.3			●		●									
	桁端部空間の確保	4.5.4				●	●									

4.1 構造およびディテールの変更による腐食因子の排除

4.1.1 腐食因子の侵入防止
(1) 路面からの腐食因子の飛来・付着防止
　冬季，路面に散布された凍結防止剤を含んだ雨水や雪解け水が走行車両によって飛散し，橋梁の桁間や桁の下方に付着することで，鋼部材が腐食する事例がある（**図-4.1.1**）．山間部に位置する耐候性鋼橋のF橋は，冬季に凍結防止剤を散布する幹線に位置するニールセンローゼ橋である．F橋では，走行車両によって巻き上げられた雪解け水などの飛沫が，谷あいの風により桁下に運ばれ，付着することで床組部材に著しい腐食損傷が発生した．

　この腐食損傷に対する防食性能回復の対策の一つとして，走行車両による飛沫の拡散による腐食環境の悪化を改善するために，車道部の防護柵に樹脂製の水跳ね防止板が設置された（**図-4.1.2**）．路面からの雨水等の飛散を防止するこのような構造は，積雪地域における橋梁で歩道部への飛散防止としても多数適用されており，腐食環境を改善する上で有効な対策といえる．

(2) 橋梁下方からの腐食因子の浸入・付着防止
　海岸部に位置する橋梁において，飛来海塩の一部が，桁間に発生する渦により桁内面側に付着・蓄積することで，付着塩分が雨洗される桁外面側と比較して，腐食性が高い環境になる事例[1]がある（**図-4.1.3**）．鋼I桁橋の桁間に加え，箱桁間でも同様に腐食性が高い環境となる場合がある．**図-4.1.4**に示すように，外桁外面では紫外線や酸化チタンの光触媒作用による塗膜劣化（樹脂分解）（付2.2参照）が著しいが腐食損傷がほとんど発生していない．一方，桁内面側については，塗膜劣化がほとんど生じないが，ピンホールなどの塗膜の微視的欠陥を介して付着・蓄積した海塩や結露水などが鋼素地に達することで，著しい局部腐食が発生する事例がある．

　飛来海塩など腐食因子の橋梁下方からの侵入や付着防止を目的として，桁間または桁周囲全面にカバー（以下，遮塩板）を設置する対策が適用されている（**図-4.1.5**）．遮塩板の材料には，耐食性の高いチタン[2]やステンレス，アルミニウム[3]といった耐食金属に加え，繊維強化プラスチック（FRP）[4]が適用されている．適用事例を**図-4.1.6**に示す．遮塩板は，主に景観性向上を目的に従来から設置されていた桁カバーと比較して，気密性を向上させることで腐食因子の侵入を防止できる．文献2)では遮塩板による飛来海塩の遮断に加え，遮塩板内部は外気と比べて温度が急変しにくいため，腐食因子である結露発生の予防効果もあったと報告されている．また，飛来海

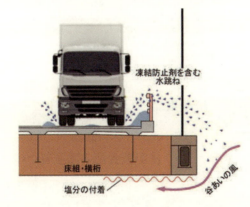

図-4.1.1　走行車両による路面水の水跳ね

図-4.1.2　水跳ね防止板の設置事例

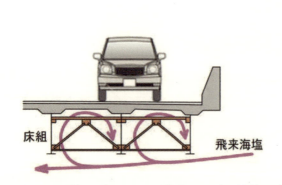
図-4.1.3 桁下間における海塩の飛来・付着現象

図-4.1.4 桁内面側の著しい腐食損傷

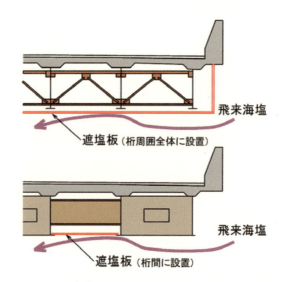
図-4.1.5 遮塩板の設置による飛来海塩の遮断

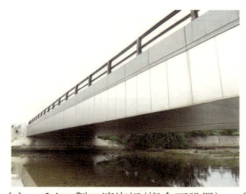 
(a) チタン製の遮塩板（桁全面設置）　　(b) アルミニウム合金製の遮塩板（桁間設置）
図-4.1.6 遮塩板の設置例

(c) FRP製の遮塩板（桁間設置）

図-4.1.6 遮塩板の設置例（つづき）

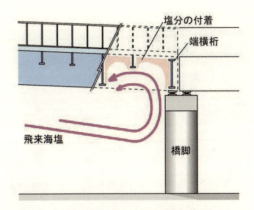

図-4.1.7 想定される飛来海塩の回り込み

図-4.1.8 桁端部に遮塩板を設置した例

塩が橋台や端横桁で囲まれた空間に侵入して，桁端部が著しく腐食したため，遮塩板を桁端部にのみ設置した事例もある（図-4.1.7，図-4.1.8）．

(3) 桁端部への腐食因子の侵入防止

桁端部は一般部と比較して伸縮装置からの漏水や土砂が堆積しやすく，湿度が高くなる傾向があるため，腐食性の高い環境になりやすいといわれている．そのため，支点部の補剛材周辺や箱桁の桁端部の下フランジ上面などでは，滞水や土砂の堆積などにより，腐食環境が悪化しやすい．桁端部における土砂の堆積事例を図-4.1.9に示す．

桁端部の支点部周辺への腐食因子の侵入と滞留の防止を目的として，主桁下フランジに水切りを兼ねたコーナープレートが設置された事例がある（図-4.1.10(a)）．この事例では，コーナープレートに支承のセットボルトの施工や点検のためのハンドホールが設置されており，完全な密閉空間とはなっていないことから，コーナープレート内部に雨水など腐食因子が侵入することがないよう留意する必要がある．一方，箱桁の桁端部の下フランジにカバーを設置した事例を図-4.1.10(b)に示す．カバーを設置することで，土砂や粉塵などの堆積に対する抑制効果は期待できるが，雨水が浸入して腐食環境が悪化する場合もあるため，雨水が浸入しない構造とする必要がある．

(4) 支承部への腐食因子の侵入防止

支承は腐食性の高い環境になりやすい桁端部に設置されるため，橋梁の付属物の中でも早期に

(a)　I 桁の支点部　　　　　　　　(b)　箱桁端部の下フランジ

図-4.1.9　桁端部における土砂の堆積や滞水の事例

(a)　支点上補剛材下端　　　　　　(b)　箱桁端部下フランジ

図-4.1.10　桁端部におけるカバー構造の事例

図-4.1.11　支承部の損傷事例　　　　　**図-4.1.12**　支承部カバーの設置例

防食性能が低下しやすい部材である．支承部の損傷事例を**図-4.1.11**に示す．

　飛来海塩の量が多い海岸部などに位置する橋梁では，新設時に支承部の防食性能を向上させるために，亜鉛・アルミニウムの合金めっきや金属溶射などが選定されるケースも増えてきている．また，既設支承の防食性能を回復するために，金属溶射を適用する事例もある．このような防食方法の変更のほかに，飛来海塩が支承本体に付着しないように，支承部全体をシート等で被覆す

図-4.1.13　点検困難なカバー(PC橋)　　　図-4.1.14　支承部を樹脂で充填した事例[5]

る対策事例がある（**図-4.1.12**）．このような対策は，飛来海塩の付着防止に対しては効果的ではあるが，高湿度などによってシート内部の腐食性が高くなる場合もあるため留意する必要がある．また，**図-4.1.13**に示すように，カバーの設置により支承本体の点検が困難とならないよう，視認性を確保する必要もある．最近では，支承周囲を透明な弾性樹脂で充填することで，腐食因子の侵入や付着を予防する方法も提案されている（**図-4.1.14**）．

本項で紹介した対策は，腐食因子の侵入を遮断するためにカバーを設置する方法であるが，単にカバーを設置すればよいのではなく，カバーをすることで高湿度環境となり腐食しやすくなる場合もあることから，適用に際しては検討が必要である．

4.1.2　格点部構造の改良

2.1.1に示したように，トラス橋などの格点部は構造が複雑であり，ガセット間での雨水の滞水や土砂の堆積により，長期間湿潤環境にさらされやすい（**図-4.1.15**）．さらに，ガセットと斜材などの接合に高力ボルト継手が適用される場合が多いため，腐食損傷の生じやすい部位といえる．

防食性能回復に際しては，定期的な清掃を行うことで濡れ時間を短くするとともに，滞水を予防できる適切な位置に水抜き孔を設けることが考えられる．実構造物では設計時に設定された水抜き孔から排水できていない場合もあり，滞水により著しい腐食損傷が生じることもある．そのため，実構造物の滞水状況を調査した上で，水抜き孔を追加するなどの対応により腐食損傷の発生を予防する必要がある．また，**図-4.1.16**のように，ポリカーボネート板で格点部をカバーし土砂や塵埃などが堆積しないようにする工法[6]も提案されている．カバーには，ポリカーボネート板と比べて若干高価ではあるが，耐候性の高いアクリル板等を選定することも考えられる．なお，カバーを設置することで，逆に湿度が高くなり腐食環境が悪化する場合もあるため，3.1.2のモニタリング鋼板などを用いて，腐食性を評価することが望ましい．

リベット接合で製作された橋梁に対して，塗装により防食性能を回復する場合には，レーシングバーやタイプレートが接合された斜材や垂直材も含めて，格点部が5.4.1に示す素地調整困難部位である場合が多いことを考慮した防食計画を立てる必要がある．

近年の鉄道トラス橋では，格点部構造を合理化するために，**図-4.1.17**に示すように，斜材をガ

(a) 上路式トラス橋

(b) 下路式トラス橋

図-4.1.15 格点部構造の例

図-4.1.16 格点部カバー[6]

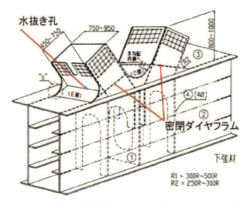
(a) 鉄道橋のトラス格点部の例[9]

(b) 下路式ワーレントラス橋の事例

図-4.1.17 格点部の合理化構造

セットと直接連結せず，4面を高力ボルトで連結する構造とするとともに，密閉ダイアフラムや水切りを用いて格点部を密閉化する構造が採用されている[7)-10]．同様な構造として，格点部の接合方法を高力ボルト継手から溶接継手にすることで，さらに防食性能を向上させた事例[11]もある（図-4.1.18）．また，道路トラス橋において，構造の合理化を目的として，角形鋼管を斜材や弦材に用いた事例[11]がある．図-4.1.19(a)に示すワーレントラス橋[12),13)]では，斜材と弦材を角形

図-4.1.18 全溶接構造としたトラス格点部

(a) ダブルワーレントラス橋格点部

(b) ダブルデッキトラス橋

図-4.1.19 角形鋼管を用いたトラス道路橋の例

鋼管とし，デザイン性から角形鋼管の主軸を45度傾けて溶接で接合している．斜材は鋼管内部に取り付けた十字リブ部で高力ボルト接合した後，カバープレートを溶接する構造である．角形鋼管の主軸を傾けたことや，格点部を密閉構造としたことは，防食上も効果があると考えられる．**図-4.1.19(b)** に示すダブルデッキトラス橋[14]は，斜材を角形鋼管とし，4面を高力ボルトで連結した構造であるが，鉄道橋のような水切りは設けられていない．

橋梁を設計する際には，防食上，これらの構造のように格点部の仕口を箱型断面とし，密閉構造とすることが望ましい．斜材などがI断面で4面連結ができない場合には，格点部近傍で斜材を箱型とする構造も考えられるが，過度な応力集中が生じないように，部材の荷重伝達に十分に配慮する必要がある．

4.1.3 高力ボルトの対策

高力ボルト継手部は，部材を連結することで荷重伝達させる重要な役割がある一方，2.1.3で述べたように典型的な腐食損傷が生じやすい部位の一つである．高力ボルトの頭部やナットの角部では，適切な塗膜厚を確保することが困難である．また，高力ボルト継手部は連結板が近接して組み合わされ，入隅部や凹凸も多いことから滞水状態になりやすく，塵埃も堆積しやすい部位である．また，腐食が発生すると適切な素地調整の実施が困難になることから，防食性能の回復が

(a) ナット部　　　　　　　　　　(b) トルシア型高力ボルト頭部
図-4.1.20 高力ボルトの腐食事例

容易ではない部位といえる．ここでは，高力ボルトやナットの腐食損傷とその対策について述べ，連結板を含めた高力ボルト継手部については，**次項**で述べる．

　高力ボルトの頭部やナットの腐食損傷事例を**図-4.1.20**に示す．**図-4.1.20**(a)はナットの腐食事例を示している．ナットやねじの余長部分の角部では，その幾何学的形状により十分な塗膜厚を確保することが困難である．また，腐食するとブラスト処理を行ってもさびを完全に除去することが容易ではない．**図-4.1.20**(b)はトルシア型高力ボルト頭部の損傷事例である．トルシア型高力ボルト頭部は，ナットに比べて角部は少ないものの，周辺の母材や連結板に比べて腐食が著しく進行している．このように高力ボルトの腐食が進行すると，ボルト軸力が低下することでボルト継手部の耐力が低下するため，損傷の初期段階で防食性能を回復することが望ましい．特に，鋼素地に対して密着性の高い重防食系塗装されたボルトでは，2.1.3で述べたように，ピンホールなどの微視的な塗膜欠陥から著しい局部腐食が生じてボルト頭部やナットの一部が欠損する場合が多いため，損傷発生の初期段階で防食性能を回復することが求められる．

　高力ボルトの腐食要因は，角部の塗膜厚不足，建設時，または塗装塗替え時の素地調整不足などが考えられる．また，一般の高力ボルトでは，十分な犠牲防食機能を有する防食下地がないことも防食性能が低下する要因の一つとして考えられる．以下では，高力ボルトの腐食損傷対策の事例を述べる．

(1) 塗装塗替え

　既設橋における腐食した高力ボルトの防食性能の回復は容易ではない．一般には塗装塗替えによる防食性能回復が検討されるが，ボルトの凹凸部についても適切な素地調整の品質を確保できなければ，塗装本来の防食性能は期待できない．塗装塗替えに先立って，カップワイヤーやボルトやナットの幾何学的形状に応じた専用の素地調整工具（5.1.2参照）を用いることで，素地調整を一般部以上に入念に実施し，腐食生成物や塩類などの腐食要因物質を極力除去することが重要である．トルシア型高力ボルトを塗り替える際には，適切な塗膜厚を確保するために，ピンテール破断面に残置されるバリ部をグラインダなどで除去する必要がある[15]．なお，素地調整後もこれらの腐食要因物質が若干ながら残存してしまう場合については，化学的な防食作用のある亜硝酸カルシウムなどを含むセメント系防食下地材（9.3.2参照）などを活用することも考えられる．

(2) カップ式注入塗装

　カップ式塗装は円筒形のカップをナットにかぶせて，カップとナットとの隙間へ塗料を電動エ

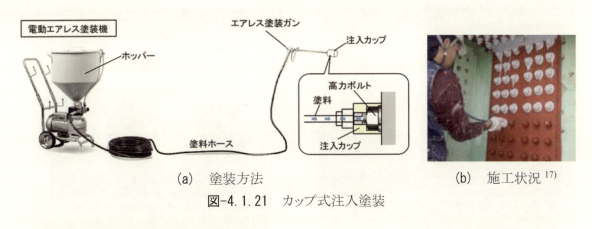

(a) 塗装方法　　　　　　　　　　　　　　(b) 施工状況 [17]

図-4.1.21　カップ式注入塗装

(a) 高力ボルト頭部　　　　　　　　　　　(b) ナット部

図-4.1.22　ボルトキャップの設置事例

アレスで圧入して，1回の施工で厚膜塗装する施工方法である（図-4.1.21）．鋼道路橋防食便覧では高力ボルトの塗装の膜厚として 300μm 仕様の超厚膜型エポキシ樹脂塗料が示されており [16]，カップ式塗装を用いることで 300μm を確実に確保できるとともに 1,000μm 程度の膜厚を確保しやすくなる．塗膜厚の増厚は，経時劣化による塗膜消耗による腐食因子の侵入を抑制することから，高力ボルトの防食性能の向上が期待できると考えられる [17]．一方で，極端に塗装の膜厚を厚くすると塗膜の乾燥時に収縮による塗膜割れなどの損傷が生じる場合もあるため，塗料の選定や施工方法について十分な検討が必要である．

(3)　ボルトキャップ

軟質や硬質の樹脂製キャップをボルト頭部やナットに被せ，腐食要因物質から高力ボルトを保護することで防食する方法である（図-4.1.22）．ボルトキャップの設置には足場設置が必要になることが多いが，既設橋にも比較的容易に設置できる．ボルトキャップの施工の際には，キャップとボルト頭部やナットとの間に空洞があると結露が生じるため，エポキシ樹脂系接着剤などを充填することで空洞をなくし結露を防止するとともに，密着性を高める必要がある．また，キャップ内部に水分などの腐食要因物質が侵入しボルトが腐食する場合もあるため，腐食環境に応じて定期的にキャップを取り外して腐食の有無を確認するとともに，必要に応じてキャップを交換することが望ましい．なお，キャップを設置したまま内部の腐食状況の有無が確認できる透明なキャップも開発されている（9.4.1 参照）．

既設橋のボルトやナットが腐食した状態でボルトキャップを設置してしまうと単に目隠しにな

図-4.1.23 ボルトキャップの損傷

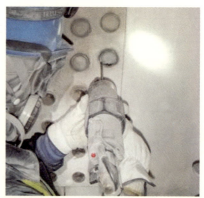
図-4.1.24 低温溶射の施工状況

るばかりではなく，塩類によりボルトが腐食している場合には，キャップを被せることで却って腐食が進行しやすくなる場合もある（図-4.1.23）．したがって，腐食したボルトにボルトキャップを設置する場合は，事前に腐食生成物や残存する塩類を十分に除去しておく必要があるといえる．また，腐食損傷が著しい場合には，ボルトを取り替えた上で，ボルトキャップを設置することが望ましい．

軟質のボルトキャップについては，水分などの腐食要因物質がキャップ内部に侵入してボルトやナットが腐食した場合にも腐食生成物の体積膨張をキャップの外観から観察でき，腐食発生の有無を容易に推定できる場合もある．キャップの腐食による外観上の膨れの経時性は，3次元表面測定機（9.1.2参照）などにより容易に測定できる．一方，硬質キャップについては，キャップ内部で著しい腐食が生じた段階になれば，腐食生成物の体積膨張によりキャップが割れるなどにより，腐食発生の有無を推定できる．なお，現行の樹脂キャップは紫外線などにより劣化しやすいため耐久性に注意するする必要がある．

(4) 低温溶射

既設ボルトに対する防食下地の施工法として，低温溶射（コールドスプレー）が挙げられる．低温溶射による工法は，亜鉛などの金属粉体を融点以下の温度で加熱し，超音速で吹き付けることで高力ボルト表面に犠牲防食機能を有する亜鉛皮膜を生成する工法である（図-4.1.24，9.4.4参照）．粉体にアルミナを混合することで，塗装塗替え時の素地調整の機能も付与できる．実構造物における試験施工も実施されており，他の標準的な防食仕様を施した高力ボルトと同等以上の防食性を有することが報告されている[18]．なお，塗装と比較して施工効率が低いため，適用に際しては施工対象とする高力ボルトを選別する必要がある．

(5) 高力ボルトの交換

著しく腐食した高力ボルトに対して防食性能を回復することは困難な場合が多く，多大なコストが必要になる．したがって，ボルトが著しく腐食し軸力が大きく低下している場合には，ボルトを交換する必要がある．交換工事は大規模になるが，ボルト交換時に以下に述べる防食性の高い高力ボルトを採用できる．高力ボルトの具体的な交換方法や手順については，F11TボルトからF10Tボルトへの交換事例[19]などが参考となる．

a) 防せい処理高力ボルト

高力ボルト締め付け後から現場塗装までの期間が長い場合や，飛来海塩などにより腐食性が高い環境では，ボルトやナットにさびが発生する場合がある（図-4.1.25(a)）．高力ボルトが発せい

(a) 高力ボルトの発せい事例 　　　　　(b) 防せい処理ボルト

図-4.1.25 防せい処理ボルトの設置事例

図-4.1.26 Al-5%Mg溶射ボルト

した場合は，現場塗装に先立って動力工具により素地調整が実施されるのが一般的であるが，現場塗装の品質に影響を及ぼす可能性が考えられる．そこで，高力ボルトの締付け後から現場塗装までの比較的短期の防せいを目的として，防せい処理高力ボルトを適用する方法がある．このボルトは，工場でボルト，ナット，平座金などをりん酸塩処理し，その上にプライマーを塗布することで，防食性と安定したトルク係数を確保している．

防せい処理高力ボルトの適用例を**図-4.1.25(b)**に示す．適用例としては幅広く，海上に架設される長大橋など長期耐食性を必要とされる土木構造物や建築構造物，災害時における緊急架設桁などに適用事例がある．なお，防せい処理ボルトの適用に際しては，通常の高力ボルトと比べて約2倍のコスト増となることから，架橋環境やボルトの締め付け後から現場塗装までの期間がどの程度なのか，また適用部位などを適切に判断することが必要である．また，トルシア形ボルトのチップ切断部については無塗装となるため，適切な素地調整を行った後に補修塗装（以下，タッチアップ塗装）する必要がある．

b) **防食下地を有するボルト**

防食下地を有するボルトとして，従来から溶融亜鉛めっきボルトが多く使用されている．溶融亜鉛めっきボルトの特徴は，ねじの加工後にめっき槽に浸漬するため，ねじ部の防食性も確保されることが挙げられる．ただし，約450℃の高温のめっき槽内でめっき処理がされるため，ボルトの強度区分がF8Tに低下することから，F10Tの高力ボルトと比べてボルト本数が増えることとなる．ねじ加工後にAl-Mg溶射を施したAl-5%Mg溶射ボルト（**図-4.1.26**）も開発され，適用事

 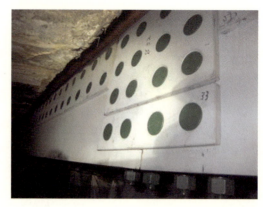

(a) 皿型高力ボルトの外観　　　　　(b) 縦桁の高力ボルト継手部への適用事例

図-4.1.27　皿型高力ボルト

例も増加している．Al-5%Mg 溶射ボルトの概要については，9.4.3 を参照されたい．なお，これら防食下地を有するボルトの適用に際しては，使用環境やコストなど事前に検討することが必要である．

c) 皿型高力ボルト

　皿型高力ボルトは，ボルト頭部を皿型とすることで連結板に対して頭部の上面が同一平面内となるように加工したボルトである（図-4.1.27(a)）．床版からの漏水により腐食した縦桁の高力ボルト継手部を対象に，皿型高力ボルトを適用した事例を図-4.1.27(b)に示す．連結板に対して凹凸がなくなるため防食性の向上が期待できる．なお，皿型高力ボルトは，連結板のざぐり加工部によってボルト位置が固定されるため，部材組み立て精度によってはボルトが片当たりするなど，ボルトと部材が密着しない場合もあるため[21]，加工精度や施工性，コストなどを検討する必要がある．また，皿型高力ボルトは，一般の高力ボルトと比べて防食上の弱点は少ないが，ボルト頭の幾何学形状からボルト頭部の縁端部が腐食により消失し，ボルト軸力が低下することが懸念される．また，部材組み立て精度によってはボルトが片当たりする場合については，ボルト頭部と連結板に肌隙きが生じて，隙間腐食が生じる可能性もあるので注意が必要である．

4.1.4　高力ボルト継手部の連結板の腐食対策

　前述のように，高力ボルト継手部は，連結板や高力ボルトなど複数の鋼部材が近接して組み合わされており，凹凸部も多いことから十分な塗膜厚が確保しにくいため，腐食しやすい部位といえる．ここでは，高力ボルト継手部の連結板，およびその周辺部を対象に対する防食性能の回復方法について述べる．

(1) 連結板間の損傷

　高力ボルト継手部が隣接することで連結板の間隔が極端に狭くなる場合は，塗膜厚が十分に確保されず，また，腐食因子が滞留することで，早期に防食性能が局所的に低下する場合がある（図-4.1.28）．箱桁ウェブに設置された隣接する連結板との間隔が狭く，連結板どうしの狭い領域に塗膜劣化が進行することで，腐食損傷が生じた事例を図-4.1.29(a)に示す．同様に，鋼 I 桁橋の高力ボルト継手部において，主桁下フランジ上面の連結板とウェブの連結板（モーメントプレート）との間隔が狭く，その隙間で腐食損傷が発生している事例を図-4.1.29(b)に示す．

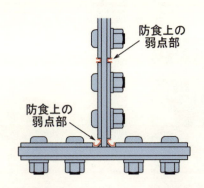

図-4.1.28 連結板間の防食上の弱点部

(a) ウェブの連結板

(b) ウェブと下フランジの連結板

図-4.1.29 連結板間の局所的な腐食

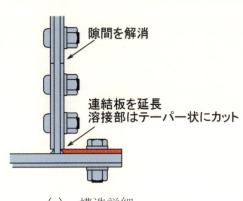

(a) 構造詳細

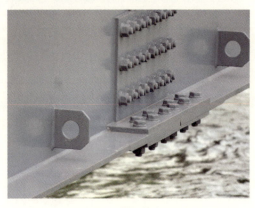

(b) 適用事例

図-4.1.30 鉄道橋の連結板の例

連結板間の腐食環境を改善するためには，連結板どうしの間隔をなるべく大きく確保するか，連結板同士を連続させて隙間をなくす方法が考えられる．鉄道橋では，図-4.1.30に示すように，主桁ウェブの連結板を連続させるとともに，下フランジ上面の連結板をウェブ面まで延長させ(溶接部は，コバ面をテーパー加工する．)，一体化させる場合がある[22]．このように隙間をなくすことで腐食因子の滞留が抑制されるため，防食性能の長期間維持されやすくなる．ただし，この構造は，下フランジ上面の連結板とウェブが十分に密着するよう精度良く加工・設置される必要が

図-4.1.31 連結板間への樹脂充填

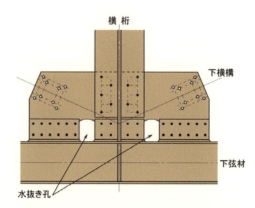

図-4.1.32 鉄道トラス橋の水抜き孔設置事例

図-4.1.33 連結板縁端部の腐食

ある．完全密着が確保できない場合は，下フランジ上面の連結板とウェブの間隔を十分に大きくして腐食因子の滞留により腐食環境が悪化しないようにする必要がある．また，ウェブと下フランジ上面の連結板間の隙間に樹脂を充填し，腐食因子が浸入・滞留しないようにする方法もある（**図-4.1.31**）．しかし，充填した樹脂が紫外線や熱などにより劣化・硬化することで，剥離・割れが生じることがあるため，耐候性のある材料を選定する必要がある．また，樹脂の劣化状態を定期的に点検することが望ましい．

耐候性鋼橋については，高力ボルト継手部の周辺に雨水が滞水しないよう，連結板近傍の適切な位置に水抜き孔を設けるのがよい．**図-4.1.32** は，鉄道トラス橋における事例[23)]であり，下弦材と横桁の高力ボルト継手部に十分な大きさの水抜き孔を設けている．

(2) 連結板縁端部の損傷

高力ボルト継手部の連結板縁端部における腐食事例を**図-4.1.33**に示す．これは，連結板のコバ面の塗膜劣化後に，連結板と母材間の隙間から雨水などが浸入することで腐食損傷が発生した事例である．

道路橋示方書[24)]では，最大縁端距離を外側の板厚の8倍（ただし，150mmを超えない）と規定している．また，耐候性鋼橋の最大縁端距離は，外側の板厚の6倍または50mm以下とするのが望ましいとしている．連結板の縁端部の腐食を防止するためには，例えば，塗装橋においても耐候性鋼橋と同様に，最大縁端距離を外側の板厚の6倍以下とするなど，最小縁端距離を満足する

(a) 連結板の変形状況　　　　　　　　(b) 連結板の部分撤去後の状況

図-4.1.34 連結板縁端部における防食性能の回復事例

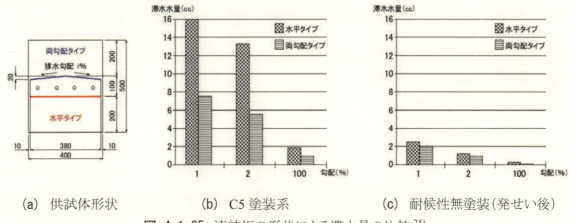

(a) 供試体形状　　　　(b) C5塗装系　　　　(c) 耐候性無塗装（発せい後）

図-4.1.35 連結板の形状による滞水量の比較[25]

範囲で極力小さくすることが望ましい．

　実橋において腐食した連結板の縁端部を切除し，交換することで，防食性能を回復した事例がある．この事例では，鋼製橋脚横梁のウェブに取り付けられた連結板の縁端距離が約100mmと比較的長いため，連結板の下端部と部材の間が生じることで，隙間腐食（付1.4.3参照）が発生した．この腐食反応により生じた腐食生成物の膨張圧で連結板が面外に変形している（**図-4.1.34(a)**）．この腐食損傷を長期間放置することで，継手部の耐荷力の著しい低下が懸念されたため，下端から1列目ボルトの連結板を部分切除した（**図-4.1.34(b)**）．その後，ブラスト処理で腐食生成物を除去した後に新規の連結板に交換することで，ボルト継手部の耐荷性能と防食性能が回復した．

　一方，連結板の縁端形状が連結板端部の滞水量に及ぼす影響について検討した事例もある[25]．ここでは，塗装（C-5塗装系）を施した鋼材と発せい後の耐候性鋼材を対象として，連結板の縁端形状を水平としたもの（水平タイプ）と排水勾配を設けた（両勾配タイプ）2種類の高力ボルト継手部の供試体を縦断勾配（1％，2％，100％（45°））で設置した後，散水することで連結板前面における滞水量の違いを測定している．1分間散水した後に連結板前面に溜まった水滴量を測定した結果を**図-4.1.35**に示す．いずれの縦断勾配においても，水平タイプと比較して両勾配

タイプの滞水量が少なくなっている．特に，塗装試験体については約半分に低減しており，連結板の縁端形状を工夫して，連結板およびその周辺における滞水を抑制することで，腐食環境を改善できる．

4.1.5 鋼コンクリート境界部の対策

鋼部材とコンクリートとの境界部（地際部ともいう）では，雨水や凍結防止剤などが長時間滞留することでマクロセルによる局部腐食が生じる（**付1.4.5参照**）．マクロセルによる鋼コンクリート境界部の腐食は，他の腐食に比べて腐食進行性が著しく高く，局部的に部材断面を欠損させる．そのため，他の部位が健全にも関わらず鋼構造物の力学性能を著しく低下させる場合がある．また，局部腐食が生じると，著しい断面欠損に加え腐食表面の起伏底部の応力集中も高くなるため，重交通荷重が作用する橋梁の構造主部材や，風荷重を受ける道路標識柱など鋼製支柱部材の鋼コンクリート境界部では，腐食損傷箇所を起点に疲労き裂が発生することが懸念される．このような境界部は，下路鋼トラス橋などの斜材や垂直材の鉄筋コンクリート床版貫通部，波形鋼板ウェブPC橋や複合トラス橋などの合成構造を有する橋梁，鋼製橋脚や道路標識柱の基部などが挙げられる．本項では鋼部材とコンクリートとの境界部における腐食損傷事例と対策事例について述べる．

(1) 下路トラス橋斜材

下路トラス橋であるA橋（**図-4.1.36(a)**）において，**図-4.1.36(b)**に示すようにコンクリート床版との境界部で斜材が破断した事例が報告されている[26]．調査により，A橋では1本の斜材が腐食により破断し，4本の斜材の一部で腐食深さが板厚（8mm）に達していた．また，4mm以上板厚が減少した斜材も9本あった．コンクリート床版との境界部近傍の斜材では，コンクリート床版との境界線から数mm程度上側で著しいマクロセル腐食（**付1.4.5参照**）が生じており，床版に沿って斜材が破断していた．

同様の下路トラス橋であるK橋（**図-4.1.37(a)**）においても，斜材がコンクリート床版との境界の腐食損傷箇所で疲労破断した事例が報告されている[27]．K橋の斜材の腐食および破断状況を**図-4.1.37(b)**および**図-4.1.37(c)**に示す．A橋では，斜材がコンクリート床版の上面で破断したのに対し，K橋では斜材が床版の下面で破断していた．K橋では床版下面の斜材に漏水の跡が見られ，床版内部の斜材も腐食している．そのため，床版と斜材との肌隙から雨水が浸入し，床版

(a) A橋の全景　　　　　　　　　　(b) 斜材の破断状況[26]

図-4.1.36　A橋の斜材の腐食損傷事例

(a) K橋の全景

(b) 床版下面の斜材の腐食状況

(c) 斜材の破断状況

(d) 破断面

図-4.1.37　K橋の斜材の腐食損傷事例

(a) KU橋

(b) S橋

図-4.1.38　箱抜き構造として防食性能を回復した事例

下面から排水されることで，床版上面の境界部と同様に床版下面との境界部に位置する斜材に著しい局部腐食したと推定される．図-4.1.37(d)に示す写真手前のフランジの破断面は，その表面が若干発色しているものの，写真奥のウェブに比べて腐食の程度が軽微である．写真奥のウェブやフランジの断面がマクロセル腐食により著しく欠損することで，フランジのコバ面の腐食表面の谷部における応力集中部を起点として疲労き裂が発生・進展し，破断したと考えられる．

下路トラス橋の斜材や鉛直材の境界部における防食性能の回復方法としては，床版貫通部を箱抜きし，鋼材とコンクリートとの境界部に雨水を滞水させないようにすることで境界部のマクロセル腐食自体を発生させないことが効果的である（図-4.1.38）．箱抜き部は，歩行者などの転落

(a) 当初の箱抜き構造　　　　　　　(b) 再補修時の箱抜き(ブラスト施工時)

図-4.1.39 A橋の構造変更の経緯

 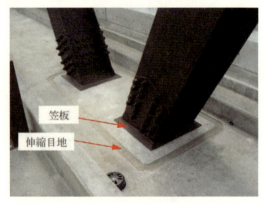

(a) 道路橋の事例　　　　　　　　(b) 鉄道橋の事例 [10]

図-4.1.40 床版貫通部にマウントアップをした事例

防止のために縞鋼板などにより蓋が設置される．この時，**図-4.1.38(b)**のようにグレーチングの蓋を設置することは目視点検が容易となる一方，格点部に土砂や塵埃が堆積することで新たな腐食損傷を誘発することになるため，定期清掃や構造的な工夫が必要となる．また，床板の箱抜き構造は，鋼コンクリート境界部における腐食を回避できる点で優れているものの，箱抜き断面が小さければ点検や将来的な塗装塗替え時にブラストによる素地調整が困難となる．そのため，箱抜き寸法は床版の配筋や幅員なども考慮した上で，極力広くするのがよい．ここに示したようなトラス橋などの斜材や鉛直材に対して適切なブラストによる素地調整を行うためには，少なくとも鋼部材と床版との間に 300mm の遊間を設けることが望まれる．実際A橋では，当初行った箱抜き構造への変更時に箱抜き寸法が小さく，ブラストを用いた素地調整が実施できなった（**図-4.1.39(a)**）．その結果，早期に塗膜下腐食が再発したことから，寸法を当初より大きくした箱抜き構造とした上で，バキュームブラストによる素地調整を行った（**図-4.1.39(b)**）．

この他にも，斜材や垂直材の床版貫通部周辺をマウントアップして雨水の浸入を防止する方法も適用されている（**図-4.1.40**）．この場合，マウントアップ部の頂部に適切な排水勾配を付与して速やかな排水を促すことが重要である．コンクリートモルタルのみよるマウントアップは，モルタルの収縮や交通車両による橋梁振動などにより割れが生じることがあり，この割れに雨水が

長期間滞水することで濡れ時間が長くなり，かえって境界部の腐食進行性が高くなる場合もあるため，注意する必要がある．また，**図-4.1.40 (b)** に示す鉄道橋の事例[10]のように，マウントアップ部に笠板を設置し，水切りの機能を付与することでマクロセル腐食が生じにくい腐食環境にすることも効果的であるといえる．ただし，笠板が劣化して笠板と部材に肌隙が生じると雨水が滞水して局部腐食が生じることも考えられるため，笠板の劣化を定期的に点検する必要がある．

(2) アーチ橋（アーチリブ）

T橋は供用開始から17年が経過した中路式の両端固定の複弦ローゼ橋で，裸仕様の耐候性鋼を採用している．本橋は，アーチリブがコンクリート床版を貫通しているのに加えて，アーチリブ基部においてはアーチリブが橋台コンクリートに埋め込まれる構造となっている（**図-4.1.41**）．このため，アーチリブのコンクリート床版の貫通部に加えて橋台コンクリートとの境界部において，層状剥離を伴った異常さびが生じている（**図-4.1.42**）．本橋は山間部に位置しており，冬季に凍結防止剤が散布されるため，それを含んだ雨水がアーチリブの床版貫通部と橋台コンクリートとの境界部に達することで，アーチリブの腐食を誘発していると推察される．

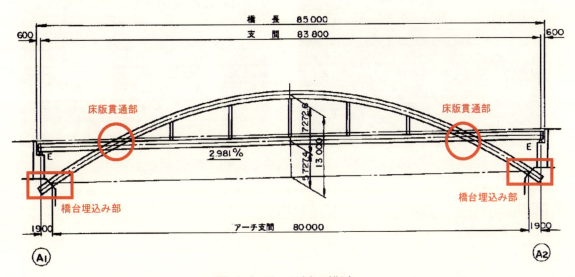

図-4.1.41 T橋の構造

(a) 床版貫通部

(b) アーチリブ基部

図-4.1.42 T橋におけるアーチリブの腐食

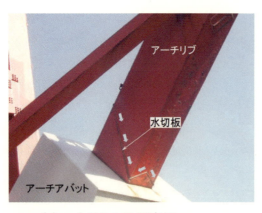

(a) 水切りの設置事例　　　　　　　　　(b) 雨水カバーの設置事例

図-4.1.43 水切りと雨水カバーの設置例

図-4.1.44 鋼製橋脚基部における腐食事例　　**図-4.1.45** ガードレール基部における腐食事例

T 橋では現在のところ橋台コンクリートとの境界部に対する防食性能回復はなされていないが，例えば，この境界部近傍については，少なくとも耐候性鋼を裸仕様とはせずに耐食性のある塗装を施す必要があると考えられる．このような構造は，固定アーチ橋において一般的に見られる構造であり，雨水の浸入を防止するためにアーチリブ基部に水切りや雨水カバーを設置し雨水を導水した事例があるので参考になる（**図-4.1.43**）．

(3) 鋼製橋脚および支柱基部

道路橋や鉄道橋，歩道橋などの鋼製橋脚では，柱基部に根巻きコンクリートを巻き立てた構造が多く適用されている．この部位は前述のトラスやアーチ橋と同様の構造となっていることから，橋脚基部に滞水して長時間濡れ環境にさらされる場合，鋼コンクリート境界部に著しいマクロセル腐食が生じやすくなる．例えば，都市高架橋の約 1,700 基の鋼製橋脚を対象に目視点検したところ，橋脚の約 70%に腐食損傷が確認されたと報告されている[28]．鋼製橋脚の基部に著しい腐食が局部的に生じると，大規模地震時にその断面欠損部で脆性破断することが懸念される．鋼製橋脚基部の腐食損傷事例を**図-4.1.44**に示す．本橋脚は，海岸からの飛来塩分量が比較的多い都市部に建設された．塗膜は比較的健全であるが，橋脚基部の鋼コンクリート境界部には著しい腐食が生じている．また，根巻きコンクリートが橋脚基部の腐食による膨張圧で境界線に沿ってマウントアップのモルタルが割れて剥離し，その箇所周辺には流水の跡があり，多量の雨水が供給されたことが観察される．

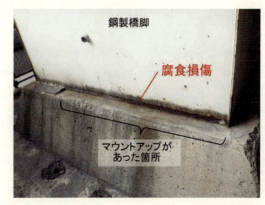
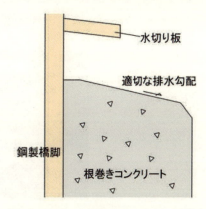

図-4.1.46　簡易なマウントアップによる腐食事例　　図-4.1.47　境界部における対策例

　鋼コンクリート境界部は，数 mm の薄板で製作される鋼製高欄およびガードレールなどの車両防護柵などの鋼製支柱部材の基部にもみられる．凍結防止剤が散布される地域や海浜・海岸地帯では，図-4.1.45 に示すように他の部材が健全にも関わらず，比較的短期間に腐食が板厚を貫通するに至り，支柱基部の断面が欠損する場合がある．

　鋼コンクリート境界部の腐食に対する一般的な防食性能の回復方法としては，塗装による防食が考えられる．再塗装する際には，コンクリートを部分除去することで施工空間を十分に確保し，ブラストによる素地調整を行って早期に塗膜下腐食が生じないよう留意する必要がある．したがって，塗装による防食性能回復の適用は，腐食損傷が比較的軽微であり，著しい表面起伏が生じておらず，ブラストによる素地調整で腐食生成物や塩類などの腐食要因物質を十分に除去可能なことが前提になる．

　図-4.1.46 に示すような簡易なマウントアップによる補修は，鋼コンクリート境界部の腐食により，モルタルが比較的早期に割れて剥離しやすい．また，これに起因して，割れや剥離部で滞水しやすくなることで，腐食環境が悪化して腐食進行性を高める場合が多い．また，構造改良による防食性能の回復方法としては，鋼コンクリート境界部近傍に水切りを設置するとともに適切な排水勾配の付与により腐食環境を改善することで，境界部のマクロセル腐食の発生要因を排除することが効果的である（図-4.1.47）．この場合，排水勾配を付与するために，既存コンクリートとの付着が十分に確保できないモルタルで嵩上げをすることは避けなければならない．また，高力ボルト継手部が防食上の弱点となりやすい鋼コンクリート境界部に位置しないように注意する必要がある．なお，鋼製橋脚の基部では，根巻きコンクリート上端の境界部に深さ 20mm×幅 30mm 程度の溝を設けてシール材を充填する方法が一般的に行われている．シール材を溝に充填する構造では，紫外線や熱などによりシール材が劣化すると鋼部材とシールの付着部で剥離したり，シール材が割れるため，溝部に位置する鋼部材が長期間雨水にさらされて，進行性の高いマクロセル腐食が生じる．また，溝底部に多孔質のバックアップ材を設置し，その上にシール材を施工する防食方法は，一部のシール材が劣化して，雨水が溝全周に充満することで腐食損傷が鋼部材に広範囲に生じるために望ましくない．シール材の健全性や溝の滞水の有無については，単に目視するだけではなく，シール材の一部を切除して健全性を確認するとともに，腐食損傷や溝の滞水の有無を確認する必要がある．

　一方，鋼コンクリート境界部に生じるマクロセル腐食の対策として，亜鉛のほかマグネシウム

図-4.1.48 ベースプレートタイプとした車両防護柵

シート[29]などの犠牲陽極材の設置による防食方法がある．この工法では，犠牲陽極材となる金属と防食される鋼材との間に導電性粘着剤などを介在させ，大気中において流電陽極方式による電気防食法と同等の効果が発揮できる犠牲防食方法である．この時用いる導電性粘着剤については，塩化物による吸水性の低下が起こりにくい材料を選定する必要がある．また，長期間濡れを維持できるように，クロロプレン合成ゴムに耐電解質性の高い高吸水性ポリマーを混練させた水膨潤ゴムを用いて，亜鉛の犠牲陽極板を鋼コンクリート境界部に設置することで，鋼部材に対して安定的に防食電流を発生させ，マクロセル腐食の発生を防止する技術も提案されている[30]．なお，鋼コンクリート境界部は，橋梁の他の構造部位に比較して著しく腐食の進行性が高いため，陽極板には陽極材の腐食生成物の発生量が少なく，亜鉛などの膨張性が低い材料の選定を検討する必要がある．

　以上のように，腐食性が高い環境における鋼製橋脚や支柱基部の鋼コンクリート境界部に対する防食や防食性能回復に際しては，①境界部に雨水が滞水しないよう水切りや根巻きコンクリートに排水勾配を設けるなどにより，マクロセル腐食が生じないような腐食環境に改善すること，②鋼部材に腐食を生じさせないように，犠牲陽極材を設置するなど方法を行うことが効果的であるといえる．なお，ガードレールなど鋼製支柱の基部については，基部にマクロセル腐食が生じないベースプレートを用いたアンカー構造とすることが効果的である（**図-4.1.48**）．なお，目視点検できない鋼コンクリート境界部における腐食の進行性の分布を定量的に評価するセンサ（9.1.1参照）や腐食損傷に対する非破壊検査技術（9.1.4参照）が開発されており，この技術は鋼製橋脚基部などの腐食の進行性評価や損傷程度を調査する上で有効と考えられる．

(4) 鋼製型枠

　壁高欄や地覆における鋼製型枠の鋼コンクリート境界部における損傷事例を**図-4.1.49**に示す．**図-4.1.49(a)**は，境界部から凍結防止剤を含んだ雨水が浸入することで，地覆鋼製型枠の内面側に腐食が生じ，膨張することで地覆コンクリートに割れや剥離が生じた事例である．コンクリートの割れや剥離は，さらなる雨水の浸入を誘発するため腐食が著しく進行する．**図-4.1.49(b)**は，地覆部の鋼製型枠とコンクリートとの境界部から浸入した雨水が冬季に凍結融解を繰り返し，コンクリートの劣化を誘発した事例である．同様に，鋼製型枠内面の腐食の進行が懸念される．

　鋼製型枠の防食対策としては，鋼コンクリート境界部からの雨水の浸入を防止することが考えられる．そこで，鋼コンクリート境界部への防水シール材の施工やコンクリート天端面に適切な

第4章 構造改良による腐食環境の改善

(a) 雨水の浸入によるコンクリートの割れと剥離

(b) 凍結融解による地覆コンクリートの劣化

図-4.1.49 鋼製型枠の鋼コンクリート境界部における損傷事例

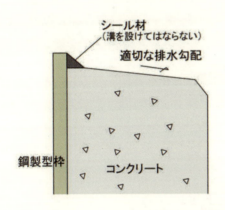
(a) コンクリート天端面への対策

(b) 水平リブの追加

図-4.1.50 鋼製型枠の鋼コンクリート境界部への対策

排水勾配を付与することが効果的である（**図-4.1.50(a)**）．また，鋼板とコンクリートの境界面へ雨水が侵入するのを防止するため，鋼製型枠上端に水平リブを追加する対策も実施されている（**図-4.1.50(b)**）．

4.1.6 土砂・塵埃等の堆積対策

部材表面の起伏，凹凸部などの断面形状，部材配置などの影響により，鋼材表面に土砂や塵埃などが堆積し，湿潤環境を形成することで塗膜劣化や腐食が生じる場合がある．ここでは，土砂や塵埃が堆積しやすい箇所を対象に，構造改良を図ることで防食性能を回復する方法について述べる．

(1) 高力ボルト継手部における堆積

高力ボルト継手部における土砂等の堆積事例を**図-4.1.51**に示す．高力ボルトの周囲，部材取り合い部における勾配の低い側，連結板とハンドホールのダブリングプレートとの間に土砂等が堆積することで，その箇所の雨水が乾燥しにくくなり，長時間湿潤環境になることで，高力ボルト，連結板，母材およびダブリングに塗膜劣化や腐食が生じやすくなる．

高力ボルト継手部の凹凸部の形状改善として，既設橋の高力ボルト継手部やハンドホール類の

(a) 下横構ガセット部における土砂の堆積事例　(b) 連結板とハンドホール間の土砂の堆積事例

図-4.1.51　ボルト継手部における堆積

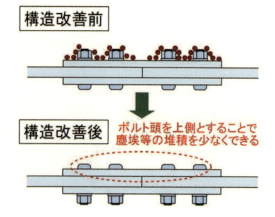

図-4.1.52　高力ボルトの差し込み方向の工夫

形状を改善することは困難であり，土砂等が堆積しやすい箇所の手前に水切りなどを設置するといった対策が妥当である（4.4.4参照）．カバーを継手部に設置することも考えられるが，設置後の点検を阻害しない形状・寸法とすることが重要である．新設橋では，部材に適切な排水勾配を設けるなどの配慮が有効であると考えられる．また，高力ボルト継手部では，高力ボルトの締め付け時の作業空間の制限など別の要因によってボルトの差し込み方向が限定される場合もあるが，土砂が堆積する側の面にトルシア形高力ボルトの頭が配置されるような差し込み方向とすることも改善策として考えられる（図-4.1.52）．この他，連結板形状を改善することで，連結板周辺における滞水を速やかに排水できる（4.1.4参照）．

(2) 部材配置に起因する堆積

部材の配置方法によっては土砂・塵埃の堆積しやすい部位が形成されることがある．部材上面の段差によって堆積が生じている事例を図-4.1.53(a)に，同じく排水勾配の差異によるものを図-4.1.53(b)に示す．

経済性を考慮して，必要な強度や剛性を満足する最小寸法の断面で設計・製作された部材または部位ごとに強度や剛性の余裕が最小となるように部材高さの変化が設けられている部材で構成される橋梁では，図-4.1.53のように接合される部材同士の上面に段差や勾配差が生じる配置に

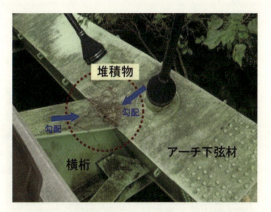

(a) 部材取合い部の段差での堆積　　　　(b) 逆勾配のフランジ間での堆積

図-4.1.53　部材配置に起因する堆積

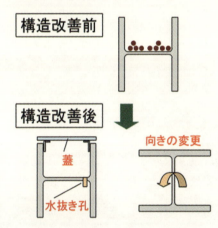

図-4.1.54　H形鋼の凹部における堆積　　　　図-4.1.55　凹部材の構造改良

なることが多い．このような場合，定期的な清掃を行うことが最も有効であると考えられるが，部位によってはカバー等を設けて本体部材の堆積を防止できる場合も考えられる．また，新設構造物の設計に際しては，土砂・塵埃が堆積しにくい構造となるよう配慮することが重要である．

（3）部材形状に起因する堆積

凹凸部を有する断面形状の部材では，凹部に土砂や枝葉が堆積することがある．上路式アーチ橋支点部でH形断面の上側の凹部に枝葉が堆積した例を図-4.1.54に示す．凹凸を有する断面形状の部材配置方向は，部材の強度上の問題が無ければ土砂などの堆積が生じにくい向きにするなどの配慮が設計段階で必要である．また，防食性能の回復の際には，清掃を行った後に凹部に蓋をするとともに，滞水状況を観察した上で排水孔を設けることも考えられる（図-4.1.55）．

（4）添架物等による堆積

本体の部材以外に，添架物やその取付け金具の配置が土砂堆積の原因となっている事例を，図-4.1.56に示す．部材上面に配置された添架物が土砂の排出の障害となっていたり，添架物の取付け金具と連結板の間の狭隘部に堆積が生じている場合がある．

添架物の取付け方法による土砂類の堆積防止として，添架物の移動は困難であることが多いため，取付け金具の形状や配置換えによる構造改良が考えられる．例えば，図-4.1.56のような連

図-4.1.56 添架物に起因する堆積

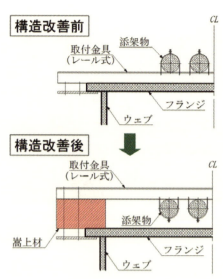

図-4.1.57 添架物取付け金具の構造改良

図-4.1.58 桁端部における土砂の堆積

図-4.1.59 支点部へのカバー設置例

結板と取付け金具間の狭隘部は，図-4.1.57に示すように添架物の位置はそのままで，取付け金具を移動して添架物を金具に載せる構造から吊下げる構造に変更することで，フランジ上面の狭隘部をなくすことができる．一方，新設橋では，主部材の下方に取付け金具を配置し，添架物を吊下げる構造を適用することが望ましい．

(5) ミクロ環境等に起因する堆積の発生

風通しの悪い桁端部などは，土砂や塵埃が排出されにくい上に，伸縮装置の破損部からの土砂や雨水の流入することで長時間湿潤環境になることが多い．桁端部の下フランジに堆積している土砂が雨水で長時間濡れている事例を図-4.1.58に示す．

土砂などが堆積しやすい箇所については，4.1.1(3)に示したように，例えば桁端部の支点部近傍をカバーで覆うことが考えられる．カバーの設置により，ソールプレートや支点上補剛材の近傍など，強度上の重要部位を保護する一定の効果は期待できると考えられる．伸縮装置からの漏水が直接部材にあたらないよう，トラス橋の支点部付近に設置されたカバーの例を図-4.1.59に示す．なお，カバーの設置に際しては，新たな堆積物や湿潤環境を誘発する場合もあるため注意が必要である．

図-4.1.60 すべり止め用の骨材の堆積

図-4.1.61 海砂の堆積

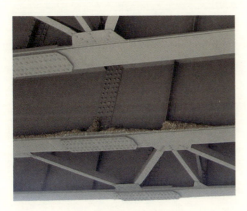
(a) 鳩糞の堆積

(b) 鳩侵入防止ネットの設置例

図-4.1.62 鳩糞の堆積と対策例

(6) マクロ環境等に起因する堆積の発生

冬季に，並列する隣接橋に散布された路面のすべり止め用の骨材が風により飛散し，主桁下フランジ上面のほぼ全長にわたって堆積した事例を図-4.1.60に示す．また，海岸部に位置する橋梁で，海風によって運ばれた海砂が支点部に堆積した事例を図-4.1.61に示す．特殊な事例ではあるが，鳩などが集まりやすい環境や橋梁の部材形状では，図-4.1.62(a)のように糞が特定位置に集中的に堆積することが多く，これも塗膜劣化の原因となる．

マクロ環境の影響に起因する堆積に対する防食性能の回復については，原因の排除を完全に行うことが容易ではないことから，例えば4.1.1(1)に示したように，構造物を全体的にカバーで覆うような対策となる．また，鳩糞の堆積が生じている場合には，まずこれらを取り除き，そのうえでネット等により鳩の侵入を防止することが簡易で適切な対策である（図-4.1.62(b)）．なお，ネットの設置に際しては，ネット内部の湿度が増加することで腐食環境を悪化させないよう，ネットの網径は小さく，目開きが大きいものが推奨される．

4.1.7 部材間接触・摩擦・狭隘構造の改善

鋼部材同士を溶接継手や高力ボルト継手以外の方法で連結した時の接触部や，摩擦構造が塗膜劣化の原因となって防食性能が低下する場合がある．また，鋼材の組合せによっては部材に狭隘部が形成されることがある．ここでは，部材同士が接触または近接している部位を対象にして，

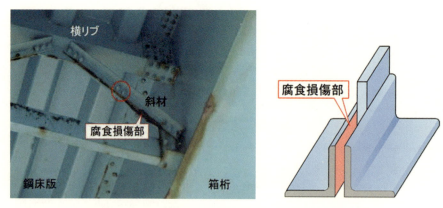

図-4.1.63　形鋼の抱き合わせ部の狭隘構造の例

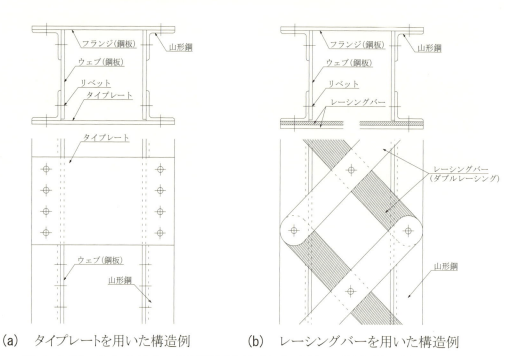

(a) タイプレートを用いた構造例　　　(b) レーシングバーを用いた構造例
図-4.1.64　リベット接合で部材断面を構成した時期の圧縮部材の例

防食性能の回復について述べる．なお，格点部の構造については4.2.2で示している．

(1) 鋼材の組合せにより生じた狭隘部における損傷

　鋼床版箱桁橋の対傾構斜材として2本の山形鋼が抱き合わせて配置されることで形成された狭隘構造の例を図-4.1.63に示す．橋軸直角方向に配置された2本の山形鋼は，鋼床版横リブまたは箱桁ウェブにそれぞれ溶接されているガセットプレートを挟み込んで高力ボルトで摩擦接合されているが，斜材の中間部分では，部材長の1/2の位置（図中の丸印位置）でフィラープレートを挟みこんで高力ボルトで綴じられているのみである．この位置以外では向かい合う山形鋼表面がガセットプレート厚（9mm程度）の離隔で平行しているため，塗替え塗装が困難となる構造となっている．この部分に飛来塩分などの腐食因子が付着・蓄積されて腐食の原因となる場合がある．

(a) タイプレートを用いた部材　　　　(b) レーシングバーを用いた部材

図-4.1.65 圧縮部材内部の腐食

(a) 腐食損傷の再発部　　　　(b) レーシングバー交差部の未接合部

図-4.1.66 圧縮部材内部の腐食の再発事例

　現在，桁部材やトラス・アーチ系部材は一般に溶接により製作されるが，溶接技術が十分に確立されていなかった時代には，鋼板と形鋼をリベット接合して部材断面を構成していた．トラスやアーチの圧縮部材に適用された鋼材の組合せの例を**図-4.1.64**に示す．これらの圧縮部材幅は内部の補修作業に対して不十分であることが多く，図中のタイプレートやレーシングバーの適用によって，損傷の発見や補修に支障が生じるような狭隘構造となることが多い．一方，腐食因子が侵入しやすいことから，狭隘部構造の内部で発生した腐食損傷の発見が遅れ，腐食が著しく進行することが懸念される．

　トラス橋の斜材において狭隘部構造の内部に腐食が生じている事例を**図-4.1.65**に示す．タイプレートを用いた部材では，タイプレートの配置間隔によっては簡易な補修が可能なケースもある．一方，**図-4.1.65**(b)のように2本のレーシングバーをX字形に配置するダブルレーシングタイプでは，開口部分の寸法がウェブ間隔の70%程度になるため，補修作業のために腕が入らないことや視界が遮られる短所がある．部材内部の塗替え塗装が実施されているが，フランジとウェブの隙間に生じた腐食生成物を十分に除去できない状態で再塗装したことで，ウェブとフランジの隙間部分から腐食下腐食が早期に発生して，塗膜が剥離している事例を**図-4.1.66**(a)に示す．また，再塗装がされているが，レーシングバーの交差部がリベットで接合されていないため，塗替えが不可能な未接合部の腐食が懸念される構造例を**図-4.1.66**(b)に示す．溶接構造であるトラス橋の弦材の高力ボルト継手部も同様の狭隘構造となっており，継手部内面に腐食が発生する．

図-4.1.67 弦材の高力ボルト継手部内部の腐食事例

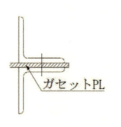

(a) 抱き合わせ構造

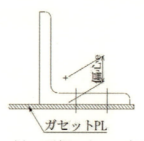

(b) 形鋼1本への変更

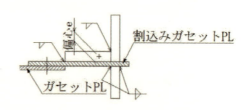

(c) ビルトアップ材と割込みガセット構造

図-4.1.68 部材の構成と配置方法の改善

(a) 交換後のレーシング材

(b) 取り外されたレーシングバー

図-4.1.69 レーシング材の交換

図-4.1.67は溶接で断面が形成された部材であるが,現場リベット継手においてハンドホールが開放されたままであるため,内部でリベットに腐食が生じている事例である.以上で示した鋼材の組合せにより生じた狭隘部の防食性能の回復方法について以下に示す.

図-4.1.63で示した抱き合わせ部の狭隘構造では,**図-4.1.68(a)**に示すように狭隘構造の生じる配置方法を適用せず,抱き合わせ構造と同等の断面剛性を有する形鋼1本の適用が望ましい(**図-4.1.68(b)**).ただし,大断面の部材では,斜材断面の図心とガセットプレートとの偏心による座屈強度の低下がネックになることがあり,その場合には**図-4.1.68(c)**のようにT形断面などの部材をビルトアップで形成し,ガセットプレートとの偏心量が小さくなる取付け構造や部材断面の

向きを適用する必要がある．一方，対傾構などの二次部材については，著しい腐食が生じた場合には取り替えることを前提として，取り替えが容易な取付け構造としておくことも考えられる．

トラス橋の斜材などの**図-4.1.64〜図-4.1.66**に示すような凹形状部材の内部における腐食については，効果的な対策は多くはないが，交換のためにレーシングバーを取り外した際に，あわせてブラスト処理して重防食塗装を行うなど内面側の防食性能を回復することが考えられる（**図-4.1.69**）．また，レーシングバーをタイプレートに交換することで，作業空間や視認性が確保できるケースも想定できる．その場合には，タイプレートを取り外した状態における圧縮部材としての強度照査を十分に行った上で，タイプレートへ順次交換するのがよい．なお，レーシングバーの交換は大がかりな施工になることから，各橋梁個別の状況（今後の供用年数や資産価値など）に応じた対策を講じることが望ましい．

一方，**図-4.1.67**のような狭隘構造では，内部を完全密閉化することは不可能であるが，開口部分に取り外し可能なゴム製等の蓋を設けることで，腐食因子の侵入を低減できる．なお，適用に際しては蓋の材料劣化にも十分留意する必要がある．

(2) 添架物の取付け部の損傷

Ｉ桁橋の下横構に添架物が吊下げられる場合に，丸鋼製の支持金具を横構上端に直接載せている事例を**図-4.1.70**に示す．上部構造本体の変位・変形に添架物が追従できない場合には，横構のコバ面と支持金具の接触部分の塗膜を損傷させる原因になる．また，塗替え困難な構造にも該当す

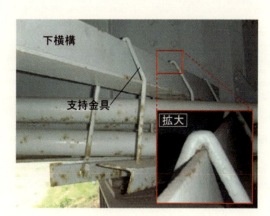

図-4.1.70 下横構と添架物支持金具の接触

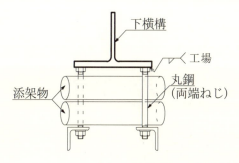 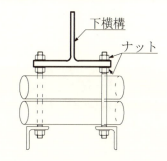

　　　(a) 新設橋への適用例　　　　　(b) 既設橋の改造例

図-4.1.71 添架物支持構造の改善例

 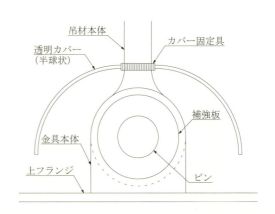

図-4.1.72　吊り材取付け部の摩擦構造　　図-4.1.73　吊り材取付け部へのカバー設置案

る．このような構造事例において，角部の面取り加工が不十分な場合，接触部分における丸鋼の曲げ半径・曲げ角度がそれぞれ小さい場合には，更に塗膜が損傷しやすい状態になる．

　このような橋梁本体と添架物支持金具などの付属物が接触する場合には，接触構造のない支持方式に変更することが有効である．例えば，本体の工場製作時に下横構に吊具（ナット，ねじ付きスタッド，板材等）を溶接しておき，現地における添架物の敷設にこの吊具を利用することで，図-4.1.71(a)のような接触部のない構造または本体に及ぶ腐食の影響が少ない構造が可能になる．現地で支持構造を改善する場合には，図-4.1.71(b)のように横構の強度に大きな影響の及ばない範囲でボルト孔を穿孔し，現場溶接を用いないで吊ボルト（両端にねじ切りをした丸鋼）を取り付ける方法を適用するのがよい．この時，横構の上下にナットを配置して吊ボルトと横構を確実に固定することで，上部構造と添架物の変位差や振動によって吊ボルト上端が移動して横構の既存塗膜を傷つけることを防止する必要がある．

(3)　ピン接合部における鋼板の接触・摩擦による損傷

　下路式アーチ橋の補剛桁の吊材取付け部における取付け金具と吊材との摩擦構造で，隙間腐食の原因となっている事例を図-4.1.72に示す．風，車両通行，地震などによる本体の振動や変形により，ピン連結部であるこの部分に摩擦が生じて，減耗が促進されることも考えられる．

　このようなピン連結部において，摩擦構造を完全になくすような構造改良は困難であるから，この部分に雨水，飛来塩分などの腐食因子が侵入することを極力防止するという対策が考えられる．例えば，図-4.1.73のような半球状の透明カバーで覆うことで，摩擦部に直接侵入する腐食因子を低減し，かつ日常点検によって腐食状態が容易に目視確認できる被覆方法も対策のひとつに挙げられる．この時，紫外線等によるカバーの材料劣化，強風や飛来物の衝突による破損などに配慮した材料および形状寸法の設定が必要であるとともに，日常点検の際にカバーの変状有無にも注意して，第三者被害が生じないようにすることが重要である．

4.1.8　異種金属材料の取付けと接触防止
(1)　付属物の固定
a)　損傷事例

　橋梁の構造部材に付属物を固定する際にステンレス製のボルトや金具を使用しているため，ステンレスよりも電位が卑な鋼の腐食，すなわち異種金属接触腐食（付1.4.2参照）が進行してい

る事例がある．排水管の固定にステンレスボルトを使用したため，鋼製の支持金具が腐食し脱落した事例を**図-4.1.74(a)**に示す．また，**図-4.1.74(b)**は，耐候性鋼橋において溶融亜鉛めっきの検査路の固定にステンレスボルトを用いており，ステンレスワッシャの周囲の耐候性鋼材表面に粗いさびが発生している．耐候性鋼材にステンレス部材を溶接している事例もあり，**図-4.1.75(a)**では僅かではあるが溶接部で発生したさび汁が下方に流れた状況が観察される．

鋼構造物と付属物の固定にステンレスボルトを用いていても，ステンレスと鋼の間に塗膜があ

(a) 排水管の固定に使用した事例

(b) 検査路の固定に使用した事例

図-4.1.74 ステンレスボルトによる異種金属接触腐食の事例

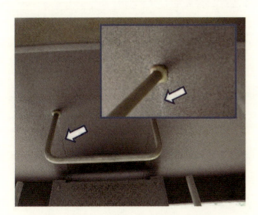
(a) ステンレス製ステップ

(b) ステンレス製支持金具

図-4.1.75 ステンレス製金具による異種金属接触腐食の事例

図-4.1.76 ステンレスボルトの絶縁の事例

る場合は直ちに問題とはならないが，塗膜の経年劣化や傷によって絶縁機能が低下した場合には著しい異種金属接触腐食が進行する場合がある．図-4.1.75(b)は，塗装された電線管の固定にステンレス製の金具を用いており，塗膜による絶縁が保たれている左側は良好な状態であったが，塗膜の劣化とともに絶縁が途切れた場合に写真右側のように著しい腐食が進行した事例である．

大気中における異種金属接触では，乾燥環境にある場合は鋼の腐食は問題とならないが，濡れ時間が長い，または塩類が付着・蓄積する腐食性の高い環境では著しい腐食が生じることもあるため，異種金属製のボルトの採用を避けたり，異種金属間を適切に絶縁する必要がある．例えば，ステンレスボルトを用いる場合には，図-4.1.76 に示すようにゴムパッキンなどによりステンレスと鋼材間を絶縁する方法などがある．

(2) アルミニウム製防護柵

海岸部などのように飛来海塩により腐食性が高い環境では，これまでの鋼製の車両用防護柵や高欄（以下，防護柵）に代えて，耐食性に優れるアルミニウム製が採用される事例が増えている．一方，アルミニウム防護柵の支柱を起点として，地覆コンクリートにひび割れが発生している事例がある（図-4.1.77(a)）．さらに，アルミニウム製支柱の腐食が著しく進行し，コンクリートとの境界部で支柱に孔が明いている事例もある．この原因は，アルミニウムの支柱が地覆コンクリート内部の鉄筋や鋼製の固定金具と接触したために，鋼よりも電位が卑なアルミニウムの腐食，すなわち異種金属接触腐食が発生したものと考えられる．異種金属接触腐食により発生したアルミニウムの腐食生成物が膨張し，地覆コンクリートのひび割れを誘発している．

一方，アルミニウム防護柵の支柱と横梁との継手部における異種金属接触腐食事例を図-4.1.77(b)に示す．ここでは，連結部材に鋼製のL形鋼を，ボルトにステンレスボルトを使用している．3種類の異種金属のうち電位的に卑なアルミニウム，鋼の順で腐食が進行している．

アルミニウム防護柵の支柱基部における異種金属接触腐食を防止するには，鉄筋や固定金具と支柱の絶縁を確実にしておくことが重要である（図-4.1.78）．地覆コンクリート打設時に支柱位置で箱抜きしておき，支柱はコンクリート硬化後に設置するのが基本であるが，鉄筋との間に樹脂製スペーサーを設置しておくなど，確実に絶縁した状態でコンクリートを打設するという方法もある．支柱基部の異種金属接触腐食が発生した場合は，図-4.1.79 に示すように，単に地覆コンクリートのひび割れを補修するだけではなく，原因となる異種金属間の接触を解消しなければ腐食は引き続き進行する．

アルミニウム部材をコンクリート環境中で使用する場合，アルカリ腐食が発生することが指摘されている．そのため，アルミニウム防護柵では，アルミニウム表面を陽極酸化皮膜処理（アルマイト）や塗装を行うことでアルカリ腐食対策としている．文献31)によれば，コンクリート埋設直後のアルミニウムの腐食挙動が示されており，これまでアルカリ腐食の検討において用いられてきた $NaOH$ 水溶液に比べて，セメント中のアルカリ環境下における腐食重量減少量は極めて少ないことが報告されている．したがって，一般的にはアルミニウム防護柵については，表面処理を行うことでアルカリ腐食への対策が十分になされていると考えられる．

図-4.1.77(b)に示した事例については，各部材間の絶縁を確実に行うこと，鋼製の連結部材には十分な防食を施すこと，金属フレーク被覆などの表面処理を施したステンレスボルトを用いることなどで異種金属接触腐食を防止できる．

(a)　防護柵基部のコンクリートのひび割れ　　　　　(b)　防護柵連結部における腐食

図-4.1.77　アルミニウム製防護柵の異種金属接触腐食の事例

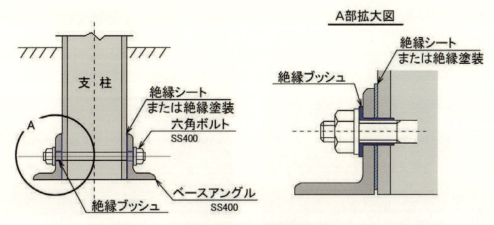

図-4.1.78　補修要領

図-4.1.79　コンクリートのひび割れのみ補修した事例

4.2 塗膜の損傷と劣化の抑制

4.2.1 部材角部の防食性能確保

部材角部は,塗膜厚の確保が困難なことから一般的に腐食しやすい部位といわれている.塗装橋においても,塗装は全体としてみると健全な部分が多いが,部材角部でのみ局部的に腐食が進行している事例は多い.

塗装橋における部材角部の腐食損傷状況を図-4.2.1に示す.図-4.2.1(a)では,主桁下フランジに加えて水平補剛材,対傾構の部材角部にも塗膜劣化や腐食が確認できる.図-4.2.1(b)は,箱桁下フランジの角部に加え,横桁下フランジでも同様に部材角部の腐食が確認される.

(1) 部材角部の曲面仕上げ

部材角部の防食性能を確保するための方法としては,所定の塗膜厚の確保を目的に部材角部に対して曲率2mm以上の曲面仕上げを行うことが基本である(図-4.2.2(a),第2章参照).2005年に発刊された鋼道路橋塗装・防食便覧[32]に曲面仕上げに関する事項が記載されて以降,新設橋では主部材を曲面仕上げすることが一般的となっている.一方,この便覧発刊前に製作された橋梁の多くは曲面仕上げしていないものが多いため,部材角部が防食上の弱点部になっていると考

(a) I桁橋　　　　　　　　　　　　(b) 箱桁橋

図-4.2.1　主桁下フランジ部材角部における腐食の事例

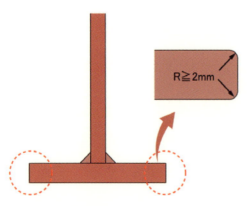

(a) 2mm以上の曲面仕上げ　　　　　(b) 仕上げ定規による管理

図-4.2.2　部材角部の曲面仕上げ

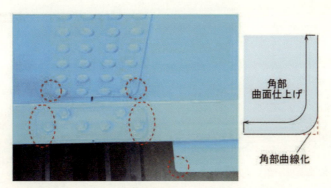

図-4.2.3　部材隅角部の曲面仕上げの事例

図-4.2.4　先行刷毛塗り塗装の状況[33]

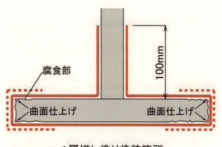

図-4.2.5　下フランジの増塗り

えられる．したがって，既設橋の塗装塗替えを行う場合，部材角部を曲面仕上げしていない場合は，塗装前に曲面仕上げすることを原則とする．ただし，現場ではディスクグラインダやハンドベベラー等を用いた人力による施工が主となる．そのため，一定の品質を確保するためには，仕上げ定規などを用いた管理が有効である（**図-4.2.2(b)**）．また，**図-4.2.3**のように，部材端部の隅角部を曲線とする事例もあるが，曲線化によって部材の必要断面が欠損しないように留意する必要がある．

(2) 先行刷毛塗り・増塗り

　現場における塗装塗替えや部材が入り組んだ二次部材の角部処理など，十分な曲面仕上げが困難な場合は局部的な増塗りも有効と考えられる．**図-4.2.4**は，二次部材の角部とスカラップ部など塗膜厚が不足しやすい箇所を先行刷毛塗している事例である．**図-4.2.5**は，主桁下フランジ全体を増塗りしている事例を示しており，NEXCO，沖縄県，長崎県などの鋼道路橋で適用されている．なお，厚膜塗装とした場合，乾燥時の内部応力により塗膜が割れることがあるので，適用に際しては塗料の種類や塗膜厚などを検討する必要がある．

(3) チタン箔による部材角部の防食性能回復

　下塗塗装の代わりに，部材角部を含むように防食性の高いチタン箔シートを貼り付け，腐食因子を遮断することで防食性能を高める工法[34]がある（**図-4.2.6**）．本工法は，塗替え工事における素地調整が不要となり作業の効率化も期待できる．ただし，ボルト部など複雑な形状の箇所，作業員が入れない狭隘部などでは施工ができない．また，チタン箔の端部から雨水や腐食要因物質が侵入しないよう留意する必要がある．これらの腐食要因物質がチタン箔内部に侵入して，部

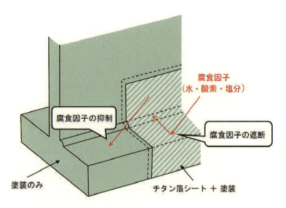

図-4.2.6　チタン箔シートの適用 [34]

図-4.2.8　一体 R 形式とした箱桁橋

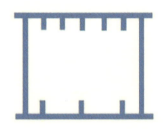　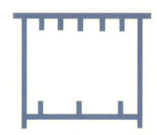　

(a)　標準形式　　　　　(b)　ウェブ優先形式　　　　(c)　一体 R 形式

図-4.2.7　箱桁断面形状の変更による部材角部の低減

材が腐食しても目視点検できないため，腐食により生じるチタン箔と部材の界面の浮きを確認するか，チタン箔を定期的に剥離して部材の腐食の有無を確認する必要がある．

(4) 部材角部の省略化

箱桁橋の場合，角部となる下フランジの自由端を省略することも考えられる（図-4.2.7）．このうち，図-4.2.7(a)は標準的な部材組で下フランジを優先させた形式である．図-4.2.7(b)はウェブを優先させた形式であるが，部材角部は図-4.2.7(a)と同じように存在するとともに，製作・輸送・架設時の仮置き時など部材角部の保護に留意する必要があるため優位性は大きくはない．さらに，下フランジ下面の腐食環境を悪化させる可能性もあるため好ましくない．図-4.2.7(c)は，ウェブと下フランジを R 加工で連続化し，下フランジの自由端を省略した一体 R 形式である．製作は煩雑となるが，下フランジの自由端がないため防食の観点としては優位な形式といえる．1991年に建設された橋梁で，景観の観点から一体 R 形式として下フランジの自由端を省略した事例 [35]を図-4.2.8 に示す．図は，建設後 26 年経過した状況であるが，建設当時に施工された塗装は全体的に白亜化が進んでいるものの，R 部付近に局所的な腐食や塗膜の劣化は生じていないことから，一体 R 形式の優位性が認められる．

4.2.2　足場用クランプ，チェーン等による塗膜損傷への配慮

鋼橋など鋼構造物を現場で塗替え塗装する場合，塗装作業のための吊り足場が設置される．吊り足場は，一般に構造物本体に設置された足場用吊り金具や下フランジのコバ面など部材端部に固定したクランプを介してチェーンにより吊り下げられる（図-4.2.9）．チェーンを通す足場用

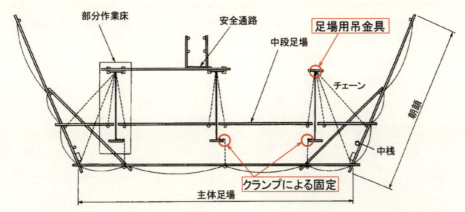

図-4.2.9　足場用の設置例とチェーンの固定位置（二段足場の例）

図-4.2.10　足場用吊り金具の塗膜の損傷

図-4.2.11　足場用吊り金具の腐食

図-4.2.12　クランプの締付けによる塗膜の損傷

図-4.2.13　クランプ固定部の塗膜再劣化

吊金具の孔壁やクランプの固定部分は，塗装塗替え時に十分な補修塗装が困難なこと，チェーンの接触やクランプの締め付けによって塗膜が劣化するため，早期に局部腐食が発生する弱点部となりやすい（図-4.2.10～図-4.2.12）．図-4.2.13は，塗装塗替え時のクランプの固定位置において，早期に塗膜の再劣化した事例である．

　チェーンやクランプの固定によって生じた塗膜の損傷については，極力早期に局部的なタッチアップ塗装をすることが望ましい．タッチアップ塗装は，損傷程度（損傷深さ）に応じて素地調

図-4.2.14 足場用吊金具の保護カバー

図-4.2.15 脱着可能な足場用吊金具

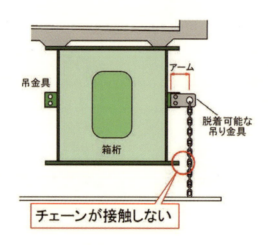
図-4.2.16 アーム長さの大きい脱着式吊金具

整工法や塗装仕様など適切な施工方法を選択する必要がある[36]．また，タッチアップ塗装時は，素地調整された部分と周辺塗膜との段差をサンドペーパーなどにより解消した後に塗装作業を行う必要がある．

　足場用吊金具の損傷を防止する方法として，チェーンの接触部に樹脂製カバーや緩衝材を挿入することが有効である（図-4.2.14）．また，最近では図-4.2.15に示すような脱着式の吊り金具を使用して通常時は取外す（ボルト孔はキャップを挿入し閉塞する）ことで，防食上の弱点部そのものを解消する方法も適用されている．その他にも，アーム長さの大きい脱着可能な吊金具を適用して吊り下げたチェーンが下フランジに接触しないよう配慮した事例もある（図-4.2.16）．

　塗装施工時のクランプの固定部のタッチアップ塗装については，文献37)にクランプの盛り換え順序が示されており参考となる．しかし，この方法もタッチアップ塗装後に固定するクランプによって塗膜が再度劣化することもあるため，将来的にはクランプを使用しない足場の設置方法が開発されることが望まれる．なお，クランプ固定部における塗装の損傷を防止する方法として，クランプに樹脂等のクッション材を挿入する場合もあるが，クランプの固定力が低下し，安全性に問題が生じる場合もあるため注意が必要である．なお，吊足場として「先行床施工式フロア型システム吊足場」（9.5.1参照）を適用することも有効である．先行床施工式フロア型シス

テム吊り足場は，従来型の吊足場に比べて足場の吊り箇所数を大幅に低減できるため，足場用吊金具の損傷数そのものを低減できる．

4.2.3 現場溶接部への配慮

現場溶接部では図-4.2.17に示すように，塗膜が一般部に比べて劣化しやすいため，溶接部が先に腐食することが多い．この要因は，1)溶接部の形状やスパッタの付着などの幾何学的性状による塗膜厚の不整，2)溶接時のヒューム等のアルカリ性物質の鋼材表面への付着，3)溶接完了後に溶接部から発生する拡散性水素などが挙げられる．また，鋼材や溶接材料の化学組成にもよるが[38),39)]，鋼橋に用いられる鋼材を用いた検討で，溶接部は自然電位が母材部と比較して卑であったとの報告[40)]もあり，この場合には塗膜が劣化した後に，溶接部が母材部よりも腐食しやすいと想定される．なお，船舶や海水などを通す電縫鋼管では溶接部と母材部の電位差に起因するガルバニック電流を一因として，局部腐食（溝状腐食）が確認されているが[38),41),42)]，大気環境下にある橋梁では現状ではこのような報告はない．

このような溶接部の塗膜劣化については，古くから種々の分析や対策が検討されている[39),42)-47)]．

1)の溶接部の幾何学的性状に関しては，文献39),40)で，溶接部の塗膜厚は母材部と比較して溶接止端部近傍では厚くなり，余盛り部では薄くなる箇所もあるという計測結果が示されている．スパッタやスラグ等については溶接後のグラインダなどによるビード整形の際に取り除くとともに，溶接部には先行して刷毛塗りをするなど，増塗りが防食性能確保に有効であると考えられる．

2)のアルカリ性物質の鋼材表面への付着に関しては，被覆アーク溶接法に起因するものである[43)-46)]．溶接時にアルカリ性物質の発生が少ないサブマージアーク溶接法では問題にならないことが確認されており[44)]，一般的な溶接法である炭酸ガスアーク溶接法でも問題は小さいと考えられる．被覆アーク溶接を実施した場合について，文献45)では種々の比較検討されており，屋外に放

(a) 鋼床版閉断面リブ

(b) 鋼製高欄

図-4.2.17 現場溶接部の腐食事例

表-4.2.1 拡散性水素の放出時間

溶接棒	常温放置	後熱処理
低水素系	約3日	650℃で1時間，あるいは300℃で15～30分
イルミナイト系	約10日	650℃で1時間，あるいは300℃で30分

置した場合にアルカリ性物質の中和には5週間程度を要したこと，アルカリ性物質の除去には水洗いやワイヤブラシ掛けでは効果がなくブラスト処理が必要であること，塗装前にリン酸系中和処理剤を塗布することも有効であることなどが示されている．

3)の拡散性水素の発生に関しては，被覆アーク溶接法に関する検討で，**表-4.2.1**に示す常温放置の場合の必要な放置時間，後熱により放出する場合の条件などが示されている[47]．橋梁工場で工場溶接を行う場合には，塗装まで保管される期間に自然に放出されている可能性が高く，問題はないと考えられる．炭酸ガスアーク溶接法であっても拡散性水素は発生するが，その量は低水素系溶接棒と同等以下であるため[48]，**表-4.2.1**の条件を準用できると考えられる．

現場溶接は工場溶接と比べて，風や振動，溶接姿勢などにより作業環境が悪くなり，溶接部の形状も悪くなる場合があるため，溶接後にビード整形を実施する場合には防食性の確保にも配慮することが望ましい．また，現場溶接で被覆アーク溶接法を用いる場合には，アルカリ性物質の除去を行う必要がある．さらに，拡散性水素に対しては，**表-4.2.1**を順守する必要がある．

この他，文献40)では，溶接部と母材部の硬さの差異がブラスト処理後の表面粗さや塗膜の付着性に及ぼす影響を検討するために，溶接部と母材部のブラスト処理後の表面粗さが比較されている．また，表面粗さパラメータに大きな差がないことを確認し，塗膜の密着性に及ぼす影響は小さいとしている．

なお，現場溶接部の腐食挙動については，塗膜劣化によりアノードとなる溶接部の露出面積に比較してカソード部となる母材部の露出面積が著しく大きくなる場合には，溶接金属部の腐食が促進される．

4.2.4　現場切断部への配慮

アーチ橋やトラス橋などの大規模橋梁の架設時には，製作時に主構に設けた金具を用いて吊り上げ，横引きなどが行われることがある．架設後に不要となったこれらの金具は現場で切断され，切断面がコンクリート床版等で覆われずに露出する場合には現場塗装が行われるが，この部分に塗膜の劣化や腐食が生じることがある．

ランガー桁橋における補剛桁の架設用金具切断部の腐食事例を**図-4.2.18**に示す．補剛桁本体との溶接ビードを残し，ビードの少し上方で切断されてタッチアップ塗装がされているが，**図-4.2.18(b)**に示すように起伏によって生じたピンホール等の溶接部における微小欠陥を起点としてさびが発生している．

ニールセンローゼ橋における補剛桁の架設用金具切断部で，塗膜の剥離が生じた例を**図-4.2.19**に示す．タッチアップ塗装と鋼素地との付着が良好ではなく，塗膜の部分的な消失とこれに伴う腐食が生じていると考えられる．母材と同等の塗装系が補修塗装に適用されたのではなく，下塗や中塗が省略されて，上塗のみが実施された可能性も考えられる．

現場切断部への配慮としては，切断面を平滑に仕上げることや，角部分の面取りによるタッチアップ塗装の品質向上が考えられるが，現場における工具または手作業では容易ではないこと，**図-4.2.18**および**図-4.2.19**のように残存部分の高さが低いことが，かえって面取り作業を難しくしている，などの問題がある．一方，**図-4.2.20**に示すように架設用金具をそのままの状態で残置している事例も踏まえ，切断後の仕上げ・塗装の品質，景観上の配慮を勘案して，いくつかの方針が考えられる．

第 4 章 構造改良による腐食環境の改善

(a) 全景　　　　　　　　　　　(b) 切断面の拡大

図-4.2.18 架設用金具切断部での腐食事例

(a) 全景　　　　　　　　　　　(b) 切断面の拡大

図-4.2.19 架設用金具切断部での塗膜の剥離

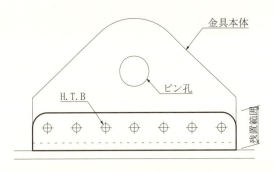

図-4.2.20 架設用金具の残置　　　　　　図-4.2.21 分離構造の金具

1) 残存部分の腐食が，母材および母材の塗膜に及ぼす影響が小さく，母材の品質確保と景観の両面において問題ない場合，工場塗装の損傷範囲や鋼素地の露出範囲にタッチアップ塗装を行い終了するもので，次の①～③のいずれかの実施が考えられる．
① 母材表面から 20mm 程度以上の高さで切断・残置する．

② 図-4.2.21に示すようなピン貫通孔部分と本体連結部を高力ボルト継手で脱着可能な分離構造の金具を用い，架設後に本体連結部を残置する．

③ 工場で塗装などがされている金具を，架設後そのまま残置する（図-4.2.20）．

2) 切断部に対しても母材と同等程度の防食性能となるように，角部の仕上げや塗装を実施するもので，Rc-III塗装系相当の仕様を目標とする場合．ただし，角部の仕上げは2cの面取りまたは曲率Rを2mm以上の仕上げとし，この加工が可能な残存高さを確保する．

以上のように，美観のみを重視して架設用金具を撤去するなどの処理を行うよりも，橋梁本体の防食性能に悪影響が及ばないことを目的とする架設後の処理または詳細構造を適用することが望ましい．

4.3 適切な排水計画と排水設備の設置

鋼部材の防食性能の低下や腐食を防止するためには，橋面上に降った雨水を速やかに橋体外へ排水して，濡れ時間を短くすることが重要となる．具体的には，橋面の雨水を排水桝で確実に集水すること，排水管や床版水抜きパイプで漏れのないよう円滑に導水し，速やかに下部の排水設備へと排出することが求められる．一般に，新設橋における排水設備の設計手順としては，1)排水桝設置位置の検討（集水面積やその他の設計条件から検討），2)流末処理の検討，3)排水管などの細部検討，の手順により滞水や漏水のないよう適切な排水計画を行っている．一方で，既設橋において，設計時の配慮不足や供用中の不具合により排水機能が十分に発揮されず，鋼部材の防食性能が低下しているケースが散見される．

本節では，主に橋面排水に着目し，排水計画の不具合における対策，排水設備の設置不良における対策，排水機能の維持について述べる．

4.3.1 適切な排水計画

橋梁建設時における排水計画の段階で，雨水の流入から流末までの排水系統が適切に検討，または把握されていなかった場合，排水計画の不具合により鋼部材の防食性能の低下や腐食を誘発する恐れがある．橋台背面から護岸部を伝って土砂水が橋座に流れ込み，支承や桁端部に腐食が生じた事例を図-4.3.1に示す．この腐食は，排水計画において，護岸からの土砂水の流入を想定しなかったことが要因である．図-4.3.2は，鋼床版デッキプレートの現場継手部近傍に設けた床版水抜きにパイプが装着されていない事例である．水抜き孔からの漏水により，耐候性鋼材を用いた箱桁下フランジに著しい腐食が生じている．また，路面の縦横断勾配の関係から，土砂や雨水が一箇所の排水桝に集中し土砂詰まりが生じた事例を図-4.3.3に示す．図-4.3.4は，コンクリートブロックに囲まれた範囲内の適切な位置に水抜き孔がないため滞水や土砂が堆積し，鋼アーチ部材の鋼コンクリート境界部で防食性能の低下が生じている事例である．このように，鋼橋の防食性能を維持するためには，橋梁前後の土工部の状況や護岸形状，橋面の勾配や構造詳細などを考慮し，道路全体の排水系統を俯瞰的に検討することが重要である．

鋼橋の防食性能の回復における排水計画の流れ（手順）と構造上の着目点を，I桁橋を例にして図-4.3.5に示す．ここで示す「排水計画のフロー」は，新設橋の設計段階において十分に検討すべき事項であるが，既設橋に対しても同様の観点により排水機能（経路）を確認することが重要である．既設橋の排水設備の機能が現状必要とされる機能に対して満足しているか，図中の①〜

図-4.3.1　橋座への土砂水の流入

図-4.3.2　水抜パイプの装着漏れ

図-4.3.3　排水桝の閉塞による滞水

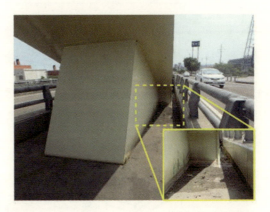
図-4.3.4　鋼アーチ基部での土砂の堆積

③それぞれの段階と照らし合わせて確認する必要がある．なお，現状必要とされる機能とは，気候変動による想定以上の降雨に対する機能向上も含まれ，排水機能が満足していなければ，各段階に応じた対策が必要とされる．例えば，①の流入源の特定段階において，図-4.3.1のように橋台背面からの土砂水が橋座に流れ込む状況が確認された場合，土工部や斜面の排水経路の改善を行わない限り抜本的な解決には至らず，橋梁の排水設備の設置のみで対応できないことに留意する必要がある．図-4.3.6(a)は，橋台背面からの土砂水の流入を防止するため，土工部から橋台背面にかけてアスカーブ（アスファルト製の縁石）を設置した事例である．また，図-4.3.6(b)は，橋台脇の斜面に縦排水側溝を設置した事例である．②や③の段階においては，排水設備の不適切な設置によって防食性能を低下させている事例が確認されており，その対策については4.3.2で詳述する．その他，伸縮装置を含めた桁端部の漏水や床版端部の水切り不良，添架管の結露など一般的な排水系統の想定と異なる水の発生源に対しては，4.4で詳述する．

4.3.2　適切な排水設備の設置

ここでは，排水桝や排水管，床版水抜きパイプ等の排水設備について述べる．

(1)　不具合事例

設置された排水桝や排水管，床版水抜きパイプ等の排水設備の不具合により鋼部材の防食性能

① 排水の流入源の特定
　・水が流れ込む状況の確認
　（橋面の勾配や構造物・土工部の排水設備，近接する斜面や護岸の形状など）

② 橋面から桁下への排水設備の検討
　・橋面の排水設備の検討（排水桝，床版防水，地覆水切り，土工部や隣接護岸の排水など）
　・桁下への排水設備の検討（排水管直落とし，横引き管，床版水抜きパイプなど）

③ 流末処理の検討
　・排水管直落としの管先端の位置
　・床版水抜きパイプや鋼製伸縮装置排水パイプの流末処理

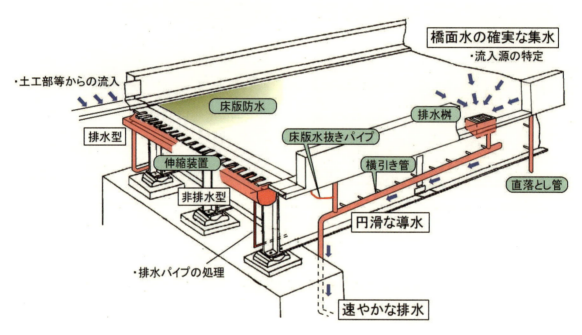

図-4.3.5　防食性能回復における排水計画のフローと着目点

　(a)　アスカーブの設置例　　　　　(b)　縦排水側溝の設置例

図-4.3.6　雨水の流入源に対する対策事例

を低下させることがある．床版水抜きパイプの上端が床版部分の接続部で逸脱している事例を図-4.3.7(a)に，床版水抜きパイプが支承上に直落としとなっている事例を図-4.3.7(b)に示す．いずれも床版水抜きパイプからの排水による鋼部材の防食性能の低下が懸念される．図-4.3.8(a)は，排水管の管先が主桁下フランジ下面から150mm程度に位置しているが，風が吹き上がった際の排水の飛散による鋼部材の防食性能の劣化が懸念される．図-4.3.8(b) は，橋座上に排水管が設置されており，排水の跳ね返りによる鋼部材の防食性能の低下が懸念される．図-4.3.9は，既設の橋面排水口径が小さく，早期に土砂詰まりによって排水機能が失われることが懸念される．

(2) 排水桝

排水桝は，橋面の水を桁下に排水する起点であり，ここが機能しなければ円滑な排水が阻害され，橋面水による床版の劣化促進から鋼部材の防食性能低下の原因となる．既設橋においては，近年の局所的な降水量の増加や地形条件の変更によって設計当時に想定していた水量を超過している場合，経年的に土砂詰まりが生じている場合がある．その場合，水や土砂が流れ込む状況を改めて確認したうえで，排水桝の規格や設置数を調整する必要がある．特に，現況の道路縦断勾配や横断勾配，歩車道境界ブロック等の街築構造物の状況から，水が溜まりやすい範囲に重点的に設置することも有効である．一例として，東北地方整備局の「設計・施工マニュアル（案）」[49]を参考にサグ点における排水桝の設置例を図-4.3.10に示すが，縦断勾配のサグ地点付近で排水

(a) 床版水抜パイプの逸脱

(b) 不適切な床版水抜パイプ先端位置

図-4.3.7 床版水抜パイプの不具合

(a) 不十分な管先長さ

(b) 不適切な管先位置

図-4.3.8 排水管の管先の不具合

図-4.3.9 口径の小さい排水孔

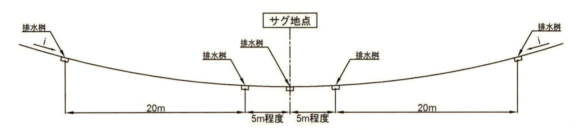

図-4.3.10 サグ点における排水桝の設置例[49]

桝の設置数を増やす仕様となっている．なお，既設橋において新たに排水桝を増やす場合には，床版の配筋状況や主桁の配置状況を確実に把握して設置する必要がある．

(3) 床版水抜きパイプ

床版の水抜きパイプは，床版上面に溜まった水を桁下に排水するものであり，床版の健全性を維持するために重要な構造である．しかし，その導水方法について十分な配慮がなされておらず，鋼部材への水掛かりの原因となるような場合は腐食を誘発することとなる．そのため，図-4.3.11 に示すように水抜きパイプを強固に固定した上で，先端を主桁の下方まで延長することが重要である．また，排水桝に近い水抜きパイプは，図-4.3.12 のように排水管と接続することも有効である．その際，フレキシブルな水抜きパイプが途中で極端に屈曲せず排水勾配を確保することが重要であり，例えば強固な排水管を用いて接続することも考えられる（図-4.3.13）．なお，水抜きパイプを主桁等に固定する際は，固定金具で塗膜を傷めないよう留意するとともに，ステンレス製の固定治具を用いる場合には異種金属接触腐食にも留意する必要がある．

(4) 横引き管，曲り管

雨水を橋面の排水桝から桁下の流末へと導く排水管については，排水桝直下に排水を直落としする場合と，所定の流末まで排水を横引きする場合がある．横引き管については，排水勾配が確保されていないと土砂が中詰まりし，排水機能を失うことが懸念される．そのため，所定の排水勾配を確保する必要があり，その勾配は新設橋において各道路管理者の設計要領・マニュアル等で定められているものが参考となる．文献 49)に示される横引き管と曲り管を図-4.3.14 に示す．ここでは，横引き管の排水勾配を 5%以上確保し，中詰まりが生じやすい屈曲部においては曲り管を使用することにより，円滑な排水を確保している．横引き管の排水勾配は，設計要領・マニュ

第4章 構造改良による腐食環境の改善

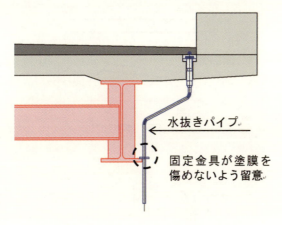
(a) 水抜きパイプと主桁との固定

(b) 水抜きパイプの設置事例

図-4.3.11 水抜きパイプの設置事例

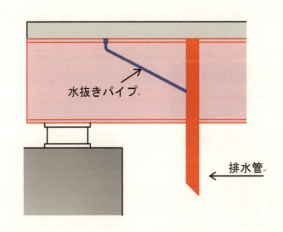
図-4.3.12 水抜きパイプと排水管との接続

図-4.3.13 強固な床版水抜きパイプの設置事例

アル等によって異なるが，5%以上を確保することが望ましい．

(5) 排水管先端の位置

前述の横引き管は，桁下の状況により排水を直落としできない場合に設置するものであるが，直落とし（垂れ流し）の直管を適用している事例も多い．直管であるため管内の中詰まりの恐れはないが，前述の図-4.3.8(a)のように管先端が主桁に近い場合，風の吹き上げにより排水が鋼部材にかかることがある．そのため，排水管先端はできるだけ主桁下フランジよりも下方となるようにすることが望ましい．主桁下フランジから管先端を下方に延ばす距離については，横引き管と同様，各道路管理者の設計要領・マニュアル等が参考になる．文献49)に示される排水管先端の位置を図-4.3.15に示す．ここでは，主桁下フランジから下方に600mm，橋台に近い位置では橋座より下方に600mm管先端を延ばす仕様となっている．また，排水管先端は主桁から離した側に向け，鋼部材に飛沫が掛からないよう配慮するのがよい．排水管先端を主桁下フランジよりも下方に延ばした事例を図-4.3.16に示す．桁下の空間は風が吹き上がることが多いため，排水管先端を主桁下フランジよりも極力，例えば600m以上延ばすことが望ましい．

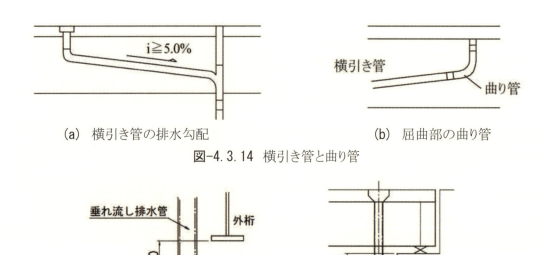

(a) 横引き管の排水勾配　　　　　　(b) 屈曲部の曲り管

図-4.3.14　横引き管と曲り管

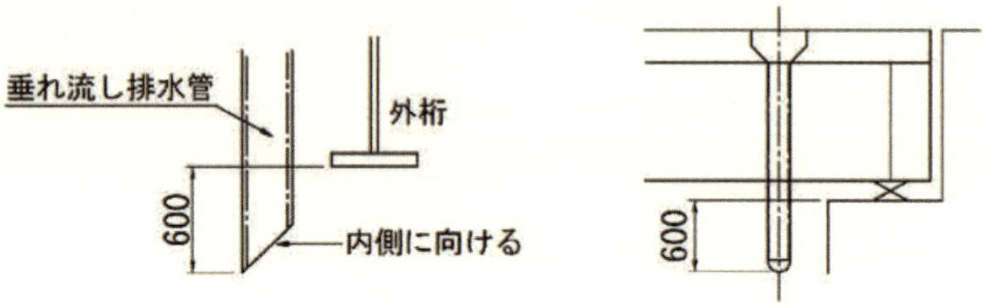

図-4.3.15　桁下・橋座より下方に管先端を延ばす距離[49]

図-4.3.16　排水管を桁下に十分に延長した例

(6) 排水管の流末

　排水管の流末が鋼部材に近接している場合，防食性能が低下することが懸念される．前述の図-4.3.8(b)は，排水管が橋座の直上にある事例であり，水跳ねによる鋼部材への影響は避けられない．そのため，図-4.3.17(a)のように橋台周辺の排水設備に流末を延長することが重要である．また，排水管先に大口径のフレキシブルパイプを設置することで桁下まで確実に導水した改善事例を図-4.3.17(b)に示す．

4.3.3　適切な排水機能の保持

　鋼橋の防食性能を回復・維持していくためには，前項で述べた適切な排水計画に基づいて設置された排水設備を適切に設置し管理していくことが重要である．さらに，排水設備の損傷は，漏水や滞水により鋼部材の腐食の進行を助長し，構造安全性の低下につながることから，排水設備を適切に維持管理していく必要がある．

(a) 新設橋での事例

(b) 既設橋での改良事例

図-4.3.17 排水管の流末における配慮

(a) 排水桝の閉塞

(b) 排水管の脱落

(c) 排水管の腐食

図-4.3.18 排水設備の機能低下

排水桝の土砂詰まりにより排水阻害が生じている事例を図-4.3.18(a)に示す．また，図-4.3.18(b)は，排水管の脱落，図-4.3.18(c)は，凍結防止剤を含む雨水により鋼製排水管が腐食して先端が朽ち落ちた事例であり，いずれも主桁の防食性能の低下が懸念される．図-4.3.18(a)のような排水桝の土砂詰まりは，いわゆる鋼部材の塗替え工事のような大規模な補修工事ではな

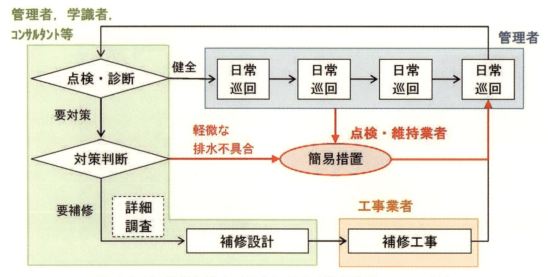

図-4.3.19 軽微な排水不具合に対する管理措置のフロー(案)

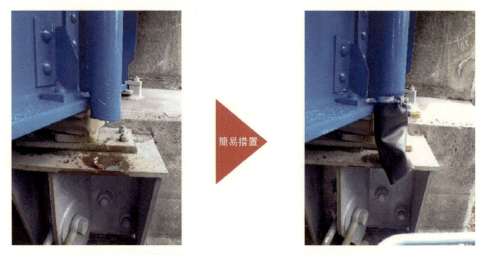

図-4.3.20 排水管にゴムホースを簡易的に設置した事例

く，維持作業（清掃）で対応可能である．また，排水が鋼部材にかかるような状況の際には，補修対策を講じるまでの応急的な処置を行うことで，防食性能の低下を防止できる場合もある．排水機能を適切に保持していくためには，定期的な点検や日常巡回の中で対処可能なものは速やかに対処することが有効である．

一般的な橋梁の維持管理では，定期的な点検・診断および日常的な巡回等により健全性を把握しており，要補修となった場合には補修設計や補修工事を行うことになる．また，点検・診断および補修設計，補修工事は分業化され，それぞれの担い手が決まっている．しかし，排水機能は簡易的な措置でも十分に維持・回復できることが多く，補修設計や補修工事の段階に至るまで放置するのは不合理である．点検・診断または日常巡回の中で，排水機能の不具合が簡易的な措置で対応可能であると判断された場合には，点検員や維持業者等により速やかに措置を施した方が効率的でかつ効果的である．現行の委託・工事の分業制度ではこのような対応ができる管理者は限られるが，効率的な維持管理制度のフロー案を**図-4.3.19**に示す．

図-4.3.21 排水桝の清掃による機能回復事例

図-4.3.20は，排水管の直下にある落橋防止構造が水掛かりにより腐食しており，点検時，簡易的にゴムホースを設置して水掛かりを防止した事例である．また，排水桝の土砂詰まり状況とその清掃後の状況を**図-4.3.21**に示す．いずれも点検時に対処した事例であり，恒久対策をするまでの間，損傷の進行を防ぐために早期に対処した効果的な事例といえる．

4.4 漏水・滞水対策

前節に示したように，鋼橋の防食性能を維持するためには，降雨により橋面に溜まる水を円滑かつ速やかに導水，排水できるよう排水計画を立案する必要がある．一方，既設橋の防食性能の回復に際しては，前述の雨水に加えて計画段階で想定できなかった「水」に対する対策も重要となる．想定しない「水」については，前節で示したような排水設備による排水計画で対処することは困難なため，個別の対策を取る必要がある．特に，水を完全に止める，すなわち「止水」をすることは不可能な場合が多い．そこで，排水計画段階で想定が難しい「水」については，水捌けが悪く滞水しやすい状況や水滴が鋼部材に常時掛かるような状況を回避すること，すなわち鋼部材表面の濡れ時間を極力短くすることが重要となってくる．

本節では，主に排水計画段階で想定されておらず，供用期間中に避けられない「結露水」，「伸縮装置からの漏水」，「床版からの漏水」に起因する腐食損傷に対する防食性能の回復について，その対策案を述べる．

4.4.1 結露水対策
(1) 不具合事例

結露は，架橋環境によっては鋼材表面に発生し，結露水が溜りやすい下フランジ上面などの腐食環境を悪化させることがある．また，上水道などの添架物がある場合，添架管が結露し水滴が鋼材にかかり局部的な腐食を進行させることが多い．結露水の水みちを事前に想定することは困難なので，起こりうる事象を想定した予防的な対応が望まれる．

結露の発生事例を**図-4.4.1**に示す．**図-4.4.1(a)**は，耐候性鋼橋の箱桁ウェブの外面に発生した事例で，結露水の発生状況や流れた跡が確認できる．**図-4.4.1(b)**は，塗装橋の箱桁下フランジにおける結露事例である．結露水は速やかに乾燥すれば問題ないものの，その量によっては滞水や

水掛かりが発生し，塗装や鋼部材の防食性能を低下させることにつながる場合もある．結露の発生メカニズムについては，橋梁の構造によって鋼材表面の温度分布が異なることや，風や湿度，気温など気象条件や架設環境の影響を受けることなどから極めて複雑である．また，箱桁や鋼製橋脚などの内面については，密閉度が高い場合には結露は発生しにくいものの，漏水やボルト継手部などの隙間から雨水などの水分が浸入することで，結露が発生しやすくなる環境となるものと考えられる[50),51)]．

結露水による損傷事例を図-4.4.2に示す．図-4.4.2(a)は，鋼製橋脚内部に結露水による腐食損傷が発生した事例である．図-4.4.2(b)は，添架管に発生した結露水が落下し，耐候性鋼橋の横構を腐食させた事例である．また，耐候性鋼橋に発生した結露による点さびの事例を図-4.4.3に示す．図-4.4.3(a)は，河川上に架設された橋梁の箱桁下フランジ下面，図-4.4.3(b)は，鋼コンクリート合成床版の底鋼板下面の状況である．なお，部材下面に発生したこのような点さびが，将来的に鋼部材の防食性をどの程度低下させるかについては不明である．

(2) 外面部材

塗装橋の場合，I桁や箱桁外面などの外面部材が結露水の水掛かりで著しく腐食する事例は少ない．そこで，外面部材の結露対策としては，塗装などの防食皮膜による防食性能を向上させるこ

(a) 耐候性鋼橋における結露跡

(b) 塗装橋の下フランジにおける結露

図-4.4.1 結露の発生事例

(a) 鋼製橋脚内部に発生した結露[52)]

(b) 添架管からの結露水による腐食

図-4.4.2 結露水による損傷事例

　　　　(a) 箱桁下フランジ　　　　　　　　　　　　　(b) 合成床版の底鋼板
　　　　　　　図-4.4.3　耐候性鋼橋における結露による点さび

とが有効である．結露水が溜りやすい部位は，面積の大きな垂直面の下側と考えられるが，水平補剛材上面，コンクリートが充填された鋼材部などにも注意する必要がある．このような部位については，4.2.1(2)に示したような増塗りを行うことも考えられる．

　一方，耐候性鋼橋の場合については，図-4.4.1(a)や図-4.4.3に示した結露跡や点さびが，すぐに防食性能の低下にはつながらないと考えられるが，3.1に示した部材レベルの腐食進行性評価を個別に行って対策を検討することも考えられる．

(3) 箱桁などの内面部材

a) 雨水等の浸入防止

　前述のように，箱桁などの内面は雨水や塩類などの腐食因子の浸入がない限り，良好な腐食環境にあると考えられている．しかし，箱桁内部の排水管の漏水や高力ボルト継手部の隙間やスカラップから浸入する雨水（図-4.4.4(a)）等により，箱桁内部が湿潤環境となる場合がある．そこで，隙間の寸法を10mm（塗装橋の場合）から極力小さくするほかに，隙間を樹脂充填やFRPシート等でシールすること，スカラップ部に樹脂製のキャップを設置（図-4.4.4(b)）したりすることも雨水の浸入を防止する対策として考えられる．なお，これらの対策を講じるに際しては，シール材やキャップ本体の耐久性について十分に配慮する必要がある．

b) 断熱塗料

　断熱塗料[53]は，鋼材表面の温度変化を抑え，表面温度と外気の温度差を小さくすることで結露を防止できる塗料である．断熱塗料は熱伝導率が低いため，気温低下時には外気から鋼板への熱移動を抑え内部の鋼板温度を下がりにくくすることに加え，気温上昇時に内部の鋼板が冷えた場合でも内部の鋼板から塗料の表面への熱移動を抑え結露を防止する．なお，断熱塗料は近年開発された塗料のため，適用に際しては塗料の付着性や耐久性も含め，実施工にあたっての塗装仕様について十分に検討する必要がある．

c) 換気防せいシステム

　桁内の湿潤環境を改善するために，エアコンを用いた換気防せいシステムを導入する方法がある．換気防せいシステムは，桁内の相対湿度をコントロールすることにより除湿および結露を防止し，腐食の発生と進行を抑制することを目的として開発されている[54),55]．なお，一般に換気防せいシステムは設備が大掛かりとなること，ランニングコストが発生することから結露を防止す

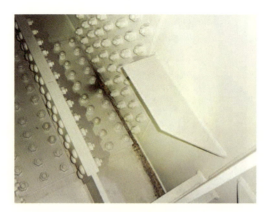 

(a) 雨水の浸入　　　　　　　　　　(b) スカラップ部のキャップ

図-4.4.4 箱桁内部への雨水の浸入と対策事例

(a) 換気扇の設置　　　　　　　　　(b) 除湿剤の設置 [58]

図-4.4.5 箱桁内面における腐食環境改善方法の事例

る対象構造物の規模に応じて適用を検討することが望ましい.

一方,比較的小規模な耐候性鋼橋を対象に,箱桁ウェブの換気孔に太陽光で稼働する換気扇を設置し内面を裸仕様とした事例[56]を**図-4.4.5(a)**に示す.浸入水や結露があった場合でも,速やかに湿気を排出して箱桁内部の腐食環境を改善させることで内面塗装を省略し裸仕様とできる.ただし,海岸地域など海塩が飛来する環境や凍結防止剤が飛散する環境では,換気孔から桁内に塩類が流入しないよう注意が必要である.

d) 除湿剤の設置 [57],[58]

桁内の相対湿度を下げて結露を防止する方法として,箱桁内部にシリカゲルなどの除湿剤を設置した事例を**図-4.4.5(b)**に示す.除湿剤による腐食環境の改善を行い,箱桁内面の塗装を原板ジンクリッチプライマーのままと簡略化している[57].なお,文献58)では,除湿剤として湿度に応じて水分を吸湿・放出する機能を有するB型シリカゲルを用いることで,半永久的に吸湿効果があるとしている.

(4) 添架管や配水管などへの配慮

図-4.4.2(b)で示した添架管の結露対策は,添架管への断熱材設置が有効である(**図-4.4.6(a)**).添架計画は,添架事業者が橋梁設計と別に実施することがあり,添架事業者の仕様(支持間隔,

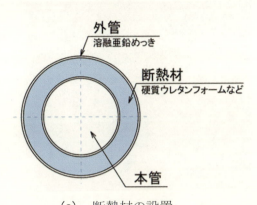

(a) 断熱材の設置　　　　　　　　　(b) 配管を吊り下げた事例

図-4.4.6　添架管への配慮

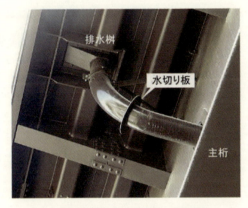
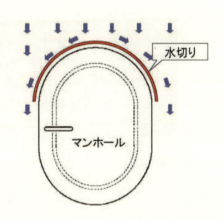

(a) 配水管への水切りの設置　　　　　(b) マンホール上方への水切りの設置

図-4.4.7　水切りの設置事例

支持方法など）で計画されることが多い．送水管など外気温の変化で結露する可能性がある場合でも，凍結する恐れのない地域では断熱材を設置する仕様にしていない場合がある．添架管計画時は，結露による防食対策とし断熱材の有無を確認することが重要である．また，添架管の設置に際しては，**図-4.4.6(b)** に示すように，添架管本体を直接構造部材に接触させることは極力避け，万が一結露が発生した場合にも，結露水が橋梁部材に伝わらないように配慮するとともに，橋梁部材との間に防護工を設置することも効果的である．

　排水桝に接続された排水管に水切りを設置した事例を**図-4.4.7(a)** に示す．排水管に発生した結露水に加え，雨水や排水桝からの漏水が排水管を伝って箱桁内に浸入することを防止する効果がある．一方，**図-4.4.7(b)** は，ウェブに設けられるマンホール上方に水切り板を設置した事例で，マンホールからの雨水等の浸入を防止する対策である．

4.4.2　伸縮装置からの漏水対策
(1)　不具合事例

　伸縮装置は，輪荷重を直接支持するとともに取付け道路または隣接径間から床版へと剛性の異なる部材間をつなぐことから車両の走行による衝撃も大きくなるなど，過酷な条件にさらされる．そのため，橋梁に取り付けられる部材の中でも早期に劣化損傷が発生する部材の一つである（図

(a) 伸縮装置の損傷

(b) 排水管からの漏水

図-4.4.8 伸縮装置の損傷事例

(a) 簡易排水樋の追加設置

(b) 漏水部分への樋の追加設置

図-4.4.9 排水樋の追加設置事例

-4.4.8(a))．一方，近年は桁端部への漏水を防止するために，非排水型の伸縮装置が主に適用されている．非排水型の伸縮装置は，装置の下方においてバックアップ材によって支持された止水材により，上方からの雨水や土砂が下方へ漏れないようにする構造としている．しかし，伸縮装置の過酷な使用環境によっては，止水材が早期に損傷し漏水が発生する事例が多い．これは，土砂や積雪などが伸縮装置の隙間に堆積し，輪荷重によって押し込まれることによって止水材が脱落することが原因として考えられている[59]．また，排水型の伸縮装置においても，伸縮装置の下方に取り付けられている排水管や樋の脱落によって漏水が発生し，桁端部の支承部周りを湿潤環境としている事例も少なくない（図-4.4.8(b)）．伸縮装置からの漏水は，流量が多い場合は，逆に雨洗効果を期待できる場合もあるが，少量の水滴が常時滴るような場合には，湿潤状態が保持され，腐食性が著しく高くなる．

(2) 対策

伸縮装置からの漏水対策としては，漏水の原因を把握することが重要である．伸縮装置が損傷している場合は補修するとともに，機能が回復しない場合は伸縮装置の取り替えが必要となる．非排水型の伸縮装置は，止水材の適切でかつ確実な施工することが止水性を確保する上で求められる．一方，過酷な使用環境下となる伸縮装置の止水性能を長期に確保することは，極めて困難な現状にあることから，万が一の漏水を想定してあらかじめフェイルセーフ機能を付与しておく

ことも選択肢として考えられる．例えば，**図-4.4.9(a)**に示すようなプラスチック製の大容量の簡易排水樋を設置することなどが考えられる．なお，伸縮装置からの漏水によって腐食損傷した耐候性鋼橋の防食性能の回復策として，ステンレス製の小型の樋や水切りを設置した事例を**図-4.4.9(b)**に示す．伸縮装置からの漏水に対してステンレス製の排水樋を複数設置しているが，漏水を完全に受け止めることが難しく，試行錯誤した形跡がある．このように，漏水を都度コントロールして完全に止水することは容易ではなく，大容量の樋の設置など余裕を持った構造改良が求められる．

伸縮装置を含めた大規模な改良構造として，伸縮装置を有しないインテグラルアバット構造[60]の採用や**4.5.4**で後述する延長床版を採用することも有効である．ただし，これらの構造については，防食性能の回復を目的に既設橋に適用することは困難であることから，新設橋の計画段階で検討することが望まれる．

4.4.3 床版からの漏水対策

床版は自動車荷重が直接載荷される条件下にあり，損傷が発生しやすい部材である．床版のひびわれや打継目の不良などにより漏水が生じた場合，鋼部材の防食性能の低下につながることになる．床版の漏水対策としては，床版自体の耐久性のほか，床版防水層，舗装が「三位一体」となって機能するとともに，適切な排水設備との組合せにより防水機能を維持していくことが重要である[61]．

(1) 不具合事例

床版には鉄筋コンクリート床版（以下，RC床版）の他，プレストレストコンクリート床版（以下，PC床版）や鋼コンクリート合成床版（以下，合成床版）などのコンクリート系床版と，鋼床版などがあり，漏水による損傷も様々である．ここでは，鋼部材の防食性能の低下につながる床版からの漏水による損傷事例を挙げる．

RC床版では施工時の初期ひび割れや車両等の繰返し載荷によってコンクリートの劣化が進み，更にひび割れに水が浸入することで劣化の著しい進展につながる．RC床版の劣化部から漏水が発生している事例を**図-4.4.10(a)**に示すが，床版に接している鋼部材の上面から腐食が発生していることが確認できる．

(a) RC床版の劣化部からの漏水　　(b) プレキャストPC床版の継目部からの漏水

図-4.4.10 床版からの漏水事例

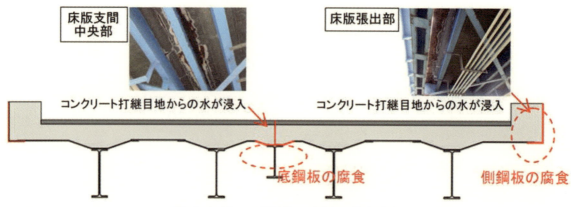

図-4.4.11　I形鋼格子床版の腐食事例

図-4.4.12　排水管の床版貫通部における漏水　　図-4.4.13　鋼床版ボルト継手部からの漏水

　PC床版では，構造ブロック自体の耐久性は高いものの，弱点となりやすい継目からの漏水が問題となる．歩道部のプレキャストPC床版の継目から漏水が発生している事例を図-4.4.10(b)に示すが，前述と同様に鋼部材の上面から腐食が発生しており，継目から析出した遊離石灰も確認できる．

　合成床版では，鋼板の継目や鋼板とコンクリートとの境界面，コンクリートの打継目が弱点となりやすい．合成床版と類似した形式の一つであるI形鋼格子床版において，床版支間中央部の底鋼板において著しい腐食が発生している事例を図-4.4.11に示す．この橋梁は過去にRC床版からの取替えを実施しており，コンクリートの施工を1車線ずつ施工したことから，その打継目から漏水が発生したと考えられる．また，この橋梁では，I形鋼格子床版の張出部の底鋼板にも著しい腐食が発生しており，側鋼板とコンクリートの境界面から水が浸入したことも考えられる．張出し部の腐食のような，コンクリート境界面の対策については，4.1.5を参照されたい．

　橋面の排水を桁下の流末に導くために床版に排水管を貫通させることが多いが，排水桝周りの防水が十分に機能していないと床版と排水管の境界から漏水が生じることがある（図-4.4.12）．また，鋼床版のボルト継手部からの漏水も鋼桁の腐食を誘発する（図-4.4.13）．

(2)　対策

　RC床版などのコンクリート系床版の漏水に対する対策は，前述のとおり床版自体に加えて床版防水層と舗装が三位一体となって機能するとともに，適切な排水設備との組合せにより防水機能を維持していくことが重要である．そこで，床版コンクリートの健全性により対策方法が分かれ

図-4.4.14 樋の設置による応急対策事例　　**図-4.4.15** コンクリート舗装の施工事例

るものと考えられる．ここでは，コンクリート系床版が補修・補強で済む場合，更新の必要がある場合に分類して述べる．

a)　床版の健全性が補修・補強対策により回復可能な場合

　例えば，RC床版にひび割れや剥離・鉄筋露出等が生じているが，ひび割れ補修工や断面修復工，炭素繊維シートの接着補強工等で対応可能な場合，PC床版や合成床版の継目から漏水しているが，床版本体の耐久性は低下していない場合が挙げられる．この場合，床版の補修・補強対策と合わせ，床版上に防水層を設置して橋面からの水の浸入を遮断することが最も重要である．

　既設橋への防水層の設置はアスファルト舗装の打ち換えと合わせて行うことになるが，防水層については施工性の他に床版との密着性や膨れ抵抗性，剥がれ抵抗性，局部変形性が求められ，アスファルト舗装については防水性や接着性・せん断抵抗性，水浸後の密着性が求められる．防水層の種類についてもシート系と塗膜系それぞれに対して様々な材料があり，現況の条件と求められる性能に応じて選定する必要がある．詳しくは土木学会の「道路橋床版防水システムガイドライン2016」[62]を参照されたい．また，防水層および舗装は，地覆や伸縮装置，排水桝との端部，施工継目部が弱点となりやすく，その処理について留意する必要がある．なお，床版コンクリートの打継目から漏水が発生し，鋼部材への水掛かりが生じている場合，恒久対策を施すまでの応急措置として小型の樋を設置して水を導水することも有効である（**図-4.4.14**）．

　既設の舗装がコンクリート舗装の場合，舗装部を切削し防水層を設置すると切削面に不陸が生じて床版と防水層に空隙が生じ，弱点となって防水層の損傷につながることがある．そのため，床版上面の不陸に対して樹脂モルタルなどを打ち込んで平滑にし，防水層に密着性の高い材料を適用するといった措置が必要である．また，交通量の多くない区間であれば，防水を目的とした薄層舗装を施すことも有効である（**図-4.4.15**）．ただし，通常の防水層より耐久性が高くないため，定期的に監視を行い，問題が生じた場合には速やかに対処する必要がある．

b)　床版の健全性の低下が著しく更新を行う場合

　床版の状態が著しく悪化して補修・補強等では健全性の回復が見込めない場合，床版を更新することになる．床版の更新時に，合わせて鋼桁上フランジ上面の防食性能の回復も行うとよい．全面交通止めが不可能な路線においては上下線を分割して施工することになるが，上下線のコンクリート打継目が弱点となって漏水することがある．そのため，コンクリート打継目上は，防水層のラップ長を確保して水が床版に浸入しないよう留意する必要がある．これは，合成床版のコ

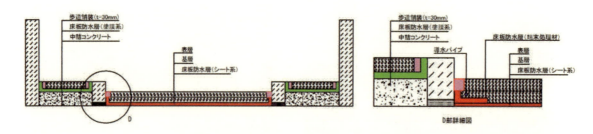

図-4.4.16 歩車道境界部の端部処理事例

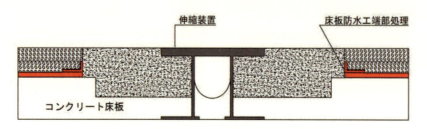

図-4.4.17 伸縮装置部分の端部処理事例

(a) 防水層の施工継目部　　　(b) 舗装の施工継目部
図-4.4.18 防水層の施工継目部の処理

ンクリートを打ち換える際も同様である．

　プレキャストの床版へ取り替える際には，ブロック継手部は現場打ちコンクリートとなるため防水上の弱点となりやすい．そのため，継手部上の防水層は確実に施工する必要がある．防水層の端部処理や施工継目部の処理は，以下を参照されたい．

1) 歩車道境界部や伸縮装置部の端部処理について

　防水層を設置する際には，歩車道境界ブロックや伸縮装置の後打ちコンクリートと床版上面の間に発生する防水層の端部処理に留意する必要がある．この端部処理が適切に行われていなかった場合，端部が水の浸入口となって床版漏水の発生源となる．端部処理方法の例を以下に述べる．「道路橋床版防水便覧」[63]に例示されている方法を**図-4.4.16**に示すが，端部の防水層を立ち上げて水が逸散することを防止している．また，その際に導水パイプを設置して水を流末に確実に導くことも重要である．

　橋面防水工と合わせて伸縮装置も取り替える場合には，伸縮装置と橋面防水の施工順により端部処理の難易度が異なる．先に伸縮装置を取り替える場合には，後打ちコンクリートを背に防水層の端部を立ち上げられるため，端部処理が容易になる（**図-4.4.17**）．

図-4.4.19 排水能力を向上させた排水桝の例

2) 防水層および舗装の施工継目部の処理について

防水工および舗装打換工を行う際に，現場の交通状況によっては全面一括施工ができず，上下線を分割して半断面ずつ盛り替えながら施工する場合がある．その場合，防水層および舗装に施工継目部が発生する．このような継目部は防水上の弱点となりやすく，防水層においては**図-4.4.18 (a)**のようにある程度ラップ長を確保して施工する必要がある．また，舗装が2層となっている場合は，舗装の施工継目部において基層と表層の継目をずらして施工することが望ましい（**図-4.4.18 (b)**）．

図-4.4.12に示したような排水管の床版貫通部における漏水に対しては，1)側面に排水孔を多数設けるなどして排水機能を向上させた排水桝の適用（**図-4.4.19**），2)排水桝と床版との間の床版防水を確実に行う，3)狭隘部となる排水桝周囲の床版コンクリートを細径のバイブレータなどを使用して締め固め十分に充填させること，などが対策として考えられる．

図-4.4.13に示したような鋼床版のボルト継手部からの漏水に対しては，デッキプレートの継手部の隙間にアスファルト系の防水材を充填しシールすることが考えられる．

4.4.4 水切りの設置

鋼橋の防食性能を低下させる要因の一つである水に対する対策として，円滑な排水を行うことに加えて水切りを設置して意図する方向へと導水を行うこと，または重要な部位へ水が浸入しないよう止水することが考えられる．本項では，主に橋梁の構造上重要な部位に対する水切りの設置によって，防食性能を回復および向上させる対策について述べる．

(1) 床版下面の水切り

a) 不具合事例

一般に，コンクリート床版の張出し端部には，地覆や高欄等から床版下面に回り込んできた雨水が桁にかからないように水切りが設置されている．近年は，凸状の水切りが一般的となっているが，古い橋梁では切欠きタイプの水切りが多く用いられている．この切欠きタイプの水切りは，条件によっては機能していない場合があることに注意する必要がある．

横断勾配が大きくカーブしている橋梁において水切りが十分に機能していない事例を**図-4.4.20**に，照明柱用の張出し基礎部の水切りが機能していない様子を**図-4.4.21(a)**に示す．また，設計や施工時の配慮不足が桁への漏水に繋がった事例も散見される．**図-4.4.21(b)**は，水切りの施工不良（面木の残置等）により部分的に切欠き部が閉塞状況にある事例である．僅かな閉塞部

であっても，主桁に到達した水は勾配によって広がるため，広い範囲にわたって著しい腐食を誘発することがある．**図-4.4.22** は標識柱用の張出し基礎部において橋軸方向の水切りは設置されているが，横断方向の水切りが設置されていない事例である．

b) **対策**

このような水切り不良によって桁に異常が発生した際には，桁の補修よりも原因となっている水切り不良部の改善を優先して実施する必要がある．水切りが改善されれば，桁の補修をしなくてよい場合もある．水切り不良箇所には，アングル材など簡易な水切りを設置することで改善できる．**図-4.4.21**(a)の水切り不良に対して，簡易な水切りを追加設置した事例を**図-4.4.23**に示す．

なお，橋梁の下に道路があるなど，床版のかぶりコンクリート落下による第三者被害を防止するために，床版下面コンクリートに剥落防止ネットを設置したために水切りの機能が失われている事例が認められる．剥落防止ネットを張り付けた場合には，新たな水切りを設置する必要がある．

(2) 漏水の拡大防止としての水切り

a) **不具合事例**

伸縮装置や床版からの漏水の発生確率は，経年に伴い増加するため，不可避な事象であるとい

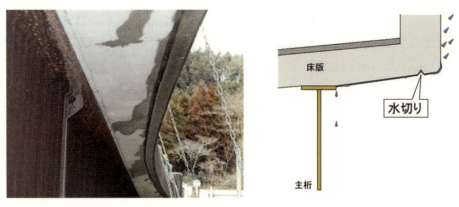

図-4.4.20 横断勾配が大きくカーブしている橋梁の事例

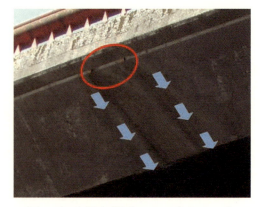

(a) 張出し部での水切り不良　　　　(b) 部分的な閉塞による水切り不良

図-4.4.21 水切り不良の事例

図-4.4.22　水切りの未設置

図-4.4.23　応急処置としての水切り

(a) 箱桁下フランジ

(b) I桁下フランジ上面

図-4.4.24　桁端部からの漏水の拡大

える．漏水の起点はごく狭い範囲であったとしても，桁に到達した水はその勾配や表面状態によって広がり，場合によっては橋軸方向に数十 m といった広い範囲に悪影響を及ぼすことがある．図-4.4.24(a)は，伸縮装置からの漏水が量も多く縦断勾配も大きいため，箱桁下フランジの非常に広い範囲で耐候性鋼材の異常腐食を誘発した事例である．図-4.4.24(b)は，耐候性鋼橋で同様に伸縮装置からの漏水により，主桁下フランジ上面の広い範囲に滞水が発生したものである．

b)　対策

漏水の拡大防止の対策としては，水切りを設置することが効果的な対策の一つである．特に，縦断勾配の大きな橋梁では，桁端部など漏水が発生しやすい部位にあらかじめ水切りを設置することが望ましい（図-4.4.25）．図-4.4.24 に示したような不具合に対しては，主桁下フランジに水切りを設置する．また，漏水が懸念される桁端部や主桁下フランジ，防食上の弱点部でもあるボルト継手部の勾配の高い側に設置するのがよい．このように，どの位置にどのような水切りを設置するかは，どこを伝わる雨水を対象とするかを考慮して決定する．主桁下フランジに設置する水切りの例を図-4.4.26に示す．水切りの設置に際しては，水切りから落下する水滴が橋台や橋脚上に滞水したり，下部構造検査路にかからないような位置を選択する．水切りの橋軸に対する設置角は，基本的に 90 度でよい．縦断勾配を考慮して斜めに設置して水が流れやすくするという考え方もあるが，鋭角側のコーナー部に塵埃等が堆積しないよう留意する必要がある．また，

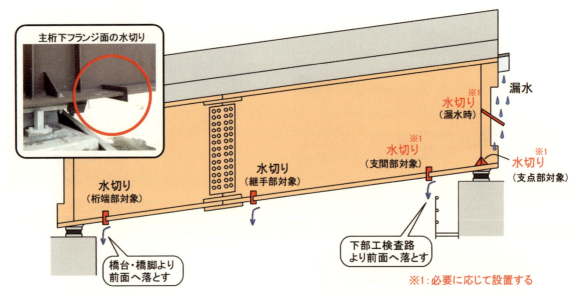

図-4.4.25 水切りの設置

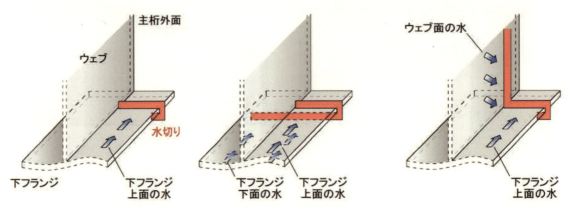

(a) 下フランジ上面対象　(b) 下フランジ上下面対象　(c) 下フランジ上面＋ウェブ面対象

図-4.4.26 主桁下フランジへの水切りの設置

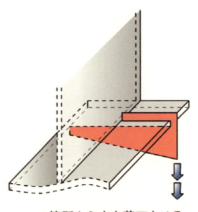

図-4.4.27 水切り形状の工夫

図-4.4.28 既設橋に取り付けた水切り

図-4.4.29 支点上補剛材の下端部の水切り

図-4.4.30 簡易的な水切りの設置による防食性能の回復事例

図-4.4.27に示すように，下フランジ下面側の水切りを台形にして1点から水が滴るよう工夫して滞水時間を短くすることも考えられる（10.3参照）．既設橋の防食性能を回復させることを目的として，図-4.4.28に示すような水切りを設置することもできる．このような水切りは，例えば，塗装塗替え時に更新することを前提とすればよい．また，滞水しやすい支点上補剛材の下端にコーナープレートを設置している事例もある（図-4.4.29）．なお，既設橋へ現場溶接により水切りを設置する場合は，溶接品質を確保するなど疲労耐久性を低下させないようにする必要がある．

桁端部における伸縮装置からの漏水に対して，簡易な水切りを設置することで防食性能を回復させた事例を図-4.4.30に示す．この耐候性鋼橋は，伸縮装置の損傷により桁端部において漏水が発生しており，主桁の下フランジ上面に層状剥離を伴う異常腐食が生じていた．左側の写真から分かるように，漏水は伸縮装置→床版下面→上フランジ→ウェブ→下フランジ上面と流れており，下フランジ上面では更に桁端から支間中央に向かって流れていた．そのため，層状剥離を伴う下フランジ上面の異常腐食は桁端から2～3m程度の範囲で発生していた．そこで，伸縮装置の補修

までの期間の防食性能の回復を目的として，3箇所（伸縮装置直下，ウェブ，下フランジ上面）に簡易的な水切りが設置された．水切りの位置は，伸縮装置からの漏水をできるだけ床版下面に流さないようにすること，流れたとしても桁端部のウェブでは下フランジまで到達しないようにすること，更に下フランジ上面に達した漏水が支間中央に向かって流れるのを防止することを意図して決定された．また，伸縮装置直下の水切りは，極力，桁から離れた位置で落下するよう板の下端に勾配が設けられた．右側の写真は措置後 15 年が経過した状況であるが，桁端部の鋼部材は乾燥状態にあり異常腐食も進行しておらず，腐食環境が改善されることで良好なさび層が形成され防食性能が回復している．

4.4.5 支承部周辺の滞水対策
(1) 不具合事例

橋梁の支承部周りの狭隘空間は湿潤環境となりやすく，伸縮装置からの漏水や雨水により橋座面が滞水すると，長期間濡れ状態になることが多い．特に，支承部周辺で滞水した場合には支承が腐食し支承機能が低下することで，橋梁の構造安全性に影響を及ぼすことも懸念される．

橋座面における滞水や土砂の堆積の事例を図-4.4.31 に示す．図-4.4.31(a)は橋座の周囲を 30mm 程度立ち上げることで集水し，橋台側面に設けた排水溝から排水する構造となっているが，排水溝の排水能力の不足により滞水することで，支承が腐食している．図-4.4.31(b)は橋座の周

(a) 橋座面における滞水

(b) 橋座面における土砂の堆積

(c) 橋座面における湿潤状態

(d) 接続されていない排水パイプ

図-4.4.31 橋座面における腐食環境の悪化

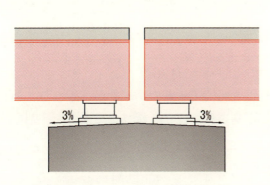

図-4.4.32 橋座面の排水勾配の付与

図-4.4.33 橋台前面に設けた排水樋

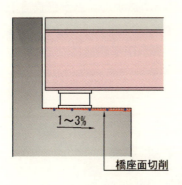

(a) 橋座面の切削

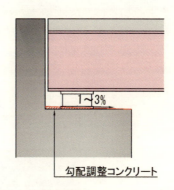

(b) 勾配調整コンクリートの打込み

図-4.4.34 橋座面の構造改良

囲を切り込んで排水溝を設けた事例であり，排水溝に土砂が堆積して排水機能を失っている．図-4.4.31(c)と図-4.4.31(d)は，排水型伸縮装置の排水パイプが橋座に垂れ流しの状態となっており，橋座の支承部周辺が長期間湿潤環境となることで支承が腐食している．

(2) 対策

新設橋では支承部周辺の水を速やかに排水する方法として橋座面に排水勾配を設けることが標準となっており，排水勾配は各道路管理者の設計仕様で1～3%程度に定められている[49]．支承部周辺に滞水させずに防食性能への影響を抑えるためには，排水勾配をできるだけ大きく確保した方がよく，ここでは3%程度とすることを推奨する（図-4.4.32）．支承部周辺の滞水対策を講じるには，水の流入源を断つことのほか，流れ込んだ水をいかに速やかに導水し排水させることが重要である．したがって，橋座面を囲むように集水のために立ち上がりを設けたり（図-4.4.31(a)），周囲に幅の狭い排水溝を設ける（図-4.4.31(b)）ことは望ましくない．例えば，橋座面の排水勾配によって導水させた雨水を橋台前面の全長に取り付けられた比較的大きな樋で集水することも構造改良効果の高い方法の一つである（図-4.4.33）．この樋は開断面であるため，これまでの配管のように，土砂等が配管内に堆積することで，排水機能が低下することはない．

また，万が一滞水が発生しても支承や桁端部に水が掛からなければ問題ないと考えれば，台座コンクリートを設置することや桁下端部の空間を確保することも有効であり，詳細は4.5.4を参

照されたい.

既設橋が排水勾配を有していない場合,新たに勾配を確保するための方法として,橋座面を切削する方法と,橋座面に勾配調整コンクリートを打込む方法がある.ただし,双方とも以下に述べるような既設橋特有の課題がある.

a)　橋座面を切削した排水勾配を設ける場合について（図-4.4.34(a)）

既設橋の橋座を切削すると,橋座面下に配筋された沓座補強鉄筋のかぶりが不足することが懸念される.沓座補強筋のかぶりが不足する場合,かぶりを確保できる深さまで橋座を切削し,新たに補強鉄筋を配筋する必要がある.

b)　勾配調整コンクリートを打込む場合について（図-4.4.34(b)）

橋座上に勾配調整コンクリートを打込む場合,支承の設置状況を考慮する必要がある.支承を支える沓座モルタルが厚く,勾配調整コンクリートの上面が支承のベースプレートよりも下に位置する場合は問題ない.しかし,沓座モルタルが薄く,支承のベースプレートに勾配調整コンクリートが干渉する場合は,支承に水が掛かることで腐食を助長することが懸念される.また,図-4.4.35に示すように,勾配調整コンクリートの打設に合わせて支承部周辺のみを溝状にして導水する構造は,定期的な清掃が必要とされ,清掃を怠ると溝が閉塞状態になることで滞水しやすくなる.

図-4.4.35　支承部周辺のみ溝状とした構造

(a)　排水型伸縮装置の導水と排水システム　　　　　(b)　排水溝の設置例

図-4.4.36　支承部周辺への漏水を回避させる工夫

一方，腐食環境を悪化させないために，排水型伸縮装置による導水と排水の確実性が求められる．**図-4.4.36(a)**は排水型伸縮装置の下方にステンレス製の樋を設置し，排水管で集水した後に橋座面に設置した排水溝で速やかに排出するシステムを適用している．橋座面や支承部周辺は乾燥しており，腐食は発生していない．一方，**図-4.4.36(b)**はPC橋の例であるが，橋座面に排水溝を設け，支承部周りに雨水が浸入しないよう工夫されている．

なお，5年ごとの定期点検の他，日常パトロールの時に維持作業を実施することが望まれる．

4.5 腐食環境の改善

鋼橋の防食性能は，架橋位置における腐食環境の影響を大きく受ける．一般に鋼橋の腐食は，飛来塩分や河川からの水蒸気などの大気環境を起因とする腐食と，伸縮装置からの漏水などに起因して部位レベルで生じる腐食に分類される．このうち，大気腐食環境に起因する腐食の対策としては，大気環境の腐食要因を直接排除・改善する方法と橋梁本体の構造改良などの対策による方法と大別される．ただし，大気腐食環境の要因を直接排除・改善することは一般に困難である．本節では，大気環境の腐食要因を排除する方法と，構造改良によるミクロ腐食環境を改善する方法について述べる．

4.5.1 飛来塩分の影響を受ける大気腐食環境の改善

沿岸部など飛来塩分量の多い腐食性の高い大気環境にさらされる鋼橋では，構造改良による腐食環境の改善は不可能であるため，橋梁本体側で飛来塩分を遮断するなどの対策が講じられることが一般的である．例えば，4.1.1で述べたように，構造物の全体や一部にカバーなどを設置することで，飛来塩分などの腐食因子を遮断する方法が考えられる．

4.5.2 交差物の影響を受ける大気腐食環境の改善

(1) 桁下が河川の場合

一般に桁下の交差物が河川の場合は，大気腐食環境の腐食性は高くなる．特に，桁下空間が小さい場合，交差物が流速の遅い河川（**図-4.5.1(a)**）や湖沼の場合，さらには周辺の植生により高湿度環境となる場合（**図-4.5.1(b)**）に腐食性は更に高くなる．一方，**図-4.5.1(c)**に示すように河川から桁下までが大きく開放されており，付近に植生などの通風を阻害するものがない場合には，交差河川が腐食性を高めることはほとんどない．前者の場合は，橋梁と異なる河川の管理者が河川構造等を変更することで腐食環境を改善することが期待できない場合は，**第3章**で述べた腐食進行性と腐食環境を評価した上で，大気腐食環境に適した防食対策を選定することが重要である．

橋梁が河川上に位置する場合の腐食環境には，前述した大気腐食環境以外にも部位レベルの腐食環境がある．河口近くの河川上に架設された耐候性鋼ランガー桁橋の事例を**図-4.5.2**に示す．本橋では季節風により河川を遡った波が，橋梁の上流側に位置する鉄道の護岸部に当たることによって飛沫となり床組部材に直接掛かったため，護岸部に近い左岸側の床組部材に異常腐食が発生した．そこで，この事例では護岸手前に消波を目的とした蛇篭を設置し，主桁への飛沫の付着を抑制することで腐食環境を改善している．

(a) 河川と桁下が近接している橋梁

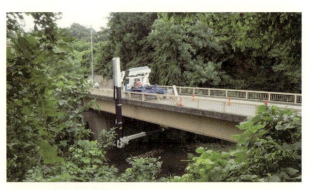
(b) 橋梁近傍に植生が繁茂している橋梁

(c) 河川と桁下間が開放されている橋梁

図-4.5.1 桁下が河川の場合の腐食環境の違い

(a) 異常腐食状況

(b) 橋梁の周辺状況

(c) 蛇籠の設置状況

図-4.5.2 蛇籠設置による大気腐食環境の改善例

また，**図-4.5.3**は，河口部に架かる橋梁であり，波が護岸に当たることで飛沫となり，鋼桁に掛かることで腐食損傷が発生した事例である．この場合も護岸など河川構造を大きく変えることは難しいが，**図-4.5.3(b)**に示すように護岸上部に波返しを設置することで，飛沫付着の抑制により，腐食環境を改善できると考えられる．

(2) 桁下が道路・鉄道の場合

桁下の交差物が道路の場合，大気腐食環境に影響を与える因子として，交差道路を通行する自動車による凍結防止剤や雨水の巻き上げのほか，排気ガスなどが考えられる（**図-4.5.4**）．このよ

(a) 飛沫による大気腐食環境の悪化　　　　　　　(b) 波返しの設置

図-4.5.3　河川からの飛沫に対する大気腐食環境の改善案

図-4.5.4　交差道路からの凍結防止剤の飛散

うな場合では，交差道路の構造変更は難しいことから，4.5.1と同様に，桁下に遮塩板を設置するなどの対策を講じることが考えられる．

一方，桁下の交差物が鉄道の場合については，大気腐食環境に著しい影響を及ぼすことはほとんどないと考えられる．しかし，蒸気機関車やディーゼル機関車などの排出物を伴う場合は，腐食環境が悪化することが懸念される．文献64)では排煙による塗膜の劣化を防止するために鉄道上に桁下カバーを設けた海外の事例が示されている．

4.5.3　植生等の除去による腐食環境の改善
(1) 環境変化と損傷事例

橋梁がさらされる大気環境は，大きな気象変動がない限りその変化は小さいが，滞水，堆積物，植生などにより，橋梁の特定部位の腐食性が著しく低下する場合がある．特に，山間部に架設された橋梁では，図-4.5.5に示すように樹木が桁を覆うように繁茂して，部位レベルのミクロ腐食環境を悪化させることが多い．樹木の繁茂により局所的に湿潤環境となり，異常腐食が発生した耐候性鋼橋の事例を図-4.5.6に示す．

(2) 対策

橋梁に隣接する樹木が繁茂する場合，一般的に繁茂前と比較して部材の濡れ時間が長くなることで，腐食性が高くなる．したがって，樹木が大木となる前に伐採しておくことや植生を生じさせないように工夫することが望ましい．ただし，海岸部の近くなど飛来海塩が到達する橋梁では，海側の樹木により濡れ時間は長くなるが，防潮林として機能することで樹木がない場合と比較して腐食性が低くなっている場合もあるため，状況に応じた樹木の伐採が求められる．海岸線（写

図-4.5.5 樹木の成長によるミクロ腐食環境の変化事例

図-4.5.6 樹木の繁茂による腐食環境悪化事例　　図-4.5.7 防潮林の役割を果たしている事例

図-4.5.8 点検時に植生を伐採した事例

　　　　　　(a) 4月　　　　　　　　　　　　　(b) 7月
図-4.5.9　同一橋梁における桁下植生の季節による違い

真左方向）から数百 m の地点にある耐候性鋼橋を**図-4.5.7**に示す．樹木により橋梁は湿潤環境にさらされるが，海岸線からの飛来海塩が遮られることで，腐食性が低い環境を保っている．

　大気環境改善のための樹木の伐採は，幼木であれば労力は少なくて済むが，大木化すると重機が必要となるなど大掛かりになる場合があるため，幼木の段階で定期的に伐採することが望まれる．また，幼木は定期点検の妨げになるため，橋梁周辺の植生や堆積物は伐採・除去する必要がある（**図-4.5.8**）．また，植生発生の防止や定期的な伐採が不可能な場合には，橋梁近傍の地表面にモルタルを打ち込む，防草用マットを設置するなどの方法も考えられる．なお，植生が落葉樹である場合は，季節により植生の状態が変化するため，注意が必要である．**図-4.5.9**に示すように，季節により植生が橋梁の腐食環境に及ぼす影響が著しく変化する場合もあるため，腐食環境調査の時期に配慮する必要がある．

4.5.4　桁端部空間の確保

　桁端部を含む沓座には，支承や落橋防止装置などが設置されているため，点検や補修作業のために必要な空間が確保されていない事例が多い．また，伸縮装置の損傷に伴う漏水により桁端部の腐食が多発している．近年，新設橋では桁端部の空間を広く確保する構造的工夫がされており，維持管理性や腐食環境の改善が図られている．ここでは，既設橋における空間確保の基本概念，構造改良の事例について述べる．

(1)　桁端部の形状事例

　近年，桁遊間は維持管理の空間としても考えられるようになってきたが，それまでは主に温度変化や地震時に生じる上部構造と下部構造の相対変位を拘束しないことなどを目的に設けられていた．したがって，架設年次が古い小規模な橋梁では，桁端部に空間が設けられていない場合が多い．小規模橋梁で桁端とパラペットとの遊間が狭く，支承も小型の鋼製支承であるため，沓座と下フランジの隙間が狭い事例を**図-4.5.10**に示す．これらは素地調整を含めた塗装塗替えが困難な部位に位置付けられる．**図-4.5.11**は落橋防止装置や変位制限装置などが後付けされた橋梁で，端部下フランジの塗装塗替えが困難である．**図-4.5.12**は架橋位置の地形や河川条件などから桁端部の下フランジ下面に護岸が入り込んでおり，点検や将来的な維持管理が困難な部位である．**図-4.5.13(a)**は支承高が比較的低い鋼製支承であるが，台座が設置されているため，下フラ

(a) 桁端部　　　　　　　　　　　(b) 桁掛違い部

図-4.5.10 小規模橋梁における桁端部の狭隘な事例

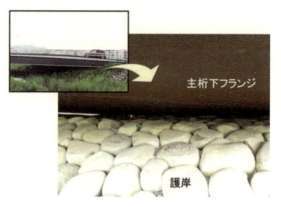

図-4.5.11 落橋防止装置等が設置された桁端部　　**図-4.5.12** 点検が困難な桁端部

(a) 台座コンクリート設置事例　　　　　(b) 高さのあるゴム支承

図-4.5.13 下フランジの下側の空間の確保事例

ンジ下面の空間は確保されている．一方，十分な高さの台座は配置されていないが，支承高の高いゴム支承が設置されているため，桁下空間が確保されている事例を**図-4.5.13(b)**に示す．このように，維持管理上，下フランジ下側の空間を確保することが望ましく，300mm以上の空間を確保することが望ましい．なお，**図-4.5.13**の橋梁の端横桁がフルウェブタイプの場合には，点検や補修作業が容易となるようパラペットと桁の遊間を広くすること，かつ桁端部のウェブの切り欠きを設けることが望まれる．

(2) 既設橋における桁端部空間確保の提案

既設橋における桁端部の空間を改善することは，維持管理を容易にできるため，橋梁の長寿命化にも貢献できると考えられる．構造改良は，架橋環境により様々な制約条件があるが，その条件を踏まえつつ支承や伸縮装置などの補修工事時に合わせて実施するのが望ましい．ここでは，構造改良の提案例と留意点について述べる．

a) 桁端部空間の確保

既設橋の桁端部の空間を確保するには，支承を前面に移動させる，またはパラペットを背面に移動させる必要がある（**図-4.5.14(a)**）．パラペットを背面に移動させる場合，踏み掛け版や背面土砂の撤去など橋梁周辺に及ぼす影響が大きい．一方，支承を前面に移動する場合は，適切な沓座拡幅の空間が確保できれば周辺に大きな影響を及ぼすことなく施工ができる．なお，沓座確保の際は，計画河水位（H.W.L.）や建築限界を侵さない範囲で計画する必要がある．

桁端部については，伸縮装置の設置に必要な遊間を確保した上で，上部構造桁端部を張り出す方法とパラペット上部を張り出す方法が用いられる．**図-4.5.14(b)**のように両方を適用することもできるが，狭隘空間での施工性を考慮して判断する必要がある．なお，上部構造の張出し長を

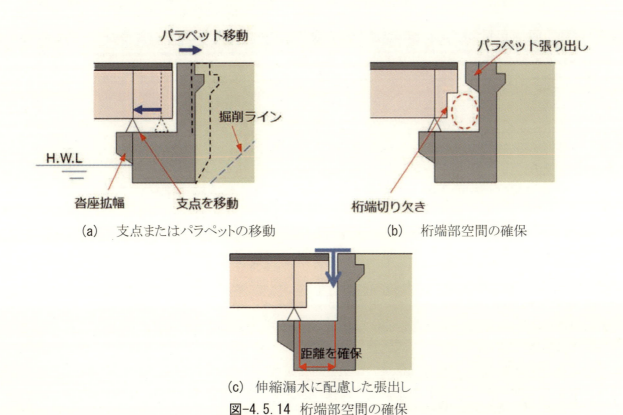

(a) 支点またはパラペットの移動　　　(b) 桁端部空間の確保

(c) 伸縮漏水に配慮した張出し

図-4.5.14 桁端部空間の確保

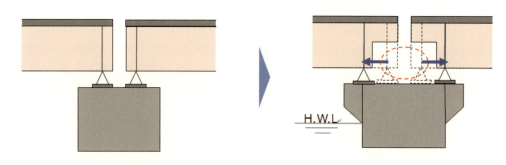

図-4.5.15 掛違い橋脚部の桁端部空間確保

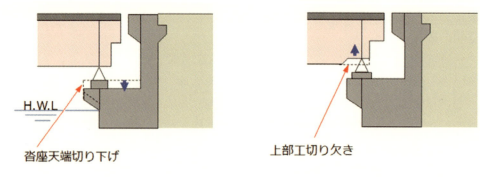

(a) 沓座面の切り下げ　　　　　(b) 主桁下フランジ切欠き

図-4.5.16 桁下空間の確保

長くする（**図-4.5.14(c)**）と，伸縮装置からの漏水を主桁から離すことができるので，防食の観点から有効である．この場合，張出し部のせん断と曲げ耐力について照査して必要断面を確保することに留意する．掛違い橋脚部における桁端部の空間確保の事例を**図-4.5.15**に示す．橋台部と同様に架橋条件に抵触しない範囲で沓座拡幅をして，主桁端部を切り欠くことで空間を確保する．パラペットによる張出しがないため，切り欠き量が大きくなる傾向となることから，せん断補強などを考慮する必要がある．

b) 桁下空間の確保

桁下空間を確保する方法には，**図-4.5.16(a)**に示すように沓座天端を下げる方法や，**図-4.5.16(b)**に示すように主桁を切り欠く方法がある．これらの方法は，台座コンクリートの高さ分だけ，桁下空間を拡大できる．ただし，**図-4.5.16(a)**は沓座鉄筋の再配置が必要となるため，コンクリートのハツリ量が多くなること，主鉄筋など他の既設鉄筋のかぶり確保に配慮が必要なこと，パラペット高が高くなるためパラペット主鉄筋の補強が必要になること，などの留意点がある．**図-4.5.16(b)**の例では，支点上の桁高が低くなるため，せん断補強が必要なこと，桁端部の形状複雑化による応力集中に配慮が必要なこと，などの留意点がある．

(3) 桁端部空間確保の事例

桁端部の空間確保は，点検や補修時の作業空間確保だけではなく，風通しが良好になることで腐食環境の改善にもつながる．したがって，極力大きな空間を確保しておくことが望ましい．パラペットの張出しで空間を確保している事例を**図-4.5.17(a)**に示す．この事例では，張出し部分の鉛直方向長さを更に短くし，空間をより拡大することが考えられる．主桁側から鋼製ブラケッ

(a) パラペットの張出し　　　　　　　　　　　　(b) 主桁側の張出し

図-4.5.17　張出し構造による桁端部空間の確保（新設橋）

図-4.5.18　切欠き構造による桁端部空間の確保

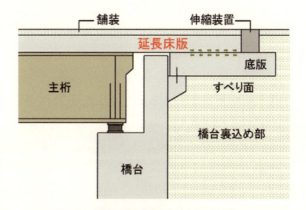

(a) 延長床版　　　　　　　　　　　　(b) 延長床版の構造概念図

図-4.5.19　延長床版の適用による桁端部の腐食環境の改善

(a) 支承部近傍の部材交換　　　　　　　(b) 箱桁端部ブロックの交換

図-4.5.20　桁端部の部材交換事例

トで張出した事例を図-4.5.17(b)に示す．伸縮装置が主桁本体から離れているので，漏水時に水掛かりの回避を期待できる．桁端部を切り欠くことで空間を確保している事例を図-4.5.18に示す．この事例では，切り欠き高さを極力大きくすることが望まれる．桁端部を切り欠くことで端部せん断耐力が不足する場合は，ウェブを厚くすることが考えられる．

　延長床版により桁端部の空間を確保している事例を図-4.5.19に示す．これまで，延長床版は多数の実績がある．本橋を含めた複数の橋梁を対象とした調査結果[65]から，コンクリートの一部角欠けなど軽微な損傷はあったものの，いずれの箇所でも漏水などは確認されず，良好な環境を維持していたと報告されている．なお，延長床版は一般的にコスト増となることが多いため，橋梁全体の長寿命化と併せて検討するのがよい．

　桁端部空間の改良は，維持管理性向上や腐食環境改善などを目的として実施される．腐食環境改善効果については，改善前後で**第3章**に示した部材レベルにおける腐食性を評価するなどして，その効果を把握することが重要である．

(4) 桁端部の部材交換

　桁端部の腐食が著しく進行したことで，桁の一部を切除・交換するような際には，桁端部の空間確保も合わせて行うことが望まれる．しかし，桁端部の部分交換時に桁端部の空間が確保された事例は少ない．桁端部の部材交換事例を図-4.5.20に示す．これらは，著しい腐食損傷が生じた支点部近傍を新規部材に交換した事例と箱桁ブロックごと交換した事例である．このように，局部的な腐食が生じた部位を新規部材と交換することで，耐荷力の回復に併せて防食性能も回復することができる．図-4.5.20(a)の事例については，比較的小さい部位が高力ボルト継手を用いて交換されていることから，桁端部から漏水した場合，腐食しやすいボルト継手部が防食上の弱点となる．したがって，コストや施工上の問題が生じるが，図-4.5.20(b)に示すように，腐食しやすい部位が漏水部位から離れるように，極力ブロックごとに部材を交換することが望ましい．また，図-4.5.20(a)の事例については，支承高さが低く，台座コンクリートもないことから，図-4.5.16(b)で示したように，主桁下フランジを切り欠くことで桁端部の空間を確保することが望まれる．また，図-4.5.20(b)の事例では，腐食部材の交換とともに，マンホールの設置や排水管の交換が行われている．腐食部材の交換に際して，旧部材よりも厚板の更新部材を用いて十分な腐食しろを確保することで，漏水による減肉時に力学性能に及ぼす影響を低減することが望まれる．

4.6 維持管理困難部位の排除

前述のように，鋼構造物を経済的にかつ効果的に長寿命化するためには，構造改良により腐食環境を改善するとともに，点検や補修・補強などの維持管理しやすい空間を確保することが重要になる．本節では，維持管理の観点から，構造詳細のあり方について述べる．

4.6.1 鋼橋の維持管理の現状

現在，我が国の橋梁は，5年に一度の頻度の近接目視点検が制度化され[66]，点検により部材単位で判定された健全性などに応じて補修対策がなされている．しかし，点検作業時に全ての部材に近接して目視点検することは容易ではない．例えば，既設橋の事例として，桁下と護岸との離隔が小さい桁端部空間（図-4.6.1(a)）や，落橋防止構造が後付けされた支承部（図-4.6.1(b)）などでは，近接目視点検が不可能である．本書では，点検する部材や部位に近接することや近接目視点検が困難な部位を「点検困難部位」と呼ぶ．

点検困難部位の多くは，ファイバースコープカメラ（図-4.6.2）などの間接目視点検機器を用いることで腐食の有無を確認できる．しかし，構造上重要部位に著しい腐食が発見された場合であっても，素地調整や塗装塗替えなどの維持管理の空間が確保できないため，防食性能回復

(a) 護岸に近い橋梁下面　　　　　　　(b) 変位制限装置周辺の支承部[67]

図-4.6.1　点検困難部位の例

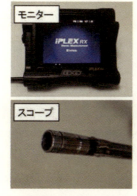 

図-4.6.2　点検に用いられるファイバースコープカメラの例

(a) 床版と横桁上フランジの間の空間　　(b) トラス吊り材の床版貫通部

図-4.6.3　維持管理困難部位の例

図-4.6.4　維持管理想定外部位の例

が先送りにされ，経過観察のみに留まっている場合がある．このように，維持管理が困難な部位を本書では「維持管理困難部位」と呼ぶ．鋼橋の維持管理困難部位には，**図-4.6.3(a)**に示すように，床版に挟まれた横桁上フランジ面（**図-4.6.3(b)**））や，トラス橋の吊材の床版貫通部の離隔のない箱抜き部などがある．**図-4.6.3(a)**については，新設橋では横桁位置を下げて床版との離隔を確保した事例も増えてはいるが，既設橋では多くの場合が維持管理困難部位として放置されている．

一方，**図-4.6.4**に示すトラス橋の斜材など狭小な箱断面を有する部材については，ダイアフラムなどで完全に密閉されている内面は，水分や塩類などの腐食因子を含む大気の侵入がないため，防食性能はほとんど低下しないと考えられる．しかし，ボルト継手部にはハンドホールや水抜き孔が設置されていることから，飛来海塩などの腐食因子が部材内部に侵入することによる腐食の発生が考えられる．そのため，部材内部の定期的な確認や必要に応じて防食性能回復が必要とされる．このような部位は，これまで50年程度と考えられていた橋梁の供用期間内においては，橋梁本体の耐荷性や耐久性に及ぼす致命的な変状の発生がないと考えられていた，または維持管理の対象外とされ，現在まで積極的に維持管理が実施されてこなかったものと推察される．しかし，2007年（平成19年）度より開始された地方公共団体の管理する橋梁の長寿命化対策が実施されており，この中で既設橋についても設計上の目標供用期間を新設と同程度の100年またはそれ以

表-4.6.1 点検・維持管理困難部位等の定義

部位名称	点検困難部位	維持管理困難部位	維持管理想定外部位
定義	5年に一度の頻度での実施がルール化された近接目視による定期点検において、点検空間がなく、対象となる部位に接近できないため近接目視点検の実施が困難な部位	間接目視点検などにより鋼部材の状態を把握した上で、何らかの補修対策などが必要と判断された場合でも、作業空間が確保できないために、必要な防食性能の回復や対策補修工事が物理的に困難な部位	構造物の建設当時において、目標とする供用年数期間内に継続的な維持管理が必要ではないと考えられていた部位
補足	点検機器の開発などにより、狭隘な空間への間接目視機器（カメラなど）の進入が可能となり、近接目視点検はできないものの、間接目視点検が可能な部位もある．	設計・製作・施工時の配慮により排除できる部位であるが、配慮不足によって放置されてきた部位である．定期点検のルール化により、その存在に目が向けられている．	従来期待されていた構造物の供用年数（50年〜）が、長寿命化計画の策定などにより、100年あるいはそれ以上の長期化が求められる社会環境に変化したことにより、新たに生じた維持管理上の部位である．
素地調整	特殊な方法や施工時間を費やせばブラストが施工可能である．（素地調整困難部位）	物理的にブラストの施工が不可能である．（素地調整不可能部位）	
構造例	落橋防止装置や変位制限装置などにより閉鎖された桁端部、支承部など	床版下面に近い横桁上フランジ上面など	狭小箱断面の内面など

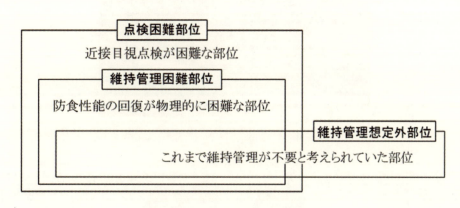

図-4.6.5 各部位の位置付け

上に長期化することを目的としている．したがって、今後は既設橋梁においても、これら部位に対して今後新たに維持管理を実施することが必要であるといえる．このように、これまでは維持管理が不要、または想定されていなかったものの、今後は維持管理が必要となる部位を本書では「維持管理想定外部位」と呼ぶものとする．

以上に示した「点検困難部位」、「維持管理困難部位」並びに「維持管理想定外部位」の定義と位置付けを**表-4.6.1**および**図-4.6.5**に示す．

4.6.2 点検困難部位の事例
(1) 近接困難な構造

他の構造物が接近することで点検に必要な空間が確保できず、近接目視による点検が困難な事

(a) 変位制限装置による支障　　　　　(b) 桁端部空間の不足による支障

図-4.6.6　点検困難部位の例（近接困難な構造）

図-4.6.7　点検困難部位の例（添架物による支障）

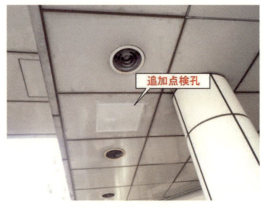

(a) ペデストリアンデッキの外観　　　　　(b) 点検孔の追加

図-4.6.8　点検困難部位の改善事例

(a) 橋梁の外観　　　　　　　　　(b) 支承カバーの腐食

図-4.6.9　鋼製支承カバーの不具合事例

例を図-4.6.6に示す．図-4.6.6(a)は既設橋を対象に耐震補強工事の際に，桁端部にコンクリート製の変位制限装置を設置したことで，箱桁下面の近接目視点検が困難となった事例である．また，図-4.6.6(b)は新設橋において箱形状の端横桁と橋台パラペット面との間に十分な空間を確保しなかったことから，桁端部の近接目視点検が困難となった事例である．これらは設計段階において，維持管理における接近目視点検を考慮した空間を確保することで解消できた事例である．

(2) 添架物による支障

　都市内の橋梁は，社会インフラである電力線，通信線，上下水道管等が複数添架されることが多い．さらに，桁下での焚き火等による添架管の損傷を防止するために，図-4.6.7に示すような防護カバーを部分的に設置する場合が増えている．これら防護カバーは，一般に落下防止のためボルト等にて固定されており，容易に取り外しが出来ない構造物となっていることが多い．そのため，点検や維持管理作業の支障となり，その都度添架管事業者に撤去と復旧を依頼する必要が生じている．このような防護カバーの設置が求められる場合は，必要最小限の範囲とすることや，取り外しや開閉可能な構造等に変更する必要がある．

(3) カバーで覆われた橋梁

　国道上を跨ぐペデストリアンデッキを図-4.6.8(a)に示す．本橋は鉄道駅前広場に位置していることから景観性に配慮するため，アルミニウム製の桁カバーが設置されている．しかし，桁カバーは点検のために点検員が通行できる構造ではなく，数箇所に設けられた点検孔からのみの限られた範囲で点検されている．

　景観上の理由から構造物全体を覆うようなカバーが設置された点検困難部位については，橋梁が変状を受けやすい高力ボルト継手部や桁端部，さらに排水装置や伸縮装置近傍といった着目部位については，部分的に桁カバーを外して近接目視点検しやすい構造にするなどの工夫が必要とされる．図-4.6.8(b)は点検孔が追加された事例である．近接目視点検ができるように，桁カバーを開閉可能な構造にした事例もある．

(4) カバーで覆われた支承

　田園地帯の河川に架かる道路橋の事例を図-4.6.9に示す．本橋は寒冷地に位置しているが，交通量が少ないことから冬季に凍結防止剤は散布されないと考えられる．このような環境において，支承部に防食を目的とした鋼製のカバーが設けられていた．しかし，内桁の支承カバーは腐食に

より著しく腐食しており，内部の支承にも著しい腐食損傷が確認される．支承カバーは，支承機能の維持のために設置されたものと考えられるが，目視点検時に支障がないカバーを採用する必要がある．支承部への腐食因子の侵入防止対策については，4.1.1(4)で述べた．

4.6.3 維持管理困難部位の事例
(1) 添架物による支障

添架物により維持管理困難部位となっている事例を図-4.6.10に示す．この事例では，桁カバーと主桁に挟まれた空間に添架管を設置しているが，維持管理作業を行うための空間は確保されておらず，維持管理作業の実施には桁カバーの撤去が必要である．添架物の設置にあたっては，橋梁本体の維持管理作業に支障がないよう添架管の配置を決定することが重要であり，一般に維持管理に必要な空間として300mm以上の離隔を確保することが望ましい．

(2) 作業空間が確保できない桁端部

都市河川に架かる橋梁は，一般には河川改修工事に併せて橋梁が整備されることが多く，その場合は河川護岸と一体となった橋台（図-4.6.11(a)）が設けられる．しかし，河川改修後に橋梁

図-4.6.10 維持管理困難部位の事例（添架管による支障）

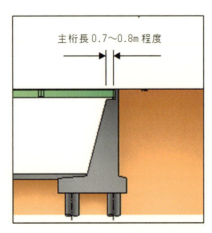 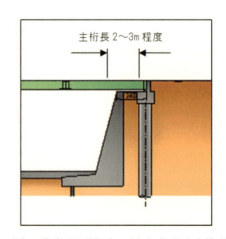

(a) 護岸と一体の橋台（河川改修前）　　(b) 護岸と別構造の橋台（河川改修後）

図-4.6.11 河川改修前後の橋台構造

(a) 桁端部　　　　(b) 橋面上からみた桁端部　　　(c) 主桁支承部周りの腐食状況

図-4.6.12　維持管理困難な桁端部の事例

(a) 床版とトラス斜材との離隔が小さい事例　　(b) 床版とアーチ部材との離隔が小さい事例

図-4.6.13　その他の維持管理困難部位

整備が実施される場合には，河川護岸と橋台とは別構造となり，橋台は河川護岸背面に設けられる場合がある（**図-4.6.11(b)**）．そのため，橋梁上部構造の端部は河川護岸背面の奥まで差し込まれることになり，河川護岸から橋台パラペット間の鋼部材の維持管理作業空間が確保できない．**図-4.6.12**に示す人道橋は，建設後36年が経過し，これまでに数回の塗装塗替えが実施されている．しかし，河川護岸背面の維持管理の作業空間が確保されていない部位については，建設時から塗装塗替えが一度も実施されていない．ファイバースコープカメラによる点検では，支承直上の主桁ウェブ下端に著しい腐食が生じていることが確認された（**図-4.6.12(c)**）．本橋については，維持管理作業の空間確保のため護岸背面の桁側面に500mm程度の作業空間を確保ための構造改良が検討されているが，人道橋であることや隣接する車道橋との離隔がないなどの構造的な問題もあることから更新も検討されている．

(2) 床版に接近した部材

床版と部材との離隔が小さく，維持管理困難部位となっている事例を**図-4.6.13**に示す．既設橋においては，床版などの近接物との離隔が小さく，維持管理に必要な作業空間が確保できない構造詳細は多い．また，床版下面との離隔が小さい横桁上フランジ上面の事例（**図-4.6.14(a)**）

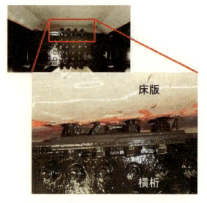

(a) 維持管理が困難な事例　　　　　　　　(b) 新設橋での改善事例

図-4.6.14　維持管理困難な横桁上フランジ部と改善事例

(a) 護岸との離隔が小さい事例　　　　　　(b) 橋座と離隔が十分でない事例

図-4.6.15　主桁下フランジ下面が維持管理困難部位となっている事例

(a) 補修前　　　　　　　　　　　　　　　(b) 補修後

図-4.6.16　桁端部における維持管理困難部位の補修事例

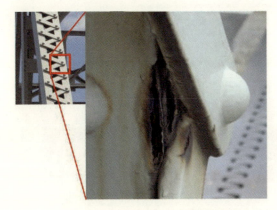

(a) レーシングバーの重ね部　　　　　　　(b) 凹断面部材の内部
図-4.6.17 レーシングバーを用いた部材の維持管理困難部位

では，上フランジ上面の塗装塗替えはされているが，著しい腐食損傷による表面起伏が外観上観察されることから，適切な素地調整が困難であったと考えられる．このような既設橋の維持管理困難部位を構造改良することは容易ではないことから，今後は狭隘部で適用可能な素地調整技術の開発が望まれる．また，新設橋では**図-4.6.14(b)**に示すように，横桁位置を下げて床版との離隔を確保する構造改良が図られている事例もある．

(3) 下部構造が近接した主桁下フランジ下面

既設橋で簡易なすべり支承や線支承が適用されている場合，橋座面など下部構造との離隔が小さく，主桁下フランジ下面に対して維持管理が困難になることが多い．1932年に建設されたポニートラス橋の事例を**図-4.6.15**に示す．護岸改修工事によって天端高が高くなったため，桁端部と護岸との離隔がほとんどない．そのため，点検はできるが維持管理の作業空間は十分に確保できない．H形鋼を主桁とした小規模な橋梁の事例を**図-4.6.16**に示す．本橋では支承高さの小さい線支承が用いられており，台座コンクリートもないことから主桁下フランジと橋座の離隔が小さく，維持管理に支障をきたしていた．このような桁端部の主桁下フランジ下面における維持管理困難部位については，**図-4.5.16**で示したように，沓座面の切り下げや主桁下フランジ切欠きを行うことで，防食性能を回復できる．桁端部の部材取り替えによる補修時に，支承高さが高い支承を採用するとともに，主桁下フランジに切欠きを設けた（**図-4.6.16(b)**）．

(4) ビルトアップ材の近接部

リベットを用いた既設のトラス橋などでは，タイプレートやレーシングバーなど小部材により構成されるビルトアップ材が多く存在している．例えば，トラス橋の斜材においては，レーシングバーの抱き合わせ部（**図-4.6.17(a)**），ビルトアップ材による凹断面部材の内部（**図-4.6.17(b)**）などが維持管理困難部位となる．このような部位の防食性能を回復するためには，部材を一旦，取り外すか，部材交換の際に防食性能を回復する必要がある（4.1.7参照）．また，このような狭隘部に対して，防食性能回復技術の開発が望まれる．

4.6.4 維持管理想定外部位の事例
(1) 狭小箱断面部材の内面

1989年に建設された人道用のアーチ橋の事例を**図-4.6.18(a)**に示す．アーチ橋の部材は，比較

(a) 人道橋全景

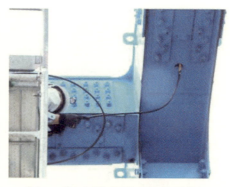
(b) ボルト継手部の点検状況

(c) 継手部内面の腐食状況

図-4.6.18 アーチ橋における維持管理想定外部位の事例

(a) 全景

(b) 横構ガセット部の腐食状況

(c) 横桁の腐食状況

図-4.6.19 トラス橋における腐食状況

(a) 横桁ガセット部　　　　　　　　(b) L形鋼の組合せよる横構

図-4.6.20　新設橋における維持管理想定外部位

的小さな部材で構成されるため，剛性の高い箱断面部材が適用されることが多い．また，これらの多くはボルト継手で連結される．この狭小な箱断面となるボルト継手部には，ボルトの締め付けに必要なハンドホールや水抜き孔が設置されていることから，完全密閉の構造とはならない．そのため，継手部内部に外気が入り，雨水の浸入も考えられる．しかし，ボルト継手部の内面は作業空間がないため，これまでは防食性能回復を想定していなかったと考えられる．

本橋では，定期点検で実施されたファイバースコープカメラ点検（図-4.6.18(b)）により，雨水の浸入や結露によると考えられる著しい腐食が確認された（図-4.6.18(c)）．建設後約30年経過した現在，腐食の進行が懸念されている．本構造に対しての構造改良策としては部材交換が望ましいと考えられるが，仮設材の設置や仮受けなど解決すべき技術的課題も多く，対策費も多額となる．したがって，現実的には経過観察の下で腐食損傷の経時性を評価・記録しながら，事後保全を実施する「維持管理想定外部位」とすることが考えられる．

(2) ビルトアップ材の接触面や内面

1932年に建設され，ビルトアップ材により構成されたトラス橋の事例を図-4.6.19に示す．本橋では，図-4.6.19(b)に示すように重ね継手となっている横構ガセット部から腐食が発生し，断面欠損が著しい．この要因として，ガセット接触面に雨水が浸入したことが考えられるが，この部位の防食性能の回復は実施されていない．また，図-4.6.19(c)に示すように，横桁や床組部材にも板厚減少を伴う腐食が進行している．このように本橋は，耐荷力低下が危惧され，通行車両の荷重制限が設けられていることから，構造部材の補強や防食性能回復が急務とされる．

一方，橋梁の長寿命化の目安である100年まであと15年であることを考慮すれば，多数存在する当該部位を多額の費用により構造改良するのか，または計画的に架け替えるのかを決定する時期にあると考えられる．計画的な架け替えを前提とするのであれば，前述の部位については「維持管理想定外部位」として位置付け，確実な管理下で長寿命化の目標期間までの供用を優先させ，適切な時期に更新することなどを検討すべきとも考えられる．

(3) 抱き合わせ部材の内面

2012年に建設された鋼橋の横桁取り付け部のガセットの事例を図-4.6.20(a)に示す．ここでは，横桁下フランジを挟みこむガセット面が維持管理想定外部位となっている．現時点では健全性が保たれているが，接触面の防食性能が低下し腐食が生じることが懸念される．このように，健全性が保たれている場合には，接触面に耐久性の高い樹脂等を充填するなどして極力，防食性能を

低下させないことが望ましい．

　2009 年に建設された鋼橋の横構の事例を**図-4.6.20(b)**に示す．ここでは，2 つの L 形鋼を抱き合わせた部材であり部材間に隙間が生じた構造となっている．この隙間は，塗装塗替えが不可能であり防食性能を維持できない維持管理想定外部位となっている．

4.6.5　維持管理困難部位と維持管理想定外部位に望まれる対応

　橋梁の維持管理が社会的問題になってから十数年経過する中，長寿命化への取り組みが加速し，維持管理を取り巻く社会環境が変化している．点検が義務化された現在，橋梁の健全性をはじめとする維持管理に関する情報収集は，以前に比べて格段に容易になったといえる．しかし，点検は短期的な視点におけるルーチン作業になりかねず，長期的な視点に立った維持管理に必要な情報の収集を欠落させる恐れを含んでいる．本節で着目した維持管理困難部位や維持管理想定外部位は，これまであまり省みられることがなかった部位である．しかし，長寿命化が求められ，かつ維持管理に関する貴重な情報を収集可能となった現在，これら部位の情報を収集，集約，記録し，次世代の橋梁技術者に継承することが，鋼橋の長寿命化の実現につながると考えられる．これらの情報の収集に際しては，現在の点検手法には特段の規定がないため，点検者や管理者の判断により点検調書に追加することが望まれる．また，点検者は管理者に適切にこれら情報を伝達することで，管理者は収集された情報を集約し，継承していかなければならない．また，損傷の情報が集約されたこれら部位に対しては，闇雲に構造改良などの対策を実施するのではなく，今後の橋梁の使われ方を十分に検討した上で，部材の構造改良等により維持管理環境を改善するのか，または計画的に架け替えるのかのシナリオを点検の段階から検討することが重要である．さらに，今後は防食性能の回復に際しては，素地調整に用いられる機器の小型化や狭隘部に使用可能な機器の開発が期待されることから，維持管理を取り巻く環境に注視し，新技術や新工法，新材料などの適用を検討することも重要である．

4.7　桁端部における漏水に対する考え方

4.7.1　伸縮装置からの漏水の現状

　鋼橋の腐食損傷発生の主要因として，伸縮装置からの漏水が挙げられる[68]（**図-4.7.1**）．漏水の飛沫が鋼部材に直接掛かったり，橋座面に滞水したりすることで，通風性の低い桁端部が湿潤環境になるなど，腐食環境を悪化させている．冬季に多量の凍結防止剤が散布される地域では，漏水に高濃度の塩類が含まれるため，更に腐食環境は悪化する．**図-4.7.1 (b)**に示す事例では，著しい腐食によって耐荷性が損なわれていることから，部材交換による補修が緊急に必要となり，多額の補修費とともに交通規制が必要になった．このように，伸縮装置の損傷による漏水が橋梁へ及ぼす影響が大きいことから，現在では非排水型の伸縮装置が一般に選定されている．

　橋梁に求められている耐久性と伸縮装置の耐久性には違いがある．橋梁に求められる耐久性は，新設橋では橋梁の設計上の目標期間，すなわち 100 年である．一方，既設橋についても，2007 年度から開始された長寿命化修繕計画[69]に基づいて，これまで 50～60 年程度と考えられていた目標期間を 100 年にまで延長することが考えられている．このように，新設橋，既設橋に限らず橋梁の設計上の供用期間は 100 年に設定されているが，伸縮装置の耐久性はその使用環境により大きく差があるものの，30 年程度で交換されていると考えるのが一般的である．したがって，橋梁の 100 年の供用期間中に複数回，伸縮装置の交換が必要となる．

(a) 塗装橋梁および耐候性鋼橋梁の事例

(b) 著しい腐食事例

図-4.7.1 伸縮装置からの漏水にともなう腐食事例

(a) 止水材の脱落　　　　　　　　(b) コンクリートの損傷

図-4.7.2 伸縮装置の損傷

　近年適用されている非排水型の伸縮装置は，**図-4.7.2(a)**に示すように，シール材やバックアップ材，止水ゴムパッキンなどが破損し，期待される使用期間よりも早期に漏水することが多い．この漏水は5年ごとの定期点検において，その有無が確認されるが，伸縮装置は路面の平坦性確保や，車両の通行に対する安全性に影響を及ぼす変状（**図-4.7.2(b)**）が生じてから更新される場合が多い．そのため，長期間に伸縮装置から漏水することが一般的である．したがって，伸縮装

置からの漏水を短期間のみ発生する「異常時」としてではなく，比較的長期にわたって継続する「常時」として認識して，事前に「フェイルセーフ機能」を複数付加する考え方もある．

4.7.2 フェイルセーフ機能

伸縮装置からの漏水に対するフェイルセーフ機能としては，4.4.2や4.4.5で詳細を述べたが，漏水が発生した場合でも，十分な容量を持った排水樋で漏水を受け止めること（**図-4.7.3**），橋座面に十分な排水勾配を設けて滞水をさせないこと，支承を台座コンクリート上に設置すること（**図-4.7.4**）などにより，部材の濡れ時間を極力短くできる．また，桁端部の風通しを良好にして，部材腐食環境を悪化させないために，桁端部を大きく切り欠き，伸縮装置の下方に空間を確保した事例がある．この事例は腐食環境改善だけでなく，維持管理性を向上させる上でも貢献できる．

一方，**図-4.7.5**に示すように，桁端部に堆積した土砂などを撤去する定期的な清掃も腐食環境の改善につながるため，フェイルセーフ機能の一つとして考えられる．

ここで挙げた伸縮装置の漏水に対するフェイルセーフ機能は，必要に応じて複数設定して，その有効性を定期的に確認することが重要である．また，これらの機能を既設橋に後付けすることは容易ではないが，耐震補強時に併せて実施するなどの工夫が求められる．なお，ここで述べた

図-4.7.3　大容量の排水樋の設置例

図-4.7.4　台座コンクリートを高くした事例

（a）清掃前

（b）清掃後

図-4.7.5　桁端部における清掃前後の状況 [67]

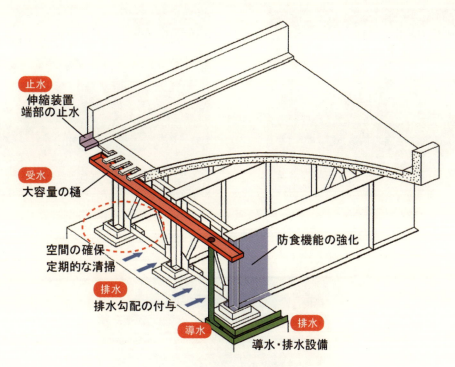

図-4.7.6 フェイルセーフ機能の付与

　導水や排水に関するフェイルセーフ機能が有効に機能することが確認できれば，現在，多用されている非排水型伸縮装置に加えて，よりシンプルな構造となる排水型伸縮装置の適用を検討することも考えられる．すなわち，非排水型の代わりに排水型伸縮装置を適用し，**図-4.7.3**に示した適切な排水樋や排水管を採用することで，「受水，導水，排水」が一体となったフェイルセーフ機能を付与する．これらにより速やかな排水を行うことで，濡れ時間を最小限にし，桁端部の腐食環境を良好に維持することも選択肢になると考えられる（**図-4.7.6**）．

4.7.3　伸縮装置のディテール処理

　伸縮装置からの漏水は，前述のように止水材や排水樋などの破損に起因とすることが多い．建設後約60年が経過した橋梁の事例を**図-4.7.7(b)**に示す．この事例では伸縮装置が非排水型に更新された後の比較的早期に漏水が生じていることが確認された．本橋の車道部と歩道部の端部における伸縮装置をそれぞれ**図-4.7.7(a)**と**図-4.7.7(b)**に示す．いずれも端部の止水処理が不十分なため，伸縮装置が十分な止水機能を有していなかった．このような不備事例は，近年，建設された橋梁にもある．供用20年後の橋梁の事例を**図-4.7.8**に示す．床版からの排水と導水には配慮されているが，非排水型の伸縮装置止水材からの漏水を排出する排水管の流末処理がされていない．このように，排水や漏水対策を実施してもディテールの処理が不十分であれば，その効果は期待できない．すなわち，桁端部における漏水問題については，各種装置のディテールへの配慮，雨水の集水から導水，排水までが確実に機能するシステムとして設計する必要がある．

(a) 車道部　　　　　　　　　　　　(b) 歩道部

図-4.7.7　伸縮装置端部の不十分な止水構造

図-4.7.8　排水管端末の未処理事例

参考文献

1) 淵脇秀晃，下里哲弘，有住康則，矢吹哲哉，瀬名波出，石川正明，松田昇一：プレートガーダー橋における海塩粒子の飛来塩分特性に関する研究，土木学会第66回年次学術講演会講演概要集，I-585，pp.1169-1170，2011.

2) 藤川敬人，野呂直以，七浦恒康，石原達也，野口孝俊：新しい鋼橋防食法としてのチタンカバープレート工法の性能確認，橋梁と基礎，Vol.42，No.6，pp.49-54，2008.

3) 井口進，中東剛彦，大島勤，鈴木英明，下里哲弘，利光崇明：橋梁の長寿命化とLCCの低減を目的とするアルミニウム製桁下カバーの性能評価，土木学会第68回年次学術講演会講演概要集，I-393，pp.785-786，2013.

4) 山下修平，儀保陽子，矢ヶ部彰，菅原智：FRP防護板を用いた防食技術－沖縄科学技術大学院大学2号橋－，宮地技報　No.26，pp.82-87，2011.

5) 橋端改良技術協会：透ける沓パンフレット，http://www.mcbm.net/sukeru17.pdf，2018.

6) ㈱飯田コンサルタント：トラスカバー施工例，https://iicon.co.jp/products-concrete/，2018.

7) 田村勝司：耐候性鋼材裸使用のトラス橋－第三大川橋梁－，橋梁と基礎，Vol.27，No.8，pp.132-134，1993.

8) 保坂鐵矢：下弦材と鋼床版床組を一体化した低床式トラス－京葉線・夢の島橋梁ほか－，橋梁

と基礎，Vol.27，No.8，pp.135-138，1993.

9) 保坂鐵矢，柳沼謙一，香丸能輝：トラス格点合理化構造の概要および製作（常磐新線 荒川橋りょう），土木学会第 56 回年次学術講演会講演概要集，I-A248，pp.496-497，2001.

10) 保坂鐵矢，藤原良憲，久保武明，武井秀訓：鉄道トラス格点部の防錆構造の例，土木学会第 63 回年次学術講演会講演概要集，I-393，pp.785-786，2008.

11) 保坂鐵矢，池田忠睦：東京ゲートブリッジの概要－景観性と構造性 特に，塗装耐久性－，日本橋梁・鋼構造物塗装技術協会，第 15 回技術発表大会，pp.3-12，2012.

12) 川尻克利，梅津靖男，至田利夫：滝下橋の計画・設計－角形鋼管によるデッキトラス橋－，橋梁と基礎，Vol.32，No.3，pp.2-8，1998.

13) 福岡一幸，川尻克利，香川紳一郎，近藤秀雄，杉村潤一：滝下橋の工場製作・現地施工，橋梁と基礎，Vol.32，No.6，pp.17-23，1998.

14) 嵯峨山剛，松井一夫，龍田彰，今門俊郎：「多摩川橋」の設計・製作・架設，石川島播磨技報，橋梁特集号，pp.163-167，2001.

15) （公社）日本道路協会：鋼道路橋防食便覧，p.II-49，2014.

16) （公社）日本道路協会：鋼道路橋防食便覧，p.II-64，2014.

17) 佐々木竜治，窪田公二，半田雅紀，木村耕：高力ボルト連結部における六角型カップを用いた塗装法の検討，土木学会第 65 回年次学術講演会講演概要集，I-180，pp.359-360，2010.

18) 清川昇悟，井口進，木村雅昭，下里哲弘：コールドスプレー技術で生成する金属皮膜を適用した高力ボルトの防食性能と機械的性質，鋼構造論文集，Vol.22,No.85，2015.

19) 土木学会：高力ボルト摩擦接合継手の設計・施工・維持管理指針（案），鋼構造シリーズ 15，pp.78-79，2006.

20) Al-Mg 溶射ボルト・ナット：新技術情報システム（KK-150026-A）

21) 田畑晶子，黒野佳秀，金治英貞，山口隆司：皿型高力ボルト摩擦接合継手の施工誤差に起因する片当たりがすべり耐力及びすべり後耐力に与える影響の検討, 構造工学論文集, Vol.60A, pp.686-693，2014.

22) 東日本旅客鉄道（株）構造技術センター編：鋼・合成構造物設計ディテールの参考資料，2004.

23) 日本鉄道建設公団：鋼鉄道橋ディテール．解説（トラス編），p.184，2002.

24) （公社）日本道路協会：道路橋示方書・同解説，II 鋼橋・鋼部材編，p.247，2017.

25) 掘井滋則，小林裕輔：鋼橋の滞水防止構造の確認実験，論文番号 5042，第 32 回日本道路会議，2017.

26) 東海構造研究グループ（SGST）：橋梁の補修・補強の事例研究，平成 9 年度～平成 10 年度 活動報告集，1998.

27) 山田健太郎：国道 23 号木曽川大橋の斜材の破断，橋梁と基礎，Vol.41，No.9，2007.

28) （社）日本道路協会：道路橋補修・補強事例集 2007 年版，山海堂，2007.

29) 例えば，特許第 4643288 号「鉄鋼材防食用保護シート」，2010.

30) 土橋洋平，貝沼重信，友田富雄，南和彦：膨潤ゴムを用いた鋼部材地際部の犠牲陽極防食技術に関する研究，鋼構造年次論文報告集，Vol.22，pp.924-930，2014.

31) 兼子彬，高堂治，伊藤義人：コンクリート埋設直後におけるアルミニウム合金の腐食挙動，土木学会第 71 回年次学術講演会講演概要集，V-544，pp.1087-1088，2016.

32) （公社）日本道路協会：鋼道路橋防食便覧，p.II-48，2014.

33) （公社）日本道路協会：鋼道路橋防食便覧，p.II-50，2014.
34) 橋本凌平，我那覇康彦，今井篤実，川瀬義行：チタン箔シートを用いた塗膜弱点部の延命化，土木学会第 72 回年次学術講演会講演概要集，I-321，pp.641-642，2018.
35) 荒行郎，田畑敦郎：評定河原橋の製作，技報まつお，No.25，pp.68-72，1993.
36) （公社）日本道路協会：鋼道路橋防食便覧，pp.II-67-II-68，2014.
37) 森勝彦，矢野誠之，安波博通，中島和俊，中野正則，片脇清士：福岡県汐入川橋の塗替えにおける早期さび再発防止対策：橋梁と基礎，Vol.49，No.10，pp.41-44，2015.
38) 松島巌：溶接部の腐食（II）炭素鋼の溶接部の腐食と対策，溶接学会誌，Vol.62，No.2，pp.76-81，1992.
39) 廣畑幹人，伊藤義人：環境促進実験による構造用鋼溶接部の腐食特性および防食塗装劣化特性に関する基礎的研究，構造工学論文集，Vol.60A，pp.622-631，2014.
40) 谷川慶太，貝沼重信，井口進，坂本達朗，石原修二：溶接継手部の塗膜劣化・腐食特性に関する電気化学的基礎研究，鋼構造年次論文報告集，Vol.25，pp.747-752，2017.
41) 加藤忠一，乙黒靖男，門智：電縫鋼管に生じる溝食について 耐溝食性電縫鋼管の研究（I），防食技術，Vol.23，No.8，pp.385-392，1974.
42) 田中義久，中井達郎，松下久雄，丹羽敏男：船体溶接部に生じる溝状腐食に関する実験的検討，日本船舶海洋工学会論文集，Vol.5，pp.261-268，2007.
43) 後藤田正夫：溶接部の塗装，鉄道技術研究所速報，No.61-293，1961.
44) 明石重雄：溶接と塗装，溶接学会誌，Vol.35，No.10，pp.5-19，1966.
45) 佐藤靖，橋本達知：溶接部の塗装の前処理，鉄道技術研究所速報，No.72-28，1972.
46) 濱田外治郎：鋼構造物に対する溶接部の塗装，船の科学，Vol.41，No.7，pp.88-92，1988.
47) 濱田外治郎：溶接部における塗膜の膨れと防止法，船の科学，Vol.41，No.8，pp.35-38，1988.
48) 例えば，迎井直樹，鈴木励一：GMAW，FCAW における拡散性水素に及ぼすワイヤ関連因子の影響，溶接学会論文集，Vol.35，No.2，pp.102-109，2017.
49) 東北地方整備局：設計施工マニュアル（案）[道路橋編]，2016.
50) 山田仁，永田和寿：橋梁の周辺環境を考慮した結露の発生状況に関する考察，土木学会第 66 回年次学術講演会講演概要集，I-589，pp.1177-1178，2011.
51) 例えば，藤野陽三，上田雅俊，延藤遵：鋼ボックス内部の腐食環境と防錆について，構造工学論文集，Vol.36A，pp.1021-1033，1990.
52) 国土交通省 国土技術政策総合研究所：道路橋の定期点検に関する参考資料（2013 年版）―橋梁損傷事例写真集―，国土技術政策総合研究所資料，第 748 号，p.555，2013.
53) 永田和寿，堀田広己，原聡太郎，山口隆司，北原武嗣：断熱塗料を用いた結露抑制に関する研究，構造工学論文集，Vol.62A，pp.595-602，2016.
54) 松井繁憲，寺西功，三田哲也，藤野陽三：鋼箱桁内部防錆実験の報告，鋼構造論文集，Vol.2，No.7，pp.63-71，1995.
55) 大島雅人，田高淳，鈴村恵太，坂本良文，藤野陽三：鋼箱桁橋梁の経済性を考慮した桁内除湿設計と実証試験，土木学会論文集 F，Vol.63，No.1，pp.119-130，2007.
56) 小山明久，奥村健，寺尾圭史：太陽光発電を電源とした鋼製箱桁内の換気システムとその効果，橋梁と基礎，Vol.38，No.11，pp.18-22，2004.
57) 廖金孫，松井繁憲，串田守可，篠原正，藤野陽三：鋼製箱桁内部の環境腐食性および除湿剤

による防錆に関する研究，土木学会論文集，No.749，VI-61，pp.137-148，2003.
58) 庄野好希，浦剛史，槌谷直，庄野泉，田中正明：除湿剤を用いた箱桁内面防錆システムの実橋への適用，土木学会第63回年次学術講演会講演概要集，V-198，pp.395-396，2008.
59) 例えば，高坂東児，赤川正一，遠藤雅司：積雪寒冷地域の伸縮装置に求められる性能検討，第30回日本道路会議，論文No.5007，2013.
60) 例えば，（独）土木研究所，鋼管杭協会，（社）プレストレスト・コンクリート建設業協会，（社）日本橋梁建設協会，（社）建設コンサルタンツ協会：橋台部ジョイントレス構造の設計法に関する共同研究報告書（その1），共同研究報告書，整理番号第369，2007.
61) 松井繁之：道路橋床版の長寿命化技術，森北出版，pp.43，2016.
62) （公社）土木学会：道路橋床版防水システムガイドライン，2016.
63) （社）日本道路協会：道路橋床版防水便覧，2007.
64) 小林厚，田中宏明，高橋成幸，増岡智博，内田一人，辻英明：モンゴル国ウランバートル市太陽橋の施工，橋梁と基礎，Vol.47，No.3，pp.5-10，2013.
65) 小川篤生，樅山好幸，緒方辰男：高速道路橋におけるジョイントレス化の検証，橋梁と基礎，Vol.46，No.5，pp.27-31，2012.
66) 国土交通省道路局：道路法施行規則の一部を改正する省令，2014.
67) （社）土木学会：道路橋支承部の改善と維持管理技術，鋼構造シリーズ17，2008.
68) 例えば，名取暢，西川和廣，村越潤，大野崇：鋼橋の腐食事例調査とその分析，土木学会論文集，No.668/I-54，pp.299-311，2001.
69) 国土交通省道路局長：長寿命化修繕計画策定事業費補助制度要綱について，国道国防第215号・国道地環第43号，2007.

第5章　素地調整

5.1 素地調整の現状

　2014年（平成26年）3月に改訂された鋼道路橋防食便覧[1]では，防食性能の長寿命化を目的とした塗替え塗装仕様は，ブラストにより素地調整程度1種を確保した後，重防食塗装であるRc-I塗装系（付2.4参照）を施すことが基本とされた．素地調整の品質については，塗膜の耐久性に及ぼす影響（寄与率）が50%との報告[2]もあり，その重要性が認識されつつある．また，第7章に示すように，金属溶射による補修では，塗装に比べて高い素地調整品質が要求される場合が多い．

　素地調整の工法は，**表-5.1.1**に示すように，物理的工法と化学的処理に分類され，鋼構造物の部位，架設環境，その他要因を考慮して選定される．物理的な処理工法であるブラスト工法は，近年の鋼道路橋における塗替え時に多用されている．化学的処理には，鋼製の製品や機械分野で一般的に採用されている酸などによる化学的素地調整工法（9.2.2参照）などがあり，鋼橋に対しても，5.4で述べる狭隘部などに対する物理的処理工法の課題解決を目的として検討された事例がある．

　我が国の道路橋は，1964年（昭和39年）以前は，新設橋においてもミルスケールを有する鋼材に塗装されていた[3]．1969年（昭和44年）に旧日本道路公団と旧阪神高速道路公団は，新設橋において各部材にミルスケールを完全に除去するまでのブラスト処理を規定した[3]．また，1971年（昭和46年）に旧首都高速道路公団が塗替え時において，特に腐食損傷の著しい部分に素地調整程度1種の適用を規定した[3]．その後，1978年（昭和53年）の道路橋塗装便覧では，新設橋は全て素地調整程度1種と規定され，2014年（平成26年）3月に改訂された鋼道路橋防食便覧[1]において塗替え塗装に対しても素地調整程度1種が基本とされた．以後，ブラスト処理は鋼橋の防食性能回復において重要な役割を担っている．

　一方，防食性能回復のための素地調整の施工時には，旧塗膜中に含まれる有害物質の問題がある．2014年（平成26年）5月には，厚生労働省から通達[4]が交付され，一般の物理的素地調整の処理工法について，塗膜中に含まれる鉛・クロムなどの有害物質から塗替え塗装の作業員の健康障害対策が求められている．また，道路橋における1975年（昭和50年）前後に塗装された一部の塗料には，人体に有害なポリ塩化ビフェニル（PCB）が含まれている．そして，2014年（平成26年）に制定された廃棄物の適正な処理の推進に関する特別措置法[5]により，このPCBを含む塗膜を2027年（平成39年）3月までに焼却処理することが求められた．近年，塗替え塗装時のブラスト処理では，鉛中毒予防規則等関係法令[6]により，素地調整程度1種または2種，後述の乾式または湿式に関わらず，有害物質を含んだ粉じんの飛散防止のため養生の設置，および作業エリアに応じた強制吸気装置と強制排気装置，出入り口にはエアーシャワー等によるクリーンルームの設置が，義務付けられている．

　素地調整の品質を確保するためには，あらかじめ腐食の程度や素地調整の施工性，有害物質の有無などを把握して，工程やブラスト処理能力に余裕を持って施工するとともに，適切な素地調整工法を選定することが重要となる．なお，現場の状況の把握には，道路橋については5年ごと，

表-5.1.1 主な素地調整の工法と種類

原理	工法	概要
物理的	ブラスト	研削材を高速で処理面に投射し，その衝撃力でさびや塗膜などを除去するとともに，鋼表面に表面粗さを形成させる工法.
	動力工具	電気または圧縮空気により駆動する工具を用いて，鋼材面を研磨することでさびや塗膜を除去する工法.
	手工具	力棒，ハンマ，ワイヤブラシ等を用いる手作業法．単独では多大な労力が必要になるため，完全なさび除去は困難である.
化学的	酸洗い	酸性薬品で鋼材表面のさびや酸化被膜などを除去する工法.
	化学処理	リン酸などを用いて処理面表面にリン酸塩被膜を形成させる工法.

鉄道橋については2年ごとの定期点検時における情報収集が有効である．

5.2 素地調整工法

5.2.1 代表的な素地調整工法

JIS Z 0310[7]に定められた素地調整に関する用語を表-5.2.1に示す．また，素地調整程度の分類の一例としてISO規格（International Standard：国際標準化機構）ISO 8501-1[8]に示されている鋼材のさびの程度を図-5.2.1に示す．さびの程度はAからDの4段階に定義される．さび程度Aは大部分が硬いミルスケールに覆われ，さびはあってもごく僅かである．さび程度Bはさびが発生しており，ミルスケールは剥離し始めている．さび程度Cは全面がさびに覆われ，ミルスケールはあっても容易に除去できる．さび程度Dは全面がさびており，鋼素地面に多数の孔食が観察される．

鋼道路橋防食便覧[1]に記載されている素地調整程度の分類を表-5.2.2に示す．素地調整品質を確保するためには，鋼材の表面に防食を目的とする被覆が良好に付着するように鋼材表面のミルスケール，さびなどの有害物質を除去し，かつ，表面に適切な粗さを与える必要がある．ただし，腐食している部位の中で狭隘な部位では，ブラストや動力工具単独では十分な素地調整ができないことがある．したがって，施工部位ごとに他の素地調整工法を併用することや，防食方法を変えるなどの対応が必要となる．さらに，構造物全体に適切な素地調整を行うためには，計画，施工，検査の各段階で素地調整の作業や品質に関する知識を有する技術者の判断が重要である．

以下に，代表的な素地調整工法と適用に際しての留意点，ブラスト処理に使用する研削材の種類と選択の方法について述べる．

(1) ブラスト工法の種類

ブラスト工法は2つに大別され，現場施工では主に乾式ブラスト工法と湿式ブラスト工法が採用されている．鋼構造物については乾式ブラスト工法が一般に採用される．ブラストとは乾式ブラスト工法を示すことが多い．一方，湿式ブラストは粉じん発生を抑制するために適用されることが多い．

a) 乾式ブラスト工法

JIS Z 0310[7]による乾式ブラスト工法の分類を表-5.2.3に示す．鋼橋の塗替えにおける標準的なブラスト工法の機材および配置の例を図-5.2.2に示す．乾式ブラスト工法はブラスト後の戻りさび（ターニング）抑制のため，ドライタイプのコンプレッサーを用いるが，湿度の高い時期には

エアドライヤー等による湿度低減が必要である．

表-5.2.1　素地調整に関する用語

用　語	定　義
素地調整	鋼材の表面に防食を目的とする被覆が良好に付着するように鋼材表面のミルスケール，さびなどの付着に有害な物質を除去し，かつ，表面に適切な粗さを与える処理．
ブラスト処理	処理する鋼材表面に研削材を大きな運動エネルギーを与えて衝突させ，鋼材表面を細かく切削および打撃することで，鋼材表面の酸化物または付着物を除去して鋼材表面を清浄化および粗面化する方法．
手工具仕上げ	動力を使用しない手工具を用いて鋼材素地を処理する方法．
動力工具仕上げ	動力を用い手工具により，鋼材素地を処理する方法．ただし，ブラスト処理を除く．
研削材	ブラスト処理に使用し，鋼材表面を細かく切削および打撃する効果を有する固体粒子．
清浄度	鋼材表面の処理後の被覆の付着を阻害するミルスケール，さび，塩類，油分などの汚れの除去程度．
除錆度	清浄度の中で，ミルスケールおよびさびの除去程度． 除錆度はSa1〜3の4段階で示す． 除錆度の評価はJIS Z 0313[15]による．
表面粗さ	除錆度がSa2以上に仕上げられたブラスト処理表面の粗さ．
スイープブラスト処理	スイープブラスト処理は，塗料および金属コーティングされている表面層だけの素地調整を行う処理方法であり，付着が不十分なものだけを除去し，十分コーティングされている塗料および金属コーティング下の鋼材まで露出させず，研削材を食い込ませない様に行う方法．

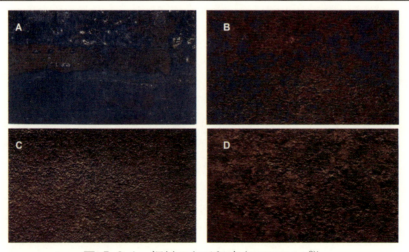

図-5.2.1　鋼材のさび程度（ISO8501-1[8]）

表-5.2.2 素地調整程度の分類

素地調整程度	さび面積	塗膜異常面積	作業内容	作業方法
1種	—	—	さび，旧塗膜を全て除去し鋼材面を露出させる．	ブラスト工法
2種	30%以上	—	旧塗膜，さびを除去し鋼材面を露出させる．ただし，さび面積30%以下で旧塗膜がB，b塗装系の場合はジンクリッチプライマーやジンクリッチペイントを残し，ほかの旧塗膜を全面除去する．	ディスクサンダー，ワイヤーホイルなどの動力工具と手工具との併用
3種A	15〜30%	30%以上	活膜は残すが，それ以外の不良部（さび，割れ，膨れ）は除去する．	同上
3種B	5〜15%	15〜30%	同上	同上
3種C	5%以下	5〜15%	同上	同上
4種	—	5%以下	粉化物，汚れなどを除去する	同上

表-5.2.3 乾式ブラスト工法の分類（その1）

用語		定義
エアーブラスト工法	原理	エアーブラスト工法は，研削材をエアー流の中に供給し，エアーと研削材との混合流体を最終的にノズルで加速させ，高速で噴射し，鋼材表面に研削材を衝突させることによって，ブラスト処理する工法
	処理対象物および処理効果	大きな鋼構造物を含む，すべての形状に対してのブラスト処理に対応できる．また，様々な処理前のさびの状態に対しても対応できる．ISO 8501-1[8])において分類される全てのさび程度に対して除錆度Sa3の処理を達成できる．狭隘部に対しては，様々なノズルの検討が必要．
	留意点	粉じんが発生するため，環境に対する許容範囲を超える場合は，粉じんが漏洩しないように，集じん機などの設備を設ける必要がある．一般的には，鋼材表面の塩類，油分などの汚染物質は，エアーブラスト工法で完全に除去できない．

表-5.2.3　乾式ブラスト工法の分類(その2)

バキュームブラスト工法	原理	ブラストノズルが内蔵され研削材を真空回収するホースが接続されたバキュームヘッドを使って，処理対象物表面に押し当て，その中でブラスト処理を行い，使用する研削材および剥離物の回収を同時に行う．
	処理対象物および処理効果	バキュームヘッドが適切に鋼材表面に押し当てられている状態の場合は，他のブラスト処理工法で対応できないような粉じんおよび研削材を含む粒子の拡散をある程度抑えながら同時に回収できるため，作業環境の粉じん濃度を比較的低く抑えるのに適している．除錆度 Sa2 1/2 を得ることが可能．
	留意点	エアーブラスト工法の装置にまた，研削材を同時に吸引回収する装置が必要である．研削材を回収，選別および再使用することができるため，鉄系研削材なども屋外ブラスト現場で使用できるが，研削材自体に少量でも塩類や有害物質が含まれ，再利用する場合にはこれらが濃縮されブラスト面に影響を及ぼすため留意する必要がある．他のブラスト工法に比べて処理に時間がかかる．また，バキュームブラスト工法では鋼材表面の塩類および油分を完全には除去できないため，ISO 8501-1 において D に分類されるかなり進行しているさび程度または処理面上に突起などの障害物がある場合は，適用困難である．ノズルをブラスト面に接触する必要があるため，狭隘部や複雑な構造の部位には対応できない．
遠心式ブラスト工法	原理	遠心式ブラスト工法は，回転しているホイールに研削材を供給し，遠心力によって，被ブラスト処理面に均一に高速で掃射し，ブラスト処理する工法．
	処理対象物および処理効果	遠心式ブラスト工法は，研削材の投射方向に対して当たりやすい平板，H 鋼などの被ブラスト処理面を持つ場合などの連続運転に適している．全てのさび程度に対して，除錆度 Sa3 を得ることが可能．
	留意点	多くの遠心式ブラスト装置の研削材は，装置内で繰り返し循環使用する．ブラスト処理される鋼材は，装置内に送り込まれ通過するか，あるいは回転しながら送り出されていく．移動式は，被ブラスト処理面上に障害物がなく，装置が移動するのに問題がない場合に有効である．遠心式ブラスト工法では鋼材表面の塩類，油分などの汚染物質を完全に除去はできない．

第5章 素地調整

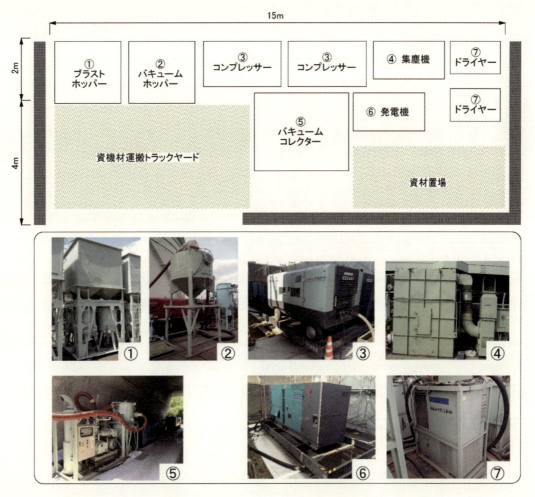

図-5.2.2 ブラスト機材および配置例

(a) エアーブラスト工法

(b) バキュームブラスト工法

図-5.2.3 ブラスト工法

現場施工で用いられることが多いエアーブラスト工法とバキュームブラスト工法の施工例を図-5.2.3に示す．エアーブラスト工法ではノズルをブラスト面から離して施工するが，バキュームブラスト工法吸引用のホースにより研削材を吸引回収するため，ブラストノズルをブラスト面に接触させる必要がある．そのため，入隅部やボルト部等複雑な形状については施工困難な場合が

多い．乾式ブラスト工法の1種である遠心式ブラスト工法は主に，工場ラインブラストや自動走行ブラスト機に採用されている．これらの施工は発じん作業のため，作業者の暴露防止対策が重要である．また，旧塗膜に塩類などが多量に含まれている場合には，一度のブラスト施工では完全に除去できないことに留意する．

b) **湿式ブラスト工法**

JIS Z 0310による湿式ブラスト工法の分類を**表-5.2.4**に示す．湿式ブラストと乾式ブラストの施工状況の例を**図-5.2.4**に示す．湿式ブラスト工法の施工機材の例を**図-5.2.5**に示す．乾式ブラスト工法との施工機材の違いは，水タンクが別途用意する必要があること，研削材と水を混合した状態で噴射することである．湿式ブラスト工法では水を使用するため，乾式ブラスト工法と比較して粉じん発生を抑制できるが，ブラスト素地面の乾燥状態や作業環境の湿度管理に留意して，ブラスト処理後のターニングを防ぐ必要がある．ターニング防止のために，各種腐食抑制剤を含む水を用いることがあるが，腐食抑制剤に含まれる電解質は，電導度法による付着塩分量の測定結果に影響することがあるので注意を要する．また，ブラスト面に旧塗膜，研削材，水が混ざったヘドロ状の研削材が付着する場合がある．ヘドロ状の付着物が残置されると有機ジンクリッチペイントの密着性不良の要因となるため，ブラスト処理後には処理面を検査して，必要に応じて水洗いを実施する．

湿式ブラスト工法は一般的な乾式ブラスト工法に比して，1日当りの施工量は減少する．一方，ダストの発生が抑制されるため，除去する塗膜に有害物質がない場合はPPE（個人保護具）が軽備でよいという利点がある．

表-5.2.4 湿式ブラスト工法の分類(その1)

工法		定義
モイスチュアブラスト工法	原理	ブラストノズル上流よりエアーブラスト流に対し，少量の水をエアーブラスト流に比して高圧力で注入して，噴霧状態でエアーブラストを行う工法．
	処理対象物と処理効果	粉じんの発生量に応じて，水の注入量を制御可能．各研削材の粒子が水の皮膜に覆われるため，研削材が粉砕した時に粉じんが発生するのを阻害する．全てのさび程度に対して，除錆度Sa3の処理を確保可能．
	留意点	構造上，ノズルが太くなり狭隘部には適用できない場合がある．ブラスト処理直後は処理面の水分により，ターニングの可能性がある．ターニングが発生した部位には除錆が必要である．
湿式エアーブラスト工法	原理	ブラストノズル先端付近においてエアーブラスト流と水を混合流体にしてブラスト処理する工法．
	処理対象物と処理効果	大きな鋼構造物を含む,すべての形状に対してのブラスト処理に対応できる．特に，孔食による穴，化学的汚染物の付着した鋼板，残留水分が問題とならない処理面などに適している．水溶性の汚染物質除去，粉じんの発生抑制に適している．全てのさび程度に対し，除錆度Sa3の処理を達成できる．
	留意点	ブラスト処理面には，研削材，水，剥離物の混ざったヘドロ状物が付着するため，作業者の目視検査の妨げになる．

表-5.2.4　湿式ブラスト工法の分類（その2）

スラリーブラスト工法	原理	ブラスト釜の中において，水を混合した研削材をポンプおよび圧縮空気により加圧し，ブラスト処理を行う工法．
	処理対象物と処理効果	微細で均一な表面粗さを得るのに適しているため，工場内で箱型装置による小物部品の処理などに多く採用されている．塩類などの水溶性汚染物質を低減できる．ブラスト対象物が有害物質を含んでいない場合，研削材を再利用できる．
	留意点	腐食抑制剤を使用する場合，廃棄物処理としてその地域の環境に対する法律に従い処理する必要がある．粒度の大きい研削材は圧送困難になるため，表面粗さが必要な場合は適さない．この工法でブラスト処理された表面には，研削材，水，剥離物の混ざったヘドロ状物が付着するため，作業者の目視検査の妨げになる．
共通の留意点		・湿式ブラスト後は，ブラスト面の水洗いが必要になることがある． ・密閉した足場内における施工は，足場内の湿度に留意する． ・廃棄物が足場外に流出しないように，足場内からの漏水に注意する． ・湿式ブラスト後の素地面は，十分に乾燥している事を確認する． ・ブラスト後の表面が濡れているため，金属溶射には適さない．

(a)　湿式ブラスト工法

(b)　乾式ブラスト工法

図-5.2.4　ブラスト時の粉じん発生状況

(a)　ブラスト機材

(b)　ブラストノズルの例
（モイスチャブラスト工法）

図-5.2.5　湿式ブラスト機材の例

(2) 研削材

ブラスト処理時には，施工条件に基づいてブラスト対象面に応じて使用する研削材の種類，粒度，材料（非鉄金属，金属系等）を検討し，適切な研削材を選定する．また，研削材に塩分，不純物や汚染物質が含まれているとブラスト面に悪影響を及ぼすため，研削材の品質確認は重要である．例えば，アルマンダイトガーネットでは産地により塩分が含まれることがあるため，注意を要する．また，研削材を再利用する場合は，研削材に含まれる不純物や研削材の粒度・形状変化などがブラスト面の品質に著しく影響を及ぼすため，研削材の品質に留意する必要がある．

研削材の種別には主として，**表-5.2.5**に示すように，ショットとグリットがある．ショットはハンマー効果により除せいする研削材であり，ショットが衝突した面は円弧状となるため，グリットと比較して粗面形成効果が低い．また，鋼素地との密着性が低い塗膜やさびを叩き割る効果は期待できるが，鋼素地と付着性が高い良好な塗膜やさびについては，鋼素地に叩き埋め込まれる場合もあるため，注意が必要である．

グリットは主として研削効果により除せいする研削材である．その粒度に応じた鋼素地の表面粗さが得られ，ショットと比較して一般に施工効率が高いが，鋼素地の表面に刺さり込むとの報告もある[14]．

JIS Z 0310に示されている研削材を選択する際に配慮する項目は，以下に示すとおりである[7]．

1) 腐食性成分や塗膜と鋼素地との密着性を低下させる汚染物質があってはならない．そのため，リサイクル研削材において使用前に洗浄処理することができないものや，製造時に冷却のために海水を使用して造粒されたスラグから製造されたものは用いてはならない．
2) 粒度分布，形状，硬度，密度および衝撃挙動（変形あるいは破砕性）は，被ブラスト面の除錆度，ブラスト処理速度とブラスト処理面の表面状態（表面粗さなどを含む形態およびプロファイル）の基準を決定する際に重要である．
3) 研削材を循環して繰り返し使用する場合には，粉砕などにより形状や粒径が変わり，未使用の研削材を用いた場合とは鋼素地の表面性状が異なるため，表面粗さを評価する必要がある．
4) 研削材の粒子寸法を調整することで，除錆度，ブラスト処理速度，処理面の表面粗さおよび形状を調整できる．
5) 研削材粒子径を同一とした場合，金属系研削材による表面粗さは，非金属系研削材に比して，一般的に大きくなる傾向にある．
6) 研削材が繰り返し使用される現場では，研削材選別機などを用いて不純物や汚染物質を完全に除去した上で研削材を再利用することが望ましい．

表-5.2.5 研削材の種類

種　別	特　徴
グリット（砂状）	使用前の状態において，りょう（稜）角を有する形状．処理表面は比較的粗さが小さい．
ショット（球状）	使用前の状態において，りょう（稜）角，破砕面あるいは鋭い表面欠陥がなく，アスペクト比が2倍以内（長軸／短軸）の球形状の粒子．処理表面は比較的粗さが大きい．

a) 非鉄金属系研削材の種類

ブラストにおいて一般に用いられる非鉄金属系研削材の種類と特徴を**表-5.2.6**に示す[9]．非鉄金属系研削材は，主に，天然由来の研削材とスラグ系の研削材に分類される．ここでは，代表的な非金属系の研削材としてフェロニッケルスラグ，溶融アルミナ，アルマンダイトガーネットの外観を**図-5.2.6**に，これらの粒子の特徴を**表-5.2.7**に示す．**図-5.2.6**(a)に示すフェロニッケルスラグは，粒子が脆くブラスト時に鋼素地と衝突後破砕する粒子が比較的多いため，粉じん発生量は多く，再利用には不適である．しかし，国産材料であるため，比較的安価で安定供給される．主に，橋梁等のブラスト処理に採用されることが多く，比較的旧塗膜が薄い場合や，旧塗膜に有害物質が含有されている場合などで，研削材の再利用が困難な場合に選定されることが多い．**図-5.2.6**(b)に示す融解アルミナは，粒子が比較的硬いため粉じん量はフェロニッケルスラグよりも少なく，再利用できる．旧塗膜が厚い場合や，ガラスフレーク等の硬い塗膜の時に選定されるこ

表-5.2.6 非鉄金属系研削材

研削材	概　　要
アルマンダイトガーネット	天然の鉄ばん(礬)ざくろ(柘榴)石[$Fe_3Al_2(SiO_4)_3$]を破砕したグリット状のブラスト処理用研削材．複数回使用できる．露天掘りや海岸などから採掘するため，塩分を含んでいることがある．
スタウロライト	天然のスタウロライト($FeAl_5SiO_{12}OH$)からなるショット状のブラスト処理用研削材．
溶融アルミナ	褐色アルミナ：二酸化チタンとボーキサイトを溶融した後，粉砕した94%以上の酸化アルミニウムと最大で4%の二酸化チタンを含む，褐色を呈したグリット状のブラスト処理用研削材．硬度が高いため，複数回の使用が可能．
	ホワイトアルミナ：純アルミニウムを溶融した，精錬した，99%以上の酸化アルミニウムを含む，白色を呈したグリット状のブラスト処理用研削材．コンタミネーションがほぼない．
銅スラグ	酸化鉄-けい酸系である銅精錬時のスラグを水中で粉砕(水砕)した，グリット状のブラスト処理用研削材．
ニッケルスラグ	ニッケル精錬スラグ：酸化鉄-けい酸系であるニッケル精錬時のスラグを水砕した，グリット状のブラスト処理用研削材．
	フェロニッケルスラグ：けい酸-マグネシア-酸化鉄系であるフェロニッケル精錬時のスラグを，水中で粉砕(水砕)あるいは空気中で粉砕(風砕)した，ショット状あるいはグリット状のブラスト処理用研削材．複数回利用が困難．国産ので安定供給される．
鉄鋼スラグ	高炉スラグ：石灰-けい酸系である製せん(銑)時のスラグを水洗した，グリット状のブラスト処理用研削材．
	製鋼スラグ：石灰-酸化鉄系である製鋼時のスラグを，破砕あるいは空気中で粒化した，ショット状あるいはグリット状のブラスト処理用研削材．
石炭灰スラグ	アルミナ-けい酸系である石炭だ(焚)きボイラーの燃焼灰を水砕した，グリット状のブラスト処理用研削材．

(a) フェロニッケルスラグ

(b) 溶融アルミナ

(c) アルマンダイトガーネット

図-5.2.6　代表的な非鉄金属系研削材

表-5.2.7 代表的な非鉄金属系研削材の特徴

種類	外観（目盛：1mm）	特徴
フェロニッケルスラグ		見掛密度：2.7〜3.1 kg/dm^3 モース硬度：7.5
溶融アルミナ		見掛密度：3.9 kg/dm^3 モース硬度：8.5
アルマンダイトガーネット		見掛密度：4.0〜4.1 kg/dm^3 モース硬度：7.5

とが多い．図-5.2.6(c)に示すアルマンダイトガーネットも粒子が比較的硬いため粉じん量はフェロニッケルスラグよりも少なく，再利用できる．この材料は，主に中国，インド，オーストラリアなどから輸入されており，産地により品質が異なる．また，海岸付近で採掘される場合には，海塩が含まれている場合もあるため，品質に留意する必要がある．

b) 金属系研削材の種類

ブラスト処理で一般に用いられる金属系研削材には，1)溶融鋳鉄を噴霧して得た球状物を破砕した鋳鉄グリット，2)溶融高炭素鋼を噴霧して得た球形物を破砕した高炭素鋼鋳鉄グリット，3)溶融高炭素鋼を噴霧して得られる高炭素鋼鋳鉄ショット，4)溶融低炭素鋼を噴霧して得られる低炭素鋼鋳鉄ショットの計4種類がある[10]．金属系研削材はブラスト施工時に発生する粉じんの量が少なく，粒子が割れにくいため回収後に再利用できる．一方，比重が大きいため，その重量を考慮した強固な足場の設計が必要となる．また，研削材自体がさびるだけでなく，発生量が少ないものの飛散した粉じんもさびるため注意を要する．

(3) 動力工具の種類

動力工具の分類を表-5.2.8に示す．また，代表的な動力工具を図-5.2.7に示す．動力工具を用いた工法は，電動機あるいは圧縮空気で駆動する工具を用いて，鋼材面のさびや塗膜などを除去する工法である．工具には除せい，塗膜の目荒らし，狭隘部の処理などの目的によって，使い分けられる．動力工具による工法は，工具の物理的大きさによって，処理部位の空間の制約により適用の可否がある．また，さび除去の際の施工効率がブラスト工法に比して著しく低くく，大面積の施工には不向きであるため，部分的な適用が望ましい．また，著しく腐食した部位の孔食底部におけるさびや塩類は除去できないため，他の工法と併用することが一般的である．なお，動力工具は処理面に接触させる必要があるため，ブラスト処理以上に作業空間の制約が大きくなる．そのため，ブラスト処理できない狭隘部位等に対する代替工法とはなり得ない場合が多い．また，ブラスト処理工法と同様に，素地調整によるダストの飛散や有害物質を含む廃棄物の対策が必要である．

表-5.2.8 動力工具の分類と特徴

分類	特徴
ディスクサンダー	動力により回転する円板にサンドペーパーを取り付け，その回転研磨力により素地調整を行う工具（図-5.2.7 (a)）．サンドペーパーの粗さは，サンド粒子の大きさにより異なり，さび落としには粒子の粗いもの，目荒らしや清掃には粒子の細かいものを用いる．比較的広い面の素地調整には適するが，隅角部や部材の合わせ部などには不適である．特に，耐候性鋼材の強固なさびを除去する際には，ダイヤモンド工具（8.3.3参照）などを用いる方法がある．
カップワイヤーホイル	カップ形のワイヤーブラシを回転させる工具であり，リベットやボルト部の素地調整に適する．回転力により処理面を清掃する（図-5.2.7 (b)）．アタッチメントには種々のものがあり，六角ボルト専用のものもある．
エアハンマー（ニードルガン）	動力によりハンマーを作動させる工具で，深いさびのあら落としのために用いる．しかし，孔食底部のさび，塩類などは除去できない（図-5.2.7 (c)）．
縦回転式動力工具	特殊硬質金属ブラシの先端をブラシの回転と弾性変形により，鋼表面に叩きつけることで，腐食損傷が軽微な場合については，ブラスト面に近い清浄面やアンカープロファイルが形成できる．しかし，著しい腐食部位の腐食孔底部については，さびや塩類を除去することはできない．また，大面積の施工には不適であるが，小面積の施工に対して有効である（図-5.2.7 (b)．詳細は5.2.4参照）．

(a) ディスクサンダー

(b) カップワイヤーホイル

(c) エアハンマー（ニードルガン）

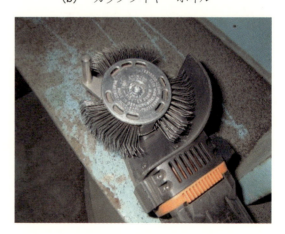
(d) 縦回転式動力工具

図-5.2.7 動力工具の例

表-5.2.9 手工具の分類と特徴

分類	定義
力棒	刃先が超硬合金製で，柄を両手でにぎり刃先を処理面に約30度の角度であって，上から下に動かし，さび・旧塗膜などを削り落とす．隅角部の場合は角辺に沿って突くように操作する．
細のみ	力棒の細形構造のもので，ボルトやリベットの間，鋼材合わせ部，溝部分などに用いる．
鋲かき	一端は曲がった刃先，他の一端は棒状で先端が尖った構造の物で，曲がった刃先で鋲頭を引っかき，尖った先端で鋲の付根部を突く工具である．
ハンマー	頭部の一端が幅の広い刃先構造で，他の一端は尖っており，層状さび，深さびを叩き落とす．
ワイヤーブラシ	鋼線を束ねブラシ状としたものを木板に植え付けたもので，ようじ型と亀の甲型があり，くぼみ部のさび落としや清掃用に使用する．化学プラントなどの引火による火災発生の危険を伴う現場では，素地調整作業時の火花発生の問題がある．作業性の観点からは工具材質は超硬質鋼が好まれるが，火花の発生を嫌う現場では，真鍮などの軟質素材の工具が用いられる．

(4) 手工具の種類

手工具の分類を**表-5.2.9**に示す．手工具は下地の状態により使い分けられ，手作業で行うさび落とし，および既存塗膜の目粗し処理に用いられる．動力（電気・圧縮空気）を必要としないため適用範囲が広く，工具が入れば狭隘部でも使用できる利点がある．しかし，処理効率が低く広範囲の素地調整には適さないため，手工具は著しく腐食した部位において，他の処理工法に比して比較的除去しやすいさびの除去や前処理に用いられることが多い．また，ブラスト処理工法と同様に素地調整によるダストの飛散や有害物質を含む廃棄物の対策が必要である．

5.2.2 ブラスト処理の施工管理

ブラストの施工管理は，前項に示した検討で選定した工法に対して，ブラスト処理前，処理中，処理後の管理項目を事前に精査しておく必要がある．以下にJIS Z 0310-2016に示されている管理項目を示す．なお，施工に関する作業を適切に実施するために，施工管理者と検査者には，素地調整の技術的な専門知識や経験を有する管理者（例えば，一般社団法人日本防錆技術協会の防錆管理士など）を指名して，その管理者に権限を与えて，適切な管理を実施することが望ましい．

(1) ブラスト処理前

ブラスト処理前は，以下の項目を検討した上で管理する．

1) 処理前の鋼材に関する，角，および隅の形状，溶接部の形状，死角部の状況，鋼材のきずの状況，塗膜などの有無，腐食の種類および程度，汚染物質の種類および付着程度，およびそれらが不適切な場合の補修および修正方法．
2) 要求される鋼材の仕上げ程度（表面粗さと清浄度）
3) 処理対象物の形状（施工しやすさと大きさ），および作業条件（温度，素地調整面の濡れを防止するため作業空間の換気など）．
4) 施工場所と時期（温湿度条件）
5) 採用できるブラスト処理工法
6) 使用する研削材（材質，形状，硬さ，粒度分布，汚れおよびこれらの再利用時の変化）．

乾式ブラストに用いる研削材は，十分乾燥させる必要がある．
7) 処理面積（全面仕上げ，あるいは部分仕上げ）
8) ブラスト処理条件（ブラスト機器の設置箇所からブラスト処理面までの距離や高さ，騒音や粉じんに対する周辺環境など）
9) 処理後の処置（研削材の回収，鋼材表面の清掃，塗装および廃棄物の処理）
10) 施工期間と廃棄物処理を含む施工コスト
11) 粉じん，酸欠および研削材噴流に対する安全衛生対策（適切な管理者，防護措置など），および周辺設備に対する影響
12) ブラスト処理前には鋼材表面の状態を目視などにより検査する．受渡当事者間の協定によって，目視だけではなく，測定器などによる適切な検査方法を採用してもよい．

(2) ブラスト処理中

エアーブラスト等の圧縮空気を用いた研削材を噴射するブラスト処理工法を採用する場合は，以下の施工時の条件に配慮して，ブラスト処理する．
1) コンプレッサーの吐出圧力と流量，ブラストホースの長さと内径，ブラストホース先端，あるいはブラストノズル直前における圧力
2) ブラストノズルとブラスト処理面との距離と角度
3) 研削材と圧縮空気との混合比
4) ブラスト作業者の防じん面，手袋，防護服，粉じん面用エアラインフィルター，防じん面供給エアー，ブラスト装置内圧排気時の消音装置などの安全衛生品の確認

(3) ブラスト処理後
1) ブラスト処理後，研削材を回収し，表面の残留物を真空掃除機，清浄な圧縮空気などにより清掃する．有機溶剤，水，水蒸気などで洗浄する方法を採用する場合には，それによるさびの再発生あるいは腐食抑制剤の残留により塗膜などの被覆材と鋼素地との付着性が低下しないように，事前検討する必要がある．
2) 受渡当事者間の協定にしたがって，ブラスト処理面を速やかに検査し，その程度を評価する．

5.2.3 ブラスト処理後の品質評価技術

塗装による防食は，素地調整の品質に著しく影響を受ける．ここでは，ブラスト処理後の品質評価手法について述べる．

(1) 素地調整程度

素地調整は，黒皮，さび，塗膜を除去して，清浄な鋼素地面が露出するまで実施する必要がある．表-5.2.10 に ISO8501-1[8]の素地調整工法における除錆度と鋼材表面の状態を示す．道路橋のC-5 塗装系（付 2.4 参照）と Rc-I 塗装系で規定されている[1]．表-5.2.2 に示した素地調整程度 1 種の処理グレードは，ISO 8501-1[8]では「Sa 2 1/2」が標準となっている．表-5.2.11 は ISO 8501-1[8]と SSPC 規格（The Society for Protective Coatings：鋼構造物塗装協会）の Surface Preparation Specification の比較を示しているが，両者は概ね対応が取れている．SSPC 規格では素地調整程度 1 種の処理グレードは「SP-10」となっている．また，「SP-11」という通常の動力工具よりも高いグレートが規定されている．

素地調整程度の判定は JIS Z 0310 では，図-5.2.8 に示すように，ISO 8501-1 の判定見本写真と処理面とを目視で比較・判定する方法を標準としている[7),12)]．しかし，ISO 8501-1 の判定見本写

表-5.2.10 ISO8501-1の素地調整工法における除錆度と鋼材表面の状態

除錆度	鋼材表面の状態
Sa1	拡大鏡なしで，表面には弱く付着したミルスケール，さび，塗膜，異物，目に見える油．グリースと泥土がない．
Sa2	拡大鏡なしで，表面にはほとんどのミルスケール，さび，塗膜，異物，目に見える油．グリースと泥土がない．残存する汚れのすべては固着している
Sa2 1/2	拡大鏡なしで，表面には目に見えるミルスケール，さび，塗膜，異物，目に見える油．グリースと泥土がない．残存するすべての汚れは，その痕跡が斑点またはすじ状のわずかな染みだけとなって認められる程度である．
Sa3	拡大鏡なしで，表面には目に見えるミルスケール，さび，塗膜，異物，目に見える油．グリースと泥土がなく，均一な金属色を呈している．
St2	拡大鏡なしで，表面には目に見える油，グリース，泥土と弱く付着したミルスケール，さび，塗膜，異物がない．
St3	St2と同様であるが，素地の金属光沢を呈するまで，より十分な処理を行う．

表-5.2.11 各基準類の素地調整工法における除錆度の対比

ISO(JIS)	SSPC
Sa1	SP-7（ブラッシュオフ）
Sa2	SP-6（コマーシャルブラスト）
Sa2 1/2	SP-10（ニアーホワイトメタル）
Sa3	SP-5（ホワイトメタル）
St2	SP-2（ハンドツールクリーニング）
St3	SP-3（パワーツールクリーニング）
－	SP-11（パワーツールクリーニング）

※SPSSでは，ブラストに用いる研削材の種類に応じて，表面処理規格を定めている．
（ショットブラスト：Sh，サンドブラスト：Sd）

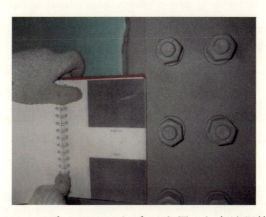

図-5.2.8 ISO8501-1ビジュアルハンドブックを用いた素地調整程度の判定状況

真は新設時の鋼材を想定した見本であり，塗替えの際の素地調整程度を判定するには不十分な場合が多い．これらの課題については，5.3.1で述べる．

(2) 表面粗さ

ブラスト処理により素地調整した場合,除錆度に加え,表面粗さも規定されることが多い.塗膜の鋼素地面に対する付着力は,平滑面に比べて,ブラスト処理された起伏表面のアンカー効果により高くなる.しかし,過度な起伏が形成されると凸部の塗膜厚が薄くなり,防食性能の低下が懸念される.そのため,表-5.2.12 に示すように,各機関では表面粗さの最大値を規定している.鋼道路橋防食便覧[1]では,10 点平均粗さ Rz_{JIS} が 80μm 以下にすることが望ましいとされている.なお,表面粗さについては,表面粗さ計を用いて,JIS B 0601[13]の十点平均粗さ Rz_{JIS} が用いられることが多い.また,金属溶射に対する素地調整面の粗さとして,鋼道路橋防食便覧[1]では算術平均粗さ Ra が 8μm 以上,Rz_{JIS} が 50μm 以上との管理基準が示されている.

表面粗さの最小値の規格は,金属溶射については,鋼材面と金属皮膜の付着を確保するため表面粗さは $50μmRz_{JIS}$ 以上とされている[1].しかし,塗装の場合については,表面粗さの最小値は防食性や鋼素地面との付着性に影響を及ぼすが,明確な規定値は設定されていない.なお,鋼道路橋防食便覧では鋼道路橋塗装用塗料の試験方法の中でブラスト処理鋼板の条件として,除錆度は Sa 2 1/2 以上,研削材はグリット,表面粗さは $25μmRz_{JIS}$ を標準とすると示されている[1].鋼道路橋の塗替え塗装において,研削材はグリットとし,除錆度は Sa 2 1/2 以上で管理するのであれば,表面粗さの最小値として $25μmRz_{JIS}$ が目安になると考えられる.鋼素地の表面粗さは研削材の種類,形状,寸法などの条件により変化する.文献 31)では研削材の投射の距離,角度,圧力が鋼素地面性状に及ぼす影響について確認されているが,今後,更に詳細な検討が必要とされる.

ブラスト処理後の表面粗さの評価は,ターニングに配慮し,短時間で信頼性の高い検査を実施する必要がある.表面粗さの評価には,ISO 8501-1 に規定された表面形状比較板(コンパレータ)などを用いる目視判定法や図-5.2.9 に示す触針式表面粗さ計により,直接計測する検査方法もある[1].しかし,標準見本板を用いる定性的な目視判定については,判定者によって,判定結果がばらつくなどの課題がある.また,触針式表面粗さ計による計測は適用範囲などに課題がある.これらの課題の詳細については,5.3.1 で述べる.

表-5.2.12 各機関における表面粗さ Rz_{JIS} の規格値(単位:μm)

素地調整の種類	本四高速 阪神高速道路 名古屋高速 福岡北九州高速	(東・中・西) 日本 高速道路	首都高速道路	鉄道総合技術研究所		鋼道路橋 防食便覧
				一般環境	特殊環境	
1次素地調整	80>	70>	80>	50>	80>	80>
2次素地調整	70>				70>	

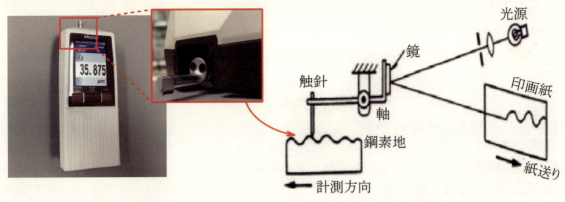

(a) 機器外観　　　　　　　　　　(b) 計測の概念図 [14] を一部修正

図-5.2.9　触針式表面粗さ計による測定の模式図

(3) 表面付着塩分量

付着塩分は海塩粒子の飛来だけではなく，海岸からの距離が遠い場合でも凍結防止剤の散布などによるものもある．そのため，素地調整後の鋼材表面に塩分の付着が懸念される場合には，表面付着塩分量を測定して，塗装の可否を判断する必要がある．鋼道路橋防食便覧 [1] では一般的に旧塗膜上に $50mg/m^2$ 以上の塩分が付着している場合，塗装後早期に塗膜下腐食などの塗膜欠陥を生じやすいことが示されている．スチームを用いると効果的に塩分が除去できるとの記載もあるが [1]，塩分除去効果の詳細は不明である．表面付着塩分の影響，および塩分除去の方法については，5.5.1～5.5.3 および 5.6 で述べる．なお，鋼道路橋防食便覧 [1] では耐候性鋼材について，素地調整後の付着塩分量が $50mg/m^2$ 以下であることを確認して，$50mg/m^2$ 以下でない場合には，水洗いなどによる塩分除去が推奨されている．しかし，$50mg/m^2$ の付着塩分量の明確な設定根拠は不明瞭である．以下に表面付着塩分量の測定方法について述べる [1),15),16)]．なお，付着塩分量は構造物の部位により著しく異なる場合があるため，測定部位や測定点の選定に際して注意が必要である．また，付着塩分量は降雨などにより変化しやすいことにも留意する．

a) ガーゼ拭き取り法

現場調査で塗膜表面の付着塩分量を測定する際に，簡易分析法としてガーゼ拭き取り法が用いられることが多い．測定模式図を**図-5.2.10(a)**に示す．この方法では 50cm 角の測定部位（$0.25m^2$）をマスキングテープで区切り，純水で湿らせたガーゼで付着している塩分を拭き取り，塩分採取後，塩素イオン検知管を用いて塩素イオン濃度を測定する．塩分の拭き取りと回収は，1 測定部に対して 3 回行なう．拭き取る際は 1 回ごとにガーゼを取り替え，滴を垂らさないように，1 回目は上から下，2 回目は左から右，3 回目は下から上のように行う．この方法は特別な機器が不要であり，測定面積も比較的大きく，採取試料量も多いため，測定部位に対する測定誤差が少ない．また，水可溶性の塩化物のみ測定できるので，海塩粒子の付着量の測定に適している．一方，測定部位の表面に，無機ジンクリッチペイントや MIO 塗膜，さびなどによる微細な起伏を有する場合には，付着塩を十分に拭き取ることが困難なため，平滑な面を選定して測定するとよい．

b) 電導度法

電導度法は現場で電極を用いて塗膜表面の電導度を測定して，塩化物，硫酸塩，硝酸塩などの可溶性電解質の総量を定量評価する方法である．この方法による測定状況を**図-5.2.10(b)**に示す．この方法果は，測定物の表面状態に比較的影響されにくい．また，脱イオン水を補填のみで，容

易に繰り返しの測定ができるなどのメリットがある．一方，ブレッセル法と同様，1ヶ所あたりの測定面積が小さく，測定結果の精度を向上させるためには，多くの測点が必要となる．また，測定装置の構造上，磁力で鋼材面に測定器を密着させて測定するため，測定対象面が平滑である必要がある．そのため，腐食した耐候性鋼の表面や腐食により表面起伏が大きくなった部位の塗膜に対しては，測定困難になることが多い．さらに，測定される電解質は塩素イオンのみではないため，付着塩分量を過大に評価することになる．

c) 電気化学法

測定対象面を電解液で覆い，測定対象面が卑な電位となるように電流を導通させることで，測定対象面に内在する塩化物イオンを溶液中に溶出させる方法である．ガーゼ拭き取り法，電導度法，ブレッセル法では，対象表面に付着した塩分等の電解質が測定されるが，電気化学法ではさび中の塩分など，拭き取りや浸漬のみでは溶出しにくい内在塩分も測定できる．この方法による計測の模式，および計測機器を**図-5.2.10(c)**に示す．現在のところ，この方法はラボにおける測定手法であり，測定面に溶液を介在させる手段として，アクリルやガラスセル等が用いられている．そのため，著しく腐食した部材や溶接継手部などのように平滑でない部位に対しては，測定が困難となる．

d) ブレッセル法

測定部位に測定セルを貼り付け，注射器でセル内部に純水を注入して付着塩分を抽出して，その後全量を注射器で回収し，電気伝導率，あるいは塩素イオン濃度を測定する方法である．この方法による測定状況を**図-5.2.10 (d)**に示す．

ガーゼ拭き取り法と同様に現場で採用されているが，測定セルが消耗品であるため測定コストが高い．また，セルの剥離後にテープの粘着剤が残置される場合があるため，素地調整後に適用する場合には注意が必要である．また，測定セルの評価面積が小さいため，対象部位の測定結果の精度を向上させるには，多くの測点が必要となる．正確な測定結果を得るためには，イオンクロマトグラフィーと組み合わせる必要があり，現場で精度良く測定することが困難な場合が多い．

以上で述べた4つの測定方法は，一般には旧塗膜表面の付着塩分量を測定する方法，あるいは現場において実用化されていない方法であり，孔食やさびこぶが発生している部位において，さび層の表面塩分量や内在塩分量を精度良く測定することは困難である．また，ブラスト処理により塩分が鋼素地面に拡散された場合についても，ここで示した方法で塩分量を適切に測定することは困難とされている．したがって，鋼材の腐食性を適切に評価するためには，鋼材の腐食に直接寄与する鋼素地面の極近傍の塩分量を測定できる新たな手法の開発が望まれる．

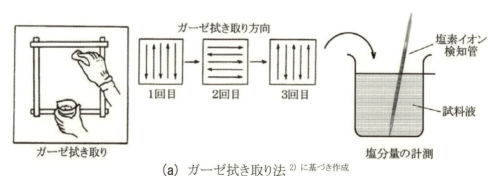

(a) ガーゼ拭き取り法[2] に基づき作成

図-5.2.10　表面付着塩分測定の例(その1)

① ゼロ調整

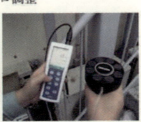

② 測定セルに純水注入

④ 測定値の表示

③ 塩分抽出

(b) 電導度法[14]

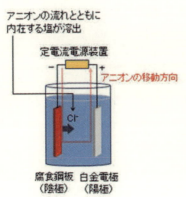

測定模式図

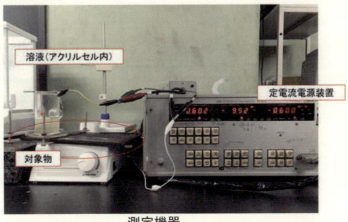

測定機器

(c) 電気化学法

図-5.2.10 表面付着塩分測定の例(その2)

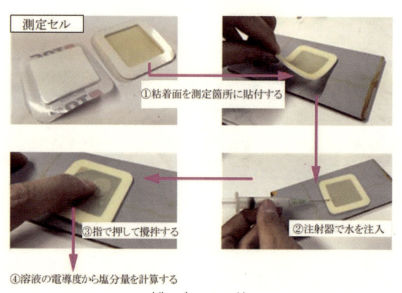

(d) ブレッセル法

図-5.2.10 表面付着塩分測定の例(その3)

(4) ブラスト処理後から塗装までの時間

ブラスト処理された鋼材面は，酸化物による保護皮膜が取り除かれ，化学的に活性な面が露出する．大気中では水分が存在すると急速に酸化するため，直ちに塗装することが望ましい．しかし，塗装前にはブラスト処理面を清浄な状態にする必要があり，エアーブローやワイヤーブラシなどにより，研削材や粉じんを除去する．この際，浮遊粉じんの着じんを抑制ために，適正な集じん機の使用も検討する．このような作業を含めて，ブラスト処理から塗装作業完了までの時間の目安は，一般的に4時間とされている．また，高湿度時にブラスト処理した場合には，ターニングが発生しやすくなるため，相対湿度が85%未満で施工管理する必要があるとされている．相対湿度がターニング発生時間に及ぼす影響を室内試験で検討した事例[17]があるが，相対湿度とターニングの関係は，鋼素地面の表面性状や残留物質などにも依存するため，適切な相対湿度については不明である．なお，大ブロックの塗装では，処理面積が大きくなるため，4時間以内での施工が困難になる場合がある．この場合，ブラスト処理を2回に分けて，1次ブラストした後に2次ブラスト（仕上げブラスト）を全体に行い，2次ブラストから4時間以内に塗装する方法が採用されることがある．4時間以内の塗装完了に関し，鋼道路橋防食便覧[1]では「事前に現場の諸条件を十分に検討し施工計画を行い，ブラスト施工開始から連続的に湿度等の施工環境の管理を行い結露が生じないことを確実とし，見本帳との対比などでターニングしていないことを確認しながら施工を行なう場合は，必ずしも4時間以内に作業を完了しなくてもよいが，その日のうちに作業を完了させる必要がある．」とも記載されている．一方，ターニングが早期に発生する場合は，4時間以内であっても第1層の塗装を完了させる必要がある．

このように，ブラスト処理面の状態を確認し，その後の作業（塗装あるいは再度のブラストなど）を実施するためには，施工技術者だけでなく，監督者や検査員もブラスト処理後の品質を適切に評価する必要がある．そのためには，鋼構造物塗装検査員（インスペクター）の養成，塗装業者の認証システムの構築，素地調整程度の参照写真（ビジュアルブック）の充実化などが必要となる．これらの課題と対策については，5.3.1に述べる．

5.2.4 ブラストの補助工法

素地調整程度1種の品質が要求される場合には，ブラスト工法が採用される．しかし，旧塗膜が有害物質を含有している場合に対しては，厚生労働省の通達[4]により「鉛等含有物を含有する塗料の剥離等作業を，隔離措置された作業場や屋内等の狭隘で閉鎖された作業場で行う場合は，剥離等作業は必ず湿潤化して行う．湿潤化が著しく困難な場合は，当該作業環境内で湿潤化した場合と同等程度の粉じん濃度まで低減させる方策を講じた上で作業を実施する」と定められている．湿式ブラスト工法の選定が困難な場合には，乾式ブラスト工法を選定することとなるが，有害物質を含有した粉じんに対する作業者の暴露防止対策が必要となる．また，粉砕されて微細化した塗膜は廃研削材と混合するため，有害物質の種類によっては大量の特別管理産業廃棄物となる．これらの課題を解決する方法の一つとして補助工法の適用がある．塗膜剥離と素地調整工法の選定手順の例を図-5.2.11に示す．補助工法の選定では，旧塗膜に含有する各種有害物質に対する法規制や個々の橋梁の構造や周辺環境に加え，LCCの観点も勘案するとよい．

本項では，ブラスト工法の補助工法として用いられる工法として，塗膜剥離剤を用いた化学的手法，電磁誘導（IH）加熱式被膜剥離工法，さびなどを除去する上でに効果的な動力工具である縦回転式動力工具，吸引式エジェクターブラスト装置，ウォータージェットを紹介する．この他，耐候性鋼材の層状の固着さびの除去を目的に開発された動力工具であるダイヤモンド工具については8.3.3で，表面処理の新たな手法として期待されるレーザー光を用いた表面処理技術，および酸を用いた化学的素地調整については，それぞれ9.2.1および9.2.2に示す．

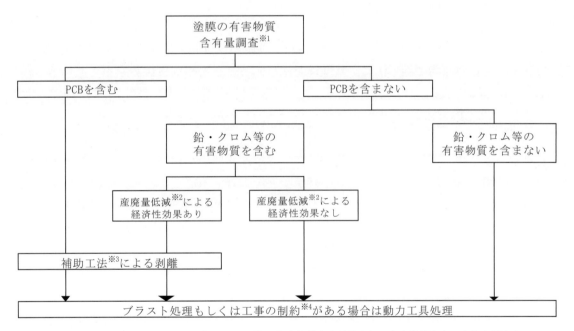

※1 事前に旧塗膜に含まれるPCB・鉛・クロム等の有害物質含有試験を行い有害物質含有の有無を調査する
※2 剥離・素地調整ブラスト工法による直工費と産廃費の合計が剥離補助工法と素地調整工法による直工費と産廃費の合計を上回る場合
※3 剥離補助工法は安全性確保可能であることを前提に，橋梁毎の施工条件や経済性の要因から選択する
※4 工事の制約とは，鉄道橋など「密閉養生」が困難であったり，作業時間が著しい制約を受ける場合や都市部などの大型の機材の設置が困難なことを指す．

図-5.2.11　塗膜剥離・素地調整工法の選定手順の例

(1) 塗膜剥離剤

a) 特徴

　塗膜剥離剤は対象部位に塗布して旧塗膜を軟化・可塑化させ，素地との付着力が低下し，湿潤化した旧塗膜をスクレーパ等の手工具で剥離する方法である．ブラスト工法のように，廃研削材が塗膜と混合することはなく，除去された塗膜片を飛散させずに回収できる．旧塗膜が有害物質を含む場合には，産業廃棄物の減容化が可能となる．また，特殊な器具を必要としないため，他の剥離工法の併用も容易であり，小規模，または局部的な施工にも適している．

　一方，塗膜剥離剤の塗布後，旧塗膜が軟化・可塑化するまでの時間は，対象部位の温度の影響を受け，数時間から数日間を要してしまうこともある．また，粗面形成効果はないため，剥離後にブラストなどの素地調整が必要となる．なお，これまで一般的に用いられている高級アルコールが主成分のアルコール系塗膜剥離剤に加え，最近では水が主成分の水系塗膜剥離剤も適用され始めている．

b) 工法の選定

　有害物質を含む塗膜の飛散が低減できるため，近年，鋼橋の塗替え工事において採用が増加している．この工法は，外気温が低いと化学反応に時間を要するため，冬季には施工が困難な地域がある．また，ふっ素樹脂塗料，ポリウレタン樹脂塗料，有機ジンクリッチペイントなどの軟化・可塑化し難い塗膜や無機ジンクリッチペイントや金属溶射膜などの剥離不可能な塗膜があるため，塗装履歴を確認する必要がある．塗膜除去作業の施工性や選定した塗膜剥離剤の旧塗膜の塗装系への適用性を現地で剥離施工試験により確認することが望ましい．

c) 要求性能

　土木鋼構造物用の塗膜剥離剤について，文献18)では表-5.2.13と表-5.2.14に示す全ての要求性能に対して，所定の性能評価方法により基準を満足することを事前に確認することが示されている．性能評価方法の詳細については，文献18)の付属資料1である「土木鋼構造物用塗膜剥離剤およびこれを用いた塗膜除去工法の品質規格（暫定案）」[18]が参考となる．

d) 施工

　塗膜剥離剤の施工は，事前に対象となる鋼構造物の形式や諸元，塗装系や塗替え履歴，塗装面積などの塗装に関する情報，有害物質含有の有無などを調査する必要がある．また，現地調査では立地条件や劣化状況，塗装系，補修範囲などを調査する必要がある．一般に塗膜剥離剤は，標準塗布量1.0kgm²/回として，エアレス塗装機で吹付塗布される．この方法は，塗膜剥離剤の厚塗りが容易で，施工性はよいが，塗膜剥離剤成分のミストが発生するため，密封養生を行ったうえで作業する必要がある．密封養生が困難な場合や小規模な部分施工時などでは，刷毛・ローラーによる塗布となるが，塗膜剥離剤の規定量の管理が難しくなる．

　塗膜剥離剤の塗布後の養生期間は，多くのものが，気温10℃以上の条件で24時間以上が必要とされる．また，秋季から冬季にかけて寒暖差が大きくなる時期には，構造物が結露しやすく，前日塗布した剥離剤成分が結露水滴により流れ落ちてしまう場合もあるため，夜間に加温養生などの対策が必要な場合もある．塗膜剥離剤は塗布された旧塗膜表面から含浸し軟化・可塑化するため，旧塗膜の厚さと種類によっては塗膜剥離剤塗布と剥離作業を複数回，繰り返さなければならない場合もある．剥離が困難な場合には，動力工具などを併用する必要がある．

旧塗膜剥離後は次工程の素地調整に影響を及ぼさないように，塗膜剥離剤の残存成分を完全に除去する必要がある．一般的な施工手順および剥離剤を用いた塗膜剥離状況を図-5.2.12および図-5.2.13に示す．

表-5.2.13 塗膜除去工法の品質に関する要求性能[18)を一部修正]

要求性能	評価項目	評価基準のレベル
塗膜剥離性	剥離性	1回の塗膜剥離剤の塗付により，膜厚500μmの一般塗装系塗膜を剥離できること．
作業性	たれ性	塗膜剥離剤を垂直面に塗付した際に，たれが生じないこと．
	塗付性	エアレス塗装機あるいは，はけ・ローラーにより確実に塗付作業ができること．
安全性	生分解性	微生物の働きにより，塗膜剥離剤の成分が一定期間に分解されること．
	魚毒性	魚類への致死毒性が一定程度以下であること．
	火災安全性	塗膜剥離剤の引火点が十分に安全な程度であること．

(出典：土木研究所資料第4354号 平成29年3月（土木鋼構造物塗膜剥離ガイドライン（案）改定第2版))

表-5.2.14 塗膜剥離剤を用いた塗膜除去工法の品質に関する要求性能[18)を一部修正]

要求性能	評価項目	評価基準のレベル
塗膜除去後の塗替え塗膜の耐久性・防食性	促進暴露耐久性と屋外暴露耐久性	塗膜剥離剤を用いて旧塗膜除去後に新たに形成した塗膜が十分な防食性と耐久性を有すること．
安全性	生分解性	塗膜剥離剤と拭き取り用クリーナー等の成分が，微生物の働きにより一定期間に分解されること．
	魚毒性	塗膜剥離剤と拭き取り用クリーナー等の魚類への致死毒性が，一定程度以下であること．
	火災安全性	塗膜除去工程で用いられる全ての材料が十分な火災安全性を有すること．
	作業・周辺環境に対する影響	塗膜除去作業で発生する粉じん量が十分に安全な程度以下であること．
	作業員等の健康に対する安全性	塗膜剥離剤や拭き取り用クリーナー等に，作業者等に重度の健康障害を引き起こす化学物質を含まないこと．やむをえず上記の化学物質を含む塗膜剥離剤や拭き取り用クリーナー等を用いる場合には，作業者の健康障害を防止するための十分な対策が取られていること．

(出典：土木研究所資料第4354号 平成29年3月（土木鋼構造物塗膜剥離ガイドライン（案）改定第2版))

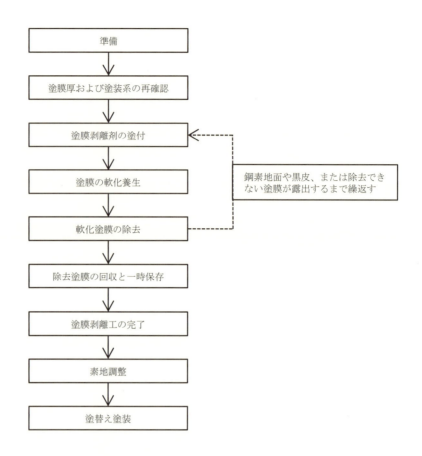

図-5.2.12 塗膜剥離材を用いた塗替え塗装の施工手順の例

図-5.2.13 塗膜剥離剤を用いた塗膜剥離状況

e) 安全管理

塗膜剥離剤には,アルコールなどの有機溶剤を含むため危険物に該当するものもある.剥離作業等を行う場合は,事前に使用する材料の引火点や爆発限界濃度などの情報を確認するとともに,火災や引火爆発に十分注意する必要がある.なお,最近では水が主成分で,危険物に該当しない非危険物に該当するものも実用化されている.

塗膜除去作業は湿潤化後に実施されるため，粉じん作業に該当しないが，塗膜剥離剤の塗布と剥離作業中は防毒マスクを着用する必要がある．特に，剥離剤吹付時にはミストが発生しやすいために注意が必要であり作業場内を強制換気することが望ましい．また，剥離剤成分が皮膚に付着すると化学熱傷が発生する場合もあるため，化学防護手袋や保護衣の着用が必須となる．

(2) 電磁誘導加熱式被膜剥離工法

a) 特徴

電磁誘導加熱（IH）式被膜剥離工法（以下，IH工法）とは，IH式クッキングヒータなどで一般に普及している電磁誘導加熱の原理を用い，被膜（塗膜）と鋼素地間の鋼素地の極表面を200℃程度に加熱して界面結合を破壊した後，スクレーパ等により被膜を剥離する工法である．機器の構成は一般的にIH式剥離機本体，先端アタッチメント（トランスフォーマ），ケーブル，冷却用循環水冷凍機，発電機からなる．機械本体と先端アタッチメント部を図-5.2.14に示す．ボルト周辺や隅角部などを施工する場合には，図-5.2.15に示すような特殊な先端アタッチメントもあるが，先端アタッチメントが接触し難い部位については，施工効率が著しく低下することに留意する．また，粗面形成効果はないため，剥離後にブラストなどの素地調整が必要となる．

b) 工法の選定

IH工法は，図-5.2.16に示すように，橋梁，プラント，タンクなどの塗膜およびライニングの剥離除去に用いられており，近年，鋼道路橋の塗替え塗装時に多くの採用事例[19)-24)]がある．被膜表面部から塗膜を除去する剥離工法は，膜厚により施工効率が著しく異なる．IH工法では被膜を鉄素地面との界面から剥離できるため，膜厚が1mm未満の塗膜から30mm程度のライニングなどの塗被膜を除去できる．また，剥離した被膜は乾燥状態の塗膜片であるため，安全かつ容易に回収できる．また，廃棄物はこの塗膜片のみであり，塗膜剥離工法の中で最も産業廃棄物量を縮減できるため，PCB等の有害物質含有塗膜を剥離する上で有効である．さらに，剥離施工時に温湿度の影響を受けにくい，他の剥離工法との併用が可能などの特長がある．一方，ジンクリッチ系塗料，鉛丹さびどめ塗料，金属溶射皮膜などは，塗膜中の樹脂成分（熱により特性変化する成分）が少ない，あるいはないため，剥離できない．また，スクレーパにより塗膜を剥離するため，旧塗膜下地がブラスト処理されている場合には，凹部底の塗膜除去が困難になる．

c) 施工

IH工法ではIH機本体から100m程度まで先端アタッチメントを延長して施工できるが，大規模な現場や長大橋の施工時には本体の設置位置に留意する必要がある．また，同一部位に高周波を長時間当てると鋼材が高温となり鋼材の機械的性質などに悪影響を及ぼすことが懸念され，塗膜剥離面の裏面の塗膜まで影響を及ぼすような熱を与えないように注意する．また，継手部などのボルト周辺への高周波加熱はボルトの軸力低下が懸念されるため，温度のモニタリングなどが必要となる．この他，作業時に発生するヒュームには蒸気，CO_2の以外に有害物質を含有した塗膜の微細な粉じんが含まれるため，ブラスト作業と同等の作業環境の確保と強制換気が必要となる．

(a) 本体　　　　　　　　　　　　(b) 先端アタッチメントの高周波発生部

図-5.2.14　IH式被膜剥離機器

(a) 隅角部用（写真の手前・奥方向に走行）　　　(b) ボルト用

図-5.2.15　特殊先端アタッチメント

(a) 備蓄タンク床板部のライニングの剥離状況　　　(b) 橋梁塗膜の剥離状況

図-5.2.16　IH工法による被膜剥離状況

(3) 縦回転式動力工具

a) 特徴

　施工面積が小さい部位の素地調整工法としてブラスト工法を適用すると，非効率となる場合が多い．また，塗替え塗装において，局部腐食が著しい部位には，ディスクサンダーなどの動力工具を用いて，さび等を除去し，部分塗替えが実施される場合があるが，局部腐食底部のさびの除去が不十分となり，塗膜下腐食（6.2.2参照）の原因となる．このような場合の対策として，**図-5.2.7(d)** に示した縦回転式動力工具が採用されるケースが増えつつある．

　縦回転式動力工具は，回転運動している特殊硬質金属ブラシの先端を鋼材面に叩きつけることで，比較的平滑な鋼材表面に対して，ブラスト面に近い清浄面やアンカープロファイルが形成できる[1),25)]．そのため，素地調整程度2種のディスクサンダーやカップワイヤーブラシを用いる場合に比べて，さびや塩類が残置されにくく，鋼素地面への付着力の高い塗膜が形成可能となり，早期の塗膜下腐食を予防できると考えられる[26),27)]．**図-5.2.17**に縦回転式動力工具を用いた素地調整の状況と素地調整後の外観を示す．

b) 工法の選定

　縦回転式動力工具による施工効率は，ブラスト工法と比べて著しく低く，ディスクサンダー等の動力工具と同程度である．このため，ブラストの検査後のごく小規模なターニングや打ち残し箇所への施工，**図-5.2.17(b)** に示すようなチェーンクランプの設置跡の補修作業などに適している．また，大型ブラスト機材が搬入できない現場，小面積の素地調整対象が散在する場合など，ブラスト工法が適用困難な現場に適しているといえる．さらに，ディスクサンダーと比較して，作業音が同等以下で粉じんが飛散しにくいため，粉じん，騒音などの周辺環境に対する影響が懸念される現場への適用も考えられ，養生費等を削減できる場合もある[28)]．このほか，ディスクサンダーによる塗膜除去後に，縦回転式動力工具により効率的にアンカープロファイルを付け，Rc-III塗装系（付2.4参照）の耐久性を向上させることも考えられる．

　一方，本体とブラシ部の大きさやその形状の関係上，ボルト・ナット部や入隅部の溶接部については，ブラシの先端部が施工部に届かず，施工できない部位もある．また，著しく局部腐食した部材については，10.2.3の**図-10.2.8**に示すように，孔食底部までブラシが届かない場合が多い．このような場合の除錆度はディスクサンダーなどの素地調整程度2種よりも比較的高くなるが，ブラスト工法と比して，素地調整の品質が著しく低下する場合もあることに留意が必要である[29)]．

c) 施工品質

　SSPC規格では，縦回転式動力工具を用いた素地調整はSP-11として規定されており，ISO 8501-1においてSa2 1/2と同等として規定されるブラスト工法SP-10とは区別されている．したがって，縦回転式動力工具を用いた素地調整については，さびの除去性能が向上したグレードの高い素地調整程度2種の位置づけになる[29)]．また，目視判定の際には，ISO8501-1の判定写真を用いず，SSPC VIS3の判定写真のような見本により素地調整程度を判断する必要がある．特に，高いグレードの素地調整品質が要求される場合については，縦回転式動力工具を用いた素地調整工法では，作業者の判断基準や経験等により，これまでのブラスト工法とは異なった表面状態となることも懸念されるため，判定基準の整備が求められる．

(a) 平面部の施工と素地調整後の状態

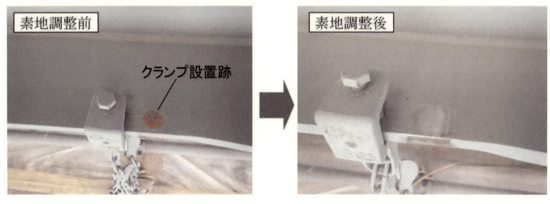

(b) クランプ部の素地調整前後の外観

図-5.2.17 縦回転式動力工具を用いた素地調整状況と素地調整前後の外観

(4) 吸引式エジェクターブラスト装置

a) 特徴

吸引式エジェクターブラスト装置は，図-5.2.18 に示すように，孔を有する管に圧縮空気を流すと管の孔部では研削材が吸引される現象を用いた簡易的なブラスト装置であり，極小規模な局部的なブラスト処理に適している．通常のブラストと比較して吐出圧力が小さいため，粗いさびの除去には適さない．なお，粉じんなどに対しては通常のブラスト処理と同等の防護工が必要となる．

b) 工法の選定

盛り替えた足場吊りクランプ部など，通常のブラスト処理のための防護工が施されている状況において，施工部位が局部的など施工の効率面から通常のブラスト装置を用いることが不利な場合に用いられる．腐食損傷が著しい場合には，動力工具との併用も考えるとよい．

(5) ウォータージェット

a) 特徴

ウォータージェットには，水のみの噴流によるウォータージェット方式と，研削材を加圧された噴流に混合するアブレイシブウォータージェット方式が存在する．塗膜剥離には一般的に水のみを加圧噴射するウォータージェット方式を用いる．アブレイシブウォータージェット方式は，主にウォータージェットを用いた鋼構造物やコンクリート構造物の切断に用いられるため，塗膜剥離に用いると部材が損傷する場合がある．

ウォータージェット工法とは，超高圧水発生ポンプを用いて水を200MPa以上に加圧し超高圧水

を先端ノズルから毎分10～40ℓ程度を音速の約3倍程度の速度で噴射して旧塗膜を破壊剥離する工法である．湿式工法であるため剥離時に粉じんが発生しない．旧塗膜の剥離作業に必要な機器は，一般的に超高圧水発生ポンプ機本体，超高圧水通水ホース，回転式ノズルガン，回転式ノズルガン駆動用エアーコンプレッサー，給水タンク，廃液回収用吸引車から構成される．機械本体と周辺機器を**図-5.2.19**に示す．この工法は他の補助工法に比べて，旧塗膜厚さの影響を受けにくいため，施工性が高い．本工法の適用例として，1000μmを超える塗膜厚のライニング剥離に用いた例を**図-5.2.20**に示す．

通常の施工では，鋼材面の表面粗さに影響を及ぼすことなく旧塗膜のみ剥離可能であり，母材に対する配慮は不要であるが，粗面形成効果はないため，剥離後にブラストなどの素地調整が必要となる．鋼材面が濡れるためターニングが発生しやすいが，鋼材面に存在する塗膜や塩類などをほぼ完全に除去できるという利点がある．一方，剥離作業に伴い発生する，塗膜が混在した廃液の回収・処理が必要となる．

この工法は，研磨剤を加えるなどの工夫をすることで，耐候性鋼橋の素地調整の際に有用な工法になると可能性もある．5.6で述べるように一般に，ブラスト工法による耐候性鋼材の素地調整は困難であるが，ウォータージェット工法では200MPa以上の加圧水噴流が耐候性鋼材表面の微細な起伏や孔食に侵入するため，孔食底部のさびや塩類の除去が期待できる．しかし，現在のところ，これらの詳細な検討は行われていない．

b）　**施工**

ウォータージェットの超高圧水が人体に当たった場合，重篤な怪我となる可能性が高く，過去には死亡災害も発生している．このため，作業員の安全対策として，安全装置と自動停止装置の作動確認と監視人および機器オペレーターの配置が必須となる．また，超高圧に加圧された水は50～60℃程度の温水となり，外気温によっては作業現場が高温多湿状態となるため，熱中症対策に対する配慮も必要になる．

ウォータージェット工法では現場における廃液の回収・処理が課題の一つである．廃液の回収は，足場上の養生シートで廃液を受け止めて，吸引車を用いて回収することが一般的であるが，養生シートの隙間から廃液が漏れるなどの問題がある．近年，9.5.2で示した熱収縮シート密封

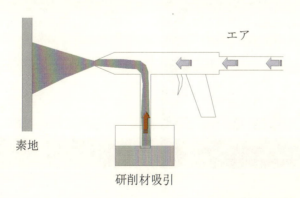

図-5.2.18　吸引式エジェクターブラスト装置の模式図

(a) 超高圧水発生ポンプ本体　　(b) 吸引車
(c) コンプレッサー　　(d) 給水タンク
(e) 廃液処理ノッチタンク　　(f) 廃液処理状況
(g) 回転式ノズルガン　　(h) 施工状況

図-5.2.19　ウォータージェット機材

(a) ウォータージェット塗膜剥離状況　　　(b) ウォータージェット塗膜剥離完了後

図-5.2.20　ウォータージェットを用いたタンクのライニング剥離の例

養生による足場床面の滞水養生が可能となったため，廃液の漏水を防止する方法が確立されつつある．廃液処理は廃液を塗膜片と水に分離する処理であり，分離した塗膜片は湿潤化した状態で廃棄する．有害物質と接触した水は，水質検査を行い関係法令（下水道法や水質汚濁防止法，各地の条例など）の排水基準に適合していることを確認した後に放流する必要がある．なお，ウォータージェット工法で金属溶射皮膜は除去するためには研磨剤を加えた水を適用する必要がある．廃液の分離には高分子凝集剤を用いて分離する方法と濾布や中空糸フィルターを用いたろ過方式の2種類の方法があり，いずれの場合も敷地を確保し，廃液処理設備を設置する必要がある．廃液処理をしない選択肢もあるが，全ての廃液を廃棄物処分しなければならない．

c)　施工品質

ウォータージェットによる塗膜剥離の規格は，欧州や米国，一部アジアの国ではが整備され，ISO のビジュアルブック ISO8501-4 や米国においても SSPC-VIS4 WATERJETTING などが運用されているが，日本国内では整備されていない．

5.2.5　ブラストと補助工法の組合せ

本項では，鋼道路橋の塗替え時に一般的に適用されるブラスト工法と補助工法を組み合わせた事例について述べる．

(1)　塗膜剥離剤と乾式のエアーブラスト

塗膜剥離剤は，鉛等有害物質を含む塗料の除去作業に関する通達 4)以降，作業員の健康被害防止や環境負荷対策を目的に採用されている工法でもある．しかし，塗膜剥離剤は基本的にはその特性上，除去できるのは有機系塗膜のみであり，無機系ジンクリッチペイントに代表される無機系塗膜や，さびや黒皮等の金属酸化物は除去できない．また，剥離後の素地調整時に掻き落しが不十分であると，**図-5.2.21** に示すように狭隘な部位に剥離剤や塗膜が残存することが多い．このため，塗膜剥離剤による旧塗膜の除去後には，**図-5.2.22** に示すようにブラスト工法または動力工具を用いた素地調整が必要である．

近年の施工例として，塗膜剥離剤で有害物質（鉛，クロム，PCB 等）を除去後，塗膜剥離剤では除去できない表面のさび，新設の塗装時に残置されていたミルスケールなどを対象として，乾式のエアーブラストにより素地調整された事例などがある．

(2)　電磁誘導加熱式被膜剥離工法と乾式のエアーブラスト

5.2.4(2)で示したように，IH 工法は旧塗膜を浮かして剥離できるため（**図-5.2.23**），有害物質

図-5.2.21 不十分な掻き落しの例

図-5.2.22 塗膜剥離後のブラスト施工状況

図-5.2.23 IHによる塗膜剥離状況

含有塗膜の剥離に有効であるが，無機ジンクリッチペイントや溶射被膜など無機系塗膜やさび・黒皮などは除去できず，狭隘部やボルト周辺では作業効率が低下する．さらに，粗面形成効果がないことを考えると，乾式のエアーブラスト工法との併用が望ましい．

有害物質含有塗膜の剥離と素地調整をIH工法と乾式のエアーブラスト工法で行なう場合，まず，IH工法により既存塗膜を剥離した後，ブラストを施工する前に既存塗膜の除去程度を確認する．そして，残存する既存塗膜中の有害物質が所定の残留程度を超えている場合には，再度，IH工法を適用するか，動力工具などによる塗膜除去が必要となる．なお，既存塗膜の残存程度と有害物質の残留程度との関連は試験施工により事前に確認しておくとよい．ブラスト施工時は，剥離した既存廃塗膜が散乱しないよう，ブラストのホースを配置する前に，IH工法で剥離した足場床面上の廃既存塗膜片の除去する必要がある．

(3) 乾式のエアーブラストと縦回転式動力工具

乾式のエアーブラストを施工する際，足場のチェーンクランプ部は一般部と同時に施工することができない．このため，別途素地調整が必要となるが，足場解体時に乾式のエアーブラストを実施すると，粉じん飛散や騒音の問題などが生じる．一方，適切な素地調整を施せない場合には，図-5.2.24に示すようにクランプ部で早期にさびが発生する．

通常，図-5.2.25のように足場を解体する時点でクランプ部が補修塗装される．この時点では，塗装工程中の足場・養生があるため，乾式のエアーブラストも適用できるが，通常のブラスト装置を適用すると，塗装後間もない塗膜に研削材や飛散した粉じんが付着するなど，塗装品質

(a) 全景　　　　　　　　　　　　　　　(b) 近景

図-5.2.24　クランプ部の塗装劣化の例

図-5.2.25　足場解体時のクランプ部の状態

の低下が懸念される．このような場合には，縦回転式動力工具を用い，乾式のエアーブラストを施工した一般部と同等レベルの鋼素地品質を確保することがある．なお，縦回転式動力工具をクランプ部の素地調整に適用するにあたっては，一般部と同様に，厚膜形ジンクリッチペイントを塗装して，防食下地を形成し，腐食の起点を残さないように注意する必要がある．

(4)　乾式のエアーブラストと吸引式エジェクターブラスト装置

　足場のチェーンクランプ部の素地調整には前述の縦回転式動力工具の代わりに，吸引式エジェクターブラスト装置が適用される場合もある．

　乾式のエアーブラストを施工した後，吸引式エジェクターブラスト装置を用いて足場クランプ部の素地調整を行った事例[30]を図-5.2.26～図-5.2.29に示す．本事例では足場クランプを設置する主桁下フランジが全面腐食していたため，足場クランプ部以外の素地調整と有機ジンクリッチペイントの塗布後に足場クランプを盛替え，同部位に吸引式エジェクターブラスト装置を用いた素地調整を施している．本橋におけるクランプの数は3径間全体で540部位であり，盛替えに要した時間は各径間あたり約1日であった．このような処置を行った結果，図-5.2.30に示すように，施工1年後においてクランプ部から腐食は再発していない．なお，9.5.1で述べる先行床施工式フロア型システム吊足場を採用すれば，足場クランプの数量が削減でき，素地調整を効率化できる．

図-5.2.26 素地調整前

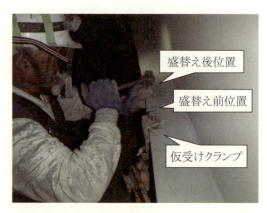

図-5.2.27 足場クランプの盛替え状況

図-5.2.28 吸引式エジェクターブラストによる素地調整

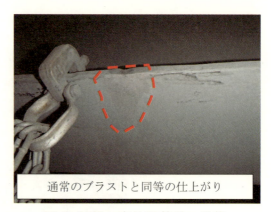

図-5.2.29 素地調整後の状態

図-5.2.30 塗装後1年経過時の外観

5.3 素地調整の課題と対策

本項ではブラスト工法と動力工具を用いた素地調整の課題と対策[43]について取りまとめるとともに，高品質な素地調整を実現するための制度確立の際に参考にと考えられる米国における素地調整の施工者の評価・認証制度を紹介する．

5.3.1 ブラスト工法

道路橋の塗替え塗装仕様である Rc-I 塗装系ではブラストによる素地調整程度 1 種が必要となるが，期待された防せい効果を発揮できず，早期に腐食が発生するなどの問題が生じる場合がある．これらの多くは素地調整の施工に起因しており，ブラストの品質管理や施工性の問題が主な要因である．本項ではブラストの品質管理に関わる表面清浄度判定と表面粗さ，および施工困難部位に関する課題と対策について述べる．

(1) 表面清浄度判定

ブラスト素地調整の判定基準として一般に用いられている JIS Z 0313 では，「除錆度 Sa2 1/2 は拡大鏡なしで表面には目に見えるミルスケール，さび，塗膜，異物，グリースおよび泥土がない．残存するすべての汚れはそのこん跡がはん点またはすじ状のわずかな染みだけとなって認められる程度である．」[15]とされている．そして，JIS Z 0313 では除錆度の評価において，ISO 8501-1 の代表写真と比較することが規定されている[15]．そのため，図-5.3.1 に示すような ISO8501-1 ビジュアルブックによる目視判定が実施されている．目視による判定は定性的であるため，検査者により判定結果にばらつきが生じる．

素地調整後の外観は，鋼材の種類，研削材の種類，粗さ，目視角度，照明などにより外観が著しく変化するため，このことも目視判定を困難にしている要因である．これらの中でも，研削材の種類が鋼素地面の状態に及ぼす影響は大きいが，この影響は ISO8501-1 の拡大判定写真で Sa3 のみについて示されている．その他のグレードは，粉じんの問題により 2007 年に改訂された JIS Z 0312[9]から削除されたけい砂を用いた新鋼の素地調整後の写真が使われているため，最近の実際のブラストとは対応していない．さらに，ISO 8501-1 の判定見本写真は，新設時の鋼材をイメージ

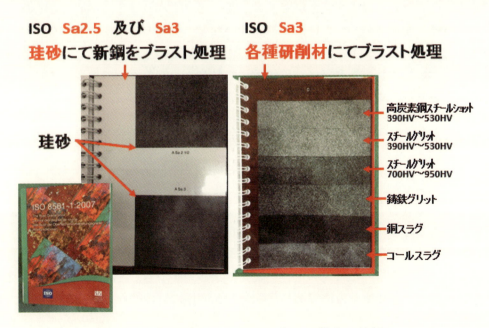

図-5.3.1　研削材により異なる素地調整後の外観

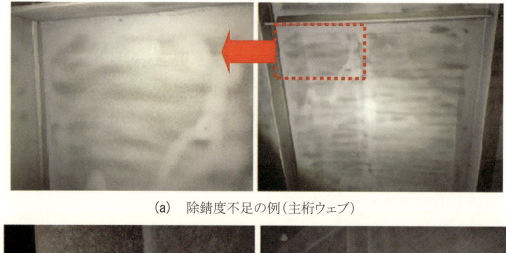

(a) 除錆度不足の例（主桁ウェブ）

(b) 除錆度不足とターニングの例

図-5.3.2　不具合のある素地調整後の外観の例

した見本であり，塗替えの際の腐食状況が考慮されていないため，素地調整程度を判定するには不十分である．そのため，適切な判定ができず，図-5.3.2 に示すような Sa2 1/2 を満足しないブラスト素地調整後に塗装されてしまい，早期発せいなどの要因となっている．今後は，各種旧塗膜の塗替えを想定したビジュアルハンドブックの作成が望まれる．なお，5.3.3 に詳細を述べるが，欧米諸国においては品質管理資格が整備されており，一定の水準の目視判定技術を有する検査員が清浄度判定するため，判定結果にばらつきが生じにくい．

(2) 表面粗さ

鋼道路橋防食便覧[1]では，表面粗さについて「粗さが大きすぎると，その上に塗られる塗膜の膜厚が不十分になることが懸念されるため，表面粗さは十点平均粗さ Rz_{JIS} において $80\mu m Rz_{JIS}$ 以下にすることが望ましい」と記述されている[1]．しかし，実際に測定されているのは研削材が鋼素地面に食い込んだ状態[31]の粗さであり，この状態の表面粗さが塗膜などの防食性能に及ぼす影響は明らかにされていない．

表面粗さの判定は 5.2.3 で述べたように，図-5.3.3 に示す ISO 8501-1 に規定された表面形状比較板（コンパレータ）を用いた目視判定が一般的になる．しかし，この方法は色目でなく，表面性状のみを目視により比較する方法であり，除錆度と同様に定性的な方法であるため，判定結果にばらつきが生じやすい．

表面粗さを定量的に測定する方法として，5.2.3 で述べた触針式表面粗さ計がある．しかし，

この粗さ計の先端の触針は，一般に 10μm 程度以下であり，この先端よりも細かな表面形状は計測できない．また，計測針が鋼素地面に対して垂直に位置する必要があるが，実構造物では平面度の確認が困難で，更に孔食部の表面性状を正確に測定できているとはいえない．この他，測定範囲が基線長程度の線状面積であり，ブラスト処理面積に比して微小であるため，処理表面全体の表面粗さを評価できないなどの課題がある．そのため，現場ではブラスト条件を確認するための試験片の測定に限定して用いられることが多い．なお，評価範囲の課題に対しては，9.1.2 に述べるレーザー散乱光を用いて，面的に評価する技術が提案されているが，孔食の起伏部には適用できないため，今後，表面粗さの測定の技術開発とその実用化が望まれる．

(3) 施工困難部位

ブラスト処理の困難部位や不可能部位では，塗装後，早期に腐食が生じなるなどの事例が多数ある．既設橋の塗替え塗装時には適切な鋼素地品質を確保するブラスト処理が困難な部位があることを認識しておくことが重要である．このような部位の代表的な部位を図-5.3.4 に示すが，この部位以外にも以下に述べる部位がある．

- ブラスト時直接視認できない部位
- ブラスト作業時手の届きにくい部位
- アクセスできない部位
- リベット，ボルト，継手，ねじきり部
- 作業空間のほとんどない隙間
- 向きの悪い複雑な配列で構成された部位
- 桁下に多くみられる水道管，通信管，点検歩廊などの添架物近傍
- 塗替え塗装足場のチェーンクランプ当たり部

このような部位のうち，施工が困難部位については，5.2.4 で述べた補助工法や第 9 章で紹介する技術を活用するなどの対策が必要となる．施工が不可能部位については，本来は第 4 章で述べたように，新設橋梁の設計時に作業空間を確保できるように配慮しておくべきであるが，構造改善が困難な場合には，その後の維持管理計画も踏まえて対応を考える必要がある．素地調整の困難部位と不可能部位にについては，5.4 で詳細に解説する．

区分1: 25μ　区分2: 65μ
区分3: 100μ　区分4: 150μ

図-5.3.3 コンパレータを用いた表面粗さ確認

(a) トラス斜材部の床版切欠き部

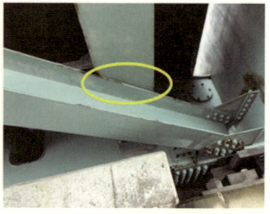
(b) トラスにおける桁部材の交差部

(c) 支承部

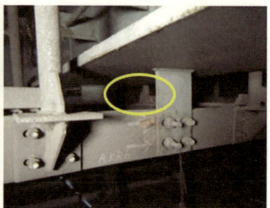
(d) 検査路と横桁の取合い部

(e) 床版と横桁の隙間

(f) 近接しているボルト接合部

図-5.3.4 素地調整困難部位の例(その1)

(g)　接合された部材の隙間　　　　　　　(h)　レーシングバーを用いたトラス主構

図-5.3.4　素地調整困難部位の例(その2)

5.3.2　動力工具を用いた素地調整

素地調整程度2種は，動力工具により旧塗膜とさびを全面除去する仕上げ程度である．ブラスト処理が困難な場合（養生が難しい，騒音が課題，大規模な設備設置が困難等の場合）や低コストの塗替えが選択される場合に用いられる．近年では，有害物質含有塗料の素地調整を行うため，5.2.4で述べた粉じんの発生しにくい塗膜除去工法（塗膜剥離剤，IH工法）を補助工法として適用した後に動力工具で鋼素地面を仕上げる場合もある．

素地調整工法の選択は，塗膜を更新するか，活膜を残した塗替えとするかに依存する．後者の場合には，一般的に動力工具が選択される．活膜を残して塗替えする際には，素地調整程度3種（a，b，c），4種が適用される．これは，さび面積や塗膜異常の面積により区分される．4種は塗膜表面の粉化物や汚れを除去するための素地調整の種別となる．

本項では，素地調整程度に関わらず，動力工具による素地調整を行う場合の課題と対策について述べる．

(1)　動力工具による素地調整の課題

動力工具による素地調整は，発電機または圧縮空気により駆動する工具を用い，鋼材面のさびや劣化塗膜の除去の際に行われる．平面部の素地調整の工具には，ディスクサンダーが一般に用いられる．動力工具によるさびや旧塗膜の除去程度を表す「清浄度」は，ISO8501-1に規定される除錆度（St3）である[32), 33)]．この除錆度では鋼素地を露出させる必要があるが，著しい腐食により鋼材に起伏が生じている場合，微細な孔食状の腐食が生じている場合やこれらの腐食損傷が大面積に発生している場合には，鋼素地を露出させることは困難である．

ディスクサンダーでは除去が困難な，腐食により著しく起伏が生じた部位の凹部のさびに対しては，図-5.3.5に示すようなニードルガンや手工具が適用される場合が多い．しかし，これらの方法では，さびが残存しやすく，腐食が再発しやすいため，塗替え周期が著しく短くなる場合がある．素地調整後もさびが残存している例を図-5.3.6に示す．このように，凹部にさびを残した状態で塗装すると，図-5.3.7に示す塗膜下腐食（6.2.2参照）が塗替え塗装後の早期に生じる場合が多い．塩害環境など腐食性が高い環境では，鋼材が腐食すると，さび層中の塩化物イオンが濃縮するが，特に凹部の残存さびと鋼材の界面において濃縮することが多い．図-5.3.8に腐食鋼板の断面分析（EPMA）により，さび中の鋼素地との界面付近の塩化物濃縮が観察された例を示す．

図-5.3.5 鋼I桁の動力工具による素地調整例（ニードルガン）　図-5.3.6 素地調整後もさびが残存した状態の例

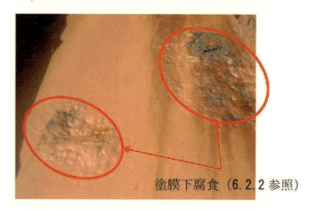

図-5.3.7 不十分な素地調整に起因する塗膜下腐食の例

このほか，近年では粉じんの飛散防止など素地調整時の環境保全が求められており，動力工具による素地調整においても，入念な養生が必要となっている．

(2) 動力工具による素地調整の対策

著しく腐食した後に動力工具による素地調整を行う場合，十分なさび除去が難しくなることから，塗替え後の塗膜の耐久性が期待できない．このため，特に，動力工具による素地調整では，鋼素地面に著しい腐食が発生する前に定期的な塗替えを行うことが重要となる．また，塩害環境で重防食塗装されている場合，局所的に孔食状のさびが進行することがある．動力工具による素地調整では，板厚方向に進行したさびを除去できないため，板厚方向に腐食が進んだ部位のみ，動力工具に代えて図-5.3.9に示す比較的小型の可搬式タイプのバキュームブラストを適用することが考えられる．これにより，凹部のさびの除去ができるとともに，さび中の塩分除去効果も期待される．ただし，このブラスト処理でも残存さび中の塩分は十分に除去できない場合には，水洗いの併用等により塩分を十分に除去する必要がある．また，有害物質含有塗料については，素地調整時の旧塗膜ダストの飛散に対しては，ブラスト同様，養生を十分に行い，外部への放出を抑制する必要がある．この場合，足場内が密閉空間となるため，負圧集じん機の設置，作業者の適切な防じんマスクの着用，外部への塗膜ダスト流出防止のためクリーンルーム設置などの対策が必要である．動力工具使用時の粉じん発生源対策としては，図-5.3.10に示すような集じん式ディスクサンダーの使用などがある．しかし，屋外作業場に要求される鉛等有害物質の管理濃度[34]を満足できないので，作業員に適切な防護具を着用させる必要がある．

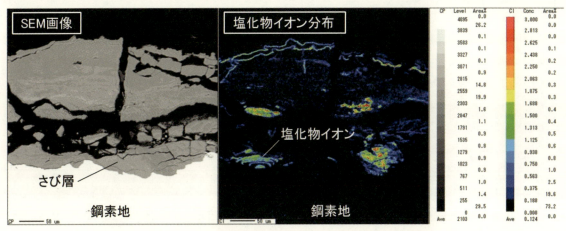

図-5.3.8　塩化物により腐食した鋼板の断面分析（EPMA）例

図-5.3.9　可搬型バキュームブラスト機の例

発生した粉じんを吸引するホース

図-5.3.10　集じん式ディスクサンダーの例

5.3.3 米国の素地調整事例

米国の塗装施工は，世界でも生産性だけでなく施工の品質や安全においても優れているとされる．その理由として，材料，機材といった要素技術だけでなく，これらを有効に活用する仕組みの整備が挙げられる．本項では，米国の素地調整に関する制度の概要を示し，我が国の今後の素地調整に関する制度のあり方について述べる．

1970年代には，米国ではエアーブラスト（当時はサンドブラスト）の適用範囲が船舶塗装から橋梁塗装に広げられた．しかし，当時のブラスト工法により，鉛ダストによる作業者の健康障害，鉛を含む廃棄物の大量発生など多くの問題が生じた．鉛の毒性，ダストの有害性や健康被害が明らかになり，1990年頃に米国連邦法により規制された．法による規制値と目標が定まったことで，20世紀末にはこれらの規制に対応するブラスト技術の開発が本格化した．技術開発がほぼ一段落したのは2000年頃であり，これ以降多様な機材，製品が実用化され，普及した．普及した機材としては，負圧が可能な半透明なタープ（樹脂製保護材），大型で高性能な集じん機，高圧による作業が可能な循環式ブラストシステム等が挙げられる．

一方，この間には橋梁塗装にも大きな変化があった．塗膜の重防食化が進められたこと，更には以下に詳述するように，米国の政府機関OSHA（Occupational Safety and Health Administration：労働安全衛生管理局），FHWA（Federal Highway Administration：連邦道路庁）からは作業者の安全，塗装施工の品質に関するガイドラインが提案され，技術者・技能者教育や会社認証という仕組みが整った．このように，1970年代からの30年間は橋梁塗装の維持管理の上では大きな転換期と位置づけられる[34]．そして，2000年半ば以降，ニューヨーク市内のクイーンズボロー橋，ブルックリン橋やミシシッピー川に架かるイーズ橋の塗替えに用いられた．

(1) 素地調整に関連する連邦法

米国では素地調整技術と連邦法には密接な関係がある．これは素地調整の大部分のブラストには安全上の問題があるため，これらの解決には法律の整備が必要とされた．1979年に制定された連邦法 29CFR1926.62, Lead in Construction Safety and Health Regulations for Construction[36]は，これまでのブラストを規制するだけでなく，新たなブラストの技術開発の方向も示した．この連邦法[36]では，鉛問題は明確に安全衛生，健康の問題と位置づけられている．米国の橋梁塗装関係者は，無防備であれば多くの作業者が鉛中毒になる可能性があること，またその鉛中毒の危険性について理解している．連邦法[36]に示されている必要な措置は以下のとおりである．

・定期的な血中鉛濃度チェック
・鉛曝露評価
・鉛作業面積と警告標識
・作業服の要件
・清潔な休憩や食事エリア
・手洗いステーションとシャワー
・呼吸用保護具の使用とメンテナンスプログラム
・呼吸用保護具フィットテスト
・現場における危険に対処する「人」の指定

このなかの鉛曝露評価については，アクションレベル（AL, $30\mu g/m^3$）と許容暴露レベル（PEL, $50\mu g/m^3$）が決められている．

(2) OSHA，FHWA，SSPC の道路橋塗装の鉛対策

　米国では素地調整に関連する鉛対策の連邦法が多くあることから OSHA，FHWA などいくつかの行政府がブラストに関与している．連邦法は塗装施工だけでなく，橋梁製作，補修施工，建築の溶断施工，船舶など，建設時，維持管理時の鉛問題を対象としている．また，州政府の塗装に関する規定は，各々の州の道路局が策定している．そして，民間団体としては SSPC があり，ここからは業界標準となる様々な規定が公開されている．最近は塗装施工の品質や安全マネジメントなどの仕組み作りや企業認証にも注力している．

　米国では職業安全衛生は，米国労働省の機関のひとつである OSHA が担っており，前述の法律 29CFR1926.62 を所管し，関係するガイドライン（Lead in Construction）の作成を含め，指導監督を行っている．

　FHWA は，州を束ねて塗装を含む橋梁施工予算を支出する中央政府組織である．1990 年代初頭には FHWA に属する道路研究所 TFHRC に塗装研究を行うための新しい研究室が設置された．1992 年には Bridge Paint: Removal Containment and Disposal[37] の報告書がまとめられており，鉛除去，防護，廃棄の内容と方法など記載され，橋梁の塗装分野における鉛対策の基本となっている．

(3) 州道路局の施工仕様

　州道路局は橋梁施工を計画し設計し発注する機関である．橋梁塗装も州道路局が発注契約し検査を行う．橋梁の塗装施工の仕様は州によって異なり，OSHA の規定と施工仕様をあわせた仕様と，OSHA の規定を含まない仕様がある．そして，近年，後者では安全に関する社内マネジメント認証を契約時点で会社に要求する州が増えている．例えば，イリノイ州，カリフォルニア州道路局などでは，鉛除去を含む塗装施工には SSPC-QP2 認証を有することとし，入札時にこれを有しない業者は契約することはできない．また，SSPC-QP2 には品質管理（Quality Control）も規定されており，インスペクター（検査員，QC プログラムを管理する担当者）を配置することが求められる．このように書類審査と実地調査によって，鉛塗膜等を安全に除去し適切に有害物質を管理する能力について請負業者の能力が評価される．

(4) 技術開発

　FHWA は 1990 年頃から安全対策による塗装コストの増加に対して，塗装品質を向上する取組みを始めた．その一つとして，素地調整において第三者（インスペクター）の検査などを組み込むことで塗装の長寿命化を図り LCC を改善した例がある[35)-40)]．

a) エンジニアリングコントロール

　ブラスト作業における鉛対策として，初期はマスク（呼吸用保護具）などの直接的手段が取られたが，これらでは解決に至らなかったため，「エンジニアリングコントロール」という考えが導入された．これは，強制換気，ダストコレクター（集じん機），ダストレス工具，鉛汚染除去トラック（作業者のためのクリーンルームなどを設備），健康診断による作業者管理などを導入して現場塗装作業を見直し，作業環境の改善を図るものである．

b) 品質保証/品質管理（QC/QA）

　ブラスト工法が採用され始めた頃は米国においても施工業者により知識・技術程度に差があり，品質・安全に対して問題が生じやすかった．しかし，現在では，素地調整について系統だった実技を伴う教育システムが充実しており，作業者の技能面における資格が整備されている．そして，この前提として SSPC では詳細な素地調整規格（SP）や参照写真（ビジュアルブック）も整理され，運用されている．なお，狭隘部など素地調整困難部位については，代表的な施工困難部位を

特定し，施工ごとに施工前検討会議（発注者側エンジニア・設計者・受注者・施工者）が実施されている[41),42)]．

c) インスペクターの教育と認定プログラム

鋼構造物塗装の検査をするにはインスペクターが必要である．インスペクターの養成機関は民間の団体が担っており，SSPC，NACE（National Association of Corrosion Engineers：防蝕技術協会）などが知られている．SSPCやNACEでは橋梁塗装に特化した認定も行っている．例えば，SSPCが主催するブリッジコーティングインスペクタープログラム（BCI）では通常5日間（40時間）の講義および，腐食，素地調整，清浄度，環境条件，検査機器，塗料の混合，安全に関する筆記試験で構成されている．

d) QP塗装会社の認証

塗装施工の品質だけでなく，作業者の安全や健康管理，周囲環境の保全や法律に準拠した産廃処理を適切に行える塗装会社であることを示す塗装会社の認証も広がっている．そのため，**表-5.3.1**に示すような個人資格と連動した会社認証制度（QP）が整備されており発注者が受注・施工業者を選択しやすい環境にある．例えば，QP1重防食塗装業者の認証や，これにまた，QP2有害物を除去する塗装請負業者の認証も米国では行われており，これら認証の保有を契約の条件とする州政府道路局も年々増えている．このほかにも**表-5.3.2**に示すようなQP6金属溶射業者の認証プログラムやQP8コンクリート保護塗装業者の認証プログラムなどもあり，橋梁という公共構造物の塗装施工にふさわしい会社体制の整備や作業者の技術力の向上，プロフェッショナル化が求められている．

表-5.3.1　塗装業者の認証

分類	QP1重防食塗装業者	QP2有害物を除去する塗装請負業者
評価項目	・権限と責任を明確に定義した会社組織 ・資格ある技術者，作業者を雇用する ・品質管理システムを確立し運用する ・作業差安全衛生プログラムを運用する ・環境保護手順を確立 ・技術基準に対する理解と優れた塗装の実行	・有害物を含む塗膜の処理に実績がある ・封じ込め，換気に関する基準の理解 ・有害物を含む塗膜の除去作業時に必要な作業安全衛生プログラムを運用，環境保護手順を実施する
備考	・書面審査と現場における実践状況を審査	・書面審査と現場における実践状況を審査（QP1を保有していることが前提）

表-5.3.2　QP（Qualification Procedure）塗装会社を対象とした認証システムの種類

認証システム名	認証システムの内容
QP1	重防食塗装業者の資格を評価
QP2	有害物質含有塗膜除去塗装業者を評価
QP3	工場塗装業者の資格を評価
QP4	非塗装作業に関連した有害物質含有塗膜除去資格を評価
QP5	コーティングとライニング検査機関の認定基準を評価
QP6	金属溶射業者の資格を評価
QP8	コンクリート保護塗装業者の認証

(5) 米国の事例と我が国の制度

　米国におけるブラスト技術は，作業者の健康障害を解決することがきっかけとなり，高性能な機材，高耐久性な塗料，効果的な QC/QA 手法が開発された．実務的にも技術面，運用面，安全面で参考となる点がある[42)-46)]．技術面では素地調整工法の規格（SP）が整理され，用語が統一されていること，表面粗さや研削材の種類が素地調整（SP）に及ぼす影響などが網羅されてわかりやすい資料となっている．また，封じ込め「密閉養生」（CONTAINMENT）のガイドラインが制定されている．運用面では QP を設定することにより発注者が業者を選定しやすい仕組みが確立されており，これにつなげて個人と施工会社・検査会社の資格認定制度が確立されており，エンジニア・インスペクター・作業者それぞれの責任と権限が明確化している．安全面では，OHSA 等の規定を考慮しながら安全基準を構成しており，QP で会社の認証をまた個人的に能力資格を取得する仕組みができている．

　我が国の鋼道路橋防食便覧[1)]においてもブラストの施工が原則化された．しかし，米国と比較して素地調整に関する専門的知識をもった人材が不足しており，素地調整規格が誤って解釈され，運用されている場合もある．米国の素地調整制度は関係省庁（OHSA, EPA, NIOSH），発注機関（連邦政府，州政府），塗装請負会社，塗料メーカー，ブラストメーカーなどが参加して活発な議論がなされ，高い頻度で改善される．我が国においても，米国の素地調整の制度を参考にしつつ，素地調整品質を安定的に評価できる体制の整備が急務である．

5.4　素地調整の困難部位と不可能部位

　ブラスト処理では，作業に適した作業空間を確保することが不可欠である．鋼橋の場合，通常の主桁や横桁などでは，適切な作業空間を確保できるため，ブラスト処理が可能である．一方，維持管理に対する配慮が不足した橋梁では，5.3.1(3)で示したように，部材どうしが干渉する部位や，作業空間が確保できない部位が存在する．このような部位では，ブラストが困難または不可能なため，塗替え後の比較的早期に腐食が発生することがある．すなわち，4.6 の表-4.6.1 に示したように，点検困難部位が素地調整困難部位に，維持管理困難部位と維持管理想定外部位が素地調整不可能部位に相当する．

　素地調整困難部位は，作業空間の制約により通常のブラストと比較して大幅に作業効率や経済性が劣るが，ブラスト機材の小型化や改良のほか，第 9 章に示すレーザー光による表面処理や化学的素地調整などにより素地調整が可能になる部位と定義される．また，素地調整不可能部位は，物理的に作業空間が確保できないなど根本的にブラスト作業が不可能な部位として定義される．ここで，素地調整困難部位や不可能部位において，ブラストに代えて動力工具や手工具を適用するという考え方があるが，5.2.1(3)でも述べたようにブラストによる素地調整ができない部位は，動力工具や手工具であっても，素地調整が実施できない場合が多いことに注意する．

　一般のブラストノズルは図-5.4.1 に示すように 200mm～300mm 程度の長さであり，これにホースが接続されている．施工部位によっては図-5.4.2 に示すようにホースを曲げて施工することも可能である．このため，概ね 300mm のクリアランスがあれば，通常のブラスト機器が適用できるとともに，ブラスト面の直接視認が可能となり，高品質な素地調整を実施できる．さらに，小型のノズルや曲がったノズルなど特殊な工具を用いれば 300mm 以下の小さなクリアランスにも

図-5.4.1 ブラストノズルの例

図-5.4.2 ブラスト処理時のノズルの配置の例

対応できる可能性があるため，事前にクリアランスや部位周辺の状況を調査し，特殊工具の適用を検討するとよい．

本節では，以上に示した素地調整の困難部位や不可能部位に加え，施工時の作業足場などの計画上の配慮不足による素地調整困難部位について述べる．素地調整困難部位や不可能部位の防食性能回復については，今後，統一された基準の整備が望まれる．なお，**第4章**で述べたように，橋梁の設計段階から維持管理・補修を意識することで，素地調整の困難部位や不可能部位を低減，解消が期待できる．

5.4.1 構造的な素地調整困難部位

橋梁において，耐荷力に影響を及ぼす構造上重要部位の防食性能が低下した場合には，その防食性を回復する必要がある．このような構造上重要部位が素地調整困難部位である場合，防食性能を回復する上で障害となる．本項では，このような構造的な素地調整困難部位を，(1)桁端部，(2)トラス格点部，(3)ボルト継手部，(4)その他に分類して解説する．

(1) 桁端部

橋梁の桁端部は，4.5.4に述べたように，支承や落橋防止装置などが設置され，ブラストの作業空間が十分に確保されていない場合が多く，素地調整困難部位の一つである．特に，維持管理性に配慮していない橋梁では，桁端部の部材の視認はできるものの，身体や手が入らないことが多いため，素地調整困難部位となる．代表的な素地調整困難部位の例を**図-5.4.3**に示す．

図-5.4.3(a)に示す桁端部における端横桁と橋台パラペットに挟まれた部位は，作業時にブラスト面を視認することが難しく，適切な方向からブラストを施工することも困難な部位である．図-5.4.3(b)に示す支承部周辺は桁下空間が狭く，一定の方向からのみのブラストの施工となるため，素地調整困難部位となりやすい．さらに，桁下空間がほとんどない場合は5.4.2に示す素地調整不可能部位になる．図-5.4.3(c)に示す桁端部における伸縮装置下面は，伸縮装置の止水機能が低下すると著しく腐食性が高い環境となりやすい．そのため，塗替えに際しては，高品質なブラス

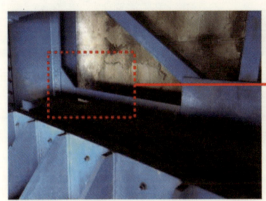

(a) 桁端部

(b) 支承部付近

(c) 伸縮装置下面

図-5.4.3 桁端部における素地調整困難部位の例

図-5.4.4 トラス格点部における素地調整困難部位の例

トを実施する必要があるが，伸縮装置下面は作業空間が極めて狭く，適切なブラストノズルの角度と施工対象面との距離を確保することが困難であるため，素地調整困難部位となる．

(2) トラス格点部

トラス格点部は，複雑な形状の斜材や弦材，支材が様々な方向から1部位に集まり，出隅入隅が複雑に組み合わされた構造となる．この部位は様々な方向からブラストを施工する必要があるが，格点部中心付近は部材が干渉し，一部の面に対してはブラストに必要な作業空間の確保が困難となり，素地調整困難部位となることが多い．

トラス格点部の例を図-5.4.4に示す．格点から離れた平面部と比較して格点内部は様々な向きの素地面があるが，ブラスト時に向きによっては部材と干渉することが多い．さらに，打ち残しが生じやすい部材の板の角部が多くなるという特徴もある．

(3) ボルト継手部

ボルト継手部は，ボルト自体の形状が複雑である上に，ボルトどうしが干渉しやすく，ボルトの全ての面にブラスト処理することが困難な場合がある．また，継手部は様々な向きで構成されるため，様々な方向からブラストを施工する必要がある．しかし，図-5.4.5に示すように，主桁のウェブとフランジの隅角部付近に位置するボルトはブラスト時に視認できない面が多く，さらに，一部の方向からの素地調整が不可能となる部位もある．その結果，素地調整困難部位となり，打ち残しが生じやすくなる．

(4) その他

その他の素地調整困難部位を図-5.4.6に示す．維持管理に配慮が少ない橋梁は，特に横桁や対傾構などの2次部材や検査路などの付属構造物において狭隘な部位が多く，身体や手が入らない部位や鏡を用いないと視認できるものの素地調整が困難な部位が多い．図-5.4.6(a)は横桁の上フランジ上面を示しており，コンクリート床版下面との隙間が小さくブラストの施工が困難になる．特に，横桁のボルト継手部はブラスト面を視認できない面が多く，素地調整困難部位になりやすい．図-5.4.6(b)は主桁と横構の取合い部をはじめとするガセット部を示している．この部位は様々な方向から部材が1部位に集まるため，ブラスト作業時に部材とブラストノズルが干渉することが多い．図-5.4.6(c)はスカラップ内の板の端面を示している．この部位はブラストノズルの適切な角度と距離を確保することが難しく，素地調整困難部位となっている．図-5.4.6(d)は横桁と検査路の取合い部である．ケーブルラックなどの場合も同様であるが，狭隘な空間のため横桁

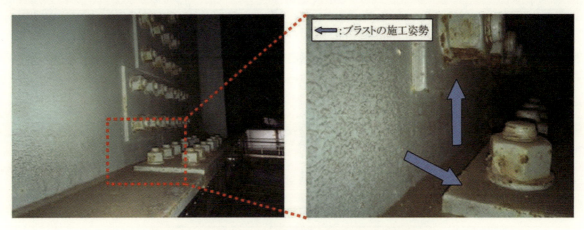

(a) 主桁のウェブとフランジの隅角部近傍

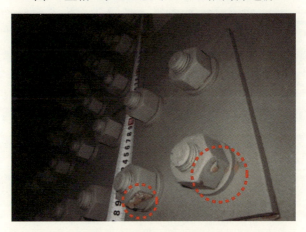

(b) ブラスト打ち残し例

図-5.4.5 ボルト継手部における素地調整困難部位の例

取合い部のブラスト施工時に検査路がブラストノズルと干渉し，素地調整困難部位となる．

図-5.4.6 (e) は後付けされた落橋防止装置のブラケット部を示している．後付けされた耐震補強部材の多くは比較的小さな部品から構成された複雑な形状であり，更にボルトを用いて設置されているため，部材の大部分に対して高品質なブラストが困難となる．このような取り外し可能な部材については，橋梁本体から一旦，取り外した後に，橋梁本体，部材をそれぞれ素地調整して，再度取付けることも有効な方法として考えられる．

素地調整困難部位は，計画段階から把握しておくことにより，有効な対策を講じることが可能となる．米国では，このような素地調整困難部位など，十分に素地調整が施工できない部位の隙間腐食（**付 1.4.3** 参照）に対して，発注者，施工者，施工管理者の合意の下，有機ジンクに替えて浸透性塗料をさびの上から塗布する場合がある．この浸透性塗料は，さび中の空隙を充填することで鋼素地に対する腐食因子の遮断と，鋼素地と塗装の付着を確保すること目的として用いられる．また，さびや付着塩分が素地調整の基準まで除去できない場合，9.3.1 の腐食性イオン固定化剤入り有機ジンクリッチペイント，9.3.2 のセメント系防食下地材，9.3.3 の一層塗り防せい塗料などの新材料の適用を検討することも有効と考えられる．

(a) 横桁の上面

 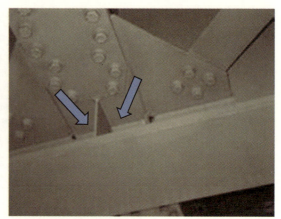

(b) ガセット部(主桁と横構取合い部)

 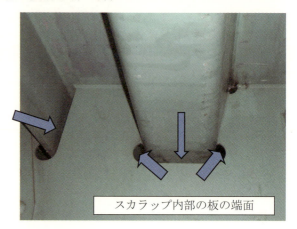

(c) スカラップ部

図-5.4.6 その他の素地調整困難部位の例(その1)

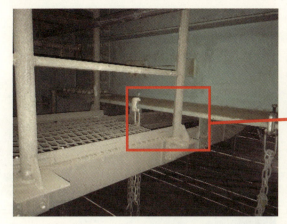
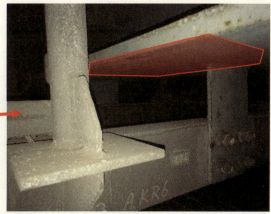

(d) 横桁と検査路取合い部

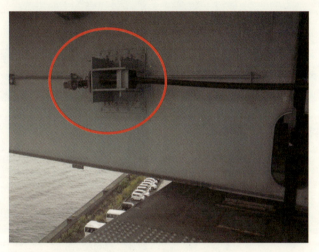

(e) 後付けされた落橋防止装置ブラケット部

図-5.4.6 その他の素地調整困難部位の例(その2)

5.4.2 構造的な素地調整不可能部位

　これまで構造的に素地調整不可能部位は，塗替えの際に素地調整せずに塗装されることが多く，早期に腐食が生じる傾向にあった．しかし，維持管理困難部位として，**第9章**に示すレーザー光による表面処理や化学的素地調整などの適用性を検討するか，4.6に述べたように維持管理対象除外部位として防食性能回復をしないで経過観察するなど，施工前の計画段階で構造物に応じた適切な対策を検討することが望ましい．

　素地調整不可能部位の例を図-5.4.7に示す．図-5.4.7(a)は側桁がコンクリート構造物と接近しているため，側桁の外面が素地調整不可能部位になっている事例である．図-5.4.7(b)はレーシングバーを用いた部材であり，図-4.1.69に示したようにレーシングバーを外さない限り，ブラストノズルが内面の一部にしか挿入できない事例である．図-5.4.7(c)は維持管理性が考慮されていない桁下空間の小さい鋼橋の支承部の例を示している．特に，小規模な鋼橋では，支承が小さく，橋台や橋脚の上面からのクリアランスが小さいためこのような事例が多い．図-5.4.7(d)は桁下に添架されている配管により桁下に対するクリアランスが確保できず，素地調整不可能部位になっている事例である．なお，塩化ビニルパイプなどの強度が低い配管の場合には，ブラス

(a) 構造物と接近している桁

(b) レーシングバーを用いた部材内部

(c) 桁下空間が小さい支承部

(d) 桁下に添架されている配管の周り

(e) 連結板縁端部の隙間腐食部

図-5.4.7 代表的な素地調整不可能部位の例

トにより配管を損傷する場合があるので，その近傍でブラストを施工する際には，防護が必要となることもある．ボルト連結板縁端部などに多く生じる隙間腐食部（付 1.4.3 参照）を図-5.4.7(e)に示す．このような腐食部に生じたさびをブラストで除去することは不可能であるため，図-4.1.34 に示したように切断して，新規部材で補修・補強することが望ましい．このような既存の構造物における素地調整不可能部位については，まず，当該部位を認識することが重要であり，塗装後の点検を密にする，あるいは部材の重要性に応じて構造を改造するなど，維持管理方法について検討する必要がある．また，新設橋については，構造的な素地調整不可能部位が生じないように，第 4 章で述べたように設計時に構造改善する必要がある．

5.4.3 素地調整時の配慮不足による素地調整困難部位

前項で述べた構造上，素地調整が困難または不可能な部位の以外に図-5.4.8(a)～(c)に示すような施工前の配慮不足のため，素地調整困難部位が生じることがある．これらの部位では 5.4.1 で述べた構造的な素地調整困難部位，あるいはその近傍に足場材を設置しており，ブラスト作業のための十分なクリアランス確保できずに素地調整困難部位となっている．このような部位は，施工の段階で足場の盛り替えが生じ，ブラストの作業効率に大きく影響を及ぼすため，足場架設計画の段階での配慮が重要となる．

(a) ボルト継手部の足場部材

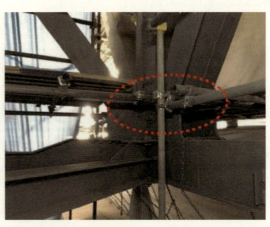
(b) トラス格点部の足場部材

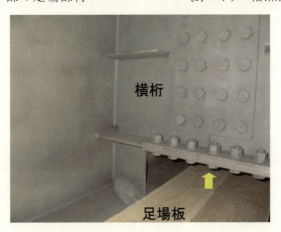
(c) 横桁下部に設置された足場板

図-5.4.8 素地調整時の配慮不足による素地調整困難部位の例

図-5.4.9 ブラスト処理後のチョークによるマーキング

その他の特殊な事例として，ブラスト後の検査において**図-5.4.9**に示すように，チョークなどで不適切部位近傍の健全なブラスト処理面にマーキングするとチョークが残留して塗膜の密着性が低下する．そのため，ブラスト後の検査などでは，チョークを使わずにテープ等で印をつける必要がある．

5.5 適切な素地品質確保のための取組み

本項は，一般社団法人日本鋼構造協会の「第36回 鉄構塗装技術討論会発表予稿集」（平成25年10月1日発行）[48]の一部を再構成したものである．

前節までに塗替え時における素地調整の重要性を述べた．素地調整の品質確保の観点からすると，腐食程度や表面塩分量など素地調整対象面の条件や，選択する工法などの素地調整の施工条件は素地調整の品質に大きく影響を及ぼす．本節では，1) 著しく腐食した鋼材に対する研削材の違いの影響[48]，2) 残留塩分が塗膜性能に及ぼす影響[55]，3) ブラストにおける塩分除去効果の調査事例[54]，4) 塗替え塗装における様々な素地調整工法における塗膜性能や耐久性などの比較検討事例[58]，について既往の研究を紹介する．

5.5.1 著しく腐食した塗装部材に対するブラスト工法の適用性 [48]

腐食性の高い環境に架設される構造物では，腐食による部材の板厚減少を生じやすいため，構造物の安全性低下を極力低減できる防食設計が求められる．例えば，塗膜に期待される耐久年数の確保では，塗替え時の素地調整において劣化した塗膜やさびを完全に除去する必要があり，ブラスト工法の適用が考えられる．

ブラスト工法の作業効率は，使用する研削材の種類や投射条件で異なり，対象とする材質に応じて最適な条件を選定する必要がある．例えば，黒皮鋼板ではグリット形状を有するフェロニッケルスラグの研削材が効率的であるとの試験結果が報告されている[50]．ただし，腐食が進行した部位に対するブラストの作業効率について，詳細に検討された事例は少ない．

ここでは，著しく腐食した塗装鋼材を適切にブラスト処理するための施工方法の把握を目的として，ブラスト工法の中でも一般的な手法である乾式のエアーブラスト工法を適用した場合の作業性評価および，素地調整面の表面状態評価のための付着塩分量測定と付着力測定を行った結果について述べる．

(1) 試験方法
a) 試験体

試験体は，鉄道橋である A 橋（**図-5.5.1**）の橋脚部位から切り出した塗装鋼材が用いられた．この鉄道橋は全 11 脚の橋脚を有するトレッスル橋で，各橋脚は 4 本の主構部から構成されている．架設個所は日本海沿岸から数十 m と腐食性の高い環境であり，約 100 年程度使用後に撤去された．試験体は，最も沿岸に近い橋脚である起点側から 3 つ目の橋脚の主構部から切り出すこととし，外観上明らかに腐食が生じている個所を選定して，約 350×350mm の寸法で切り出した．なお，試験体の総塗膜厚は約 450μm であり，塗装系 G-7（厚膜型変性エポキシ樹脂系塗料 4 回塗）と塗装系 T-7（厚膜型変性エポキシ樹脂系塗料 3 回塗+厚膜型ポリウレタン樹脂塗料上塗 1 回塗）がそれぞれ 1986 年と 1997 年，すなわち試験体製作の 26 年と 15 年程度前に塗装されている[49]．試験体の外観および塗膜断面観察写真を**図-5.5.2**に示す．

素地調整面の付着力評価試験については，前述の試験体では腐食による鋼材表面の起伏が著しいために試験を行うのが困難と考えられた．そこで，0.05w/v%塩化ナトリウム水溶液を用いた中性塩水噴霧を約 1500 時間行ったさび鋼板（鋼種：SS400 冷間圧延鋼板，寸法：150×70×3.2mm）を試験片に用いた．さび鋼板の外観を**図-5.5.3**に示す．

図-5.5.1　A 橋外観（撤去前）[48]

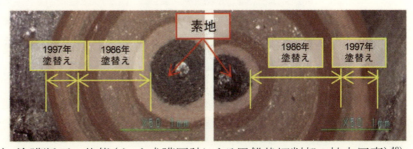

(a)　試験体の外観 [48]　(b)　塗膜断面の状態（カット式膜厚計による円錐状切削部の拡大写真）[48]

図-5.5.2　試験体の外観と塗膜断面観察写真

図-5.5.3 さび鋼板の外観[48]

表-5.5.1 試験に用いた研削材の概要[48]

記号	材質	形状	みかけ密度 (kg/dm³)	モース硬さ	50%粒径 (mm)
A	フェロニッケルスラグ	グリット	3.1	7.5	0.77
B		グリット			0.52
C		ショット			1.22
D		ショット			0.73

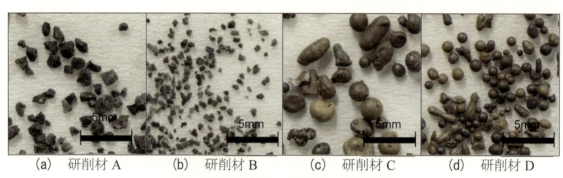

(a) 研削材A　(b) 研削材B　(c) 研削材C　(d) 研削材D

図-5.5.4 使用した研削材の外観[48]

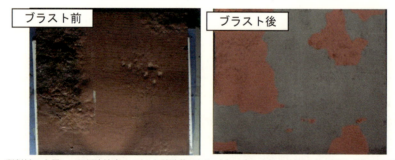

注：研削材Bを用いて目標除錆度Sa2とした試験体である．また，ブラスト後の外観で赤い個所は腐食個所を示す．

図-5.5.5 ブラスト前後の試験体外観[48]を一部修正

b) ブラスト工法

　ブラスト機器には，一般的なブラスト処理工法である乾式のエアーブラスト方式を採用した．ブラストは室内（幅3.5×奥行き5.0×高さ4.0m，入り口のみ全面開放）で行った．投射圧力は0.7MPaとし，ブラストノズル（口径φ10mm）から試験体までの距離は約50cmとした．使用する

研削材は，現場施工で一般的に使用されているフェロニッケルスラグ研削材とし，粒径，形状の異なる4種類を用いた．なお，かつて主流であった研削材であるけい砂については，2007年に改訂されたJIS Z 0312において削除されているため，本試験の適用対象外とした．用いた研削材の概要と外観を表-5.5.1，図-5.5.4に示す．ここで示す50%粒径とは，格子径の異なる各ふるいを通過する質量の百分率が50%となる時の値である．

c) 評価試験方法
1) 作業性評価

試験体片面をブラストし，所定の除錆度になるまで塗膜およびさびを除去するまでの時間を計測した．この時全く腐食していない面についてもブラストし，健全な塗膜の除去速度を算出した上でさびの除去速度を以下の式により算出した．

$$V_1 = A_x \div \left(\frac{t}{3600} - \frac{A(1-0.01x)}{V_2} \right) \tag{5.5.1}$$

ここで，v_1はさびの除去速度(m^2/h)，v_2は塗膜の除去速度(m^2/h)，Aは試験片の表面積(m^2)，xは腐食個所の面積率(%)，tはブラストに要した時間(sec)である．

腐食個所の面積率は，ブラスト終了後の素地調整面を観察し，凹部を腐食個所として，その合計面積を試験片の全面積で除すことで算出した．腐食個所の一例として，ブラスト前後の試験体の外観を図-5.5.5に示す．

ブラストの品質は除錆度と素地調整面の表面粗さから決定した．除錆度については，ISO 8501-1に準拠したSa 2，Sa 2 1/2，Sa 3の3水準を目安とした．素地調整面の表面粗さについては，接触式の表面粗さ計を用いて，Rz_{JIS}を測定した．また，ブラスト後の研削材の状態を評価するため，使用後の50%粒径を計測して使用前の値と比較した．

2) 付着塩分評価

本試験の測定対象面はブラストされた表面であり，脱脂綿を用いた一般の拭取り法は適用できない．また，試験体表面は腐食により起伏を形成しており，吸着型の付着塩分測定機も使用困難と考えられた．そこで，5.2.3に述べたブレッセル法で用いる測定セルを素地調整面に貼付け，純水2mlを注射・撹拌した後，バイアル瓶に採取し，イオンクロマトグラフィーを用いて溶液中の塩化物イオン濃度を測定した．

3) 付着力評価

ブラストした試験体表面に塗装した場合の付着力を評価するため，塗膜の一般的な付着性評価手法であるプルオフ試験と碁盤目試験を行った．なお，プルオフ試験では試験鋼板（さび鋼板）の準備する枚数が不足していたため，グリット形状の場合の評価を割愛した．

プルオフ試験では，JIS K 5600-5-7[54]「塗料一般試験方法 −第5部：塗膜の機械的性質- 第6節：付着性（プルオフ法）」に準じて，アルミニウム合金製ジグを2液エポキシ系接着剤で接着し，垂直方向に引張って破断した時の応力測定と破断個所の観察を行った．碁盤目試験では，JIS K 5600-5-6[52]「塗料一般試験方法 −第5部：塗膜の機械的性質- 第6節：付着性（クロスカット法）」に準じて，ブラストした面に厚膜型変性エポキシ樹脂塗料を塗布し，硬化後にカッターを用いて幅1mmの碁盤目を5×5マス導入し，セロハンテープで引張った後の塗膜残存程度と破断個所の観察を行った．

(2) 試験結果と考察
a) 作業性評価

各研削材における健全な塗膜の除去速度の算出結果を**表-5.5.2**に示す．この結果から，グリット形状の研削材を用いた場合の塗膜の除去速度は 8～10m²/h であり，粒径による大きな影響は見られなかった．一方，ショット形状では研削材 D の塗膜の除去速度が研削材 C を用いる場合と比較して約半分となった．一般的に，粒径の異なる研削材を投射する場合には粒径の小さい方が被投射面に対する衝撃力が小さいことを考慮すると，本試験に用いた塗膜では研削材の形状が除去速度に大きく影響し，グリット形状の場合には粒径の影響が小さい可能性が示唆された．

表-5.5.2 各研削材を用いた場合の塗膜の除去速度 [48]

研削材記号	A	B	C	D
形状	グリット		ショット	
50%粒径 (mm)	0.77	0.52	1.22	0.73
ブラスト時間 (sec)	55	45	50	95
塗膜の除去速度 (m²/h)	8.0	9.8	8.8	4.6

表-5.5.3 各研削材を用いた場合のブラスト時間，素地調整面の表面粗さ，50%粒径変化率 [48]

使用研削材	試験体の腐食面積率 (%)	目標の除錆度	ブラスト時間 (sec)	表面粗さ (μm(粗さ Rz_{JIS})) 5点平均値	標準偏差	50%粒径変化率
A	40.4	Sa 3	98	67	17	30.7%
	45.6	Sa 2 1/2	67	79	9	
	52.1	Sa 2	42	82	10	
B	28.5	Sa 3	88	60	7	24.8%
	17.6	Sa 2 1/2	51	61	5	
	42.5	Sa 2	39	74	12	
C	28.2	Sa 3	69	71	8	34.3%
	41.8	Sa 2 1/2	49	71	10	
	58.6	Sa 2	39	80	14	
D	37.0	Sa 3	88	78	7	13.2%
	35.4	Sa 2 1/2	69	72	14	
	30.4	Sa 2	49	58	8	

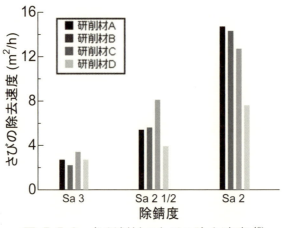

図-5.5.6 各研削材のさびの除去速度 [48]

各研削材におけるブラスト時間と素地調整面の表面粗さ，用いた研削材の50%粒径変化率を**表-5.5.3**に示す．これより，各素地調整面の表面粗さは5点平均値で60～80μmRz$_{JIS}$となり，標準偏差を考慮すると大きな違いはみられなかった．鉄道構造物では，新設時塗装の二次素地調整で要求される表面粗さを80μmRz$_{JIS}$以下と規定している[33]．現在，塗替え時の表面粗さは特に規定されていないが，本試験結果はいずれの研削材を用いた場合においても新設時の規定値をほぼ満足しており，表面粗さにおいて特に問題を生じる条件は見当たらないことが確認された．

50%粒径変化率については，研削材の形状で比較すると一様な傾向が認められない一方，粒径で比較すると小さい粒径の方が低い変化率を示し，被投射面へ衝突した際の破砕程度が小さいことが分かった．これは，前述したように粒径の小さい方が被投射面に対する衝撃力が小さいことに関係していると考えられる．

式（5.5.1）を用いて算出した，各研削材を用いた場合のさびの除去速度を**図-5.5.6**に示す．除錆度のグレードが高くなるほどさびの除去速度は低下し，除錆度Sa3の場合にはいずれの場合も約2.5m^2/hとなった．除錆度Sa2を目標とした場合には，グリット形状の研削材A，Bを用いた時の除去速度が研削材Cの除去速度を上回った．この結果から，グリット形状の研削材はさびをある程度除去するのに優れる性質を有し，高いグレードの除錆度を要求されるとその性能差は小さくなる可能性が得られた．一方，ショット形状の研削材について粒径による性能差を比較すると，研削材Dの除去速度の方が小さくなった．この結果から，塗膜の除去速度を比較した場合と同様，ショット形状では粒度分布が小さくなるとさびの除去効率が低下することが明らかになった．

b）付着塩分評価

各試験体の凹部における付着塩分量を**表-5.5.4**に示す．なお，比較のためにこれまでに腐食していないと想定される平坦な面における測定結果も併せて示す．これより，同一の研削材を用いた場合で，除錆度と付着塩分量との関係を比較すると，除錆度のグレードが高くなるほど付着塩分は小さくなる傾向にあった．ただし，これまでに腐食していないと想定される個所では付着塩分がほとんど検出されなかったのに対して，凹部においてはいずれの試験体でも塩分の付着が確認された．本試験に用いた試験体のさび中塩分量は，事前の測定により1～4g/m^{2}であることが確認されている[49]．本試験結果でこの値を上回ることはなかったが，塗替え時の素地調整でブラスト処理する場合に一般的な目安とされることの多い除錆度Sa2 1/2においても，200mg/m^{2}以上の付着塩分が測定されることが分かった．また，研削材の粒径の影響については，いずれの形状の研削材でも粒径の大きい方が概して小さい付着塩分量を示す傾向にあった．

ただし，本試験ではブレッセル法の測定セルを貼り付けた個所のみの付着塩分を測定しており，その範囲は約1,250mm^{2}と全面積の極一部である．このような局所的な測定値を平米当たりの付着塩分量に換算した場合，他の付着塩分測定法で測定される値と比較できるのかについても検証する必要があると考えられる．

c）付着力評価

ブラストした試験体表面に塗装した場合の付着性評価として，プルオフ試験と碁盤目試験を行った結果を**表-5.5.5**と**表-5.5.6**に示す．これより，碁盤目試験ではいずれの場合にも塗膜の剥がれが確認されず，良好な付着性を有していることが確認された．プルオフ試験では，粒径の違いによる影響はみられず，全ての試験で10MPa以上の付着力が確認された一方，除錆度のグレードが高いほど付着力が高くなる傾向にあることがわかった．破断個所の観察結果から，除錆度のグ

レードが低いものほど，残存さびや研削材の残渣等の異物が観察されたことから，これらの異物によって，付着性が低下したと考えられる．

(3) まとめ

著しく腐食した塗装鋼材に対するブラストの適用可能性を把握することを目的として，長期間供用された実構造物の切出し部材を用いたブラスト処理を行ない，この時の作業性評価と素地調整面の表面状態評価のための付着塩分量測定と付着力測定を行った．その結果，以下の知見を得た．

1) 健全な塗膜を除去する場合，ショット形状では粒径が小さくなると除去効率が低下する一方，グリット形状では粒径が除去効率に影響しない傾向を示した．
2) 被投射面に対する衝撃前後の50%粒径変化率を比較すると，研削材の形状に対する影響は見いだせない一方，粒径が小さい場合に低い値を示すことが分かった．
3) グリット形状の研削材はさびをある程度除去するのに優れる性質を有したが，高いグレードの除錆度を要求する場合には形状による違いは小さくなった．その一方，ショット形状では粒度分布が小さくなるとさびの除去効率が低下することが分かった．
4) 凹部においてはいずれの試験体でも塩分が残存しており，除錆度 Sa2 1/2 でも 200mg/m² 以上の塩分が付着していることが分かった．また，研削材の粒径が小さい場合には付着塩分量が増加する傾向にあった．

表-5.5.4 各素地調整面の付着塩分量(単位：mg/m²)[48]を一部修正

使用研削材		A	B	C	D
形状		グリット		ショット	
目標の除錆度	-注	10未満	10未満	10未満	10未満
	Sa 3	10	130	20	50
	Sa 2 1/2	320	190	260	500
	Sa 2	320	630	710	790

注：これまでに腐食していないと想定される平坦な面において，除錆度 Sa 3 で仕上げた状態の測定値を示す．

表-5.5.5 付着性評価試験結果 [48]を一部修正

使用研削材	目標の除錆度	プルオフ試験				碁盤目試験			
		n=1		n=2		n=1		n=2	
		引張強さ (MPa)	破断個所のさび分布注	引張強さ (MPa)	破断個所のさび分布注	塗膜残存程度	破断個所	塗膜残存程度	破断個所
A	Sa3	未実施				100%	-	100%	-
	Sa2 1/2					100%	-	100%	-
	Sa2					100%	-	100%	-
B	Sa3					100%	-	100%	-
	Sa2 1/2					100%	-	100%	-
	Sa2					100%	-	100%	-
C	Sa3	13.7	△	17.5	△	100%	-	100%	-
	Sa2 1/2	13.7	▲	14.6	△	100%	-	100%	-
	Sa2	10.8	×	13.1	▲	100%	-	100%	-
D	Sa3	16.2	△	14.3	△	100%	-	100%	-
	Sa2 1/2	15.9	△	15.0	△	100%	-	100%	-
	Sa2	15.0	×	12.7	▲	100%	-	100%	-

注：表中の記号は，破断面で見られたさびの凝集破壊の分布程度を定性的に示したものである．
×…数%分布している，▲…僅かに分布している，△…ほとんど分布していない．

表-5.5.6 付着性評価(プルオフ)試験結果 [48]

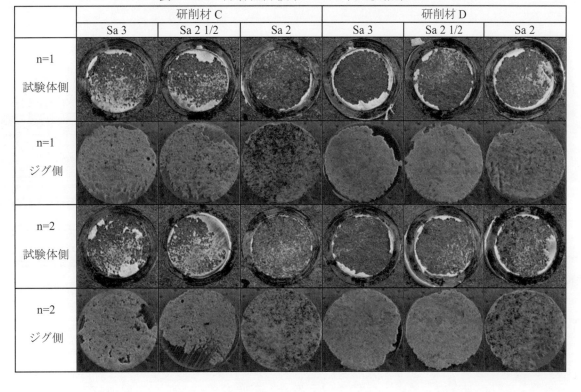

このようにブラストにより鋼素地と新規塗膜の付着力は確保できる一方，除錆度や研削材の粒径がブラスト面に残留する塩分量に及ぼす影響が大きく，これが塗膜下腐食の原因になるため，ブラスト時の事前に研削材の選定には留意が必要である．

5.5.2 塗替え塗装時における塗膜内に取り込まれる塩分の影響 [53]

海浜地域に架設された鋼道路橋において現場塗装を行う際には，塗装作業中や工程間に飛来し塗膜層内に取り込まれる海塩粒子についても配慮すべきである．しかし，実際にはその量や塗膜性能に及ぼす影響ついて十分に把握されておらず，適切な管理がなされていない．そこで，鋼道路橋の現場塗装において，素地調整後に被塗面に残存する塩分や，塗装工程中に飛来し塗膜内に混入する塩分量について把握するため，鋼I桁橋を模擬した試験体の塗装試験を行い，各工程で塗膜内に取り込まれる塩分量を測定した [56]．

(1) 試験方法
1) 試験体

塗装試験は，(独) 土木研究所（当時）が管理運営する沖縄建設材料耐久性試験施設（沖縄県国頭郡大宜味村：北緯 26 度 38.7 分，東経 128 度 4.9 分）において，鋼I桁橋を模擬した試験体（桁高 900 mm×桁長 6,500 mm）を用いて行った．過去に，他の研究のために数種類の塗装系で工場塗装が施されたものであり，同施設において主桁のウェブ面が海岸線に対して平行となる向きに2 体が設置され，1994 年より約 17 年間暴露されていた．塗替塗装試験前には全面的に塗膜の経年劣化が見られ，さびも随所に認められる状態であった．試験に際し，主桁のウェブ面が海岸線に対して垂直となるように試験体の向きを変えて再設置した．

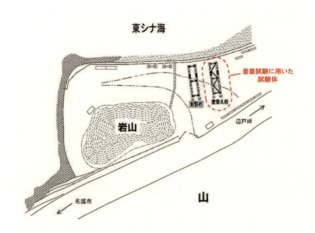

図-5.5.7 沖縄建設材料耐久性試験施設の周囲の概略 [55]

表-5.5.7 試験期間中の風向・風速 [55]

（気象庁 HP に基づき作成）

月日	平均風速	最大風速		最大瞬間風速	
		風速	風向	風速	風向
12月2日	3.5	7.9	北西	13.4	北西
12月3日	5.2	7.8	北	13.5	北
12月4日	3.1	7.2	北北東	10.9	北北東
12月5日	3.5	6.0	北北東	9.1	北東
12月6日	3.0	5.3	北東	8.5	北東
12月7日	3.3	6.5	南東	11.0	東南東
12月8日	6.4	9.0	北	15.3	西南西
12月9日	6.6	10.1	北	16.1	北北東
12月10日	4.5	7.3	北	12.1	北北東
12月11日	5.0	7.8	北北東	12.0	北北東
12月12日	4.1	7.8	北北東	12.1	北北東
12月13日	2.6	4.2	東北東	7.0	北東
12月14日	2.3	4.2	東	7.6	東南東
12月15日	4.0	8.2	北北東	12.3	北北東
12月16日	6.6	9.1	北	15.3	北
12月17日	4.7	7.7	北北東	12.2	北

2) 試験場所と試験期間

試験体は**図-5.5.7**に示すように海面からの高さおよび海岸線からの距離がいずれも約10〜20m程度の部位に設置されており，台風等の荒天時には海水飛沫を直接受けることもある．塗替塗装試験は2011年12月2日から17日にかけて実施した．参考として，この期間中における沖縄県名護市の風向・風速を**表-5.5.7**に示す．

3) 供試塗装系

試験体のうち西側（試験体から見て海の方角が北）の主桁をG1，東側をG2とし，共に6つの区画に分けて，**図-5.5.8**に示すようにそれぞれ異なる塗装系で塗替塗装を行った．G1とG2とは同じ塗装系を適用しているが，G2のみ素地調整の直前に桁全体を高圧洗浄機で水洗している点が異なる．塗装自体は別途の研究を目的としており，新規の塗装系を適用した．塗り分け区分のうち第3，第4区画（G1-3，4およびG2-3，4）は標準塗装系と位置づけ，それぞれ鋼道路橋防食便覧におけるRc-III，Rc-I塗装系をエアスプレー塗装した．第3区画（G1-3，G2-3）を除きブラスト処理によって，試験体全体の旧塗膜やさびを除去（素地調整程度1種）した後，塗装を行った．第3区画については，手工具と動力工具を用いてさびや劣化した塗膜を除去（素地調整程度3種）した後に塗装を行った．

一般的に，現場における塗装施工では，粉じんや塗料の飛散を防止するために，足場全体を板張りした上で養生シートを二重張りし，板やシートの継ぎ目を目張りするなどの厳重な足場防護工が望ましいとされている[12]．しかし，素地調整を手工具・動力工具で行い，塗装をはけやローラーで行う場合などには，シート養生のみ行われる場合も多い．シート養生の場合，地形や橋の構造によっては強風時に足場に大きな風圧がかかる危険性があり，そのような場合にはシートに代えて細かい網目のメッシュシートを用いることも多い．今回の実験においても，海岸近くにおける実施となり強風に煽られる危険が予測されたため，**図-5.5.9**に示すように足場全体をメッシュシートで養生し，その上を雨除けのブルーシートで養生することとした．

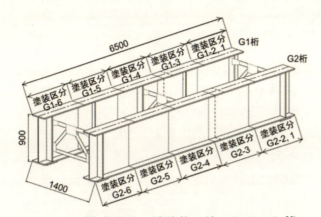

図-5.5.8 試験体の塗り分け区分 [55]

図-5.5.9 塗装時の防護工 [55]

表-5.5.8 塗装と塩分測定の工程（第3, 4区画）[55]

第3区画	12/2		12/3		12/5	12/7		12/8		12/10		12/13
	塩分測定	素地調整	素地調整	塩分測定	下塗り①	塩分測定	下塗り②	塩分測定	下塗り③	塩分測定	中塗り	塩分測定	上塗り

第4区画	12/2		12/3			12/7		12/8		12/10		12/17
	塩分測定	素地調整	素地調整	塩分測定	防食下地	塩分測定	下塗り①	塩分測定	下塗り②	塩分測定	中塗り	塩分測定	上塗り

下塗り①～③：弱溶剤形変性エポキシ樹脂塗料下塗の塗装
中塗り：弱溶剤形ふっ素樹脂塗料用中塗の塗装
上塗り：弱溶剤形ふっ素樹脂塗料上塗の塗装
防食下地：有機ジンクリッチペイントの塗装

4) 塩分量の測定

塗装工程中に試験体に付着する塩分量は，工程ごと，塗り分け区画ごと，部位ごと（桁の内外，ウェブの上部・中部・下部，フランジの上面・下面など）に，電導度法により測定した．第3，第4区画における塗装と塩分測定の工程を表-5.5.8に示す．

素地調整前の試験体には随所にさびが発生しており，さび内部にも多量の塩分が蓄積されているものと考えられた．そこで，素地調整前の試験体からコブ状となっているさびを回収し，実験室で塩分の定量を行った．回収したさびを 6 mol/l の硝酸で煮沸して塩分を抽出した後，抽出液をろ過し，ろ液に含まれる塩化物イオン量を 0.005 mol/l の硝酸銀溶液を使った電位差滴定法により求めた．ろ過後に残ったろ滓については，塩分が抽出されなくなるまで硝酸煮沸→ろ過→滴定操作を繰り返した．得られた塩化物イオン量を塩化ナトリウム量に換算し，これをさびに含まれる塩分量とした．なお，ここで求めた塩分量には，さび表面にあらかじめ付着していた塩分量も含まれている．

(2) 試験結果と考察

1) 素地調整前後における表面塩分量

素地調整前に試験体表面に付着していた塩分量を図-5.5.10に示す．当初，G1桁は山側に，G2桁は海側に，それぞれウェブ面が海岸線と平行に暴露されていた．表面塩分量はG1，G2ともに，部位によって，大きく異なる結果となった．G1桁では表面塩分量が最も多い下フランジ下面でおよそ200 mg/m^{2}であったのに対して，G2桁ではウェブ内面の表面塩分量が500〜600 mg/m^{2}と，著しく大きな値を示した．ここで，部材の表面塩分量は風雨の影響により，大きく変わるものと考えられるため，参考として足場防護工を設置する前の7日間の降水量と，風向・風速を表-5.5.9に示す．

表-5.5.9より，足場防護工を設置する4日前から雨となり，前日の11月30日には80 mm程度のややまとまった雨が降ったことがわかる．また，7日間の風向きは北あるいは北東寄りが多く，特に足場防護工設置前日の11月30日には北からのやや強い風が吹いたことがわかる．試験体に対して，北からの風とはすなわち海から吹く風であり，この時，北向きであるG1桁のウェブ外面やG2桁のウェブ内面には，風で運ばれた海塩粒子が付着しやすい状況であったものと考えられる．

一般的に，部材に付着した塩分は降雨によって，洗い流されることが知られている．図-5.5.10(a)でウェブ外面よりも下フランジ下面の表面塩分量が多かったのは，雨洗効果でウェブ外面の塩分量が低下したこと，塩分を含んだ雨水が下フランジ下面に滞留したこと，などが理由として考えられる．

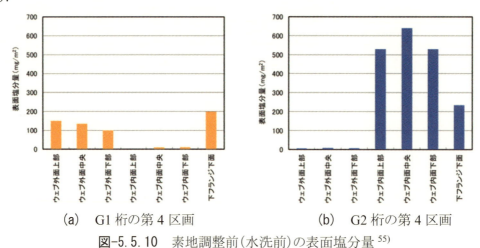

(a) G1桁の第4区画　　　(b) G2桁の第4区画

図-5.5.10 素地調整前(水洗前)の表面塩分量[55]

表-5.5.9 足場防護工設置前7日間の気象(気象庁HPに基づき作成)[55]

月日	降水量 (mm)	風向・風速(m/s)				
		平均風速	最大風速		最大瞬間風速	
			風速	風向	風速	風向
11月24日	0	5.7	8.7	北	14.6	北
11月25日	0	3.1	6.5	北北東	11.2	北
11月26日	0	3.3	6.1	東北東	10	北東
11月27日	3	2.8	5.1	東	9.7	東
11月28日	16	4.2	9	東南東	15.6	東
11月29日	0.5	2.1	4	北東	6.4	東南東
11月30日	78.5	1.9	7.1	北北西	14.3	北

※足場防護工は12月1日に設置．

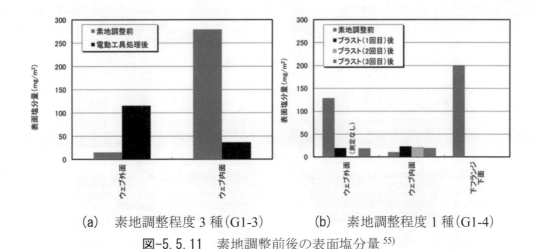

(a) 素地調整程度3種(G1-3)　　(b) 素地調整程度1種(G1-4)

図-5.5.11　素地調整前後の表面塩分量[55]

一方，図-5.5.10 (b)においてウェブ内面の表面塩分量が著しく高かったのは，G1桁とG2桁とが近接していることや，対傾構や補剛材などが障害物となり雨がかかりにくく，ウェブ内面に付着した塩分が洗い流されずに残留した結果と推察される．これらのことから，部材の設置された位置の僅かな違いであっても，風雨から受ける影響が大きく異なることが示唆された．

素地調整後に試験体表面に付着していた塩分量を図-5.5.11に示す．図-5.5.11(a)は動力工具により素地調整程度3種（St3相当）に仕上げた部位（G1桁の第3区画）の測定結果であり，図-5.5.11 (b)はブラスト処理により素地調整程度1種（Sa2 1/2相当）に仕上げた部位（G1桁の第4区画）の測定結果である．G1-3においては，ウェブ内面は素地調整により表面塩分量が大幅に低減し50 mg/m^{2}以下の値となったが，ウェブ外面では素地調整前よりも後の方が，表面塩分量が多い結果となった．表面塩分量の測定は，孔食や著しい塗膜劣化のない部位を選び，素地調整前の塗膜面と，素地調整によって露出した活膜面で行っている．測定部位の周辺ではさびやふくれ，剥がれ等の塗膜異状が認められなかったことから，高濃度の塩分が塗膜層内にあらかじめ蓄積されていたとは考えにくい．素地調整を実施した12月2～3日には北寄りの風が吹いていたこと，防護工がメッシュシートとブルーシートによる軽微なものであったことから，ウェブ外面の測定で素地調整前よりも後の方が，表面塩分量が多い結果となったのは，作業中に飛来してくる海塩粒子が素地調整後の処理面に付着したためであると考えるのが妥当である．

一方，G1-4ではいずれの部位も，ブラスト処理により表面塩分量を20 mg/m^{2}程度まで低減させることができたが，下フランジ下面を除き，部材表面の付着塩分を完全に除去することはできなかった．上記と同様，作業中に飛来してくる塩分の影響か，あるいはブラスト処理時に，粉じんと共に一度除去された塩分が再び部材表面に付着した可能性が考えられる．しかし，ブラスト処理による素地調整は動力工具処理に比べて効率が良く，比較的短時間で作業を終えることができることから，作業中に飛来してくる海塩粒子の付着は，動力工具処理に比べて少ないものと考えられる．

2) さび中に蓄積された塩分量

さび採取前の試験体の状況写真を図-5.5.12に示す．ウェブの外面，内面ともに，上フランジ直下の部分にこぶ状のさびが多く見られた（図-5.5.12 (a), (b)）．一方，下フランジ下面では，内面側の角部が著しく腐食していた（図-5.5.12 (c)）．この試験体には当初，G1-G2桁間の上部に樹脂製の天板が設置されていた（図-5.5.12 (d)）が，2010年秋季の台風により損壊し，そ

(a) ウェブ外面　　(b) ウェブ内面

(c) 下フランジ下面　　(d) 天板が設置されている状況(2004年10月)

図-5.5.12 さび採取前の試験体の状況 [55)]

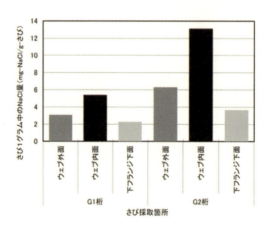

図-5.5.13 素地調整前の試験体から採取したさび中に含まれる塩分量 [55)]

の後撤去された．各部位におけるさびの程度から勘案すると，これらのさびは天板が設置されていた当初から進行していたものであり，当時に受けた環境からの影響が強く残されているものと推察される．

　採取したさびを 6 mol/l の硝酸で 2 回煮沸することにより，さび中に含まれる塩化物イオンをほぼ全て抽出することができた．採取したさびから抽出された塩分量（さび 1g に対する塩化ナトリウムの質量）を図-5.5.13 に示す．図-5.5.13 に示した表面塩分量の測定結果とは異なり，G1 桁，G2 桁共にウェブ内面＞ウェブ外面＞下フランジ下面の順に塩分量が少なくなる傾向が示された．ウェブ内面については，試験体に天板が設置されていた当時は雨がかかることはなく，部材表面に付着した塩分は洗浄されずに蓄積され，高濃度となっていたため，他の部位よりも塩分量が多かったのだと推察される．一方，ウェブ外面は天板の影響を受けず，雨により付着塩分が洗い流されやすいと考えられるが，さびを採取した上フランジ直下の部分はフランジの陰となって雨が

かかりにくく，その結果，比較的高い濃度の塩分がさび中に蓄積されたものと考えられる．桁全体で比較すると，G1桁よりも海に近いG2桁の方が，より多くの塩分が蓄積されている結果となった．

3) 塗装工程中に塗膜内に混入する塩分量

塗替塗装において，各工程の直前に部材表面に付着している塩分量の測定結果を**図-5.5.14**に示す．この測定結果は，工程完了から次工程までの期間に飛来し，部材表面に付着した塩分の総量を示すものと考えることができる．**図-5.5.14**にはG1桁およびG2桁の第4区画における測定結果を示した．各工程の間隔は，天候の事情によりやむを得ず最長で7日間あけることとなった．その間に部材表面に付着する塩分量は概ね20〜50 mg/m^{2}であったが，一方，G1桁外面では下塗り2層目完了から中塗りまでの僅か2日間の間隔でも，250 mg/m^{2}を上回る塩分が付着した．**表-5.5.9**で示したとおり，下塗り2層目を塗装した12月8日から，中塗りを塗装した12月10日までの3日間は，北寄りのやや強い風が吹いており，最大瞬間風速が15 m/sを超える時間帯もあった．12月9日は海も荒れていたことから，海塩粒子を多量に含んだ北風が試験体周辺に吹付けられていたものと考えられる．さらに，強風に煽られて足場が倒壊する危険を回避するため，一時的に西側のブルーシートを取り外した時間帯があったことから，西向きのG1桁外面に多量の塩分が付着したものと考えられる．一般的にメッシュシートによる養生は塗料の飛散防止に有効な手段であるとされているが，**図-5.5.14**の測定結果から，足場外から飛来してくる塩分に対しては十分な防護工ではないといえる．G1/G2桁の違いや外面/内面の違いについては，明確な傾向は認められなかった．なお，中塗り塗料と上塗り塗料の塗付作業は，部材表面を水拭きして付着塩分量を低減させた後に行った．

各工程において測定した表面塩分量（**図-5.5.14**）を，測定部位ごとに合計（水洗前の測定値は除く）した結果を**図-5.5.15**に示した．この塩分量は，素地調整完了後から上塗塗装が完了するまでの間に，塗膜層間に取り込まれた塩分の総量と考えることができる．いずれの部位も，50 mg/m^{2}程度を超える塩分が混入されたことが明らかとなった．塗装作業中や硬化・乾燥中に塗膜の中に混入する塩分は表面塩分量として把握することができず，**図-5.5.14**の結果には含まれて

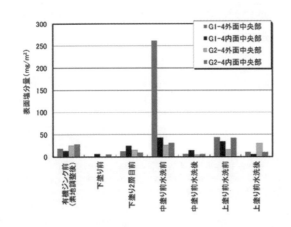

図-5.5.14 工程完了後から次工程までの間に部材表面に付着した塩分量[55]

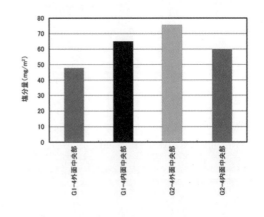

図-5.5.15 上塗塗装完了までに塗膜層間に混入した塩分の総量[55]

いない．これらも加えると，完成した塗膜の中には更に多くの塩分が混入しているものと推察される．

一般的に，ブラスト処理により素地調整を行い，塗替え塗装をする場合には，素地調整により発生するさび，塗膜粉，研削材や，塗装作業中に発生する塗料の飛散・落下等により周辺環境が汚染されるのを防ぐ必要がある．このため，足場に板材を取り付け，更に養生シートを2重に張るなど，作業空間全体を覆う厳重な防護工が推奨されている[12]．しかし，動力工具により素地調整を行う場合や施工対象の規模によっては，メッシュシートの様な軽微な防護工のみで塗装施工が行われる場合も多い．橋梁模擬試験体を用いた塗装試験の結果から，現場塗装において防護工が不十分であると，塗膜内部に多量の塩分が取り込まれる可能性のあることが示されている．

5.5.3 ブラスト素地調整における塩分除去の事例[54]

腐食性が高い環境海岸近くの橋梁において，重防食塗装による塗替えを行っても，塗替え後，僅か数ヶ月でさびが図-5.5.16のように表面化する事例が報告されている[54]．このような早期に腐食が再発する原因の一つとして，ブラストによる素地調整面に残存した塩分が考えられている．一般には，鋼橋の塗替えに際しては鋼道路橋防食便覧[1]に基づき，旧塗膜表面に付着した塩分を高圧水洗等によって除去している．しかし，腐食部ではブラストに用いる研削材よりも細かな直径の腐食（孔食）が生じる場合があり，塩害を受ける環境で腐食損傷が生じた場合にはその内部にも塩分が侵入していることがある．このため，単純なブラストのみでは塩分を完全に除去することができず，早期にさびが再発したものと考えられる．したがって，ブラストによる素地調整の際には，ブラスト後の鋼素地面に残存する塩分（残存塩分）を適切なレベル以下に管理する必要があると考えられる．残存塩分は少なければ少ないほど良い塗装品質が得られると考えられるが，残存塩分が塗装品質へ与える影響を定量的かつ長期的に調査した事例は少なく，適切な残存塩分量の検討は今後の課題の一つである．

動力工具やブラストによる塩分の除去効果については，いくつかの調査事例が報告されている[54)-56)]．各文献の試験結果を表-5.5.10と図-5.5.17に示す．なお，これらの試験結果は実橋や試験体，模擬体等の様々な構造物を対象としたものであり，元々の腐食状況や塩分付着量，素地調整に使用する資機材が異なることため，定量的な評価ではないことに留意する必要がある．

これらの試行結果から，文献54)では，塩害環境下において素地調整後の塩分を適切に除去するための施工手順として，図-5.5.18の施工フローが提案されている．腐食部のみを対象としたブラストを高圧水洗に先駆けて施工し，さび内部の塩分を効率的に除去することを目指した施工フローとなっている．しかし，5.6.2にも示すが，塩害を受けた鋼構造物はさび層内部の塩分除去が課題となり，さび層の上からの水洗いでは塩分量が十分に低減できない．そのため，図-5.5.18の施工フローに，5.2.4(5)に述べたウォータージェットまたは，ブラストに先立つレーザー光による表面処理（9.2.1 参照）など大幅に塩分除去可能な工法の適用も追加することが有効と考えられる．

施工前 　　　　　施工後3ヶ月 　　　　　施工後1年3ヶ月

図-5.5.16 重防食塗装後の早期劣化事例[54]

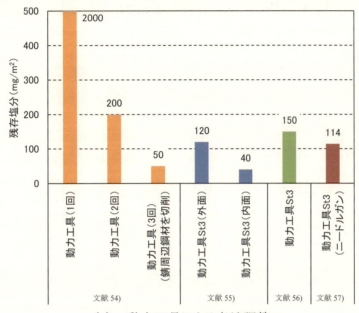

(a) 動力工具による素地調整

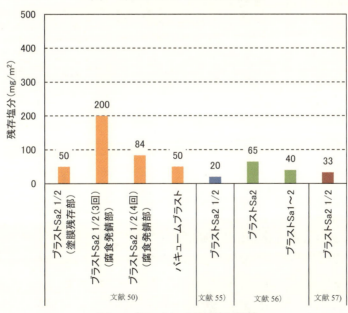

(b) ブラストによる素地調整

図-5.5.17 素地調整による塩分除去効果の例

表-5.5.10 素地調整による塩分除去効果の検討事例

No.	文献名	対象構造の条件	部位等	素地調整法	残存塩分量	出典
1	ブラスト素地調整における残存塩分除去対策の事例紹介 (一財)土木研究センター	玄界灘沿岸の鈑桁橋	塗膜残存部	ブラスト Sa2 1/2 (1回)	50mg/m² 以下	Structure Painting 2016.9 文献54)
			腐食発せい部	ブラスト Sa2 1/2 (3回)	200mg/m² 以下	
				ブラスト Sa2 1/2 (4回)	84mg/m²(平均)	
		東北地方の鋼床版橋（耐候性鋼橋） 凍結防止剤を多量に使用		バキュームブラスト	50mg/m² 程度以下	
				動力工具 (1回)	2,000mg/m² を超える	
				動力工具 (2回)	100～200mg/m²	
				動力工具 (3回) さび周辺の鋼材を切削	50mg/m² 程度以下	
2	現場塗装時の塩分が鋼道路橋の塗膜性能に及ぼす影響に関する検討 (独)土木研究所	沖縄に暴露した鋼I桁橋	ウェブ外面	ブラスト Sa2 1/2	20mg/m² 程度	構造工学論文集 Vol.61A, 2015.3 文献55)
			ウェブ内面			
			ウェブ外面	動力工具 St3	120mg/m² 程度	
			ウェブ内面		40mg/m² 程度	
3	耐候性鋼の塗装による補修方法に関する検討 (独)土木研究所ほか	新潟県親不知海岸に暴露した試験体（耐候性鋼）	ウェブ外面	ブラスト Sa2	65mg/m²	第34回鉄構塗装技術討論会発表予稿集 2011.10 文献56)
				ブラスト Sa1～2	40mg/m²	
				動力工具 St3	150mg/m²	
4	Advances in Technology and Standards for Mitigating the Effectd of Soluble Salts	文献調査結果による		ブラスト Sa2 1/2	33mg/m²	JPCL May 2002 文献57)
				動力工具 St3（ニードルガン）	114mg/m²	

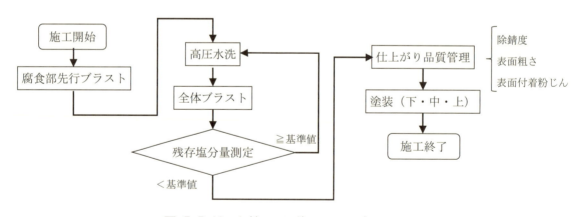

図-5.5.18 文献54)の施工フロー案

5.5.4 塗替え塗装における素地調整条件の最適化[58]

　近年，塗装環境の改善や人体に対する影響軽減，施工性，費用軽減など様々な目的に応じて多くの素地調整工法が提案されているが，それらの塗膜性能や耐久性に与える影響についての知見は少ない．そこで本項では，塗替塗装における各種素地調整の最適化を目的に，実橋を想定した7種類の鋼材表面状態を試験片上に作成し，8種類の素地調整工法を施した場合の塗膜性能や耐久性などを比較検討した事例について述べる．

(1) 試験方法

a) 実橋鋼材表面状態を想定した試験片の準備

実橋鋼材表面状態を想定し，**図-5.5.19**(1)の7種類の素地調整用試験片を準備した．

試験片は暴露・促進試験を実施することを考慮して，平面寸法が150×70mm，300×150mmの鋼板を用いた[61]．(A)〜(C)はSS400材に対して，(E)はSS400材に道路橋示方書[60]の最小中心間隔となるようM20の高力ボルト（F10T，S10Tを同数）を設置したものに対して，旧A塗装系（一般外面用塗装系）[62]，旧B塗装系（一般内面用塗装系）[63]，C5塗装系（Rc-I塗装系），F11塗装系（高力ボルト継手部用塗装系）[60],[61]を塗装することで作成した．(D)はSS400材に対して，旧A塗装系を2回塗装した後，c-3塗装系[60]を総膜厚が1000μmとなるように下塗膜厚を塗り重ねることで作成した．なお，旧A，旧B塗装系の鉛系さび止めペイントは，鉛クロムフリーさび止めペイントで代用している．(F)はSS400材に，(G)はSMA490材に対してJIS K 5600-7-9[64]付属書1サイクルDに準じたサイクル試験（以下，CCT）を120サイクル実施し，その後，北陸自動車道の親不知高架橋下（新潟県糸魚川市外波：北緯36度59.9分，東経137度44.0分）で1年暴露してさび鋼板を作成した．塗装を施した(A)〜(E)については，塩害環境を想定して，塩水への浸漬により塗装表面に塩分を付着（1,999mgNaCl/m²以上）させたのち，その塩分を洗浄することなく素地調整を実施している．

b) 素地調整工法

図-5.5.19の(1)の試験片に対して，(2)の8種類の素地調整が実施されている．①②は文献58)の工法，③〜⑧は塗替塗装現場における施工実績がある工法より選定された．なお，⑥⑦は塗膜除去を行う工法であり，除錆やアンカーパターン形成までは実施できないため素地調整工法ではないが，ここでは，広義の素地調整工法として取り扱うこととする．

各素地調整の施工条件を**表-5.5.12**に示す．実橋の施工と同様な施工条件となるよう，施工者に対するヒアリングを元に条件を決定している．

c) 評価項目

評価は**図-5.5.19**(3)の9項目に対して実施している．

「残存表面塩分量」は，素地調整前に清掃や除塩を行わない状態から素地調整した直後に電導度法により求めた．

「表面粗さ」は，素地調整した直後に3DマイクロスコープによりRaとRz_{JIS}を求めた．

「塗膜付着力」は，素地調整した後にc-3塗装系を塗装した試験片に対して，JIS K 5600-5-7のプルオフ法で付着力測定と破壊面観察を行った．

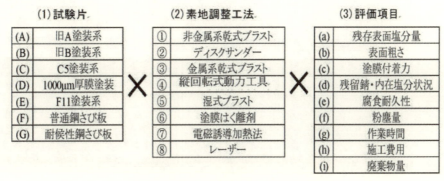

図-5.5.19 試験概要[58] を一部修正

なお，⑥⑦は塗膜除去を行う工法であり，除錆やアンカーパターン形成までは実施できないため，①②などと組み合わせて素地調整されているが，その場合は①②などと同じ素地面の評価となることが予想されるため，⑥⑦の後に塗布形素地調整軽減剤を塗布し，c-3塗装系を塗装した試験条件としている．

「残留さび・内在塩分状況」の観察は，素地調整した直後に表面を養生し，試験片下端30mmの位置で切断し，切断面をEPMAによりFe，O，Cl元素分布を観察している．

「腐食耐久性」の評価は，「塗膜付着力」と同様に塗装を実施した後，CCTを600サイクル実施した．文献65)の促進倍率を用いると，塩害環境（親不知高架下）で約6年暴露した状態に相当する．なお，腐食耐久性の評価は実環境に近い暴露試験の結果をもって行うのが望ましいが，暴露試験は開始から間もなく，各試験片によるクロスカット部からの塗膜のふくれ幅に差が見られなかったため，評価からは除いている．

その他，試験片製作の状況から「粉じん量」と「作業時間」を評価した．また，「施工費用」と「廃棄物量」を積算資料，ヒアリング等により整理している．

各評価については，総合判断を実施するため10点満点で評価点をつけた．評価点の配点方法については，(2)の各々の結果の部分で説明する．

表-5.5.11 素地調整後の状況 [58) を一部修正]

素地調整	① 非金属系乾式ブラスト	② ディスクサンダー	③ 金属系乾式ブラスト	④ 縦回転式動力工具
目標除錆度	ISO Sa2 1/2	ISO St3	ISO Sa2 1/2	ISO St3
外観	普通鋼さび鋼板（S-さび鋼板）	普通鋼さび鋼板（さび鋼板）	普通鋼さび鋼板（G-さび鋼板）	普通鋼さび鋼板（さび鋼板）

素地調整	⑤ 湿式ブラスト	⑥ 塗膜はく離剤	⑦ 電磁誘導加熱法	⑧ レーザー
目標除錆度	ISO Sa2 1/2	はく離可能塗膜の全面がはがれた状態	はく離可能塗膜の全面がはがれた状態	目視で塗膜や錆が見えない状態
外観	普通鋼さび鋼板（W-さび鋼板）	C5塗装系	C5塗装系（I-C5）	普通鋼さび鋼板（L-さび鋼板）

(2) 試験および調査結果と考察

a) 素地調整後の状況

各素地調整後の状況を**表-5.5.11**に示す．一例として，試験片(F)に対して⑥⑦を除く素地調整を実施した写真と，試験片(C)に対して⑥⑦を実施した写真を示した．目標の除錆度として，①③⑤はSa2 1/2，②④はSt3とした．⑥⑦は，はく離可能塗膜が全面剥がれた状態を，⑧は目視で塗膜やさびが見えなくなることを目標に実施した．以下の検討結果においても目標の除錆度は同様である．なお，⑥は塗膜剥離剤の塗布のみでは剥がせなかったため碁盤目状にきずをつけた後に再塗布して剥がしたため，写真には碁盤目状の模様が見えている．

結果として，①③⑤および⑧は，どの試験片においても塗膜やさびの残存を目視で確認できない程度まで除去可能であった．②④は，孔食のさびやボルト間で工具の入らない部分の塗膜の除去は実施できなかった．孔食のさびに関しては④の方が②よりも除去できるが，①③⑤と比較するとその程度は劣っている．⑥⑦はさびや無機ジンクリッチペイントの除去はできず，エポキシ樹脂塗料も完全には取りきれなかった．

b) 残存表面塩分量の試験結果

残存表面塩分量の結果を**表-5.5.13**に示す．対象とした試験片は(A), (D), (F)および(G)の4種類の試験片である．試験片1枚に対して，1種類の素地調整を実施した．評価点は平均値の一番低いものを10点，一番高いものを0点として，線形で配点した．

残存表面塩分量の平均値は②, ④, ⑦で50mg/m^2以上となった．動力工具や電磁誘導加熱法では，素地調整前に表面の塩分を水洗いなどで除去する必要があると考えられる．その他の工法については，事前に塩分除去作業をしなくても，素地調整作業により表面塩分は50mg/m^2以下となった．

表-5.5.12　各素地調整の施工条件 [58] を一部修正

方法	①非金属系乾式ブラスト	②ディスクサンダー	③金属系乾式ブラスト	④縦回転式動力工具
施工条件	フェロニッケルスラグ(JISZ0312) 粒度：0.25～2.80mm 空気圧：690kPa 研削材量：50kg/㎡	砥石♯24 最高周速度：72m/s	スチールグリッド(JISZ0311) 粒度：1.00mm以下 空気圧：690kPa 研削材量：35kg/㎡	ブラシ材質：スチール 回転数：3200回/min

方法	⑤湿式ブラスト	⑥塗膜はく離剤	⑦電磁誘導加熱法	⑧レーザー
施工条件	銅スラグ(JISZ0312) (Fe_3O_4を研削材に重量比1%混入) 粒度：2.36mm以下 空気圧：640kPa 研削材量：50kg/㎡ 水使用量：13ℓ/㎡	水性塗膜はく離剤 塗付回数：2～6回 養生時間：24h/回 養生温度：22.7℃ 養生湿度：33%	出力設定 板：45kW×2秒 ボルト：22kW×2秒	波長：1070nm 出力：2kW 照射円径　板：約20mm ボルト：約10mm

※⑥⑦に対する「塗膜付着力」「腐食耐久性」の試験は，塗膜はく離後に塗布形素地調整軽減剤を塗布して試験を実施

表-5.5.13　残存表面塩分量（単位：mgNaCl/m^2） [58] を一部修正

試験片	①	②	③	④	⑤	⑥	⑦	⑧
(A)	0.7	66.4	0.0	64.7	0.0	24.5	15.6	11.2
(D)	0.0	371.0	0.0	17.7	0.0	―	9.5	17.9
(F)	14.5	212.0	1.8	76.8	0.0	21.2	388.0	13.5
(G)	13.2	47.8	0.0	52.4	0.0	33.1	234.0	9.8
平均	7.1	174.3	0.5	52.9	0.0	26.3	161.8	13.1
評価点	**10**	**0**	**10**	**7**	**10**	**8**	**1**	**9**

c) 表面粗さの試験結果

表面粗さの結果を**表-5.5.14**に示す．対象とした試験片は(D)，(F)，(G)の3種類の試験片である．試験片1枚に対して，1種類の素地調整を実施した．評価点は塗装と金属溶射に対して求められる表面粗さのRz_{JIS}が50～80μm，Raが8μm以上[1)]を目安として，2点刻みで配点した．これは，金属溶射ではあるが素地調整面の粗さとして鋼道路橋防食便覧[1)]ではRa=8μm以上，Rz_{JIS}=50μm以上との管理基準が示されており，本検討ではこれを目安として参考にしている．なお，⑦⑧はアンカーパターンを形成できない塗膜剥離工法であるため0点としている．

RaとRz_{JIS}の結果はブラスト工法（①，③，⑤）が良好な結果となっている．ブラスト工法の評点は，研削材の材質，吹付圧，研削時間などに依存するが，この例では他の方法よりもブラスト工法が良好な表面粗さを得られている．

d) 塗膜付着力の試験結果

塗膜付着力の結果を**表-5.5.15**に示す．対象とした試験片は(D)，(F)，(G)の3試験片である．測定は試験片1枚につき3部位とし，**表-5.5.15**の(D)(F)(G)にはその平均値を記載している．評価点は(D)，(F)，(G)の平均値の一番高いものを10点，一番低いものを0点として，線形で配点した後，鋼材との界面破壊が見られたものは1点減点として配点した．

動力工具や塗膜剥離工法（②，④，⑥，⑦）は塗膜付着力も低く，破壊形状も鋼材との界面破壊の面積割合が高かった．ブラスト工法やレーザー（①，③，⑤，⑧）は付着力も高く，破壊形状も鋼材との界面破壊も生じにくい傾向だった．

e) 残留さび・内在塩分状況

残留さび・内在塩分状況として，断面のEPMAマッピング画像を**表-5.5.16**に示す．対象とした試験片は(F)，(G)の2試験片である．画像は切断面をSEMで一通り観察し，鋼素地と色合いが異なる部分（灰色部分）の面積が多い位置を抽出して撮影した．写真は横幅が600μm程度である．Fe，O，Cl元素のマッピング画像の着色は寒色→暖色になるほど高濃度に存在することを示し，色彩のレンジは比較できるよう各マッピング画像で統一している．

表-5.5.14 表面粗さ(単位：上側 μmRa／下側 μmRzJIS)[58) を一部修正]

試験片	①	②	③	④	⑤	⑥	⑦	⑧
(D)	9.3	1.4	12.2	3.0	13.9	2.6	3.9	6.0
	40.3	5.9	49.0	10.4	58.7	11.7	14.7	30.9
(F)	29.7	19.7	26.0	27.9	29.1	25.0	28.6	29.3
	77.7	58.6	72.4	76.0	78.7	66.7	70.8	79.7
(G)	20.8	7.3	24.2	11.7	25.6	41.2	44.8	23.3
	66.9	28.7	68.6	38.4	70.4	75.3	117.2	66.3
評価点	6	2	8	2	10	0	0	4

表-5.5.15 塗膜付着力 [58) を一部修正]

試験片	素地調整工法							
	①	②	③	④	⑤	⑥	⑦	⑧
(D)	7.6	6.4	6.8	6.5	7.4	6.6	7.2	7.3
(F)	11.9	9.3	10.7	4.9	10.3	6.6	8.7	12.7
(G)	13.0	11.9	14.6	8.5	13.6	6.5	9.5	14.3
平均	10.9	9.2	10.7	6.6	10.5	6.6	8.4	11.4
鋼材との界面破壊		有		有	有	有	有	有
評価点	9	5	9	0	7	0	3	9

表-5.5.16 断面の EPMA マッピング画像[58]を一部修正

試験片	画像	①	②	③	④	⑤	⑥	⑦	⑧
(F)	SEM								
	Fe元素								
	O元素								
	Cl元素								
(G)	SEM								
	Fe元素								
	O元素								
	Cl元素								
評価点		4	0	6	0	8	2	0	10

表-5.5.17 クロスカット部からの塗膜のふくれ幅(単位：mm)[58]を一部修正

試験片	単位	素地調整工法							
		①	②	③	④	⑤	⑥	⑦	⑧
(D)	mm	0.8	5.8	1.6	7.1	1.0	8.4	10.9	2.0
(F)	mm	1.1	4.6	1.3	4.6	0.8	7.4	21.0	1.3
(G)	mm	0.8	3.5	1.8	4.6	0.0	2.6	1.6	1.5
平均	mm	0.9	4.6	1.6	5.4	0.6	6.1	11.2	1.6
評価点		10	6	9	5	10	5	0	9

表-5.5.18 粉じん量[58]を一部修正

試験片	単位	素地調整工法							
		①	②	③	④	⑤	⑥	⑦	⑧
評価点		0	6	2	6	4	10	10	8

表-5.5.19 作業時間(単位：分/m²)[58]を一部修正

試験片	単位	素地調整工法							
		①	②	③	④	⑤	⑥	⑦	⑧
(A)	分/m²	15.9	95.2	15.9	381.0	168.3	3,070	15.9	287.3
(B)	分/m²	12.7	95.2	12.7	476.2	174.6	3,070	12.7	300.0
(C)	分/m²	19.0	95.2	20.6	666.7	177.8	3,070	12.7	379.4
(D)	分/m²	17.4	115.4	18.0	269.2	117.1	8,152	15.0	644.4
(E)	分/m²	55.7	300.0	42.5	540.0	169.0	3,790	11.9	714.2
(F)	分/m²	22.2	70.5	27.0	102.6	94.0	—	—	152.6
(G)	分/m²	7.8	70.5	25.4	102.6	98.5	—	—	216.8
平均	分/m²	21.5	120.3	23.2	362.6	142.7	4,231	13.6	384.9
評価点		10	10	10	9	10	0	10	9

表-5.5.20 施工費用(単位：円/m²)[58]を一部修正

試験片	単位	素地調整工法							
		①	②	③	④	⑤	⑥	⑦	⑧
素地調整	円/m²	4,760	1,510	6,501	6,812	9,000	12,414	5,607	40,000
錆固定化剤	円/m²	—	—	—	—	—	1,348	1,348	—
計	円/m²	4,760	1,510	6,501	6,812	9,000	13,762	6,955	40,000
評価点		9	10	9	9	8	7	9	0

評価点はCl，O元素の分布面積より2点刻みで配点した．

O元素の分布から，どの素地調整工法でも着色部分が見え，酸化物が鋼材表面に残留していることが分かる．また，乾式ブラスト工法（①，③）では，O元素を塞ぐようにFe元素が存在する．これは，研削材により鋼材表面が叩かれ塑性変形することでさびを閉じ込めてしまったものと考えられる．O元素の残存範囲は従来工法である非金属系乾式ブラストの①よりも，③⑤⑧が少なかった．

Cl元素の分布をみると，着色は鋼材とさびとの境界に局所的に存在している．これは塩化物イオンネストと考えられ，β-FeOOHを多く含む層に塩化物イオンが検出される．β-FeOOHなどは還元反応により体積収縮することで，さび内に空隙が生成され，腐食速度の増加の原因となると考えられる[51]ことからCl元素が多いものは低評価としている．本試験ではO元素の残存の多いものにはCl元素も多く観察された．動力工具や塗膜剥離工法（②，④，⑥，⑦）はさび表面にもCl元素が見られる．素地調整前のさび板には表面にもCl元素の分布を確認しているため，表面のCl元素も十分除去できていないと考えられる．

f) 腐食耐久性の試験結果

腐食耐久性として，CCTを600サイクル実施した後のクロスカット部からの塗膜のふくれ幅の最大値を表-5.5.17に示す．対象とした試験片は(D)(F)(G)の3試験片である．試験片1枚に対して，1種類の素地調整を実施し，CCTを実施した．評価点は平均値の一番低いものを10点，一番高いものを0点として，線形配点した．

動力工具（②，④）や塗膜剥離剤を塗布した塗膜剥離工法（⑥，⑦）は塗膜のふくれ幅も大きく，クロスカット部からのさび汁の流れ出しも確認できた．ブラスト工法やレーザー（①，③，⑤，⑧）はほとんど変状がなく良好な結果となっている．

g) 粉じん量の試験結果

粉じん量の結果を表-5.5.18に示す．粉じん量を測定したのではなく，作業状況から塗膜剥離工法（⑥，⑦）を10点，非金属系乾式ブラストの①を0点として2点刻みで配点した．

h) 作業時間の試験結果

平面寸法が150×70mm，300×150mmの小さな鋼板に対して，作業開始から終了までの時間を作業時間として測定した．その結果を表-5.5.19に示す．対象とした試験片は全試験片である．試験片(E)の作業時間はボルト1本当たりに対して時間を測定し，標準的なI形断面桁のウェブのボルト本数として文献69)を参考に130本/m^{2}として単位面積当たりの本数に換算している．評価点は平均値の一番低いものを10点，一番高いものを0点として，線形で配点した．

塗膜剥離剤（⑥）は養生期間が必要な上，数回の塗布が必要な場合があり，時間がかかった．従来工法である非金属系乾式ブラストの①よりも作業時間が短いものは電磁誘導加熱法（⑦）のみだった．

なお，本結果は小さな試験片に対して時間を測定しているため，実際の作業とは時間が異なると考えられる．今後，実構造に近い条件においてデータを収集する必要がある．

i) 施工費用の調査結果

施工費用の調査結果を表-5.5.20に示す．費用の算出は，積算資料，Webの情報，ヒアリングにより行った．評価点は費用の一番低いものを10点，一番高いものを0点として，線形で配点した．

従来工法である非金属系乾式ブラストの①やディスクサンダーの②に比して，施工費用が高く

なる場合がほとんどだった．

j) 廃棄物量の調査結果

廃棄物量の調査結果を**表-5.5.21**に示す．廃棄物量は除去する塗膜の重量を除き，ブラスト材，水，塗膜剥離剤の重量で比較している．廃棄物量の算出は積算資料，Webの情報，ヒアリングにより行った．なお，金属系乾式ブラスト（③）は研削材を再利用することを前提に廃棄物量を求めている．評価点は廃棄物量の一番低いものを10点，一番高いものを0点として，線形で配点した．

湿式ブラストは水を使用する分，廃棄物量が最も多くなるが，それを除くと従来工法である非金属系乾式ブラストの①よりも廃棄物量が少なくなるものがほとんどだった．

(3) 総合評価

9項目の評価項目について，**表-5.5.13～5.5.21**に10点満点における評価点をつけた．これら

表-5.5.21 廃棄物量（単位：kg/m^2）[58]を一部修正

試験片	単位	素地調整工法							
		①	②	③	④	⑤	⑥	⑦	⑧
廃棄物量	kg/m^2	40	0	2	0	70	1	0	0
評価点		4	10	10	10	0	10	10	10

表-5.5.22 総合評価結果[58]を一部修正

評価項目	重要度 w_i	①非金属系乾式ブラスト	②ディスクサンダー	③金属系乾式ブラスト	④縦回転式乾式ブラスト	⑤湿式ブラスト	⑥塗膜はく離剤	⑦電磁誘導加熱法	⑧レーザー
(a) 残留表面塩分量	0.097	10	0	10	7	10	8	1	9
(b) 表面粗さ	0.097	6	2	8	2	10	0	0	4
(c) 塗膜付着力	0.177	9	5	9	0	7	0	3	9
(d) 残留錆・内在塩分状況	0.177	4	0	6	0	8	2	0	10
(e) 腐食耐久性	0.329	10	6	9	5	10	5	0	9
(f) 粉塵量	0.050	0	6	2	6	4	10	10	8
(g) 作業時間	0.016	10	10	10	9	10	0	10	9
(h) 施工費用	0.029	9	10	9	9	8	7	9	0
(i) 廃棄分量	0.029	4	10	10	10	0	10	10	10
総合評価 $\Sigma s_i w_i$		7.7	4.1	8.2	3.5	8.5	3.8	1.8	8.4

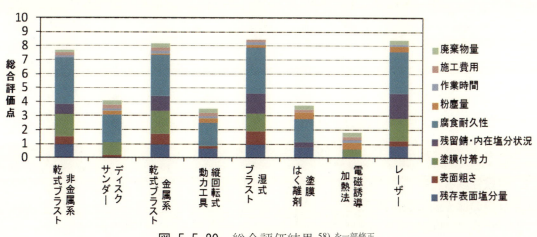

図-5.5.20 総合評価結果[58]を一部修正

の評価点を用いて総合評価を実施する．総合評価の方法には，階層化意思決定法（以下，AHP）を用いた．AHPとは，不確定な状況や多様な評価基準における意思決定手法として，主観的判断を元にした手法の1つである[66),67)]．AHPを用いて評価した最適な素地調整について求めた結果を表-5.5.22と図-5.5.20に示す．従来工法である非金属系乾式ブラストの①と比較すると，湿式ブラスト，レーザー，金属系乾式ブラストの評価点が高い結果となり，10点満点の評価で8点以上の結果となった．動力工具や塗膜剥離工法（②，④，⑥，⑦）は評価点が4点程度以下となっており，ブラスト工法に比べて低い評価結果となった．

(4) まとめ

得られた主な結果を以下にまとめる．

1) 塗膜性能として，「残存表面塩分量」「表面粗さ」「塗膜付着力」を評価すると，ブラスト工法やレーザーが良好な結果となった．
2) 耐久性として，「残留さび・内在塩分状況」「腐食耐久性」を評価すると，塗膜性能と同様にブラスト工法やレーザーが良好な結果となった．
3) 施工性として，「作業時間」を評価すると，IHが従来工法である非金属系乾式ブラストよりも良好な結果となった．
4) 階層化意思決定法を用いて最適な素地調整工法を総合評価したところ，従来工法である非金属系乾式ブラストより湿式ブラスト，レーザー，金属系乾式ブラストがよい結果となった．

以上の検討では小さな試験片に対して限られた素地調整工法を比較したのみであり，限定した条件下における結果であり，総合評価や素地調整の最適化検討の一例として示したものである．そのため，実構造レベルでは評価が変わる可能性もある．他の取組みに関して，一例として文献68)では，実物大のI桁（桁端部）を模擬した試験体に対して，この検討で結果が良好であったものを中心に素地調整程度1種となる工法（組合せ）5種類について，施工性，素地面の状態，環境性を比較評価した検討を行っているので参考にされたい．

5.6 耐候性鋼材の素地調整

塗装橋梁の防食性能回復では，素地調整の主たる目的は，さびの除去，塗膜の除去，表面粉化物の除去，水分の乾燥，付着じん埃の除去などを行い塗装前の表面を清浄することにある．これに対して耐候性鋼橋の防食性能回復における素地調整は，異常なさびの除去やそのさび層中に含まれる塩分を除去することが主たる目的となっている．また，耐候性鋼材に生じるさびは，普通鋼材に生じるさびより，除去しにくく，孔食状の腐食が生じやすい．そのため，鋼材界面に塩分が濃化しやすくなる可能性が高くなるなど，普通鋼材と異なった特徴があるため，素地調整の施工では普通鋼材と異なる対応が必要となる．本項では，耐候性鋼材のさびの特性に関する検討事例と，素地調整工法に関する体系的な検討事例を示す．

5.6.1 耐候性鋼材特有のさびの性質
(1) さび層の偏光顕微鏡写真

田園地帯に長期間曝露した耐候性鋼材と普通鋼材の，それぞれさび層断面の模式図と偏光顕微鏡写真を図-5.6.1に示す．耐候性鋼材では，地鉄の界面に連続して形成される内層さびと大気側の外層さびの2層構造となっている．このうち，内層の緻密なX線的非晶質さび，あるいは微

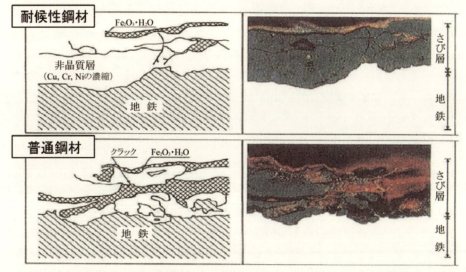

図-5.6.1 田園地帯に長期間暴露した耐候性鋼材と普通鋼材のさび層断面の模式図と偏光顕微鏡写真[1]を一部修正

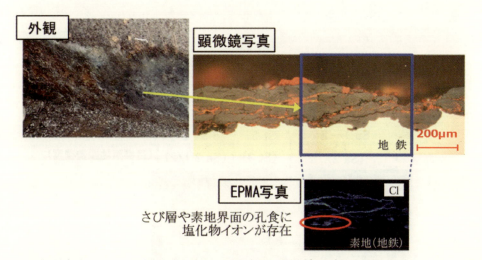

図-5.6.2 耐候性鋼材における層状さび層の断面偏光顕微鏡写真とEPMAにおけるCl分布[70]

細なオキシ水酸化鉄（α-FeOOH）などが環境遮断機能を有し，腐食性物質の地鉄への到達を抑制することにより腐食速度が低下する．耐候性鋼材では，これらの連続的に形成されるさび層を緻密な保護性を示すさびと呼んでいる．一方，普通鋼材のさび層は，非晶質さびとマグネタイト（Fe_3O_4）とが混在して生成しており，地鉄の界面を連続的に覆うものでないため環境遮断機能は期待できない．また，マグネタイトは，さび中には微細なクラックが介在しており，それが時間の経過とともに層状の剥離しやすいさび（層状剥離さび）へと進展する要因となっている[1]．

漏水と凍結防止剤の影響を受け，層状さびが生じた耐候性鋼材のさび層における断面偏光顕微鏡観察写真とEPMAにおけるCl分布を**図-5.6.2**に示す．さびの表層には，層状さび剥離の痕跡が見られ，さび層中には，クラックが連続的に横方向に発生している．また，EPMA分析より，Clは，クラックに沿ってさび層中に侵入しており，鋼材界面にも部分的に存在している．このように，耐候性鋼材は，鋼材界面にClが残留しやすいことが確認されている[70]．

(2) 素地調整後のターニング

　文献71)では，日本海海岸近傍に5.5年間曝露し，異常さびが生成した耐侯性鋼材試験体を用い，塗装による防食性能回復の検討が報告されている．ブラスト処理，あるいは動力工具を用いて素地調整を実施した結果を図-5.6.3に示す．ブラスト処理については，一般塗装系全面にさびが生じた普通鋼材を処理する場合と比べて，およそ3〜4倍の時間がかかり，処理するのに要したアルマンダイトガーネットの量も処理面積約$30m^2$に対して2.5ton（$83.3kg/m^2$）と，同様の形状の普通鋼材を処理する場合の約3倍を要している．それでもなお処理面にはさびが局部的に散見し目標の処理程度まで到達することができず，残存した硬いさびの奥深くにはなおも塩分が入り込んでいると推測している．なお，研削材としてアルマンダイトガーネットを選定した理由は，当該試験実施当時は，けい砂に比べて硬いというものであり，5.2.1で述べたような塩分が含まれている可能性があるという認識はなかったものと考えられる．

　もう一つの事例として，沖縄建設材料耐久性試験施設で長期曝露した耐侯性鋼材試験体に，硅砂による素地調整程度1種のブラスト処理を実施した後のターニングの発生状況を図-5.6.4に示す．耐侯性鋼材における硅砂によるブラスト処理を実施した直後の残存塩分量は，$1,000mg/m^2$を超える高い値を示していた．図-5.6.4より，ブラスト処理後30分で既にターニングが生じ，ブラスト処理後4時間では著しいターニングの発生が見られた．このように30分程度でターニングが生じる場合は，有機ジンクリッチペイントを塗布しても，早期にさび等を生じるため，水洗等により残存塩分量を下げ，再度ターニング除去用のブラスト処理を行う等の対応が必要である．このように，耐侯性鋼材は鋼材界面にClが分布しやすく，それがターニングの主要因であるため，ブラスト時の残存塩分量には注意する必要がある．

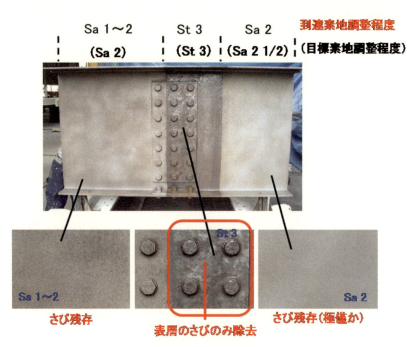

図-5.6.3　耐侯性鋼材における素地調整達成度 [71] を抜粋して修正
（出典：共同研究報告書第414号　平成22年12月（鋼橋防食工の補修方法に関する共同研究報告）

(a) ブラスト処理後 30 分 　　　　　(b) ブラスト処理後 4 時間

図-5.6.4 耐候性鋼材における素地調整程度 1 種(ブラスト処理)実施後のターニング発生状況

(a) 広域　　　　　　　　　　　　(b) 詳細

図-5.6.5 対象橋梁の架設位置

(国土地理院ウェブサイト http://maps.gsi.go.jp をもとに当委員会で作成)

5.6.2 耐候性鋼橋の素地調整工法に関する検討事例[72]

本項は，一般社団法人日本鋼構造協会の「耐候性鋼橋梁の維持管理技術」JSSC テクニカルレポート No.107（成 27 年 11 月発行）[72] の一部を基に作成している．

山間部に位置する都市高速道路の耐候性鋼橋において，部分的に異常さびが発生していることが確認された．当該高速道路橋梁の位置図を**図-5.6.5**に，当該橋梁の概要を**表-5.6.1**に示す．当該橋梁は離岸距離が 28km であるが，冬期に多くの凍結防止剤を散布する環境に位置するため，この異常さびの原因は凍結防止剤によるものと推測された．

異常さびに対する処置として，補修塗装が採用され，この補修塗装時の素地調整工法としてブラスト工法が適用されることとなった．その際，塗装品質に大きな影響を与えるとされている付着塩分量や素地調整の品質，あるいは施工時間に影響する素地調整の効率など，耐候性鋼橋の補修塗装に関する基礎的なデータを体系的に収集した．具体的には，施工の手順や効率，補修前後の付着塩分量など各種データを比較した．

(1) 補修塗装仕様と補修塗装範囲

補修塗装仕様を**表-5.6.2**に，補修塗装範囲を**図-5.6.6**に示す．補修塗装仕様は，さび外観評点 3 程度の補修対象面には，1 ダッシュ仕様を適用，さび外観評点 1 程度（層状剥離さび）の補修対象面（耳桁部）には，2 ダッシュ仕様を適用した．

表-5.6.1 対象橋梁の概要[72)]を一部修正

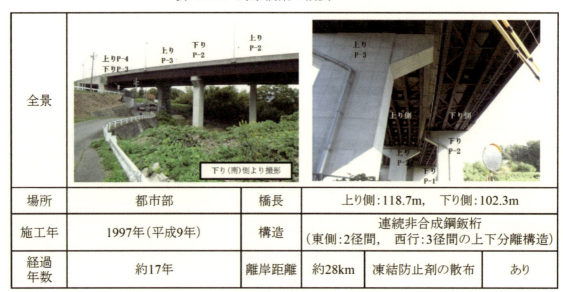

場所	都市部	橋長	上り側：118.7m，　下り側：102.3m		
施工年	1997年（平成9年）	構造	連続非合成鋼鈑桁 （東側：2径間，　西行：3径間の上下分離構造）		
経過年数	約17年	離岸距離	約28km	凍結防止剤の散布	あり

表-5.6.2 補修塗装の仕様[72)]を一部修正

種別	適用	塗装工程	塗料	塗装方法	標準使用量 (g/m^2)	標準膜厚 (μm)	塗装間隔
1ダッシュ仕様 2ダッシュ仕様	一般部 異常部	素地調整	1ダッシュ仕様				4時間以内
			2ダッシュ仕様				
		第1層-1	有機ジンクリッチペイント	スプレー	300	37.5	1日～1ヵ月
		第2層-2	有機ジンクリッチペイント		300	37.5	1日～10日
		第3層	変性エポキシ樹脂塗料下塗		240	60	1日～10日
		第4層	変性エポキシ樹脂塗料下塗		240	60	1日～10日
		第5層	変性エポキシ樹脂塗料中塗		170	30	1日～10日
		第6層	変性エポキシ樹脂塗料上塗		140	25	

1ダッシュ仕様：2種ケレン後，温水洗浄による塩分除去を行い，その後ブラスト処理を実施する．
2ダッシュ仕様：2種ケレン後，温水洗浄による塩分除去を行った後，付着塩分量が規定値内となるまで，ブラスト処理→温水洗浄→付着塩分量測定を繰り返す．付着塩分量が既定値内であることを確認後，仕上げのブラスト処理を行う．

(2) 素地調整工程の付着塩分量の推移

　補修塗装施工フローを図-5.6.7に示す．また，素地調整工程中の付着塩分量の推移を図-5.6.8および図-5.6.9に示す．図-5.6.8から，耳桁の下フランジ下面は，2回の温水洗浄を実施した後も，600～1,999mg/m^2以上の付着塩分量が残存していた．その後，1回目のブラスト処理と3回目の温水洗浄が実施されたが，100～300mg/m^2の付着塩分量が残存しており，鋼道路橋・防食便覧を参考に決定した基準値である50mg/m^2未満を達成できていなかった[73)]．次に，2回目のブラスト処理を実施したが，基準値の50mg/m^2を下回る部位と，上回る部位が同じような割合であったため，更に4回目の温水洗浄を実施した．しかし，4回目の温水洗浄を実施後にも付着塩分量が220mg/m^2を示す部位が確認された．そのため，3回目のブラスト（仕上げ）処理を実施し，全ての耳桁補修部位の付着塩分量が18mg/m^2となり，基準値（50mg/m^2）[1),71)]以下となった．

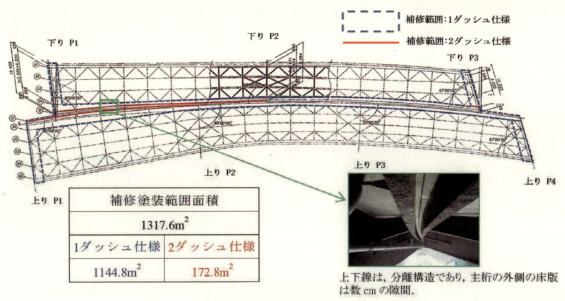

図-5.6.6 補修塗装の範囲 [72]

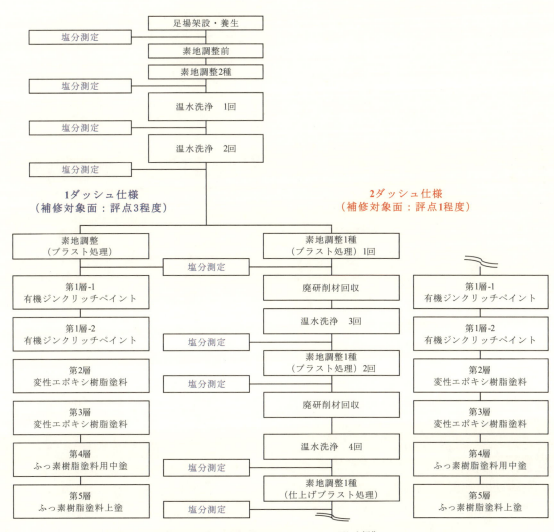

図-5.6.7 補修塗装施工フロー [72] を編集

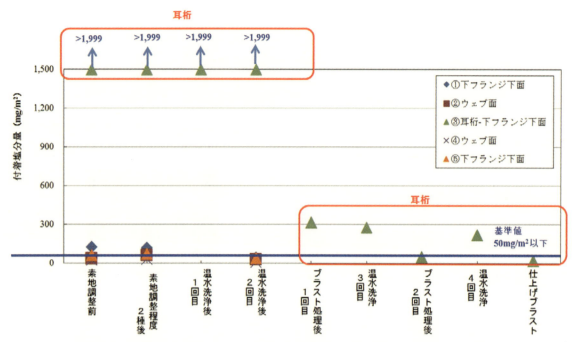

図-5.6.8 素地調整工程中の付着塩分量の推移(評点 1 程度)[72) を一部修正]

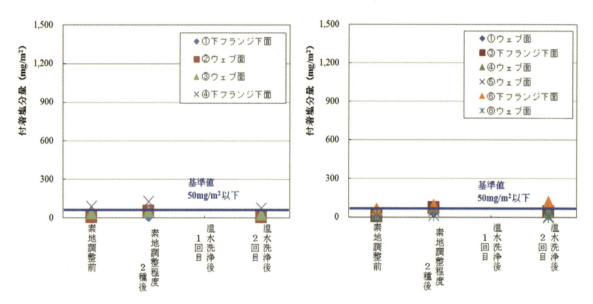

図-5.6.9 素地調整工程中の付着塩分量の推移[72) を一部修正]

図-5.6.9 から，耳桁以外の I 桁における素地調整前の付着塩分量は，6～126mg/m^2 で，動力工具を用いた素地調整と 2 回の温水洗浄により，ほとんどは 0～41mg/m^2 であり基準値（50mg/m^2）以下になった．

(3) 初期塗膜調査

補修塗装完了後，一ヶ月後に実施した塗膜調査では，ウェブ面に標準膜厚（250μm）を下回る点がいくつか見られたが，ほとんどの面において標準膜厚を上回っていることが確認できた．イオン透過抵抗測定値は全ての面において 1GΩ 以上であることから，補修塗装の初期塗膜が健全な状態にあることが確認された．

(4) 素地調整完了までの施工実績

施工中の素地調整効率に関するデータとして，素地調整完了までの施工実績を**表-5.6.3**に示す．実橋の洗浄に温水を用いる効果が明確ではなかったため，当初の計画では，補修対象部位全てに対して，温水洗浄2回，ブラスト処理1回で素地調整を完了させる予定としていた．そして，さび外観評点3程度である補修面に1ダッシュ仕様を適用した際は，計画通り，温水洗浄2回，ブラスト処理1回工程で素地調整を完了しており，研削材使用量は計画が30kg/m²に対して24.7kg/m²，労務工数は計画通り110人工，産業廃棄物処理量は計画が33.6tに対して28.3tとなり，ほぼ計画通りに施工できた．一方，補修面がさび外観評点2，さび外観評点1であり2ダッシュ仕様(耳桁部)を適用した場合は，温水洗浄は計画が2回に対して4回，ブラスト処理は計画が1回に対して3回と，計画より素地調整の工程が増加する結果となった．また，研削材使用量が計画30kg/m²に対して98.2kg/m²と約3.3倍，労務工数は計画34人工に対して46人工と約1.4倍，産業廃棄物処理量は計画が5.1tに対して17.0tと約3.3倍増大し，実績は計画を大幅に上回る結果となった．

(5) 素地調整比較試験

本試験は，当該補修塗装施工において，施工の手順や効率，補修前後の各種比較データの収集を目的として実施した試験である．そのために，本施工の調査を行う中で，2ダッシュ仕様（当該施工仕様）と日本鋼構造協会（Japanese Society of Steel Construction）（以下，JSSC）が推奨するJSSC仕様（耐侯性鋼用Rc-I塗装系），**表-5.6.4**参照）について，各素地調整工程の作業時間測定（効率試験）と各素地調整工程実施後の付着塩分量測定とターニング観察を行った．試験対象には，本施工補修範囲，すなわち異常さびの発生が著しかった耳桁部から試験部位を選定(1.5m²/水準)し，さび外観評点1の補修を2ダッシュ仕様とJSSC仕様で，さび外観評点2の補修をJSSC仕様で実施した．試験実施部位のさび状況を**表-5.6.5**に示す．

a) 付着塩分量の推移

効率試験実施部位の付着塩分量測定推移を**図-5.6.10**～**図-5.6.12**に示す．**図-5.6.10**に示す2ダッシュ仕様（評点1）の付着塩分量の推移をみると，2回の温水洗浄後では基準値の50mg/m²を下回っていない．ウェブ面では326mg/m²まで付着塩分量が下がる部位もあるが，フランジ面では，1,999mg/m²以上の高い付着塩分量を示した．2ダッシュ仕様（評点1）とJSSC仕様（評点1）の2回目の水洗以降の付着塩分量を見てみると，2ダッシュ仕様（評点1）の下フランジ

表-5.6.3 素地調整完了までの施工実績 [72)] を一部修正

		計画	実績	
1ダッシュ仕様 1144.8m²	温水洗浄回数	2回	2回	
	ブラスト処理回数	1回	1回	
	研掃材使用量	30 kg/m²	24.7 kg/m²	
	労務工数	110人工	110人工	
	産業廃棄物処理（鉱さい、一般）	33.6 t	28.3 t	
2ダッシュ仕様 172.8m²	温水洗浄回数	2回	4回	
	ブラスト処理回数	1回	3回	
	研掃材使用量	30 kg/m²	98.2 kg/m²	約3倍
	労務工数	34人工	46人工	
	産業廃棄物処理（鉱さい、一般）	5.1 t	17.0 t	約3倍

表-5.6.4 JSSC仕様（耐侯性鋼用 Rc-I 塗装系）

塗装工程	素地調整方法・塗料名		使用量 (g/m²)	目標膜厚 (μm)	塗装間隔
さび事前除去	素地調整程度2種（ケレンハンマー+ダイヤモンド工具）		—	—	
素地調整および付着塩分除去	素地調整程度1種（ブラスト処理）		—	—	—
	↓	↓			
	付着塩分量50mg/m²未満	付着塩分量50mg/m²以上 ↓ 水洗・付着塩分量測定 ※1) ↓ 素地調整程度1種（ターニング除去）			
下塗	有機ジンクリッチペイント		600 (300×2)	75	4時間以内
下塗	弱溶剤形変性エポキシ樹脂塗料下塗		240 (200)	60	1日～10日
下塗	弱溶剤形変性エポキシ樹脂塗料下塗		240 (200)	60	1日～10日
中塗	弱溶剤形ふっ素樹脂塗料用中塗		170 (140)	30	1日～10日
上塗	弱溶剤形ふっ素樹脂塗料用上塗		140 (120)	25	1日～10日

※1) 付着塩分量50mg/m² 未満となるまで繰り返し行う。
※2) 表中の使用量・目標膜厚はスプレーによる塗装作業を、( )内は刷毛・ローラーによる塗装作業を示す。

表-5.6.5 効率試験実施部位のさび状況 [72)を一部修正]

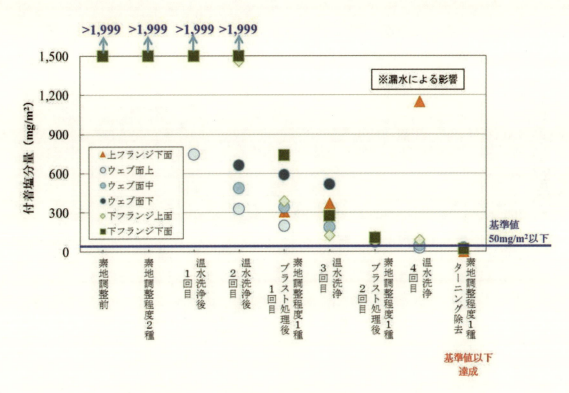

図-5.6.10 効率試験実施部位の付着塩分量測定推移（2ダッシュ仕様＿評点1）[72)を一部修正]

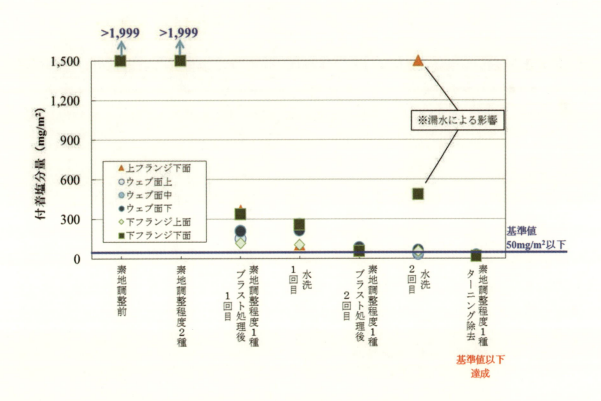

図-5.6.11 効率試験実施部位の付着塩分量測定推移 JSSC仕様＿評点1
（耐侯性鋼用Rc-I塗装系）[72)を一部修正]

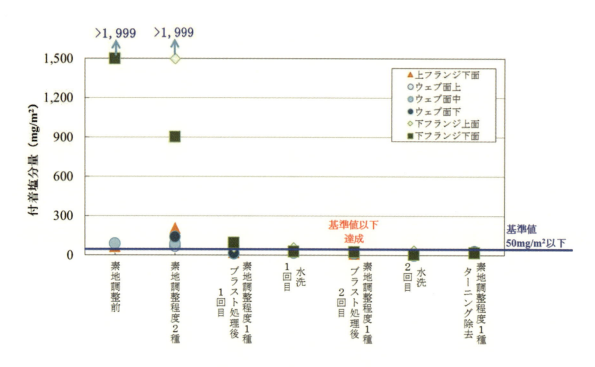

図-5.6.12 効率試験実施部位の付着塩分量測定推移 JSSC仕様＿評点2
（耐候性鋼用 Rc-I 塗装系）[72] を一部修正

下面において，2回目温水洗浄後1,999mg/m²以上であった付着塩分量が，1回目ブラスト後でも740mg/m²と高い値を示した．**図-5.6.11**と**図-5.6.12**でさび状態（評点1，評点2）の違いによる付着塩分量推移を比較すると，JSSC仕様（評点1）がターニング除去の仕上げブラストの段階で基準値（50mg/m²）以下を達成しているのに対して，JSSC仕様（評点2）の方は，2回目ブラスト後の段階で基準値（50mg/m²）を達成している．この結果から，評点1までさびの状態が悪くなる前の評点2の状態で補修塗装施工を実施し，ブラスト処理を1回減らすことも有効な選択肢の一つとなる．

b) 効率試験結果

素地調整作業時間測定結果を**図-5.6.13**に示す．2ダッシュ仕様（評点1）とJSSC仕様（評点1）を比べると，全体として18%のJSSC仕様（評点1）の作業時間が短い結果となった．

さび状態（評点1，評点2）の違いによる作業時間は，JSSC仕様（評点1）とJSSC仕様（評点2）比べてみると，全体として16%のJSSC仕様（評点2）の作業時間が短い結果となった．作業別に見てみると，動力工具処理によるさびの事前除去の作業時間の差が最も大きい結果となった．したがって，補修時の素地調整に占める動力工具処理，ブラスト処理時間も層状さびやうろこ状さびなど，不良なさびの面積が大きいと長い時間が必要になった．

c) ターニング観察試験

ブラスト処理1回目，2回目，3回目（ターニング除去）の後，ターニングの観察[74],[75]を行い，素地調整から塗装を行うまでの間隔（4時間以内）について検証した．試験には，本施工補修範囲から試験部位を選定（0.7m²/水準）して実施した．ターニング観察試験実施部位のさび状況を**図-5.6.14**，ターニング観察試験中の外観写真の例として，JSSC仕様（評点1）についてブラスト処

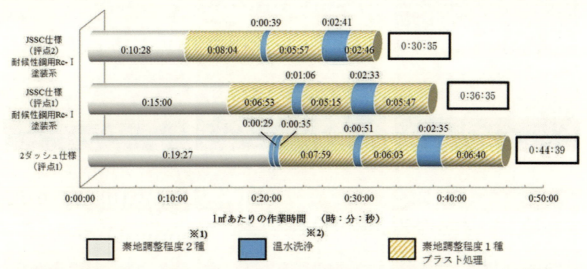

※1 2ダッシュ仕様ではパワーツールとペーパーグラインダーによる素地調整程度2種，JSSC提案仕様では，ダイヤモンド工具による素地調整程度2種を実施
※2 JSSC提案仕様では，常温水を使用した．

図-5.6.13 効率試験結果（素地調整作業時間）[72]を一部修正

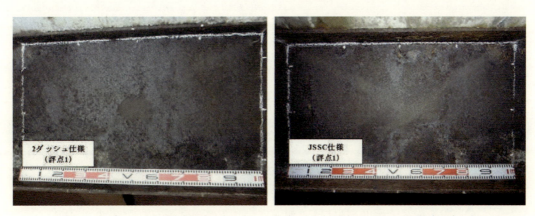

(a) 2ダッシュ仕様（評点1）　　　　　(b) JSSC仕様（評点1）

図-5.6.14 ターニング観察試験実施部位のさび状況 [72]から一部抜粋して修正

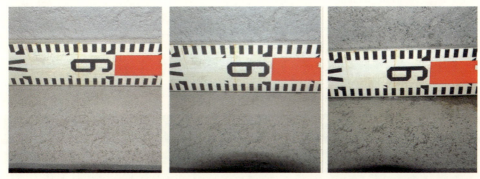

直後　　　　　　2時間後　　　　　　4時間後
ブラスト後の付着塩分量：70〜301mg/m²
(a) 素地調整程度1種（ブラスト処理 1回）

図-5.6.15 ターニング観察試験中の外観写真 JSSC仕様（評点1）（その1）[72]を一部修正

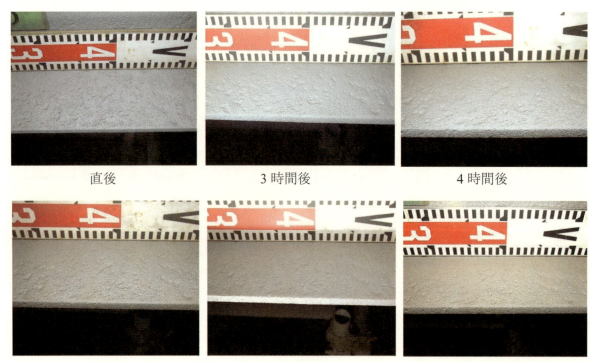

| 直後 | 3時間後 | 4時間後 |
| 5時間後 | 6時間後 | 21時間後 |

ブラスト後の付着塩分量：7～18mg/m²

(b) 素地調整程度1種（ブラスト処理 3回）

図-5.6.15 ターニング観察試験中の外観写真 JSSC仕様（評点1）（その2）[72] を一部修正

理1回とブラスト処理3回行った場合のターニング状況を**図-5.6.15**示す.

ターニング観察試験結果より，1回目のブラスト処理では，2時間後に僅かなターニングが，4時間後には明らかなターニングによるさびの発生が確認された．これに対して，3回目のブラスト処理では，21時間後でもターニングによるさび発生は確認されなかった．

(6) 補修法の提案

補修法案（案1）の工程フロー「JSSC仕様（耐候性鋼用Rc-I塗装系）」を**図-5.6.16**に，補修法案（案2）の工程フローを**図-5.6.17**に，補修法案法（案3）の工程フローを**図-5.6.18**に示す．また，これらの補修法案の特徴や課題を**表-5.6.6**に示す．

耐候性鋼材は普通鋼材に比して，孔食的な腐食が生じやすく，鋼材界面に塩分が濃化しやすい等の特徴がある．防食方法を塗装に変更する場合には，異常さびや塩分が残存したまま補修塗装を実施しても，その補修塗膜の長期耐久性は期待できない．このため，補修塗装の際の素地調整では，異常さびを除去と，残存する塩分の除去が主体であり，普通鋼を用いた塗装橋梁における塗膜の除去や，さびの除去を主とした素地調整とは，別な位置付けが必要となる．

異常さびを除去するとともに，残存した塩分をできる限り除去できる素地調整方法としては，9.2.1に示すレーザー光による表面処理や，8.3.3に示すダイヤモンド工具を補助工法とし，水洗処理とブラスト処理を繰り返す水洗工法などが考えられる．また，予防保全的な別な考えとして，異常さびの生成が予測できる場合には，素地調整が比較的に容易な内に防食方法を変更することで，上記のような様々な手法を組み合わせた素地調整に費やす時間やコストを大幅に削減できる可能性がある．そのために，耐候性鋼材における異常さびの発生を精度良く予測する手法の開発が望まれる．

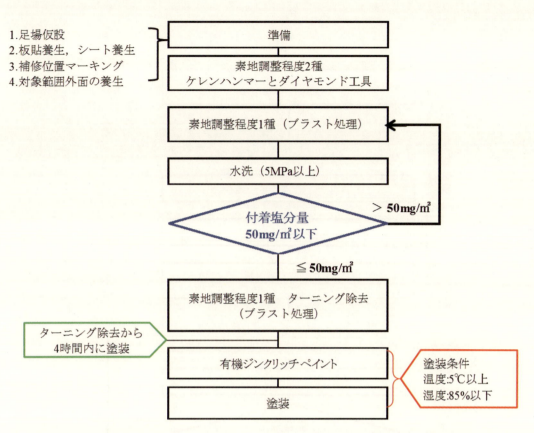

図-5.6.16 補修法(案1)の工程フロー 「JSSC仕様(耐候性鋼用Rc-I塗装系)」[72] から抜粋して修正

表-5.6.6 耐候性鋼橋の補修法案の特徴や課題

提案する補修方法	特徴	課題
補修法(案1) 耐候性鋼橋梁用Rc-I塗装系	付着塩分量を50mg/m²以下とするので,防食塗膜の長期耐久性が期待できる.	水処理とブラスト処理の回数が多くコスト大となる.
補修法(案2) イオン透過抵抗法による予測	イオン透過抵抗法を用いて,さび評点2の段階で,将来,さび評点1となりうる部位(箇所)を選定する. さび評点2の段階で補修すれば,素地調整のコストが軽減できる.	イオン透過抵抗による経年調査が必要となる.
補修法(案3) 付着塩分量 100mg/m²以下	付着塩分量が100mg/m²以下なので,付着塩分量50mg/m²以下までとする場合と比較して,素地調整に関わるコストが軽減できる.	付着塩分量が100mg/m²の場合の長期耐久性の確認ができない.

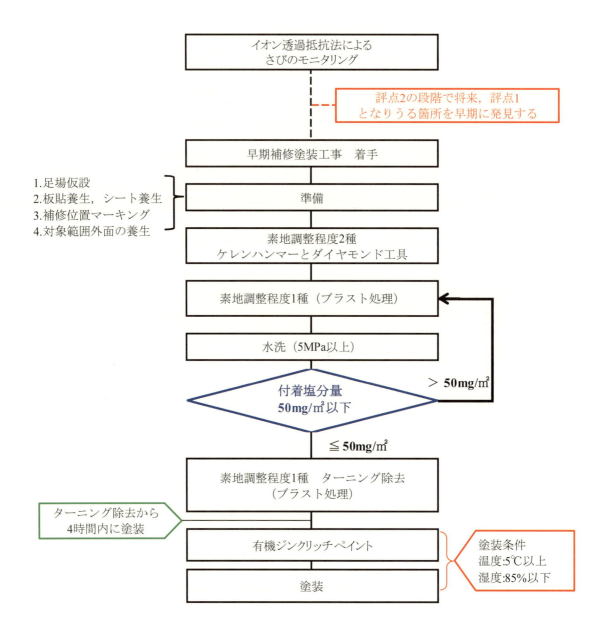

図-5.6.17 補修法(案2)の工程フロー[72] から抜粋して修正

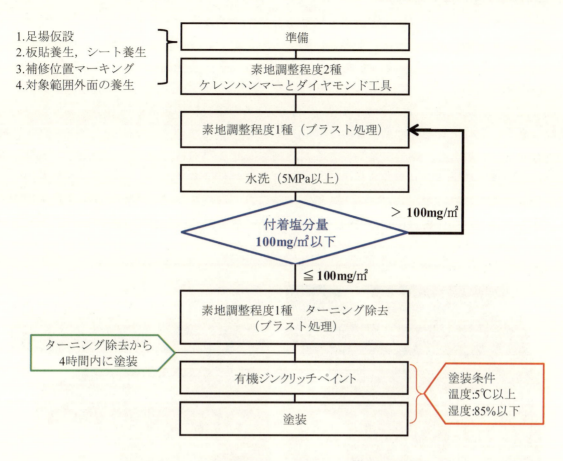

図-5.6.18 補修法（案3）の工程フロー[72] から抜粋して修正

5.7 部分素地調整の事例

第6章で述べたように，実構造物においては構造物全体の防食被膜が均等に劣化することは少なく，道路橋における桁端部のように，特定部位が著しく劣化する場合が多い．このような場合には，防食被膜の劣化と腐食形態を考慮し，著しく劣化した特定の部位のみの防食性能を回復することで，構造物全体のLCCの低減につながる．このため，鉄道橋では1981年に発刊された鉄けた塗装施工設計施工指針（案）[76]において塗替え時期の判定方法（判定法P，判定法Q）や部分塗替え仕様，施工時の施工・管理方法が取りまとめられた．また，道路橋においても，2012年に桁端部のみの塗装塗替補修の要領（案）[77]が策定され，特定の部位のみを補修塗装する事例が増加している．

本節では，道路橋と鉄道橋における部分塗替え補修に伴う部分素地調整例を紹介する．

5.7.1 道路橋

道路橋では，伸縮装置からの漏水に起因した桁端部の腐食損傷事例が多い．そのため，**図-5.7.1**に示すような桁端部の腐食損傷に対する補修と予防保全策を実施は，橋梁全体の健全性維持につながることが多く，維持管理費を抑制も期待できる．ここでは，素地調整工法の選定方法の例と都市内高速道路の桁端部の補修塗装における素地調整に関する検討事例を紹介する．

(1) 素地調整工法の選定方法の例 [78]

路下の利用状況や施工場所に近接する住宅などの地理的条件から，都市内高速では補修塗装施工の際に様々な制約を受けることが多い．特に，施工ヤードや環境的な制約は，補修塗装施工の素地調整工法や施工効率に大きな影響を及ぼす．図-5.7.2に各種制約を受ける素地調整工法の選択方法の例を示す．

図-5.2.2に示したようなブラスト工法を用いるための資機材の設置ヤードが確保できない場合には，動力工具等による素地調整程度2種を選定せざるを得ない．また，施工に伴う騒音の発生が許容されない場合も，動力工具等による素地調整程度2種を選定することとなる．ブラスト工法が選定できた場合，粉じんの発生の観点から許容されれば乾式のエアーブラストを採用できるが，許容されない場合は湿式ブラストを選定することとなる．なお，有害物質を含んだ塗膜のブラストが許容されない場合には，塗膜剥離剤や電磁誘導加熱式被膜剥離工法などの粉じんが発生しにくい補助工法をブラストに先行して用いることとなる．

(a) 桁端部の補修塗装の足場全景　　　(b) 桁端部の補修塗装の足場内部
図-5.7.1　都市内高速道路における桁端部のみの素地調整・補修塗装の例

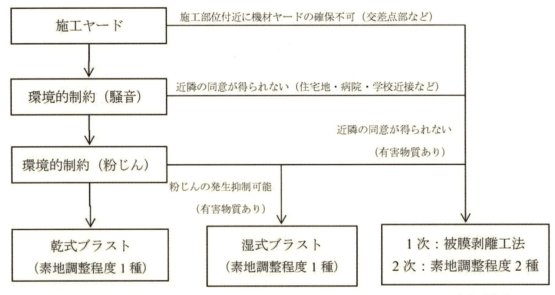

図-5.7.2　都市内高速道路における素地調整工法の決定フローの例 [78] を一部修正

(2) 都市内高架橋におけるブラスト工法の比較の例[79]

　この例では，都市内連続高架橋においてブラストを用いた桁端部分塗装の試験施工を実施し，1) 騒音，2) 粉じんや研削材の飛散に対する防護工，3) ブラストの工法の施工性について様々な検証が行われている．対象橋梁の架橋位置は，一般住居（マンション）との離隔が 200m 程度あるジャンクション近傍である．対象とした桁端部は街路上の 7 部位，港湾用地内で足場下を施工ヤードとして占用できる掛違い橋脚を 2 部位，高速道路上となるダブルデッキ橋脚の上層の 1 部位，合計 10 部位である．ブラスト工法は，乾式のエアーブラストとバキュームブラストを実施し，研削材は一部のバキュームブラストを除いてアルマンダイトガーネットで統一した．

　施工中の騒音の検証では，各ブラスト実施部位近傍の高さ 1.2m の位置で，ブラスト処理の前中後にハンディ騒音計を用いて計測した．純粋なブラスト処理による騒音レベルを把握するために実施した，街路交通の影響を受けない占用ヤードにおける最大値でも 82dB 程度と制限値の 85dB 以下となっており，昼間施工に対しては概ね問題にならないことが確認されている（**表-5.7.1**）．しかし，夜間施工の場合には，ブラスト位置における防護工に対する防音シートの追加や，コンプレッサー等の機器に対する防音養生など，音の発生源への対策検討が必要になると考えられる．

　粉じんや研削材の飛散に対する防護工の検証では，足場の側面内側に可能な限りコンクリート型枠用合板を設置し，その内側に通常の塗装施工で使用するビニールシートを用いた 1 重の養生では，内部で飛散した研削材がシートを破って粉じんが外部へ飛散し，施工個所の直下に研削材が流出したことが報告されている．そのため，**図-5.7.3** に示すように防炎シートを用いた 2 重の養生が提案されている．

　ブラストの工法比較では，乾式のエアーブラストとバキュームブラストの 2 工法の施工性が比較されている．その結果，ブラスト工を 1 パーティ施工とした場合，日あたり施工量として前者と後者の工法は，それぞれ $21m^2$ と $6m^2$ であり，後者は前者の約 1/3 倍になることが報告されている．

表-5.7.1 ブラスト処理時の騒音測定結果（単位:dB）[79]

測定値種別	平均値	最大値
占用ヤード	81	82
街路・高速上施工	81	86

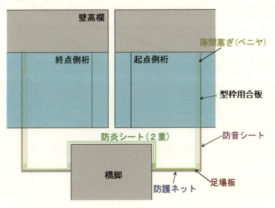

図-5.7.3 提案された防護工の最終案[79]

5.7.2 鉄道橋

鉄道橋では局所的ないしは部分的な塗膜劣化・腐食が散見されるものの，素地調整工法と塗膜の耐久性の観点からから部分的に塗替え施工を試験的に実施した事例は少ない．ここでは，部分的な補修塗装事例を2つ紹介する．

文献80)では，鋼鉄道橋の桁端部における塗膜状態は，図-5.7.4 に示すように他部位よりも比較的劣化しやすい傾向にあることを見出し，簡易的な部分塗替えを桁端部で実施することによって，構造物全体の塗膜劣化程度を平準化できると報告している．ここでは，通常の塗替え塗装仕様よりも耐久性が劣るが，過去に使用された塗替え塗装仕様と同程度の耐久性を有する表-5.7.2 に示す省工程型の塗替え塗装仕様を提案している．この塗装仕様の素地調整工法は通常の動力工具を用いたものであり，その耐久性は室内促進劣化試験により確認されている．しかし，現地における試験施工については，山梨県内の一般的な腐食性環境における本事例のみであり，塗膜の耐久性は施工から10ヶ月後の評価に留まっている．このため，腐食性の高い環境で適用する場合には，所定の耐久性を確保できるかを検証する必要がある．

文献79)では，腐食性の高い環境に関する部分塗替えについての試験施工例が報告されている．当該の鋼鉄道橋には現在の重防食塗装系に類する長期耐久型塗装仕様が適用されており，現在の「鋼構造物塗装設計施工指針[33)]」に準じた部分塗替え判定法（判定法Q，詳細は6.1.2を参照）により，架設から10年程度で塗替え適正時期と判断された（表-5.7.3）．塗替え時の素地調整において使用されたのは，当時の鉄道における標準的な素地調整手法である手工具と動力工具であり，さびのほぼ完全な除去に加えて，付着塩分除去のための高圧水洗浄が行われた．この時，塗装前の鋼材面に対する付着塩分量が $10mg/m^2$ 以下であることが確認されている．ただし，塗替え施工から20年後の調査では，図-5.7.5 に示すように角部や部材接合部などに腐食変状が生じていることが確認されている[82)]．この報告結果から，入念な素地調整を行うことにより，手工具と動力工具による素地調整工法であっても，防食性能の回復が期待できる．ただし，所定の膜厚を確保しにくい部位や，素地調整が困難な部位では再腐食を生じやすく，ブラスト工法などの適用が望ましい．

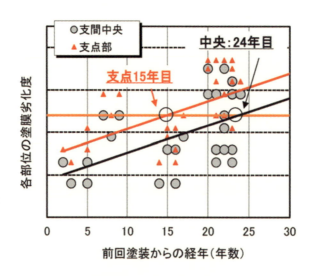

図-5.7.4　塗膜劣化度の調査結果（支間中央と支点部の塗膜劣化度の比較）[80)]

このように，一部の道路橋と鉄道橋において部分塗替えが採用されているが，防食機能の劣化や腐食しやすい部位のみを補修するための部分塗替えなのか，橋梁塗装全体の劣化程度の平準化なのかにより，部分塗替えに期待する耐久性が異なる．そのため，部分塗替えする際には，素地調整工法も素地調整程度1種，素地調整程度2種のいずれを採用するか検討する必要がある．

表-5.7.2 省工程型の塗替え塗装仕様の概要[80]

塗装仕様	工程	塗料名	標準使用量 (g/㎡)	目標膜厚 (μm)	塗装間隔 (20℃)
開発塗装系 G1	第1層	湿気硬化型ポリウレタン樹脂塗料	はけ 150	50	4H～30D
	第2層	厚膜型ポリウレタン樹脂塗料	はけ 150	50	
開発塗装系 G2	第1層	湿気硬化型ポリウレタン樹脂塗料	はけ 150	50	4H～30D
	第2層	シリコン変性エポキシ樹脂塗料	はけ 190	80	

備考：表中の塗装間隔の記号は次のとおり．H…時間，D…日，M…月

表-5.7.3 判定法Qによる対象鋼橋の塗膜劣化状態[81]を一部修正

系＼部位	ウェブ	下フランジ	上フランジ	あや材	その他	評価
L-2（13A）	Q-IV	RB,H	Rt	Q	Q-III	Q-IV
H-2（14A-1）	Rt,RB	Q-III	Q-III	Q	Q-III	Q-III
J-2（14A-2）	○	Q	Q	Q	Q-III	Q
K'-2（14A-3-1）	Q-III	Q-I	Q-I	Q	Q	Q-I
K-2（14A-3-2）	H	Rt	○	―	Rt	○
鉛丹＋フタル酸：標準	P-III	P-I	P-II	P-II	P-III	P-II

注） 1. 下フランジ上面と上フランジ上面は汚れのために対象外とした．

2. その他とは，ボルトとその廻りや補剛材と下フランジ上面の接触部である．

3. 評価法は「鋼構造物塗装設計施工指針[33]」における塗替え判定基準の判定法PとQによる．

4. 表中の略号はRt：さび，RB：さびふくれ，H：上塗りの層間はく離が少し発生していることを示し，Q：劣化度IIIに至らない程度の塗膜劣化状態を示す．

(a) 下フランジの角部　　　　　　(b) 垂直補剛材部

図-5.7.5 塗替え施工部位における塗膜変状部位の例 [82)を一部修正]

参考文献

1) （公社）日本道路協会：鋼道路橋防食便覧，2014.
2) 関西鋼構造物塗装研究会：－改訂－わかりやすい塗装のはなし　塗る，2014.
3) （社）日本橋梁・鋼構造物塗装技術協会：現場ブラスト作業の知識（第二版），2002.
4) 厚生労働省：鉛等有害物質を含有する塗料の剥離やかき落とし作業における労働者の健康被害防止，基安労発0530第1号・基安化発0530第1号，2014.
5) ポリ塩化ビフェニル廃棄物の適正な処理の推進に関する特別措置法，改正平成26年法律第69号，2014.
6) 鉛中毒予防規則，昭和四十七年労働省令第三十七号，1972.
7) （一財）日本規格協会：JIS Z 0310「素地調整用ブラスト処理方法通則」，2016.
8) International Organization for Standardization : ISO 8501-1, Preparation of steel substrates before application of paints and related products-Visual assessment of surface cleanliness-Part 1:Rust Grades and preparation grades of uncoated steel substrates and of steel substrates after overall removal of previous coatings, 2007.
9) （一財）日本規格協会：JIS Z 0312「ブラスト処理用非金属系研削材」，2016.
10) （財）日本規格協会：JIS Z 0311「ブラスト処理用金属系研削材」，2004.
11) （一社）日本鋼構造協会編：重防食塗装－防食原理から設計・施工・維持管理まで－，技報堂出版，pp.117-121，2012.
12) （公社）日本道路協会：鋼道路橋塗装・防食便覧資料集，2010.
13) （一財）日本規格協会：JIS B 0601「製品の幾何特性仕様（GPS）-表面性状：輪郭曲線方式-用語，定義及び表面性状パラメータ」，2013.
14) 大西允人，山内良沢：鋼橋の維持管理における塗装関連検査機器の利用について，（一社）日本橋梁・鋼構造物塗装技術協会，第16回技術発表大会予稿集，2013.
15) （財）日本規格協会：JIS Z 0313「素地調整用ブラスト処理面の試験及び評価方法」，2004
16) （一社）日本鋼構造協会：鋼構造物塗膜調査マニュアル，JSS IV 03，2006.
17) 武藤和好，藤川圭介，宮田弘和，元井邦彦：鋼素地面の点錆発生時間に及ぼす湿度の影響分析と一試算，土木学会第71回年次学術講演会講演概要集，I-452，pp.903-904，2016.
18) （国研）土木研究所先端材料資源研究センター材料資源研究グループ：土木鋼構造物用塗膜剥離剤ガイドライン（案）改訂第2版，土木研究所資料第4354号，2017.
19) 柿添智之，中山太志，坂本達朗，廣畑幹人，松井繁之：加熱技術を用いた塗膜除去方法の検

討，土木学会第 71 回年次学術講演会講演概要集，VI-569，pp.1137-1138，2016.
20) 今村壮宏，城戸靖彦，山本誠也：鋼橋塗替塗装における塗膜剥離方法に関する検討，土木学会第 71 回年次学術講演会講演概要集，VI-546，pp.1001-1002，2016.
21) 信重和紀，麓興一郎，江口敬一，小川和也：明石海峡大橋 P2 主塔被膜剥離工法検討：土木学会第 71 回年次学術講演会講演概要集，I-061，pp.121-122，2016.
22) 近信明，坂東佑亮，養父重紀：RPR 被膜剥離工法を用いたタンク底部塗膜剥離時における底板裏への熱影響実験の報告，土木学会第 72 回年次学術講演会講演概要集，VI-942，pp.1883-1884，2017.
23) 小野秀一，渡辺真至：電磁誘導加熱による鋼橋の塗膜除去工法に関する研究，建設機械施工，Vol.66，pp.101-104，2014.
24) 池田龍哉：橋梁における電磁誘導加熱工法を用いた被膜除去，第 39 回鉄構塗装技術討論会，pp.117-120，2016.
25)（一社）日本鋼構造協会編：重防食塗塗装〜防食原理から設計・施工・維持管理まで〜，2012.
26) 原田麻衣，中野正，辻良尚，後藤ひと美：ブラスト面形成動力工具の機能と橋梁等における適用結果と課題，Structure Painting, Vol.43, pp.21-30, 2015.
27) 中野正，後藤ひと美：ブラスト面を形成できるハンディ動力工具「ブリストルブラスター」，塗料と塗装，No.753, pp.19-26, 2011.
28) 菊池勇気，峯村智也，小島直之：都市におけるブラストによる素地調整の現場適用検討，Structure Painting, Vol.40, No.1, 2012.
29) 松本英宜，中山太士，坂本達朗：鋼鉄道橋の塗替え塗装におけるケレン方法の検討，土木学会第 67 回年次学術講演会講演概要集，VI-065，pp.129-130，2012.
30)（公社）日本道路協会：鋼道路橋塗装・防食便覧，2005.
31) キムアラン，貝沼重信，渡邉亮太，池田龍哉，小寺健史：ブラスト処理条件が鋼素地の表面性状と研削材残留度に及ぼす影響，鋼構造年次論文報告集，Vol.25，pp.737-742，2017.
32) 東日本高速道路，中日本高速道路，西日本高速道路：構造物施工管理要領，2017.
33)（公財）鉄道総合技術研究所：鋼構造物塗装設計施工指針，2013.
34) 厚生労働省労働基準局長：屋外作業場等における作業環境管理に関するガイドライン，基発第 0331017 号，2005.
35) Daryl Fleming Surface Preparation : Practices, Equipment and Standards through 25 Years, JPCL, 2009.
36) 連邦法 29CFR1926.62 略称 Lead in Construction 法，OSHA3142-12R Lead in Construction U.S. Department of Labor Occupational Safety and Health Administration 2004
37) Bernard R. Appleman : Bridge Paint: Removal, Containment and Disposal, National Cooperative Highway Research Program Synthesis highway practice, No.176, National Research Council (U.S.), 1992
38) 片脇清士，中野正則：鋼道路橋の塗替え時における含鉛塗料の除去について，土木技術資料，Vol.55, No.2, pp.56-59, 2013.
39) 片脇清士：鋼道路橋の腐食と対策 その 10 素地調整とケレンの歴史(1)，防錆管理，Vol.59, No.12, 2015.
40) 片脇清士：鋼道路橋の腐食と対策 その 10 素地調整とケレンの歴史(2)，防錆管理，Vol.60,

No.1, 2016.
41) SSPC：QP1 FIELD APPLICATION TO COMPLEX INDUSTRIAL AND MARINE STRUCTURE, 2019.
42) SSPC：QP2 -FIELD REMOVAL OF HAZARDOUS COATINGS, 2013.
43) 池田龍哉：ブラスト素地調整施工時における現状の問題と今後の課題，第 20 回鋼構造と橋に関するシンポジウム論文報告集，pp.33-39，2017.
44) 片脇清士：新しい素地調整工法の比較～大型塗装工事による経験から～，鉄構塗装技術討論会論文集，第 35 回鉄構塗装技術討論会論文集，pp.153-160，2012.
45) 片脇清士：次世代の鋼道路橋塗装工事の標準を考える，第 36 回鉄構塗装技術討論会論文集，pp.127-132，2013.
46) 片脇清士：鉛含有塗膜の塗替え塗装～施工者はどう対応すべきか～，第 38 回鉄構塗装技術討論会論文集，pp.79-84，2015.
47) 片脇清士：米国道路橋塗装の鉛対策－素地調整における鉛対策－，第 39 回鉄構塗装技術討論会論文集， pp.99-104，2016.
48) 坂本達朗，河原淳人，濱崎有也，江成孝文：著しく腐食した塗装鋼材へのブラストの適用性に関する検討，鉄構塗装技術討論会発表予稿集，Vol.36，pp.107-114，2013.
49) 坂本達朗，鈴木実，間々田祥吾：腐食性の高い環境下に架設された鋼鉄道橋の腐食状態調査，構造工学論文集，Vol.59A，pp.693-701，2013.
50) 濱崎有也，多久和公二，迫田治行，丹波寛夫：ブラスト用非金属系研削材の比較調査，鉄構塗装技術討論会発表予稿集，Vol.34，2011.
51) （一財）日本規格協会：JIS K 5600-5-7「塗料一般試験方法 –第 5 部：塗膜の機械的性質- 第 6 節：付着性（プルオフ法）」，2014.
52) （財）日本規格協会：JIS K 5600-5-6「塗料一般試験方法 –第 5 部：塗膜の機械的性質- 第 6 節：付着性（クロスカット法）」，1999.
53) 冨山禎仁，西崎到，林田宏，守屋進：鋼構造物の現場塗装における塩分の影響，防錆防食技術発表大会講演予稿，Vol.33，pp.141-146，2013.
54) 中島和俊，落合盛人，五島孝行，安波博道，中野正則：ブラスト素地調整における残存塩分除去対策の事例紹介，Structure Painting，Vol.44，pp.9-15，2016.
55) 冨山禎仁，西崎到：現場塗装時の塩分が鋼道路橋の塗膜性能に及ぼす影響に関する検討，構造工学論文集，Vol.61A，pp.552-561，2015.
56) （独）土木研究所他：耐候性鋼の塗装による補修方法に関する検討，第 34 回鉄構塗装技術討論会発表予稿集，2011.
57) B.R. Appleman：Advances in technology and standards for mitigating the effects of soluble salts, The Journal of Physical Chemistry Letters, 2002.
58) 服部雅史，広瀬剛：塗替塗装における素地調整の最適化に関する検討，防錆管理，Vol.61，No.3，pp.83-91，2017.
59) 坂本達朗：さび中の塩分を除去した塗装さび鋼板の塗膜耐久性評価，土木学会第 70 回年次学術講演会講演概要集，I-419，2015.
60) （公社）日本道路協会：道路橋示方書・同解説 II 鋼橋編，2012.3.
61) 東日本高速道路，中日本高速道路，西日本高速道路：構造物施工管理要領，2015.

62) 日本道路公団：設計要領第二集，1970.
63) 日本道路公団：鋼橋塗装基準，1975.
64) （財）日本規格協会：JIS K 5600-7-9「塗料一般試験方法 第7部 塗膜の長期耐久性−第9節 サイクル腐食試験方法−塩水噴霧／乾燥／湿潤」，2006.
65) 藤原博，田原芳雄：鋼橋塗装の長期防食性能の評価に関する研究，土木学会論文集，No.570/I-40，pp.129-140，1997.
66) 刀根薫：ゲーム感覚意思決定法−AHP 入門−，日科技連出版社，1986.
67) 木下栄蔵：意思決定入門，啓学出版，1992.
68) 白川裕之，広瀬剛：実物大の試験体を用いた素地調整方法に関する研究，鉄構塗装技術討論会発表予稿集，Vol.40，2017.
69) （公社）土木学会：高力ボルト摩擦接合継手の設計・施工・維持管理指針（案），鋼構造シリーズ15，2006.
70) 佐野大樹，今井篤実，石田和生，大屋 誠，武邊勝道，松崎靖彦，広瀬 望，三輪宏和：さび安定化補助処理された耐候性鋼橋梁の詳細調査手法と補修仕様選定に関する調査研究（その3）−さび層断面の状態分析と元素分布分析−，土木学会第69回年次学術講演会，I-607，pp.1213-1214，2014.
71) （独）土木研究所：鋼橋防食工の補修方法に関する共同研究報告，第414号，2010.
72) （一社）日本鋼構造協会：耐候性鋼橋梁の維持管理技術，JSSC テクニカルレポート No.107，2015.
73) 森勝彦，矢野誠之，安波博通，中島和俊，中野正則，片脇清士：福岡県汐入川橋の塗替えにおける早期さび再発防止対策：橋梁と基礎，Vol.49，No.10，pp.41-44，2015.
74) 遠藤雅司，湯川宗吉，小山田桂夫：耐候性鋼材を使用した橋梁の補修検討，平成24年度東北支部技術研究発表会，VI-10，2013.
75) 楢岡民幸，片岡幸太，千葉富彦：耐候性鋼材を使用した既設橋の補修について＜耐候性鋼橋の塗装補修事例＞，平成25年度東北地方整備局管内業務発表会，1-27，2013.
76) 鉄道技術研究所：鉄けた塗装工事設計施工指針（案），1981.
77) 国土技術政策研究所：道路橋の部分塗替え塗装に関する研究−鋼道路橋の部分塗替え塗装要領（案），国土技術政策研究所資料第684号，2012.
78) 成尾謙三，神代享一，橋爪大輔：桁端部における素地調整の試験施工報告，阪神高速道路第46回技術研究発表会論文集，2014.
79) 片山英資，青野守，松山直紀，井上直行，豊島達弘，中田政弘：都市内連続高架橋における桁端部分ブラスト工事に関する試験施工，土木学会第66回年次学術講演会講演概要集，I-592，pp.1183-1184，2011.
80) 和泉大祐，栗林健一：効率的な鋼橋塗装塗り替えに関する研究，鉄道技術連合シンポジウム講演論文集，Vol.21，p.S2-13-4，2014.
81) 町田洋人，田中誠，江成孝文，桐村勝也：長期防せい型塗装系の実橋塗替塗装試験，鉄構塗装技術討論会発表予稿集，Vol.14，pp.83-88，1991.
82) 鈴木実，園佳寿郎，後藤宏明，江成孝文，橋本康樹，山本基弘，吉田陽一，木村武久，真田祐介：実橋梁に適用した長期耐久型塗装系の追跡調査（その2），鉄構塗装技術討論会発表予稿集，Vol.35，pp.7-12，2012.

第6章 塗装

　本章では，塗装鋼構造物の維持管理上の課題となる塗膜劣化や腐食損傷について，その対策や留意点について述べる．対象とする鋼構造物は，道路橋と鉄道橋を主とした．また，本章で対象とする変状は，構造物の主部材の力学性能を低下させる場合がある「部分的な腐食」と，近年，問題視されている「旧塗膜に起因する塗膜劣化」などとし，塗膜面の光沢低下や色相変化などの防食性能に直接影響しない劣化は対象外とした．なお，各種の劣化や損傷の機構を把握するためには，塗料と腐食に関する化学的基礎知識が必要となる．この知識については，付録1と2を参考にされたい．

　ここで述べる塗替えとは，規定された塗装仕様を適用することを意味している．このため，随時点検で発見された塗膜劣化や腐食損傷の部位を点検時に塗装する行為（タッチアップ）は対象外とした．また，本章では塗装のみで防食された鋼構造物を対象としているため，塗装と溶射を組み合わせた防食方法，および耐候性鋼材が著しく腐食した際の補修塗装による防食方法については，それぞれ7.3と8.3を参照されたい．

6.1 塗装鋼構造物の塗膜の維持管理

6.1.1 塗替え塗装

　塗膜は日射，降雨や鋼材の腐食因子である飛来塩分，凍結防止剤由来の塩分，NOx，SOxなどの作用によって経年劣化し，外観の光沢度や色相の変化とともに防食性能が低下していく．塗膜の防食性能が低下すると，鋼材に腐食が生じ，その進行とともに板厚が減少して部材の耐荷力が低下する．この劣化現象を防止するためには，劣化した塗膜を塗替えることで防食性能を回復する必要がある．

　塗替え塗装に際しては，既存塗膜の劣化や部材の腐食損傷が著しい場合には，素地調整に多大な費用と時間を要する上に，素地調整の適切な品質を確保することが困難となるため，塗膜下腐食が早期に発生するなどにより，次の塗替えまで期間が短くなることが懸念される．このため，点検時に塗膜劣化や部材の腐食損傷を適切に評価した上で，塗替え時期を判断する必要がある．鋼構造物の塗替え塗装には，以下に示す全面塗替えと部分塗替えがある．

(1) 全面塗替え

　構造物全体を同じタイミングで塗り替える方式である．大規模な鋼橋などでは，数径間のみをまとめて塗り替える場合も，全面塗替え塗装に含まれる．下塗りから上塗りまでの全ての層を除去して全層を塗り替えることが基本であるが，不良部（さび，割れ，膨れなど）のみを除去し，健全な塗膜（活膜）を残す塗替え塗装が行われる場合もある．

(2) 部分塗替え

　鋼構造物に適用された塗膜が一様に劣化することは少なく，部位によって塗膜劣化程度が異なるのが一般的である．この要因としては，**第2章**で述べたように，部位によっては所定の塗膜付着量を確保しにくいことや，塗装履歴や劣化環境に差異があることなどが挙げられる．塗膜の劣化に伴い腐食が進行した際に，仮に構造物の構造上重要部位の力学性能が著しく低下しないこと

図-6.1.1 下フランジ下面のみ著しく発せいしている事例[1]を抜粋して修正

が明らかである場合，作業足場の架設費用や塗装効率といった経済性を考慮すると，部分的な塗膜劣化を許容して塗膜劣化や腐食が全面的に発生した段階で全面塗替えすることが望ましい．しかし，腐食の進行には種々の環境因子が複合的に影響するため，塗膜劣化の範囲や許容程度を判断することは困難である．さらに，部分的な塗膜劣化や腐食は板厚方向に進行しやすいことから，全面塗替え塗装を行うべき時期まで板厚が減少する状態が放置され，結果として構造上重要な部位の力学性能の低下につながることがある．このため，構造上重要な部位の部分塗替え塗装については，塗膜劣化前，あるいは劣化が発見された後で速やかに，その部位を塗り替えることが望まれる．

例えば，鋼橋では**図-6.1.1**に示す下フランジ下面，桁端部やボルト継手部などでは，ほかの部位と比較して塗膜が早期に劣化しやすい．したがって，これらの部位に対して，部分塗替えを実施することで，鋼橋全体の健全性が平準化され，結果として全面塗替えの周期を延長できる．

6.1.2 塗替え判定方法

鋼構造物の塗膜を維持管理する際には，塗膜の劣化度やその要因を適切に把握するとともに，経時的な変化など，その状態が第三者に理解できる写真を適切な方法で記録して，塗替えなどの対策に反映させることが重要である．塗膜の劣化度や劣化要因の把握には，塗膜の外観調査，計器測定，機器分析などを組み合わせて精度の高い結果を得るとともに，構造物全体や部位レベルの腐食環境を把握することが望ましい．しかし，環境因子が塗膜に及ぼす影響度は，現状では定量的に明らかになっておらず，塗膜の劣化度を定量評価することは困難である．このような理由から，定性的ではあるが，塗膜の外観から劣化度を評価して，塗替えの要否を判断する方法が採用されているのが現状である．ただし，塗膜劣化や鋼材腐食は環境要因に左右され，一定のリズムで進行する場合は少ない．したがって，外観評価においても，ある時点のみから評価するのではなく，経時変化に基づき評価することが望ましい．

塗膜の外観調査では，塗膜劣化度などを把握して，その結果を数値化して判定される．外観調査の項目には，防食性に着目した項目（さび，剥がれ，割れ，膨れ，傷等）と，美観や景観性に着目した項目（白亜化，変退色，汚れ等）がある．塗装については，ランドマーク的な役割を果たす（美観や景観性を要求する）鋼構造物を除き，防食性の確保が重要であるため，防食性の観点か

らの外観調査が重要となる．なお，白亜化とは塗膜表層の消耗を意味し，上塗り塗膜が消失に至った部位では中塗り塗膜や下塗り塗膜も消耗することから，白亜化によって防食性が低下する場合があることに注意する必要がある．

外観調査にあたり，多くの構造物では，角部や狭隘部などのように所定の塗膜性能が確保しにくい部位からの塗膜劣化が先行して生じやすいため，これらの部位に対する防食性の有無を調査することが重要といえる．そこで，ここでは防食性に関する外観調査方法について述べる．外観調査による塗膜の劣化度は，図-6.1.2に示すように[2]，一般には評価点（RN：Rating Number）に基づき評価される．評価点の表示方法は，JISやISOで規定されるほか，文献2)や文献3)などの各種機関のマニュアル類により提案されている．なお，評価点の算出に際しては，図-6.1.2のような見本が示されているのが一般的であるが，スケール感が無いなどの問題から，実構造物を評価しにくい．

評価点	評価内容
0	さび，はがれは認められず，健全な状態
1	さび，はがれがわずかに認められるが，防食機能を維持している状態
2	さび，はがれが顕在化し，一部防食機能が損なわれている状態
3	さび，はがれが進行し，防食機能が失われている状態

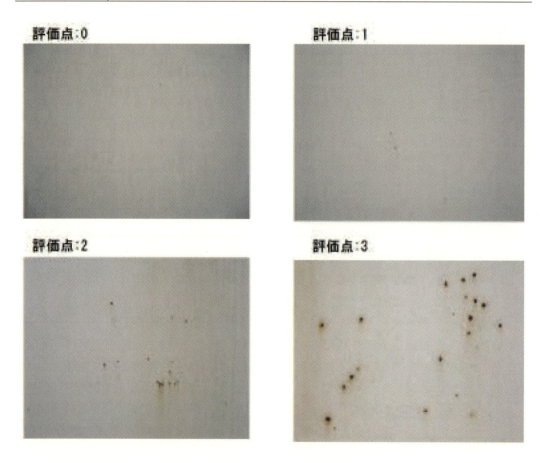

図-6.1.2 塗膜の防食性に対する評価点と対応する外観写真の例[2]

(1) 鋼道路橋の例

鋼道路橋の場合，塗膜の外観調査で得られた評価点に基づき，塗替え塗装の時期や範囲の判定が行われている．「鋼道路橋防食便覧」[3]では，既存塗膜が一般塗装系である場合には，定期点検の結果から塗替えの必要性を判定している．具体的には，表-6.1.1 と図-6.1.3 に示す剥がれの 4 段階評価，および表-6.1.2 に示すさびの 4 段階評価を行い，表-6.1.3 に基づき塗替え判定を行う．この判定では「当面塗替える必要はない」，「数年後に塗替えを計画する」，「早い時期に塗替えを検討する」の 3 段階になっており，この判定および塗装後の経過年数や鋼橋の架設環境などを考慮して，塗替えの実施時期や塗替え順序が決定されることになる．

表-6.1.1 剥がれの評価[3]

評価	JIS K 5600-8-5[4] はがれの量の等級	はがれの面積(%)
1	0	0
2	3	1
3	4	3
4	5	15

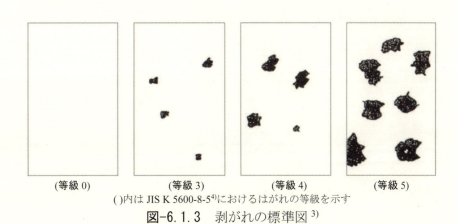

(等級 0)　　(等級 3)　　(等級 4)　　(等級 5)

( )内は JIS K 5600-8-5[4]におけるはがれの等級を示す

図-6.1.3 剥がれの標準図[3]

表-6.1.2 さびの評価[3] を一部修正

評価	発生状態		JIS K 5600-8-3[5] さびの等級（さびの面積%）
	発生面積 (%)	外観状態	
1	X < 0.05	さびが認められず，塗膜は健全な状態	Ri 1 (0.05%)
2	0.05 ≦ X < 0.5	さびがわずかに認められるが，塗膜は防食機能を維持している状態	Ri 2 (0.5%)
3	0.5 ≦ X < 8.0	さびが顕在化し，塗膜は一部防食機能が損なわれている状態	Ri 3, Ri 4 (1.0%, 8.0%)
4	8.0 ≦ X	さびが進行し，塗膜は防食機能が失われている状態	Ri 4 以上 (8.0%以上)

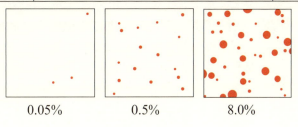

0.05%　　0.5%　　8.0%

表-6.1.3 塗替え時期の判定[3]

		はがれの程度			
		1	2	3	4
さびの程度	1	I		II	
	2				
	3	II		III	
	4				

I：当面塗替える必要はない，II：数年後に塗替えを計画する，III：早い時期に塗替えを検討する

表-6.1.4 塗膜劣化状態の評価の例（判定法P）[1]

評価記号	塗膜劣化状態の評価	評点
劣5	さび，剥がれ，割れが単独または混在して発生している状態で，その状態は極めて多い。	5
劣4	さび，剥がれ，割れが単独または混在して発生している状態で，その状態はかなり多い。	4
劣3	さび，剥がれ，割れが単独または混在して発生している状態で，その状態はやや多い。	3
変2	さび，剥がれ，割れが単独または混在して発生している状態で，その状態はわずかである。	2
変1	さび発生はほとんどないが，著しい白亜化，塗膜表層の剥がれ，割れがかなり認められる状態。あるいは上塗り塗膜消耗がかなり進行している状態。	1
健全	異状なし	0

(2) 鋼鉄道橋の例

鋼鉄道橋では，「鋼構造物塗装設計施工指針」[1]に記載される判定法Pと判定法Qの2つの判定法が提案されている．判定法Pは，塗膜の劣化が塗膜全体に比較的均一に進行している場合を対象にしており，全面塗替えの必要性を判定する方法が示されている．一方，判定法Qは，大気環境による腐食性や塗膜の防食性が高い場合に，板厚方向に進行する孔食などの局部腐食が懸念された場合を対象にしており，部分塗替えの必要性を判定する方法が示されている．

a) 判定法P

構造物の部材毎に塗膜劣化度の評点を付けていき，最終的に構造物全体の劣化度を集計する．部材については構造上の重要度を考慮して，重み付けを用いて算出する方法が適用されている．塗膜劣化状態の評価は**表-6.1.4**に基づき行い，次に，**表-6.1.5**を用いて，構造物の構造形式や部材により評点を換算する．その結果に基づき，**表-6.1.6**の劣化度（P-I～P-IV）を求める方法が判定法Pである．このときの塗替え適正時期としては，鋼材を過度に腐食させないことを原則としているため，孔食状の腐食の発生前となる劣化度P-IIIの時点で塗替えることが推奨されている．各劣化度に対する判定，および補修対象面積率（素地調整の際に鋼材が露出する面積率の目安）は，以下のとおりである．

表-6.1.5 構造物の構造形式や部材による評点の換算の例 [1)]

桁の構造	検査対象部材	換　算
トラス，アーチ	上弦材，下弦材，斜（垂直）材，縦桁，横桁	8/5
スルーガーダ	上フランジ，下フランジ，腹板，縦桁，横桁	
Ｉビーム，デック・トラフガーダ，ラーメン，合成桁	上フランジ，下フランジ，腹板	8/3
鋼橋脚	主柱と梁，その他	1

部材	ウェイト	部材	ウェイト
主柱と梁	7	その他	1

"主柱と梁"及び"その他"で塗膜劣化状態を評価し
"主柱と梁"の評点×7＋"その他"の評点＝鋼橋脚の評点

表-6.1.6 塗膜劣化度判定の例 [1)]

劣化度	P-I	P-II	P-III	P-IV
構造物の評点	32以上	24以上32未満	16以上24未満	16未満

・劣化度 P-I　　塗替え終期（補修対象面積率70%以上）
・劣化度 P-II　　早急に塗替（補修対象面積率30〜50%）
・劣化度 P-III　塗替適正期（補修対象面積率15〜25%）
・劣化度 P-IV　必要な場合のみ（補修対象面積率5%以下）

b) 判定法 Q

　塩類などにより腐食の進行性の速い環境において，塗膜劣化部に点さびが生じた場合には，局部的に孔食状の腐食が進行することが多い．この腐食は部材表面に局部的に集中して発生して，鋼材の板厚方向に進行する傾向がある．また，前述のように，塗膜劣化は構造物全体に一様に進行することはなく，一般的には塩類，水，土砂などの腐食因子との接触が多い部位で進行しやすいなど，構造部位レベルで進行性が異なる．これらのように，特定部位のみに著しく生じる局部的な塗膜劣化や腐食は，定型的な外観調査のみでは，その程度を判断しにくい．

　判定法 Q では，環境の腐食性や塗膜の防食性が高い場合について，孔食などが懸念された時点で部分塗替え塗装を行う方法が示されている．塗膜劣化度の評価を表-6.1.7に示す．劣化度に対する判定は，以下のとおりである．また，各劣化度に対する腐食事例を図-6.1.4に示す．

・劣化度 Q-I　　塗替終期（部分塗替対象面積10%）
・劣化度 Q-II　　早急に塗替（部分塗替対象面積5%）
・劣化度 Q-III　塗替適正期（部分塗替対象面積1%）
・劣化度 Q-IV　必要な場合のみ（景観性回復のための全面塗装）

表-6.1.7 塗膜劣化度の評価の例（判定法 Q）

劣化度	塗膜劣化状態の評価
劣化度 Q-I	部分的にさびおよび膨れがかなり発生している，または進行している場合
劣化度 Q-II	部分的にさびおよび膨れがある程度発生している，または進行しつつある場合
劣化度 Q-III	部分的にさびおよび膨れが少し発生している場合

上フランジ下面のさび

支承部エッジからさび進行

桁端部の腐食

(a) 劣化度 Q-I

上フランジ下面のさび

下フランジエッジからの腐食進行

リベット頭，下フランジエッジのさび

(b) 劣化度 Q-II

上フランジ下面のさび

部材接合部近傍のさび

(c) 劣化度 Q-III

図-6.1.4 判定法 Q における各劣化度の腐食事例 [1] から一部抜粋

6.1.3 塗替え施工方法

塗替え塗装の実施に際して，既存塗膜の劣化状態に応じた素地調整方法と塗替え塗装系を選定することが重要である．施工に先立って，施工計画書を作成し，作業内容を確認するとともに管理項目と管理基準を明確に定めることが必要である．また，施工中は記録や現場確認することで，所定の品質，施工状態を保持するように管理する必要がある．塗替え塗装における基本工程を**表-6.1.8**に示す．この工程は全面や部分的な塗替え塗装によらず同様である．

表-6.1.8 塗替え塗装の基本工程[6]を一部修正

工程	作業内容（管理内容）
作業準備	(1) 足場防護・飛散養生（ブラスト用を使用） (2) 塗料準備（数量・品質証明） (3) 機材準備・人員計画
（素地調整）	(1) 作業条件管理（温度・湿度・露点） (2) 除錆度管理・清掃 (3) 防食下地塗装までの時間管理
防食下地塗装 ↓ 下塗塗装 ↓ 中塗塗装 ↓ 上塗塗装	(1) 作業条件管理（温度・湿度・露点） (2) 塗料調合 (3) 塗装（スプレー・はけ・ローラー） (4) ポットライフ管理 (5) ウェット塗膜厚管理 (6) 乾燥塗膜厚管理 (7) 塗膜検査（外観・膜厚） (8) 塗装インターバル管理 (9) 工程管理 (10) 安全管理
（塗装検査）	(1) 塗膜厚管理 (2) 塗膜外観管理
補修塗装	(1) 検査不合格部位の補修塗装
足場解体	(1) 廃棄物処理 (2) 塗膜損傷部に対する補修塗装

図-6.1.5　除去しなければならない劣化塗膜の例[1]

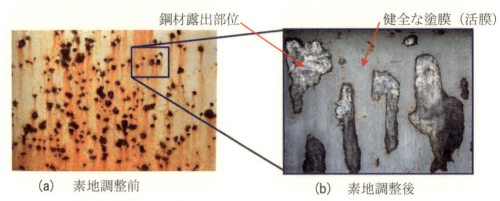

(a)　素地調整前　　　　　　　　　　(b)　素地調整後

図-6.1.6　動力工具処理における素地調整前後の処理面の状況 [1] から一部抜粋して加筆修正

　鋼構造物の塗替え塗装では，図-6.1.5に示すように，さびや劣化した塗膜が存在する構造物を対象とするため，素地調整の品質は塗替え後の塗膜性能に著しく影響する．素地調整の品質が不十分な状態，すなわち被塗装面に劣化した塗膜や異物などが残留していたり，表面粗さが不足していたりすると，被塗装面への塗膜の付着性が低下し，塗替え塗装後，早期に塗膜の膨れ，割れ，剥がれなどの塗膜損傷が生じる．その結果，防食性能が低下してしまう．なお，素地調整の施工管理や現状の課題点，その対策については，5.2.3と5.3.1を参考にされたい．

　また，図-6.1.6(b)に示すように，外観上の変状は観察されず，素地調整後も鋼材表面に残存する付着性の高い塗膜は，防食性に寄与するとして，活膜と称して鋼材表面に残したまま塗替えられてきた．しかしながら近年，鋼道路橋では高耐久性が期待できる重防食塗装系などへの塗膜更新を目的として，ブラスト処理などにより従来の旧塗膜を全て除去した後に塗替えられるケースが増えてきている．

6.1.4　施工管理方法

　塗替え塗装は現場作業が基本となるため，天候や気温，湿度などの経時変動する環境条件に応じた適切な施工管理が求められる．また，塗料の種類に応じて施工禁止条件が設定されており，これに基づき施工の可否を判断する必要がある．素地調整後に鋼素地が露出した状態で塗装する場合には，戻りさび（ターニング）を予防する観点から，素地調整後から塗装するまでの時間が定められている場合が多い．この詳細については，5.2.3を参照されたい．

6.2 塗膜に関する課題

6.2.1 課題の概要

　鋼構造物の長寿命化に際しては，長期間の防食性維持や，塗替え時の維持管理費を低減するといった観点から，環境遮断性に優れたエポキシ樹脂塗料と耐候性の高い上塗塗料を用いることで高耐久性を期待できる塗装系が適用されるようになっている．

　このような塗装系を適用した場合には，腐食性の低い一般環境では大部分の塗装部位において腐食が生じにくい．このため，前節で述べた全面塗替えの判定方法を適用した場合，塗替えすべき段階になるまでの期間が長くなり，塗装周期を延伸できる．一方，塗膜の初期欠陥部などから局部腐食が生じた部位では，塗替え周期が延伸されることで，腐食が長期間進行することになる．このような局部腐食は板厚方向に著しく進行するため，塗替え施工時に一般的な素地調整作業ではさびを完全に除去できないことが近年問題視されている．さびや塩類が残留した鋼素地の上から塗装すると，塗膜下における腐食（塗膜下腐食）が早期に生じる場合が多い．特に，塩類による腐食性の高い環境では，塗膜下腐食の早期発生によって塗替え周期が短縮されることが問題となっている．

　また，5.4で述べたような構造上素地調整が困難な部位や，塗装時に所定の膜厚を確保しにくい形状の部位などでは，塗替えた塗膜が所期の防食性能を発揮できず，部位レベルで早期に腐食が発生することがある．これらの腐食損傷に対しては，腐食進行前に対策するべきことから，従来から採用されている全面塗替えではなく，部分的な塗替えの実施が望ましい．しかし，部分的な塗替えの実施例は少なく，塗替え時の施工管理方法に関する知見に乏しいのが現状である．さらに，前節で述べたように，多くの鋼構造物では健全な塗膜（活膜）を残して塗替えされているが，塗膜特性の定量的な評価方法が見出されていないなどの理由により，目視などの定性評価に基づき塗替えされている．このため，活膜と判定された旧塗膜が経年劣化して，従来では観察されなかった割れや剥がれなどの塗膜劣化が生じるケースが増加している．

　以上のように，塗装鋼構造物の塗膜に関する近年の主な課題としては，塗膜下腐食により発生する比較的小規模な腐食形態である局部的な腐食損傷や，腐食しやすい特定の部位において比較的広範囲に発生する部分的な早期腐食，旧塗膜に起因する塗膜劣化が挙げられる．

6.2.2 典型的な腐食・塗膜劣化

　ここでは，前項で概説した塗膜劣化と腐食の発生要因について，事例を示しながら述べる．

(1) 塗膜下腐食に起因する局部的な腐食損傷

　鋼構造物に適用される塗膜は，飛来塩分などの浸入を遮断できるが，高分子材料の特性上，鋼材の腐食に関与する環境因子である水分や酸素などの浸入は完全に抑制できない．このため，塗替え時の素地調整不足によって腐食部位にさびが残留した場合，図-6.2.1に示すように鋼材表面での鋼の酸化反応（腐食）とさびの還元反応が生じて，塗膜下腐食が進行する．このように，塗膜下腐食は過去に腐食した部位での再腐食であり，板厚減少を伴う局部的な腐食形態となりやすいことから，注意する必要がある．

　塗膜欠陥部における腐食と素地調整不足部位の腐食の進行イメージを図-6.2.2に示す．塗装時にピンホールなどの微細な物理的欠陥が生じている場合や，鋭利な部位において塗膜が薄くなり所期の膜厚を確保できない場合，および飛石などの外力の作用によって塗膜が部分的に損傷した

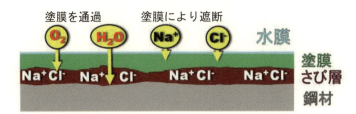

図-6.2.1 環境因子の塗膜浸入イメージ

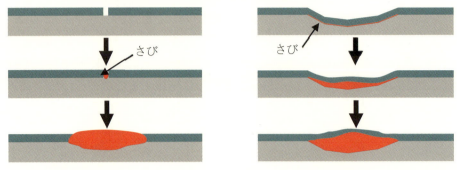

(a) 塗膜欠陥部における腐食　　(b) 素地調整不足部位における腐食

図-6.2.2 塗膜欠陥部における腐食と素地調整の品質が低い部位における腐食進行の概略図

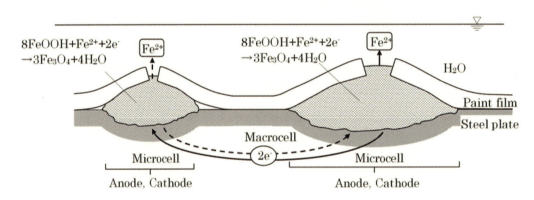

図-6.2.3 近接する塗膜欠陥の腐食メカニズム[7]

場合においても，当該部位に腐食が進行しやすい．また，素地調整不足によりさびが残った状態で塗装した場合にも，塗膜下での腐食が進行しやすい．特に，高耐久性の塗装系を適用すると，塗膜健全部では腐食が進行しにくいことから，腐食が全面的ではなく，局部で板厚方向に進行する傾向がある．このため，前述した素地調整不足に伴う塗膜下腐食と同様に，局部腐食が発生することになる．

また，文献7)では単体の塗膜欠陥から腐食が発生・進行する場合に加え，結露や滞水しやすい部位については，近接する複数の塗膜欠陥から発生した腐食が相互干渉しながら進行する場合があることを報告している．このメカニズムは図-6.2.3に示すように，塗膜欠陥上に水膜が形成した場合には，塗膜欠陥単体での腐食反応に加え，個別の欠陥が連結した電気回路となった際の腐食反応が同時に進行するとしている．したがって，同一部材の同一平面上に複数の塗膜欠陥が存在する場合には，環境要因以外だけでなく塗膜劣化や腐食が促進されやすい条件があることに注意する必要がある．

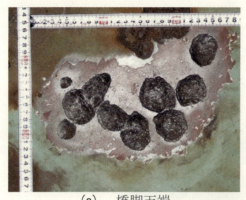
(a) 橋脚天端

(b) 主桁ウェブと下フランジ端部

(c) 主桁下フランジ下面[1]を一部修正

図-6.2.4 局部的な腐食損傷の事例

局部的な腐食損傷の事例を**図-6.2.4**に示す．**図-6.2.4(a)**は都市内高架橋の鋼製橋脚の天端で発生した部分的な腐食損傷事例である．この腐食損傷の要因として，特定部位に対する環境因子の作用や，塗膜の耐久性が部分的に低下していたことなどが推定される．**図-6.2.4(b)**は塗装鋼橋のウェブと下フランジ端部で発生した腐食損傷事例である．この腐食損傷は欠陥部あるいは塗膜下腐食に起因して生じたと推定される．**図-6.2.4(c)**は塗装鋼橋の下フランジ下面において発生した腐食損傷事例である．過去にも腐食が生じていた部位であり，適切な素地調整が行われなかったことに起因する塗膜下腐食による損傷と推定される．

(2) 特定部位に発生する部分的な腐食損傷

特定部位とは，2.1で示したように，桁端部やボルト継手部など，塵埃の堆積や床版などからの漏水により腐食しやすい部位や，角部や狭隘部といった素地調整や塗膜の品質確保が困難な部位などを意味している．以下に，その典型的な事例を挙げるとともに，概略の部位を**図-6.2.5**に示す．これらの部位では，腐食に寄与する因子の影響が大きいことや，塗膜の所期の耐久性が発揮しにくいことなどにより，(1)に示した局部的な腐食損傷と比較して，腐食損傷が広範囲に進行しやすい[9]．ここでは，部分的な腐食損傷の発生要因について，具体的な事例を挙げて解説する．

a) 水，土砂などが溜まりやすい部位

桁端部の隅・角部，格点部，支承部，箱桁内面，排水管周辺等は，雨水の滞留および土砂の堆積により塗膜が長時間湿潤状態となりやすいことから，塗膜下腐食や塗膜欠陥が生じている場合には腐食が進行しやすくなる．塗装鋼橋の桁端部において発生した腐食事例を**図-6.2.6(a)**に示す．塗装鋼橋の桁端部，特に沓座付近において発生した腐食事例を**図-6.2.6(b)**に示す．

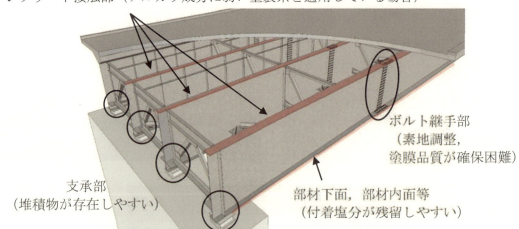

図-6.2.5 部分的な塗膜劣化が発生する部位の一例

(a) 鋼道路橋の桁端部

(b) 鋼道路橋の桁端部（沓座）

(c) 鋼道路橋の格点部

(d) 鋼鉄道橋のまくらぎ接触部[1]を一部修正

(e) 鋼道路橋の主桁内面側

(f) コンクリート床版からの漏水

図-6.2.6 特定部位における腐食損傷の例

b) 素地調整および塗膜の品質確保が困難な部位

5.4に示すように,鋼橋には素地調整が困難な部位が存在し,このような部位ではさびを十分に除去できずに塗膜下腐食が生じることが多い.特に,ボルト継手部などのように形状が複雑な部位では,新設時,塗替え時ともに規定の膜厚が確保しにくいため,防食性能が不十分になり,腐食が発生しやすい.塗装鋼トラス橋の格点部において発生した腐食事例を図-6.2.6(c)に示す.

鋼鉄道橋では,主桁上フランジ上面に直接まくらぎを設置する構造形式の鋼橋が多く存在する.この場合,まくらぎ−主桁間の素地調整作業および塗装作業を実施するにはまくらぎを移動させる必要があり,塗替え施工自体が困難な場合が多い.そのため,腐食性の高い環境において重度な腐食損傷に至る場合が多い.鋼鉄道橋のまくらぎ接触部で発生した腐食損傷事例を図-6.2.6(d)に示す.

c) 塩類が付着,残留しやすい部位

部材の下面および,道路橋のような床版を有する鋼橋の部材内側部分では,飛来塩分が付着・蓄積しやすい.このため初期欠陥や割れ,剥がれなどを有する塗膜部では,塗膜−鋼素地間まで塩類が浸入することで,重度な腐食に至る場合が多い.塗装された鋼道路橋の主桁内面側部分に発生した腐食事例を図-6.2.6(e)に示す.

d) 床版ひび割れ部周辺

コンクリート床版のひび割れ部から漏水が発生した場合において,鋼桁が腐食する場合がある.また,コンクリート床版の割れなどから雨水が漏水してアルカリ性を呈することで,フタル酸樹脂塗料などの油性系塗料から成るアルカリに弱い塗装が早期劣化することがある.コンクリート床版を有する塗装鋼橋で発生した塗膜劣化の事例を図-6.2.6(f)に示す.

(3) 旧塗膜に起因する塗膜劣化

旧塗膜は防食性への寄与を期待して残されたものであり,健全な塗膜であることが前提である.しかし,塗膜を構成する樹脂は有機材料であるため,長期間におよぶ環境因子(水分,熱,紫外線等)の作用による酸化や加水分解等の劣化が進行して脆化する.また,複数回の塗り重ねに伴い,塗料が硬化して塗膜となる際の収縮応力などが塗膜内部に蓄積・増加すると考えられている.これらの影響により,塗膜の健全性が失われ,最終的には割れ,剥がれといった塗膜劣化として顕在化する(図-6.2.7).このように,塗膜劣化の発生要因が複数存在する.塗膜劣化を生じる具体的な膜厚は示されていないが,文献1)では一つの目安として,合計膜厚が500μm以上となった場合に剥がれる傾向にあるとしている.

旧塗膜に起因する塗膜劣化の実例を図-6.2.8に示す.図-6.2.8(a)は塗装鋼橋のボルト継手部における塗膜割れの事例である.厚塗りによる塗膜収縮程度が大きいために割れが発生したと推定される.図-6.2.8(b)は塗装鋼橋のリベット継手部近傍における塗膜劣化事例である.旧塗膜の残留部の直上のみに微細な割れが発生しており,不健全な旧塗膜上に塗装したことで変状が発生したと推定される.

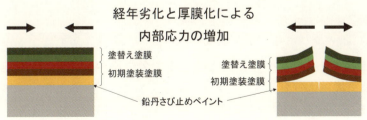

図-6.2.7 旧塗膜に起因する変状発生イメージ

(a) 鋼橋のボルト継手部

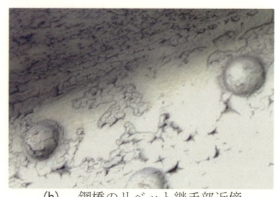
(b) 鋼橋のリベット継手部近傍

図-6.2.8 旧塗膜に起因する塗膜劣化の例

6.3 腐食損傷部位の塗替え

鋼構造物の構造上重要部位に腐食損傷が生じた場合，腐食による部材の板厚減少と，それに伴う力学性能低下を予防するため，塗替えによる防食性能の回復が必要となる．前節で述べたように，近年問題とされる腐食損傷は，構造物全体に発生する腐食ではなく，部分的な腐食損傷である．このような場合，対策すべき部位は構造物全体に対してわずかであり，全面塗替えのように構造物全体に対する処置よりも，部分的な処置の方が効率的，経済的になると考えられる．しかし，6.1で示したように，部分塗替えに関する知見が少ないのが現状である．

ここでは，腐食損傷が生じた部位の部分塗替えの対策について，現在提案されている塗替え時期判定方法の一例を解説する．また，部分塗替え時の留意事項として，施工管理上の留意事項および，特定の部材を部分的に塗替える場合の留意事項について説明する．

6.3.1 塗替え判定方法の検討

腐食損傷が生じた鋼構造物の部分塗替えに際して，想定される主な腐食状況を以下に示す．
a) 桁端部を主として，腐食が部分的に生じた場合
b) 腐食しやすい部位を主として，局部的な腐食が散在して発生した場合
c) 腐食しやすい部位を主として，局部的な腐食が全部材に発生した場合
d) 構造物全体に塗膜劣化や腐食が散在して発生した場合

a) については，桁端部を主として部分塗替え方法が提案されている[9]．文献9)に基づいた部分塗替え方法の例を図-6.3.1に示す．

b) については，全面塗替えを計画している場合と同様，構造物全体を検査して局部的な腐食形態の有無を確認し，その発生数や腐食の進行性を考慮した上で塗替え時期を判断することが望ましい．評価方法の一例[1]を図-6.3.2に示す．

c) については，腐食した部材を主として部分塗替えを，d) については，塗膜劣化程度や腐食程度に応じた全面塗替えを実施することが望ましい．

なお，b) の腐食状態で部分塗替えを実施する場合については，その施工面積率は構造物全体に対してごく僅かな面積であることが多い．これは6.2.2で述べたように，局部的な腐食は面的に広がりにくく，板厚方向に進行しやすいためである．したがって，6.1.2で述べた全面塗替えの判定方法では，塗替え適正時期を判定できないことに注意が必要である．また，検査対象とする局部的な腐食形態を確認する場合についても，腐食損傷部位が少ないため，見落とさないように注

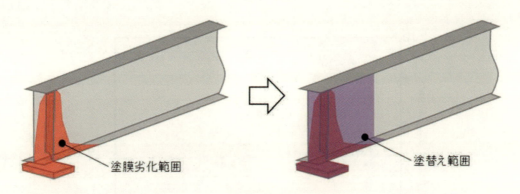

図-6.3.1 桁端部を中心に部分的な腐食が生じた場合の塗替え方法例

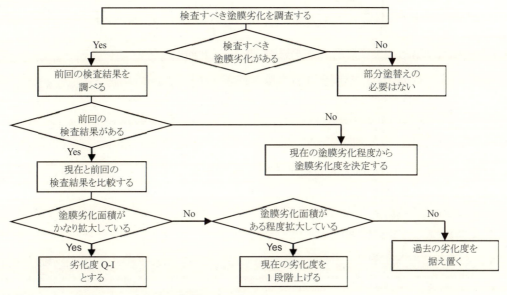

注：塗替え判定の基準となる劣化度の指標は次のとおり．
　劣化度 Q-I　：部分的にさびおよび膨れがかなり発生している，または進行している場合
　劣化度 Q-II　：部分的にさびおよび膨れがある程度発生している，または進行しつつある場合
　劣化度 Q-III：部分的にさびおよび膨れが少し発生している場合

図-6.3.2 局部的な腐食が散在する場合の塗替え時期の判定例 [1] を一部修正

意する必要がある．

　典型的な腐食形態の一例として，図-6.1.4 に示す事例が挙げられる．また，局部的な腐食形態の特徴の一つに，図-6.3.3 に示すように平均さび厚と平均腐食深さは相関する傾向にあることが挙げられる[10]．したがって，目視検査に際しては大きなさび厚の腐食部位がないかを調査することが重要といえる．さらに，一旦，腐食した部位では，腐食が再度，発生・進行しやすいことから，腐食によって減肉し，凹状となった部位についても入念に調査することが望ましい．

　なお，目視で腐食の程度を評価する場合，腐食面積率を評価するのは比較的容易であるが，さび厚，すなわち深さ方向に進行する腐食の状態を評価することは難しい．このため，局部的な腐食部位の有無を検査する場合には，腐食部位の表面形状を定量的に評価する手法を用いることが望ましい．近年では現場での使用が比較的容易な 3D スキャナー（9.1.2 参照）などが開発されており，今後，このような機器の普及が期待される．

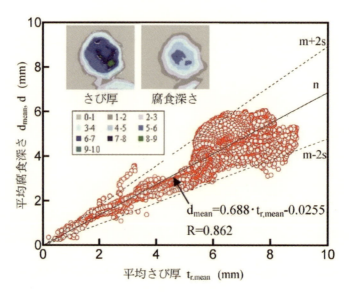

図-6.3.3 腐食部材の腐食深さに対するさび厚の比 [10]

　部分塗替えは，全面塗替えとは異なり構造物全体の塗替えとはならない．そのため，全面塗替え時の作業工程と比較した場合の主な長所と短所について述べる．なお，部分塗替えと全面塗替えの施工費用の差異については，腐食状況や構造物の架設状況など塗替え方法以外の条件によって著しく異なるため，割愛する．

(1) 部分塗替えの主な長所

a) 残留した旧塗膜への負荷の軽減

　旧塗膜を活膜として残す場合，全面塗替えでは塗り重ねた新規塗料の硬化・収縮に伴う旧塗膜の内部応力の増加が懸念される．内部応力の増加は，経年劣化により脆化した旧塗膜の割れや剥がれといった変状の要因の一つに挙げられる．また，文献 1)などにおいて幾度の塗り重ねによる膜厚の増加が旧塗膜からの塗膜劣化を助長する可能性が指摘されている．このため，構造物を長期的に供用する場合には，良好な状態の旧塗膜の上に塗り重ねる回数を低減することが望ましい．部分塗替えはその方法の一つの手段になる．

b) 環境負荷の低減

　部分塗替えの場合，全面塗替えと比較して使用する塗料量を低減できる．近年使用される塗料は環境負荷の高い溶剤型塗料の適用事例が多いことから，塗料使用量の削減に伴う環境負荷の低減につながると期待される．

c) 塗膜の耐久性の平準化

　塗替えは様々な環境で行われるほか，施工作業が困難な状況で行われる場合が多い．このため，部分塗替えを実施した部位の塗膜の耐久性は，新設時に塗装した塗膜の耐久性と比較して低くなる傾向にある．一方，部分塗替えの対象とならない塗膜においても，紫外線などの劣化因子の影響により，塗膜の防食性能が経時的に低下する．したがって，適切な部分塗替えにより，次回塗替え時の塗膜劣化状態や腐食の進行程度が構造物全体でほぼ均一となることで，合理的な全体塗替えの実現につながる．

図-6.3.4 鋼材露出部における旧塗膜と塗替え塗膜の重なりのイメージ[1]から一部抜粋して修正

(2) 部分塗替えの主な短所
a) 旧塗膜の残留部－鋼材露出部の境界における塗膜劣化の発生

旧塗膜の残留部－鋼材露出部の境界では多少の塗り重ね部が生じるため，塗膜割れや剥がれの発生が懸念される．この対策としては，**図-6.3.4**に示すように，旧塗膜の端部に傾斜を設けた素地調整を行い，塗り重ね量や旧塗膜端部の内部応力の低減を図ることが望ましい．

b) 作業工程の煩雑化

塗替えの計画にあたり，全体塗替えに加えて，部分塗替えに関する検討項目を追加する必要がある．例えば，部分塗替えの対象となる腐食形態は，動力工具では十分な素地調整が困難な場合が多いため，基本的にはブラストによる素地調整が望ましい．この場合，腐食部位が散在していると，部分的なブラストが必要になるため，作業が煩雑になる場合がある．また，ブラスト機器の設置や移動についても事前の検討が必要である．このような作業工程上の留意事項について，塗替えを計画する段階で把握する必要がある．

c) 維持管理項目の煩雑化

全面塗替えの場合には，構造物全体で同じ塗装系が採用される．一方，部分塗替えの場合には部分的に新規の塗装系が適用されるため，後に塗装履歴が不明確になり，塗膜の異状や腐食が生じた場合に，その原因を解明することが困難になることもある．そのため，部分塗替えに際しても，塗替えの範囲や仕様などを詳細に記録することが望ましい．

d) 景観性の配慮

部分塗替えの場合，新規塗装部位と以前の塗装部位が混在することになる．このとき，以前の塗装部位では，使用する塗料の種類によっては経年により色相が変化することがある．防食性に問題がない場合であっても景観性の低下が懸念される．したがって，景観性を考慮する構造物については，部分塗替えによる景観性の低下について事前に把握することが望ましい．

6.3.2 部分塗替え時の施工管理上の留意事項
(1) 素地調整時の留意事項

さびが鋼素地に残留した状態で塗装すると，塗装そのものの耐久性に係わらず塗膜下腐食が早期に進行する．除錆度を変えて塗装した腐食鋼板の室内促進試験（複合サイクル試験）結果として，サイクル回数に対する塗膜変状（塗膜下腐食に起因する塗膜膨れ）面積率の実測値（n=2）と，11サイクルまでの試験結果を基にしたロジスティック回帰曲線を**図-6.3.5**に示す[11]．この結果か

ら，さびの残留程度が大きいワイヤブラシ処理では比較的早い段階から塗膜下腐食の進行に伴う塗膜膨れの発生が確認できる．なお，ブラスト処理した試験片では直径 1mm 程度の微細な塗膜膨れがわずかに発生（数%の面積率）したのみであったため，本結果からは割愛した。したがって，塗装前の素地調整の際にはさびを極力除去する必要がある．

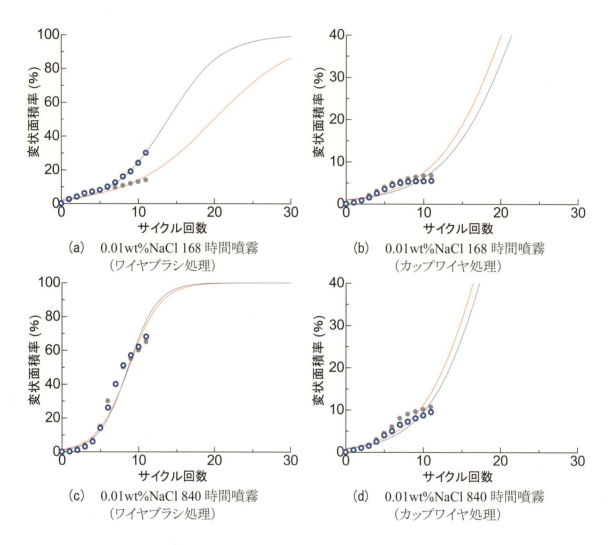

注1：本試験は，SST（塩水噴霧試験）により所定時間（168時間または840時間）腐食させた腐食鋼板に各種の素地調整方法を適用している．
　　カップワイヤ処理：カップワイヤを用いた動力工具処理によりさびを除去
　　ワイヤブラシ処理：ワイヤブラシを用いた手工具処理によりさびを除去（さびの残留程度が最も大きい）
注2：本試験の複合サイクル条件は，文献1)に記載される条件であり，オゾン水噴霧24時間および，人工海水噴霧4時間，模擬濃縮雨水44時間，乾燥48時間を繰り返すサイクル条件である．
注3：適用した塗装系は塗装系Tと呼ばれる仕様であり，厚膜型変性エポキシ樹脂系塗料3回+厚膜型ポリウレタン樹脂塗料上塗の組み合わせである．
注4：赤線および青線は，n=2の試験結果の内，11サイクルまでの試験結果を基にしたロジスティック回帰曲線である．

図-6.3.5 塗装腐食鋼板の複合サイクル試験結果 [11)を加筆修正]

なお，局部的あるいは部分的な腐食損傷は板厚方向に進行しやすく，当該部位の鋼材表面には腐食に伴う起伏が形成されるほか，さび層が厚く生成・付着していることが多い．この場合，塗替え時の素地調整において，さびを完全に除去することが困難となる．この傾向は動力工具を用いる場合に顕著であり，**図-6.3.6**に示すように，腐食表面の谷部ではさびを除去することができない．重度な腐食が生じた部材に対して，一般的な手・動力工具あるいはオープンブラストによるブラスト工法を適用した場合の作業時間の目安を**表-6.3.1**に示す．

図-6.3.6 局部的な腐食部位に対して動力工具を使用した事例[1]を一部修正

表-6.3.1 腐食部材に手・動力工具あるいはブラスト工法を適用した場合の作業時間の目安

素地調整手法	除錆度	単位面積当たりの作業時間比			
		一般部		リベット部	
		塗膜部分	腐食部分	塗膜部分	腐食部分
手・動力工具	さびの残留を許容	8	20	13	50
	目視上さびの残留を許容しない		100		1000
ブラスト工法	除錆度 Sa 2	20	7	25	77
	除錆度 Sa 2 1/2		17		100
	除錆度 Sa 3		50		200

注1：手・動力工具を用いて一般面の腐食部位のさびを完全に除去する場合の作業時間を100とした．
注2：ブラスト工法はオープンブラスト工法で吐出圧0.6MPaとし，研削材にはフェロニッケルスラグを用いた．

図-6.3.7 目視上さびの残留を許容しない場合の素地調整後の外観

図-6.3.7に示すように，手・動力工具を用いて目視上完全にさびを除去する場合，谷部に存在するさびの除去には鋼材の山部の切削が必要になる．本作業を実施した場合，谷部に存在するさびを除去せずに素地調整作業を終える場合の作業時間と比較して，部材の形状により約5〜20倍の作業時間を要する．したがって，これまでと同程度の工程で完全にさびを除去するには，作業コストが増加することになる．一方，ブラスト工法の場合には，ISO 8501-1[12]に規定される一般的な除錆度であるSa 2 1/2を達成するまでの作業速度は，動力工具を用いた場合の一般的な作業時間と比較して，同程度から2倍程度になる．このように，鋼素地表面の品質確保の観点からはブラスト工法を適用することが望ましい．

ただし，ブラスト工法についても，除錆度別の作業速度を比較すると，高い除錆度が要求される場合には作業性が低下する．また，前述したような作業や機器使用の費用の観点では，目標とする除錆度によっては手・動力工具とブラスト工法の優位性が逆転することも考えられる．したがって，局部的あるいは部分的な腐食損傷が生じた部位の塗替えの際には，対象とする腐食部位の減肉状態とそれに伴う素地調整の作業性を把握した上で，そこから推定される費用対効果を考慮して，適切な素地調整方法を選定することが望ましい．また，いずれの方法を採用する場合にも，所定の除錆度を達成するために，素地調整時の施工管理を確実に実施することが必要である．

(2) 塗装時の留意事項

部分塗替えの施工は，6.1.2で述べたように，これまで行われてきた一般的な塗替え（全面塗替え）の施工方法に準拠する．このほか，部分塗替え特有の課題として，以下の点が挙げられる．

a) 旧塗膜と塗替え塗膜の境界部の課題
b) 塗替えない部位の保護の課題

a)については，旧塗膜と塗替え塗膜の境界部が塗替え塗装の弱点とならないように，仕様を定めなければならない．旧塗膜層内の付着力低下に伴う塗替え塗膜の剥離や，旧塗膜と塗替え塗膜の塗り重ね適合性に配慮して境界部の仕様を定める必要がある．塗り重ねる塗料種類毎の適合性について，文献13)および現場の適用事例に基づき整理した結果を表-6.3.2に示す．*を付与した部位のように，実際の塗替えではフタル酸樹脂塗料を旧塗膜として有機ジンクリッチペイントを新規に塗装するなど，比較的付着力の低い塗り重ね部分が存在する場合がある．その際の塗膜の不具合の発生を抑制するためには，塗り重ね部分の面積を極力小さくする対策が講じられている．例えば，文献9)については，旧塗膜がA塗装系（表層の塗料が長油性フタル酸樹脂塗料）であり，新塗膜に有機ジンクリッチペイントを用いる場合の境界部における密着性の確保を目的として，図-6.3.8の塗り重ね部の仕様が提案されている．

b)については，ブラストによる素地調整時に，塗替えない部位に対する研削材の飛散による塗膜損傷の防止が課題となる．部分塗替えした鋼橋において，養生が不適切であったために塗替え対象ではない部位の塗膜が損傷して，塗替え施工後もその状態で放置された部材の外観を図-6.3.9に示す．この場合，塗膜の損傷箇所は所期の防食性が発揮されない状態であり，補修塗装を実施するなどの手間と費用が生じる．このため，塗替えを行わない部位の保護は，研削材のはね返りやすり抜けを考慮して養生を適切に行う必要がある．

表-6.3.2 塗り重ねの適合性

既存の塗料 ＼ 新規に塗り重ねる塗料	長ばく型エッチングプライマー	有機ジンクリッチペイント	無機ジンクリッチペイント	フタル酸樹脂塗料	エポキシ樹脂塗料	変性エポキシ樹脂塗料	タールエポキシ樹脂塗料	ポリウレタン樹脂塗料	ふっ素樹脂塗料
長ばく型エッチングプライマー	○	△	△	○	△	○	△	△	△
有機ジンクリッチペイント	○	○	△	△	○	○	○	○	○
無機ジンクリッチペイント	○	○	△	△	○	○	○	○	○
フタル酸樹脂塗料	△	△*	△	○	△	△	△	△	△
エポキシ樹脂塗料		△	△	△	○	○	△	△	△
タールエポキシ樹脂塗料				△	△	○	○	△	△
ポリウレタン樹脂塗料				△	△	○	○	○	△
ふっ素樹脂塗料				△	△	△	○	○	○

注1：表中の記号は次のとおり．○…塗り重ねに支障はない　△…付着力が低いなどの理由により，塗り重ねに注意を要する
注2：アスタリスクを付与した部位は，後述の**図-6.3.8**に具体例を示した部位である．

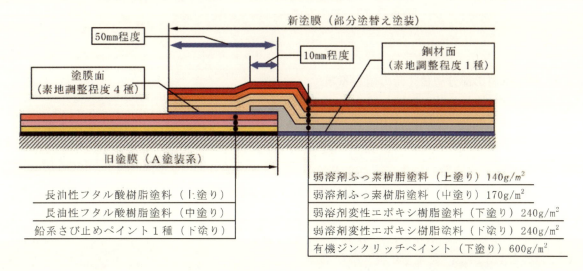

図-6.3.8　新旧塗膜の塗り重ね部の処理（旧塗膜がA塗装系の場合）[9]

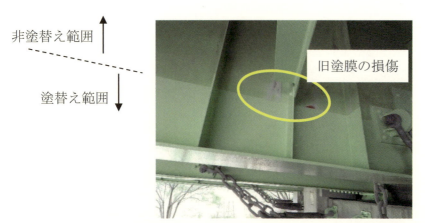

図-6.3.9 研削材の飛散による旧塗膜の損傷状況

図-6.3.10 狭隘な部位に腐食が生じた例

6.3.3 特定部材の部分塗替え時の留意事項

(1) 部材形状により塗装が困難な場合

4.1で述べたように，鋼橋には桁端部や格点部などの複雑な形状の部位があり，ボルト継手部では部材縁端部やボルト・ナットなど凹凸のある部位が数多く存在する．このような部位では，塗装をしても規定の塗膜厚の確保が困難な場合が多い．先行塗りなどの増し塗りによる対策が講じられることもあるが，平滑部と比較して塗膜劣化や腐食が早期に生じる傾向がある．すなわち，前述のように薄膜になりやすい部位で，かつ腐食性の高い環境では，塗装以外の防食方法として，ボルトキャップやめっきボルト，溶射ボルトなどが提案されている．これらの防食方法の詳細については，4.1.3および9.4を参照されたい．

(2) 塗膜劣化や腐食が周辺環境に起因する場合

周辺環境に起因して塗膜劣化や鋼部材の腐食が生じる場合には，原因となる環境影響を排除することが肝要である．これについては，4.5を参照されたい．

(3) 部材隙間部などの素地調整が困難な場合

5.4でも述べたように，図-6.3.10のような狭隘部で重度な腐食が生じた場合には，素地調整時

にさびを完全に除去できないため，塗装による防食性能の回復は極めて困難になる．この場合には，構造そのものの改善や，当該部位全体に対する防食工法などの適用を検討する必要がある．これらについては，4.1 あるいは 9.3 を参照されたい．

6.3.4 塗装の施工管理におけるインスペクター制度の検討

塗替え施工に際して，足場の状況，素地調整や塗装の作業性は構造物の架設状態等により異なることから，画一的に施工管理を実施することは困難である．このため，5.3.3 では素地調整方法を主として，米国で導入されているインスペクター制度について述べたが，塗装の品質を確保するためには，状況に応じた施工管理体制の構築が重要となる．ここでは日本国内で塗装に関するインスペクター制度を導入している事例として，国際海事機関（International Maritime Organization，以下 IMO と称す）の取り組み例を紹介する．

IMO では様々な基準を設定し，船舶の安全と長寿命化を推進している．防食についても，船舶の状態を良好に維持するとともに船舶の保守を容易にするため，塗装が重要な役割を果たしているとの見解を出している．特に，塗装の防食性能を最大限に引き出すためには塗装品質の向上が重要であるとの観点から，2006 年 12 月に「すべてのタイプの船舶の専用海水バラストタンクおよびばら積貨物船の二重船側部に対する塗装性能基準（Performance Standard for Protective Coatings for dedicated seawater ballast tanks on all new ships and double-side skin space of bulk carriers; PSPC）」が IMO で採択された．「IMO 塗装性能基準に関するガイドライン」[14]の PSPC の適用手順の概要を図-6.3.11 に示す．また，その際に行われる塗装施工検査について，検査工程の一般的なフローを図-6.3.12 に示す．

インスペクターは，NACE（National Association of Corrosion Engineers）における塗装検査員 Level 2，FROSIO 塗装検査員 Level 3 などの資格を有している必要がある．FROSIO とは，ヨーロッパ・ノルウェーにおいて 1986 年に設立された「表面処理検査員の教育と認定に関するノルウェー専門協議会」であり，ノルウェー規格 NS476 準拠の研修コースを修了するなどの要件を満たした試験合格者へ認定資格を授与されている．検査項目は，図-6.3.12 に示すように表面処理および塗装工程に関わる項目と多岐にわたり，検査実施の際には適合の合否に関わらず，これらを記録し報告する義務がある．不適合とは塗料撹拌不足などの単純な内容も含まれるが，施工困難部位などの記録も残されることから，次回の工事の課題点が明確となる．インスペクター導入のメリットとして，以下が考えられる．

a) 要求される防食品質を確保できる．
b) 塗装工事における，あらゆる記録が蓄積される．
c) 蓄積された記録に基づき，防食技術の進歩につながる．
d) 塗装工事に関わる人たちのスキルアップにつながる．

このように，インスペクターを導入することで施工管理の適正化が期待できる．ただし，インスペクター制度を効果的に運用するためには，上述の IMO の取り組み事例のように，インスペクターの立場や役割が明確であることが必要である．このため，塗装鋼構造物の施工管理にインスペクターを導入する場合には，インスペクターの所属や権限について十分に検討する必要がある．

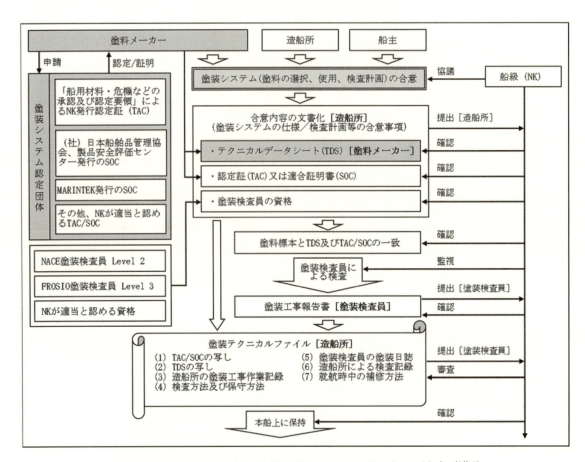

図-6.3.11 IMO 塗装性能基準の適用手順の概要 14) を一部修正

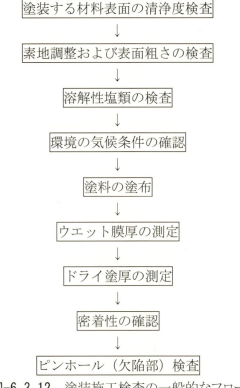

図-6.3.12 塗装施工検査の一般的なフロー

6.4 旧塗膜の健全性評価

　経年劣化による脆化が進行している旧塗膜を残して塗替えする場合，鋼素地との付着性が低下することで，浮きや剥がれなどの塗膜劣化が早期に発生する可能性が高い．このような塗膜劣化が生じた部位では，初期の防食性能が期待できず，腐食の発生要因となることから，再度，塗替えを早期に実施する必要がある．さらに，このような塗膜劣化は目視点検では検出しにくく，活膜と判断されやすいため，塗替え後に早期に塗膜劣化する可能性がある．

　ここでは，劣化した旧塗膜を適切に除去する方法として，塗膜劣化に応じた外観評価方法を解説するとともに，目視以外の塗膜の健全性評価方法として，主に付着性評価試験について説明する．なお，旧塗膜の劣化に起因する鋼部材の腐食は，6.2.2で述べたように，塗膜下腐食のように板厚方向には進行せず，面方向に進行する腐食形態であることが多い．このため，塗替え時期の判定は一概に決められるものではなく，塗膜の健全性の評価対象となる部材の重要性や，局部的な腐食の進行程度などを考慮する必要がある．すなわち，3.1で述べた鋼部材の腐食の進行性の評価手法などにより，旧塗膜の劣化後も腐食の進行性が低い場合においては，必ずしも早期に塗替えする必要はない．

6.4.1　外観見本帳による塗膜の健全性評価方法

　塗膜に割れや剥がれなどの外観上の変状がある場合には，見本帳により塗膜の健全性を評価することが一般的である．健全性の評価基準としては，塗膜劣化の種類や発生の程度が挙げられる．塗膜劣化の種類には，鋼材の腐食が懸念される例が見本写真や見本図で示されている．写真や図のみでは定性的な評価になることから，塗膜劣化の発生の程度については，**表-6.1.1** および**表-6.1.2**に示すように，各々の発生の程度を数値化していることが多い．また，実際の構造物の劣化状態を示して，構造物の健全性を区分する場合もある．従来の塗膜の典型的な劣化は，塗膜の微細な欠陥部からの腐食が進行することで発生する点さびであった．近年では活膜であった旧塗膜の経年劣化による脆化により割れや剥がれが発生する事例が増加している．

(1) 見本帳に示される塗膜劣化の種類

　塗膜劣化に対応した見本写真の一例として，文献1)に示されているさびと塗膜劣化の見本写真を**表-6.4.1(a)**に示す．図中の塗膜劣化のうち，割れ，剥がれなどは鋼材の腐食が懸念される変状であるのに対して，塗膜－塗膜間の層間剥離や上塗塗膜の極表層の白亜化（チョーキング）は，鋼材の腐食を直接的に誘発する変状ではないとしている．

表-6.4.1 塗膜劣化の見本写真の一例 [1] に基づき作成

(a) 評価対象となる変状の見本写真と評点

評価記号（評点）	さび，白亜化，層間剥離	剥がれ	割れ
劣5 (5)			
劣4 (4)			
劣3 (3)			
変2 (2)			
変1 (1)	白亜化		
変1 (1)	層間剥離	—	—
健全 (0)	さび，剥がれ，割れ等の劣化なし		

(b) (a)の見本写真における評点および変状面積率

	さび，白亜化，層間剥離	剥がれ	割れ
劣5	約11%	約22%	約72.6%
劣4	約1%	約5%	約30.5%
劣3	約0.4%	約1.9%	約6.7%
変2	約0.04%	約0.9%	記載なし
変1	記載なし	約0.9%	記載なし

(2) 塗膜劣化の発生程度

塗膜劣化の発生程度の一例として，**表-6.4.1(a)** の見本写真に対する評点と面積率を**表-6.4.1(b)** に示す．評点とは塗膜劣化の発生度を表す指標であり，塗替え時期の判定に適用されている．例えば，**表-6.4.1** の引用元である文献 1)では，評点「劣 3」となる段階を塗替え適正時期とし，「劣 3」よりも変状が進行している場合には，鋼材の腐食がある程度進行している状態と判定している．このような評点と面積率の関係は，見本写真で判断しにくい塗膜劣化の発生度のスケール感を確認する際に有用である．検査者間による評価のばらつきは，画像解析等に基づき，対象部材あるいは検査範囲における塗膜劣化の面積率を算出した上で，その結果を検査者に確認させるトレーニングを行うことで低減することが期待できる．なお，**表-6.4.1** は全面塗替えの判定の際に用いる．このため，6.3.1 に示すような局部的な腐食損傷が生じている場合には，当該項に基づき，部分塗替えの要否について判断する必要がある．

(3) 実際の構造物による見本写真

道路橋の点検時に用いられる見本写真として，「道路橋定期点検要領」に示されている見本写真の一例を**表-6.4.2**に示す[15]．この見本写真では，実構造物における塗膜や腐食の劣化度を 4 段階に区分している．

表-6.4.2 鋼部材の腐食に関する見本写真（判定区分 II） [15] から一部抜粋して修正

写真	例
（写真）	母材の板厚減少はほとんど生じていないものの、広範囲に防食被膜が劣化が進行しつつあり、放置すると全体に深刻な腐食が拡がると見込まれる場合
（写真）	橋全体の耐荷力への影響は少ないものの、局部で著しい腐食が進行しつつあり、放置すると影響の拡大が確実と見込まれる場合
（写真）	塗装部材で、主部材に顕著な板厚減少には至っていないものの、放置すると漏水等による急速な塗装の劣化や腐食の拡大の可能性がある場合
備考	■腐食環境（塩分の影響の有無、雨水の滞留や漏水の影響の有無、高湿度状態の頻度など）によって、腐食速度は大きく異なることを考慮しなければならない。 ■次回点検までに予防保全的措置を行うことが明らかに合理的となる場合が該当する。

※判定区分 I…構造物の機能に支障は生じていないが予防保全の観点から対策を講ずることが望ましい状態

6.4.2 付着性評価試験による塗膜の健全性評価方法

塗膜－鋼素地間の付着力が著しく低下した場合でも，その状態を外観で評価することは困難である．このため，塗膜の付着性を JIS K 5600-5-7[16]のプルオフ試験や，JIS K 5600-5-6[17]の碁盤目試験などにより評価する必要がある．

(1) プルオフ試験

プルオフ試験は，塗膜に接着した冶具（ドリー）を専用の引張試験機によって垂直に引張り，塗膜が破断した際の引張強さと破断状況から塗膜の付着性を評価する試験である．プルオフ試験の作業状況を図-6.4.1に示す．接着剤にはなるべく接着力の高いものを用い，サンドペーパなどを用いて塗膜面を荒らしてから冶具を接着する必要がある．これは，接着力の低い状態で冶具を設置すると，接着剤と塗膜の界面で引張破壊しやすく，塗膜の付着力を適正に測定できないためである．

実構造物の塗膜の健全性評価に際して，数 MPa の引張強さを有する塗膜は防食にあたり十分な付着力を有するとされることが多い．しかし，塗膜が健全であるか否かについては，学術的根拠のある閾値は提案されていない．文献 18)では鉄道鋼橋の塗膜の健全性評価のためにプルオフ試験を実施した結果，塗膜の付着強度と膜厚や経年などには相関性がないことが示されている．これは塗膜の付着性の影響因子には，膜厚や経年以外にも，日照，温度，湿度などの環境条件や塗料の種類などが存在するためと考えられる．このため，実構造物の塗膜の健全性をプルオフ試験から評価するためには，劣化機構と前述の因子との相関について学術的に解明することが重要である．

(2) 碁盤目試験

碁盤目試験はカッターとガイドを用いて，塗膜に碁盤目状のきずを導入した後に貼付したテープを引き剥がして，その前後の塗膜の残留度を評価する方法である．この作業状況を図-6.4.2に示す．前述のプルオフ試験では塗膜に対する垂直引張力による密着性を評価するが，碁盤目試験ではきず導入時に塗膜に生じるせん断力に対する塗膜の付着性を評価することになる．そのため，

図-6.4.1 プルオフ試験の作業状況

図-6.4.2 碁盤目試験の作業状況

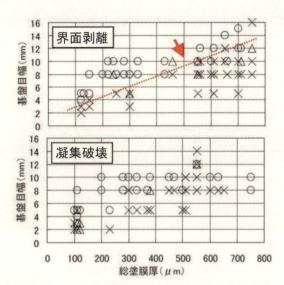

塗膜の残留面積率　○：80％以上，△：60％以上80％未満，×：60％未満

図-6.4.3 総塗膜厚と碁盤目幅の関係[19]

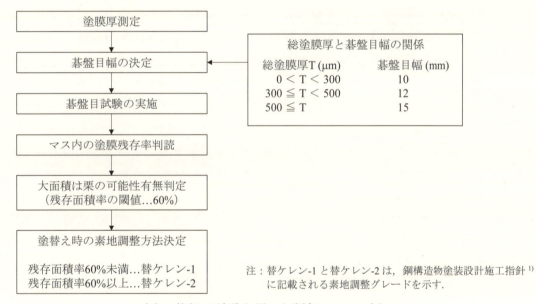

総塗膜厚と碁盤目幅の関係	
総塗膜厚T (μm)	碁盤目幅 (mm)
$0 < T < 300$	10
$300 \leq T < 500$	12
$500 \leq T$	15

注：替ケレン-1と替ケレン-2は，鋼構造物塗装設計施工指針[1]に記載される素地調整グレードを示す．

(a) 碁盤目試験を用いた評価フローの例

残留面積：60％以上　　　残留面積：60％未満

(b) 碁盤目試験を実施した塗膜の状態例

図-6.4.4 碁盤目試験を用いた評価フローと塗膜状態の例

碁盤目幅が小さいほど塗膜に対するせん断力の影響は大きくなるため，碁盤目幅は一般的に塗膜の残留度に応じて数～十数 mm で調整される．

文献 19)によると，鋼鉄道橋のように厚膜かつ経年した塗膜を有する鋼構造物では，碁盤目試験による塗膜の破壊形態は，1) 塗膜－鋼素地間の界面剥離，2) 塗膜の凝集破壊の 2 種類に大別される．1) の場合には，所定の残留面積率となる碁盤目幅と総塗膜厚に相関性があるが，2) の場合にはこれらに対して相関性が無いとしている（**図-6.4.3**）．この結果から，塗膜の凝集破壊の要因となる塗膜の変状を推測することは困難であるが，塗膜－鋼素地間における付着性の低下による塗膜の剥がれは，碁盤目試験により推定できる可能性がある．この検討結果に基づき，鋼構造物塗装設計施工指針 [1])では塗替え対象となった鋼構造物に対する旧塗膜の除去程度の指標として，碁盤目試験を用いた評価方法が記載されている．評価フローの一例を**図-6.4.4**に示す．ただし，本フローの活用に際して，試験実施により塗膜の破壊形態を把握するだけでなく，碁盤目試験自体の再現性を向上させる必要がある．すなわち，きず導入時のカッターの力加減，テープ引き剥がし時の塗膜表面の状態等の試験条件を同一にする必要があることに注意しなければならない．

6.4.3 その他の方法

塗膜の健全性の評価方法として，前述した目視や付着性試験による評価方法以外には，塗膜のインピーダンスから塗膜特性を評価する方法 [20,21]，塗膜下腐食を評価する方法（カレントインタラプタ法）などの電気化学的な評価方法 [22])が挙げられる．電気化学的手法では，塗膜表面に電極を設置し，鋼材を電極とみなすことで，電極間の電気特性から塗膜の劣化程度や鋼材表面の電気化学挙動（腐食挙動）を評価する．塗膜のインピーダンス測定による評価例を**図-6.4.5**に示す．塗膜が劣化している場合，塗膜の電気容量成分が増加して，塗膜の抵抗成分が減少する傾向になる．カレントインタラプタ法を用いた評価例を**図-6.4.6**に示す [23])．塗膜下の鋼材の分極抵抗を測定することで，塗膜下腐食の発生の有無など，塗膜の健全性を推定できる．

これらの評価法は実構造物においても活用事例がある [24])．インピーダンス測定ではアルミ箔を電極として用い，塩水およびカルボキシメチルセルロースを混合した糊状の電解質を介して，塗膜表面に貼付けることで行われる．また，カレントインタラプタ法による測定は，**図-6.4.7**に示すような専用の電極や測定機器を用いて行われる．一般的な方法ではないが，インピーダンス測定を比較的精度良く実施する手法として，8.2.2 に示す耐候性鋼のさび層の評価手法（イオン透

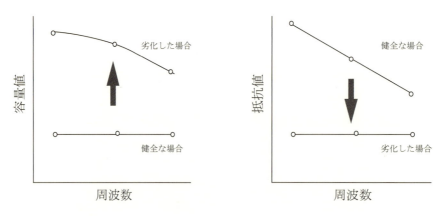

図-6.4.5 塗膜のインピーダンス測定による評価例

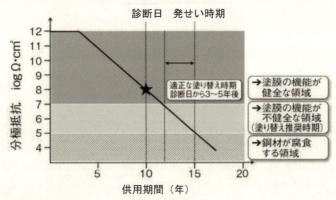

図-6.4.6　カレントインタラプタ法による評価例[23]を一部修正

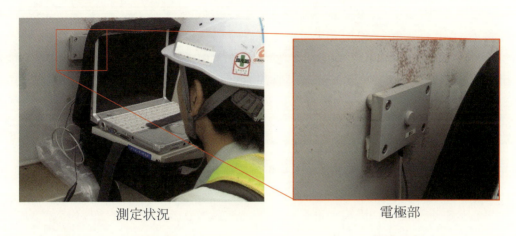

図-6.4.7　実構造物におけるカレントインタラプタ法の測定状況

過抵抗法）を活用した事例などもある[25]．

　これらの測定方法の測定精度は，測定原理上，湿度や温度などの環境因子や塗膜の含水率などが影響を受けやすい．そのため，同一部材で測定する場合でも，日照条件の異なる部位や，対象面の方向が異なる部位では測定結果にばらつきが生じやすい．また，いずれの測定方法についても，塗膜の健全性を判断するための学術的根拠に基づく閾値が明らかにされていない．そのため，初期値との相対評価により健全性を判断することが必要になり，場合によっては数十年オーダーの長期の評価期間を要する．したがって，これらの電気化学的な測定手法を適用する際には，様々な環境で測定を実施することで，測定結果と測定結果に影響を及ぼす各因子との関係を定量的に確認しておくことや長期間の測定が必要とされることを事前に把握しておく必要がある．

参考文献

1) （公財）鉄道総合技術研究所：鋼構造物塗装設計施工指針，2013.
2) （社）日本鋼構造協会：鋼構造物塗膜調査マニュアル，2006.
3) （公社）日本道路協会：鋼道路橋防食便覧，2014.
4) （財）日本規格協会：JIS K 5600-8-5「塗料一般試験方法−第8部：塗膜劣化の評価−第5節：はがれの等級」，1999.
5) （財）日本規格協会：JIS K 5600-8-3「塗料一般試験方法−第8部：塗膜劣化の評価−第3節：さ

びの等級」，2008.
6) （一社）日本鋼構造協会：一般塗装系塗膜の重防食塗装系への塗替え塗装マニュアル，2014.
7) 貝沼重信，小林淳二，宇都宮一浩，坂本達朗：塗膜欠陥の寸法・近接度が鋼材の腐食挙動に及ぼす影響に関する基礎的研究，土木学会論文集 A1, Vol.73, pp.84-97, 2017.
8) （社）日本鋼構造協会：重防食塗装～防食原理から設計・施工・維持管理まで～，2012.
9) 国土交通省 国土技術政策総合研究所：道路橋の部分塗替え塗装に関する研究，国土技術政策総合研究所資料，第684号，p.資-12，2012.
10) 片山英資，貝沼重信，藤木修，向川優貴：さび厚と腐食深さの相関関係に基づく腐食損傷の定量評価に関する基礎的研究，土木学会年第64回次学術講演会講演概要集，I-423，pp.845-846，2009.
11) 坂本 達朗、貝沼 重信：塗装さび鋼板の塗膜変状機構に関する一考察，鉄構塗装技術討論会発表予稿集，Vol.37, pp.43-50, 2014.
12) International Organization for Standardization : ISO 8501-1, Preparation of steel substrates before application of paints and related products-Visual assessment of surface cleanliness-Part 1:Rust Grades and preparation grades of uncoated steel substrates and of steel substrates after overall removal of previous coatings, 2007.
13) 一般社団法人日本塗料工業会：重防食塗料ガイドブック，2010.
14) （財）日本海事協会：IMO塗装性能基準に関するガイドライン，p.2，2012.
15) 国土交通省：道路橋定期点検要領，2014.
16) （一財）日本規格協会：JIS K 5600-5-7「塗料一般試験方法−第5部：塗膜の機械的性質− 第7節：付着性（プルオフ法）」，2014.
17) （財）日本規格協会：JIS K 5600-5-6「塗料一般試験方法−第5部：塗膜の機械的性質− 第6節：付着性（クロスカット法）」，1999.
18) 三條剛嗣，伊藤裕一，根岸裕，坂本達朗：既設鋼橋における塗膜付着力に関する検討，土木学会第71回年次学術講演会講演概要集，V-403, pp.805-806, 2016.
19) 丹羽雄一郎，木村元哉，中山太士：鉄桁塗装の旧塗膜の健全性評価について，土木学会第60回年次学術講演会講演概要集，I-032, pp.63-64, 2005.
20) 平手利昌，竹内文章，廣瀬達也：インピーダンス測定による塗装鋼構造物の塗膜劣化診断，日本機械学会評価・診断に関するシンポジウム講演論文集，Vol.11, pp.81-85, 2011.
21) 安達良光：劣化の診断鋼構造物用塗膜の劣化と塗膜診断，塗装工学，Vol.31, No.5, pp.168-172, 1996.
22) 松本剛司，新内敏和，関根功：走査型超音波顕微鏡およびカレントインタラプタ法による防食塗膜の劣化評価，材料と環境，Vol.58, No.1, pp.29-32, 2009.
23) 岩瀬嘉之：カレントインタラプタ法を用いた塗膜寿命予測，DNTコーティング技報，No.16, pp.20-27, 2016.
24) 山本基弘，園佳寿郎，後藤宏明，江成孝文，橋本康樹，吉田陽一，坂本達朗，木村武久，真田祐介：実橋りょうに適用した長期耐久型塗装系の追跡調査（その3），鉄構塗装技術討論会発表予稿集，Vol.35, pp.19-24, 2012.
25) 伊澤寛之，小島靖弘，今井篤実：イオン透過抵抗測定法による鋼構造物防食塗膜の劣化診断技術の開発，防錆管理，Vol.58, No.4, pp.130-136, 2014.

第7章　金属皮膜

　本章では，防食に用いられる金属皮膜について，その種類と変状事例，劣化の評価法と防食性能の回復事例と留意点について述べる．金属溶射については，土木鋼構造物等に実績のある亜鉛，アルミニウムとそれらの合金による溶射と，亜鉛とアルミニウムによる擬合金溶射を対象とした．また，溶融めっきについては，亜鉛，亜鉛・アルミニウム・マグネシウム合金，アルミニウム，アルミニウム・亜鉛合金を対象とした．

　まず，これらの金属皮膜の劣化要因ごとに変状事例を紹介する．次に，異種金属または異種材料から成る皮膜との組合せに関する耐食性・防食性の検討事例を紹介する．さらに，性能評価法の現状と課題を取り上げ，実際の鋼構造物における皮膜の変状事例と評価事例から評価法の具備すべき条件について述べる．これらを踏まえて，将来整備されるべき劣化レベルの判定基準の方向性や試案を示している．最後に，金属溶射と溶融めっきに関する防食性能の回復事例と性能回復における留意事項を紹介し，実際の施工と今後の研究・開発のための情報を整理している．

7.1　金属皮膜の種類と変状事例

7.1.1　大気環境中の鋼構造物の防食に用いられる金属皮膜の種類

　鋼構造物を金属皮膜で防食する場合，金属皮膜には，腐食因子が鋼材に到達することを防止する遮蔽効果と鋼材の代わりに腐食することで鋼材を保護する犠牲防食作用が求められる．犠牲防食作用とは，鋼材よりも自然電位が低い（電位が卑）金属を鋼材に接触させて，腐食因子が鋼に到達した時に鋼よりも先にその金属が腐食することで，鋼材が保護されるメカニズムをいう．

　大気環境において鋼よりも卑な自然電位を示す金属のうち，原料入手，精錬加工とその後の取扱いが比較的容易で，鋼構造物の被覆形成に適する金属元素には，亜鉛（Zn），アルミニウム（Al），マグネシウム（Mg）がある．金属溶射と金属めっきは，これらの元素を単独または複数の元素からなる合金ないし擬合金で鋼構造物を被覆する方法である．

　金属溶射とは溶融している金属を高速のガスで噴射して，これを対象面に吹付けて金属皮膜を形成させる表面改質工法の一つで，対象面と金属皮膜は機械的に接合されている．形成される金属皮膜に犠牲防食作用を期待する防食溶射では，JIS H 8300[1]で推奨されている Zn, Al, 亜鉛・15%アルミニウム合金（以下，Zn-15%Al 合金）またはアルミニウム・5%マグネシウム合金（以下，Al-5%Mg 合金）のいずれかが用いられ，溶射の施工前に鋼素地面をブラスト処理で粗面化することとなっている．このほかに，粗面形成材と呼ばれるプライマーを鋼素地に吹付けることで，ブラスト処理の省略または省力化を図る工法があり，この工法では亜鉛とアルミニウムの擬合金（以下，Zn-Al 擬合金）が溶射されることが多い．なお，溶射による金属皮膜は多孔質であるため，溶射の終了後速やかに有機系または無機系材料を皮膜の気孔内に含浸させる「封孔処理」が，溶射法や溶射金属の種類に関係なく，大気環境における鋼構造物の防食溶射で一般に実施されている．また，海上や沿岸の海塩の影響の著しい鋼橋では，封孔処理後の溶射皮膜上に塗装が施される場合もある．

　金属めっきは対象とする部材の表面に別の金属を冶金的に結合させる表面改質工法であり，電

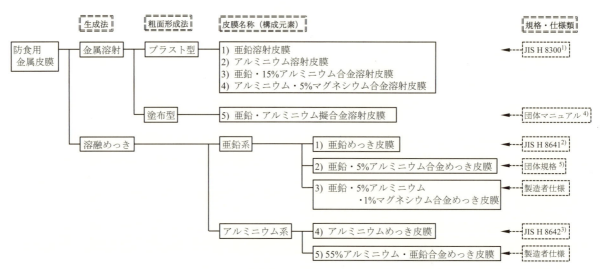

図-7.1.1　鋼構造物の防食用金属皮膜の分類

気めっき，化学めっき，溶融めっきなどがあるが，鋼構造物の防食には鉄鋼材料に比較的厚い皮膜形成が可能な方法として，溶融めっきが適用されている．また，溶融めっきとは，めっきに用いる金属材料を溶融させ，この中に被覆対象とする部材を浸漬し，溶融金属を凝固させて被覆するものである．溶射皮膜と同様に溶融めっき皮膜にも犠牲防食作用が求められ，Zn または Al が単独で用いられたり，またはこれらの元素と Mg の合金が用いられている．Zn のみの溶融めっきは JIS H 8641[2]に，Al のみの溶融めっきは JIS H 8642[3]にそれぞれ規定されている．溶融めっきでは，被覆金属と鋼材との間にめっき金属元素と鉄（Fe）の合金層が形成されることが特徴である．

以上で述べた被覆方法，皮膜の名称と構成元素の分類と，それぞれの被覆方法・皮膜に対応する規格・仕様類を**図-7.1.1**に示す．金属皮膜の性質，生成方法，防食メカニズム，溶融めっきにおける合金層についての詳細と適用事例は，それぞれ**付録3**に示した．なお本章では，金属めっきのうちの溶融めっきを記述対象とすることから，本文中では以下「溶融」を省略した「亜鉛めっき」や「Al めっき」などの表記を用いる．

7.1.2　実構造物における金属皮膜の変状事例

本項では，前述の金属皮膜のうち，金属溶射皮膜，亜鉛めっき皮膜と Al めっき皮膜の変状事例を紹介する．また，これらの変状の原因とメカニズムを理解する上で，環境条件は重要な要素の一つであるが，海岸からの距離といった腐食因子（塩類）の供給条件のほかに，部材表面に到達した腐食因子を降雨等が洗い流す「雨洗作用」も重要な環境条件である（3.1を参照）．

(1)　金属溶射

金属溶射皮膜の劣化要因は，a)犠牲陽極金属としての腐食消耗，b)溶射施工時の問題，c)溶射完成後の接触・衝突などの影響，の3種類に大別できる．それぞれの原因による変状事例を紹介する．

a)　犠牲陽極金属としての腐食消耗

金属溶射の防食性能は，皮膜による環境遮断効果と溶射金属による犠牲防食作用によって成り立っているため，溶射金属が腐食により消耗することが前提となっている．しかし，封孔処理や封孔処理後の塗装の効果が小さい部材，周囲よりも皮膜厚が少ない角部などが先行して劣化し，

(a)　端横桁ウェブ（橋台側）の状況　　　　　　　(b)　皮膜劣化部

図-7.1.2　端横桁ウェブの開口部における溶射皮膜の変状（Al 溶射・封孔処理のみの仕様）

(a)　水平補剛材下面における変状　　　　　　　(b)　主桁下フランジコバにおける変状

図-7.1.3　主桁の各部位における溶射皮膜の変状（Zn-Al 擬合金溶射・封孔処理のみの仕様）

鋼素地の腐食などに至っているケースがある．

　河口から約 2 km に位置し，Al 溶射後に封孔処理のみを行う仕様が適用された河川橋において，端横桁に生じた部分的な皮膜の変状を**図-7.1.2**に示す．供用後 13 年の状況で，少数 I 桁橋の箱断面形式の端横桁に設けられている配管用の開口部において，Al 由来の白さびおよび白さびと赤さびの混在部並びに写真中央には鋼素地の露出部がそれぞれ確認できる．

　海岸から約 2 km に位置し，Zn-Al 擬合金溶射後に封孔処理のみを行う仕様が適用された単純 I 桁橋の主桁の状況を**図-7.1.3**に示す．溶射の施工後 9 年の状況で，水平補剛材下面や主桁フランジコバにおいて，鋼素地が腐食している．

b）　溶射施工時の問題

　鋼橋のように，鋼板を板組みすることで複雑な断面の部材や，部材どうしの離隔が小さな空間が多く存在する構造物には，溶射を施工しても所定の品質を満足しない可能性の高い「溶射困難部位」が多く存在する．溶射困難部位に溶射した時，施工直後の金属皮膜や封孔処理後の表面に外観上・寸法上の問題がなくても，施工時に生じた初期欠陥が供用後の早期劣化として現れることがある．

　図-7.1.3に示した鋼橋の主桁ウェブに取り付けられている足場用吊金具では，円孔のうちウェブから離れている部分に変状が生じている（**図-7.1.4**）．この部分に適切な溶射を施すためには，主桁のウェブ側から吊金具先端に向かって溶融金属を吹付けることになる．このイメージを**図-7.1.5**に示す．**図-7.1.4**の上フランジ側の吊金具を示したのが**図-7.1.5(a)**で，吊孔のコバのうち，

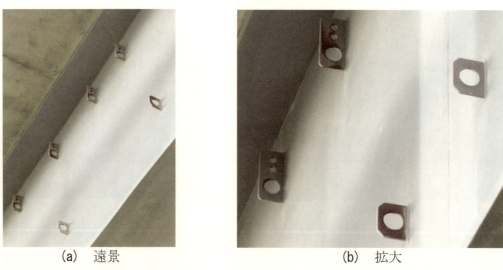

(a) 遠景　　　　　　　　　　　(b) 拡大

図-7.1.4　主桁の足場用吊金具における溶射皮膜の変状

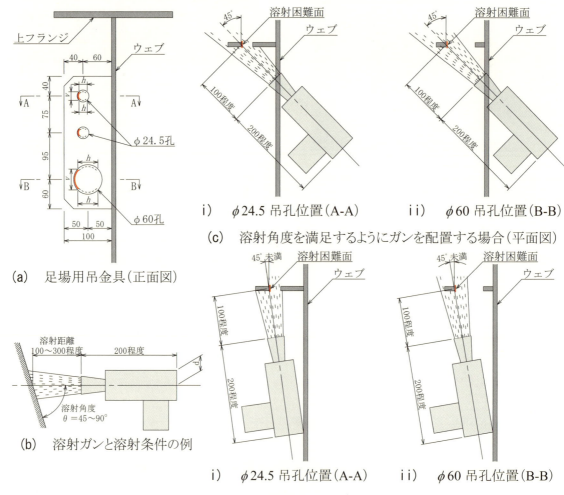

図-7.1.5　足場用吊金具における溶射困難部位の例（単位:mm）

ウェブ面に平行な範囲 v が特に溶射が困難な面である．溶射ガンの寸法と良質な皮膜形成に必要な溶射条件（溶射距離と溶射角度）を図-7.1.5(b)に例示する．一般的な溶射ガンにおける適切な溶射距離は100～300mm程度，溶射角度は45～90°の範囲である．この溶射ガンを用いて，φ24.5

(a) 鋼製橋脚の全景

(b) 皮膜の剥離部分

図-7.1.6 鋼製橋脚における溶射皮膜の変状（Zn-Al擬合金溶射・封孔処理後の着色処理仕様）

吊孔（A-A矢視）とφ60吊孔（B-B矢視）の範囲vへの溶射状況を想定したのが**図-7.1.5(c)**と**図-7.1.5(d)**である．範囲vに対して45°以上の溶射角度を満足させようとすると，吊金具とウェブの間に溶射ガンを配置できない（**図-7.1.5(c)**）．一方，溶射ガンを吊金具とウェブの間に配置して溶射距離を100mm以上にしようとすると，溶射角度が45°未満となる（**図-7.1.5(d)**）．このように，溶射距離と溶射ガン本体の寸法に比べて溶射対象面がウェブに極めて接近している時，溶射条件を満足できずに品質不良が生じやすいガン配置になる．

この他に，**図-7.1.5(b)**に示した溶射ガン本体の幅dが吊孔中心とウェブ面との離隔より大きい場合は，溶射ガンをウェブ面に平行に配置できなくなるため，**図-7.1.5(a)**に示した範囲hのコバへの溶射角度が45°未満になる恐れがある．

図-7.1.4に示した皮膜の変状も，溶射角度が条件を満足していなかったことを原因として生じたものと考えられる．また φ60吊孔の範囲vは，φ24.5吊孔の範囲vよりもウェブから離れているため，溶射距離や溶射角度の状況はやや良好であるが（**図-7.1.5(c)**のi）とii），**図-7.1.5(d)**のi）とii）をそれぞれ比較参照），両者ともに溶射条件を満足できていないため，2種類の吊孔間で連続している皮膜の劣化も**図-7.1.4**に見られる．なお，5.4.1に示した構造的な素地調整困難部位も，前述の溶射困難部位または溶射が不可能な部位に該当する．

図-7.1.1に示した金属溶射の区分のうち，溶射対象面に粗面形成材を塗布する工法において，鋼素地と粗面形成材の密着性が不足している場合がある．この時，溶射皮膜が鋼素地から剥離して，鋼素地に腐食が発生することになる．

海岸から約8kmにある，供用後12年の都市高速道路の鋼製橋脚における皮膜の剥離と腐食の状況を**図-7.1.6**に示す．また，海岸から2km程度に位置するI桁橋の塗膜を金属溶射で全面的に置き換え，その後16年経過した時点での皮膜の剥離状況を**図-7.1.7**に示す．同様に，建設当初の塗膜に対して金属皮膜を防食下地とするふっ素樹脂塗装で全面的に置き換えた箱桁橋の置換え後14年における皮膜の剥離と腐食状況を**図-7.1.8**に示す．この鋼橋は海水の飛沫を直接受ける，腐食性が高い河口部に建設されている．これらの3つの事例については，7.2.1 (2)，7.3.1 (1)および7.3.1 (4)で詳しく述べる．

c) **溶射完成後の接触・衝突などの影響**

工場で溶射した部材の輸送時・仮置き時に生じた接触きずや，供用後の接触きずなどから局部的に皮膜の変状が発生・進行することがある．

(a) 主桁下フランジの状況　　　　　　　　(b) 下横構とガセットプレートの状況

図-7.1.7 I桁橋の置換えに用いた溶射皮膜の剥離（Zn-Al擬合金溶射・封孔処理後の着色処理仕様）

(a) 主桁の状況　　　　　　　　(b) 主桁下フランジ下面における剥離部分

図-7.1.8 箱桁橋の置換えに用いた溶射皮膜の剥離（Zn-Al擬合金溶射・防食下地としての仕様）

図-7.1.9 箱桁下フランジ下面の溶射皮膜の変状　**図-7.1.10** I桁下フランジ下面の溶射皮膜の変状

　Al溶射を防食下地に用いる仕様の溶射皮膜が適用された海上に位置する鋼床版箱桁橋の下フランジ下面では，架設前の現地仮置き時の架台接触面と考えられる部位に変状が生じている（**図-7.1.9**）．この図は供用後17年の時点であり，変状部とその周辺に補修塗装が施されているが，鋼素地の腐食に至っている．

　河口部に位置する耐候性鋼I桁橋は，供用後に一旦，塩化ゴム系塗装が行われたのち，Zn-15%Al合金溶射を防食下地に用いた全面塗替えが行われた．塗替え後15年における下フランジ下面の状況を**図-7.1.10**に示す．重機による当てきずや足場施工時に生じたクランプ跡のきずから，鋼素地の腐食が発生している．この橋梁のきずの補修の経緯については，8.3.1 (5)で述べる．

(2) 溶融亜鉛めっき

a) H橋における事例

H橋は単純I桁（H形鋼桁）19連からなる橋長326mの亜鉛めっきの施された鋼橋で，全景は図-7.1.11(a)のとおりである．本橋は日本海沿岸の河口付近（汽水域）に位置し，海岸から1.5km程度と腐食性の高い環境にある．

建設後33年経過した2017年の現地調査では，桁支間部や高力ボルト継手部においてめっき皮膜の表面に細かい白さびが観察されるものの，著しい腐食損傷は特に観察されなかった（図-7.1.11(b)）．一方，桁端部では図-7.1.11(c)と図-7.1.11(d)に示すように，主桁下フランジ上面に赤さびが確認された．さらに，下フランジ下面側は腐食損傷が進行しており，めっき皮膜の剥離と鋼素地の腐食が確認された．桁端部の伸縮装置からの漏水が見られず，3主桁のうちいずれの主桁の下フランジ下面にも同様の腐食が観察されたことから，汽水域の河川水面から近い橋台部近傍の腐食環境が損傷の原因の一つと考えられる．また，亜鉛を含む被覆物とその部分的な剥離が生じていることから，めっき金属と鋼素地との融合不良による密着度不足も想定される．

b) C高架橋における事例

工業地域に隣接する国道に建設されたC高架橋は，亜鉛めっきの施された単純I桁（H形鋼桁）7連からなる鋼橋で，全景は図-7.1.12(a)のとおりである．本橋は，海岸から5km程度離れた腐食性の低い環境に位置している．

建設後42年経過した2017年の現地調査では，桁端部や支間中央部の床版との際において，めっき皮膜の表面に白さびが観察されるものの（図-7.1.12(b)と図-7.1.12(c)），全般的に良好な状

(a) 全景

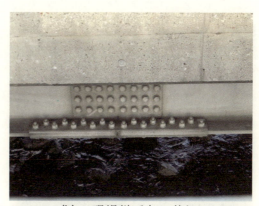
(b) 現場継手部の状況

(c) 桁端部の腐食状況

(d) 主桁下フランジの腐食状況

図-7.1.11　亜鉛めっき皮膜と腐食の状況（H橋）

(a) 全景

(b) 桁端部の状況

(c) 支間中央部の下フランジ下面の状況

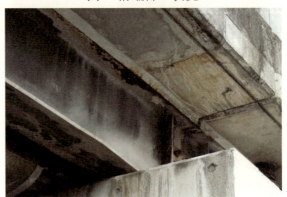
(d) 掛違い部からの漏水と上フランジの赤さび

図-7.1.12 亜鉛めっき皮膜の変状（C橋）

(a) 主桁上フランジ下面の変色

(b) 高欄の腐食状況

図-7.1.13 主桁と高欄における亜鉛めっき皮膜の変状（N橋）

態であった．ただし，掛違いの桁端部では，伸縮装置からの漏水に起因する主桁上フランジ下面の赤さびが確認された（**図-7.1.12(d)**）．

c) N橋における事例

N橋は飛来塩分の影響がない内陸部に位置する亜鉛めっきの施されたI桁橋である．建設後49年が経過した2013年の調査では，主桁と横構のめっき皮膜表面の一部に，Zn-Fe合金層の露出と赤さびと推察される薄茶色の変色部が認められたものの，皮膜表面のほとんどは酸化亜鉛膜に見られる灰白色を呈し，健全な状態が保たれていた．

主桁のウェブ，上フランジ，垂直補剛材と床版の状況を**図-7.1.13(a)**に示す．上フランジ下面

の垂直補剛材近傍にZn-Fe合金層（薄茶色の変色部）が認められる．ウェブ面では全体的に灰白色の亜鉛層（η層）が保たれている（η層の詳細は**付3.2.2**を参照）．車道両側の歩車道境界部にある亜鉛めっき仕様の高欄では，高欄を構成する支柱，笠木などの鋼管の板厚が薄いため，亜鉛の付着量が少なく，めっき皮膜が鋼橋本体に比べて早期に消失することで，赤さびが目立つ部位も観察される（**図-7.1.13(b)**）．

d） 付属物における事例

建設後31年が経過した海上吊橋に設置されている検査路の亜鉛めっき皮膜の劣化状況を，**図-7.1.14**に示す．赤褐色の変色が生じているが，これは合金層のFe由来の腐食生成物であって，防食性能は失われていない．鋼道路橋防食便覧[6]には，「海水飛沫を受けるような環境では，表面に不働態皮膜が形成されず，めっき被膜が消耗し早期に腐食が進行することから，溶融亜鉛めっき採用にあたってはその環境が適用可能範囲内であることを慎重に確認する必要がある」と記されている．ただし，**図-7.1.14**のように例えば海上からある程度の高さにあって海水の飛沫を直接受ける腐食環境にはなく，風雨の通り易いトラス構造内に配置された部材など，一旦付着した海塩が雨洗作用により除去される部位では，海面近くで気密性が高く，腐食性の高い環境にある部材に比べて，めっき皮膜の耐久性が高くなる場合があるといえる．

完成後31年が経過した上路橋の車両用防護柵における亜鉛めっき皮膜の劣化を**図-7.1.15**に示す．この橋梁は山地に架けられているが，海岸から1km程度離れた渓谷上に位置するため，潮風が頻繁に通る地勢にある．車両用防護柵の梁材は板厚の薄い鋼管のため亜鉛付着量が少なく，支柱に比べて早期に皮膜の劣化が生じている．なお，めっき皮膜の劣化や赤さびは，鋼橋全長の車

図-7.1.14 海上吊橋の検査路における亜鉛めっき皮膜の劣化

(a) めっき皮膜が劣化した車両用防護柵

(b) 劣化部の拡大（鋼素地の赤さび）

図-7.1.15 潮風を受ける山地の橋梁の車両用防護柵における亜鉛めっき皮膜の劣化

両用防護柵のうち特定の支柱間において顕著に発生し，かつ赤さびがまだら模様に分布している．潮風が頻繁に当たる部位で，飛来海塩が皮膜表面の一部分に集中的に付着し，皮膜の劣化が局部的に進行したためであると考えられる．

ガードレールの亜鉛めっき皮膜の変状前後の状況を図-7.1.16に示す．図-7.1.16(a)は設置直後，図-7.1.16(b)は35年以上経過後の状況で，ガードレール上半分のめっき皮膜が消失し，全面的に鋼素地が赤さびで覆われている．

e) ステンレスボルトとの異種金属接触腐食による変状

亜鉛めっき皮膜とステンレスボルト（SUS304）との異種金属接触腐食（付1.4.2を参照）の事例を図-7.1.17に示す．河口部に位置する道路橋の管理用通路において，塗装済み鋼製窓枠に樹脂板を固定するための押え板（亜鉛めっき鋼板）とステンレスボルトとの間の電位差により，電位が卑な亜鉛めっき皮膜がステンレスボルト周辺で剥離している（図-7.1.17(a)）．同じ管理用通路のケーブルラック継手部において，めっき鋼板とステンレスボルトの併用による腐食が生じ，Zn由来の白色の腐食生成物が認められる（図-7.1.17(b)）．

f) 高塩分環境における溶融亜鉛めっき皮膜の浮き・剥離と皮膜下における腐食

飛来海塩の影響を受ける上路式鋼トラス橋（気温：17℃，湿度：75%RH，飛来塩分量：0.09～0.97mdd）の検査路におけるめっき皮膜の劣化状況を，変状の軽微なものから順に図-7.1.18に示す．これまでは主に，比較的緩やかなめっき金属層と合金層の腐食による減耗に分類される変状事例を示してきた．しかし，この事例ではめっき皮膜の表面に起伏などの変状が生じ，皮膜組織

(a) 設置当初

(b) 35年以上経過後

図-7.1.16 ガードレールの亜鉛めっき皮膜の変状前後の比較

(a) 窓枠押え板における腐食

(b) ケーブルラックにおける腐食

図-7.1.17 ステンレスボルトとの異種金属接触による亜鉛めっき皮膜の腐食

の脆化や鋼素地からの浮きが生じると同時に，皮膜下で鋼素地の腐食が進行した劣化現象を示している．初めに皮膜表面に起伏が生じ，細かな突起のような形状が現れる（**図-7.1.18(a)**）．皮膜が脆化しつつ，鋼素地からの浮き・剥離が生じ始め（**図-7.1.18(b)**），やがて皮膜の剥落と腐食した鋼素地の露出に至っている（**図-7.1.18(c)**）．露出した鋼素地では鋼材の減耗が認められる（**図-7.1.18(d)**）．この現象について，めっき皮膜の薄いところから腐食による減耗が先行して鋼素地に達し，めっき皮膜と鋼素地の境界部を鋼素地表面に沿って腐食が進行することによって，皮膜が鋼素地から浮き始めるという劣化メカニズムが推察される．

(a) 皮膜表面の変色，起伏

(b) 皮膜の脆化，浮き，剥離と赤さび

(c) 皮膜の剥落と腐食した鋼素地の露出

(d) 連続的な皮膜の剥落と鋼素地の露出，腐食

図-7.1.18 飛来海塩を受ける検査路手摺における亜鉛めっき皮膜の変状

図-7.1.19 主桁下フランジ下面における亜鉛めっき皮膜表面の突起（H橋）

図-7.1.20 桁端部に設置された検査路の亜鉛めっき皮膜の著しい変状

めっき皮膜由来と考えられる被覆物の剥離が生じていたH橋（**図-7.1.11**）の主桁下フランジにおいても，被覆物表面に突起が観察された（**図-7.1.19**）．腐食性の高い海塩環境に位置する橋梁の桁端部に設置された検査路のめっき皮膜の変状を**図-7.1.20**に示す．これらの変状では，ある程度の面積で被覆物がまとまって鋼部材から浮いている．これは主に飛来塩分が付着・蓄積する環境で認められる．高塩分環境ではめっき皮膜の腐食生成物が健全な皮膜から分離・脱落せず，かさぶたのように固着して，ポーラスな組織の被覆物が鋼材を覆う現象が知られている．腐食因子の侵入が進み腐食生成物の下にある健全なめっき皮膜が腐食に至ると鋼素地が露出し，鉄の腐食生成物と亜鉛の腐食生成物が脱落し始めて，周囲に残存しているめっき皮膜（おそらく残り僅かな合金層のみ）が浮き上がったように見えることがある．このように部材表面に腐食生成物が固着する腐食性が高い環境では，鋼素地の腐食状況が外観のみで判断が困難な場合がある．

(3) 溶融アルミニウムめっき

a) 付着海塩の雨洗作用のない部位の変状

飛来海塩の多い環境で供用されている鋼構造物，例えば桟橋（**図-7.1.21(a)**）などにおいてAlめっきが施されていても，付着した海塩が雨洗され難い部位では，部材表面に赤褐色の変状が生じることがある．特に水平に配置されたH形鋼の対地面（**図-7.1.21(b)**）では海塩が蓄積されやすく，鋼素地の腐食をうかがわせる変状が確認されることがある．この桟橋は設置後25年を経過しているが，このような変状が生じていても，表面のAl層の消失に止まり，鋼素地は腐食していないことが確認されている[7]．この詳細は，7.2.2 (1) b) で紹介する．

海上橋の検査路手摺の状況を**図-7.1.22(a)**に示す．この手摺はAlめっきの耐久性を調査する目的で，2006年に試験的に設置されたものである．検査路は桁下に設置されて雨洗作用がなく，付着した飛来海塩が蓄積されているようである．

設置後10年の2016年の現地調査では，白さびと赤さびの混在する状態が手摺全体に見られたため，混在部をワイヤーブラシで擦り，さびなどの付着物を除去した後に，めっき厚さを電磁誘導式膜厚計で測定した．手摺のA面とB面（**図-7.1.22(b)**）における測定結果は**表-7.1.1**のとおりで，A面では73～125 μm（平均103 μm），B面の黒い範囲では38～57 μm（平均47 μm）のめっき皮膜がそれぞれ残存していた．A面とB面における皮膜厚さが，一般的なAl-Fe合金層厚さ60～100μmよりも小さいことから，合金層の一部が腐食により消失している状態と推察される．

b) ステンレスボルトとの異種金属接触腐食による変状

Alめっき鋼材にステンレスボルト（SUS304）を用いた時の異種金属接触腐食による変状事例を

(a) 桟橋全景

(b) 変状位置

図-7.1.21 雨洗作用のない部位におけるAlめっき皮膜の変状（H形鋼の対地面）

図-7.1.23に示す．これは海洋桟橋の歩廊の一部で，海水の飛沫が直接かかり，天候に関係なく海水で継続的に湿潤する環境である．2001年の桟橋の設置当初はAlめっきボルトが用いられていた．しかし，弛みによる脱落等が生じ，ステンレスボルトに交換されたと推測される．交換時期の詳細は不明であるが，2013年1月の時点で交換済み（**図-7.1.23(a)**）であり，ボルト周囲のめっき皮膜にAl-Fe合金層と観察される黒灰色の変状が生じていた．2017年10月の調査では，黒灰色の変状範囲が拡大し，ボルト近傍には赤褐色の変状も認められた（**図-7.1.23(b)**）．変状範囲をワイヤーブラシで擦り，付着物を除去した状態は**図-7.1.23(c)**のとおりであり，枠内の範囲のめっき皮膜厚を電磁誘導式膜厚計で測定した（**表-7.1.2**）．皮膜の残存量は30〜45μmの範囲にあり，

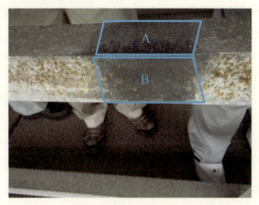

(a) 手摺の状況　　　　　　　　　(b) めっき皮膜厚の測定位置（付着物除去後）

図-7.1.22 海上橋の検査路手摺におけるAlめっき皮膜の変状

表-7.1.1 手摺の残存Alめっき厚さ

測定位置	腐食生成物除去後の残存めっき厚さ （μm）										平均/標準偏差/変動係数
	測定番号										
	1st	2nd	3rd	4th	5th	6th	7th	8th	9th	10th	
A面・白色部	115	148	97	73	90	88	66	109	114	125	103 / 25 / 24%
B面・黒色部	48	48	48	53	46	40	57	49	44	38	47 / 6 / 12%

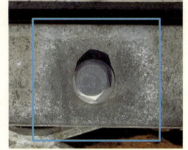

(a) 2013年1月時点　　　(b) 2017年10月時点　　　(c) 同・付着物の除去後の状況

図-7.1.23 Alめっき鋼材とステンレスボルトの接触部の変状

表-7.1.2 ステンレスボルト近傍の残存Alめっき厚さ

測定位置	腐食生成物除去後の残存めっき厚さ （μm）										平均/標準偏差/変動係数
	測定番号										
	1st	2nd	3rd	4th	5th	6th	7th	8th	9th	10th	
ボルト付近	32	36	45	41	38	42	30	36	35	42	38 / 5 / 13%

前述の一般的な Al-Fe 合金層厚さ 60～100μm よりも小さいが，鋼素地の腐食には至っていないことが確認された．Al めっき部材とボルトとの組合せにおいて異種金属接触腐食の問題が懸念される場合には，めっき部材とボルトの間に絶縁体を用いる対策や，7.3.3 (5) で事例を紹介する溶融 55%アルミニウム・亜鉛合金めっき（以下，55%Al-Zn 合金めっき）の施されたボルトを用いる対策等が有効であると考えられる．なお，55%Al-Zn 合金めっきボルトの製造・品質については，9.4.2 に詳述している．

c) 海水の影響を受ける部位の変状

海水が頻繁にかかる環境にある Al めっき皮膜では，銀白色を呈する Al 層が溶失し，黒灰色の Al-Fe 合金層の露出した状態に至ることがある．

魚市場の側溝のグレーチングの変状事例を図-7.1.24(a)に示す．グレーチングの設置場所の状況は図-7.1.24(b)のとおりで，海水の飛沫を直接受けたり，商用の魚介類からの余剰海水を受けてはいないが，魚市場の床洗浄に用いる海水にさらされている．屋根の下にあるため降雨による雨洗作用はなく，高塩分環境にあるグレーチングが黒灰色に変色している．電磁誘導式膜厚計によるめっき皮膜厚の測定値は 80 μm 程度で，前述の Al-Fe 合金層厚さ 60～100μm の範囲にあり，表面が黒灰色であることと併せて，Al 層の消失後に Al-Fe 合金層が露出した状態と考えられる．設置後 12 年が経過しているが，鋼素地の腐食は発生していないといえる．

d) 部材矯正部分における変状と犠牲防食作用の回復

Al めっきは Al 層表面に不働態皮膜を形成することで耐食性に優れているが，鋼素地に達するきずが入った場合には，めっき皮膜（Al 層・合金層）よりも電位が卑な鋼素地から腐食が発生する．しかし，連続式めっきで製造される Al めっき鋼板において，鋼板の切断加工時に露出した鋼素地の腐食がある程度進行して Fe 系腐食反応物が生成されると，鋼素地とめっき皮膜の電位が逆転してめっき皮膜による犠牲防食作用が発現し，鋼素地の腐食の進行は抑制されるという報告[8]がある．連続式めっきで得られるめっき皮膜厚はばらつきが少ないため，この報告で確認された電位の逆転現象が，めっき皮膜厚が不均一になる場合が多いバッチ式 Al めっき部材のきず部においても発現するのかを検証するために，バッチ式で Al めっきされた供用中の部材のきず部の経過観察した．なお，溶融めっきの連続式とバッチ式については，付 3.1.2 (1) で説明している．

海洋桟橋の歩廊に使用されているエキスパンドメタルの曲げきずとフラットバーの切断面の状

(a) 上面における Al めっき皮膜の変状　　　(b) グレーチングの設置状況

図-7.1.24 グレーチングの変状事例

(a) エキスパンドメタルの曲げきずにおける赤さび　　(b) フラットバーの切断面における赤さび

図-7.1.25　Al めっき皮膜下から露出した赤さびの 16 年後の状況

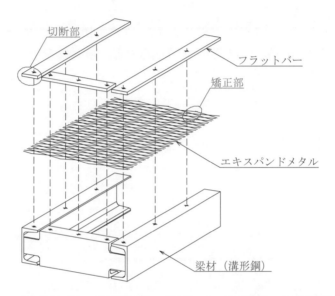

図-7.1.26　海洋桟橋の歩廊における部材の組立構造図

況を**図-7.1.25**に示す．エキスパンドメタルを歩廊の梁部（溝形鋼のフランジ）に固定するために，上からフラットバーとボルトでエキスパンドメタルを押え込む構造で，Al めっき後に**図-7.1.26**のように歩廊を組み立てる際の矯正跡として，これらの損傷が生じている．エキスパンドメタルの変形部分をハンマー等で叩いて強制的に曲げた状況が**図-7.1.25(a)**で，切断砥石でフラットバーを切断した断面の状況が**図-7.1.25(b)**である．これらの部位では，皮膜の消失や鋼素地の露出が確認され，赤さびが生じていた．両者とも変状確認後 16 年の状況であり，赤褐色や黒灰色の変状範囲が若干拡大していたが，外観の大きな変化は観察されない．

　図-7.1.25に示したバッチ式 Al めっき部材であっても，素地に達するきずが小さいと，初期段階に発生した赤さびの拡大が，その後抑制されていることから，文献 8)に示された連続式めっき鋼板における電位の逆転現象がバッチ式めっき部材においても同様に生じて，犠牲防食作用が発現していると推察される．

図-7.1.27 Alめっきされた管先端部の腐食（内部から発生して貫通）

e) **構造上の不具合による損傷**

鋼管部材に溶融めっきを行う時，亜鉛めっきとAlめっきに共通する課題として，管内部にエアー溜まりができる構造，または内部にフラックス（鋼材表面にめっきを付ける上で重要な役割を果たす薬剤）の流入が困難な構造の場合に，不めっき部分が生じることによる部材の耐食性の著しい低下がある．また，めっきされた鋼管部材を腐食性の高い環境で使用する場合，鋼管内部への飛来海塩の浸入・蓄積の影響と雨洗作用が期待できないことにも注意が必要である．

Alめっきされた蓋付き鋼管を用いたフェンスの管内部から腐食が発生し，貫通孔に進展した事例を**図-7.1.27**に示す．内部に不めっき部分を残し，塩分が内部に侵入可能な構造詳細で腐食性の高い環境に設置されたことが原因である．この例では，蓋のない状態で溶融めっきを施工し，孔のない蓋を取り付けてから現場設置することで長期間の防食性能の維持が期待できる．

7.1.3 皮膜の組合せに関する耐食性と防食性の検討事例

金属溶射皮膜または溶融めっき皮膜について，それぞれを単独に用いて被覆された鋼部材に関する耐食性と防食性の検討は数多く行われているが，異なる被覆材の組合せに関する検討事例は少ない．本項では，前項にも示した異なる金属を用いた溶射皮膜どうしの接触および溶融めっき皮膜と他の金属との接触に起因する金属皮膜の劣化に関する実験的検討並びに溶射皮膜と塗装の重なる部分に関する耐食性・防食性に関する実験的検討の事例を紹介する．

(1) 異種金属接触腐食に関する検討

鋼構造物の防食に用いられる金属皮膜は，鋼よりも電位が卑な金属で構成されていることが求められるが，7.1.1 で述べたように，被覆には Zn，Al，Mg などの金属とそれらの合金・擬合金が用いられ，部材，部位，環境と計画耐用年数などの諸条件に応じて，採用される金属が異なる．また，鋼構造物に用いられるボルト・ナットとその他の金属部品には，鋼材に比べて耐食性の高い（電位が貴な）金属が用いられる場合も多い．このため，金属皮膜どうしまたは金属皮膜と他の金属部品の組合せにおいて，異なる金属間の電位差に起因する異種金属接触腐食には十分な留意が必要である．

a) **金属溶射皮膜に関する腐食促進試験**

異なる金属溶射の施された構造体の境界部の検証と将来の異種金属による溶射皮膜の補修を想定した事前確認として，2種類の溶射金属皮膜を部分的に重ねた試験体に関する複合サイクル腐食促進試験が行われている．ここでは，この試験環境における異種金属接触腐食等の傾向を紹介

する．

異種金属による溶射皮膜の重ね接触部に関する複合サイクル腐食促進試験の対象となった溶射皮膜の組合せ一覧を**表-7.1.3**に示す．4種類の全ての組合せにおいて，中央25mm幅の範囲で溶射皮膜が重ねられ（**図-7.1.28**），組合せ1種類につき各2体の試験が実施された．複合サイクル腐食促進試験は，JIS H 8502[9]に基づくもので，試験時間は全て6000時間（750サイクル）である．溶射前の素地調整の条件は除錆度 Sa 3 で，皮膜厚は100～150 μm，金属溶射後の封孔処理を行わず，クロスカットを加えないものである．以下，7.1.3 (1) a)内では合金材料の成分比の表記を省略する．

Al-Mg合金とAlの組合せである1Aと1Bの結果を**図-7.1.29**と**図-7.1.30**に示す（以下の重ね接触部の腐食促進試験結果の図中の△印は，皮膜の境界線の位置である）．Al系溶射金属であるAl-Mg合金とAlは相性が良好で，6000時間が経過しても両者ともに皮膜は良好な状態を保っている．

Al-Mg合金とZn-Al合金の組合せである2Aと2Bの結果を**図-7.1.31**と**図-7.1.32**に示す．クロスカットを加えた試験体を用いる中性塩水噴霧複合サイクル腐食促進試験において，Al-Mg合

表-7.1.3 異種金属の溶射皮膜に対する腐食試験の一覧

組合せ記号	上層皮膜		下層皮膜	
	溶射金属	溶射法	溶射金属	溶射法
1A	Al-5%Mg	プラズマアーク	Al	ガスフレーム
1B	Al	ガスフレーム	Al-5%Mg	プラズマアーク
2A	Al-5%Mg	プラズマアーク	Zn-15%Al	ガスフレーム
2B	Zn-15%Al	ガスフレーム	Al-5%Mg	プラズマアーク

注：1) 全てのケースにおいて，金属皮膜厚は100～150 μmである．
　　2) プラズマアーク溶射は，窒素ガスをプラズマ化する溶射機による．

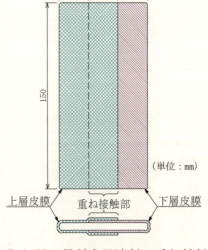

図-7.1.28 異種金属溶射の重ね接触試験体の概要

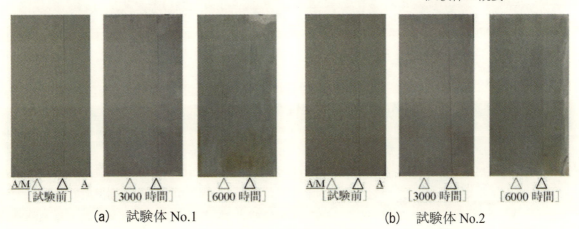

(a) 試験体 No.1　　　　　　　　　　(b) 試験体 No.2

図-7.1.29 組合せ1A（Al皮膜上にAl-Mg皮膜を溶射）［左：上層Al-Mg, 右：下層Al］

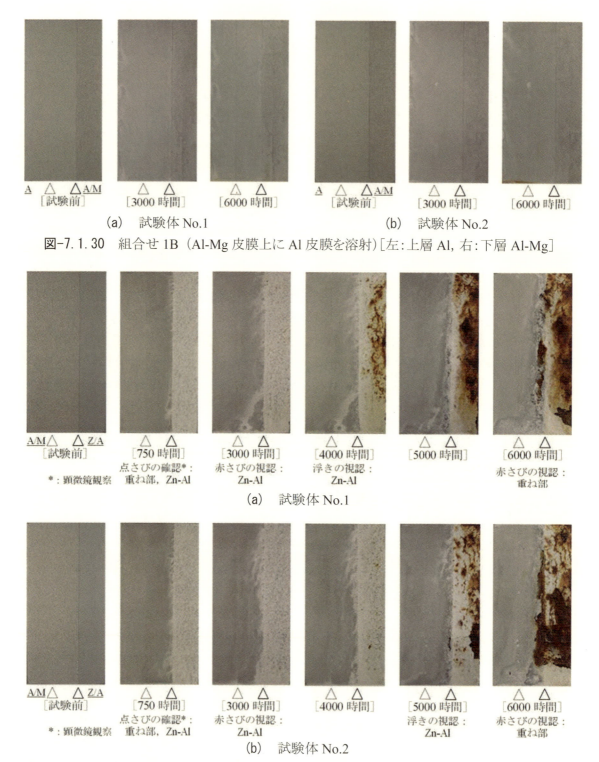

(a) 試験体 No.1　　(b) 試験体 No.2

図-7.1.30 組合せ 1B（Al-Mg 皮膜上に Al 皮膜を溶射）[左：上層 Al，右：下層 Al-Mg]

(a) 試験体 No.1

(b) 試験体 No.2

図-7.1.31 組合せ 2A（Zn-Al 皮膜上に Al-Mg 皮膜を溶射）[左：上層 Al-Mg，右：下層 Zn-Al]

金よりも Zn-Al 合金が早期に腐食に至ることは，JIS H 8502[9]に基づく試験結果[10]，JIS K 5600-7-9[11]のサイクル D に基づく試験結果[12]のいずれにおいても明らかであり，本試験のように両者を重ねて溶射し，クロスカットを加えない試験体においても，Zn-Al 合金が早期に腐食に至っている．なお，組合せ 2A と 2B の全 4 体について，試験時間 750 時間で Zn-Al 合金皮膜と重ね部において点さびが確認されたが，一般に JIS H 8502[9]に基づく複合サイクル腐食促進試験では，早い場

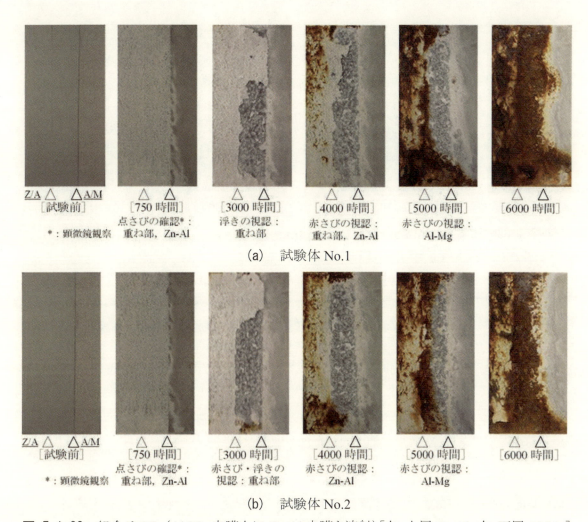

図-7.1.32 組合せ2B（Al-Mg皮膜上にZn-Al皮膜を溶射）[左：上層Zn-Al, 右：下層Al-Mg]

合でも試験時間1000時間程度以降に発せいするとされる．通常の促進試験では特に事情がない限り顕微鏡観察をしないため，本試験結果と他の試験結果は慎重に比較するべきであるが，本試験では通常の試験よりやや早期に鋼素地の腐食が発生したとも推察される．

このほかに，皮膜の重ね方による腐食進行状況の差異が認められる．組合せ2Aでは，塩水中で電位が貴なAl-Mg合金が上層になっており，皮膜の腐食はZn-Al範囲から発生・進行する．しかし，Zn-Al範囲で開始した腐食が，6000時間までに重ね部・上層（Al-Mg合金）に到達して表面に赤さびが出現しており，この時点でAl-Mg合金においても既に腐食が開始している．

一方，組合せ2Bでは，3000時間までに重ね部・上層（Zn-Al合金）が剥離し始め，露出した重ね部・下層のAl-Mg合金において3000時間ないし4000時間までに赤さびが発生している．その後5000時間までに，Zn-Al範囲全体が赤さび化するとともに，Al-Mg範囲に腐食が進行して赤さびが生じている．また，6000時間までに重ね部全域も赤さび化に至っている．

試験時間3000時間の写真によると，試験体2体ともに，重ね部・下層（中央1/3範囲）とAl-Mg合金範囲（右側1/3範囲）で皮膜の表面色が明らかに異なっており，重ね部・下層のAl-Mg合金皮膜では塩水の影響による白色生成物の発生・付着が少ないことがうかがわれる．Al-Mg合金皮膜は，溶出したMgがMg(OH)$_2$として析出し，鋼素地等を被覆する自己修復機能に優れている[10]．しかし，重ね部・下層のAl-Mg合金皮膜では自己修復機能が発揮されずに，上層のZn-Al合

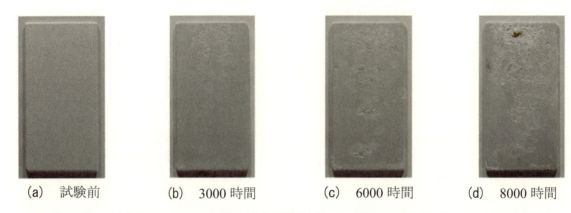

図-7.1.33 同条件のAl-Mg皮膜の腐食試験結果の一例(封孔処理なし・クロスカットなし)

金の消失後まもなく,鋼素地の腐食が発生した状況であると推察される.

このような現象の詳しい原因は不明である.ただし,試験体の作製時に下層のAl-Mg合金皮膜が封孔処理されず,その上からZn-Al合金皮膜で覆われて一定時間が経過した試験体であることから,試験開始までに大気中の酸素による重ね部・下層のAl-Mg皮膜の不働態化が進み,電位が貴化していた可能性も否定できない.その場合には,試験開始から上層皮膜で覆われ,2000時間から3000時間までの時間帯で重ね部・上層の消失後により露出し,塩水に直接さらされるようになった下層皮膜が,常に塩水にさらされていた右隣のAl-Mg単独皮膜よりも電位が貴で,かつ鋼素地よりも電位が貴であれば,重ね部において早期に鋼素地の腐食が開始したことが理解できる.

本試験と同様の条件(JIS H 8502[9]の試験法,同型の溶射機,平均皮膜厚89 μm,封孔処理なし,クロスカットなし)によるAl-Mg合金皮膜単独に関する腐食促進試験結果の例を**図-7.1.33**に示す.試験時間6000時間においても皮膜に変状が認められないが,これはこの程度の厚さのAl-Mg合金皮膜について一般的に見受けられる性状である.これに比べて,本試験では6000時間以前またはそれよりも更に早い時間帯で,Al-Mg範囲に赤さびが生じており,電位が卑な金属と重ね合せると電位が貴な金属の防食性も低下する危険性を示唆している.

以上の試験結果をまとめると,鋼素地に達するきずのない溶射皮膜について,異種金属接触部における防食性状の特徴と留意点は次のとおりとなる.

1) アルミ系金属であるAl-Mg合金とAlの組合せでは,どちらが上層・下層であるかに関わらず,単独の皮膜と同等程度の防食性を発揮できる.
2) Al-Mg合金とZn-Al合金では,異種金属接触の影響や皮膜の重ね方の違いにより,単独皮膜の腐食性状との差異が以下のように現れる.
   i) 電位の卑な金属皮膜の範囲において,それ単独の皮膜に比べて早期に腐食が発生することが懸念される.
   ii) 電位の貴な金属皮膜についても,それ単独の皮膜に比べて早期に腐食が発生する可能性が高い.
   iii) 重ね部の下層が封孔処理のないAl-Mg合金の場合,上層の腐食消失後まもなく鋼素地の腐食が発生することが懸念される.

b) 溶融亜鉛めっき皮膜に関する大気暴露試験

ここでは,亜鉛めっき皮膜の異種金属接触腐食に関する大気暴露試験の結果[13]を紹介する.試験体は亜鉛めっき鋼板と亜鉛以外の金属板を対空面でステンレスボルト(SUS304)を用いて接合

するもので，試験体の形状・寸法を**図-7.1.34**に，金属の組合せを**表-7.1.4**に示す．異種金属板を接合しないものは，他の試験体との腐食減量等の対比用である．暴露地点は，都市・工業地帯（横浜市鶴見区，Lat.35°29.8'N，Long.139°40.9'E），田園地帯（奈良県桜井市，Lat.34°30.6'N，Long.135°50.8'E）の2地点であり，10年間実施されたものである．

亜鉛めっき鋼板の質量減少量を全表面積（$0.04m^2$）で除した平均腐食減量の変化を**図-7.1.35**に示す．都市・工業地帯と田園地帯の両者において，平均腐食減量は経過年数にほぼ比例しており，都市・工業地帯の腐食速度は，田園地帯の約3倍となっている．金属の組合せの違いによる腐食速度の大小関係は，Alを除いて暴露地点に関係なくほぼ同様の傾向で，腐食速度の大きい試験体から，裸鋼板，ステンレス鋼と真鍮がほぼ同等，めっきのみの順となっている．Alの順位が暴露地点により異なる理由は，Alの腐食電位の違いによるものと考えられる．一般にAlは表面に強固な不働態皮膜を形成し，Znより電位が貴であるため，田園地帯のような腐食性の低い環境では，めっきのみの試験体に比べ，Alと接触している試験体においてZnの腐食速度が大きくなる．しかし，都市・工業地帯において，大気中の酸や塩類などの腐食性物質が，異種金属の接触部分に滞留すると，Alの不働態皮膜が破壊されてAlの電位がZnよりも卑となり，Alが優先して溶出す

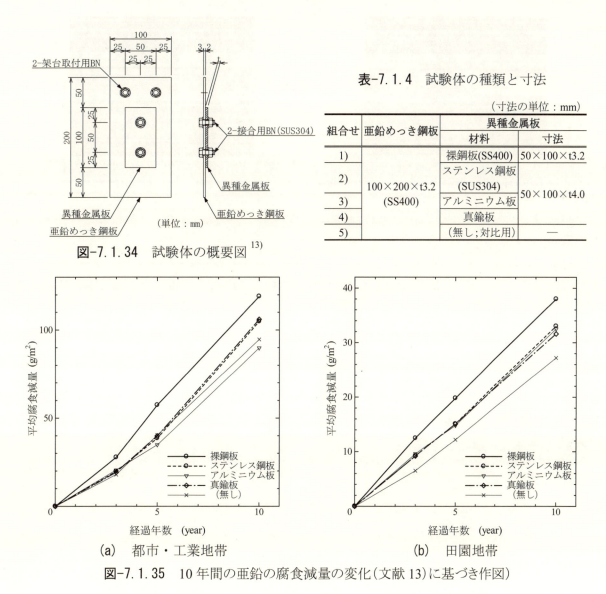

図-7.1.34 試験体の概要図 [13]

表-7.1.4 試験体の種類と寸法

（寸法の単位：mm）

組合せ	亜鉛めっき鋼板	異種金属板	
		材料	寸法
1)	100×200×t3.2 (SS400)	裸鋼板(SS400)	50×100×t3.2
2)		ステンレス鋼板(SUS304)	50×100×t4.0
3)		アルミニウム板	
4)		真鍮板	
5)		（無し；対比用）	―

(a) 都市・工業地帯　　(b) 田園地帯

図-7.1.35 10年間の亜鉛の腐食減量の変化（文献13）に基づき作図）

(a) 裸鋼板　　(b) ステンレス鋼板

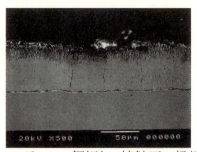

(c) アルミニウム板　　(d) 真鍮板

図-7.1.36　亜鉛めっき皮膜の状況
（暴露10年後，都市・工業地帯）[13]

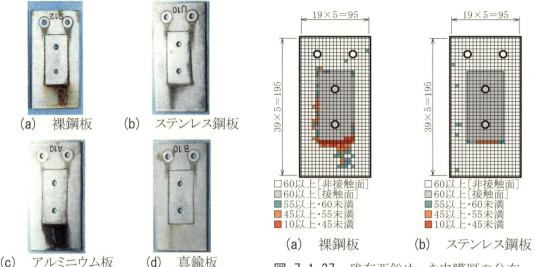

(a) 裸鋼板　　(b) ステンレス鋼板

図-7.1.37　残存亜鉛めっき皮膜厚の分布
（暴露10年後，都市・工業地帯）[13]

(a) 裸鋼板との接触面の縁端部　　(b) ステンレス鋼板との接触面の縁端部

図-7.1.38　亜鉛めっき皮膜断面の顕微鏡写真（暴露10年後，都市・工業地帯）[13]

るため，Alと接触している試験体の腐食減量が，めっきのみの試験体の腐食減量に比べて小さくなる傾向にある．

　異種金属が接合された対空面における，めっき皮膜表面の状況を図-7.1.36に示す．4種類の組合せのいずれにおいても，接触面の縁端部に腐食が集中している．5mmメッシュごとに残存めっき皮膜厚（μm）を測定した結果を図-7.1.37に示す．裸鋼板との試験体では，接触面以外のさび汁の付着部でもめっき皮膜が減少している．ステンレス鋼との試験体では，接触面の下端に僅かな腐食が生じている．

　異種金属板との接触面の縁端部における皮膜の切断面を図-7.1.38に示す．裸鋼板を接合した試験体では，めっき皮膜が消失して腐食生成物（図中の白色物）が付着している（図-7.1.38(a)）．ステンレス鋼を接合した試験体についても，皮膜の消耗と腐食生成物の付着が僅かに確認できる（図-7.1.38(b)）．

　これらの結果からは，亜鉛めっき皮膜の異種金属接触腐食の傾向が把握できる．ただし，腐食減量は異種金属接触腐食によるもののみではなく，対地面のめっき皮膜単独の腐食減耗量の影響も含まれていること，ステンレスボルトによる接合のため密着性が低く，接触面の縁端の腐食に隙間腐食の影響が含まれている可能性のあることに留意する必要がある．

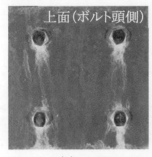 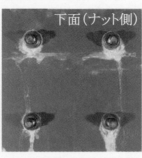 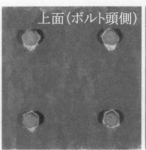 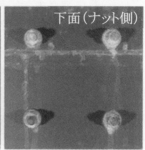

(a) ステンレスボルト(SUS304)　　　　　(b) 溶融55%Al-Zn合金めっきボルト

図-7.1.39　Zn-11%Al-3%Mg-0.2%Si 合金めっき鋼板と各種ボルトとの組合せ試験結果

c) 溶融55%アルミニウム・亜鉛合金めっき皮膜に関する腐食促進試験

7.1.2（3）b）で述べたように，Al めっき皮膜とステンレスボルトを用いると異種金属接触腐食の原因となる．Al めっきボルトを適用すれば，異種金属接触腐食は生じないが，締付け時に生じるきずに赤さびが生じるため，美観上の問題が生じることがある．そこで，亜鉛めっきボルトよりも耐食性に優れ，きずが生じても赤さびが発生しにくい 55%Al-Zn 合金めっきボルトを Al めっきボルトの代わりに適用する場合がある．以下に，このめっきボルトに関する異種金属接触腐食に関する腐食促進試験の一例を紹介する．

試験対象は，亜鉛を多く含む合金めっきの一種である「Zn-11%Al-3%Mg-0.2%Si 合金めっき鋼板」とステンレスボルトまたは 55%Al-Zn 合金めっきボルトを組み合わせたもので，前述のめっき鋼板1枚に4組のボルト・ナット・座金を取付けて，JIS H 8502[9]の中性塩水噴霧サイクル試験方法を 90 サイクル適用し，鋼板とボルトの腐食状況の比較が行われたもので，めっき皮膜にクロスカットを加えないで実施されている．

90 サイクル後の試験体の状況を図-7.1.39 に示す．ステンレスボルトを用いた組合せでは，ボルト類は腐食していないが，めっき鋼板に腐食が生じている（図-7.1.39(a)）．55%Al-Zn 合金めっきボルトを用いた組合せでは，ボルト類とめっき鋼板の両者に若干の白さびが生じているが，ステンレスボルトを用いた組合せに比べて腐食の程度は著しく小さい（図-7.1.39(b)）．この試験結果から，55%Al-Zn 合金めっき皮膜が他のめっき皮膜を腐食させる危険性（Al めっき皮膜の腐食事例は図-7.1.23 を参照）は，ステンレスに比べて小さい傾向にあるといえる．

Al めっき，または亜鉛めっきと 55%Al-Zn 合金めっきボルトの異種金属接触腐食については，現時点では実構造物における適用後の状況に基づいて推定する必要がある．付 3.4.2 (4)に示した適用事例のうち，1) 亜鉛めっきされた照明柱とアンカーボルトの組合せ（付図-3.4.22），2)Al めっきされた鋼製の生簀枠とボルト・ナットの組合せ，3)Al 溶射された生簀枠とボルト・ナットの組合せがそれぞれ該当する．1) については供用後 10 年，2) については供用後 5 年，3) については供用後 4 年がそれぞれ経過しており，現在のところ全事例において腐食の問題は生じていない．これらのうち，1) については 2 種類の金属間の電位差が最も大きいと考えられる亜鉛めっき皮膜との組合せであり，降雪・積雪地帯の道路施設で冬季に融雪剤の降りかかる腐食性の高い環境下にあることを考えると，ガルバニック腐食が生じにくいことを示す一つの事例といえる．

以上の試験結果と適用事例から得られる知見の範囲内では，めっき部材に 55%Al-Zn 合金めっきボルトを適用しても異種金属接触腐食は発生しないといえる．

(2) 溶射皮膜と塗装の重ね部に関する検討

鋼構造物全体を金属溶射で防食する場合または塗装で防食する場合のほかに，腐食性の高い部位に金属溶射を適用し，それ以外は塗装で防食するという方法がある．この場合，鋼部材内には溶射皮膜と塗装の境界部が設けられることとなる．溶射皮膜と塗膜の境界部に鋼素地の露出が生じると，この部分には赤さびの発生や，この部分から腐食因子が溶射皮膜内または塗膜下に侵入することが考えられ，塗装後の劣化再発が懸念される．そのため，既設鋼部材に溶射と塗装の両方を施工する場合には，溶射皮膜に塗装が部分的に重ねられる．ここでは，この施工法によって形成される境界部の耐食性と防食性に関する検討事例を紹介する．

文献14)ではAl-5%Mg合金溶射皮膜の上にRc-I塗装系を重ね塗りした試験体に対して，鋼素地が露出するきずを機械加工で付加し，複合サイクル腐食促進試験（JIS K 5600-7-9[11]に規定されるサイクルDを適用）した結果が報告されている．試験体の形状・寸法，皮膜の構成ときずの寸法を図-7.1.40に示す．これに先立ち実施されたAl-5%Mg合金溶射皮膜単体の複合サイクル腐食促進試験（同じくサイクルDを適用）において，封孔処理のない溶射皮膜と鋼素地露出部の境界から犠牲防食作用の及ぶ範囲が3mm程度であった．図-7.1.40の重ね皮膜の試験体における犠牲防食範囲を確認するため，鋼素地の露出範囲が溶射皮膜単体における犠牲防食範囲よりも大きくなるように，12mmの幅のきずが設置されている．

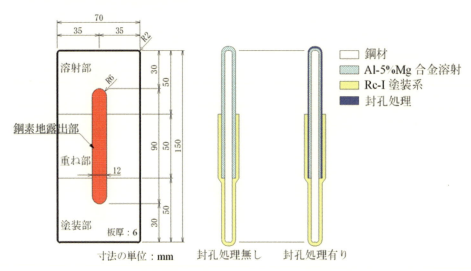

図-7.1.40　Al-5%Mg合金溶射皮膜とRc-I塗装系との重ね部に対する腐食試験体[14]

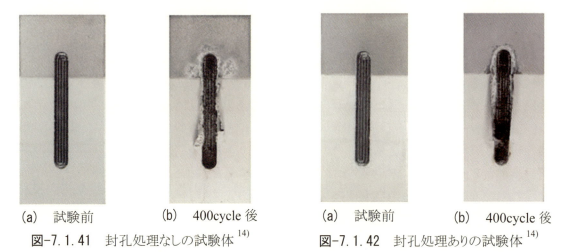

図-7.1.41　封孔処理なしの試験体[14]　　図-7.1.42　封孔処理ありの試験体[14]

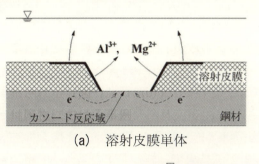
(a) 溶射皮膜単体

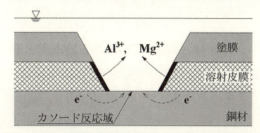
(b) 溶射皮膜と塗膜の重ね部（封孔処理なし）

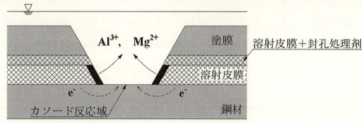
(c) 溶射皮膜と塗装の重ね部（封孔処理あり）

図-7.1.43　溶射皮膜の劣化メカニズム[14]

　腐食促進試験の結果から，溶射と塗装を重ねた部分の皮膜に著しい膨れや剥離が早期に発生し，鋼素地部分に対する犠牲防食作用が発現しにくくなることが判明した．また，皮膜の膨れや剥離などの劣化の進行性は，封孔処理を施してから重防食塗装を重ね塗りした場合が高いことが確認されている．試験前と 400 サイクル後（2400 時間後）の劣化状況を図-7.1.41 と図-7.1.42 に示す．このような重ね皮膜の早期の劣化現象は，鋼素地露出部分の皮膜断面から金属皮膜組織の開口気孔内に腐食因子が浸入し，溶射金属を腐食消耗しながら内部に進行することに起因している．腐食消耗が進行することで密閉気孔と開口気孔の連続化が順次生じるとともに，遮蔽性の高いふっ素樹脂塗料が腐食生成物の外部への放出を防止することで内部膨張圧が高まり，膨れや剥離が生じているものと考えられる．

　溶射皮膜の劣化の概略図を図-7.1.43 に示す．鋼素地の露出部周辺が濡れることで，鋼素地がカソード，溶射金属がアノードとなる化学反応が生じるが，溶射皮膜上の塗膜の有無と封孔処理の有無により，皮膜の腐食・劣化性状が異なる．溶射皮膜が単体で封孔処理がない場合には，水膜中におけるきず周辺の広範囲の金属皮膜がアノード部となって Al と Mg の酸化反応が生じ，見かけ上は緩やかに金属皮膜が消耗される（図-7.1.43(a)）．ここで，図中の黒い塗り潰し範囲は金属皮膜のアノード反応範囲を模擬している．次に，封孔処理のない溶射皮膜に塗膜が重なっている場合には，金属皮膜の見かけ上のアノード反応範囲は，きず部の皮膜断面の溶射皮膜厚の範囲になる（図-7.1.43(b)）．このため，溶射皮膜単体の場合と同じ速度で生じるアノード反応が単体に比べて少ない反応面積である金属皮膜の露出部（水膜との接触部）に集中することになり，金属皮膜の腐食が皮膜層内の奥に向かって（図中の試験体の幅方向に）進展する速度が大きくなる．また，封孔処理された溶射皮膜では，封孔処理剤の浸透範囲では腐食反応が緩やかになる．そこで，見かけ上のアノード反応領域は，鋼素地近傍の封孔処理剤が浸透していない範囲（図-7.1.43(c)）になり，金属皮膜層内における腐食の進行速度が封孔処理のない皮膜よりも増大する．この劣化メカニズムが試験体の皮膜種別に応じた皮膜の膨れ範囲の進行性状の違いとなって現れている．

文献15)では，同様の試験体を用いて，苫小牧市の南側海岸線から2mの地点（Lat.42°35'N, Long.141°27'E，飛来海塩量 w_{NaCl} の年平均値3.4mdd）で実施した約6か月間の大気暴露試験においても，皮膜の膨れが確認されている．試験体の対空面と対地面における皮膜の劣化状況をそれぞれ**図-7.1.44**と**図-7.1.45**に示す．封孔処理の有無に関わらず，Al-Mg合金由来の白色系のAl(OH)$_3$などが対空面で多く発生している．対空面では溶射金属による犠牲防食作用とAl-Mg合金由来の酸化物によって，きず近傍の鋼素地が保護されている．一方，対地面ではFe由来の赤褐色の生成物が素地の露出範囲全面に発生しており，**図-7.1.41**と**図-7.1.42**で示した腐食促進試験の結果とは異なっている．暴露試験は5月から11月までの結果で，この期間の濡れ時間帯における平均気温は約16℃であった．腐食促進試験の湿潤時の気温は約30℃であり，暴露試験期間は腐食促進試験の湿潤時の気温よりも低温であったことから，対空面に比べて腐食因子の供給が少ない対地面では，溶射金属と鋼素地によるガルバニック腐食の発生が抑制され，犠牲防食作用が小さくなったものと考えられている．暴露試験体の重ね部の皮膜表面の高さを測定し，健全な部位の表面高さを基準にして皮膜の膨れを定義し，膨れの発生範囲の面積と膨れの発生範囲における平均膨れ高さは**図-7.1.46**のとおりで，腐食因子の供給が豊富で，封孔処理のされた試験体の対空面において膨れ面積と全体の膨れ量が最大となっており，これは腐食促進試験と同様の傾向を示している．

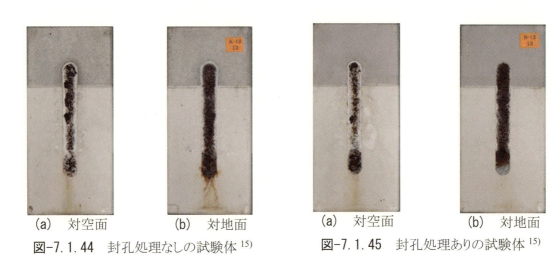

図-7.1.44 封孔処理なしの試験体 [15]　　**図-7.1.45** 封孔処理ありの試験体 [15]

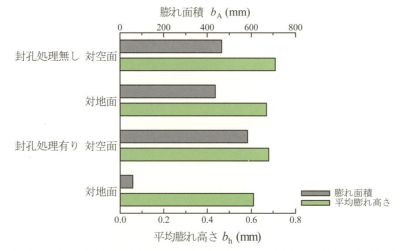

図-7.1.46 暴露試験における皮膜の膨れ面積と膨れ高さの比較 [15]

ふっ素樹脂塗料を重ねた溶射皮膜の早期劣化現象は，Al-5%Mg 合金皮膜以外でも確認されており，JIS H 8300[1]に規定されている Zn，Al，Al-5%Mg 合金，Zn-15%Al 合金の全てに対してふっ素樹脂塗料を用いる重ね塗りを行い，鋼素地に到達するきずを加えて行った複合サイクル腐食促進試験において，皮膜の膨れの早期発生が確認されている[16]．以上のことから，金属溶射皮膜に遮蔽性の高いふっ素樹脂塗料を上塗りする仕様において，鋼素地に達するきずが発生した場合，または局部的に膜厚不足などの品質に劣る皮膜が施工されるなどした場合に，溶射と塗装で構成された防食皮膜に膨れや剥離が早期に発生・進行することが懸念される．

このような早期の皮膜劣化の防止は，溶射皮膜の上にふっ素樹脂塗料を重ねない接合構造を形成することである．現行の一般的な施工手順では，溶射した後にふっ素樹脂塗料が部分的に溶射皮膜上に塗り重ねられる．この重ね部が，前述した腐食促進試験と暴露試験の試験体の皮膜の膨れが生じた範囲に該当する．ふっ素樹脂塗料との重ね構造に起因する溶射皮膜の早期劣化の防止策には，隣接する溶射皮膜とふっ素樹脂塗料の接合構造の改善や，溶射皮膜とふっ素樹脂塗料を隣接させない防食仕様の適用がある．前者の例には，施工済みの溶射範囲に注意深くマスキングした後に塗装する方法や塗装後に溶射するなどの施工順序を変える方法が挙げられる．後者には，溶射皮膜に隣接する施工範囲をふっ素樹脂塗料以外の塗装系または金属溶射で防食する方法がある．溶射皮膜の隣接範囲へのふっ素樹脂塗料以外の防食仕様の適用例として，溶射皮膜を有する構造物への部分塗装工事における防食仕様の案については 7.3.1 (5) a) で述べる．

7.2 防食性能評価

第 1 章で述べた防食性能回復の定義に基づき，本章では「防食性能」を「所定の耐用年数において必要な耐荷力を腐食によって損なわない防食皮膜と鋼素地の能力」と定義する．したがって，例えば，金属溶射皮膜が部分的に剥離するなどして劣化していても，鋼素地自体が減肉に至る状態でなければ問題はないと考える．また，めっき部材であれば，鋼素地が腐食していなければ，合金層の腐食は許容されるとして考える．そして，鋼素地の腐食発生後の性能評価には，腐食の発生している部位の重要度を考慮することが重要である．

7.2.1 金属溶射
(1) 劣化レベルの判定基準に関する現状と課題

金属溶射皮膜の劣化レベルの判定基準が示されたのは，2005 年（平成 17 年）12 月の鋼道路橋塗装・防食便覧[17]が初めてであり，これが 2014 年（平成 26 年）3 月の鋼道路橋防食便覧[18]に踏襲され現在に至っている．劣化レベルの例は表-7.2.1 に示すとおりであり，溶射金属を亜鉛，亜鉛・アルミニウム合金，アルミニウムの 3 種類に分類し，それぞれについて I から IV の 4 段階の劣化レベルを設定している．溶射金属別，劣化レベル別の劣化状況は，それぞれ表-7.2.2(a) と表-7.2.2(b) に示すとおりである．表-7.2.1 では，4 段階の劣化レベルを，クロスカットを導入した試験体の腐食促進試験結果に基づき分類・設定している．金属溶射施工実績の多い福岡北九州高速道路公社[19]または鋼構造物常温溶射研究会[20]などにおける維持管理マニュアル類においても，表-7.2.1 と表-7.2.2 の劣化レベルが引用されている．

金属溶射皮膜の試験体による腐食促進試験結果を用いた劣化レベルが作成される以前は，1993 年の鋼橋塗膜調査マニュアルに記載された塗膜の評価点[21)-23)]などが用いられていた．参考として，

表-7.2.1 金属溶射皮膜の劣化レベルの例 [18)]

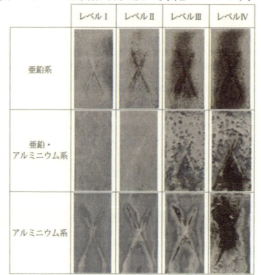

表-7.2.2 金属溶射皮膜の劣化レベル [18)] を一部修正
(a) 亜鉛, 亜鉛・アルミニウム合金系

レベル	金属溶射皮膜の状況
I	表面に白さびの発生が始まる時期である。 皮膜内部の気孔が生成物で充填され,防食機能は維持している。 ただし,施工の不均一な部分や局部的な原因による劣化部以外には鋼素地からのさびは見られない。 狭あい部等における代替塗装施工部の膜厚不足箇所等に軽微な赤さびの発生が始まる。
II	皮膜表面および皮膜内部が安定している時期であり,防食性を維持している。 皮膜の薄くなりやすい部材端,エッジ部等に点さびが出始める。
III	皮膜表面,皮膜内部の白さび化(金属の消耗)が進み,皮膜の電気化学的防食作用の低下が始まる時期である。 皮膜の薄い箇所は消耗が進んで赤さびが見えるようになり,周辺は皮膜の消耗が早くなる。
IV	30%以上の面積で赤さびが発生する。溶射金属の消耗と相まって電気化学的防食機能が消失する。 外観的には概ね全面にわたって赤褐色に変色する。

注記: 1) 上記はいずれも劣化の進行パターンを示したもので,経年数は各々異なる.
    2) 劣化レベルごとの溶射皮膜の外観を**表-7.2.1**に示す.

(b) アルミニウム系

レベル	金属溶射皮膜の状況
I	表面的な変化は見られない。 ただし,施工の不均一な部分,局部的な原因による劣化部では,鋼素地からのさびの発生したものが見られる。 狭あい部等における代替塗装施工部の膜厚不足箇所等に軽微な点さびの発生が始まる。
II	皮膜表面および皮膜内部が安定している時期で防食性を維持している。 皮膜の薄くなりやすい部材端,傷つき部,エッジ部等や皮膜の薄い箇所に赤さびが出始める。
III	皮膜内部の不働態化が進み,皮膜の電気化学的防食作用の低下が始まる時期である。 皮膜の薄い箇所は環境遮断効果の低下が見られ,赤さびの範囲が広がり始め,周辺は皮膜の消耗が早くなる。
IV	30%以上の面積で赤さびが発生する。溶射金属の消耗と相まって環境遮断効果および電気化学的防食機能が消失する。 外観的には概ね全面にわたって赤褐色に変色する。

注記: 1) 上記はいずれも劣化の進行パターンを示したもので,経年数は各々異なる.
    2) 劣化レベルごとの溶射皮膜の外観を**表-7.2.1**に示す.

皮膜評価点の内容,素地のさびに関する評価点と皮膜の膨れに関する評価点をそれぞれ**表-7.2.3**と**表-7.2.4**に示す.

腐食試験で実際に劣化が生じた鋼構造物の腐食環境を再現することは困難であり,腐食試験結

表-7.2.3 皮膜評価点の内容[21]を一部修正

評価点	評価点（Rating Number ; RN）の内容
3	異常または劣化が全く認められないか，もしあったとしても極めて局部的でしかも微小なため，塗膜の機能から無視し得る程度のもの
2	異常または劣化はやや見られるが，塗膜機能は維持している．
1	異常または劣化は相当進み，塗膜は機能の極限に達しているか，既に超えている．
0	異常または劣化が進み，塗膜の存在価値を失っている．

表-7.2.4 さび評価点と皮膜の膨れ評価点[22),23)]に基づき作成

評価点	さび評価点 発生面積(%)	さび評価点 外観状態	ふくれ評価点 発生面積(%)
3	X＜0.03	異状なし．誰が見ても外観的にはさびが認められないか，さびらしきものがあっても無視し得る程度のもの．	X＜0.03
2	0.03≦X＜0.3	僅かにさびが見られる．さびが観察される部分以外の塗膜の防食性能はほぼ維持されていると思われる状態．	0.03≦X＜0.3
1	0.3 ≦X＜5.0	明らかにさびが見られる．誰が見ても発錆部分が多く，何らかの処置を施さなければならない状態．	0.3 ≦X＜5.0
0	5.0 ≦X	見かけ上ほぼ全面にわたってさびが見られる．早急に塗料を塗り直さなければならない状態．	5.0 ≦X

果による劣化レベルの判定基準を用いても，必ずしも適切な判定結果を得られない．現行の判定基準については，以下のような課題が挙げられる．

　i) ランク付けが定性的な判断結果になる．また，表-7.2.2のレベルIVについて「30%以上の赤さびが発生する」は，構造物全体と部材のどちらの30%なのかの定義が不明確である．**表-7.2.1**については，腐食試験体の試験対象面積の30%を指しているようにも理解できる．

　ii) 劣化要因（環境，施工不良を含む）が関連付けられておらず，損傷の進行性が不明確になるため，対策の要否判断や補修方法の選定に際して，必ずしも適切な判定結果とならない．

　iii) 溶射工法・構成材料との関連が不明確であるため，劣化性状を適正に評価できない可能性がある．

　iv) 経過年数が考慮されていないため，余寿命や補修要否との関連が不明確である．

(2) 実構造物における劣化事例と評価法の具備すべき条件

a) 現場で塗装から置き換えられた金属溶射皮膜の劣化

　U大橋は1974年に上り線と下り線の一部が5主桁のI桁橋として，1984年に下り線の一部が5主桁橋としてそれぞれ建設され，実用に供されてきたが，1998年のリニューアル工事によって10主桁橋に一体化されたものである．建設当初は塗装であったが，リニューアル工事を機に鋼橋全体の防食方法が変更となり，粗面形成材の塗布後にZn-Al擬合金溶射が適用されている．しかし，溶射皮膜の部分的な剥離（図-7.2.1(a)）とともに，桁端部等における漏水によって鋼素地にさびが生じ（図-7.2.1(b)），現在に至っている．溶射金属自体にはそれほど著しい腐食消耗は認められず，粗面形成材と鋼素地との密着性の不足に起因した剥離である．粗面形成材を用いる現地溶射工法は，鋼素地面にさびや異物が残留した状態で施工すると素地面と粗面形成材との密着性が著しく損なわれることが懸念される．

(a)　主桁の皮膜の剥離　　　　　　　　(b)　補剛材とウェブの腐食

図-7.2.1　U大橋の変状

(a)　下フランジコバと連結板コバの露出　　(b)　下フランジ下面における皮膜の剥離

図-7.2.2　Mランプ橋の変状

　このような溶射工法により形成された溶射皮膜の劣化事例については，鋼素地と溶射皮膜の密着性の不足（または低下）に着目した劣化評価法が必要であり，かつ本鋼橋のように皮膜が剥れているが鋼素地に減肉等が生じていない状態に対する劣化評価法も必要であると考えられる．具体的には，剥離の生じた時期，露出した鋼素地の腐食程度などを考慮に入れた劣化評価法の確立が必要であるといえる．

　河口部に位置するMランプ橋は，1989年に塩化ゴム系塗料による塗装仕様で建設されたが，1999年に粗面形成材の塗布後にZn-Al擬合金溶射皮膜を防食下地にして，ふっ素樹脂塗料を重ね塗りする塗替えが行われた鋼橋である．しかし，溶射皮膜が比較的早期に劣化したため，2014年度に重防食塗装による塗替えが行われている．箱桁下フランジと連結板のコバにおける劣化状況を図-7.2.2(a)に，箱桁下フランジ面における皮膜の剥離状況を図-7.2.2(b)にそれぞれ示す．

　この鋼橋は，道路管理者の維持管理要領に基づく劣化評価の結果，"密着性不良（レベルIII）"から"全面赤さび化（レベルIV）"の移行段階と位置づけられ，当時の判断に基づき重防食塗装による全面塗替えに至った事例である．環境調査や施工当時のレビューなどの分析により，皮膜の劣化要因が次のように整理されている．

　　i) 高塩分環境であるにも関わらず施工足場の気密性が低く，素地調整後の鋼素地面や溶射皮膜に飛来塩分が再付着した可能性（塗替え検討時の鋼橋本体の付着塩分量の測定により，冬季の付着塩分量が沖縄・K高架橋下（温度：23℃，湿度：74%RH，飛来海塩量：0.78mdd

(a) 橋脚天端の劣化状況　　　　　　　(b) 橋脚横梁の高力ボルト継手部周辺

図-7.2.3 鋼製橋脚の変状事例

（2009/03-2013/05））の約4倍であることを確認）
　ii) 素地調整が不十分（塗膜剥離剤を用いた素地調整程度2種の鋼素地への溶射施工）
　iii) 部材角部の曲面仕上げなど溶射に適する構造ディテールへの改善不十分，溶融金属の吹付けに適さない狭隘部における溶射施工の実施

一方で，鋼素地に著しい減肉は生じていなかったことも確認されており，溶射金属による犠牲防食作用により腐食が抑制されていたものと考えられる．

これらの事例から次に示す1)～3)の評価法をそれぞれ確立する必要があるといえる．
1) 防食下地として金属皮膜と粗面形成材を適用する場合の評価法
2) 粗面形成材と鋼素地の密着性が不足している場合の評価法
3) 鋼素地が露出しているが減肉には至っていない場合の評価法

なお，Mランプ橋で劣化が生じたのは「金属溶射皮膜の上にふっ素樹脂塗料を塗り重ねる仕様」であり，施工時にできた周囲よりも品質のやや劣る部位を起点に 7.1.3 (2)に示した金属皮膜の早期劣化が生じていた可能性も考えられる．そのような劣化性状の実例であれば，4) 皮膜の浮きを考慮に入れた評価法，を今後検討する必要性も挙げられる．なお，皮膜表面の起伏を精度良く測定できる技術には，9.1.2に述べる「パターン光投影法による3次元表面測定」がある．

b) 新設時金属溶射皮膜の劣化部の補修塗装

粗面形成材の塗布後にZn-Al擬合金溶射が適用された鋼製橋脚において，溶射皮膜の劣化と鋼素地の腐食が生じた事例を図-7.2.3(a)と(b)に示す．これらは凍結防止剤を含む漏水の影響によって横梁の天端，支承台座部，高力ボルト連結部に局部的な腐食が生じたものである．これらの劣化に対して，道路管理者の維持管理要領に基づく評価が行われ，"密着性不良（レベルIII）"から"全面赤さび化（レベルIV）"の移行段階と位置づけられ，当時の判断に基づき部分塗替え補修が行われた．推定される劣化の原因としては，鋼素地と粗面形成材との密着性不良によって溶射皮膜が鋼素地から浮き，伸縮装置や排水設備からの漏水によってこれが更に進行したと考えられている．

劣化要因に着目すると，素地調整不良を原因として浮きなどが生じた場合の劣化評価法，伸縮装置や排水設備など特定部位の不具合に起因する劣化の評価法，などを確立する必要があると考えられる．

(3) 劣化レベルの判定のあり方
a) 実構造物の劣化事例に即した劣化レベルの例

これまでの劣化事例では，金属皮膜そのものの腐食消耗以外に素地調整不良による皮膜の剥離

(a) タイプ 1A[ブラスト型・封孔処理仕上げ]

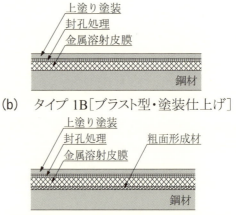
(b) タイプ 1B[ブラスト型・塗装仕上げ]

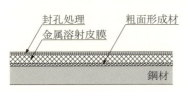
(c) タイプ 2A[塗布型・封孔処理仕上げ]

(d) タイプ 2B[塗布型・塗装仕上げ]

図-7.2.4 金属溶射皮膜システム構成の分類

表-7.2.5 金属溶射皮膜システムの変状と構成タイプ

レベル	着目位置	変状	皮膜構成タイプ 1A	1B	2A	2B
1	塗装	材料劣化，層内剥離	—	○	—	○
2	塗装と封孔処理剤の界面	浮き，剥離	—	○	—	○
3	封孔処理剤	材料劣化，消失	○	○	○	○
4	金属皮膜	層内剥離，腐食消耗	○	○	○	○
5	金属皮膜と粗面形成材の界面	浮き，剥離	—	—	○	○
6	金属皮膜と鋼素地の界面	浮き，剥離	○	○	—	—
7	粗面形成材	材料劣化，層内剥離	—	—	○	○
8	粗面形成材と鋼素地の界面	浮き，剥離	—	—	○	○
9	鋼素地面・鋼部材	露出，発さび，層状さび，減肉，破断	○	○	○	○

注記) ○：該当する，—：該当しない

が生じていることから，金属皮膜層以外の変状も考慮した劣化評価が必要である．溶射対象面の粗面形成方法と封孔処理後の塗装の有無に基づき，これまで施工実績のある溶射皮膜システムを材料構成で分類した結果を**図-7.2.4**に示す．図中の4種類の構成タイプと着目位置，と変状種類を**表-7.2.5**に示す．このように，皮膜システムの構成要素と各々の変状パターンに応じた劣化レベルの判定基準の設定が望まれる．

劣化レベルの設定には，以下に示すように，劣化の定量値と発生部位の構造上の重要度を考慮することが重要である．

　i) 腐食の深さ（腐食開始段階，層状剥離，減肉など）
　ii) 構造物内における腐食部材の分布状況（部材総数に対する発生比率）
　iii) 腐食発生部位の構造上の重要度（耐荷力の低下が落橋などに直結する部位）

構造物内に散在する劣化を i), ii)に示す指標のみで同等に評価すると，耐荷力の評価が欠如し，重要部位における劣化の過小評価を招くことがあり危険である．逆に，構造上それほど重要でない部位を過大評価する結果を招くこともあることから，双方とも適切な維持管理にとって重大な問題であるといえる．したがって，i)と ii)の指標と iii)を組み合わせた評価が必要とされる．

また，前述の i), ii)のほかに，Zn，Zn-15%Al 合金，Al，Al-5%Mg 合金といった溶射金属による犠牲防食作用の差異，と Mg による自己修復効果（7.1.3 (1) a)を参照）の有無を皮膜の劣化・鋼材の腐食に考慮すること，損傷の要因（施工状況，腐食因子の供給経路など）を関連付けるこ

とも，判定の合理性を更に向上させるためには必要であると考えられる．

b) 補修に対応付けられた劣化レベル

補修の要否の判断と劣化レベルが合理的に関連付けられるよう，以下の項目を含めた判定が可能となる基準の構築が望ましい．

  i) 劣化の進行性状，建設後の経過時間と今後の供用期間を考慮に入れて，損傷要因ごとに補修の要否と当該部位が明確に関連付けられた判定
  ii) 周辺環境の影響（海塩・凍結防止剤の漏水・飛来，その他）を考慮して，補修までの迅速性の要否が明確な判定
  iii) 橋梁形式や部材・部位の重要度との関連付けが明確な判定

7.2.2 溶融めっき
(1) 劣化レベルの判定基準に関する現状と課題

亜鉛めっきやAlめっきなどの溶融めっきの皮膜は，鋼素地側が亜鉛と鉄，またはアルミニウムと鉄の合金層で構成されている．そのため，めっき皮膜が減耗するとこの合金層が露出した後に，その鉄分が酸化して赤褐色になることが多い．この変状が鋼素地の腐食と誤解されて，「ただちに補修しなければならない」と判断されることがある．しかし，表面が赤褐色になったとしても，合金層が残存していれば鋼素地に対して防食性能を有しているため，亜鉛層やAl層が消失した直後に鋼素地が腐食するとはいえない．このように誤った判定に至らないように，合金層の変状，露出した鋼素地の変状を区別できる劣化レベルの判定基準を構築する必要がある．

a) 溶融亜鉛めっき
1) 外観による判定

亜鉛めっきは経年的に減耗し，最表面の亜鉛層（η層）が消失すると，合金層（ζ層），合金層（δ_1層）の順に露出と消失が進行し，その後，鋼素地の露出に至ることが多い（これら3種類の金属層の詳細は付3.2.2を参照）．基本的に亜鉛の腐食生成物は白色，鉄の腐食生成物は褐色を呈するため，合金層の腐食が開始すると含有する鉄分に応じて赤褐色に変色することになり，外観の観察によって減耗状態を判定できる．例えば，2014年の鋼道路橋防食便覧[24]では，皮膜の評価を次の5段階で行い，表-7.2.6に示す評価基準を用いることとしている．

  Ⅰ：亜鉛層が残っている状態
  Ⅱ：亜鉛層の劣化が進み，合金層が全面的に露出した状態
  Ⅲ：亜鉛層が消耗し，合金層が全面的に露出した状態
  Ⅳ：合金層の劣化が鋼素地付近まで進んだ状態
  Ⅴ：めっき皮膜が消失し，劣化が鋼素地に至っている状態

このような判定基準を基に，実橋の皮膜の劣化レベルを判定する時，以下のような課題が挙げられる．

  i) 目視による定性的な検査であるため，判断結果に個人差が生じやすい．
  ii) 判断基準となる写真は，実験室で促進劣化された試験体を基にしており，実橋の劣化状況とは必ずしも一致しない．
  iii) 実橋では，部材表面を覆っている腐食生成物によって鋼素地の状態が目視だけで確認し難い状態であったり，腐食生成物を除去できない狭隘な部位もあるため，目視による判定が難しい場合がある．

表-7.2.6 劣化レベルの評価基準の例[25]を一部修正

評価	A（一般環境）	B（塩分の影響を受ける環境）
I		
II		
III		
IV		
V		

なお，**表-7.2.6**は2005年の鋼道路橋塗装・防食便覧[25]に掲載された評価基準を踏襲したものであるが，これに先立って2004年の溶融亜鉛めっき橋維持管理マニュアル（めっき皮膜の劣化度評価）[26]に同様の評価基準が**表-7.2.7(a)**の劣化度の分類，と**表-7.2.7(b)**の劣化度判定基準としてそれぞれ掲載されている．**表-7.2.7(b)**には，劣化が進んだ状態におけるめっき皮膜残存厚さの目安が記載されており，ある程度定量化された基準になっている．

2) 皮膜厚測定による判定

前述した外観に基づくめっき皮膜の劣化評価は，皮膜が減耗するにつれて組織が変化することを観察するものである．皮膜の減耗を直接測定できれば，より定量的で正確な劣化レベルの評価が可能となる．皮膜の劣化度は，電磁誘導式膜厚計を用いて非磁性体である亜鉛層と磁性の低い合金層の合計厚さを測定することで定量評価できる．溶融亜鉛めっきの工場検査では，一般にはこの方法が，適用されており，めっきの品質保証する上で確立されている手法である．ところが，亜鉛めっきは大気環境に長期間さらされると腐食が発生し，健全な亜鉛層の表面に緻密で強固な

表-7.2.7 めっき皮膜の劣化度の評価例[26]

(a) 劣化レベルの分類

劣化度	腐食の進行状況
I	純亜鉛層が残存し，外観からも異常が認められない状態
II	純亜鉛層の劣化が進み，合金層が局部的に露出した状態
III	純亜鉛層が消耗し，合金層が全面的に露出した状態
IV	合金層の劣化が一部鋼素地付近まで進んだ状態
V	亜鉛めっき皮膜が消耗し，鋼素地まで腐食している状態

(b) 劣化レベル判定基準

劣化度	一般環境（A）	塩害環境（B）	判定基準
I			外観
II			外観
III	写真は**表-7.2.6**に同じ		外観および残存膜厚最小値 30 μm 以上
IV			外観および残存膜厚最小値 30〜10 μm
V			外観および残存膜厚最小値 10 μm 以下

腐食生成物が形成される．めっき皮膜の残存厚さを測定するには，腐食生成物を完全に除去する必要があるが，腐食生成物が強固で厚い場合は除去が難しく，また除去されたかどうかの判断が困難なため，めっき皮膜の測定値に腐食生成物の厚さが含まれている可能性がある．そのため，合金層が消失して鋼素地に付着している腐食生成物の厚さを，亜鉛層や合金層の残存厚さであると誤認する可能性がある．一方，7.1.2 (2) f)に示した高塩分環境における皮膜の劣化事例では，鋼素地から皮膜が浮いている，被覆物の下で鋼素地の腐食が進行しているなどの性状であるため，残存皮膜厚を測定したとしてもその数値で劣化レベルを判定することが困難である．

以上のことから，現時点では皮膜厚測定による判定も外観による判定と同様，劣化レベルを定量的かつ適正に評価する上で課題を有しているといえる．

b) 溶融アルミニウムめっき

Alめっきに関する劣化レベルの判定基準はこれまで定められておらず，部材表面に赤さびが確認されると「めっき皮膜が消失し，鋼素地が腐食に至った状態である」と判断をされることが多かった．その背景には，Alめっき部材の腐食過程が解明されていなかったこと，また，Al-Fe合金層（以下，7.2.2 (1) b)内では「合金層」）がさびた状態があまり認知されていないために「赤さびは，すなわち鋼素地のさびである」という認識があった．一方，経験上，赤さび発生後も鋼材と同等の速度で減耗している様子が確認されてこなかったため，「赤さびは合金層のさびであり，鋼素地の腐食ではない」という考えも提唱されていた．文献7)ではAlめっき処理された実構造物における腐食過程について検討されている．この検討のめっき皮膜の変状部に関する性能評価結果を引用して，従来の判断方法に関する問題点を述べる．

調査・分析の対象は，油槽所の海上桟橋であり，約250mの全長のうち，154mがAlめっき処理されたトラス構造となっている．トラス構造部のうち122mが海上に径間長32mの部分が陸上にそれぞれ設置されており，主構下弦材は，海上部では海面から約5mの高さに，陸上部では地面から約5mの高さにそれぞれ位置している．

主構部材（H形鋼）のめっき皮膜の変状は，付着海塩が雨洗される部位，雨洗されない部位，海水飛沫の有無などの腐食環境により著しく異なっている．そこで，トラス構造部全体から腐食環境とめっきの変状が著しく異なる4つの部位が選定され，外観観察，コア採取による断面観察と元素マッピングが行われた．各部位における状況と分析結果の概要を**表-7.2.8**に示す．なお，

表-7.2.8 調査位置における部材表面の状況と分析結果

調査項目等		A 点	B 点	C 点	D 点
外観		白色の腐食生成物が存在	白色および赤褐色の腐食生成物が混在	（同左）	全面に赤褐色の腐食生成物が存在
皮膜と腐食生成物の合計厚さ（mm）		0.133	0.388	0.407	0.332
Al_2O_3 皮膜		健全	消失	消失	消失
	EPMA	O を検出	―	―	―
Al 層		健全	部分的に消耗	消失	消失
	EPMA	O は未検出	O, Cl, Mg を検出	Al が豊富な層は消滅	（同左）
Al-Fe 合金層		健全	残存	残存	残存
	EPMA	―	O は未検出	多量の Mg を検出	多量の Mg, Ca を検出
鋼素地		健全	健全	健全	健全
	EPMA	―	O は未検出	Fe 以外は未検出	（同左）

注記：EPMA … EPMA による元素マッピングの結果

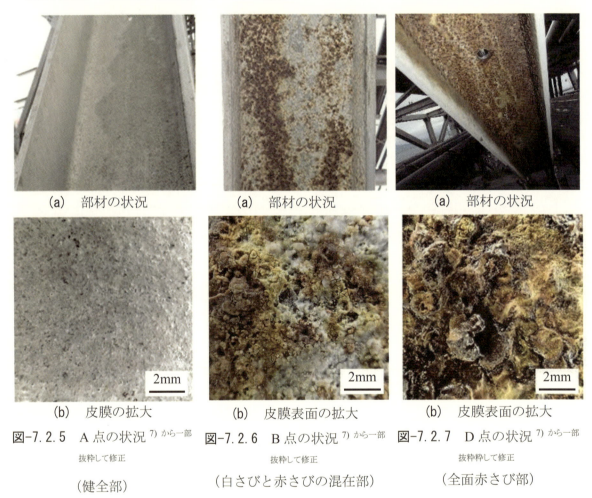

(a) 部材の状況　　　　(a) 部材の状況　　　　(a) 部材の状況

(b) 皮膜の拡大　　　　(b) 皮膜表面の拡大　　　(b) 皮膜表面の拡大

図-7.2.5　A 点の状況 [7] から一部抜粋して修正　　図-7.2.6　B 点の状況 [7] から一部抜粋して修正　　図-7.2.7　D 点の状況 [7] から一部抜粋粋して修正

（健全部）　　　　（白さびと赤さびの混在部）　　　（全面赤さび部）

表中の A 点～D 点は，変状度が軽微から重度の順の対象部位を示している．4 つの部位ともに H 形鋼のウェブ面を対象としており，A 点は雨洗作用のある対空面，それ以外は雨洗作用がほとんどない対地面である．B 点と C 点については，腐食生成物の混在が外観上，やや異なる．C 点を除く 3 つの部位における表面状態をそれぞれ図-7.2.5～図-7.2.7 に示す．

本委員会によって，4 つの部位の対象面を EPMA により元素マッピングした結果を図-7.2.8 に示す．図中には，鋼素地（Fe），めっき金属（Al）と腐食生成物の主成分の一つである酸素（O）

が示されている．Fe または Al と O の共存する範囲が，腐食していることになる．

A 点（図-7.2.8(a)）では Al 層，合金層，鋼素地それぞれの境界が明確であり，Al 層表面付近に保護皮膜（Al_2O_3 皮膜）の成分と考えられる O が存在していることから，めっき皮膜がほぼ健全であるといえる．表面に白色と赤褐色の腐食生成物が混在している B 点（図-7.2.8(b)）では，Al 層が腐食・減耗して，画像中央付近のように Al 層の部分的な消失に伴う合金層の局部的な露出が認められる．Al 層であった範囲と合金層の境界付近に Al と O の共存範囲（Al の緑色部，O の赤色部）が点在しており，これは Al 由来の白さび（$Al(OH)_3$）と考えられている．なお，合金層や

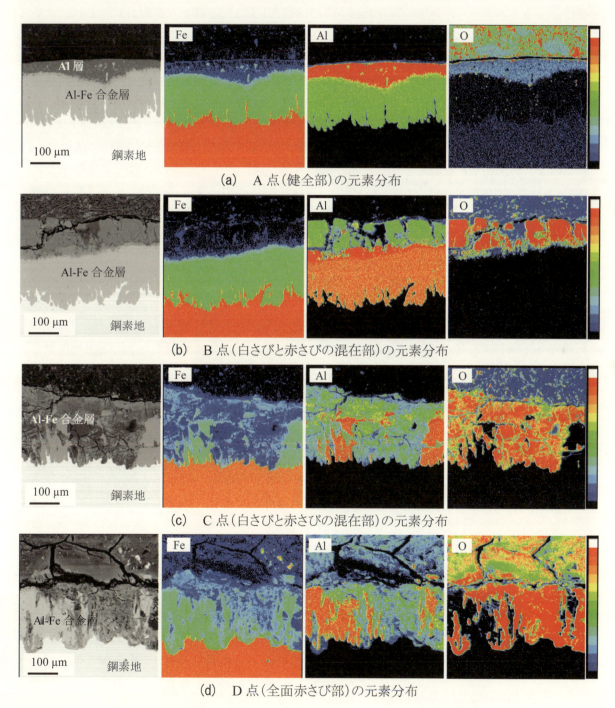

(a) A 点（健全部）の元素分布

(b) B 点（白さびと赤さびの混在部）の元素分布

(c) C 点（白さびと赤さびの混在部）の元素分布

(d) D 点（全面赤さび部）の元素分布

図-7.2.8　EPMA による元素マッピングの結果 [7]から一部抜粋加筆修正

鋼素地ではOがほとんど検出されておらず，腐食はAl層内で停留している．

　B点と同様に白色と赤褐色の腐食生成物が混在しているC点（図-7.2.8(c)）では，B点から腐食が更に進行した段階にあり，A点とB点で観察されていたAlがリッチな層（濃い赤色部分）が消滅していることから，Al層がほぼ消失して，合金層が全面的に露出している状況にある．合金層は部分的に腐食し，腐食範囲の下端が合金層と鋼素地の境界に到達している．全面に赤さびの発生しているD点（図-7.2.8(d)）においても，合金層内の腐食範囲の下端が合金層と鋼素地の境界に達しているが，鋼素地の腐食には至っていない．この結果から，赤さびは合金中のFe由来の生成物であるといえる．合金層の腐食範囲（Oの赤色部）はC点（図-7.2.8(c)）のそれに比べて連続的かつ高密度な状態に成長しているが，Oは合金層内にとどまっている．このような腐食範囲の進行形態に基づいて，雨洗作用のないC点とD点のような高塩分環境では，Al層や合金層における不働態皮膜が破壊されることで，鋼素地よりも合金層が優先して腐食する犠牲防食作用が発現していることが理解できる．なお，**表-7.2.8**にB点のAl層におけるClやMgの検出，C点とD点の合金層におけるMgやCaの検出をそれぞれ略記したが，これは腐食によりポーラスな組織となったAl層または合金層に海塩由来の元素が浸入した状態であると考えられている．

　以上の分析結果から，Alめっき鋼材における腐食進行過程のイメージ図が**図-7.2.9**のように示されている[7]．雨洗作用がほとんどない高塩分環境におけるめっき部材では，めっき皮膜が健全な状態（図-7.2.9(a)）から，Al層が腐食・減耗し，白さびが生じている状態（図-7.2.9(b)）になる．腐食によりポーラスな組織になったAl皮膜から腐食因子が侵入して合金層表面に達すると，合金中のFe由来の赤さびが発生し（図-7.2.9(c)），皮膜表面に赤さびと白さびの混在が生じる．合金中の腐食範囲の一部は，鋼素地との境界に達するが，鋼素地よりも合金層の電位が卑であるため，その後は合金層内で鋼素地との境界面に沿って進行する（図-7.2.9(d)）．赤褐色の腐食生成物が合金層内で十分に成長し，皮膜表面が全面的に赤さびで覆われた状態（図-7.2.9(e)）であっても，残存する合金層が犠牲陽極となるため，これが完全に消失するまで鋼素地は腐食しない．

　このような腐食進行過程に基づけば，部材表面が全面的に赤さびの発生した状態であったとしても，合金層が全て消失していなければ鋼素地の腐食が開始しておらず，「赤さびの発生が構造物の耐荷力低下の開始である」と判定することは適切ではないといえる．めっきの合金層を含む劣化状態を正確に把握するためには，対象部位をコア抜きして，図-7.2.8のような断面分析する必要がある．コア抜きできない場合などには，めっきの残存膜厚を電磁誘導式膜厚計で測定することで，劣化状態をおおよそ評価できる．その場合，全面的に赤さびの発生した部位では，ワイヤーブラシでさびを完全に除去してから電磁誘導式膜厚計で残存膜厚を測定し，磁性の低い皮膜厚が検出されれば合金層の残存状態（鋼素地の腐食開始前），皮膜厚が検出できなければ合金層がほとんど消失した状態（鋼素地の腐食開始後）と区別でき，部材の耐荷性を定量的に判断するために，おおよその情報が得られる．なお，この方法ではめっきの劣化状態を適切に評価できない場合もあるため，注意が必要である．また，この時，合金層の残存確認のための皮膜厚の測定精度に注意を要する．合金層はFe元素を含んでいるため僅かに磁性を有しており，電磁誘導式膜厚計の測定値には原理的に誤差を含んでいる．また，接触による測定であることから測定対象面の起伏の影響を受け，起伏が著しい場合には磁性の低い皮膜厚を実際よりも大きく計測する傾向がある．したがって，電磁誘導式膜厚計によって磁性の低い皮膜厚が検出されたとしても，測定対象部位の外観に基づいて，表面がめっき金属層，合金層，鋼素地のどれであるかを確認した結果と

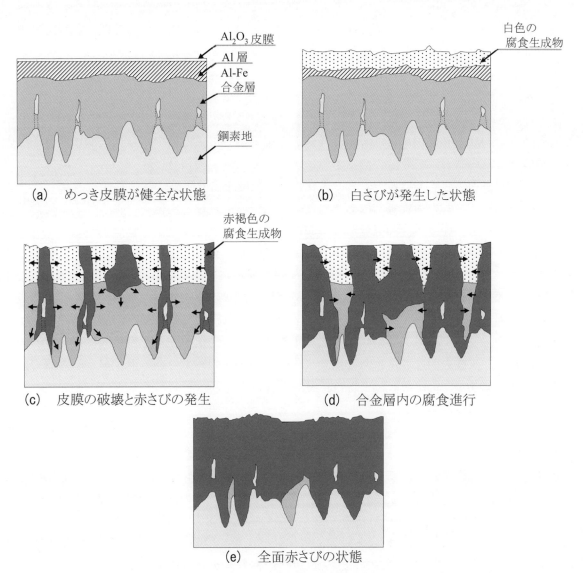

図-7.2.9 Alめっきした鋼材の腐食進行イメージ図[7]

併せて，鋼素地腐食の有無を判断することが重要である．参考として，耐食性の溶融アルミニウムめっき2種（HDA2）の皮膜について，薬品によって人工的に除去した後，電磁誘導式膜厚計による測定を行ったところ，最大値5μmとなった事例がある．このことから，磁性の低い皮膜厚の測定値が5μm程度以下であれば，合金層がほとんど消失した状態と考えてよい．

(2) 劣化レベルの判定のあり方

a) 溶融亜鉛めっき

めっき皮膜の劣化レベルを最も適正に判定する方法は，めっき部材を切断して断面を顕微鏡などで観察し，残存皮膜厚さを直接測定する方法である．しかし，この方法は実構造物を切り取る破壊検査になることや，判定までに時間を要するなどの問題があるため現実的ではない．もう少し簡易な方法では，電磁誘導式膜厚計を用いて残存めっき厚さを測定する方法がある．この方法は非破壊であることや，残存めっき厚さを定量評価できることから，製品の出荷検査では一般的に用いられ，既設構造物の皮膜厚確認にも多く用いられている．しかし，表面に固着した腐食生成物を除去してから測定しなければならず，除去程度に作業者の個人差が生じることで，測定値

のばらつきが完全には排除できない．また，狭隘部などでは測定そのものが困難な場合もある．

最も簡易で現実的な方法として外観判定がある．この方法は短時間に広範囲を調査できることや狭隘部などでも判定できることから一般に用いられている．しかし，この方法は定性的かつ主観的な判定であるため，精度良い結果を得るためには，普遍的に適用できる判定基準の確立が必須である．

以上のことから，構造物全体の劣化レベルを正確かつ迅速に調査するためには，これら 3 つの方法を組み合わせる必要がある．まず，外観調査を実施して，その中から代表的な腐食箇所の残存皮膜厚さを電磁誘導式膜厚計で測定する．また，それ以上の精度の調査が必要な時は，コア抜きして断面観察を実施することで，めっき皮膜の健全度をより正確に評価できる．

前述の方法は，一般の環境またはある程度の腐食環境における劣化レベルの判定に対しては，有効な方法であるといえる．高塩分環境における皮膜の浮きや腐食生成物が固着した状態では，電磁誘導式膜厚計による測定値が必ずしも劣化レベルを正確に表現しているとはいえないため，目視や指触による判定にならざるを得ない．皮膜の表面に細かな突起や起伏が現れた状態（図-7.1.18(a)と図-7.1.19）が初期段階で，これが進行した次の段階は，皮膜の脆化や浮きが生じ始めた状態（図-7.1.18(b)）が該当する．被覆下の状態が目視または皮膜厚の測定値のみでは判断できないため，このように表面の状態を観察することで，劣化レベルを定性的に推定することになる．将来は，皮膜表面に Zn 由来の腐食生成物が強固に固着している形状などを機器で測定して，その結果に基づいた定量的な判断の実現が望まれる．

b) 溶融アルミニウムめっき

これまで Al めっきに関する劣化レベルの判定基準や指標はなく，劣化過程に関する知見も乏しかった．そのため，劣化判定は検査者独自の判断に委ねられてきており，めっき表面が赤褐色に変状していれば皮膜が寿命に達していると判定されることも多かった．7.2.2 (1) b)に示した分析結果と図-7.2.9の腐食進行過程に基づき作成した劣化レベルの区分を表-7.2.9に示す．高塩分環境以外で Al めっきの適用事例はあまりなく，かつ劣化も報告されていないことから，この表は高塩分環境における Al めっき皮膜を対象に劣化レベルを 5 段階に分類したもので，皮膜表面の外観のほかに，皮膜を構成する各層の状態および腐食・減耗の進行過程を考慮して構成されている．

「初期」の外観は銀白色を呈するもので，めっき皮膜は最表面の Al_2O_3 皮膜から，Al 層，合金層の順で構成されている．「劣化度 I」は，「初期」よりも色調が少しくすんだ程度で，外観上の変状はほとんど認められない段階である．Al 層がやや減耗した程度で，合金層は変状の確認されない健全な状態にある．「劣化度 II」は，部分的に白さびが確認される段階である．合金層の局部的な露出も確認されることがあるが，合金層は変状のない健全な状態にある．「劣化度 III」は，白さびと赤さびが混在している段階で，合金層の露出範囲が「劣化度 II」よりも大きく，鋼素地との境界面に達する腐食も一部に存在するが，鋼素地の腐食開始前の段階である．「劣化度 IV」は，全面が赤さびに覆われた状態であり，合金層が全面にわたって露出し，鋼素地表面に達する腐食範囲も成長しているが，鋼素地は腐食開始前の状態である．「劣化度 V」は，合金層の腐食減耗が進行して，鋼素地の腐食開始により耐荷性の損失が生じ始めている状態である．しかし，大気中の鋼構造物において，海上・海岸などの海塩により腐食性が高い環境であっても，劣化度 V まで進行した状態はいまだに確認されていない．そのため，この表では劣化状態として「さび除去後に残存合金層が検出されない状態」と腐食・減耗についての進行過程を示す．

Al めっきのほかにバッチ式の 55%Al-Zn 合金めっきがあるが，歴史が浅いこともあって劣化レ

表-7.2.9 Alめっき皮膜の劣化レベルの区分表（案）[7] に基づき作成

劣化度	劣化状態	外観	めっき層断面	腐食進行イメージ図
初期	溶融アルミニウムめっき鋼部材は最表面から Al_2O_3 皮膜、Al層、Al-Fe合金層、鋼素地により構成される。	銀白色の色調を呈している。	Al層／Al-Fe合金層／鋼素地（200μm）	Al_2O_3皮膜／Al層／Al-Fe合金層／鋼素地
I	初期に比べ、Al層は薄くなっているが、外観からも大きな変状が認められない状態。	初期よりも少しくすんだ色調となる。	（200μm）	Al層が薄くなる
II	Al層が減耗して、保護膜とならない白さび $Al(OH)_3$ が確認され、局部的にはAl-Fe合金層の露出も認められる状態。	部分的に白さびが確認される状態。	（200μm）	白色の生成物（白さび）
III	Al層の減耗が進行して、Al-Fe合金層の露出部が広範囲となり、その腐食が一部で鋼素地にまで達している。しかし、鋼素地の腐食は始まっていない状態。	白さびと赤さびが混在する状態。	（200μm）	赤褐色の生成物（赤さび）
IV	全面にわたりAl-Fe合金層が露出して、鋼素地に達する腐食も広範囲となっているが、未だ鋼素地の腐食は始まっていない状態。	全面赤さびで覆われた状態。	（200μm）	Al-Fe合金層と鋼素地の界面に沿って腐食が進行する
V	Al-Fe合金層の腐食減耗が進み、鋼素地の腐食が進行している状態。［さび除去後に残存合金層が検出されない状態］	ここまで腐食が進行した知見無し。	—	Al-Fe合金層がほぼ完全に消失し鋼素地が腐食している

注記：1) この分類表は、海洋環境での溶融アルミニウムめっきの劣化度を5段階に分類したものである。
2) この分類表では、劣化度Vで「鋼素地が腐食した状態の知見無し」としている。これは海洋構造物など腐食性の高い場所においても、数十年以上の耐食性を有することから、劣化度Vに進行した状態のものが確認されていないことによるものである。
3) ※印の写真は、拡大撮影写真である。

ベルの判定基準が定められておらず、かつ劣化状態に至った事例も確認されていない。また、大気暴露試験結果を得るには50年程度以上の試験期間を要することから、劣化レベルの判定に用いる指標は得られていない。今後、実構造物の調査データを拡充し、それらの結果に基づいて劣化レベルの判定基準が整備されることが望まれる。この判定基準を作成するには、めっき金属（Al-Zn合金層）、めっき金属が鋼素地側に拡散して形成されるAl-Zn-Fe合金層のそれぞれにおける不働態皮膜と高塩分環境におけるその破壊および不働態皮膜の破壊後における犠牲防食作用などの特徴を明らかにすることが必要で、これらのメカニズムを踏まえて、腐食が鋼素地に至る進行過程を外観観察や皮膜厚測定で区分可能な評価基準を確立することが重要である。

7.3 防食性能の回復事例

7.3.1 金属溶射

劣化した金属溶射皮膜の補修方法選定基準は，劣化レベルの判定基準と同様に鋼道路橋防食便覧[27]に**表-7.3.1**のように示されている．

この補修方法の選定基準に対して，以下のような課題が考えられる．

　i) 基本的に同じ金属による溶射で皮膜を回復すること想定しているようであり，劣化要因の排除には触れていないことから，補修後の再劣化が懸念される．

　ii) 劣化ランクと補修方法の関係が定性的・経験的である．

　iii) 補修方法と劣化要因や周辺環境との関係が不明確である．

　iv) 補修方法と補修後に期待する耐用年数との関係が考慮されていない．

　v) 溶射法や溶射材料ごとの適切な補修方法であるかが不明である．

本項では劣化した金属皮膜を回復する方法，金属溶射の現場施工事例のある劣化した塗膜を金属溶射で回復する方法について，既存皮膜と補修工法の組合せを**表-7.3.2**に示すように想定することで，適用上の着目点や留意点について，実際の鋼橋における施工事例または検討事例を踏まえて詳しく述べる．

(1) 金属溶射を塗装で現地補修する場合

a) 全面塗替えの事例

Mランプ橋では劣化した金属溶射皮膜がRc-I塗装系[28]により塗替えられた．この鋼橋では7.2.1 (2) a)に示した i)～iii)の3つの劣化要因を考慮して，高塩分環境であるにも関わらず素地調整の品質に対して配慮がなされなかったという検討結果に基づき，溶射から塗装に防食方法が変更され，LCC評価によりRc-I塗装系が選定された．また，高力ボルト連結部，下フランジやウェブ下

表-7.3.1 金属溶射皮膜の劣化レベルと補修方法[27]

劣化レベル	補修範囲	補修方法
I	部分的な赤さび発生箇所	さび，密着性の弱い溶射皮膜を除去し，部分的に溶射を再施工する．
II	赤さび発生箇所	部分補修する． 赤さび発生部は，さび，密着性の弱い溶射皮膜を除去し，溶射を再施工する．
II	白さびが著しい箇所	白さびが著しい箇所は，白さびを除去し，再溶射によって皮膜厚さを回復する．
III	部材全面	赤さび，白さびが著しい部材を全面補修する． 赤さび，白さびおよび密着性の弱い溶射皮膜を除去し，金属溶射を再施工する． 密着性の良い溶射皮膜部は素地調整後その上から再溶射し，消耗した皮膜厚さを回復する．
IV	全面	全面補修する． 多くの面で防食機能が喪失しているとみなされるので，残留溶射皮膜を全面除去し，新設時と同様に下地処理から再施工する．

表-7.3.2 金属溶射工法に関連する既存皮膜と補修工法の組合せ

既存皮膜等	補修工法		記述箇所
金属溶射	塗装	全面塗装	(1) a)
		部分塗装	(1) b)，(5) a)
	金属溶射	全面溶射	(2) a)，(5) a)・b)
		部分溶射	(2) b)，(5) a)・b)
めっき	金属溶射	全面溶射・部分溶射	(3)，(5) a)
塗装	金属溶射	全面溶射	(4) a)，(5) a)・b)
		部分溶射	(4) b)，(5) a)・b)

端部などの腐食しやすい部位については，増し塗りの仕様が選択された．

金属溶射された鋼橋を補修する際の防食方法（金属溶射または塗装）の重要な選定要素の一つとして，補修時の鋼素地の状態が挙げられる．塗装に比べて，金属溶射による補修では，高い素地調整品質が要求される場合が多い．補修前の鋼素地表面の起伏が腐食により著しい状態である場合，除錆度 Sa 3 を確保することが困難になることや，溶射金属と鋼素地表面との密着性が十分に確保できない，などの問題が生じる．このように，補修対象の鋼素地表面が金属溶射に適さない状態であれば，塗装を選定することになる．

金属溶射の代わりに塗装を補修に用いる場合であっても，M ランプ橋の劣化要因のうちの「高塩分環境への対策」については，特に配慮が必要であることから，本橋では，二重の防炎シート，コンクリート型枠用合板と防音シートで構成された密閉足場の採用による飛来塩分の侵入防止，さらに素地調整後の付着塩分量を確認しながら補修塗装が実施された．また，構造ディテールの改善も塗膜の耐久性を確保する上で重要であるため，フランジ角部に曲率 2mm 以上を目標とする曲面仕上げ（4.2.1 (1)を参照）も実施されている．

塗替え後の状況を図-7.3.1(a)に，下フランジの塗装表面への海水飛沫の付着状況を図-7.3.1(b)に示す．なお，本橋の管理者は管内の架橋位置の腐食環境について調査しており，文献 29)と文献 30)でその一部が報告されている．

b) 部分塗替えの事例

冬季に多量の凍結防止剤が散布される都市高速道路の鋼製橋脚において，伸縮装置や排水設備からの漏水による腐食損傷を部分塗替えで補修した事例を図-7.3.2に示す．この橋脚では，横梁の天端，支承台座部，現場溶接部で溶射皮膜の浮きが生じており，赤さびが生じていた．腐食損傷の発生は，素地調整の品質不良によって，溶射皮膜と鋼素地の密着性の不足が要因と考えられた．そのため，金属皮膜の腐食消耗が著しくはないものの，それまでの補修事例や施工性に基づき，Rc-I 塗装系と Rc-III 塗装系[28]を部位別に使い分ける部分塗替えが実施された．横梁下面の補修前の状況と補修後の状況を図-7.3.2(a)と(b)に示す．この事例では金属溶射による現地補修の場合は塗装よりも足場が大規模になることや，溶射時の騒音などの問題が懸念された．また，支承，落橋防止構造や箱桁の切欠き構造などによる狭隘空間が数多く存在することから，塗装が採用されたと推察される．塩類による腐食損傷部位に対しては，全面塗替えまたは部分塗替えによらず，品質の高い素地調整が必要とされる．特に，作業空間が十分に確保できない部位の素地調整品質については，図-7.3.3に示すような塗膜下腐食（6.2.2，付 2.2 を参照）が早期に発生しな

(a) 全景

(b) 塗装表面に付着した海水飛沫

図-7.3.1　塗替え後の M ランプ橋

(a) 補修前の溶射皮膜の劣化状況 　　　　(b) 補修塗装後の状況

図-7.3.2　部分塗替えされた鋼製橋脚の例

図-7.3.3　素地調整の不良に起因する塗膜の剥離事例

いように十分な注意が必要になる．

c) **新設時防食下地に用いた溶射皮膜上の塗膜の塗替え事例**

K橋では亜鉛溶射皮膜またはZn-Al合金溶射皮膜を防食下地として用いて，その上に工場で下塗りと中塗りが行われている．建設時の工場塗装と現場塗装の仕様をそれぞれ表-7.3.3(a)〜(d)に示す[31),32)]．補剛桁の外面一般部と連結板の外面（非接触面）には，それぞれ亜鉛線材溶射とZn-Al合金線材溶射が防食下地として実施されている．当時は，溶射用のZn-Al合金線材に関するJIS規格の制定前であったが，連結板外面という防食上の弱点になりやすい部位に対して，Zn線材よりも耐食性に優れるZnとAlの合金線材がパイロット施工的に適用されたものと考えられる．ただし，適用されたZn-Al合金線材の成分比は不明である．

本橋では供用開始後に既存塗膜上に塗装が計3回塗り重ねられている．その構成と2014年から実施された大規模塗替え工事における塗膜除去範囲を図-7.3.4に[33)]，この工事における塗装仕様の一部を表-7.3.4に示す．図-7.3.4における建設当初の第3層より上層を塗膜剥離工法（電磁誘導加熱式工法，5.2.4 (2)を参照）で，建設当初の第2層をブラストでそれぞれ除去し，防食下地としての亜鉛溶射皮膜を生かして塗替えが行われた．なお，溶射皮膜はほぼ健全であったが，溶射皮膜の劣化などが確認された範囲に表-7.3.4の下塗第1層を適用することで，防食下地層の回復が図られている．

また，塗膜厚の設計値は図-7.3.4に示すとおりであるが，実際には1000 μmを超える部位もあり，塗替え前の旧塗膜には図-7.3.5に示すように塗膜割れが生じている部位もあった．既存塗膜上に新しい塗膜を塗り重ねることで厚膜となり，塗膜割れなどの原因となったと推察される

表-7.3.3 K橋建設時の補剛桁の塗装仕様

(a) 補剛桁外面一般部の工場塗装仕様[31]

工程	工種	使用材料	標準使用量 (g/m²)	乾燥膜厚 (μm)	塗装間隔
素地調整	ブラスト	スチールグリッド	—	—	
金属溶射	ガス溶線式溶射	亜鉛線材 (JIS H 2107)	—	75	2時間以内
工場塗装	1次プライマー	エッチングプライマー	130	5	2時間以内
	下塗	ジンククロメートプライマー	150	35	2時間以上 12時間以内
	中塗第1層	M.I.O系塗料	170	50	12時間以上 3日以内
	中塗第2層	M.I.O系塗料	170	50	16時間以上

(b) 補剛桁外部の連結板外面(非接触面)の工場塗装仕様[31]

工程	工種	使用材料	標準使用量 (g/m²)	乾燥膜厚 (μm)	塗装間隔
素地調整	ブラスト	スチールグリッド	—	—	
金属溶射	ガス溶線式溶射	アルミニウム・亜鉛合金線材	—	80	2時間以内
工場塗装	下塗第1層	ピュアエポキシ樹脂塗料	200	50	2時間以内
	下塗第2層	厚膜ピュアエポキシ樹脂塗料	300	80	24時間以上 7日以内
	中塗第1層	M.I.O系塗料	250	70	24時間以上 7日以内
	中塗第2層	M.I.O系塗料	250	70	16時間以上

(c) 補剛桁内部の連結板外面(非接触面)の工場塗装仕様[31]

工程	工種	使用材料	標準使用量 (g/m²)	乾燥膜厚 (μm)	塗装間隔
素地調整	ブラスト	スチールグリッド	—	—	
金属溶射	ガス溶線式溶射	アルミニウム・亜鉛合金線材	—	80	2時間以内
工場塗装	下塗	タールエポキシ樹脂塗料	250	100	2時間以内
	上塗	タールエポキシ樹脂塗料	250	100	24時間以上 7日以内

(d) 補剛桁外面一般部の現場塗装仕様[32]

工程	工種	使用材料	標準使用量 (g/m²)	乾燥膜厚 (μm)	塗装間隔
素地調整	—	—	—	—	
現場塗装	中塗	塩化ゴム系塗料中塗	170	35	3時間以上 3か月以内
	上塗	塩化ゴム系塗料上塗	170	35	

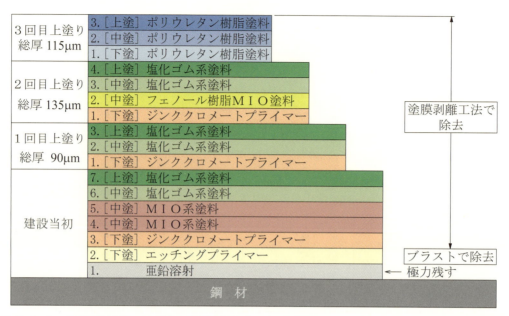

図-7.3.4 供用開始後のK橋の旧塗膜構成と大規模塗替え工事における塗膜除去範囲[33]

表-7.3.4 大規模塗替え工事における補剛桁外面一般部の塗装仕様

工程	使用材料	標準使用量 (g/m²)	標準膜厚 (μm)	塗装間隔
素地調整	(特記仕様書に基づく)	—	—	
下塗第1層	有機ジンクリッチペイント	スプレー 600	75	4時間以内
下塗第2層	変性エポキシ樹脂塗料下塗	同上 240	60	1日以上 10日以内
下塗第3層	変性エポキシ樹脂塗料下塗	同上 240	60	1日以上 10日以内
中塗	ふっ素樹脂塗料用中塗	同上 170	30	1日以上 10日以内
上塗	ふっ素樹脂塗料上塗	同上 140	25	1日以上 10日以内

図-7.3.5 上塗り3回実施後の旧塗膜の劣化

(6.2.2 (3)を参照). しかし, 鋼素地に腐食損傷がほとんど生じていないことから, この環境において亜鉛溶射を防食下地とする塗装系は, 塗膜割れ後も亜鉛皮膜により, 重防食塗装皮膜特有のマクロセル腐食が生じない長所を有しているといえる.

(2) 金属溶射を金属溶射で現地補修する場合

a) 全面溶射の場合

新設時に金属溶射した鋼橋の主構造部材を全面的に溶射で現地補修した事例はないため, 既設鋼構造物に現場溶射を行う際の留意事項について以下で述べる.

1) 素地調整困難部位

鋼橋にはブラストの現場施工が困難な部位が多い. 例えば, 主桁の下フランジと下部構造の橋座面や横桁上フランジとRC床版下面などの離隔の小さい場合, トラス橋やアーチ橋などの格点部, I桁橋における対傾構下弦材と下横構の密集部などが挙げられる (実例は5.4を参照). ブラスト困難部位では金属溶射または粗面形成材吹付け前において適切な鋼素地品質を確保することが困難であるため, 溶射皮膜の浮きや剥離が早期に発生すること

が懸念される．これは粗面形成の方法に関わらず共通の留意点であり，7.3.1 (1)で述べた塗装による塗替えの場合と同様に重要である．

構造ディテールを事前に改造しても，鋼素地と溶射皮膜に良好な密着性が確保できない場合については，溶射を選定せず，各部位の素地調整程度に応じた塗替え塗装などの防食方法を採用する必要がある．

2) 溶射困難部位

ブラスト処理によって適切な除錆度や表面粗さが確保できたとしても，図-7.1.5に示したように対象部位までの距離や吹付け角度などが適切になるように溶射機が配置できなければ，金属皮膜の不具合（皮膜厚不足や層間密着性の不良など）や皮膜と鋼素地との密着性の不足の原因になることがある．溶射困難部位には前述1)と同様に塗装などの他の防食方法を選定する必要がある．

3) ブラスト処理から次工程までの時間制約（5.2.3 (4)を参照）

現地溶射面積が大規模となることで，工期等の時間制約が素地調整，粗面形成材吹付けと金属溶射の各作業の障害となる場合がある．ブラスト処理から金属溶射または粗面形成材の吹付けまでの時間制約（4時間）を守ることで，作業効率が著しく低下することもあるため，品質確保と工期・工費の調整に注意が必要である．

また，ソールプレート部や添架物との取合い部に金属溶射を現場施工する時，支点の仮受けや添架物の仮移設が必要な場合があるため，この部位における既存皮膜の劣化レベルの評価や溶射施工の必要性の検討を特に慎重に行い，部分溶射も選択肢に含める必要がある．

なお，1)と2)に対して金属溶射と部分的な補修塗装を適用する場合には，本項の(5) a)に記す塗装の重ね塗りに注意する必要がある．

b) 部分溶射の場合

金属溶射されていた鋼橋を部分溶射で現地補修した事例はないため，想定される留意点を以下で述べる．

1) 既存皮膜と異なる金属を用いる補修溶射

7.1.3 (1) a)で示した事例のように，異種金属接触によるガルバニック腐食や皮膜単独の場合に比べて腐食が早期に発生する場合があるため，溶射金属の選定や境界部の皮膜構造の詳細に注意する必要がある．

2) 既存皮膜と新皮膜の境界部処理

一般に，既存溶射皮膜には封孔処理剤が塗布され，これが開口気孔内に含浸している状態にある．封孔処理剤の浸透深さは，金属皮膜厚や封孔処理剤の種類，塗布量と希釈率によって様々である．封孔処理剤の残存している既存皮膜の上に新しい溶融金属を吹付けた場合，溶融金属からの熱影響により既存の封孔処理剤の材料変質，溶出などが生じることが考えられる．この時，溶射金属の界面とその近傍に不純物が介在することになり，金属皮膜としての品質が低下する恐れがある．そこで，図-7.3.6(a)のように既存皮膜を残存させた状態で新しい溶射を施工する方法を採用しないで，マスキングにより新旧境界部の既存皮膜を保護した上で不要範囲をブラストで完全に除去する．これにより，既存皮膜の縁端が鋼素地からほぼ垂直に立ち上がるように境界面を形成して，溶融金属から既存の封孔処理剤へ熱伝導する接触部分を最小にしてから，溶射を施工する（図-7.3.6(b)）．この方法でも封孔処理剤の変質や溶出の可能性がある場合には，金属皮膜の境界部に隙間を設けて封孔処理剤の加熱劣化を防ぐ方法も考えられるが，溶射後に塗布する封

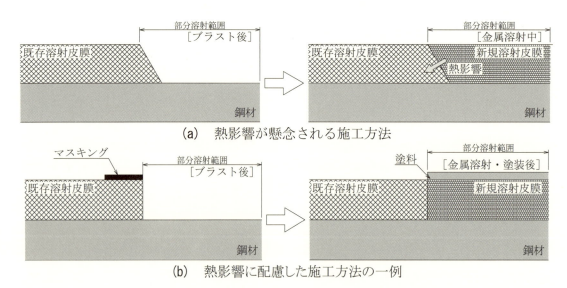

(a) 熱影響が懸念される施工方法

(b) 熱影響に配慮した施工方法の一例

図-7.3.6 新旧溶射の界面から既存封孔処理剤への熱影響のイメージ

孔処理剤や塗料，溶射金属の犠牲防食作用などの要因が，隙間部分の鋼素地の防食に及ぼす影響に注意する必要がある．

　既存の封孔処理剤の加熱劣化の危険性は，既存皮膜と新規皮膜に関する溶射法，溶射金属の種類と皮膜厚，既存封孔処理剤の種類，塗布量や希釈率などに応じて異なることから，多量の入熱などが懸念される場合には，事前試験による確認が望ましい．

(3) めっきを金属溶射で現地補修する場合

　めっき部材を金属溶射で補修した事例の情報はないが，その場合には以下のような留意点が挙げられる．

1) 異種金属接触腐食

　鋼橋で一般に適用される溶融亜鉛めっき部材に金属溶射を部分的に適用する場合，残存している健全な亜鉛と溶射金属の電位差により，どちらかの金属皮膜が腐食することが懸念される．したがって，Al系金属などの溶射皮膜を健全な亜鉛めっき皮膜に重ねることを避ける．異種金属の接触が避けられない場合はインピーダンス計測などにより，事前に異種金属接触腐食の可能性を確認することが推奨される．

2) 合金層のブラスト除去

　腐食しためっき皮膜を除去してその上に金属溶射を行う場合，めっき皮膜内の合金層の扱いに注意する必要がある．さびが発生している合金層についてさびを残したまま溶射することは，生成される溶射皮膜の剥離の原因となるため，合金層をブラストで除去する必要がある．しかし，めっき金属と鋼との合金層をブラストで除去するには，めっき金属のみを除去する場合に比べて時間を要し，現地の作業効率を悪化させる原因にもなりかねない．したがって，腐食がめっき皮膜または合金層のどこまで達しているかを溶射施工前に把握し，状況に応じて溶射と塗装などを使い分けることで，作業時間が増えないような配慮が必要である．

3) 健全なめっき表面への粗面の形成

　溶射前のめっき皮膜の状態によっては，溶射皮膜の浮きや剥離が早期に発生することがある．めっき皮膜にブラスト処理する場合，腐食生成物の残留の有無や程度，研削材，ブラストにより形成される表面粗さなどについて，あらかじめ検討してから施工することが望ましい．

(4) 塗装を金属溶射で現地補修する場合
a) 全面溶射の場合

図-7.3.7(a)に示す U 大橋では建設当初の塗装に対する全面溶射が実施されたが，溶射の品質が良好ではなかったため，皮膜が剥離した．また，図-7.3.7(b)に示すように，桁端部からの漏水により腐食損傷が生じた．溶射皮膜の早期劣化の要因としては，素地調整の品質を適切に確保できなかったことが挙げられる．また，図-7.2.1(b)に示したように，橋座付近の主桁下フランジ下面の皮膜劣化の事例のように，狭隘部の現地溶射が適切に実施できなかったことも早期劣化の要因として考えられる．したがって，7.3.1 (2) a)で述べた留意点を考慮して，金属溶射と塗装を

(a) 溶射後の全景

(b) 支点部における皮膜の剥離状況

図-7.3.7 U 大橋

(a) 遠景

(b) 主構部の近景

(c) 苔類の付着と皮膜表面（下弦材）

(d) 上弦材・横構格点部の対地面

図-7.3.8 S 水管橋（亜鉛溶射を現地施工）

適切に使い分けることが重要といえる．

S 水管橋は全体が鋼管で構成された逆三角形ワーレントラス橋で，飛来塩分の影響がない内陸部・山間部に位置している（図-7.3.8(a)と図-7.3.8(b)）．水道管兼用の下弦材と構造部材専用で中空の上弦材に STPY41（現在の STPY400，配管用アーク溶接炭素鋼鋼管：JIS G 3457[34]）が，それ以外の主構（斜材，横構など）に SGP（配管用炭素鋼鋼管：JIS G 3452[35]）がそれぞれ用いられている．建設後 17 年で当初の塗装仕様が金属溶射の現地施工で置き換えられ，溶射施工後 23 年が経過した状態が図-7.3.8である．溶射皮膜は，亜鉛溶射後にエポキシ樹脂塗料による封孔処理，その上に着色処理としてアクリル樹脂塗料が塗布される仕様である．

トラス主構に縦断勾配・横断勾配はほとんどなく，鋼管部材全体に結露等の影響によって苔類の付着が生じているが，上弦材・下弦材はガセットプレートや補強リングプレートが溶接されている程度で水はけが良く，土砂の堆積の原因となるような部材表面の凹凸や複雑な格点構造はない．また溶射が困難な狭隘部もないことから，皮膜は良好な状態を保っている．苔を人為的・部分的に除去したのが図-7.3.8(c)の矢印の位置で，健全な上塗り塗装の表面が見られる．中空管である上弦材にも伝い水の影響などによって苔類が軽度に付着しているが，上弦材と横構の格点部において，ガセットプレートの対地面と上弦材の一部（下側・ガセットプレート側の 1/4 面）には伝い水が生じにくく，苔類はほとんど付着していない（図-7.3.8(d)）．

現場で連結される横構や斜材の先端は割込みフランジ構造（図-7.3.9(a)）となっており，格点部は鋼管断面が集中する複雑な構造ではなく，ガセットプレートを介して鋼管どうしが連結される簡素な構造になっている（図-7.3.9(b)）．また，建設当初にフランジやガセットプレートの割込み部先端に蓋板が工場溶接されたことで，鋼管内部が溶射困難部位になっていない．

この事例は，部材表面が平滑で溶射の施工性に富み，滞水・土砂堆積の生じない格点構造を有し，かつ溶射困難部位のない鋼橋の場合には，現地施工の溶射皮膜が長期間良好な状態を維持できることを示している．

b) 部分溶射の場合

近年，伸縮装置からの漏水による鋼橋桁端部の防食対策として，Al-5%Mg 合金溶射の部分施工が採用される場合がある[10]．一般に適用されている Al-5%Mg 合金溶射に必要とされる素地調整品質は ISO 8501-1[36]の除錆度 Sa 3 であり，清浄に加え，所定の密着強度が得られる表面粗さも求められている．Al-5%Mg 合金は JIS H 8300[1]に定められている最小皮膜厚を満足するように吹付けられ，溶射の後工程には封孔処理用の塗料を 1 次封孔処理としてミストコート用に塗布し，これが乾燥したのちに 2 次封孔処理として同じ塗料が塗布されている．

塗装鋼橋に対する部分溶射であることから，既設塗膜と新しい溶射皮膜の境界部が生じるが，この部分には 2 次封孔処理剤を既存塗膜の上に 50mm 以上の範囲に延長し，重ね塗りすることで，皮膜どうしの境界部における鋼素地面を保護する施工法（図-7.3.10）が採用されることがある．

(5) 溶射皮膜と塗装の境界部，と溶射皮膜の端部における留意事項

金属溶射皮膜と塗膜が混在する部材では，その境界部の施工方法と品質に関して注意が必要である．

a) 溶射皮膜と塗装の境界部

7.1.3 (2) に示したように，溶射皮膜と塗装の境界部において皮膜の早期劣化の原因とならない構造を採用することが重要である．溶射皮膜と塗装の境界部が形成される補修には，以下の 2 種類の施工パターンがある．

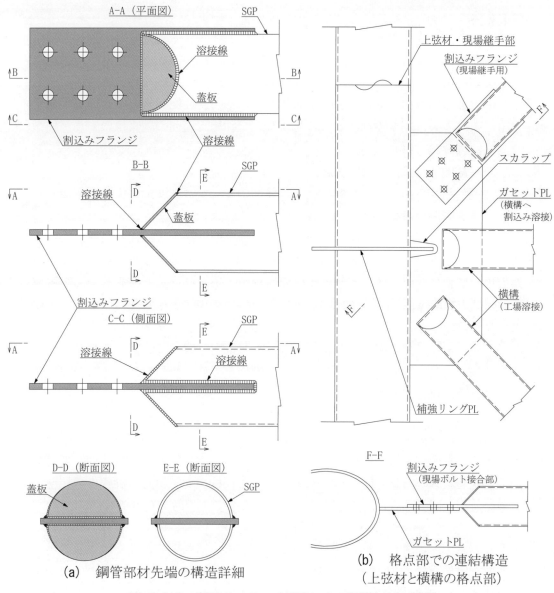

図-7.3.9 割込みフランジ構造による鋼管部材の連結

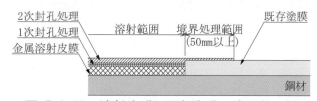

図-7.3.10 溶射皮膜と既存塗膜の境界部の例

1) 金属溶射が不可能な部位を有する構造物を溶射と塗装の併用で補修する場合（既存皮膜の種類には無関係）
2) 金属溶射皮膜を有する構造物を部分塗装で補修する場合

　1)は腐食性の高い部位内で溶射と塗装が併用されるもので，塗替え塗装にも高い防食性能が求められるケースである．したがって，塗替え塗装に重防食仕様（Rc-I 塗装系など）が適用されることになり，7.1.3 (2)に示した対策を講じることが重要である．

　2)については，現状では既存溶射皮膜とふっ素樹脂塗膜が隣接しないように，施工範囲と塗料

種別を調整することが基本方針と考えられ，補修に塗装が適用される状況などにより対策が異なる．以下に述べる3ケースに分類して，必要と考えられる対策案を例示する．

 ケースA：既存溶射皮膜の範囲の一部が補修塗装の施工範囲になっており，施工範囲の鋼素地の腐食損傷が著しい場合（**図-7.3.11(a)**）
  （著しい減肉が生じており金属溶射による防食性能回復に不適切な鋼素地の状態）
 ケースB：ケースAと同様の補修塗装の施工範囲で，施工範囲の鋼素地の腐食が軽微な場合（**図-7.3.11(a)**）
  （減肉が生じていない状態）
 ケースC：補修塗装の施工範囲が既存塗装の範囲内で，かつ既存溶射皮膜に隣接している場合（**図-7.3.11(b)**）
  （塗膜の経年劣化や鋼素地の軽微な腐食を理由とする補修の場合）

ケースAの対策案としては，補修塗装の施工範囲（**図-7.3.11(a)**の水平方向w，鉛直方向hの範囲）を鋼素地の腐食損傷が軽微で重防食仕様の適用が不要な部位まで拡張して，溶射皮膜に隣接する部分（水平方向にwa，鉛直方向にhaの範囲）は他の中・上塗り塗料により溶射皮膜上にふっ素樹脂塗料が重ならない構造とする（**図-7.3.11(c)**）．また，同様に補修範囲を拡張し，当初範囲を補修塗装した後に，拡張範囲に金属溶射を行う対策案（**図-7.3.11(d)**）が挙げられるが，施工の期間や費用，既存の溶射皮膜と新しい溶射皮膜の境界部が生じる，などに検討課題が残るため，限定的な採用になると考えられる．

ケースBについても，溶射皮膜と同等の防食性能を有する重防食仕様が基本になるため，施工範囲のうち溶射皮膜に隣接する部分（水平方向にwb，鉛直方向にhbの範囲）にのみ他の中・上塗り塗料の適用可否を検討する（**図-7.3.11(e)**）．補修塗装範囲の一部の塗装仕様を変更できない場合には，補修塗装範囲の拡張を検討して，ケースAと同様の対策（溶射皮膜の隣接部にふっ素樹脂塗料以外を適用．**図-7.3.11(c)**の塗装区分）を講じることが考えられる．

ケースCについては，補修塗装範囲は腐食性の高い部位ではないので，既存塗膜の仕様との組合せを考慮しながらふっ素樹脂塗料以外の適用を検討する．補修塗装範囲全体に他の中・上塗り塗料を適用できない場合は，溶射皮膜に隣接する範囲（水平方向にwbの範囲）のみに適用する塗装区分を検討する（**図-7.3.11(f)**）．

なお，2)のケースについては，既存溶射皮膜の縁端部分（皮膜の断面）が露出した状態にならないように，この部分を封孔処理することが重要である．

b) 溶射皮膜の端部

ふっ素樹脂塗料との境界部であるか否かに関わらず，溶射皮膜の縁端部における早期劣化に注意する必要がある．既設鋼I桁橋における塗替え15年後の主桁上フランジ上面，とコバ部の変状を**図-7.3.12**に示す．この鋼橋は，Zn-15%Al合金溶射を防食下地とするポリウレタン樹脂塗料で全面塗替えがされている．図中に示すように，コンクリート床版との境界部では溶射の施工が困難な場合があり，主桁のウェブや下フランジなどの一般部に比べて，品質が劣ることが懸念される．また，一般に，コンクリート床版から漏水している場合には，床版に接する主桁上フランジ上面では腐食が生じている．これは，漏水中に凍結防止剤が含まれていると，7.1.3 (2)に示した帯状きずを有する試験体と同様に塩化物による腐食性の高い環境になるとともに，溶射皮膜による犠牲防食反応が極めて大きいカソード反応領域が主桁上フランジ上面に生じるためである．犠牲陽極金属のアノード反応は，カソード反応部における電子の消費速度に応じて進行するため，

第7章　金属皮膜

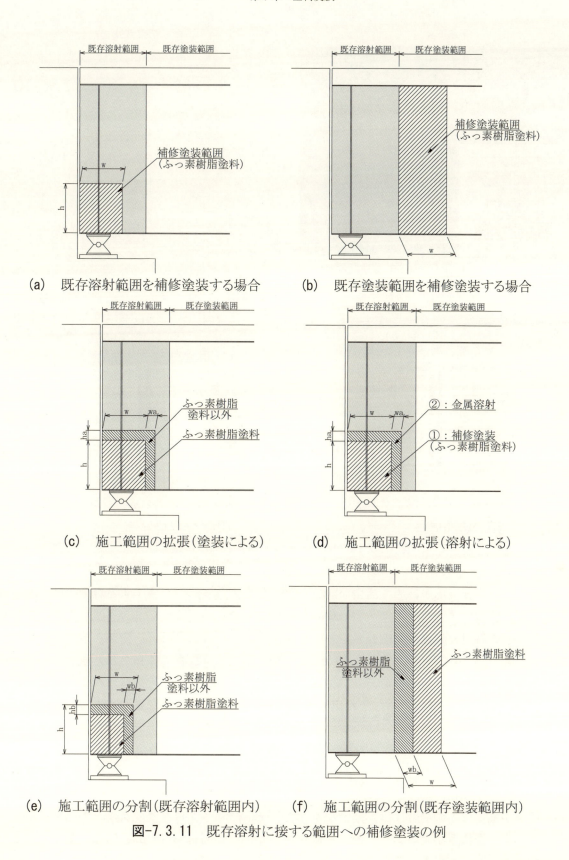

(a) 既存溶射範囲を補修塗装する場合　　(b) 既存塗装範囲を補修塗装する場合

(c) 施工範囲の拡張（塗装による）　　(d) 施工範囲の拡張（溶射による）

(e) 施工範囲の分割（既存溶射範囲内）　　(f) 施工範囲の分割（既存塗装範囲内）

図-7.3.11　既存溶射に接する範囲への補修塗装の例

主桁のウェブや下フランジのような一般部に小規模のきずが生じた場合と異なり，**図-7.3.13** に示すように腐食反応による溶射金属の消失が皮膜端部を起点とし，フランジの幅方向に急速に進行することが懸念される．

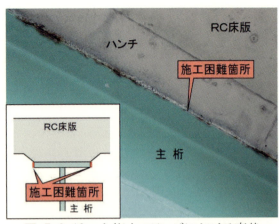

図-7.3.12 主桁上フランジにおける変状

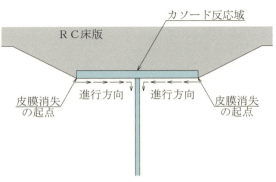

図-7.3.13 皮膜消失の発生と進行の模式図

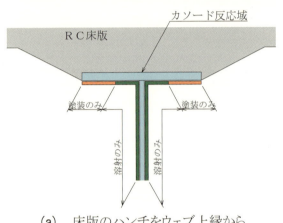

(a) 床版のハンチをウェブ上縁から立ち上げる構造

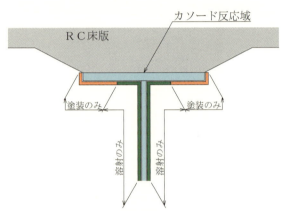

(b) 床版のハンチを上フランジ上面から立ち上げる構造

図-7.3.14 溶射と塗装の併用による対策

　このように，腐食反応が極めて活発な部分を残したまま金属溶射を施工する場合には，溶射皮膜を腐食反応部分に接近させずに一定の離隔を保つこととし，腐食反応部分と溶射皮膜の間を重防食塗装などの溶射皮膜以外で被覆する方法を採用することが望ましい．塗装と溶射の併用による対策例を図-7.3.14 に示す．図-7.3.14(a)は，1980 年代までに多く採用された床版のハンチをウェブ上縁から立ち上げる構造で，上フランジのコバがコンクリートで被覆されているため，フランジ下面の縁端側を塗装範囲，それ以外を溶射範囲と併用する施工区分が推奨される．図-7.3.14(b)は，床版のハンチを上フランジ上面から立ち上げる構造で，上フランジコバとフランジ下面の縁端側を塗装範囲，それ以外を溶射範囲と併用する施工区分が推奨される．

　また，コバが被覆されている部位であっても，コバやその近傍のフランジと床版内部の鉄筋で生成された腐食生成物の膨張圧によって，被覆コンクリートにひび割れや浮き，さび汁が発生している場合がある．この場合には，健全なコンクリートにマイクロクラックなどの損傷を与えない方法で，コバを覆う不良コンクリートを取り除いてから，図-7.3.14(b)と同様に露出させたコバも塗装することが推奨される．

7.3.2　溶融亜鉛めっき

　溶融亜鉛めっき皮膜が減耗し，防食性能が失われている状態，または防食性能を今後長期間に

わたり維持することが困難な状態と判断された場合は，防食性能を回復する必要がある．溶融亜鉛めっきは，その加工プロセスの特徴から専用工場のみで加工できるが，現場では施工できない．そこで，防食性能を回復する場合，現地で施工可能な方法を選定するか，部材を取り外し，工場で再度めっきするかのいずれかを選択することになる．現地施工に適する一般的な方法には，金属溶射または塗装がある．金属溶射による補修に関する留意点は 7.3.1(3)で述べており，ここでは塗装による補修と再めっきについて述べる．

(1) 腐食部を塗装で補修する場合

a) 補修塗装に関する留意点

溶融亜鉛めっき皮膜の経年劣化が進むと，最表面にある亜鉛浴とほぼ同一成分の純亜鉛層（η層）が消失し，その下の合金層が露出する．まず，鉄を 6%程度含むζ層が露出し，これが消失すると鉄を 10%程度固溶するδ_1層が現れる．両者ともに鉄を含んでいるため，大気中で酸化すると赤褐色を呈する．これが鋼素地の腐食開始と誤認される場合があるが，この状態は亜鉛層と同様に，合金層による犠牲防食作用が有効であり，補修の必要はない．補修が必要となるのは，合金層も消失し，鋼素地が完全に露出した状態であるため，合金層の残存状態か，鋼素地の露出状態かを判別できるように，劣化見本などを用意しておくことが重要である．

鋼素地が露出した場合は，鋼素地上の塗り替えと同様の補修塗装を行い，その後の耐食性は塗装された一般の鋼部材と同等である．鋼素地が露出しておらず合金層が残存している状態では，表面を ISO 8501-1[36]の除錆度 Sa 1 程度に素地調整してから亜鉛との付着性に優れた塗装を行えば，溶融亜鉛めっき上の塗装として，亜鉛めっき皮膜単独の場合よりも優れた耐久性が期待できる．したがって，鋼素地が露出してからではなく，少なくともδ_1層が残存している状態で補修塗装を行うのが望ましい．このことからも，めっき皮膜の減耗状況が正しく判断できるような見本等を用意することが推奨される．

b) 有機ジンクリッチペイントを用いる場合の手順

有機ジンクリッチペイントは，無機ジンクリッチペイントのような金属亜鉛末とケイ酸塩を主成分とする塗料と比較して，現地塗装の作業性を向上させるためにケイ酸塩の代わりにエポキシ樹脂からなる主剤と酸化剤を用いる塗料である．

有機ジンクリッチペイントによる補修は，劣化範囲が小さく，かつ腐食が鋼素地に点状または線状に達している場合に適用される．この塗料に含有される亜鉛が腐食し，その生成物によって鋼素地とめっき皮膜が覆われることで，めっき皮膜の電気化学的保護効果とこの塗料の環境遮断効果によって防食効果が発揮される．ただし，付 2.3.1 で述べるように，有機ジンクリッチペイントは含有する亜鉛末がエポキシ樹脂バインダーに覆われているため，バインダーが劣化するなどしない限り，鋼材と亜鉛が電気的に短絡しない．そのため，無機ジンクリッチペイントに比べて，亜鉛末による犠牲防食作用は期待できないことに留意する必要がある[14]．バインダーが劣化して，亜鉛末が露出する状態になるまでは，有機塗料として鋼材の防食性能に寄与することになる．

補修塗装の手順は，以下のとおりである．

1) 腐食部の清浄

腐食部を動力工具（ディスクサンダー）または手工具（ワイヤーブラシ，やすりがけ等）により清浄な鋼素地面が露出するまでさびを完全に除去する．さび除去後に塗料の付着性を確保するため目荒しを行う．さびの除去後に，腐食部とその周囲の汚れ等を拭き取る．

2) 有機ジンクリッチペイントによる塗装[37]

有機ジンクリッチペイントを3回塗布して，合計塗膜厚さは210μm以上とする．各層の塗料の乾燥後に真鍮ブラシまたは硬質の毛ブラシでブラッシングすることで目荒らしして，上層塗膜との密着性を高める．

c) 一般的な塗装による場合の手順と事例

劣化範囲が広い場合は，前述した有機ジンクリッチペイントでは十分な防食効果が得られないことが多いため，一般的な塗料による補修が適している．この補修時に，水濡れ，飛来塩分や亜硫酸ガスなどによる高腐食性の高い環境にさらされることで，鋼素地に赤さびが発生した状態（図-7.3.15）では，鋼素地に対する塗替えを選択し，Rc-I塗装系を適用することが望ましい．また，全面が腐食した段階には至っていないが，図-7.3.16に示すように合金層が腐食してやや薄い赤褐色を呈した状態では，めっき皮膜上にRzc-I塗装系（表-7.3.5）の塗装を施すことで，その後の耐用年数を延長できる．腐食により劣化した亜鉛めっき部材に対する補修塗装の事例を図-7.3.17に示す．

(2) 溶接による損傷部分の補修塗装の事例

亜鉛めっき後の部材を溶接で接合すると，溶接部の鋼の中に亜鉛が拡散浸透することで，めっき皮膜と鋼素地との密着性や鋼材の強度が低下する．したがって，構造部材では溶接部の亜鉛を事前に除去しておく必要がある．

めっき皮膜を有する部材に対して，溶接から補修塗装までの表面状況[37]を図-7.3.18に示す．ビード（図中の中央範囲①）に隣接する熱影響部（②）では，亜鉛層と合金層が消失し，薄い褐色に変色する（図-7.3.18(a)）．次に，ワイヤーブラシでビードと周辺部の変色と汚れ等を除去する

図-7.3.15　鋼素地に赤さびが発生した事例

図-7.3.16　合金層の腐食のみの事例

表-7.3.5　亜鉛めっき皮膜上への塗装仕様（Rzc-I塗装系）[38]

工程	使用材料	使用量 (g/m²)	塗装間隔
素地調整	1種*	—	4時間以内
下塗	亜鉛めっき用エポキシ樹脂塗料下塗	200	1日以上 10日以内
中塗	弱溶剤形ふっ素樹脂塗料用中塗	170	1日以上 10日以内
上塗	弱溶剤形ふっ素樹脂塗料上塗	140	

＊：素地調整程度1種であるが，ブラストグレードはISO Sa 1とする．

第7章 金属皮膜

図-7.3.17 劣化した亜鉛めっき部材への補修塗装の事例

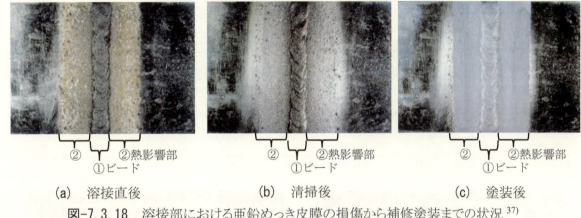

(a) 溶接直後　　　　　　　(b) 清掃後　　　　　　　(c) 塗装後

図-7.3.18 溶接部における亜鉛めっき皮膜の損傷から補修塗装までの状況 [37]

（図-7.3.18(b)）．そして，めっき皮膜（亜鉛層と合金層）が消失した範囲に有機ジンクリッチペイントを塗布する（図-7.3.18(c)）．溶接部の補修塗装では，溶接前のめっき皮膜厚よりやや厚くなる程度に塗布することが望ましい．なお，健全なめっき面と補修部の色の差異をなくしたい場合には，専用の色合わせ用塗料を用いることもある．

(3) 再めっきにより補修する場合

再めっきとは，劣化しためっき部材の防食性能回復のために，一旦，めっき皮膜を除去して，再度めっきすることをいう．補修対象の部材の取り外し，取り付けが可能な場合には，現地から工場に搬入し，劣化部材のめっき皮膜を硫酸により除去後に再めっきすることで，防食性能を新規の状態に回復できる．

亜鉛めっき工場における再めっきの工程を図-7.3.19に示す．亜鉛の除去工程で溶出した亜鉛，使用された硫酸ともに再生利用される．劣化しためっき部材と再めっき後の状態の例をそれぞれ図-7.3.20(a)と図-7.3.20(b)に示す．前述のように，この方法は部材を取り外し，工場で処理できる場合に限定されるため，現状ではガードレールの一部に対して実施される程度である．また，亜鉛めっき部材をAlめっきで再めっきする場合もあり，その事例は7.3.3 (4)で紹介する．

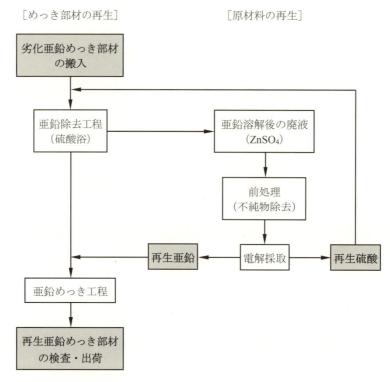

図-7.3.19　亜鉛めっきによる再めっきの工程

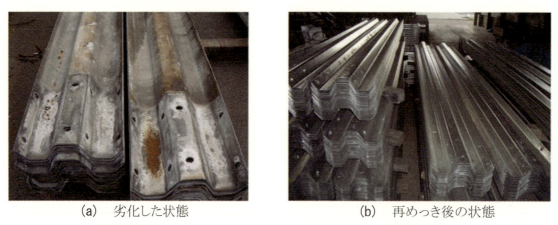

(a) 劣化した状態　　　　　　　　　(b) 再めっき後の状態

図-7.3.20　劣化めっき部材に対する亜鉛めっきによる再めっき

7.3.3 溶融アルミニウムめっき

(1) 経年劣化部の補修塗装に関する留意点

Al めっき皮膜の経年劣化が進むと，表-7.2.9 に示した「劣化度Ⅲ」と「劣化度Ⅳ」のように，Al-Fe 合金層からの赤さびが観察される．この現象は，特に雨洗作用のない部位で生じることが多い．前述のように，赤さびが観察されると鋼素地の腐食開始と判断され，ただちに補修塗装される場合があるが，補修のために行った塗装がかえって腐食を促すことがある．表-7.2.9 の「劣化度Ⅳ」であっても，Al-Fe 合金層による犠牲防食作用が鋼素地を保護している状態であり，ここに塗装することで電気化学的防食作用を阻害する危険がある．皮膜の補修のための素地調整と塗料の塗布が完全であれば問題ないが，Al-Fe 合金層に混在するさびを完全に除去することは困難で，さびが残存している素地面に塗装しても，その後のさびの成長に伴って塗膜が素地面から浮くこ

とになる．素地と塗膜の間に水分や塩分が侵入し，塗膜下に乾燥し難い腐食環境を形成してしまうことから，塗装しない状態よりも腐食が促進されることになる．このことから，外観を重要視しない場合には，「劣化度Ⅳ」までは塗装を行わず，経過観察としておくことが推奨される．

(2) 現場溶接部近傍の補修塗装事例

Al めっき後の部材に溶接をする場合には，めっき金属の巻込みによる溶接不良を防止するために，溶接部近傍のめっき皮膜を除去してから溶接する必要がある．現場溶接部に求められる強度やめっき皮膜を除去した部位と溶接金属の防食性能の観点から，溶接部のめっき皮膜の除去方法，溶接後の補修塗装の有無と溶接金属の種類の組合せを選択することになる．これらの組合せには，以下に示す 2 通りがある．

  ケース A：溶接不良が生じて，溶接継手部の強度不足が問題となる部位や部材，とき裂からの液体漏出などが問題となる部材や部位の場合．

    このケースでは，溶接による熱影響範囲のめっき皮膜（Al 層と合金層）を完全に除去し，鋼素地を露出させることで Al の巻込みに起因する溶接不良を防止する．溶接後に鋼素地と溶接金属を補修塗装する．溶接材料は軟鋼系材料またはステンレス鋼系材料のどちらを選択してもよい．

  ケース B：溶接不良が生じても，溶接継手部の強度不足が問題とならない部位や部材，と液体の漏出や流入などのない部材や部位の場合．

    このケースでは，溶接金属の余盛り寸法と同程度の範囲のめっき皮膜を除去して，その外側に Al-Fe 合金層の露出範囲が得られるように Al 層のみを研磨して除去する．付着塩の雨洗作用のある環境では，露出している Al-Fe 合金に不働態皮膜が形成されることで露出範囲は保護されるため，溶接継手部全体が無塗装となるように，ステンレス鋼系の溶接金属を用いる．

ケース A の事例として，Al めっきした配管の溶接部近傍の補修塗装の状況を**図-7.3.21** に示す．また，溶接と塗装の手順を**図-7.3.22** に示す．まず，突合せ溶接部の管端から数 cm の範囲のめっき皮膜を**図-7.3.22(b)** に示すように除去して，鋼素地を露出させてから，**図-7.3.22(c)** に示すように溶接する．溶接後に，溶接部と皮膜除去範囲の鋼素地に対して，除錆度 Sa 2 1/2 の素地調整をした後に**図-7.3.22(d)** に示すように塗装する．塗装仕様の例を**表-7.3.6** に示す．なお，一般的に管内面に補修塗装はされない．

この方法では鋼素地の露出部は，塗膜で防食されることになる．めっき皮膜は開先から数 cm の

(a) 管路の全景   (b) 現場溶接継手部・補修塗装部

図-7.3.21 Al めっき鋼管の溶接部の補修塗装の事例

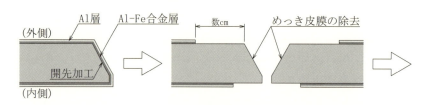

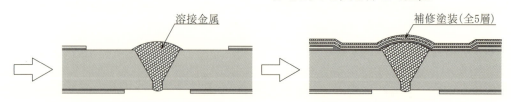

図-7.3.22 配管溶接部の補修塗装手順の一例

表-7.3.6 現場溶接部の補修塗装の仕様の一例

No.	塗料名	指定膜厚 (μm)
第1層	有機ジンクリッチペイント	60
第2層	変性エポキシ樹脂塗料	60
第3層	変性エポキシ樹脂塗料	60
第4層	ポリウレタン樹脂中塗り塗料	30
第5層	ポリウレタン樹脂上塗り塗料	25

注記:「5層全厚で250μm以上」も満足させる

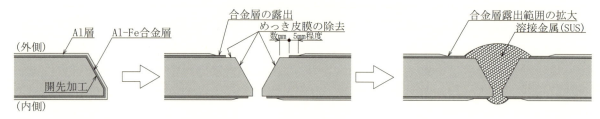

図-7.3.23 溶接部を被覆しない施工手順の一例

位置まで除去されており,補修塗装の全範囲にAl層の犠牲防食作用は期待できないため,補修塗装の塗膜下腐食の要因となるピンホールなどの微小欠陥が生じないように注意する必要がある.

ケースBは,Al-Fe合金層が有する耐食性に期待する方法で,施工手順を**図-7.3.23**に示す.溶接不良を防ぐために,開先から数mmの範囲はAl層とAl-Fe層を除去して鋼素地を露出しておく.そこから5mm程度の範囲は,**図-7.3.23(b)**に示すようにAl層のみを除去してAl-Fe合金層を露出しておく.ステンレス鋼系溶接材料を用いて,**図-7.3.23(c)**に示すように,Al-Fe合金層に若干覆いかぶさるように溶接することで,溶接金属と Al-Fe 合金層が完全に融合して鋼素地が露出しない金属組織が形成される.この時,溶接時の熱影響によって溶接近傍のAl層が鋼素地側に拡散してAl-Fe合金に変化するため,Al-Fe合金の露出範囲が拡大することになる.なお,溶接したままでは熱影響部の表面が黒灰色に変色した状態になるので,周囲のめっき皮膜との色調統一

などのためにタッチアップ塗装を行う場合もある．

　この方法で形成される溶接部周辺には，ステンレス鋼（溶接金属），Al-Fe 合金層，Al 層の順で並んで露出しており，溶接金属から離れるにしたがって電位が低くなる．大気環境における Al-Fe 層は不働態皮膜により保護されているが，溶接金属（ステンレス鋼）に比べて電位が卑になる．そのため，Al-Fe 合金とステンレス鋼のガルバニック腐食の発生，と鋼材の保護皮膜として最も薄い Al-Fe 層のみの範囲における Al-Fe 合金の腐食速度を確認しておく必要がある．

　ガス管（SGP）を Al めっき後にステンレス材料で溶接した試験体を無塗装で海洋環境に暴露したところ，37 年間腐食が生じていなかった事例[39]がある．この試験体では，高腐食性環境である干満帯に溶接部が設置されていたが，著しい腐食が生じていなかった．この結果から，ケース B を適用した場合については，溶接金属と隣接部とのガルバニック腐食の可能性は低いため，付着塩の雨洗作用のある大気環境では特に耐食性に優れると考えられる．

(3)　局部的な皮膜損傷部の応急補修事例

　Al めっきされた部材には，運搬時のワイヤーロープによる絞めきずや，設置工事の際の衝突や接触による当てきずが生じることがある．このような皮膜の局部的な損傷に対してはタッチアップの応急補修が実施されている．ただし，Al めっき皮膜のタッチアップ方法に関する基準等はない．一般に，亜鉛めっきと同じく有機ジンクリッチペイントまたは高濃度アルミニウム末塗料を塗布する方法が用いられている．健全なめっき皮膜表面との色調を統一したい時には，高濃度アルミニウム末塗料を単独で使用する方法や，有機ジンクリッチペイントの上に高濃度アルミニウム末塗料を塗布する方法が用いられることがある．また，塗布方法も各社の仕様や作業者の判断に委ねられており，補修部分の防食性能にばらつきが生じる．そのため，適切な施工結果が得られるように基準等の策定が望まれる．

(4)　再めっきの事例

　Al めっきで再めっきする場合は，Al の融点は約 660℃で，Zn の約 420℃に比べて高温であるため，部材の熱ひずみの増加などの問題が生じることがある．また，部材を取り外してめっき工場に運搬する必要があることや，既存めっき皮膜を除去してから再めっきする必要があることなど，新規部材をめっきする場合よりも工程が多くなるため，コストメリットに乏しい場合が多い．Al めっき工場における再めっきの工程を図-7.3.24 に示す．劣化部材のめっき金属の剥離工程では，硫酸または塩酸が使用できる（国内の工場では全て塩酸を使用）．ただし，再めっきの事例が少なく剥離工程で生じる廃液も再利用するほどの量はないため，亜鉛めっき工場における再めっきのような原材料の再生工程は設けられていない．

　亜鉛めっきされたガードレールが経年劣化し，Al めっきに再めっきされたのち，現地に復旧された状況を図-7.3.25 に示す．亜鉛めっき部材を Al めっきへ再めっきする場合における留意点は，亜鉛めっき皮膜を完全に除去しなければならないことである．通常の鋼部材の Al めっき工程では，鋼組織内に Al が拡散すると同時に，部材中の Fe も僅かに Al 浴側に溶出する．しかし，表面に Zn が残存する部材をそのまま Al めっき槽に浸漬すると，Zn，Al と Fe による不安定な金属組織が部材表面近くに形成されるため，Fe が Al 浴に溶出する速度が通常よりも大きくなり，場合によっては部材に孔が開くほどの異常な溶出反応が生じる恐れがある．図-7.3.26 に示す鋼管を用いた検査路手摺では管内部に，二重板構造の部材では板と板との隙間に亜鉛めっきが残留しやすく，目視による除去確認もできないことから再めっきに不向きな形状・構造であるといえる．

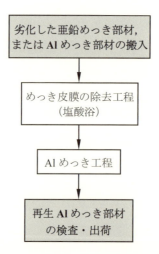

図-7.3.24 Al めっきによる再めっきの工程

図-7.3.25 亜鉛めっきから Al めっきに再めっきされたガードレール

図-7.3.26 再めっきに不向きな形状の例（鋼管を用いた検査路手摺）

(5) 溶融 55％アルミニウム・亜鉛合金めっきボルトへの取替え事例

付 3.4.2 (4) で述べている Al めっきされた鋼製の生簀における適用事例のように，このめっきボルトは主材が Al めっき処理されている場合に，Al めっきボルトの代わりに適用されることが多い．

7.1.2 (3) d) で述べたように，Al めっきの Al 層表面に不働態皮膜が形成されることで，鋼素地に達する傷が生じるとその初期に鋼素地に赤さびが発生する．赤さびが発生すると腐食要因物質に対する保護性により腐食の進行性は抑制されるが，損傷の初期段階で生じる赤さびが景観上の問題となる場合もある．

特に，Al めっきされたボルト・ナットなどの締結金具は，締付工具との接触点できずが付きやすく，鋼素地の露出後の赤さびが避けられないことがある．その解決策の一つとして，55%Al-Zn 合金めっきボルトの採用が挙げられる．55%Al-Zn 合金めっきされた締結金具であれば，鋼素地が露出するようなきずが生じても，亜鉛の犠牲防食作用により赤さびの発生を予防できる．また，図-7.1.39 に結果の一部を示した腐食促進試験において，亜鉛めっきとステンレス鋼の中間の耐食性を有することが確認されており，高塩分環境に対する適用性が高いといえる．前述の鋼製の生簀における適用事例では，設置後 5 年が経過してもボルト類と生簀本体のめっき金属間にガルバニック腐食は生じていない．

参考文献

1) （財）日本規格協会：JIS H 8300「亜鉛，アルミニウム及びそれらの合金溶射」，2011.
2) （財）日本規格協会：JIS H 8641「溶融亜鉛めっき」，2007.
3) （財）日本規格協会：JIS H 8642「溶融アルミニウムめっき」，1995.
4) 例えば，鋼構造物常温溶射研究会：鋼橋の常温金属溶射設計・施工・補修マニュアル（案）（改訂版），2014.
5) （社）日本溶融亜鉛鍍金協会：溶融亜鉛-5%アルミニウム合金めっき，2003.
6) （公社）日本道路協会：鋼道路橋防食便覧，p.IV-5，2014.
7) 貝沼重信，八木孝介，平尾みなみ，橋本幹雄，宇都章彦：海岸環境で約25年間供用された溶融アルミニウムめっき桟橋の腐食性と耐食・防食性，防錆管理，Vol.61, No.9, pp.329-340, 2017.
8) 吉崎布貴男，服部保徳，三吉泰史，安藤敦司：溶融アルミニウムめっきSUH409L鋼板の耐候性，鉄と鋼，Vol.89, No.1, pp.180-187, 2003.
9) （財）日本規格協会：JIS H 8502「めっきの耐食性試験方法」，1999.
10) 例えば，武藤和好，入江政信，井上靖：アルミニウム・マグネシウム合金溶射による既設鋼橋桁端部の長寿命化技術の開発と現地施工，高速道路と自動車，Vol.58, No.11, pp.27-32, 2015.
11) （財）日本規格協会：JIS K 5600-7-9「塗料一般試験方法—第7部：塗膜の長期耐久性—第9節：サイクル腐食試験方法—塩水噴霧／乾燥／湿潤」，2006.
12) 例えば，貝沼重信，郭小竜，小林淳二，武藤和好，宮田弘和：NaClによる高腐食性環境におけるAl-5Mg合金溶射皮膜の耐食・防食特性に関する基礎的研究，土木学会論文集A1, Vol.72, No.3, pp.440-452, 2016.
13) 亜鉛めっき鋼構造物研究会編：溶融亜鉛めっきと異種金属との接触，鋼構造物の溶融亜鉛めっき，No.40, 1999.
14) 貝沼重信，藤本拓史，杜錦軒，楊沐野，武藤和好，宮田弘和：Al-5Mg合金溶射と重防食塗装の取合部における耐食・防食特性に関する基礎的研究，土木学会論文集A1, No.73, No.2, pp.496-511, 2017.
15) 武藤和好，貝沼重信，杜錦軒，八木孝介，宮田弘和：大気環境中のAl-5Mg合金溶射と重防食塗装の重ね部の耐食・防食特性，鋼構造年次論文報告集，Vol.25, pp.708-712, 2017.
16) 服部雅史，古谷嘉康，広瀬剛：金属溶射鋼板の促進試験による傷・仕上げ・溶射方法の影響評価，鋼構造年次論文報告集，Vol.24, pp.715-722, 2016.
17) （社）日本道路協会：鋼道路橋塗装・防食便覧，pp.V-49-V-50, 2005.
18) （公社）日本道路協会：鋼道路橋防食便覧，pp.V-51-V-52, 2014.
19) 福岡北九州高速道路公社：金属溶射の維持管理要領，pp.13-14, 2008.
20) 鋼構造物常温溶射研究会：鋼橋の常温金属溶射設計・施工・補修マニュアル（案）（改訂版），p.80, 2014.
21) （社）日本鋼構造協会：鋼橋塗膜調査マニュアル，JSSCテクニカルレポート，No.25, p.7, 1993.
22) （社）日本鋼構造協会：鋼橋塗膜調査マニュアル，JSSCテクニカルレポート，No.25, p.17, 1993.
23) （社）日本鋼構造協会：鋼橋塗膜調査マニュアル，JSSCテクニカルレポート，No.25, p.23,

1993.

24) （公社）日本道路協会：鋼道路橋防食便覧，pp.IV-62-IV-63，2014.
25) （社）日本道路協会：鋼道路橋塗装・防食便覧，p.IV-61，2005.
26) （社）日本橋梁建設協会，（社）日本溶融亜鉛鍍金協会：溶融亜鉛めっき橋維持管理マニュアル（めっき皮膜の劣化度評価），p.4，2004.
27) （公社）日本道路協会：鋼道路橋防食便覧，p.V-59，2014.
28) （公社）日本道路協会：鋼道路橋防食便覧，p.II-118，2014.
29) 小川重之，香川紳一郎，貝沼重信，片山英資：都市内高架橋の鋼桁における腐食環境の定量評価と経時腐食深さの予測，土木学会第68回年次学術講演会講演概要集，V-275，pp.549-550，2013.
30) 小川重之，香川紳一郎，片山英資，貝沼重信：腐食生成物層の厚さを用いた腐食性評価手法の都市内高速道路橋への適用，土木学会第69回年次学術講演会講演概要集，I-572，pp.1143-1144，2014.
31) 日本道路公団福岡管理局：関門橋工事報告書，pp.759-760，1977.
32) 日本道路公団福岡管理局：関門橋工事報告書，p.877，1977.
33) 福永靖雄，西山晶造，後藤昭彦：NEXCO西日本における大規模修繕技術 ―関門橋リニューアル―，橋梁と基礎，Vol.51，No.8，pp.89-92，2017.
34) （一財）日本規格協会：JIS G 3457「配管用アーク溶接炭素鋼鋼管」，2016.
35) （一財）日本規格協会：JIS G 3452「配管用炭素鋼鋼管」，2016.
36) International Organization for Standardization：ISO 8501-1, Preparation of steel substrates before application of paints and related products-Visual assessment of surface cleanliness-Part 1:Rust grades and preparation grades of uncoated steel substrates and of steel substrates after overall removal of previous coatings，2007.
37) 亜鉛めっき鋼構造物研究会編：溶融亜鉛めっき皮膜破損部の補修方法，鋼構造物の溶融亜鉛めっき，No.38，2002.
38) （公社）日本道路協会：鋼道路橋防食便覧，p.II-120，2014.
39) 橋本幹雄，貝沼重信：37年間海洋環境暴露した溶融アルミニウムめっきの耐食特性，土木学会第70回年次学術講演会講演概要集，I-426，pp.851-852，2015.

第8章 耐候性鋼材

8.1 耐候性鋼材の防食性能の維持

8.1.1 耐候性鋼材の防食性能

　耐候性鋼材は，比較的腐食性の低い乾湿繰り返し環境下においては，時間の経過とともに腐食速度は遅くなるが，腐食の進行が停止することはない．また，腐食速度が遅い状態になった場合でも，腐食環境が変化すると，さび層の組成も変化するため，その環境に応じた腐食速度になる[1]．例えば，漏水や植生などにより湿潤時間が長い環境となった場合，腐食速度は次第に速くなる．特に，飛来海塩や凍結防止剤などの塩類が付着・蓄積する腐食性が高い環境に変化すると，部材の板厚が短期間で著しく減少することがあるため注意が必要である．

　耐候性鋼材の表面に形成されるさびは，腐食環境のバロメータであるが，架設後十数年以上経過しても腐食が進行せず，良好なさび層が形成されない場合がある．これは腐食速度が十分に遅く腐食性の低い環境下にあること示唆している．耐候性鋼材においては良好なさびの形成が目標ではなく，過度に腐食が進行しない適切な腐食環境を維持することが重要である．

　塗装橋において塗膜の防食性能は経年的に低下するが，腐食が始まる前のタイミングで塗替えを繰り返せば，構造物の耐荷力は低下しない．しかし，6.1で述べたように，現実にはさびが発生し，ある程度の面積を占めるようになってから塗替えが行われている．この場合，構造物の耐荷力は低下することになるが，期待耐用年数までの間，要求性能の限界値にまで到達しなければよい（**図-8.1.1**参照）．

　一方，耐候性鋼材の場合は，塗膜のような高い防食性能は有しておらず，常に腐食が進行し橋梁の耐荷力は漸減する（**図8.1.2**参照）．したがって，期待耐用年数後においても限界値にまで到達しない腐食速度になる環境で用いることが重要である．なお，さび安定化補助処理された耐候性鋼材では，経年により処理被膜が喪失すると防食性能は裸仕様と同等となるため，維持管理の考え方はさび安定化補助処理を施さない裸仕様の場合と同じでよい．

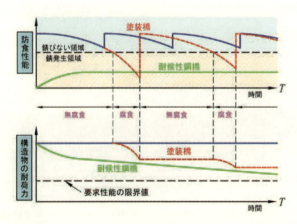

図-8.1.1　塗装劣化曲線と耐力低下曲線

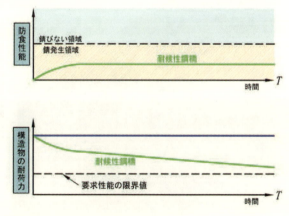

図-8.1.2　耐候性鋼橋の耐力低下曲線

8.1.2 防食性能の低下要因と回復の考え方

耐候性鋼橋における防食性能の回復は，腐食速度が低減されるように腐食環境を改善することであり，腐食要因の排除を第一に考えなければならない．そのために，橋梁全体の腐食状況の把握と腐食要因の調査を十分に行う必要がある．具体的な調査例については，10.3.2 で述べる．防食性能の低下（良好でないさびの発生）要因は，以下の 3 種類に大別され，その要因に応じた回復方法を選択することが重要である．

(1) 架設環境が不適切である場合

鋼道路橋防食便覧 [2] では，耐候性鋼材を無塗装で適用できる環境の目安として，飛来塩分量が 0.05mdd（NaCl：mg/100cm^2/day）を超えないことが示されている．飛来塩分量が想定より高い，または濡れ時間が長いなど，橋梁架設環境が耐候性鋼材の使用に不適切であった場合には，橋梁全体に良好でないさびが発生する場合がある．図-8.1.3(a)に示す橋梁は海岸に架設され，図-8.1.3(b)に示すように下フランジには剥離さびが発生している．このような場合には塗装への仕様変更など防食方法を再検討する必要がある．ただし，橋梁全体を塗装するためには下地処理に大きな労力が必要となるため，その実施には第 3 章の方法を用いて評価するなど必要な部位を選定した上でその部位の補修にとどめる配慮が必要である．

(2) 局所的に不適切な環境が形成される場合

飛来塩分量が 0.05mdd 以下の地域であっても，橋梁の桁端部など，橋梁の構造や，周辺地形（植生を含む）によって湿潤環境となり，橋梁の一部分に良好でないさびが発生する場合がある．また，鋼道路橋防食便覧 [2] で飛来塩分量が 0.05mdd（NaCl:mg/100cm^2/day）を超えないとされる地域においても，建設後 10 年で平均腐食深さが 2.4mm に達するなど重度な腐食損傷が発生した事例も報告されていることから [3]，橋梁架設位置の飛来塩分量を建設前に予め調査することや架設後の早期に重要部位の腐食性を第 3 章で述べた方法などで評価する必要がある．凍結防止剤が散布される橋梁では，近接する並列橋，特に段差がある場合や地山斜面に近接している場合では，注意が必要である．図-8.1.4(a)に示す橋梁では下り線の上り線に面した桁ではうろこ状さびが発生しているが（図-8.1.4(b)参照），反対側の桁は良好な腐食状態にある．このような局所的環境を改善することは難しいことが多いものの，腐食速度がそれほど速くない場合もある．したがって，部分的な防食仕様の変更を検討する際には，腐食速度が許容範囲内にあるかを確認する必要がある．

(a) 橋梁の架設環境　　　　　　　　　　(b) 異常さびの状況

図-8.1.3　架設環境が不適切な橋梁の例

(a) 段差の状況と飛沫の飛散方向

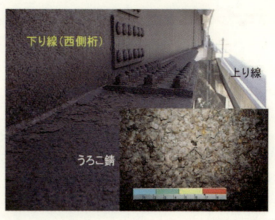
(b) 下り線下フランジの異常さび

図-8.1.4　上下線で段差のある橋梁の例

図-8.1.5　床版からの漏水による異常腐食

(3) 漏水などのアクシデント

漏水や滞水などによって常に湿潤環境にさらされる場合，局所的に良好でないさびが発生する．凍結防止剤を含む漏水の場合には層状剥離さびが形成されることが多いため，注意しなければならない．漏水原因は，伸縮装置の破損，地覆・高欄の隙間，床版水抜き管からの飛散，排水受け桝からの飛散，床版ひび割れからの漏水等が挙げられる．床版ひび割れからの漏水により異常腐食が発生した事例を**図-8.1.5**に示す．

漏水が異常腐食の要因の場合，止水や導水により桁の濡れ時間を極力短くすることが補修の基本である．また，止水（導水）等による環境改善効果の持続が期待できる場合には，桁に発生している良好でないさびを除去するに留め，塗装を行わず経過観察にしてもよい．なお，塗装した場合には，再漏水した場合の水の拡散を抑制するため，塗装端部への水切りの設置が重要である（4.4.4参照）．

8.1.3　定期点検時の維持作業

耐候性鋼橋では環境の維持・改善が重要であり，点検時の簡易な腐食環境改善により将来の大規模な対策・措置を回避できるため，効率的な維持管理が実現できる．点検時に実施すべき項目

を以下に述べる．ただし，ここで述べた項目は耐候性鋼橋に限らず，基本的に全ての鋼橋に実施することが望ましい．

(1) 植生の除去

図-8.1.6に示すように，桁を覆うように樹木が成長すると湿潤環境になり，腐食が進行しやすくなるため，高木類は幼木の段階で伐採しておくのがよい．成長して大木となってしまうと伐採・処分には非常に大きな労力が必要となるが，幼木であれば鎌など人力で容易に伐採でき，処分も容易である（4.5.3参照）．また，植生の再発生により，腐食環境が悪化しないように，桁端部などについては，コンクリートなどで土壌を覆うなどして発生を予防することが望まれる．

(2) 堆積物と層状さびの除去

耐候性鋼材は常に腐食が進行しており，鋼表面の「さび」は成長と橋梁振動や風雨などによる脱落を繰り返す．この脱落したさびが連結板付近や格点部などの隙間部に堆積し湿潤環境を作り出す場合がある．堆積したさび下の鋼材は，長期間湿潤環境にさらされ，腐食が進行しやすくなるため[3]，点検・調査時に除去（清掃）するとよい．特に，海塩粒子や凍結防止剤の影響を受ける環境においては，著しい腐食損傷を誘発する場合があるため，堆積物（さび，土砂，塵埃等）は除去（清掃）することが望ましい．さび堆積が原因で異常さび（層状剥離さび）が発生した事例を図-8.1.7に示す．

層状さびについても，降雨や結露後に層状さび下の濡れ時間が一般部に比して長くなるため，鋼材の腐食進行性を高める．特に，塩類が主で生成された層状さび下の鋼材については，著しく腐食が進行するため，点検時に除去することが望ましい．トラス下弦材の対地面に生じた層状さびの外観，および層状さび下に蓄積した飛来海塩を図-8.1.8に示す．

図-8.1.6　桁端部周辺の植生

図-8.1.7　連結部付近に堆積したさび

(a) 層状さびの外観

(b) 層状さび下に蓄積した飛来海塩

図-8.1.8　トラス下弦材の対地面に生じた層状さび

(3) 漏水・滞水の対策

耐候性鋼橋において，部分的に異常腐食が発生する要因の多くは漏水であり，点検時に漏水を発見した際に応急対策を行うことで著しい腐食損傷の発生が予防できる．漏水を簡易な方法で止水することは困難であるが，応急対策として漏水が桁にかからないような導水策や濡れ時間を極力短くするような滞水策を講じることが望ましい（4.4 参照）．

8.1.4 維持管理の手順

無塗装耐候性鋼橋の維持管理の手順を図-8.1.9に示す．維持管理では(1)さびの評価，(2)異常さび発生要因の特定，(3)発生要因の排除，(4)補修を適切に行う必要がある．各段階における留意点を以下に述べる．

(1) さびの評価

- 橋梁点検は一般に5年ごとに行われるが，耐候性鋼材は被覆防食と比較して，漏水などによる環境変化に対して敏感であるため，点検間隔は短いほうが望ましい．初期の不具合を発見して予防保全のための対策を講じるために，建設後の初期点検は2年以内に実施することが望ましい．
- 点検時には繁茂した樹木の伐採，堆積物の除去などの維持作業を行うことが望ましい．
- 耐候性鋼表面に形成されているさびの外観から，腐食速度が許容される範囲にあるかどうかを判断する．
- 数mm程度以上の著しい減肉が認められる場合は，応急対応の実施の有無を判断する必要がある．

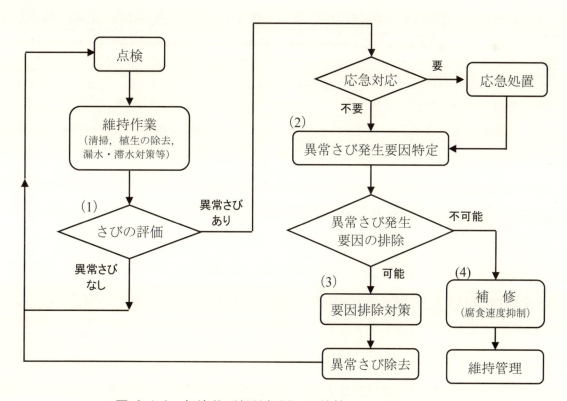

図-8.1.9 無塗装耐候性鋼橋の維持管理の手順

(2) 異常さび発生要因特定

異常さびが認められた場合，その発生要因の特定が不可欠であり，要因の排除の可否を検討しなければならない．要因の特定には，必要に応じて，**第3章**で示した腐食環境評価を実施する．

(3) 発生要因の排除

異常さびの発生要因を排除できた場合には，耐候性鋼材そのものに対する補修は行わず，異常さびの除去による腐食環境の改善を実施しておくとよい．ただし，再発生のリスクが高い場合には，耐候性鋼材に対する補修（例えば，被覆防食）の実施が望ましい．

(4) 補修

異常さびの発生要因が除去できない場合には，耐候性鋼材に対して腐食速度抑制のための補修を実施することになる．その際，発生要因が十分に除去できないまでも，極力，桁の腐食環境改善のための措置を施しておくことが重要である．

8.2 維持管理における腐食減耗の評価方法と判断基準

8.2.1 維持管理目標の設定

耐候性鋼材を適用した構造物の維持管理に際して，まず，目標とする維持管理レベルを設定する必要がある．

耐候性鋼材においては，その防食原理から僅かな腐食を許容しており，腐食減耗量を0にはできないことから，鋼材の腐食を一定の限度内に抑制することが基本となる．許容される腐食減耗量によって，腐食の状況に対する評価が異なることになるため，許容できる腐食減耗量を定めた維持管理上の目標が必要になる．

耐候性鋼橋の維持管理の目標に合わせた耐腐食性能レベルと，それに応じた腐食減量の目安が日本鋼構造協会（Japanese Society of Steel Construction，以下JSSCと表記する）により，**表-8.2.1**のように提案されている[4]．

これまで，JIS G 3114[5]に基づく耐候性鋼材(SMA-W)では，建設省土木研究所，鋼材倶楽部，日本橋梁建設協会の三者共同研究で行った全国41橋暴露試験結果[6]に基づき，50年で片側0.3mm以内の腐食減耗量に収まると予測される環境条件で使用可能と判断された経緯があり，腐食しろを見込まない場合については，この数値が許容される腐食量の基準となっている場合が多い．100

表-8.2.1 耐候性鋼材の耐腐食性能レベル[4]

耐腐食性能レベルⅠ (制御可能レベル)	設計供用期間中の腐食減耗量が設計上耐荷力性能に影響がない範囲に留まる性能レベル． 腐食減耗量が片面あたり平均0.5mm/100年以下を目標とする．
耐腐食性能レベルⅡ (限定制御レベル)	設計供用期間中の腐食減耗量が，性能レベルⅠより大きいが，あらかじめ設計上腐食しろを見込むことにより，設計上耐荷力性能に影響がない範囲となるレベル． 腐食減耗量が片面あたり平均1.0mm/100年以下を目標とする．
耐腐食性能レベルⅢ (制御不能レベル)	一般に取替えを前提とする部材に適用する．したがって，腐食減耗量を制御できない場合も許容する．

年間で 0.5mm という数値は，供用期間を 100 年とした場合に 0.3mm/50 年から推測された値であり，これを満足するのが耐腐食性能レベル I である．耐腐食性能レベル II は，比較的腐食性の高い腐食環境を想定しており，腐食減耗量は大きくなるが，あらかじめ腐食しろを見込むことで耐荷力が低下しないように配慮している．なお，腐食しろは，具体的には 1mm とする場合が多い．耐腐食性能レベル III は，短期での使用を想定しており，問題があれば取替えることで対処する前提である．

目標とする防食レベルは，通常は設計段階で決めることになるが，既存構造物を評価する場合は残りの供用期間を考慮して許容される腐食減耗量を設定する．これまで，耐候性鋼材を適用した構造物については一般に腐食しろを考慮しない，耐腐食性能レベル I を前提として建設されてきており，50 年後の腐食減耗量 0.3mm を閾値として状態評価の体系が組み立てられてきている．

現実には，数 mm オーダーの腐食が生じても構造物全体の耐荷力には大きな影響を生じない場合が多いと考えられる．しかし，現状では 0.5mm を超えるような腐食速度に対して，腐食減耗量をコントロールすることが困難なため，本節では，これまでのさび評価の経緯に鑑みて，耐腐食性能レベル I を念頭に置いた状態評価の手法について述べる．

8.2.2 耐候性鋼材の状態評価
(1) 状態評価の考え方

耐候性鋼材の維持管理では，腐食による板厚減少が一定の値以下に抑制されている状態を維持することが目標となる．

耐候性鋼材の点検では，その腐食減耗量が設計時に想定された範囲内にあることを定期的に確認しなければならない．作業効率を考えると，点検段階では，精度が低くても目視で確認できるレベルで良否のスクリーニングが可能な評価手法が求められる．そこで，目視点検により一次スクリーニングを行う手法として，耐候性鋼材のさびの形態に着目した点検手法が開発されてきている．耐候性鋼材の表面に現れるさびは，腐食環境に応じてその形態が異なり，腐食速度のバロメータとなることを考慮して，これを，腐食減耗量を間接的に測定する指標として利用する．また，外観評点以外の方法で定量的に腐食速度を評価する手法として，さび層の保護機能に着目してこれらを数値化して評価する手法も開発されている．さらに，さび層の構造や成分を分析する技術も進展してきており，異常さびの発生要因の推定などに利用されている．

以下に，耐候性鋼材の状態評価技術について概要を述べる．

(2) 目視等による定性評価

本項では，主として目視や汎用的な測定器具を用いて比較的簡便に実施できるさびの評価手法について述べる．

a) さび外観評価法の概要

図-8.2.1(a)に，耐候性鋼材の腐食状態とさび発生状況の対応イメージを示す[7]．鋼材の腐食によってさびが発生し速度 C でさび厚は増大するが，速度 W で風化減耗する．腐食減耗量は，さびの速度と風化の速度の関係で変化することになる．耐候性鋼材表面に形成されるさびの性状は，その腐食環境により異なったものとなることが知られており，さび粒子の大きさや色調から腐食速度の定性的な評価を行うことができる．耐候性鋼材のさびの特徴は，腐食速度との対比において，図-8.2.1(b)のように整理されている[8]．このような特徴を踏まえ，JSSC において，簡便に耐候性鋼材の防食機能の状態を評価する手法として，さびの外観評価法が開発されてきた[4]．

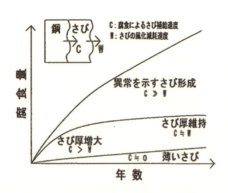
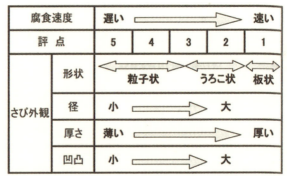

(a) 腐食状態とさび発生状況[7]　　(b) 腐食速度とさび外観との関係[8]

図-8.2.1　耐候性鋼材の腐食速度とさびの状態の関係

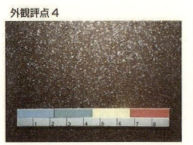

*（　）内数値は外観評価の補助手段として測定したさび厚さの目安を示す．

図-8.2.2　さび外観評点の例[9]

目視によるさびの外観評点法の概要を図-8.2.2に示す．本法は目視によりさびの状態を観察することで，さびの粒子の大きさ，起伏や質感などの外観やさび厚などの情報から，さびの状態を評点1～5にランク分けすることで防食機能の状態を判断する方法である．

評点3～5と判断された場合は，防食機能は目標通りに保たれており，特段の対処は不要である．ただし，評点5は，腐食の進展が緩やかな場合を示しており，概ね10年未満の経過年数が浅い段階で見られやすいが，その後の腐食の進展により，さびの状態が大きく変化することがあるので，経過年数が10年未満の場合にはその後の経過に注意しなければならない．

評点2（うろこ状さび）と評価された場合は，腐食速度は100年間で0.2～2mm程度の間に入るとされている．直ちに致命的な状態に至る訳ではなく，経過観察を含めた様々な選択肢があるため，「要観察」となる．そして，別途，腐食速度の評価を行い，補修の要否を判断することになる．

評点1（層状剥離さび）と評価された場合は，急激に腐食が進行する場合があることから，異常

さび発生要因除去を含めた何らかの対策が必須となる．

さび外観評点法は簡便，かつ特別な機器や特殊な技術が不要であるため，耐候性鋼材の点検手法として一般的に用いられている．外観観察に相応の経験を有する点検者であれば容易かつ効率的に点検を行うことが可能となる手法である．しかし，耐候性鋼材のさびの状態にはさび安定化補助処理剤が残ってしまっている場合なども含めて様々なものがあり，外観観察に関する経験が少ない点検者にとっては，外観の性状を分類することは容易ではない．このため，評価者によるばらつきが出やすいことが指摘されている．その弱点を補うために，判断を補助する手法の開発が行われてきている．

b) さび厚

外観による評点付けを補助する手段としてさび厚を計測することによって判断の目安とすることが提案されている[4]．表-8.2.2に各評点に対応するさび厚の目安を示す．

さび厚による評価では，400μmを一つの閾値として，正常な範囲（評点3,4）を400μm程度未満とし，それより大きければ要注意（評点1,2）としている．この判断基準は，後述するさびのイオン透過抵抗値についての研究において，さび厚約400μmを上限に緻密な保護性のあるさびが見られたことを参考にして提案された．他の評点間の境界となるさび厚の目安に関しては，実際の耐候性鋼橋や暴露試験材の実態を考慮して，目安として倍半分の値が設定されている．

現場でのさび厚の測定は，市販の電磁膜厚計を用いて行うことができるが，塗膜面に比べ耐候性鋼の表面はさびによる起伏があるため，計測機器の測定プローブの形状によって測定結果に悪影響が生じる場合があるので，その場合はキャリブレーションを行うなど注意する必要がある．測定データは，さびが不均一であることに対応し，そのばらつきも大きいので，10cm角程度の領域において9点測定しその平均値を取るか，10点測定を行い最大，最少を除いた8点の平均値を用いることが望ましいとされている[4]．

一方，これらの傾向を踏まえ，さび厚の測定値のばらつきに着目して，さび厚の測定値の標準偏差の値によりさびの状態を判定する手法も検討されている[10),11)]．ただし，さびは風化したり，脱落したりしてその厚さは経時的に変動するため，さび厚だけで判断することは困難である．これらではさび厚はあくまで目安と位置づけられており，外観観察などと合わせた総合的な評価が必要とされる．

また，文献12)では，平均さび厚から平均板厚減少量を推定する手法を提案している．この手法では，さびの生成環境の季節的な変化やさびの剥落，付着塩の雨洗作用の有無などを考慮して，1年後のさび厚から，将来の板厚減少量を予測することが提案されている．

表-8.2.2　さび外観評点とさび層の厚さとの対応（目安）

さび外観評点	さび層の厚さ（目安）	備考
5	200μm程度未満	
4	400μm程度未満	さびの平均外観粒径：1mm程度以下
3	400μm程度未満	さびの平均外観粒径：1mm〜5mm
2	800μm程度未満	さびの平均外観粒径：5mm〜25mm
1	800μm程度を超える	

表-8.2.3 セロファンテープ試験の評価基準

評点5	評点4	評点3
さびは少なく，比較的明るい色調を呈する．	さびは 1mm 程度以下で細かく，均一である．	さびは 1~5mm 程度で粗い状態．

評点2	評点1	
さびは 5~25mm 程度で，うろこ状の剥離あり．	さびは層状の剥離あり．	

c) セロファンテープ試験

セロファンテープ試験は鋼材表面に生成された浮きさびをセロファンテープに付着させて回収し，さび粒子の状態から腐食速度を評価する．付着するさび粒子が小さく，少ないほどさびが緻密であり，よいさび状態と判断される．表-8.2.3 にセロファンテープ試験の評価基準を示す．セロファンテープ試験は，浮きさび以外のほこりなどの堆積具合や，気温，湿度，テープの種類や貼り方や剥し方の影響を受けやすいことが指摘されている．これらに留意するため，測定前に鋼板表面のほこりなどを刷毛などで軽く清掃する，セロファンテープを鋼板面に圧着させるため手で押しつける（軽く手でなぞり，セロファンテープが密着する程度），などの具体的な方法が紹介されている[13]．本手法は，テープの種類の違い（粘着力など）による影響の程度が明らかでなく，厳密な評価が難しいため，特にテープの性能については指定せず，市販の粘着テープを用いることとされており，さび外観評点を補完する補助的な手法の一つと位置づけられている．しかし，試料に保存性があることが大きな特徴であり，過去の試料との対比により推移を確認できる．

d) 外観評価の精度向上に向けた取り組み

外観評点法の弱点を踏まえ，維持管理の現場でさびの状態の分類を支援する取り組みが行われている．その一例として，実橋のさびの事例を数多く収集し，各評点の事例写真，さび厚，セロファンテープ試験などの情報を 100 種類以上集め，図-8.2.3 のようにデータベース化し，点検の現場に携行して現物との照合ができるように冊子にまとめたものがある[14),15)]．その他に，日本橋梁建設協会から，「さびサンプル」や「映像によるさび外観評価補助システム」が提供されている[11)]．さびサンプルは，外観評点ごとのさびの表面状態を樹脂により 3 次元的に模したものであり，現地に携帯して実際のさびと比較することで，外観評価の助けとなる．映像によるさび外観評価補

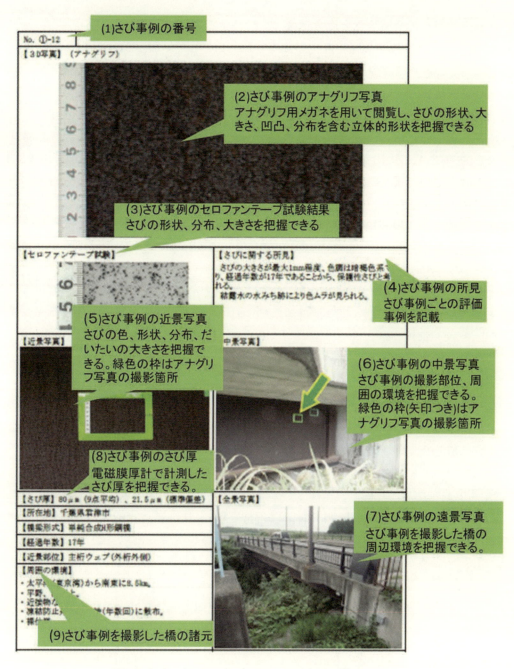

図-8.2.3 さび見本データベースの例 [15]

助システムは，さび評点ごとのサンプル画像（写真および動画）が蓄積されたもので，調査現場からタブレット型携帯端末等によりデータベースにアクセスし，実際のさびとサンプル映像を比較することで，外観評価を補助するものである．

これらの取り組みは，現地で生じているさびと対比できるサンプルの数を増やすことで，類似の事例を探しやすくして，点検時のばらつきの抑制をはかっている．点検の現状を考慮した現実的な対策であると考えられるが，評価者によるばらつきは依然として残るため，主観によらない定量的な指標による点検の確実化が望まれる．

e) さび外観評点の経時変化と腐食速度

文献 7)では，さび外観の経時変化が調査されている．その結果によれば，3 年程度の期間での評価では，その後さび評点が変化する可能性がある．しかし，9 年程度が経過した時点では，外観評点はほぼ安定化しているため，腐食環境が変化しない限り，評点 3 以上では腐食が著しく進行しないことが確認されている．また，さびの進行速度とさび評点にはある程度の相関があることが確認されている．18 年目までの暴露試験データを回帰分析して 100 年後の腐食減耗量に換算した結果を図-8.2.4に示す．さびの状態が安定化する9年目以降のデータでは，評点3-5は0.5mm/100年以下，評点2は2.0mm/100年以下であるが，評点1は40mm/100年を超えるものもあり，腐食減耗量が著しく大きい．

f) 暴露試験による評価指標の傾向分析例

a)～e)で述べた外観評点によるさびの評価の信頼性を確認するため，ワッペン式暴露試験で観察されたデータを用いて，本小委員会において，外観評点と腐食減耗量やさび厚の関係について確認を行った．なお，ワッペン式暴露試験法の詳細については，8.2.3で述べる．ワッペン試験片は対象とする構造部材等に貼り付けて暴露試験を行うが，3.1.2に示したモニタリング鋼板（MSP）のように部材と鋼板の熱容量の差が考慮されていないため，部材の腐食挙動とは一致しない場合もある．しかし，対象部位表面の腐食環境に対する鋼材の腐食データを評価する手法としては有用である．

ワッペン式暴露試験において観察された，各評点での試験片のさび外観とさび厚を図-8.2.5に示す．また，各評点での試験片のさび厚，腐食減耗量，100年後の腐食減耗量の推定値を表-8.2.4に示す．これらの試験片は，複数の試験から抽出したもので，環境条件などは均一ではない．

これらのワッペン式暴露試験（暴露期間：5年）で得られた腐食減耗量を評点ごとに整理した結果を図-8.2.6に示す．外観評点により評価した試験片についても，評点1の腐食減耗量が他の評点のものと比べて著しく大きい．評点2-3は評点4-5よりは腐食減耗量は大きいが，腐食減耗量の絶対値は評点1に比べると小さく，外観評点による腐食速度評価は妥当といえる．

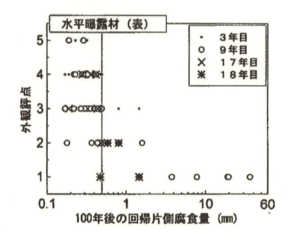

図-8.2.4 耐候性鋼材の外観評点と100年間の腐食減耗量推定値の関係（一例）[7]

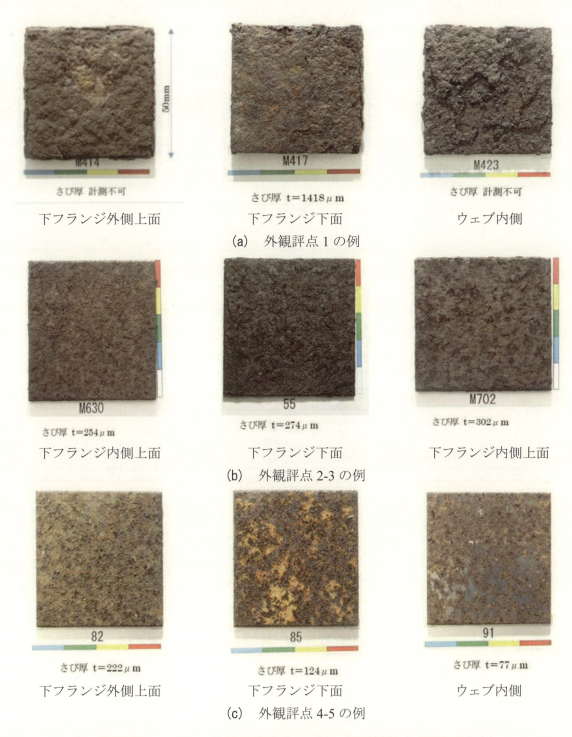

図-8.2.5 ワッペン式暴露試験片におけるさび外観とさび厚の計測例

表-8.2.4 ワッペン試験片の外観評点と腐食減耗量

外観評点	試験片番号	さび厚(μm)	腐食減耗量(mm)	100年後腐食予測量(mm)	設置面
1	M414	計測不可	1.388	27.0	下フランジ外側上面
	M417	1418	0.669	12.9	下フランジ下面
	M423	計測不可	0.473	8.90	ウェブ内側
2-3	M630	254	0.048	0.419	下フランジ内側上面
	55	274	0.087	0.735	下フランジ下面
	M702	302	0.066	0.331	下フランジ内側上面
4-5	82	222	0.037	0.315	下フランジ外側上面
	85	124	0.026	0.144	下フランジ下面
	91	77	0.008	0.090	ウェブ内側

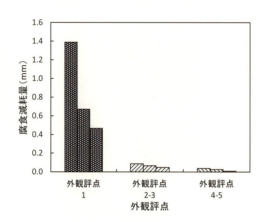

図-8.2.6 暴露5年後のワッペン式暴露試験片の外観評点と腐食減耗量の関係

さび厚と腐食減耗量の関係を図-8.2.7(a)に示す．また，図-8.2.7(b)に，さび厚計測が不能であるものが多い評点1を除いた評点2-5を対象に，文献12)で提案されている平均さび厚と平均腐食深さとの関係を表す式(8.2.1)との比較を示す．この提案式は4地点（飛来塩分量：0.29～0.68mdd）で1年ごとに4年間の大気暴露した約200体の平均腐食深さのデータに基づき提案されている．

$$d_{mean} = d_{mean,1yr} \cdot t^b$$

(8.2.1)

$$d_{mean,1yr} = \alpha \cdot t_{r,mean,1yr}$$

ここに，d_{mean}：平均腐食深さ(mm)

$d_{mean,1yr}$：1年間の平均腐食深さ(mm)

t：年数(year)

$t_{r,mean,1yr}$：1年間のさび厚(mm)

α, b：定数

付着塩の雨洗作用がない環境　$\alpha = 0.242$　$(0.064 \leq t_{r,mean,1yr} \leq 0.392)$

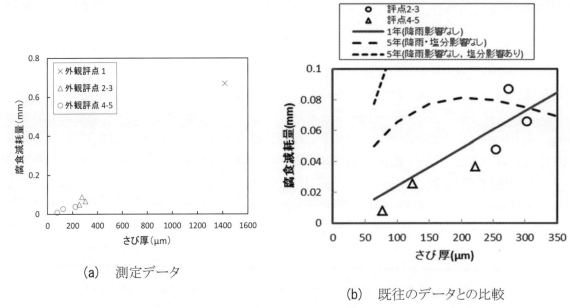

(a) 測定データ　　(b) 既往のデータとの比較

図-8.2.7　5年間暴露を経たワッペン式暴露試験片のさび厚と腐食減耗量の関係

付着塩の雨洗作用がある環境　　$\alpha=0.287$　$(0.065 \leqq t_{r,mean,1yr} \leqq 0.158)$

付着塩の雨洗作用があり, 滞水する環境　$\alpha=0.416$　$(0.096 \leqq t_{r,mean,1yr} \leqq 0.152)$

飛来海塩が付着・蓄積しない環境　　$b=-12.3d_{mean,1yr}+0.916$

飛来海塩が付着・蓄積する環境　　$b=1$

評点 2-3 のさび厚は評点 4-5 のそれよりも厚く, さび厚が増加するにしたがって, 腐食減耗量も大きくなる傾向にある. また, 文献 12)の提案式との比較では, 付着塩の雨洗作用が無い場合を対象として, 暴露 5 年後の推定結果を示したが, 腐食減耗量は 1 年暴露データと同程度の結果になっている. この差異は長期間暴露によりさびが剥離・脱落したことで生じたと推察されるため, 前述した文献 12)の提案式のように, 暴露後 1 年程度のさびの脱落の影響が少ない状態でさび厚を測定することで腐食減耗量を推定する必要がある.

(3)　機器による定量評価

外観評価は評価者によるばらつきが大きい. 定量的な指標よりさびの状態を評価し, 判断のばらつきを少なくする手法も各種提案されている. 評点 3 と評点 2 で判断に迷う場合は, これらの方法を補助的に用いることで, 判断しやすくなる.

定量的な評価手法は, 現場計測が可能な機器を用いたさび層の保護性能を調べる手法 a), b), およびラボでさびの構造や構成成分の分析によりさびの状態を詳細に評価する手法 c)などが提案されている. これらの手法については, 表面のさびの保護性に基づき防食性能を評価する方法であるため, JIS G 3114 の耐候性鋼や従来の耐候性鋼に対して, 主にニッケルを多く添加したニッケル系高耐候性鋼であっても同様に適用できる.

a)　イオン透過抵抗法

イオン透過抵抗法は電気化学的交流インピーダンス法により, さび層のイオン透過抵抗を測定する手法である. 鋼材の腐食は電池反応であり, 腐食速度は電池を流れる電流の大きさに比例することに着目して, 外部電源を用いて間接的に腐食電流の流れやすさを測定することで, さび層

の保護性能を評価する手法である.

さび層の保護性能の評価は,外観評点の評点付けを参考にして,さび厚と組み合わせて図-8.2.8のように5段階に評価する方法が提案されている[16]．また,経時変化を測定することで,さびの状態の推移からさびの保護性能を評価する手法も提案されている[17]．

b) 電位法

電位法は,さび層を介した鋼の電極電位を測定することで耐候性鋼さび層の保護性能を評価する手法である．電位法による評価についても,外観評点の評点付けを参考にして,さび厚と組み合わせて図-8.2.9のように5段階に評価する方法が提案されている[7]．

c) さびの組成の詳細分析

耐候性鋼材の腐食減耗に対する抵抗性能を表す耐候性は,鋼材の表面に形成されるさび層の保護機能によって発揮される．これを実証するための研究が行われてきた[18]．さび層の顕微鏡観察や構造解析,元素分析などの分析技術の進展と相まって,耐候性鋼材のさびの特徴が明らかにされてきた[19]．

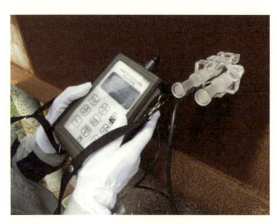 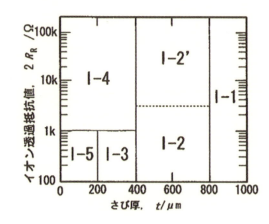

(a) 測定状況　　　　　　　　　　　(b) 評点付けの例

図-8.2.8　イオン透過抵抗法

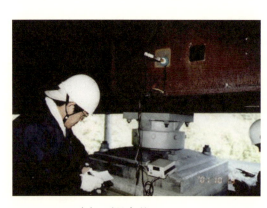 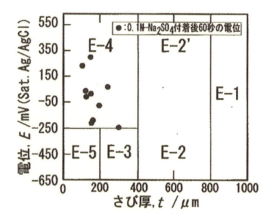

(a) 測定状況　　　　　　　　　　　(b) 評点付けの例

図-8.2.9　電位法

表-8.2.5 耐候性鋼のさびの構成成分

反応活性	さびの構成成分	略号
不活性	α-FeOOH（ゲーサイト）	α
	X線的非晶質さび	am
活性	β-FeOOH（アカガネサイト）	β
	γ-FeOOH（レピドクロサイト）	γ
活性を助長	Fe_3O_4（マグネタイト）	mag

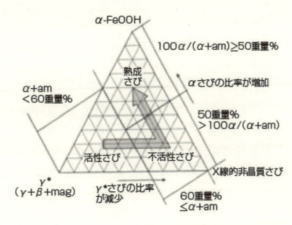

図-8.2.10 安定化に向かう耐候性鋼のさび層組成の一般的な経時変化 [20]

耐候性鋼の表面に生成されるさびの種類は，表-8.2.5に示す成分から構成されている．また，これらのさびの組成は，採取したさびのX線回折により定量化できる．緻密な保護性のあるさびでは，α-FeOOHと非晶質さびの割合が高い．一方，うろこ状さびや層状剥離さびでは，これらの割合が低い．また，後者では塩化物の影響下に特有のβ-FeOOH，または電気伝導性のあるFe_3O_4の割合が高い傾向にある．さらに，保護性の期待できる熟成さびになるまでにさび層の組成は時間と共に変化して，一般に図-8.2.10のような経時変化をたどる．

異常さびについてもその構造が明らかにされており，層状剥離さびには，漏水部などで観察される湿潤型と海岸部などで観察される高塩分型の2つのタイプがあり，うろこ状さびに比べて，前者ではFe_3O_4が，後者ではβ-FeOOHが多いことが報告されている [8]．

8.2.3 腐食速度の評価と予測
(1) 異常さび発生要因の推定

耐候性鋼材の防食機能に劣化が生じ，補修が必要となるのはうろこ状さび，層状剥離さびなどの異常さびが生じた場合である．異常さびは，一般にそれを生じさせる要因により，腐食の進行速度が大きく変わり，補修時期に影響を及ぼす．前項で述べたように，一般に腐食速度が速い場合は層状剥離さび，比較的遅い場合はうろこ状さびとなる傾向があるため，腐食要因の推定が腐食速度を見極め，補修の要否を判断する手がかりとなる．

異常さびの発生要因は，飛来塩分や濡れ時間などの構造物周辺の全体的な環境要因（マクロ環

境要因)と,漏水などの局部的な環境要因(ミクロ環境要因)に大別できる.飛来塩分や濡れ時間などのマクロな環境要因によるものの場合,層状剥離さび(評点1)となることは少なく,うろこ状さび(評点2)となる場合が多い.一方,漏水などの局部に限定されるミクロな環境悪化によるさびは,層状剥離さび(評点1)となる場合が多い.このように,腐食速度にはその腐食要因が大きく関わってくるが,補修・補強の要否を判断するためには,腐食速度を正確に推定することが不可欠である.そのため,各種の腐食速度の予測手法が提案されている.

(2) 腐食速度の予測方法

第3章では平均腐食深さの推定方法について述べたが,文献21)にも各種の腐食速度の予測モデルがまとめられている.ここでは耐候性鋼材に主眼をおいた研究成果でその適用性が確認されている手法について述べる.

耐候性鋼材の累積腐食減耗量 Y(mm)は,一般に式(8.2.2)を用いて予測できる[22].

$$Y = AX^B \tag{8.2.2}$$

ここに,A および B は暴露環境および合金成分から決まる腐食速度パラメータ,X は暴露される期間(年)である.

これまで,腐食速度パラメータ A, B は,暴露試験データの回帰によって決定されていた.例えば,図-8.2.11 は,前述の三者共同研究における9年目,および17年目までの暴露試験データ(雨洗作用なし)による腐食減耗量の回帰データ[23]の比較である.このように,信頼性のある腐食減耗量の推定結果を得るためには,長期にわたる暴露試験データが必要とされてきたが,腐食速度の評価を迅速に行うために,腐食パラメータ A, B を短期に求めるための技術開発が行われ,以下の方法が提案されている.

a) ワッペン式暴露試験による方法

ワッペン式暴露試験とは,ワッペンと称する5cm角程度,板厚2mmの表面を機械仕上げした小型の暴露試験片を両面接着テープで構造物などの対象とする場所へ貼り付けて暴露する試験方法である.所定の期間経過後に回収し,さびの状態を観察するとともに,表面のさびを除去して重量を正確に測定し,暴露前に計測しておいた初期重量との比較により重量減を算出し,重量減から平均的な腐食減耗量を正確に算出できるため,短期(通常1年程度)の暴露試験で適用可否

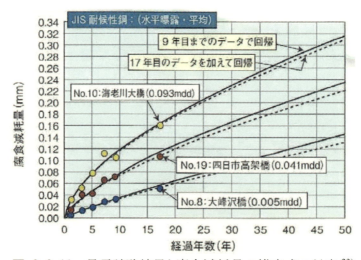

図-8.2.11 暴露試験結果と腐食減耗量の推定式の対応 [23]

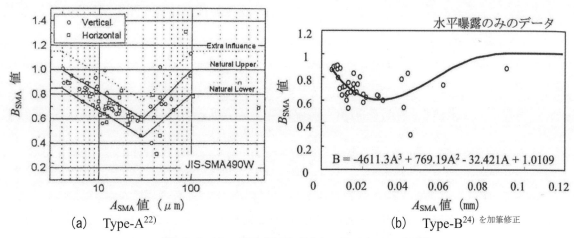

(a) Type-A[22]　　　　　　　　　　　　(b) Type-B[24] を加筆修正

図-8.2.12　腐食速度パラメータ A と B の相関

判断ができる試験方法である．対象部位表面おける温度変化にワッペン試験片を極力追従させるように，接着面にゲルシートを貼付する方法も提案されている（3.1.2参照）．

式(8.2.2)のパラメータ A は1年暴露時の腐食減耗量に相当するため，ワッペン式暴露試験により1年間の腐食減耗量(A)を算出する．また，A と B はともに同一の鋼材と腐食環境での暴露試験によるパラメータである．JIS規格に基づくSMAについて，A と B の相関が調べられており，その結果として2種類の相関式（以下に示すType-AとType-B）[22),24)]が提案されている（図-8.2.12，式(8.2.3)，式(8.2.4)参照）．以下の相関式に暴露試験により得られた A の値を代入することで B の値を求められる．

$$
\begin{aligned}
&\text{Type-A：（上限曲線）} \\
&\quad A \leqq 0.004\text{mm}：B=1 \\
&\quad 0.004\text{mm} < A \leqq 0.03\text{mm}：B=-0.45711 \cdot \log_{10}(A/0.004)+1 \\
&\quad 0.03\text{mm} < A \leqq 0.1\text{mm}：B=0.76500 \cdot \log_{10}(A/0.1)+1 \\
&\quad 0.1\text{mm} < A：B=1 \\
&\text{（下限曲線）} \\
&\quad A \leqq 0.004\text{mm}：B=0.85 \\
&\quad 0.004\text{mm} < A \leqq 0.03\text{mm}：B=-0.45711 \cdot \log_{10}(A/0.004)+0.85 \\
&\quad 0.03\text{mm} < A \leqq 0.1\text{mm}：B=0.66937 \cdot \log_{10}(A/0.1)+0.8 \\
&\quad 0.1\text{mm} < A：B=0.8
\end{aligned}
\quad (8.2.3)
$$

$$
\text{Type-B：} \begin{cases} A<0.083\text{mm の時}　B=-4611.3A^3+769.19A^2-32.421A+1.0109 \\ 0.083\text{mm} \leqq A \text{ の時}　B=1 \end{cases}
\quad (8.2.4)
$$

b)　気象データを用いる方法

a)では1年間の暴露試験により A の値を求め，A と B の相関を表す式に代入して腐食減耗量を求めた．しかし，実務上は1年間の暴露試験を行って結論を得るような時間的余裕がない場合が多い．そこで，検討の時間的な余裕がない場合に暴露試験に替わる手法として，濡れ時間や飛来塩分量などの入手可能な気象データから決定される指標を用いて腐食速度パラメータ A を推定する手法が提案されている[4)]．JIS規格のSMA材に対する2つの方法を以下に示す．

Type-A[22]：年間濡れ時間，年平均風速，年平均気温，年平均湿度などの気象データ，および飛来塩分量，硫黄酸化物濃度などを考慮して計算される大気環境腐食性指標 Z(式 8.2.5)に基づき，腐食速度パラメータ A(Z)を計算により求める手法．

$$Z = 1 \times 10^6 \cdot TOW \cdot exp(-0.1W) \frac{C + 0.05S}{1 + 10C \cdot S} exp\left(\frac{-50\left(kJ/mol \cdot K\right)}{R \cdot T}\right) \quad (8.2.5)$$

ここに，TOW:年間濡れ時間(h)，W：年平均風速(m/s)，C：飛来塩分量(mdd)，S：硫黄酸化物量(mdd)，R：気体定数(=8.31J/mol・K)，T：気温(K)

水平暴露材： $A^H(Z) = 0.10517Z + 0.0086720$ (8.2.6)

垂直暴露材： $A^V(Z) = 0.051121Z^3 - 0.13448Z^2 + 0.13448Z + 0.002958$ (8.2.7)

Type-B[24]：年間濡れ時間，年平均気温などの気象データ，および飛来塩分と試験により決定される係数を用いて計算される大気環境性腐食性指標 J(式 8.2.6)に基づき，腐食速度パラメータ A(J)を求める手法．

$$J = k \cdot \left(\alpha \cdot T_C + \beta\right) \cdot TOW \cdot C^\gamma \quad (8.2.8)$$

ここに，k：定数，α，β：促進試験により決定された係数，T_c：気温(℃)，TOW：年間濡れ時間(h)，C：飛来塩分量(mdd)，γ：飛来塩分量と腐食減耗量を関係づける指数

水平暴露材： $A^H(J) = J$ (8.2.9)

Type-A と Type-B はいずれも，3者共同研究における全国41橋の暴露データに基づき，さび安定化概念や環境条件の影響を考慮して提案されたが，Type-A の大気環境腐食性指標 Z は暴露データを用いた理論的方法によるものであり，Type-B の大気環境腐食性指標 J は係数の評価に経験式を用いた経験的方式であるという違いがある．ただし，どちらも同一のデータおよび同様の理論によっているため，数式の表記に違いはあるものの，得られる結果に大きな違いはない[8]．ただし，指標 J には硫黄酸化物の効果や影響が考慮されていないため，我が国のように公害対策の進んだ地域では問題はないが，公害対策が進んでいない地域では適用に注意が必要とされている．

なお，腐食速度パラメータ B は，a)と同じく Type-A，Type-B のそれぞれの A と B の相関式より求められる．腐食減耗量の推定式を用いる場合には，気象データや飛来塩分量などはあくまでマクロな環境要因に基づくことになり，腐食が生じた部位の局部的な環境を特定し，腐食要因を正確に評価して利用することは困難である．そのため，3.1.2 に示した MSP やワッペン式暴露試験など，腐食の傾向を比較的精度よく測定できる実測のデータと併用することが原則となる．また，短期での評価は困難であるものの，特定の構造物における腐食速度を正確に予測する方法として，実橋にモニタリングポイントを設け，定点での板厚測定を行うことにより，腐食減耗量の調査を行うことも提案されている．ただし，腐食速度が遅い場合には，板厚減耗の絶対値が小さいため腐食速度把握が困難となる場合がある．

腐食減耗量の予測を行う場合，ワッペン式暴露試験等の実測結果を用いたとしても，暴露期間が短期間の場合には，100年後の腐食減耗量に対して十分に高い精度の予測値を期待できず，適切な安全余裕を見込む必要がある．得られる腐食速度の推定精度を向上させるためには，暴露期間を長くする必要がある．

c) ニッケル系高耐候性鋼の場合

a)，b)はいずれもJIS規格に基づくSMAを対象として定式化されており，その適用範囲は当然のことながらJIS耐候性鋼SMAの化学成分に合致するものとなる．SMAの成分系とは異なるニッケル系高耐候性鋼については，式(8.2.10)に示す成分系パラメータV値に基づく換算式(式(8.2.11))が提案されており，これを利用できる[25]．

$$V = \frac{1}{(1.0-0.6C)(1.05-0.05Si)(1.04-0.016Mn)(1.0-0.5P)(1.0-0.10Cu)(1.0-0.12Ni)(1.0-0.3Mo)(1.0-1.7Ti)} \quad (8.2.10)$$

ただし，適用範囲は$0.9 \leqq V \leqq 2.5$とする．

ニッケル系高耐候性鋼のA値およびB値をA_sおよびB_s，JIS耐候性鋼（SMA）のA値およびB値をA_{SMA}およびB_{SMA}とすると，ニッケル系耐候性鋼のA値およびB値とJIS耐候性鋼のA値およびB値との比は以下の式で表される．

$$\frac{A_S}{A_{SMA}} = -0.144 + \frac{4.95}{V} - \frac{13.37}{V^2} + \frac{15.03}{V^3} - \frac{5.45}{V^4}$$

$$\frac{B_S}{B_{SMA}} = 0.5545 + \frac{0.45}{V} \quad (8.2.11)$$

8.2.4 補修要否の判断と防食性能の回復方法

(1) 補修要否の判断の目安

外観目視点検の結果，評点1，評点2と評価された場合は，防食レベルIを前提とするならば補修の要否を検討する必要がある．この場合，将来的に腐食減耗量が管理基準を上回ることになるが，経過年数や環境条件の違いにより腐食速度は異なり，腐食減耗量の大きさは変化する．また，耐荷力などの安全性に影響が表れる時期は，構造部位によっても異なるため，補修時期を判断することは容易ではない．

そこで，維持管理計画で腐食減耗量の目標値を定め，この値をしきい値とすることで補修の要否を判断することが望ましいといえる．その具体例として，JSSCで提案されている手法[8]を図-8.2.13に示す．ここでは，防食性能レベルIを想定し，腐食減耗量が耐荷力の低下に与える影響を一定にするという観点から，橋梁の最低板厚8mmの時に片面の腐食減耗量が0.5mm生じる場合を基準にして，板厚に応じて経過観察と対策検討との境界となる許容される腐食量が計算され，図-8.2.13(a)の板厚に基づく対応の目安が提案されている．図-8.2.13(b)は，前項で述べた腐食速度の予測式を用いて，板厚20mmの場合の経年に基づく対応の目安に変換したもので，建設後の経過時間に対して計測された腐食減耗量をプロットすることで，対応の要否が判断できるようになっている．

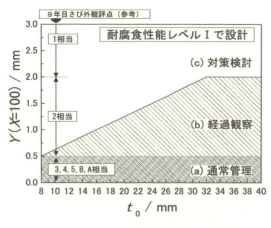
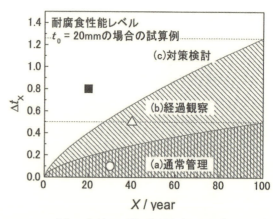

(a)　板厚に基づく対応の目安　　　　　　　　(b)　経年に基づく対応の目安

図-8.2.13　対応措置判定の目安の例[8]

いずれにしても，評点 2 の場合は腐食により残存板厚が著しく減少することはないので，早急な対策が必要になることは少ないが，評点 1 と評価された場合，または外観で明らかに減肉している場合には，残存板厚を計測して，残存耐荷力を評価する必要がある．

　腐食減耗量が維持管理の目標値を超えた場合には，耐荷性能や疲労耐久性などの安全性を評価する必要がある．腐食による耐荷力の低下は，板厚の減少量や表面の起伏に依存することは明らかであるが，腐食の進行は一様でない場合がほとんどであるため，板厚減少に伴う耐力低下は個別のケースに合わせて評価する必要がある．

　また，引張，圧縮，曲げなど部材に作用する荷重によっても，腐食減耗の深さや広がりが部材の耐荷力に及ぼす影響は異なる．引張を受ける部材では，腐食形状のパターンに関わらず断面積の減少分だけ耐力低下が生じるのに対して，圧縮や曲げを受ける部材では，断面積の減少に加え，幾何形状（幅厚比，細長比など）が変化するため，これらが影響する座屈耐荷力の変化も考慮する必要がある．これらを踏まえ，最も簡便な耐荷力の評価方法として，残存板厚の最小値を用いて断面諸量を算出し，応力照査を行う方法が考えられる．しかし，この方法は安全側ではあるものの，実際の部材の耐荷力や他の部材への応力の再分配といった要因は考慮できないため，不経済となる恐れがある．そのため，より合理的に検討する手法として，腐食形態を適切に考慮したFEM 解析や載荷実験などによる確認が行われている．文献 26),27)では，引張部材，圧縮部材，曲げ部材，高力ボルト継手部など部材要素別の耐荷力の照査方法について各種の検討が行われ，これを受けて腐食した構造物の解析手法のマニュアル[27]が整備されており，解析する際には参考となる．

　腐食した部材の耐荷力評価については，塗装部材と耐候性鋼部材とでその手法は大きく変わらない．しかし，塗装部材は塗膜劣化部で腐食が進行するのに対して，耐候性鋼部材で異常腐食が生じた場合は塗装部材よりも腐食損傷の領域は大きくなりやすいため，検討に際しては注意が必要である．

(2) 防食性能の回復方法

　耐候性鋼材の防食性能の回復方法としては，a)腐食環境の改善，および b)防食皮膜などへの仕様変更，の 2 つが考えられる．

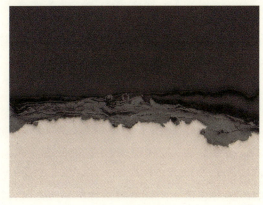

(a) 普通鋼　　　　　　　　　　　　　　(b) 耐候性鋼材

図-8.2.14　1年暴露後の裸鋼板のさび層の SEM 写真

(大気暴露条件:平均気温 17.5℃, 相対湿度 78.5%, 飛来海塩量 0.5mdd, 離岸距離 2.9km, 付着塩の雨洗あり)

a) 腐食環境の改善

異常さびの発生要因が特定でき，それを排除できれば，耐候性鋼本来の防食機能が発揮される環境に改善されるため，塗装など他の防食方法に変更するは必要ない．しかし，異常さびを生じた耐候性鋼材の表面をどの状態まで改善（さび，塩分の除去レベルなど）すべきかは不明であるため，個別に判断する必要がある．また，要因除去後の腐食環境の改善効果は，**第3章**などを参考にして，定量評価することが望ましい．

b) 防食方法の変更

腐食要因を排除できない場合，当初の防食方法のままでは比較的短期間で防食性能が低下することもある．この場合には無塗装仕様ではなく，塗装などの防食皮膜の仕様に変更する必要がある．補修方法として一般に塗装が採用されるが，溶射による補修などの事例もある．補修塗装を行う場合，通常の塗装橋の補修塗装系が用いられる場合が多い．5.6で述べたように，耐候性鋼材の場合，固着した異常さびが固く孔食性が高い（**図-8.2.14**参照）ことから異常さびを除去しにくく，付着塩分が除去しにくい，などの問題点が指摘されているため，素地調整に特に留意が必要である．素地調整などの実施工法については，5.6や8.3の補修塗装の事例を参考にするとよい．適切な素地調整ができない状態で塗装すると，**第6章**で述べた塗膜下腐食が生じやすく，局部腐食の進行がマクロセルにより促進される場合もある．

8.3　防食性能の回復方法

これまでに建設された耐候性鋼橋の多くは概ね良好なさび状態を形成しているが，必ずしも期待通りの防食性能を発揮できない橋梁もある．近年，耐候性鋼橋について，架設された地域の環境に適した維持管理・防食性能の回復方法について，その必要性が議論されているが，防食性能回復を目的とした補修事例は少ない．

本節では，防食性能の回復を目的とした補修事例を紹介した後，適切な施工法や施工における留意点について述べる．

8.3.1 防食性能の回復事例
(1) K橋（日本海沿岸地域）

K橋は，九州の日本海沿岸に架橋された2径間連続鋼I桁橋である．海岸からの水平距離は約100m，路面標高は約60mである．K橋の架橋位置を**図-8.3.1**に示す．

ニッケル系高耐候性鋼を使用し2002年より供用されたものの，建設から3年が経過した時点で層状剥離さびが生じたため，建設から約7年を経過した2010年には橋梁全体をRc-I塗装系（付2.4参照）により塗装し，塗装橋へと切り替えられている．K橋の補修前の状況を**図-8.3.2**に，補修後7年を経過した時点の状況を**図-8.3.3**に示す．

海岸に近接するため，主桁の内側等では1,000mg/m^2を超える塩分が付着し，飛来塩の影響を強く受けたことが異常腐食の原因と考えられた．このため，塗装橋への切り替えにあたっては，素地調整（ブラスト処理）後の塩分量に着目し，鋼材表面に残留する塩分量の管理目標値を50mg/m^2以下[28]とする品質管理が行われた．塗装前の試験施工では，素地調整前の高圧水洗の有無にとらわれず，1回の素地調整では鋼素地面に残存する塩分が50mg/m^2を超えたことから，本施工においては，1）ブラスト処理，2）高圧水による再洗浄，3）電導度法による残留塩分計測（5.2.3 (3) 参照），4）全面再ブラスト処理，5）残留塩分計測のステップを経て塗装が行われた．3）および5）における残留塩分量の最大値はそれぞれ下フランジ上面で88mg/m^2，34mg/m^2であった．また，1）および4）の2回のブラスト処理の施工における研削材の使用量は，それぞれ44.7kg/m^2，26.0kg/m^2であった．素地調整後の除錆度はSa2 1/2相当であった．このような品質管理を行った結果，塗装から7年を経過した2017年時点において，部材のエッジ部を中心にさびの再発が認められるが，断面欠損を伴う腐食は発生しておらず，比較的健全な状況に留まっていた．

(a) 広域 (b) 詳細

図-8.3.1 K橋の架橋位置
（国土地理院ウェブサイト http://maps.gsi.go.jp をもとに当委員会で作成）

(a) 橋梁全景（2009.1 撮影）

(b) 海側外面（2006.8 撮影）

(c) 内側桁端部（2009.1 撮影）

(d) 主桁下フランジ下面（2009.1 撮影）

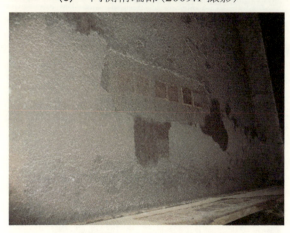
(e) 主桁ウェブ面（2009.1 撮影）

(f) 周辺環境（2009.1 撮影）

図-8.3.2　K橋の補修前の状況

(a) 海側外面（2017.1 撮影）　　　　　　(b) 内側全体（2017.1 撮影）

(c) 桁端部（2017.1 撮影）　　　　　　(d) 塗装記録表（2017.1 撮影）

図-8.3.3　K 橋の補修後 7 年を経過した時点の状況

(a) Y 橋の位置図　　　　　　　　　　(b) Y 橋の全景

（国土地理院ウェブサイト http://maps.gsi.go.jp をもとに当委員会で作成）

図-8.3.4　Y 橋の架橋位置と全景

(2) Y橋（日本海側内陸積雪寒冷地域）

Y橋は，1990年に架設（供用年数19年）された3主桁単純非合成I桁のJIS-SMA無塗装耐候性鋼橋である．その架設環境は，離岸距離約35km，冬季は凍結防止剤の散布が頻繁に行われる日本海側内陸積雪寒冷地域である．Y橋の架橋位置と全景を図-8.3.4に示す．

防食補修範囲と補修方法の検討のために，外観観察，さび厚測定，イオン透過抵抗測定および付着塩分測定が2008年に実施された．Y橋の異常さび発生状況を図-8.3.5に示す．層状剥離さびが発生したG1桁A2橋台側におけるイオン透過抵抗値とさび厚の測定結果[29]を図-8.3.6に示す．測定点a, bは，異常を示すさびI-1領域と判定された．補修塗装を対象とした測定点c, dは，要観察状態を示すさびI-2領域と判定されたため，予防的に補修対象とされた．測定点e, fを含む他の部位は，緻密なさびI-4領域または初期さび・未成長さびI-5領域と判定され，補修対象外（定期的点検の継続）とされた．イオン透過抵抗法から異常さび分布と補修塗装範囲を図-8.3.7に示す．

図-8.3.5 Y橋異常さび発生状況

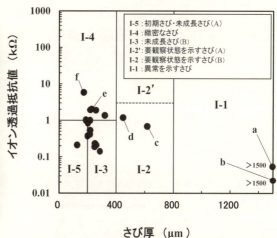

図-8.3.6 イオン透過抵抗値とさび厚[29]

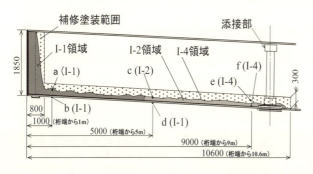

図-8.3.7 異常さび分布とイオン透過抵抗測定位置および補修塗装範囲[29]

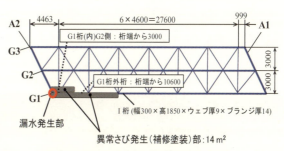

図-8.3.8 Y橋の補修塗装面積[29]

(a) 写真

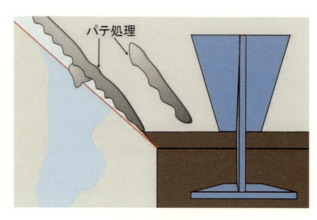
(b) 概要図

図-8.3.9 パテによる導水処理状況

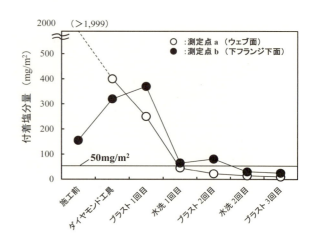

図-8.3.10 各素地調整段階の表面状態 [29]

図-8.3.11 各補修用素地調整の段階における付着塩分量 [29]

　異常さびが認められるのは一部分のみであり，伸縮装置に劣化損傷が生じていたことから，この異常さびの発生要因は，G1桁A2橋台側の伸縮装置から凍結防止剤を含んだ漏水が主であると考えた．異常さび範囲は，G1桁外側桁端より約10mの位置にある連結板，G1桁内側端部より約3mの位置までとなっている．塗装部と無塗装部の境界が弱点となることを防止するため，補修塗装との境界を正常さび部に設けた．図-8.3.7に示すように，G1桁外側桁端から10.6m，G1桁内側桁端から3.0mのウェブ面の一部と下フランジ上下面を補修範囲として，図-8.3.8に示すように補修塗装面積は約14m^{2}となった．

　施工の障害となる伸縮装置からの漏水は，図-8.3.9に示すように，パテを用いて漏水が桁にかからないような導水処置した．

　異常さび部における各補修用素地調整段階の表面状態を図-8.3.10に示す．補修用一次素地調整では，ダイヤモンド工具[30],[31]により孔食部を除き金属光沢面が得られ，補修用二次素地調整の

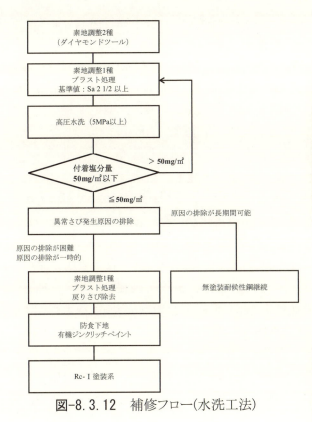

図-8.3.12 補修フロー(水洗工法)

(a) 補修完工状況

(b) 補修後5年目外観

図-8.3.13 補修後外観

1回目のブラスト処理によってSa 2相当の除錆度が得られた．最終的には，補修用二次素地調整の2回目のブラスト処理によりSa2 1/2相当の除錆度を得ている．これに対して，孔食の少ないウェブ面においては，補修用二次素地調整の1回目のブラスト処理後にSa 2 1/2相当の除錆度が得られた．ダイヤモンド工具によるさびの除去については，8.3.3(3)で詳しく述べる．

塗装前の付着塩分量の管理目標値を50mg/m²以下とし，水圧約6.5MPaにて水洗[32),33)]後にブラスト処理を行うことで，残存塩分除去を行った．水洗後の排水処理は，さび片等をナイロンメッシュで回収し，ナイロンメッシュを通過した水洗後水は，管理者の許可を得て，河川に放水した．

図-8.3.11に各補修用素地調整の段階における付着塩分量を示す．付着塩分量測定は，電導度法を用いた．孔食の少ないウェブ面である測定点aでは，施工前において計測器の測定限界1,999mg/m²以上であったが，補修用二次素地調整の1回目ブラスト処理後で約250mg/m²となり，水洗にて急激に低下しほぼ50mg/m²以下となった．これに対して，孔食の多い下フランジ下面である測定点bでは，施工前に約150mg/m²程度であったが，補修用二次素地調整の1回目のブラスト処理後に約360mg/m²と上昇し，水洗後でも約60mg/m²であった．このため，補修用二次素地調整の2回目のブラスト処理を行ったが，それでも50mg/m²以上であり，その後に2回目の水洗することで50mg/m²以下になった．

これは，孔食があった場合，補修用素地調整をする過程で孔食内のさびから当初計測できなかった塩分が掻き出され，一時的に表面の塩分が上昇したものと考えられる．したがって，さび中

に内在する塩分の除去は，補修用素地調整の各施工段階で素地調整面の付着塩分量測定値をチェックし，管理基準以下に達することを確認することが重要である．

このように施工した耐候性鋼材の異常さびの補修塗装の施工フロー（水洗工法と呼ぶ）を**図-8.3.12**に示す．この水洗工法で実施したY橋の完工状況を**図-8.3.13(a)**に示す．水洗工法がRc-I工法と異なる部位は，ブラスト処理に入る前にダイヤモンド工具による一次素地調整を行うこと，水洗を二次素地調整の後に位置付けたこと，付着塩分量の測定値が50mg/m^{2}以下とならない場合に再ブラスト処理と再水洗を設けたことである．

さらに，電導度法による表面付着塩分測定でも検知できない孔食底に付着塩分の残留が懸念されたため，防食下地として従来使用される有機ジンクリッチペイントの代わりに，表面付着塩分量が100～150mg/m^{2}でも防食性が期待できる腐食性イオン固定化剤入り有機ジンクリッチペイント[34]（9.3.1参照）を採用した．

Y橋の完工1ケ月後から補修後5年目までの補修塗装面の経年調査を20ヶ所の定点において実施した．Y橋の補修後5年目外観を**図-8.3.13(b)**に示す．補修後5年目調査結果では，補修塗膜には，膨れ，さび等発生もなく，イオン透過抵抗値も2GΩ以上の良好な防食機能を維持している状態の値[35]を示しており，補修塗膜は，良好な防食機能を維持できていると考えられる．

(3) O橋（日本海側沿岸地域）

O橋は，日本海側沿岸地域に注ぎ込む河川（離岸距離：約800m）に1985年3月に架橋され，約30年が経過した，さび安定化補助処理を施したJIS-SMA耐候性鋼橋である．O橋の架橋位置および全景を**図-8.3.14**に示す．

O橋は，塩害が原因と推察される部分的な異常さびの発生が認められ，補修工事前の詳細調査により，その補修範囲と補修仕様の選定を行なった[36]．O橋の補修範囲と補修方法を**図-8.3.15**に示す．層状剥離さび発生範囲（桁端部，A1橋台，P1橋脚間海側，連結部）については，水洗工法を，うろこ状さび発生範囲には，炭酸ナトリウムを用いて腐食抑制（塩分の影響を抑制）する延命化処理を実施した[37]．異常さびが認められなかった範囲については，無処理のまま無塗装耐候性鋼の継続が期待できると判断し，補修対象外とした．

O橋の補修工事は2015年4月から6月にかけて実施された．層状剥離さび発生範囲（桁端部，A1橋台，P1橋脚間海側，連結部）の素地調整における付着塩分量の推移を**図-8.3.16**に示す．一

(a) O橋の位置図　　　　　　　　　　(b) O橋の全景

（国土地理院ウェブサイト http://maps.gsi.go.jp をもとに当委員会で作成）

図-8.3.14 O橋の架橋位置と全景

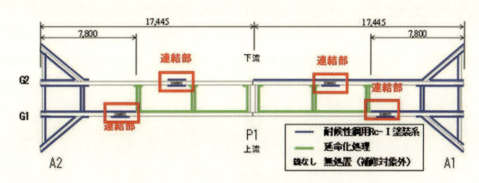

図-8.3.15　O 橋の補修範囲と方法 [36]

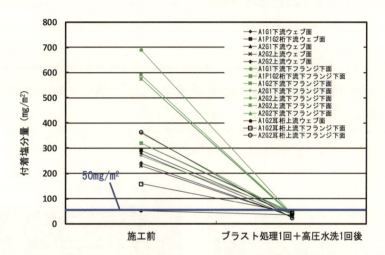

図-8.3.16　素地調整時の付着塩分量の推移

次素地調整として，強固なさび層をダイヤモンド工具（8.3.3(3)参照）で，鋼素地面を 2/3 程度露出させ，その後，ブラスト処理により Sa 2 1/2 相当の除錆度にし，5MPa 以上の高圧水洗を各 1 回行った時点で，付着塩分量を 50mg/m² 以下にすることができた．(2)に示した Y 橋と異なり，ブラスト処理と高圧水洗を各 1 回で付着塩分量 50mg/m² 以下にできた理由としては，1) ダイヤモンド工具での一次素地調整を鋼素地面が 2/3 程度露出するまで実施したこと，2) 異常さび発生の原因が飛来塩分であることから，塩分が素地面に多く存在していなかったことなどが推定される．
延命化処理は，ダイヤモンド工具によって鋼素地面を 2/3 程度まで露出させ，この露出面に炭酸ナトリウム溶液塗布を 2 日間（1 回/日）行なった後，残存した炭酸ナトリウムをカップワイヤーで除去した．

補修塗装部，延命化処理部，および無補修部に定点を設け，補修後 4 ヶ月目と補修後 9 ヶ月目に，外観観察をするとともに，塗膜厚，さび厚，イオン透過抵抗および付着塩分量を測定した．

補修塗装部は，9 ケ月経過しても，塗膜膨れ，さびの発生等は見られず，補修塗膜のイオン透過抵抗値も 12GΩ〜40GΩ 以上と 2GΩ 以上の値[35]を示し，良好な防食機能を示していることが確認された．また，延命化処理部および無補修部についても，問題のないさび状態または被膜の状態であった．

(4) R 橋（鉄道橋，日本海沿岸地域）

対象橋梁は，日本海沿岸から約 2km の位置に架設され JIS-SMA 耐候性鋼を使用した開床式の下

路鋼鉄道橋である（図-8.3.17）．建設後 10 年程度で図-8.3.18 のようなフランジ等の水平部材下面に異常さびの発生が確認された．異常さび発生要因として飛来塩の影響の他，フランジ上面の滞水を防止するため，図-8.3.19 に示すような勾配を設けたことにより，雨水による洗い流し効果が得られなかったためと考えられる．なお，飛来塩の影響がない環境では，図-8.3.19 に示すような下フランジの勾配は，下フランジの濡れ時間を短くする効果が期待できるので，環境に応じた構造詳細の選定が必要である．

外観調査やさび厚・板厚測定等の詳細な調査の結果，2006 年に異常さびが生じているフランジ下面を中心に部分的な補修塗装を実施した．補修塗装の際は，鋼構造物塗装設計施工指針[38]を参考とした．

塗装仕様はブラスト処理施工が可能な部位については，表-8.3.1 の塗装系 WS1-6 を，狭隘部でブラスト処理が施工困難な部位は WS2-6 とした．塗装範囲は図-8.3.20(a) の保護塗装範囲の例を参考に部分塗装とし，図-8.3.20(b) のように健全部を包むように塗装を実施した．

素地調整にはオープンブラストを用い，除錆度については Sa2 以上を目標とした．鉄道橋の場合，床版が無いため研削材の飛散防止の養生が困難であった．また，列車運行に支障しないよう桁の内面は夜間施工となり，施工期間が長期にわたった．ブラスト処理後の付着塩分量測定結果は 30mg/m^2 であり塩分を十分に除去するのは困難であった．塗装から約 11 年経過した時点で，塗装部位については概ね良好であり，塗装部位以外で異常さびは発生していなかった．

(a) 全景

(b) 近景

図-8.3.17 対象橋梁

図-8.3.18 異常さび生成状況

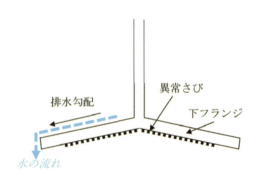

図-8.3.19 下フランジの構造

表-8.3.1 劣化耐候性鋼用塗装系[38]

素地調整	塗装系[注1]	工程	塗料名	標準使用量[注3] (g/m²)	区分	塗装間隔 (20℃)
ブラスト工法が採用できる場合	WS1-6	第1層	厚膜型エポキシ樹脂ジンクリッチペイント	はけ・ローラ 300 (スプレー 350)	補修	2D～1M
		第2層	厚膜型変性エポキシ樹脂系塗料	はけ・ローラ 200 (スプレー 240)	補修	24H～7D
		第3層	厚膜型変性エポキシ樹脂系塗料	はけ・ローラ 200 (スプレー 240)	補修	24H～7D
		第4層	厚膜型変性エポキシ樹脂系塗料	はけ・ローラ 200 (スプレー 240)	補修	24H～7D
		第5層	厚膜型ポリウレタン樹脂塗料上塗	はけ・ローラ 150 (スプレー 180)	補修	(24H～7D)
		(第5層)	(厚膜型変性エポキシ樹脂系塗料上塗)[注2]	(はけ・ローラ 200) (スプレー 240)	補修	
ブラスト工法が採用できず，手工具と動力工具の併用での素地調整となる場合	WS2-6	第1層	厚膜型変性エポキシ樹脂系塗料	はけ・ローラ 200 (スプレー 240)	補修	24H～7D
		第2層	厚膜型変性エポキシ樹脂系塗料	はけ・ローラ 200 (スプレー 240)	補修	24H～7D
		第3層	厚膜型変性エポキシ樹脂系塗料	はけ・ローラ 200 (スプレー 240)	補修	24H～7D
		第4層	厚膜型ポリウレタン樹脂塗料上塗	はけ・ローラ 150 (スプレー 180)	補修	(24H～7D)
		(第4層)	(厚膜型変性エポキシ樹脂系塗料上塗)[注2]	(はけ・ローラ 200) (スプレー 240)	補修	

注1：塗装鋼構造物の塗装系 L-6 と同等の塗装仕様であるが，耐候性鋼では異常腐食個所のみに適用される部分塗装となるなど，塗装鋼と同じ塗装系記号を用いることで混乱を生じるので，異なる塗装系記号とした．
注2：景観性を考慮しない場合には，上塗り塗料の厚膜型ポリウレタン樹脂塗料上塗を厚膜型変性エポキシ樹脂系塗料上塗に代えてもよい．
備考1：ブラスト工法で，飛散防止のための養生を採用し，スプレー塗りが可能な場合には，スプレー塗りを行なってもよい．
備考2：H：時間，D：日を示す．

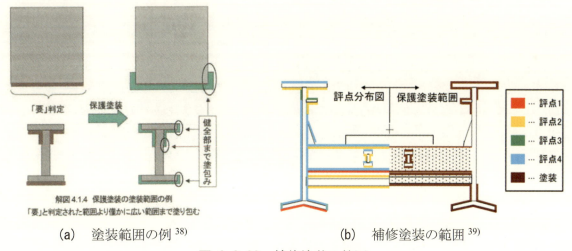

(a) 塗装範囲の例[38]　　　(b) 補修塗装の範囲[39]

図-8.3.20 補修塗装の範囲

(5) S橋（金属溶射による性能回復，太平洋側沿岸地域）

S橋は，1978年に JIS-SMA 耐候性鋼材の塗装仕様として建設された，単純 I 桁（H 形鋼桁）橋である．図-8.3.21 に示すように，架設位置は，海岸（太平洋岸）から数十 m 程度の離岸距離に位置しており，飛来海塩の影響を受ける環境にある．本橋は，1987年に旧・道路橋塗装便覧[40]に示される b-2 塗装系（付 2.5 参照）で塗替えが行われるとともに，同時期に，耐候性鋼無塗装仕様の歩道部が添架された（図-8.3.22）．

図-8.3.21 S橋の架橋環境

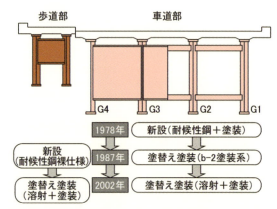

図-8.3.22 歩道部と車道部の塗装仕様の変遷

(a) 歩道部

(b) 車道部

図-8.3.23 2002年時点の腐食状況

　2002年に行われた実橋調査によると，耐候性鋼無塗装仕様の歩道部では，図-8.3.23(a)に示すように全面的にうろこ状のさびが発生するとともに，下フランジでは層状剥離さびも観察され，打撃によってさびが容易に剥離する状況にあった．一方で，塗装仕様である車道部においても，図-8.3.23(b)に示すように主桁や二次部材との継手部および下フランジ周辺においてもこぶ状のさびが認められ，腐食が進行していることが確認されたため，本橋は歩道部および車道部ともに補修が必要なレベルであると判断され，Zn-Al合金の金属溶射（JIS溶射[41]）を用いた補修が実施されることとなった．

　足場架設後の作業手順を図-8.3.24に示す．まず，表面塩分計（電導度法）およびガーゼ拭き取り法（5.2.3(3)参照）を併用して鋼材表面の塩分量を測定した．塩分量が100ppm(≒mg/m^2)以上となった場合は，高圧洗浄機を用いて表面を水洗した．

　次に，ブラスト処理により旧塗膜とさびを除去した．この時，耐候性鋼材特有のこぶさび等は動力工具で除去した．その後，付着塩分量を測定し，100mg/m^{2}以下であることを確認した．一般に，耐候性鋼橋の塗替えを行う場合，素地調整後の付着塩分量は50mg/m^{2}以下とすることが推奨されているが，粗面状態にある耐候性鋼材表面の付着塩分を水洗処理とブラスト処理を行っても50mg/m^{2}以下まで下げることが極めて困難であったことから，100mg/m^{2}を管理値とした．

　溶射工程に入るにあたり，粗面化処理として鋼材表面をSa3程度にまで素地調整することを目的にアルミナを研削材としたグリッドブラスト処理を行った．溶射材料には，飛来海塩の多い環

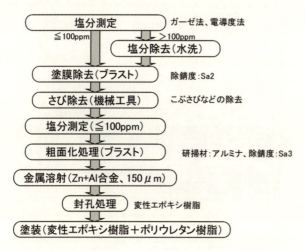

図-8.3.24 補修のための金属溶射と塗装手順

図-8.3.25 Zn-Al合金溶射の施工後 [42]

境で実績が増えている．Zn-Al合金を採用し，最小皮膜厚さ150μm（平均200μm）となるよう施工した（図-8.3.25）．なお，金属溶射の最小皮膜厚さを通常の100μmから150μmと増厚したのは，表面塩分量の管理値を100mg/m²と緩和したためである．本事例では，溶射後，図-8.3.24に示すように皮膜の封孔処理を変性エポキシ樹脂により行い，次に，変性エポキシ樹脂の下塗りとポリウレタン樹脂の中塗り・上塗りによる塗装を行っている．溶射の上に塗装を施す場合には，7.1.3に記載された項目に留意する必要がある．

文献43)では，補修塗装の実施6年後となる2008年における塗装や皮膜状況の観察結果が報告されており，溶射皮膜の剥離や基材からの発せいなど，大きな欠陥は認められなかったとしている．また，2003年の観察時に確認された重機によるものと思われる引っ掻ききずについても，経過観察を行っており，溶射皮膜の露出部からは，僅かに白さびが観察されるようになってきたものの，塗膜剥離の進行や基材からの発せいはみられないと報告されている．

2002年の補修塗装から15年が経過した2017年に現地調査を行った際の橋梁の状況を図-8.3.26に示す．図-8.3.26(b)に示すとおり，塗膜の劣化は，主桁部材のコバ面などに点在しているが，全面的な劣化は認められない．図-8.3.26(c)は，文献43)においても報告されている引っ掻ききずであるが，報告当時と比較してコバ面で塗膜の剥離が見られるものの，きずそのものに大きな腐食の進行は見られない．図-8.3.26(d)は，足場用クランプ固定部と推定される局部的な塗膜劣化部であるが，塗膜下の金属皮膜が残存しているのが確認でき，また腐食が深さ方向に著しく進行していることはなかった．

本橋での施工では，腐食部が比較的深い孔食となる耐候性鋼橋を対象に金属溶射による補修塗装を行っている．本工事では，腐食した耐候性鋼材表面の素地調整および付着塩分の除去が困難であることに配慮し，さび除去・素地調整後の付着塩分量の管理値を，一般に採用されることの多い50mg/m²ではなく100mg/m²以下としている．一方で，補修塗装後15年経過後の現地調査では，主桁などの部材コバ面に部分的な塗膜劣化が生じているが，全面的な問題となるような損傷は見られなかった．したがって，金属皮膜と鋼素地が直接接触するJIS溶射の場合，腐食部分に付着塩分が一般的な管理値よりも多く残存していても，溶射金属による犠牲防食効果は，検証は不十分であるものの発揮できていると考えられ，普通鋼よりも手間がかかるとされる耐候性鋼の素地調整において，作業の省力化が期待できる．

(a) 橋梁全景　　　　　　　　　(b) 主桁の腐食状況

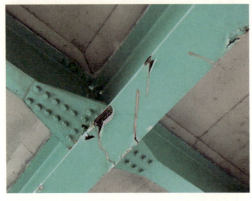 

(c) 重機による引っ掻ききずの状況　　　(d) 局部的な塗膜の劣化部

図-8.3.26 2017年(補修塗装後15年経過)の橋梁の状況

図-8.3.27 漏水部位の補修手順

8.3.2 異常さび発生要因の排除の可否に関する事例

(1) 排除可能な場合

冬季に凍結防止剤が散布される耐候性鋼橋において，架設から2～3年後に排水管の継手部からの漏水による異常さびが発見され，2006年5月に排水管継手部の補修を行った．補修内容およびその後の経過を以下に示す．補修内容を**図-8.3.27**に示す．

・排水管継手部シール補修
・粗いさび(一部に軽い剥離さび)の動力工具による除去(カップワイヤー使用)
・水洗い(除去したさびを洗い流す目的)

補修後の外観変化の様子を**図-8.3.28**に示す．補修1年後にウェブ下部に浮きさびが認められ

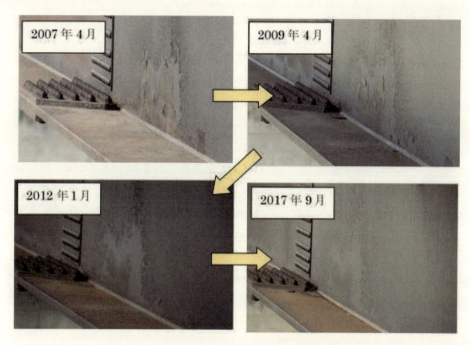

図-8.3.28　漏水対策後のさび外観変化状況

図-8.3.29　補修塗装3年後に塗膜が劣化している事例

る．これは補修時に残存していたさびが，腐食進行に伴いその下層からのさびによって押し上げられたもの，言い換えれば「かさぶた」のようなものといえる．生成した「かさぶた」は非常にゆっくりと脱落しており，腐食速度が遅い状態にあることを示唆している．

(2) 排除不可能な場合

塗装により防食性能の回復を行う際には，異常さびの発生要因を排除することが重要である．桁端部からの漏水により異常腐食が発生したため，素地調整程度1種でRc-I塗装系により塗装した橋梁の3年経過時の状況を図-8.3.29に示す．既に一部の塗膜が剥離し，異常腐食が進行している．この事例では，塗装時に漏水に対する対策を行っておらず，塗装後も漏水が継続していたため，早期に劣化した．耐候性鋼における異常さびの発生要因の多くは漏水であり，補修塗装を行う際には要因排除を同時に行うことに心掛けねばならない．

8.3.3 補修対策における選択と留意点
(1) 補修時期の予測

耐候性鋼橋に対して補修が必要となる時期を予測するためには，橋梁部材の板厚減少速度（腐食速度）を把握すること，および，あらかじめ維持管理水準（許容する板厚減少量）を定めておくことが必要となる．ただし，既に層状剥離さびが生成している状態の場合には，許容できない板厚減少を招く，または既に招いていることが明白であり，できる限り早急に補修が必要という判断が下せる．ここで，防食性能回復においては，部位（どちらの面かが重要）の腐食速度を評価することが重要であり，板厚減少（両面からの腐食量の合計）ではなく，片面における腐食量および腐食速度を評価する必要がある．

維持管理水準が定められている場合には，腐食速度が把握できれば，許容される限界板厚に到達する時期を予測することが可能となる．腐食速度を把握する手法としては，3.1.2に示したMSPや8.2.3に記したワッペン式暴露試験法，モニタリングポイントにおける実橋梁の板厚測定など「直接的な方法」と，8.2.2に記したさび外観評価やイオン透過抵抗法などのさびを評価する方法である「間接的な方法」に分類できる．

実橋梁にモニタリングポイントを設定して桁の板厚減少を直接測定する方法は，実橋梁の本体を削る，腐食量が少ないうちは測定精度が高くない等の理由から実施例は多くない[44]．またワッペン試験は，実橋梁の様々な部位に試験片を貼付けることが可能であり，様々な部位の片面の腐食減耗量を精度よく測定できる利点を持ち，その適用が広まってきている[4]．しかし，ワッペン試験は，試験片加工や回収後のさび除去工程があり，さらなる効率化が課題である．また，**第3章**に述べたように，必ずしも部位自体の腐食進行性を正確に評価できていない可能性もある．そのため，文献12)ではMSPにより腐食環境も考慮して，さび厚から腐食減耗量やその後の経時性を現場でおおよそ推定する式を提案しており，実構造物評価にも使用されている．

ここでは，最近の研究事例として，イオン透過抵抗法による耐候性鋼橋のさび状態変化の把握や，補修等のタイミングを予測する方法を紹介する．

対象とする耐候性鋼橋T橋の位置図を**図-8.3.30**に示す．架設完了して約10年経過したT橋の下流側の主桁下フランジ下面には，うろこ状さびが橋軸方向に生じていた．うろこ状さびの要因は，離岸距離が4.6kmで，海岸線からの平坦な地形環境による飛来海塩の影響が考えられる．ワ

図-8.3.30 T橋の位置図
(国土地理院ウェブサイト http://maps.gsi.go.jp をもとに当委員会で作成)

図-8.3.31 7年目(架設後17年経過時)ワッペン試験片回収後の外観

ッペン試験片は，T橋のうろこ状さびが生じている下流側の下フランジ下面に，2007年（架設後10年経過）に15枚を貼付け，試験開始から1, 3, 5, 7, 10年経過時点で3枚ずつ回収し，イオン透過抵抗法，さび外観観察，さび厚測定，腐食減耗量測定を実施した．7年目ワッペン試験片回収後（架設後17年）の外観を図-8.3.31に示す．また，ワッペン試験片近傍の実橋梁面の調査を架設後10（ワッペン試験開始時），11, 13, 15, 17, 20年経過時に実施し，さび外観観察，さび厚測定，イオン透過抵抗値および付着塩分量の測定を行った[44]．これらワッペン試験とイオン透過抵抗法の結果を用いて，腐食イメージパターン[16]からT橋の今後のさび状態を推察し，イオン透過抵抗法によるさび状態の将来予測について検討した．

下フランジ下面に貼付けたワッペン試験片について，試験開始から7年（架設後約17年）経過後までのイオン透過抵抗値とさび厚測定結果の推移と，ワッペン試験片近傍の実橋梁面の架設後10（ワッペン試験開始時）年から17年経過後までの調査結果を，イオン透過抵抗法における評点と腐食進行イメージパターンとして図-8.3.32に示す．

回収したワッペン試験片は，7年経過後（架設後17年経過時）では，I-3の未成長さび(B)の領域に至っており，10年経過後（架設後20年経過時）ではI-2の要観察状態を示すさび(A)の領域に入ることが予測される．7年目までのワッペン試験から求めた100年後の腐食減耗量の予測値は0.815mm[44]で，閾値とされる0.5mmを超える腐食減耗量となることが予測された．

ワッペン試験片近傍の実橋梁では，ウェブ面では，架設後17年経過後，全ての測定点でI-4の緻密な保護性のあるさびの領域に至っていた．これに対して，下フランジ下面は，殆どの測定点がI-2の要観察状態を示すさび(A)の領域にあり，架設後20年経過後では，I-1の異常を示すさびの領域に至る可能性がある．7年目までのワッペン試験結果から求めた100年後の腐食減耗量予測結果と17年経過までのワッペン近傍の下フランジ下面調査結果から，下フランジ下面が異常さびに至り，維持管理の観点から補修を要することが推測される．

T橋のイオン透過抵抗法における腐食の進行イメージによる維持管理を図-8.3.33に示す．この図よりT橋下フランジ下面は，10年目以降に異常さびに至る可能性が高いことが予測できる．

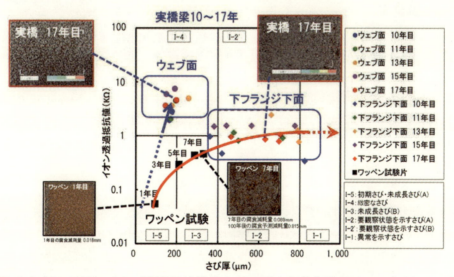

図-8.3.32　T橋のイオン透過抵抗法における評点と腐食進行イメージパターン[44]

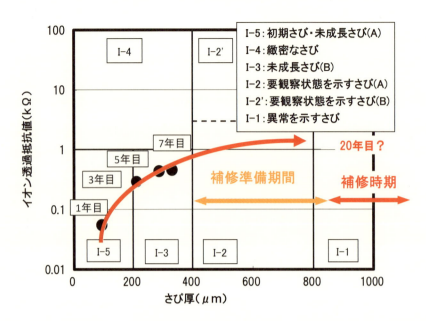

図-8.3.33 T橋のイオン透過抵抗法における腐食の進行イメージによる維持管理

また，早期にこのような腐食進行イメージが分かれば，補修準備期間を知ることができ，補修工事前に，補修工事の予算確保や補修予算の平準化をすることも可能になる．このように，イオン透過抵抗法を使用して経年調査することで，腐食の進行イメージを描き，さび状態や補修時期を判断できる可能性がある．

ここで紹介した手法の留意点として，さび風化等によるさびの剥離がさび厚に与える影響が挙げられる．当該橋梁においては，最大さび厚は1000μmを超えることなく，800～1000μm間を推移しており，さび厚がおおよそ800μmを超えた時点でさびの剥離が生じると考えられ，補修時期の判断には大きな影響を与えないと判断できる．

(2) 補修方法の選定

許容できない腐食が進行した耐候性鋼材に対する措置としては，異常さび発生要因の排除または緩和が先決であるが，恒久的な要因排除（緩和）の困難さに応じて，補修方法を選択することになる．

4.7でも述べたように，桁端部からの漏水に起因した腐食の場合には，伸縮装置の交換を行ったとしても，長期的に見れば再漏水する確率は極めて高い．このように再漏水のリスクが高い場合には，被覆防食を併用するのが一般的である．この際，凍結防止剤や飛来塩分の影響を受ける場合には，素地調整における塩分除去が非常に重要となる[29),45)]．

排水管からの漏水など，異常さび発生要因を比較的簡単に排除でき，再漏水のリスクが低い場合には，漏水対策を講じるだけでもよい．その際，生成している異常さびを除去しておくことが定性的には望ましいが，除去程度を定量的に検討した事例は少ない．

ここでは，腐食要因として飛来海塩を考え，異常さびを生じさせた耐候性鋼材を用いて，腐食要因を排除できる環境（密封箱）と腐食要因を排除しない環境（沖縄遮へい暴露試験）において，素地調整程度・さび中の塩分除去程度を変えた水準，簡易塗装および重防食塗装の水準を設け，最適補修法を決めるために実施された評価試験の事例について述べる．

図-8.3.34　層状剥離さび生成状況

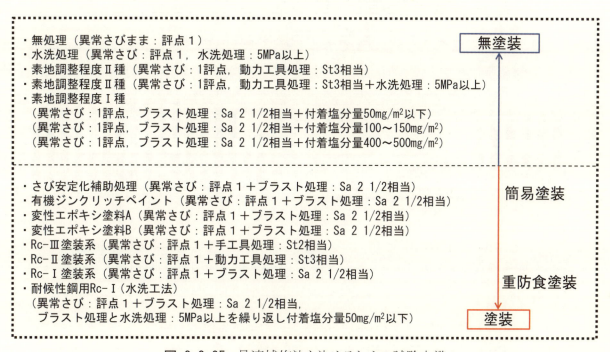

図-8.3.35　最適補修法を決めるための試験水準

　JIS-SMA耐候性鋼材（150mm×70mm×6t）に対して，塩水散布試験（3wt%-NaCl）を約1年実施し，評点1の層状剥離さびを生成させ，最適補修法を決めるための評価試験に用いた．層状剥離さび生成状況を図-8.3.34に示す．

　最適補修法を決めるために実施された評価試験水準を図-8.3.35に示す．無塗装としては，異常さびまま（評点1）から異常さびに水洗処理，素地調整程度2種，素地調整程度2種に水洗処理を加えたもの，素地調整程度1種で残存（付着）塩分量を変えたものを水準とした．塗装としては，簡易塗装に，さび安定化補助処理，有機ジンクリッチペイント，変性エポキシ塗料A，BおよびRc-III塗装系，重防食塗装に，Rc-II塗装系，Rc-I塗装系および水洗工法を水準とした．

　腐食要因が排除できる条件として，密封箱（雨洗作用なし）を用いた．密封箱は，飛来塩分等の外部からの腐食因子を遮へいできる環境のため，さび中に残存している腐食因子が，この密封箱内で生じる腐食の主な要因である．ただし，腐食反応が抑制されないように，イオン交換水に

(a) 密封箱試験(山口大学)　　　　　　　(b) 遮へい暴露試験(沖縄)

図-8.3.36 密封箱および遮へい暴露試験の様子

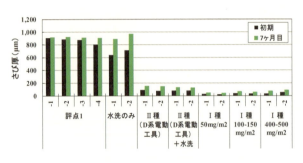 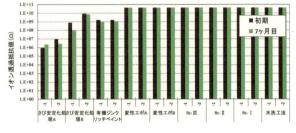

(a) さび厚　　　　　　　　　　　　　(b) イオン透過抵抗値

図-8.3.37 密封箱7ヶ月目のさび厚・イオン透過抵抗値測定結果(山口大学)

よる水分の供給は行った．密封箱試験は，山口大学構内（経度：東経 131°16′21″，緯度：北緯 33°57′23″）の密封箱内（雨洗作用なし，水平姿勢）で7ヶ月間実施した．この期間における密封箱の平均温度は 16.0℃，平均湿度は 77.6％であった．

腐食要因が排除できない条件としては，日鉄住金防蝕㈱の沖縄海岸暴露場（127°44′35″，26°7′20″）で遮へい暴露試験（雨洗作用なし）を水平姿勢で4ヶ月間実施した．この期間における平均温度は 23.8℃，平均湿度は 78.5％であり，当該暴露場の腐食性分類は，ISO 9223-92 腐食分類 C4（腐食性：高い，6つのカテゴリーの上から3番目）である．各試験片の評価項目としては，外観写真撮影，さび・膜厚測定およびイオン透過抵抗測定を実施した．

密封箱試験および遮へい暴露試験の様子を**図-8.3.36**に示す．

a) 腐食要因が排除できる場合

腐食要因が排除できる場合（山口大学　密封箱7ヶ月目）のさび厚・イオン透過抵抗値の測定結果を**図-8.3.37**に示す．無塗装では，ほぼ全ての水準で若干ではあるがさび厚の増加が見られた．素地調整の程度については，素地調整程度1種より，素地調整程度2種の方がさび厚の増加が大きかった．また，まだ微小な差ではあるが，素地調整程度2種は，付着塩分量が大きくなるほど，さび厚が増加する傾向を示していた．したがって，素地調整程度2種までの処理程度であ

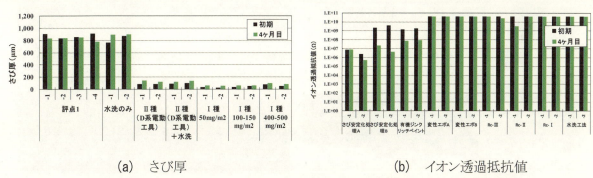

(a) さび厚　　　　　　　　　(b) イオン透過抵抗値
図-8.3.38 遮へい暴露4ヶ月目のさび厚・イオン透過抵抗値測定結果（沖縄）

れば，無塗装として継続できる可能性が考えられる．無塗装の水洗処理を施した水準が，異常さびままよりさび厚の増加が多くなる傾向を示した．これは，さび層に水洗を行ったことにより，さび層が活性な状態になったためと推察している．

　簡易塗装，重防食塗装材の密封箱7ヶ月目イオン透過抵抗値測定結果より，簡易塗装（変性エポキシ塗料A，B，Rc-III塗装系）や重防食塗装（重防食塗装に，Rc-II塗装系，Rc-I塗装系および水洗工法）では，イオン透過抵抗値が40GΩを上回り，いずれも2GΩ以上の値[35]を示し（6.4.3参照），良好な状態にあると考えられる．ただ，簡易塗装（さび安定化補助処理A，B，有機ジンクリッチペイント）は，イオン透過抵抗値の初期値からの減少が見られ，他の塗装水準と比較して劣位であると考えられる．

b)　腐食要因が排除できない場合

　腐食要因が排除できない場合（沖縄遮へい暴露試験4ヶ月目）のさび厚・イオン透過抵抗値測定結果を，**図-8.3.38**に示す．無塗装では，ほぼ全ての水準で若干ではあるがさび厚の増加が見られた．素地調整の程度については，素地調整程度1種より，素地調整程度2種の方がさび厚の増加が大きかった．また，まだ微小な差ではあるが，素地調整程度2種は，付着塩分量が大きくなるほど，さび厚が増加する傾向を示していた．したがって，素地調整程度2種までの処理程度であれば，無塗装として継続できる可能性が考えられる．

　簡易塗装，重防食塗装材の沖縄遮へい暴露試験4ヶ月目の測定結果より，簡易塗装（変性エポキシ塗料A，B，Rc-III塗装系）や重防食塗装（重防食塗装に，Rc-II塗装系，Rc-I塗装系および水洗工法）では，イオン透過抵抗値が若干40GΩを下回る値があるものの，いずれも2GΩ以上の値[35]を示し，良好な状態にあると考えられる．ただ，簡易塗装（さび安定化補助処理A，B，有機ジンクリッチペイント）は，イオン透過抵抗値の初期値からの減少が見られ，他の塗装水準と比較して劣位であると考えられる．

(3) 異常さびの除去方法

　5.6でも示したように，耐候性鋼材に生成した強固なさびの除去は困難であり[46]，実際に補修塗装を行う上では強固なさびの効率的除去について検討が必要である．そこで，強固なさびの除去効率向上を実現する方法として，ダイヤモンド工具[31]を一次素地調整工具に用い，さらに二次素地調整としてブラスト処理を行う素地調整方法が提案されている[31],[47]．ダイヤモンド工具の外観を**図-8.3.39**に，一次素地調整の実施見本を**図-8.3.40**に示す．

　ダイヤモンド工具処理を実施した場合，耐候性鋼材に板厚減少が生じるかの有無を確認するた

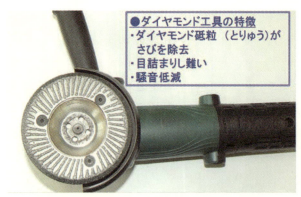

図-8.3.39 ダイヤモンド工具の外観

図-8.3.40 一次素地調整の実施見本(鋼素地面を2/3程度露出)

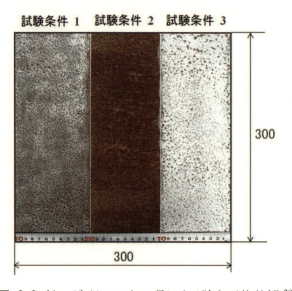

図-8.3.41 ダイヤモンド工具による除さび後外観[29]

め,田園地域に5年間大気暴露したJIS耐候性鋼材(300×300×8t)に対して,さび除去試験を行った結果を述べる.表-8.3.2に示すように3つの試験条件にて板厚を測定した.試験条件1は,ディスクサンダー処理を行い,さび付鋼板を除錆度St 3仕上げに,試験条件3は,ダイヤモンド工具処理を行い,さび付鋼板をSt 3仕上げとした.ただし,試験条件2は,無処理のさび付鋼板とした.板厚測定は,両球面マイクロメーターで測定し,さび付鋼板のさび厚測定は電磁膜厚計で測定した.

さび除去試験後の外観と無処理のさび付鋼板の外観を図-8.3.41に,表-8.3.2に板厚測定結果を示す.試験条件1のディスクサンダー処理後の板厚は8.20mm,試験条件2の無処理さび付鋼板の板厚は8.19mm,試験条件3の除さび率2/3程度となったダイヤモンド工具処理後の板厚は8.20mmと,3試験条件とも板厚値がほぼ同じ値であった.このことから,ダイヤモンド工具で除さび率2/3程度としたJIS耐候性鋼材は,板厚減少にいたっていないことが確認できる.

異常さびが生じる部位には,平坦部以外にもボルト部や狭隘部があり,このようなボルト部や狭隘部では,図-8.3.39に示すようなダイヤモンド工具により一次素地調整を実施することが困難である.このようなボルト部や狭隘部でも素地調整が可能なボルト部用,狭隘部用ダイヤモン

ド工具が開発されているので，その外観と除さび状況を**図-8.3.42**に示す．ボルト部や狭隘部のダイヤモンド工具は，平坦部用のダイヤモンド工具と比較して作業効率は落ちるが，これまで平坦部用のダイヤモンド工具で素地調整困難な部位の異常さびをできる限り除去する目的で使用することができる．

表-8.3.2 さび除去試験の試験条件と板厚測定結果 [29]

試験条件	処理法	板厚10点平均値（mm）
1	初期さび鋼板（大気曝露5年） ディスクサンダー（＃16） St 3 さび残存	8.20
2	初期さび鋼板（大気曝露5年） 無処理	8.19 【$8.28^{注1)}-0.1^{注2)}=8.19$】
3	初期さび鋼板（大気曝露5年） ダイヤモンド工具 St 3 除さび率 70％程度	8.20

注1）さび厚値を含む板厚測定値， 注2）さび厚10点平均値（0.1mm）

ボルト部用ダイヤモンド工具　　　狭隘部用ダイヤモンド工具

図-8.3.42 ボルト部用，狭隘部用ダイヤモンド工具の外観と除さび状況

(4) 補修塗装における素地調整

耐候性鋼に補修塗装を行う場合は，素地調整の程度によって防食の耐久性が異なる．凍結防止剤飛散の影響によりうろこ状さび（外観評点2）が発生していた部位に対して，素地調整程度を変えて塗装（Rc-I）後約11年経過した時点の状況を図-8.3.43に示す．

平面部はいずれも良好な塗膜状態にあり，素地調整程度1種と素地調整程度2種に特に差は認められない．しかし，フランジコバ部などでは素地調整程度2種に顕著な塗膜剥離が発生しており，素地調整が不十分であると早期に劣化するといえる．

また，図-8.3.44に示す別の事例では，平面部においても素地調整程度1種と素地調整程度2種で明らかな差が見られ，素地調整が補修塗装の耐久性に与える影響が非常に大きいことがわかる．

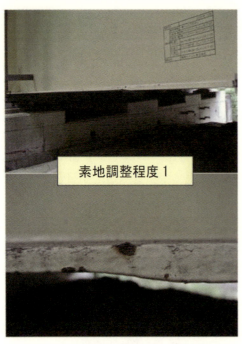 

図-8.3.43 素地調整程度が補修塗装の耐久性に与える影響（事例1：塗装後約11年経過）

図-8.3.44 素地調整程度が補修塗装の耐久性に与える影響（事例2）

耐候性鋼の補修塗装において，塗膜防食の耐久性を向上させるには素地調整に十分留意しなければならない．

(5) 補修塗装における端部処理

耐候性鋼橋における補修塗装は，異常さびが発生している部分のみを対象に実施することから，従来から行われている塗装橋梁の全面塗替えではなく部分補修塗装となるのが一般的である．部分補修では，塗装と無塗装部の境界部分が防食性能上の弱点となりやすく，境界部からの塗膜下への腐食の進行が懸念される．したがって，部分塗装範囲をできる限り環境の良好なところまで広げ，境界部が無塗装で問題ない位置とするのがよいとされている[28]．しかしながら，塗装端部の処理に対する方法やその評価方法は未だ確立されていない．

異常さびが生じた耐候性鋼橋梁を Rc-III 塗装系（素地調整程度 2 種）で補修塗装を実施した補修塗装部から数年で膨れが生じ，塗装端部から，膨れ，さびが発生した例とそのイメージを図-8.3.45 に示す．このような事例は部分塗装された実橋で多く見られている．

補修塗装部が数年で劣化することを防ぐ方法として，ブラスト処理（素地調整程度 1 種）を補修塗装部より大きく取り，余白を設けた塗装端部処理を実施する方法が提案されている．具体的な実施例として，8.3.1(2)に示した Y 橋塗装端部の状況とそのイメージを図-8.3.46 に示す．この図では，補修塗装直後の塗装端部において，ブラスト処理面が明確に残っていることが確認できる．塗装端部がブラスト処理面に着地していることで，付着力が保たれ，腐食因子の影響を抑制することができる．Y 橋塗装端部 5 年経過後の外観を図-8.3.47 に示す．5 年経過後の塗装端部に塗膜損傷等は見られず，健全な状態が維持されていることが確認された．

余白の定量的な効果および適切な余白の大きさについては，今後さらなる検討が望まれる．

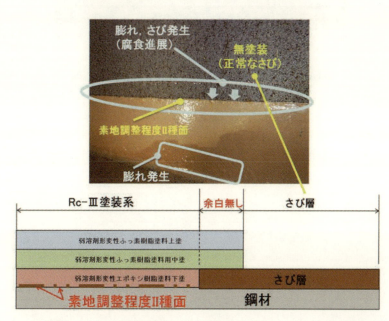

図-8.3.45 Rc-III塗装系（素地調整程度 2 種）補修塗装における塗装端部の状況（悪い例）

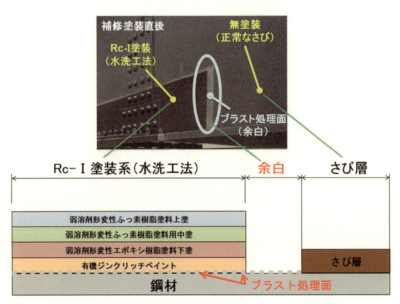

図-8.3.46　Y橋塗装端部の状況とそのイメージ

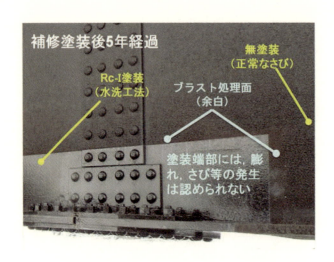

図-8.3.47　Y橋塗装端部5年経過後の外観

(6) 新しい補修法

　8.1で述べたように，耐候性鋼材は，表面に緻密なさびが形成されたとしても，腐食速度がゼロになるわけではなく常に腐食が進行している．この耐候性鋼材に対して補修を施さなければならない状態というのは，腐食速度が許容値を超えていることを指している．したがって，補修の要求性能は，補修部位の腐食進行を停留させることではなく，腐食速度が許容値以内に抑制させることになる．

　現在行われている補修は，腐食させないことを目指した被覆防食が一般的である．耐候性鋼橋に限らず，全ての橋梁を対象として桁端部の腐食環境改善のために定期的な水洗いが行われている事例はあるが，腐食速度の抑制の視点で補修方法はほとんど検討されていない．

　耐候性鋼橋では，建設時に油脂を付着した部位が，その後十数年経過しても周囲よりも明らかに腐食していない，という部位が比較的良く認められる．実現には課題があるものの，油脂など

を塗布することで腐食速度を抑制するという補修方法が成立することも考えらえる．耐候性鋼材は「腐食速度を遅くすることで期待する年数を維持させる」という考え方のものであり，この考え方を踏襲するような補修方法についての検討が望まれる．

2014（平成26）年3月に発行された鋼道路橋防食便覧には耐候性鋼橋を補修塗装する際，素地調整には，ブラスト処理による素地調整程度1種が必須とされ，加えて素地調整後には付着塩分量が $50mg/m^2$ 以下となっていることを確認し，$50mg/m^2$ 以下となっていない場合には，水洗等によって塩分除去を行うことがよいとしている[28]．この要求事項を満足する補修工法として，耐候性鋼橋用 Rc-I 水洗工法（以下，水洗工法）[29]があり，実橋梁の補修に適用し，約5年経過しても防食性能が良好な状態[49]にあることが確認できている．

水洗工法には，付着塩分量が $50mg/m^2$ 以下になるまでブラスト処理と高圧水洗処理を繰り返す工程があり，補修を実施しないとブラスト処理や高圧水洗処理の回数が分からないことから施工計画が難しく，また，水洗処理水の回収・処理が困難であり，複数回の水洗処理を実施する場合には施工効率が悪くなる[15]などの課題がある．塗装塗替え時に適用される工法としては，Rc-III 工法，Rc-II 工法および Rc-I 工法があり，Rc-I 工法では，ブラスト処理（素地調整程度1種）は1回としている．これらを水洗工法以外の耐候性鋼橋補修法として用いているが，これらの適用事例で付着塩分量を管理していない場合は，早期に塗膜からのさび発生が報告されている[50]．

ここでは，耐侯性鋼橋梁の補修塗装における上記の課題解決に向けて提案されている新しい補修工法の一つとして，**図-8.3.48** に示す耐候性鋼橋梁用水洗レス工法（以下，水洗レス工法）を紹介する．

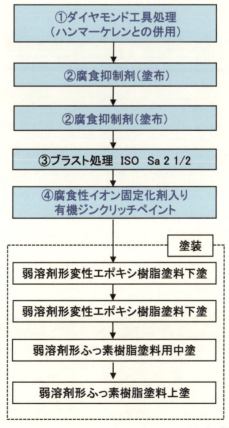

図-8.3.48 水洗レス工法のフロー[51]を一部修正

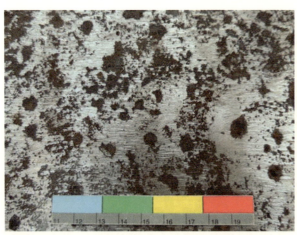

図-8.3.49 ダイヤモンド工具処理で鋼素地面を50%以上露出させた処理後外観[51]を一部修正

図-8.3.50 腐食抑制剤塗布状況

　水洗レス工法の特徴は，①耐候性鋼材に生じた異常さびをダイヤモンド工具にて孔食内のさび以外を可能な限り除去（鋼素地面が50%以上露出），②ダイヤモンド工具処理で残存したさびに塩化物イオンや硫酸イオンなどの腐食性イオンを不溶性の塩として捕捉する機能を持つ腐食抑制剤を2回（1回/日）塗布し，塩分(Cl)を可能な限り捕捉（Cl無害化），③腐食抑制剤効果とブラスト処理にて残存さびとさび中の塩分を可能な限り除去，④ブラスト処理でも除去しきれない孔食内の残存さび中に含まれる残存塩分を腐食性イオン固定化剤入り有機ジンクリッチペイント（9.3.1参照）で抑制し，弱溶剤形変性エポキシ樹脂塗料下塗2回，弱溶剤形ふっ素樹脂塗料用中塗1回，弱溶剤形ふっ素樹脂塗料上塗1回等を施す工法である．水洗レス工法の効果を確認した実験結果を以下に示す．

　実験に使用した供試材は，JIS-SMA耐候性鋼材(150mm×70mm×6t)を屋内に水平設置し，3wt%-NaCl水溶液の1回/日散布（霧状）を0.5～1.5年間実施し，評点1に至る異常（層状）さびを生成させたものとした．生成した異常さびは，ハンマーケレンを実施後，ダイヤモンド工具処理で鋼素地面が50%以上露出するまで（孔食内のさびは残存）図-8.3.49のように実施した．前工程で残存したさびに図-8.3.50に示すように刷毛で腐食抑制剤を2回（1回/日）塗布し自然乾燥させた．ブラスト処理は，研削材にフェロニッケルスラグを用いて除錆度Sa 2 1/2まで素地調整を行った．水洗レス工法の効果を確認するための比較として，水洗工法，Rc-I工法（素地調整程度1種，有機ジンクリッチペイント）およびRc-II工法（素地調整程度2種，有機ジンクリッチペイント）を実施した．水洗工法における高圧水洗処理には，5MPa以上の水道水を用いた．

　素地調整を経て，有機ジンクリッチペイントを用いて防食下地を形成後，弱溶剤形変性エポキシ樹脂塗料下塗2回，弱溶剤形ふっ素樹脂塗料中塗1回，弱溶剤形ふっ素樹脂塗料上塗1回の塗装を実施し試験片を作製した．また，各素地調整工程において，さび厚と付着塩分量測定を行い，一部さび断面において腐食抑制剤の効果確認のためSEM/EDX分析を行った．

　有機ジンクリッチペイント単膜と，有機ジンクリッチペイントに，下塗り，中塗りおよび上塗りまで塗布した複合膜試験片については，屋内に水平に設置し，0.2wt%-NaClの散布（霧状）を実施（1回/日）し，2ヶ月，3.5ヶ月経過後の塗装端部からの最大膨れ・最大さび幅の測定を実施した．水洗工法と水洗レス工法の各工程別の残存塩分量とその外観の一例を図-8.3.51に示す．

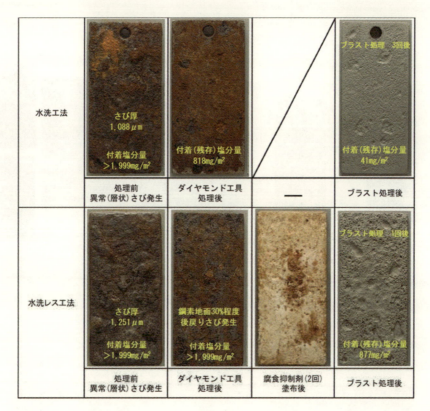

図-8.3.51 水洗工法と水洗レス工法の各工程別の残存塩分量とその外観

処理前の残存塩分量は,水洗工法,水洗レス工法共に,1,999mg/m² 以上と高い値を示し,ダイヤモンド工具処理後の残存塩分量は,水洗工法で 818mg/m²,水洗レス工法で 1,999mg/m² 以上の値を示した.ブラスト処理後の残存塩分量は,水洗工法で 41mg/m²,水洗レス工法で 877mg/m² となり,水洗レス工法では,水洗工法よりも残存塩分量が十数倍高い値を示した処理面上に,防食下地である腐食性イオン固定化剤入り有機ジンクリッチペイントを塗布した.

ダイヤモンド工具処理[48]で鋼素地面を 50%以上露出させた処理後外観より,平面部のさびは概ね除去できているが,孔食内のさびは残存していることが確認できる.図-8.3.52 に,ダイヤモンド工具処理後,ブラスト処理前に腐食抑制剤を 2 回(1 回/日)塗布する工程の有無が,ブラスト処理後の残存塩分量に与える影響を示す.腐食抑制剤塗布無しの平均残存塩分量が 361mg/m²(N=75 枚)であるのに対し,腐食抑制剤塗布有りの残存塩分量は 254mg/m²(N=75 枚)となり,腐食抑制剤塗布により残存塩分量が 100mg/m² 程度減少しており,腐食抑制剤塗布がブラスト処理による塩分の除去効率を高めたことがわかる.

腐食抑制剤がさびの深さ方向に対してどの程度浸透するかを確認するため,さび断面の X(腐食抑制剤に含有元素)と Cl の SEM/EDX 分析結果を図-8.3.53 に示す.X(腐食抑制剤に含有元素)が,さび層に約 100μm 浸透し塩分(Cl)と同じ部分に存在していることから,X 元素が塩分(Cl)を捕捉していると考えられる.また,孔食内のさび層には無数のクラックが生じていることが確認できる.

したがって,図-8.3.54 に示すようにさび層に塗布した腐食抑制剤の多くは,さび層に生じたクラックに沿って浸透していくと推測される.

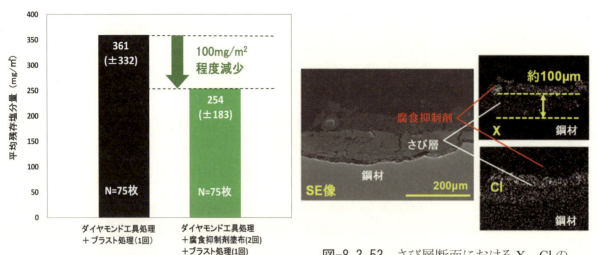

図-8.3.52 腐食抑制剤の有無におけるブラスト処理後の平均残存塩分量比較[51]を一部修正

図-8.3.53 さび層断面における X, Cl の SEM/EDX 分析結果[51]を一部修正

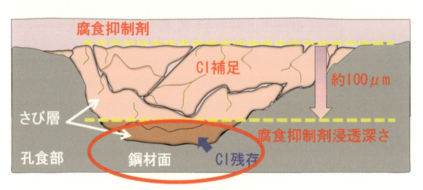

図-8.3.54 さび層断面の腐食抑制剤の浸透イメージ[51]を一部修正

以上のことから，ダイヤモンド工具処理後に腐食抑制剤塗布の工程を行うことで，さび層中に腐食抑制剤が浸透し易くなり，さび層中の塩分 (Cl) を捕捉，その後ブラスト処理を行うことで，残存塩分量を減少させることができる．耐候性鋼材の場合，上記のような処理過程を経ても鋼材表面にさび（塩分，Cl を内在）が残存することは，図-8.3.52 に示す残存塩分量からも明らかである．

この残存塩分量に対して，腐食性イオン固定化剤入り有機ジンクリッチペイントを使用することにより，塩分 (Cl) を固定化し，残存塩分量約 $100mg/m^2$ 程度までは良好な防食性能を維持できることが過去の検討[52]により示されている．このように水洗レス工法は，腐食抑制剤と腐食性イオン固定化剤入り有機ジンクリッチペイントの相乗効果によって水洗工法と同等の性能を発揮できる工法として提案されている．

補修塗装後の供試材に対し，0.2wt%-NaCl の散布試験を実施し，2ヶ月，3.5ヶ月経過後の塗装端部からの最大膨れ幅・最大さび幅を測定した結果を図-8.3.55 に示す．塗装端部からの最大膨れ幅・最大さび幅ともに，水洗レス工法は水洗工法とほぼ同等な防食性能を維持しているが，水洗工法や水洗レス工法と比較して，Rc-I 工法と Rc-II 工法は防食性能が劣る結果となった．したがっ

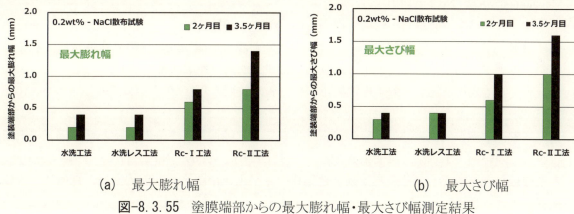

(a) 最大膨れ幅　　　　　　　　(b) 最大さび幅

図-8.3.55 塗膜端部からの最大膨れ幅・最大さび幅測定結果

て，水洗レス工法は，耐候性鋼橋梁の補修法における品質やコスト等の課題を解決できる可能性のある新しい工法である．今後，水洗レス工法の長期耐久性の確認が望まれる．

参考文献

1) 石本圭一，川村弘昌，鈴木克弥：保護性さびが生成された耐候性鋼材の環境変化による経時変化について，第72回土木学会年次学術講演会講演概要集，I-310，pp.619-620，2017.
2) （公社）日本道路協会：鋼道路橋防食便覧，2014.
3) 貝沼重信，道野正嗣，山本悠哉，藤岡靖，藁科彰，高木真一郎，仲健一：高腐食性環境における無塗装耐候性鋼上路トラス橋における腐食損傷の要因推定と腐食性評価（その3）－部位レベルの腐食環境と腐食性の評価－，日本防錆技術協会 防錆管理，Vol.60, No.9, pp.338-346, 2016.
4) （社）日本鋼構造協会：耐候性鋼橋梁の可能性と新しい技術，JSSCテクニカルレポート No.73, 2006.
5) （一財）日本規格協会：JIS G 3114「溶接構造用耐候性熱間圧延鋼材」，2016.
6) 建設省土木研究所，鋼材倶楽部，日本橋梁建設協会：耐候性鋼材の橋梁への適用に関する共同研究報告書(XX)，1993.
7) 紀平寛，塩谷和彦，幸英昭，中山武典，竹村誠洋，渡辺祐一：耐候性鋼さび安定化評価技術の体系化，土木学会論文集，No.745/I-65，pp.77-78，2003.
8) （社）日本鋼構造協会：耐候性鋼橋梁の適用性評価と防食予防保全，JSSCテクニカルレポート No.86, 2009.
9) （社）日本鉄鋼連盟，（社）日本橋梁建設協会：耐候性鋼の橋梁への適用，2010.
10) 畑佐陽祐，村上茂之，坂井田実：岐阜県内耐候性鋼橋の腐食環境調査，土木学会第64回年次学術講演会講演概要集，I-056，pp.111-112，2009.
11) 鈴木克弥，上田博士，神頭峰磯：耐候性鋼材のさび厚の標準偏差とさび外観評点の関係, 土木学会第69回年次学術講演会講演概要集，pp.1189-1190，I-595, 2014.
12) S. Kainuma, Y. Yamamoto, J.H. Ahn, Y.S. Jeong: Evaluation method for time-dependent corrosion depth of uncoated weathering steel using thickness of corrosion product layer, Structural Engineering and

Mechanics, Vol.65, No.2, pp.191-201, 2018.
13) （一社）日本橋梁建設協会：耐候性鋼橋梁の手引き，2013.
14) 玉越隆史，横井芳輝，岡田紗也加，水口知樹，強瀬義輝：耐候性鋼橋の外観性状によるさび状態の評価法に関する研究，国土技術政策総合研究所資料第828号，2015.
15) （一社）日本鋼構造協会：耐候性鋼橋梁の維持管理技術，JSSCテクニカルレポート No.107, 2015.
16) 今井篤実，大屋誠，武邊勝道，麻生稔彦：さび安定化補助処理を施した耐候性鋼橋梁の表面状態とその評価，土木学会論文集A1(構造・地震工学)，Vol.69, No.2, pp.283-294, 2013.
17) 麻生俊彦，徳永浩三，今井篤実：耐候性鋼材のさび生成に関する基礎的実験，鋼構造年次論文報告集，Vol.18, pp.617-624, 2010.
18) 岡田秀弥，細井祐三，湯川憲一，内藤浩光：耐候性鋼のさび層構造，鉄と鋼，Vol.55, No.5, pp.355-365, 1969.
19) 三澤俊平：さびサイエンスと耐候性鋼さび層研究の進歩，ふぇらむ，Vol.6, No.5, pp.325-331, 2001.
20) 高木優任，玉越隆史，窪田真之，鈴木克弥：耐候性鋼橋の新しい技術，橋梁と基礎，Vol.50, No.1, pp.41-47, 2016.
21) M. Morcillo, B. Chico, I. Díaz, H. Cano, D. de la Fuente: Atmospheric corrosion data of weathering steels, A review, Corrosion Science, Vol.77, pp.6-24, 2013.
22) 紀平寛，田辺康児，楠隆，竹澤博，安波博通，田中睦人，松岡和巳，原田佳幸：耐候性鋼の腐食減耗予測モデルに関する研究，土木学会論文集，No.780/I-70, pp.71-86, 2005.
23) 鋼材倶楽部，(社)日本橋梁建設協会：耐候性鋼材の橋梁への適用に関する研究報告書 17年目，18年目に回収した曝露試験片の調査結果，1999-2001.
24) 鹿毛勇，塩谷和彦，竹村誠洋，小森務，古田彰彦，京野一章：実暴露試験に基づくニッケル系高耐候性鋼の長期腐食量予測，材料と環境，Vol.55, No.4, pp.152-158, 2006.
25) 三木千壽，市川篤司，鵜飼真，竹村誠洋，中山武典，紀平寛：無塗装橋梁用鋼材の耐候性合金指標および耐候性評価法の提案，土木学会論文集，No.738/I-64, pp.271-281, 2003.
26) （社）土木学会：腐食した鋼構造物の耐久性照査マニュアル，鋼構造シリーズ18, 2009.3.
27) （公社）土木学会：腐食した鋼構造物の性能回復事例と性能回復設計法，鋼構造シリーズ23, 2014.
28) （公社）日本道路協会：鋼道路橋防食便覧，2014.
29) 今井篤実，山本哲也，麻生稔彦：耐候性鋼橋梁の防食補修塗装法の実施に関する一考察，土木学会論文集A1(構造・地震工学)，Vol.68, No.2, pp.347-355, 2012.
30) 平松幹次郎，三塚喜彦，今井篤実，相賀武英，松本剛司，永井昌憲，里隆幸，木下俊也，紀平寛：鋼構造物の腐食診断と新しい補修塗装工法の提案（2），異常さび部の効率的下地処理工法の開発，第29回鉄構塗装技術討論会発表予稿集，pp.7-10, 2006.
31) 今井篤実：異常さびを示すさび発生部の高効率補修塗装工法の開発，第160回腐食防食シンポジウム予稿集，pp.67-72, 2007.
32) 磯光夫，三田村浩，勝俣盛，池田憲二，安江哲，藤野陽三：橋梁洗浄に関する北海道での取組みと米国における実態調査，橋梁と基礎，Vol.38, No.9, pp.29-33, 2004.
33) 磯光夫，三田村浩，勝俣盛，池田憲二，安江哲，藤野陽三：橋梁の付着物調査と洗浄技術の

実用化，土木学会論文集 F，Vol.66，No.2，pp.220-236，2010.
34) 松本剛司，里隆幸，永井昌憲，平松幹次郎，今井篤実，相賀武英，木下俊也，紀平寛：鋼構造物補修に適した新規有機ジンクリッチペイントと新規電動工具を使用した補修工法の開発，防錆管理，Vol.52，No.8，pp.9-13，2008.
35) 今井篤実，立花仁，紀平寛：イオン透過抵抗測定法を用いた鋼構造物の診断(3)－塗装劣化診断への適用検討－，第26回防錆防食技術発表大会講演予稿集，pp.133-136，2006.
36) 松崎靖彦，大屋誠，武邊勝道，広瀬望，三輪宏和，今井篤実，石田和生，佐野大樹：さび安定化補助処理された耐候性鋼橋梁の詳細調査手法と補修仕様選定に関する調査研究（その2）腐食実態と補修計画，土木学会第69回年次学術講演会講演概要集，I -606，pp.1211-1213，2014.
37) 空谷謙吾，成清允，麻生稔彦：耐候性鋼材におけるさびの制御に関する検討，土木学会第68回年次学術講演会講演概要集，I-187，pp.373-374，2013.
38) （公財）鉄道総合技術研究所：鋼構造物塗装設計施工指針，2013.
39) 坂田鷹起，西田寿生，近藤拓也，小林正樹：海岸付近に架設された無塗装橋梁の補修結果の検証と今後の維持管理について，土木学会第64回年次学術講演会講演概要集，IV-222，pp.441-442，2009.
40) （社）日本道路協会：鋼道路橋塗装便覧，p.29，1979.
41) （財）日本規格協会：JIS H 8300「亜鉛，アルミニウム及びそれらの合金溶射」，2011.
42) 北海道溶射工業会より提供
43) 赤沼正信，片山直樹，田中大之，斎藤隆之，黒田清一，石井宏和：鋼道路橋への防食溶射技術，北海道立工業試験場報告 No.306，pp.165-169，2007.
44) 今井篤実，佐野大樹，野口成人，宇田見賢司，佐藤恒明，田井政行：イオン透過抵抗法を用いた耐候性鋼橋梁の維持管理技術，土木学会第70回年次学術講演会講演概要集，I-431，pp.861-862，2015.
45) 足立幸郎，高井由喜，青木康素，塚本成明：無塗装耐候性鋼橋梁腐食部における素地調整技術，土木学会第69回年次学術講演会講演概要集，I-602，pp.1203-1204，2014.
46) 後藤宏明，守屋進，内藤義巳，山本基弘，藤城正樹，齋藤誠：耐候性鋼材の塗装による補修方法の検討，第29回防錆防食技術発表大会予稿集，pp.37-40，2009.
47) 平松幹次郎，今井篤実，相賀武英，松本剛司，永井昌憲，里隆幸，木下俊哉，紀平寛：鋼構造物の最小保全へ向けた補修塗装工法の開発，第27回防錆防食技術発表大会予稿集，pp.115-118，2007.
48) 西山研介，立花仁，今井篤実：耐候性鋼に生成する異常さびの効率的な除去技術の検討，第32回防錆防食技術発表大会，pp.175-178，2012.
49) 佐野大樹，今井篤実，麻生稔彦：耐候性鋼橋梁における部分補修塗装後の長期耐久性に関する経年調査，土木学会第70回年次学術講演会講演概要集，I-432，pp.863-864，2015.
50) 西崎到，守屋進，浜村寿弘，後藤宏明，内藤義巳：鋼橋防食工の補修方法に関する共同研究報告，第414号，pp.389，2010.
51) 今井篤実，佐野大樹，橋本凌平，西山研介，増田清人，水場翔大，高木優任，長澤慎：耐候性鋼橋梁補修用水洗レス工法有効性確認試験，第37回防錆防食技術発表大会予稿集，2017.
52) 増田清人，岩瀬嘉之，佐野大樹，西山研介，今井篤実：高塩分環境下における腐食性イオン

固定化剤入り有機ジンクリッチペイント有効性評価，第 36 回防錆防食技術発表大会，pp.23-28，2016．

第9章 防食性能回復における関連技術

本章では，他の章で述べた大気環境における鋼構造物の防食性能回復に関連する新技術について取りまとめた．ここでは，新技術を 1) 表面性状と腐食損傷の評価・測定技術，2) 素地調整の前処理技術，3) 表面被覆と犠牲陽極材による防食技術，4) ボルト連結部の防食技術，5) 防食性能回復のための施工性向上技術に大別して，各技術の概要およびその技術の適用時における留意点について述べる．本章で述べた技術項目とその内容，および他章と対応する項目の一覧を**表-9.1**に示す．ここでは，最近，実用化された技術や今後，実用化が期待される技術を取りまとめている．これらの新技術を現場で適用する際には，実構造物で試験施工を行い，その精度や効果などを検証する必要がある．

表-9.1 本章で取り上げる防食性能回復の関連新技術の一覧(その1)

技術項目	技術名	他章と対応する項目と内容
1) 表面性状と腐食損傷の評価・測定技術	レーザー散乱光表面粗さ計	5.2.3, 5.3.1 鋼素地の表面粗さ測定技術
	パターン光投影法による3次元表面測定	5.3.1, 7.2.1 腐食表面性状などの測定技術
	地際腐食評価センサ	4.1.5 地際部の腐食速度センサ
	地際腐食損傷の検査システム	4.1.5 地際部の腐食状況の測定技術
2) 素地調整の前処理技術	レーザー光による表面処理	5.2.1, 5.5.4, 10.3.4 および 10.5.5 レーザー光による旧塗膜・さびの除去
	化学的素地調整	5.1, 10.5.5 酸による化学的素地調整
3) 表面被覆と犠牲陽極材による防食技術	腐食性イオン固定化剤入り有機ジンクリッチペイント	8.3.1, 8.3.3, 10.3.4 および 10.5.5 耐候性鋼などの塗替え防食下地
	セメント系防食下地材	10.3.4, 10.5.5 高炉スラグ混和セメントによる防食下地材
	一層塗り防せい塗料	10.3.4, 10.5.5 一液一層塗りの防せい塗料
	Al-5%Mg プラズマアーク溶射機	7.3.1 鋼桁端部などの狭隘部で施工可能な金属溶射機
	大気犠牲陽極防食	4.1.5, 10.3.4 および 10.5.5 大気環境における犠牲防食

表-9.1 本章で取り上げる防食性能回復の関連新技術の一覧(その2)

技術項目	技 術 名	他章と対応する項目と内容
4) ボルト連結部の防食技術	ボルト・ナットキャップ	4.1.3 透明なボルト・ナットのキャップ
	55%Al-Zn めっきボルト	7.1.2, 7.1.3 および 7.3.3 55%Al-Zn めっきしたボルト
	Al-5%Mg 溶射高力ボルト	4.1.3 Al-5%Mg 溶射したボルト
	低温溶射によるボルト連結部の防食	4.1.3 低温溶射を用いた防食下地処理
5) 防食性能回復のための施工性向上技術	先行床施工式フロア型システム吊足場	5.2.5 施工性や安全性を考慮した吊足場
	熱収縮シート密封養生	5.2.4 ブラスト研削材の飛散防止, ウォータージェット処理時の漏水対策

9.1 表面性状と腐食損傷の評価・測定技術

9.1.1 レーザー散乱光表面粗さ計

　塗装や金属溶射などでは，鋼材と塗膜または溶射皮膜との密着性を確保するなどのために，ブラストによる素地調整が一般に行われる．素地調整面の品質は，鋼材と被覆材との密着性や耐食性などに著しく影響を及ぼす場合もあるため，ブラスト処理は重要な工程である．

　素地調整面の表面粗さと溶射皮膜の密着力の関係の測定例を図-9.1.1に示す[1]．この事例では，アルマンダイトガーネットとスチールグリットの研削材により，ブラスト処理した鋼板を対象として，鋼素地表面粗さと溶射皮膜の密着力の関係を求めている．溶射皮膜の密着力は，算術平均粗さ（Ra）および最大高さ粗さ（Rz）と高い相関がある．現在，一般的な素地調整面の品質は，除錆度については目視により ISO8501-1[2]のビジュアルブックとの対比に基づき判定されており，表面粗さはコンパレータによる目視確認や，Ra，Rz，および十点平均粗さ（Rz_{jis}）などの数値基準との比較によって行われている（5.2.3および5.3参照）．しかし，除錆度については定量的な管理指標がなく，表面粗さの数値は触針式表面粗さ計による数mm程度の線の波形により評価されており，面的な評価は行われていない．そこで，現行の管理指標を補完することを目的として，レーザー散乱光を用いて広範囲の素地調整面の表面粗さを簡易に定量測定・評価する方法に関して研究・開発が進められている[1,3]．

　この技術は位相シフト干渉顕微鏡法といわれるもので，図-9.1.2に示すようにレーザー光のような既知の単一波長からなる光源を測定対象面に照射して，表面性状に応じた散乱反射によって生じる干渉縞（スペックルパターン）の濃淡画像から表面粗さを推定できる．レーザー散乱光を用いた鋼材表面の粗さ測定については，製造業（圧延ロール鋼板の表面状態や金型製造部品等の表面仕上げ程度の評価）などで研究[4]が進んでおり，スペックルパターンには，測定対象面の表

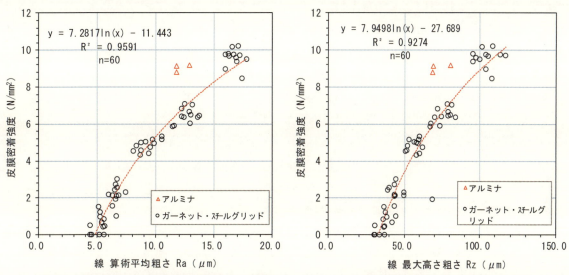

(a) 算術平均粗さRaと溶射皮膜密着力の関係　　(b) 最大高さ粗さRzと溶射皮膜密着力の関係

図-9.1.1　ブラスト鋼板の表面粗さと溶射皮膜密着力の関係[1)を一部修正]

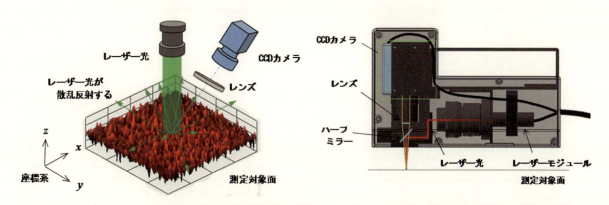

(a) レーザースペックルによる表面粗さ測定の概要　　(b) レーザー散乱光粗さ計の概略構造

図-9.1.2　レーザー散乱光粗さ計の測定原理[1)]

図-9.1.3　ブラスト施工現場における測定状況[1)]

面性状の情報が含まれている．防食を目的としたブラスト施工現場における測定状況を**図-9.1.3**に示す．この測定器は，光径 8.5mm のレーザー光を素地調整面に照射し，センサをスライド移動させて連続的に表面粗さを測定する構造となっている．1 点の測定・評価時間は約 70ms であり，1 部位あたりの測定範囲は，センサの走査範囲から 0.1～0.5m² 程度である．

この測定器による測定値と Ra には相関関係があり，素地調整面の表面粗さ性状が評価できる[1]．ただし，Ra で 6μm 程度以下の範囲においては測定値にばらつきがあり，ある程度ブラスト処理された鋼素地面でないと適正に評価できないため，測定対象面の適用範囲については注意が必要である．今後，測定面の適用範囲の拡張や表面粗さの測定精度の向上が望まれる．

9.1.2 パターン光投影法による 3 次元表面測定

腐食損傷が進行した部材の防食性能回復のためには，部材の断面性能評価が必要となる場合がある．例えば，鋼橋の桁端部の支点部の耐荷力低下が懸念される断面減少，ボルトの軸力低下につながるボルト・ナット頭部の腐食などがある．このような部材断面の減少量を高精度に測定する方法の 1 つとして，LED 照明によるパターン光（構造化光）投影法を用いた 3 次元表面測定がある．この測定法は，縞模様など既知の模様の光を物体表面に投影して CCD カメラや CMOS カメラなどで画像を撮影し，表面起伏に応じて変形する模様を画像解析することで，三角測量の原理を用いて表面性状を測定する技術である．ここで，取り上げた 3 次元表面測定器の仕様は，測定所要時間 80ms，測定画角 80×140mm（測定距離 200mm の場合），測定対物距離 160～250mm，分解能は X,Y 方向：0.2mm，Z 方向:30μm，測定精度は±30μm 以下（1σ）である．

本測定器を用いた腐食鋼板の表面の測定状況を**図-9.1.4**に示す．図中の赤色の縞状に照射されている光がパターン光である．クロスカットした塗装試験片の測定状況を**図-9.1.5(a)**に，Al-5%Mg 溶射と Rc-I 塗装系を部分的にラップさせた溶射-塗装境界部を模した試験片(7.1.3参照)の測定状況を**図-9.1.5(b)**に示す．これらは，試験片の表面起伏から被覆の減少量や膨れ等を評価している．飛来海塩が多く雨洗作用のない部位に 2 年間暴露した無塗装耐候性鋼板の測定事例を**図-9.1.6**に示す．ここでは，異常さび表面と鋼素地表面を測定して表面性状の相関性の確認に用いている[5]．異常さびが進行した耐候性鋼の表面は β-FeOOH を多く含むといわれ，浮きさびによ

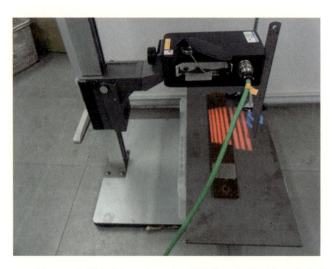

図-9.1.4 パターン光投影法 3 次元表面測定の状況(さびた鋼板の測定)

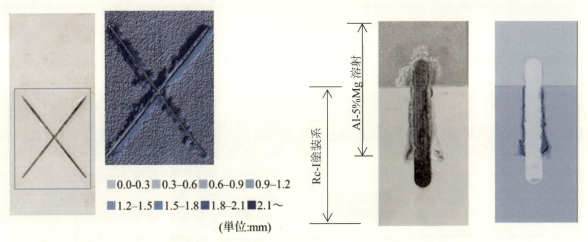

(a) クロスカットした試験片表面の測定　　(b) 溶射-塗装の施工境界部を模した試験片の測定

図-9.1.5　試験片の表面性状の測定例

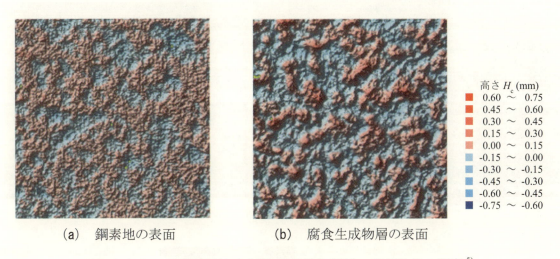

(a) 鋼素地の表面　　(b) 腐食生成物層の表面

図-9.1.6　2年間暴露した無塗装耐候性鋼材の表面性状の測定[5]

り表面起伏が大きくなる．異常さびとの表面性状とさびを除去したあとの鋼素地の表面性状には相関性があるとされ[5]，異常さびの表面起伏を測定することで，母材の腐食進行程度が評価されている．実構造物を対象とした測定事例を**図-9.1.7**に示す．高力ボルトのナット頭部の腐食による減耗量を測定し，ボルト軸力の低下について調査した事例が**図-9.1.7(a)**である．1回ごとの測定は即時にできるが，六角ボルトやナットでは測定を6回行い，これらの画像データを合成する必要がある．**図-9.1.7(b)**は，鋼製橋脚基部の地際部の腐食状況を推定するために，塗装の膨れ状況を測定した事例を示している．**図-9.1.7(c)**は，製油所の埋設配管の表面を測定し，溶接線上の腐食による板厚減少量を評価した事例を示している．**図-9.1.7(d)**は，磁力で密着する自走式ロボットを用いてタンク壁面を測定した事例を示している．埋設配管や油送管など薄板で構成された構造物では，腐食による板厚減少が耐荷力に及ぼす影響が大きいため，外観形状を詳細に測定して残存板厚を推定し，残存耐荷力の評価が行われている．従来の測定では，パイプピットゲージなどが用いられていたが，最近ではこの3次元表面測定が用いられる場合がある[6]．

この測定器の適用に際しては，測定対物距離が160～250mm程度であり，空間の制限を受けることに留意する．また，この測定器では撮影部位の実画像と3次元表面起伏画像との整合を人為的に行う必要があり，今後，評定点の自動設定化が望まれる．

(a) 高力ボルトのナット頭部の減耗量の測定

(b) 鋼製橋脚基部の測定

溶接線の表面計測

(c) 製油所の埋設配管の測定[6]　　(d) タンク壁面の測定（自走式ロボットを使用）[6]

図-9.1.7　実構造物における表面性状の計測

9.1.3 地際腐食評価センサ

コンクリートや土壌などに挿入・設置された鋼部材の地際部に著しい局部腐食が生じて，破断・倒壊に至る事故が多数報告されている．地際部で発生する局部腐食は，鋼部材の塗膜が加水分解等により早期劣化し，鋼材露出部が凍結防止剤などを含む雨水により長時間濡れることで発生することが多い．そのため，腐食損傷の発生の有無や進行性を定量的に把握することが重要になる．

本センサは地際部や気液界面などマクロセル腐食とミクロセル腐食が同時に生じる環境において，腐食電流と交流インピーダンスをモニタリングすることで，双方の腐食挙動を定量評価するセンサである[7)-9)]．地際腐食センサの構造を**図-9.1.8**に示す．深さ方向に分割して配置される試料極と試料極に平行に配置される対極で構成されており，各試料極と対極の間に流れる電流がその位置における腐食電流となる．試料極および対極は，同じ鉄系材料で構成されているため，センサで測定される電流値に基づき，その環境下における鋼部材の腐食速度を推定することも可能である．

NaCl水溶液と大気との気液界面において，センサ出力から算出した平均腐食深さと暴露試験による鋼板の平均腐食深さを比較した結果の一例を**図-9.1.9**に示す．図中のセンサ出力から算出される腐食深さは測定開始から24時間後の電流分布に基づき算出しているため，鋼材表面に形成される腐食生成物の腐食要因物質に対する保護性が反映できていない．このため，60日間，あるいは400日間浸漬した暴露試験体の実際の腐食深さよりも大きな腐食深さが算出されている．そこで，NaCl濃度や浸漬時間を変化させた気液界面の暴露試験結果に基づき補正係数を求めて，その係数によってセンサ出力を補正する方法が提案されている[7)]．補正された結果を**図-9.1.10**に示す．腐食深さを補正することで推定精度が向上している．この補正係数を求めるためには，対象とする腐食環境における裸鋼材の暴露試験の実施が必要となる．しかし，センサ出力から得られる腐食深さの分布傾向と実際の腐食挙動は，類似する傾向にあることから[7)]，鋼部材の長手方向の位置における相対的な腐食挙動を短期間で評価する手法として活用が期待される．

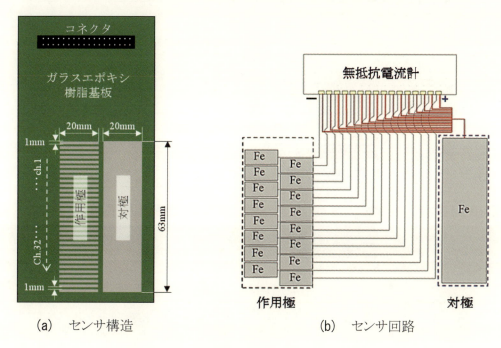

(a) センサ構造　　(b) センサ回路

図-9.1.8 地際腐食評価センサ[9)]を一部修正

本センサの取扱いは，基本的に 3.2.1 の ACM センサに準ずると考えてよいが，測定にはセンサに加えて，多チャンネル型の無抵抗電流計やインピーダンスアナライザが必要になる．多チャンネル型無抵抗電流計には，ACM センサのデータ記録用のロガーも利用できる．また，インピーダンスアナライザには，電気化学測定を対象とした 1mHz～200kHz の周波数範囲に対応した機種を用いることができる．本センサの寿命は，設置部位の腐食環境に依存するが，電極の標準膜厚が 100μm 程度と比較的薄膜であるため数カ月程度になる．本センサを用いた測定では，センサ出力の安定や気象変動の影響を考慮して，数週間のデータを収集する．季節による腐食環境を評価する場合は，センサの寿命を考慮して，数週間の短期間の測定を複数回に季節ごとに行うなどの方法が考えられる．

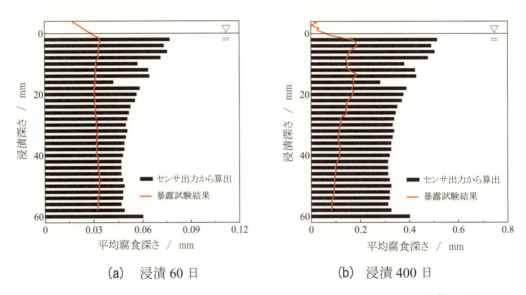

図-9.1.9 地際腐食評価センサ出力と暴露試験体の腐食量の比較[9] を一部修正

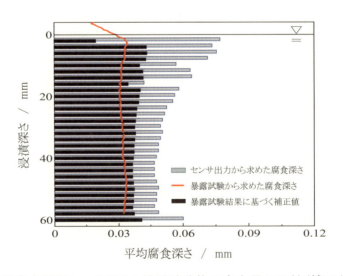

図-9.1.10 地際腐食評価センサ出力と暴露試験体の腐食量の比較（補正された結果）[9] を一部修正

9.1.4 地際腐食損傷の検査システム

鋼下路トラス橋の斜材とコンクリート床版との地際部や鋼製橋脚基部の根巻コンクリートとの地際部などでは，マクロセル腐食による著しい腐食損傷が報告されている（付1.4.5参照）．この地際部の腐食損傷を検査するには，コンクリートのはつり作業や塗膜やさびの除去といった煩雑な作業を要する．そこで，渦電流探傷検査（以下，ECTという）を用いることで，これらの作業を省略し，簡易に鋼材地際部のコンクリートに埋設された目視できない部位の残存板厚を推定する非破壊検査システムが開発されている[10]．ECTは電磁誘導現象によりセンサ（コイル）に交流電流を流した時に生じる磁界で導体に渦電流を発生させ，腐食損傷部により乱れた渦電流の変化をセンサ電圧の変化として検出する非破壊検査方法である．このセンサ電圧は，腐食による断面欠損量に比例して変化し，センサが欠損部の直上を通過した際に最大の変化が生じる．そのため，最大電圧を測定することで，断面欠損量を求められる．しかし，地際部では欠損部が埋設されているため，センサで最大電圧を測定できないなどの問題がある．そこで，この技術では測定波形を回帰分析することで最大電圧を推定している．ECTを用いた残存板厚の測定の原理は，**図-9.1.11** に示すように腐食検知用の渦流センサを非接触で健全部から腐食損傷の生じている地際部に向かって走査し，センサ電圧の検査波形を非線形回帰分析することで腐食深さを求めるものである[11]．この技術を用いた測定事例を**図-9.1.12** に示す．**図-9.1.12(a)** は橋脚幅2000mmの角形鋼製橋脚を大型の自動検査装置を用いて5mm間隔で詳細に検査している状況であり，**図-9.1.12(b)** は小型の自動検査装置を用いて柱幅190mmの道路照明柱を検査している例である．また，**図-9.1.12(c)** は小型治具を用いて手動で円形鋼製橋脚の地際腐食を検査している状況である．

この技術では，**図-9.1.13** に示すように供用後31年が経過した角形鋼製門型ラーメン橋脚の基

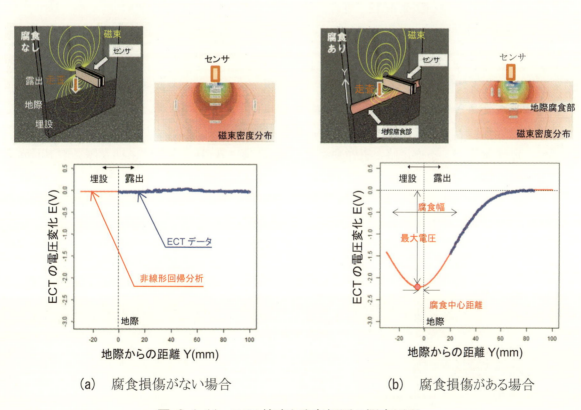

(a) 腐食損傷がない場合　　　　　　　(b) 腐食損傷がある場合

図-9.1.11　ECT検査と残存板厚の測定原理

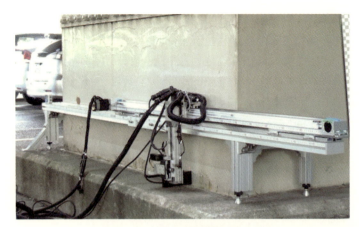

(a) 角形鋼製橋脚　　　　　　　　　　(b) 道路照明柱

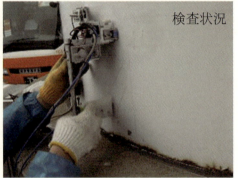

(c) 円形鋼製橋脚

図-9.1.12　地際腐食検査システムの測定事例

部を対象に手動でECT検査を行い，検査後に根巻コンクリートを除去し，実際の腐食深さを3次元表面測定して検査精度が確認されている[12]．地際腐食の発生位置を図-9.1.13 (f) に示す．図中の赤線はECT結果から地際腐食を矩形断面にモデル化することで求めた平均腐食深さの位置であり，図中の青線は図-9.1.13 (e) から求めた腐食深さの最大位置を示している．地際腐食の発生位置は，ECT検査による推定値と実腐食深さが共に地際からコンクリート埋設側に約10mm深い位置となっており，両者は比較的良く一致している．また，その平均腐食深さは最大で4mm程度であり，ここで示した手動のECT検査における平均腐食深さの推定精度は±1.4mm（非超過確率：95.4%，データ数：401）となっている．

　この技術の適用にあたり，センサの大きさにより磁界が生じる範囲に限りがあり，地際埋設部の残存板厚が推定可能な検査深さは埋設部の境界から20mm程度である．そのため，基部のコンクリートにひび割れや欠損などが生じ，埋設部奥深くに腐食が生じている場合の推定精度の低下には留意する．また，検査面は平滑である必要があり，地際近傍にボルト・連結板などがある部位では，センサによる磁界に乱れが生じて測定が困難となる．さらに，鋼材表面が塑性化すると磁性が変わり，推定精度が著しく低下するため，素地調整などの際に，対象部位をハンマー等で打撃しないように注意する．

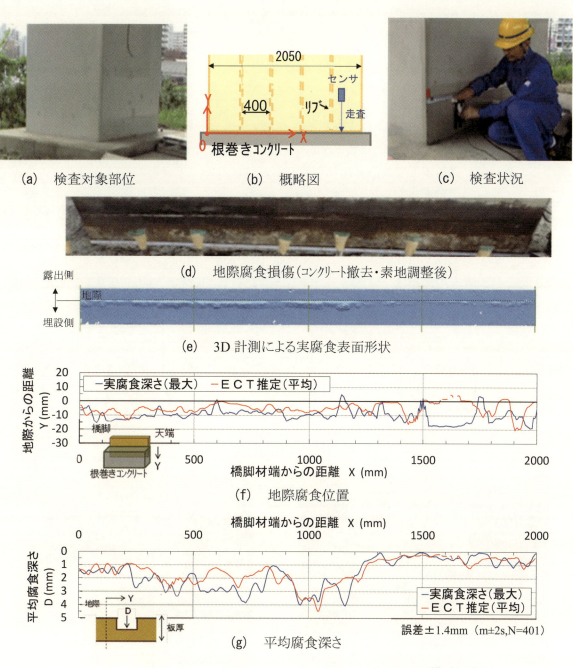

図-9.1.13　地際腐食検査システムの精度検証例[10]を一部修正

9.2 素地調整の前処理技術

9.2.1 レーザー光による表面処理

5.1で述べたように近年，鉛系さび止め塗料などに代表される旧塗膜内に含有する鉛やPCBなど有害物質による環境への影響や，塗膜除去作業における作業員への健康被害などが懸念されている．これら有害物質の大気中への飛散を防止するために，塗膜剥離剤や電磁誘導加熱塗膜除去工法による前処理，湿式ブラストの適用が進められている．また，塗替え塗装時における塗膜の耐久性は素地調整の品質に大きく影響され，ブラスト後における鋼素地面の残存塩分量が問題と

なる場合がある．一方，近年では様々な産業分野で光技術を用いた機器開発が活発に行われており，前述のような課題の対策として，レーザー光を用いた旧塗膜・さび除去工法がドイツ，アメリカ，日本で研究・開発されている[13)-15)]．この技術は，数百μm径のスポットに集約されたCW(Continuous Wave：連続波)ファイバーレーザーを，数十mmの回転径で高速回転させた円環を用いて走査することで，鋼材表面をクリーニングする工法（以下，レーザー処理という）である．この原理を図-9.2.1に示す．レンズにより集約されたレーザーを鋼材表面に照射することにより，鋼材表面の数十μm深さまで瞬間的に金属融点を超過する温度まで加熱する．それを円環スキャン照射することにより鋼材表面で加熱と冷却が繰り返され，熱膨張と収縮および鉄の蒸散による熱破砕により，鋼材表面の塗膜やさび，塩類が除去される．また，鋼材表面がスポット径の幅で数十μmの深さまで溶融するため，表面起伏が生じ，粗面が形成される．この技術では，鋼材の曲面から孔食などの深層部まで，狭隘部であってもレーザーが到達できる部位については施工可能である．また，鋼材の表面が塩化ナトリウムの沸点以上に加熱されるため，鋼材表面の塩類が気化することで，鋼材表面の塩類は，ほぼ除去できると考えられている．特に，孔食底部のさびに含

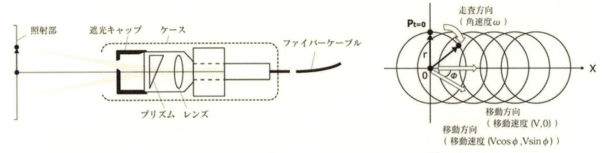

図-9.2.1　円環スキャンレーザー処理の原理[13)]

図-9.2.2　レーザー処理による塗膜・さび除去の施工状況[15)]

まれる塩類など，ブラストでは除去しにくい部位への適用が期待される．

本技術は化学的塗膜除去工法のように旧塗膜除去に際して物質を加えないため，産業廃棄物が増加することがなく，産業廃棄物の削減にも有効と考えられる．また，一般的な乾式ブラストと異なり照射ヘッドからの反動がないため作業者への負担が少ないなどの特徴がある．この技術による塗膜・さび除去の施工状況例を**図-9.2.2**に示す．

複合サイクル試験で腐食させた試験片を用い，各種の素地調整後にRc-I塗装系の塗替え塗装（**付表**-2.5.10参照）を施し，再度，複合サイクル試験を実施した結果を**図-9.2.3**に示す．レーザー処理した試験片では後述の酸化皮膜の除去を行っていないが，ブラストやディスクサンダー（素地調整程度3種）で素地調整した試験片よりも発せいが少なく，レーザー処理は鋼素地の塩類除去効果が高いと考えられる．

この技術の適用時における留意点としては，レーザー処理では，鉄が溶融する温度以上に加熱され，冷却する過程で大気中の酸素と反応することで，**図-9.2.4**に示すように，表面に0.1～1.0μmの厚さでFeOを主体とした酸化皮膜が形成される．この酸化皮膜は大気中では比較的安定な物質で鉄を保護するが，塩水によりイオン化して溶出しやすく，塗装との密着性を阻害する原因となる．そのため，塗膜表面に傷などが発生した場合，酸化皮膜上の塗膜が剥離することが懸念される．塗装の耐久性を得るためには，この酸化皮膜をブラストにより物理的，または酸により化学的に除去する必要があると思われる．なお，レーザー処理で生じた酸化皮膜は，1μm程度の薄層

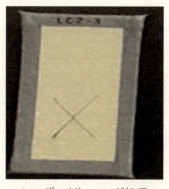
レーザークリーニング処理
塩分量 0 mg/m²

ブラスト処理
塩分量 70 mg/m²

素地調整程度3種
塩分量 600 mg/m²

図-9.2.3 複合サイクル試験（JIS H 8502[16]）250サイクル（2000時間）後の試験片[15]

(a) 表面写真

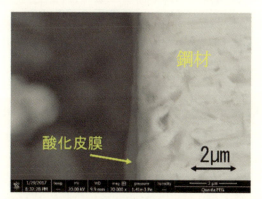
(b) 反射電子組成像

図-9.2.4 レーザー処理後の鋼材のSEM画像

 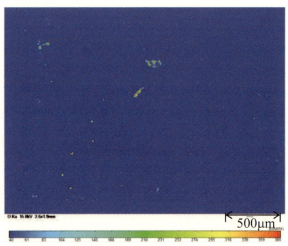

(a) レーザー処理直後の鋼材表面（SEM 画像）　　(b) 酸処理した後の酸素の検出状況

図-9.2.5　レーザー処理後に酸処理した表面の EPMA 分析

であり，ブラストや pH1 程度のクエン酸などを塗布して除去できることが確認されている（図-9.2.5）．また，レーザー処理で施工された鋼素地の表面粗さは Rz で 30μm 程度であるが，塗装との密着性を確保するためにブラストを併用することが望ましい．

このレーザー処理技術は，原理上，大面積の施工に対しては適用性が低いため，局部腐食や腐食が著しい小面積への適用が期待される．また，レーザー処理を実構造物の素地調整に適用するに際して，レーザー処理時の熱が鋼材の機械的性質に及ぼす影響，施工時に発生するヒューム成分の解明，作業時のレーザー光の誤照射防止等の安全確保，施工適用範囲などについて，検討すべき項目がある．

9.2.2　化学的素地調整

鋼橋などの鋼構造物における塗装塗替え後の塗膜の耐久性は，素地調整後の鋼材の除錆度，残存塩分量，表面粗さ等に大きく影響を受ける．そのため，高品質の素地調整を確保するために様々なブラスト関連技術が開発されてきた．しかし，従来の技術では狭隘部や，ボルト連結部，孔食部などに対しては，必ずしも十分な品質の素地調整を確保できない場合がある．そこで，このような部位に対して，機械設備等における除せいに一般に用いられている酸による化学的素地調整を適用する方法について研究・開発が行われている．

化学的素地調整は，溶融亜鉛めっきの第1工程となる「酸洗い」などに代表され，塩酸等の薬品槽に素地調整対象物を浸漬することで鋼表面のさびや不純物を除去する．しかし，このような方法は，既設の鋼構造物には適用困難である．このため，保水性が高く構造物に貼付可能な繊維シート（ポリエステル繊維＋架橋型アクリレート繊維）を用い，pH1 の塩酸系化学的素地調整剤を含浸させて湿布することで，狭隘部などへの化学的素地調整の適用が研究されている[17),18)]．この研究では，さびを発生させた普通鋼板と耐候性鋼板の試験片に対して化学的素地調整を行い，溶液温度-10〜50℃の範囲において，普通鋼板および耐候性鋼板ともに除せい効果が確認され（図-9.2.6），実構造物に対する適用が期待できるとされている．酸の侵食により鋼材が減肉するものの，その深さは 14μm と微小なこと（図-9.2.7(a)），また，鋼材表面の侵食パターンは，図-9.2.7(b)に示すように，セミバリオグラム解析による空間統計的評価手法[19)]を用いて，侵食の進行によっ

て表面起伏の波長はほとんど変化しないが,侵食深さは大きくなる傾向であることなどが報告されている.なお,**図-9.2.7(b)**に示すシルθ_1とレンジθ_2は,空間統計学のパラメータであり,それぞれ浸食深さの程度と浸食孔の起伏の影響範囲を意味している.

　この技術は,化学的素地調整剤を含侵させた繊維シートを湿布可能であれば施工面の向き,および空間に依存しない.この技術の適用方法としては,1)ブラストの施工が困難である狭隘部に対しては,この技術だけで素地調整した後に薬液が残存しないように中性化処理をする方法,2)平面部に発生した孔食部や耐候性鋼に発生した異常さびなどに対し,化学的素地調整後にブラスト処理する方法などが考えられる.適用時における留意点は,化学的素地調整は構造物のさびが進行して旧塗膜がない状態や,無塗装耐候性鋼に異常さびが発生した場合などを想定した技術であるため,旧塗膜が残存する部材に適用する場合は,手工具やブラスト処理を併用するなどして鋼素地を露出させる必要がある.また,広範囲への適用については今後の検討課題であり,効率の良い工法の開発が望まれる.

(a) 普通鋼(SM490)

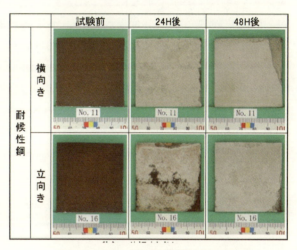

(b) 無塗装耐候性鋼(SMA41A)

図-9.2.6 酸による化学的素地調整の試験結果例[17]

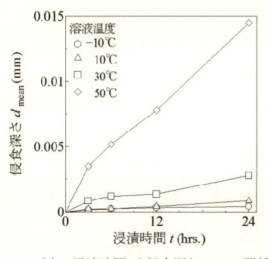

(a) 浸漬時間 t と侵食深さ d_{mean} の関係

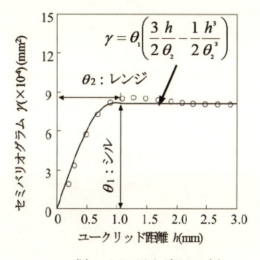

(b) セミバリオグラムの例

図-9.2.7 化学的素地調整による普通鋼材表面への影響[18]

9.3 表面被覆と犠牲陽極材による防食技術

9.3.1 腐食性イオン固定化剤入り有機ジンクリッチペイント

鋼道路橋防食便覧[20]では，耐候性鋼材の素地調整について，「付着塩分量が 50mg/m^2 以下となっていることを確認し，50mg/m^2 以下となっていない場合には水洗いなどによって塩分除去を行うのがよい」としているが，この水洗いについては，排出水による環境汚染への対策などに配慮する必要があり，現場での適用は難しいのが現状である．しかし，水洗いを行わずに効果的に塩分除去することは難しく，付着塩分量が 2000mg/m^2 以上の範囲に対し，1 回のブラスト処理で約 300～400mg/m^2 が残存し，ブラスト処理を 4 回行っても 50mg/m^2 以下にならなかったとの報告もある[21]．そのため，付着塩分量が 300～400mg/m^2 程度の場合でも十分な防食機能を維持できる補修塗装工法について技術開発が進められている．この技術は，塩化物イオンや硫酸イオンなどの腐食性イオンを不溶性の塩として固定化する機能を有する，腐食性イオン固定化剤を配合した有機ジンクリッチペイントを防食下地に用いる方法である（8.3.3 および付録 2.3 参照）．腐食性イオン固定化剤は，イオン交換反応によって素地調整後の鋼材表面に残存する腐食性イオン（Cl$^-$，SO$_4^{2-}$ など）を吸着・固定化し，内包する亜硝酸イオン（NO$_2^-$）を放出することで鋼材素地を不動態化する機構を有する[22]．腐食性イオン固定化剤が腐食性イオンを固定化することで，局所的な犠牲防食作用の早期消失を防ぎ，ジンクリッチペイントの防食効果を有効活用できる．腐食性イオン固定化剤（3CaO・Al$_2$O$_3$・Ca(NO$_2$)$_2$・nH$_2$O：カルマイト）の塩分吸着の概念図を図-9.3.1 に，この反応式を式(9.3.1)に示す．反応式(9.3.1)は，腐食性イオン固定化剤であるカルマイトと腐食性イオンである Cl$^-$ が反応し，塩（3CaO・Al$_2$O$_3$・CaCl$_2$）として吸着・固定化し，無害化することを示している．

$$3CaO・Al_2O_3・Ca(NO_2)_2・nH_2O + 2Cl^- \rightarrow 3CaO・Al_2O_3・CaCl_2・nH_2O + 2NO_2^- \quad (9.3.1)$$

素地調整程度 1 種（ブラスト処理）を施した普通鋼（SS400：70×3.2×150mm）に対して，付着塩分量を 0, 50, 150, 360mg/m^2 に調整した後，防食下地として腐食性イオン固定化剤入り有機ジンクリッチペイント（特殊有機ジンクリッチペイント）75μm および従来の有機ジンクリッチペイント 75μm を塗布し，その上に変性エポキシ樹脂塗料下塗 60μm を 2 回，ふっ素樹脂塗料用中塗 30μm，ふっ素樹脂塗料上塗 25μm をそれぞれ塗布した試験片を用い，沖縄県の糸満市（北緯 26 度 4.9 分，東経 127 度 40.7 分，離岸距離：800m，飛来塩分量：0.430mdd）で遮蔽暴露試験が実施

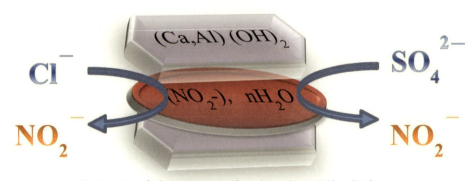

図-9.3.1　腐食性イオン固定化剤の塩分吸着の概念

表-9.3.1 沖縄県で実施された遮蔽暴露試験3年目の試験片[22]を一部修正

経過年数	付着塩分量	0mg/m²		50mg/m²		150mg/m²		360mg/m²	
	防食下地の種類	腐食性イオン固定化剤入り有機ジンクリッチペイント	従来有機ジンクリッチペイント	腐食性イオン固定化剤入り有機ジンクリッチペイント	従来有機ジンクリッチペイント	腐食性イオン固定化剤入り有機ジンクリッチペイント	従来有機ジンクリッチペイント	腐食性イオン固定化剤入り有機ジンクリッチペイント	従来有機ジンクリッチペイント
1年	外観								
	一般部さび	9-P	9-P	9-P	9-P	9-P	9-P	9-P	9-P
	カット部平均腐食幅	0.0mm	1.0mm	0.0mm	1.0mm	0.0mm	1.0mm	0.0mm	1.0mm
2年	外観								
	一般部さび	9-P	9-P	9-P	9-P	9-P	9-P	9-P	9-P
	カット部平均腐食幅	1.0mm	3.0mm	1.0mm	2.0mm	0.5mm	2.0mm	0.0mm	1.0mm
3年	外観								
	一般部さび	9-P	9-P	9-P	9-P	9-P	9-G	9-P	9-P
	カット部平均腐食幅	3.0mm	3.0mm	3.0mm	4.0mm	1.0mm	3.0mm	0.5mm	2.0mm

れている．暴露3年後における結果を表-9.3.1に示す．なお，ここでは，当該試験片にカットを入れた総合塗膜試験片の結果を示すが，文献22)ではこの防食下地単膜での暴露試験も行われている．表-9.3.1の試験結果より，付着塩分量に関わらず，腐食性イオン固定化剤入り有機ジンクリッチペイントのカット部の防食性は，従来有機ジンクリッチペイントと比較して優れている．また，腐食性イオン固定化剤入り有機ジンクリッチペイントは，付着塩分量が360mg/m²程度までは良好な防食機能を維持できており，適用可能な付着塩分量は360mg/m²程度と考えられるが，暴露試験期間が3年間という短期間であることを考慮して，360 mg/m²程度の半分の量である100～150mg/m²程度までを適用可能範囲であるとされている．この技術では，ブラスト処理の適用を前提にした場合の耐用年数は30年を期待されている．ただし，凍結防止剤を含む漏水や，海岸近傍で継続的に海塩が飛来するなどの腐食原因が排除されない場合は期待耐用年数30年には至らないとされる．

　この有機ジンクリッチペイントは，気温5℃以下，湿度85RH%以上では使用できない．塗装間

隔は20℃で1～10日間を厳守するとともに，安全性に関しては安全データシート（SDS）を確認した上で使用する必要がある．また，この有機ジンクリッチペイントは，無機ジンクリッチペイントに比べて防せい性はやや劣るが密着性はよく，動力工具で素地調整を行った鋼材面にも塗付でき，素地調整程度1種または2種により塗膜を除去した塗装塗替えに適用できるとされている．

9.3.2 セメント系防食下地材

　セメント系防食下地材は，鉄筋コンクリート構造物における亜硝酸リチウムを用いた鉄筋防食[23),24)]と同様に，亜硝酸イオンを含有するセメント系防食材を直接鋼材に塗布し，鋼構造物を防食する材料である．本項では，セメント系防食材の一つとして，鉄鋼業の副産物として生成する高炉スラグ微粉末を混合し，亜硝酸塩には亜硝酸カルシウムを使用した材料について概説する．この下地材の防食原理は，高炉スラグ微粉末によるアルカリ雰囲気化によって，塗布した鋼材表面を不動態域に移行させると同時に，塩化物イオンによる不動態皮膜および鋼素地への影響に対して，亜硝酸イオンと鉄イオンの反応により，不動態皮膜の再構築が促進されると考えられる[25),26)]．防食皮膜は，**図-9.3.2**に示すように防せい層と表面保護層の2層で形成される．下塗りとなる防せい層は，亜硝酸カルシウムを含有した高炉スラグ混合セメントペーストを主成分とし，アクリル樹脂系エマルジョンにより塗膜化している．一方，表面保護層は弱溶剤系の樹脂塗料で構成され，この表面保護層によって防せい層のアルカリ成分や亜硝酸イオンの溶出を遅延させるように設計されている．施工後の塗膜は，標準で455μmの膜厚で形成され，乾燥やひび割れ，鋼材の変形などに追従可能となっている[25)]．

　複合サイクル試験(JIS K5600-7-9[27)] サイクルA)による塗膜耐久性の評価に関して，試験体の塗装仕様を**表-9.3.2(a)**に，試験結果を**表-9.3.2(b)**に示す．セメント系防食下地材は，従来塗装仕様に対して優れた耐食性を示している．文献25)では，中性塩水噴霧試験 JIS K 5600-7-1[28)]での2000時間試験なども実施しており，いずれも皮膜の耐食性が確認されている．実構造物においては，素地調整が困難な狭隘部や高力ボルト連結部，高濃度の海塩粒子にさらされる鋼部材，耐摩耗性が要求される船倉内部など，既に多くの部位で適用されている．

　この技術の適用時における留意点としては，セメントの水和反応が完結するまでには1か月程度の時間を要するため，ポリマーが柔らかい状態の塗装後1週間程度は接触に注意が必要なことである．また，この材料の特徴である鋼材の変形に対する追従性は，防せい面では利点であるが，応力集中部で塗膜割れが起きにくいため，疲労き裂の発見が遅れる場合があることに留意する必要がある[29)]．耐久性については，表面保護層の経年劣化に伴う防せい層の亜硝酸イオンの溶出に注意が必要である．防食性能は亜硝酸イオンに著しく依存することから，この材料の耐用年数を適正に把握するためには，今後，亜硝酸イオンの残存量や消耗速度の測定・評価方法を確立する必要がある．

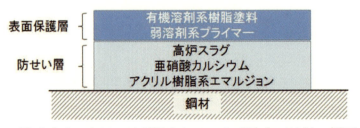

図-9.3.2 高炉スラグ混合セメント系防食下地材の概要

表-9.3.2 複合サイクル試験による耐久性の評価

(a) 試験片の塗装仕様

仕様	素地調整	防食下地	1層目	2層目	3層目	4層目	5層目
SR	素地調整程度3種	−	高炉スラグセメント系下地材 (500g/m²)	高炉スラグセメント系下地材 (500g/m²)	弱溶剤形ふっ素樹脂塗料中塗 (160g/m²)	弱溶剤形ふっ素樹脂塗料上塗 (120g/m²)	−
Rc-Ⅰ	素地調整程度1種	有機ジンクリッチペイント (600g/m²)	弱溶剤形変性エポキシ樹脂塗料下塗 (240g/m²)	弱溶剤形変性エポキシ樹脂塗料下塗 (240g/m²)	弱溶剤形ふっ素樹脂塗料中塗 (170g/m²)	弱溶剤形ふっ素樹脂塗料上塗 (140g/m²)	−
Rc-Ⅲ	素地調整程度3種	−	弱溶剤形変性エポキシ樹脂塗料下塗 (200g/m²)	弱溶剤形変性エポキシ樹脂塗料下塗 (200g/m²)	弱溶剤形変性エポキシ樹脂塗料下塗 (200g/m²)	弱溶剤形ふっ素樹脂塗料中塗 (140g/m²)	弱溶剤形ふっ素樹脂塗料上塗 (120g/m²)

(b) 試験終了後の腐食状況の比較

9.3.3 一層塗り防せい塗料

塗替え塗装において，素地調整が不十分な場合は再び発せいする事例が多く報告されている．また，一般の塗装では，塗料の下塗り，中塗り，上塗りと複数の層を塗り重ねる必要があり，施工に時間を要するという課題もある．そのため，素地調整が不十分でも一層塗りで防せい効果のある塗料（以下，一層塗り防せい塗料）が開発されている．この塗料は，高濃度スルフォン酸カルシウムアルキド樹脂（High-ratio calcium sulfonate alkyd：HRCSA）を主成分とする一液塗料であり，鋼素地表面に SO_3^- 分子が極性接着することで撥水し，酸素を遮断して，かつ表面をアルカリ性に保つことで耐食性を確保する（図-9.3.3）．この塗料の特徴は，素地調整程度4種でも施工が可能であり，塩分や浮きさびを除去すれば，さびの上からでも塗装できる点である．膜厚は湿潤時で，旧塗膜やさびの少ない箇所では200〜300μm，腐食の著しい箇所では400μmが目安となる．

連邦道路局（FHWA）の100年防せい塗料の検討レポート[30]の中では良好な試験結果が得られており，米国の橋梁で補修塗装に適用された事例も多い．米国での施工事例を図-9.3.4に示す．塩類や浮きさびを除去するため，35〜50MPaの高圧水洗浄（塩分中和剤入）で素地調整をして，浸透材を構造隙間部や層状のさび部に吹き付け，その上に一層塗り防せい塗料を施工している．米国の橋梁においては，腐食環境は不明であるが，施工から25年経過後も防せい効果が維持されているとの報告もある．

我が国においては，橋梁本体への適用事例はないが，試験的に検査路や排水管取付け金具に施工した事例がある．我が国で適用する場合でも，長期的な耐食性を得るためには，高圧洗浄水などで素地調整を行うことが望ましい．ただし，高圧洗浄水を用いる場合は，汚水処理の問題があるため，9.5.2に示す熱収縮シート密封養生を併用するなどの処置が必要と考えられる．

施工については，ローラー塗り，刷毛塗り，一液ガンなどのスプレー塗りが可能である．この塗料は，酸素と反応しながら溶剤が乾燥して硬化するもので，触指乾燥まで48時間，完全硬化まで30日間程度を要する．塗布から数時間経過した後の降雨であれば，材料が撥水性のため問題はないとされている．留意点としては，硬化速度が遅いこと，乾燥後の塗膜は光沢度や表面硬度が低いという点はあるが，美観への配慮が必要のない部位や，特にブラストによる素地調整が困難な部位に対して適用が期待される．

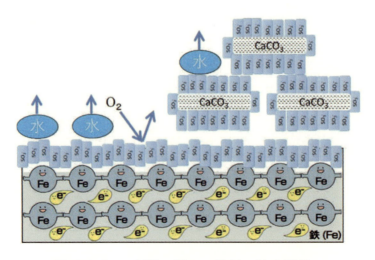

図-9.3.3　一層塗り防せい塗料の防食機構

(a) 高圧洗浄による浮きさび等の除去

(b) ボルト・隙間部への浸透材の吹付け

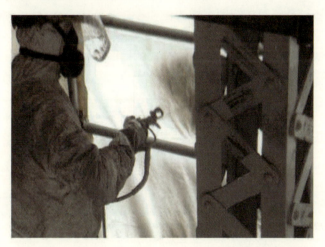
(c) スプレーガンによる防せい塗料の吹付け

図-9.3.4 一層塗り防せい塗料の施工状況

9.3.4 狭隘部で施工可能な溶射機

部材が複雑に入り組んだ狭隘部で溶射を施工する際には，一般の溶射機器では施工スペースが確保できないという問題があることから，溶射ガンや溶射機を小型化した機器が開発・実用化されている[31]．

開発された溶射機は，トーチ（溶射ガン）内部のプラズマガスと溶射線材の間にアークを発生させ，トーチ中央の噴出ガスを高温のプラズマジェットに変化させて熱源を得ている．このプラズマジェットによって溶射線材を溶融し，鋼材表面に吹き付けて皮膜を形成する．溶射機の概要を図-9.3.5 に示す．この溶射機では，溶射材料にアルミニウム 95%-マグネシウム 5% の合金線（φ1.6mm）について適用性が確認されている．

溶射材料を溶融する熱源にはプラズマ（高温でイオン化したガス）を用いている．また，プラズマ化して Al-5%Mg 線材を溶融する一次ガスや，溶融した溶射材料を加速させる 2 次ガスには圧縮空気を用いており，窒素や酸素，アルゴンなどのガスボンベを使用しないことから現場での施

工性の向上やコスト縮減が図られている．溶射ガンは，一般に普及している溶射機と比較して 1/2 〜1/3 程度に小型化されている．また，溶射距離（溶射ガン先端から鋼素地面までの距離）は，一般の溶射機では 8〜30cm が適正距離とされているが，この溶射機では 4〜20cm に調整されている．また，鋼素地表面に対して溶射ガンの角度は通常 90°であるが，最大 35°程度まで斜めから溶射をした場合でも溶射皮膜を鋼素地に付着させることができる．なお，溶射距離と操作速度にもよるが，3〜5 パス程度で 100μm 以上の皮膜が形成可能である．

鋼橋では，伸縮装置からの漏水や，連結防止剤の散布による塩類の付着などによって腐食損傷が発生していた桁端部に適用された事例がある[31]．この事例では，ブラスト後の鋼素地の除錆度は ISO 8501-1[2]に規定される Sa3，表面粗さは Ra で 8μm 以上，Rz で 50μm 以上として管理され，鋼素地面の品質検査後ただちに溶射が施工された．また，溶射皮膜の最小厚さは 100μm 以上として管理され，溶射後には溶射皮膜の気孔の充填や着色などを目的とした封孔処理が行われている．鋼桁端防食の施工状況例を図-9.3.7 に示す．

この溶射機の適用に際しては，溶射距離が 4cm 未満となる部位は施工できないことに留意する．今後，溶射機の改良によって施工可能範囲が拡大されることが望まれる．

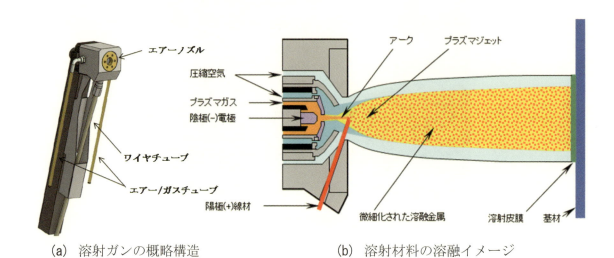

(a) 溶射ガンの概略構造　　　　　　　　　(b) 溶射材料の溶融イメージ

図-9.3.5　Al-5%Mg プラズマアーク溶射機の模式図

(a) 溶射機全体　　　　　　　　　　　　　(b) 溶射ガンの外観

図-9.3.6　Al-5%Mg プラズマアーク溶射機の概要

(a) 溶射施工時の状況例　　　　　　(b) 施工から4年経過後の状態

図-9.3.7　Al-5%Mg プラズマアーク溶射による桁端防食の施工状況

9.3.5　大気犠牲陽極防食

　塗装は最も一般的な防食方法であるが，塗替えにおいては素地調整時に残留した腐食生成物や塩類が再塗装後の塗膜耐久性に影響を及ぼすなど，防食性能の回復において克服すべき課題は多い．その根本的な課題は，塗装等の被覆膜は鋼部材を腐食因子から遮断して腐食を抑制しているため，被膜の欠損等によって，鋼部材は容易に腐食環境にさらされる点にある．一方で，海洋構造物等に適用されている海中部の電気防食は，鋼素地自体を腐食しない状態に移行させる技術であり，塗装の課題を解決できる可能性がある．近年，流電陽極式(犠牲陽極)による大気犠牲防食が開発されており [32)-35)]，腐食生成物が残存する環境や高濃度塩水にさらされる腐食性の高い環境における防食効果について検討されている．

　この大気犠牲防食では多数の孔を設けた Al-Zn 合金板を犠牲陽極とし，保水性繊維シートとの組合せによって，大気環境下においても犠牲陽極作用を発現できる．この技術の防食メカニズムを図-9.3.8 に示す．降雨や結露により鋼部材が腐食環境にさらされた時に，自発的に犠牲陽極回路が形成されて防食電流が流れ，鋼部材が防食される仕組みである．Al-Zn 合金板および保水性繊維シートの外観を図-9.3.9 に示す．Al-Zn 合金板には多数の孔が設けられており，この孔を介して雨水を保水性繊維シートへ供給する．保水性繊維シートは，架橋型アクリレート繊維とポリエステル繊維の配合比率を質量比でそれぞれ 70%と 30%としたもので，非常に優れた保水性能を有しており，犠牲陽極反応を継続的に作用させることに寄与している．また，繊維の柔軟性によって，構造物製作時の溶接変形や腐食表面の起伏等に対して密着性が維持できる．繊維シート自体は，紫外線による変色や経時的な保水性の低下があるが，大気環境では繊維シートの劣化が犠牲防食作用を阻害することはほとんどない．大気犠牲陽極における大気中の腐食環境の変化と防食電流の経時性について図-9.3.10 に示す [35)]．図中のハッチングは降雨を示している．降雨量が多い環境下では，連続的に大きな防食電流が測定されている一方で，降雨のない期間においても断続的な防食電流が測定されている．これは夜間の結露によって生じた腐食環境に対する防食電流である．つまり，腐食環境に応じて防食電流が発現するといえる．また，多少の腐食生成物が残存する鋼素地に対しても，防食可能であることが実橋試験で確認されている [36)]．

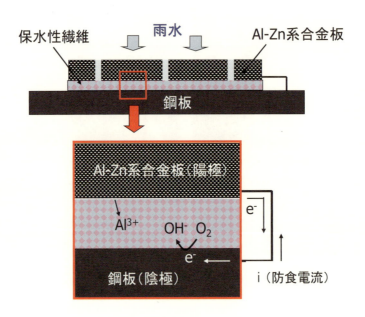

図-9.3.8 大気犠牲陽極構成および防食メカニズム

(a) Al-Zn系合金板

(b) 保水性繊維シート

図-9.3.9 大気犠牲陽極の構成部材の外観

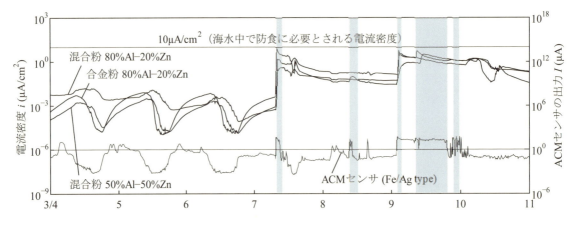

図-9.3.10 大気犠牲陽極による防食電流の経時性 [32)を一部修正]

(a)　素地調整程度 2 種　　　　　　　　(b)　陽極材設置

(c)　開放状態（2.5 年後）

図-9.3.11　実橋桁端部への試験施工事例

　図-9.3.11に示すように，Al-Zn 合金の損耗に伴う白色の酸化物が付着するが，2.5 年経過後においても鋼素地には顕著な腐食は生じていない．耐候性鋼に対しても同様の効果を確認しており，異常さびへの対策としての期待もできる．

　この技術の適用時における留意点は，犠牲陽極材の落下や脱落などの事故を防止するため，犠牲陽極材を鋼部材に確実に取り付けることである．ボルトで固定できるが，そのためには鋼部材側に固定用の孔を明ける必要がある．本技術では，大気中で犠牲防食の効果を発現させるために，犠牲陽極材と鋼部材の間に保水性繊維シートを介している．この保水性繊維シートは締付された状態でなければ防食に不具合が生じることがあるため，均一な締付力にも留意する必要がある．腐食生成物の残存する鋼部材に犠牲防食を適用した場合，腐食生成物は還元され最終的に鋼素地から剥離することを確認している．しかし，剥離した腐食生成物層はその位置に残存するため，大きさによっては犠牲防食の回路形成を阻害する可能性がある．そのため，除去が容易な平面部の腐食生成物はできるだけ取り除き，腐食生成物の残存は，動力工具では取り切れない孔底部や入隅部のみに留めるのが好ましい．大気犠牲防食は陽極材と鋼部材の導通を維持することが重要である．簡易的にはテスターで確認できるが，防食電流を連続的に測定・記録することで，消費した電気量から余寿命を求められる．それにより，防食効果の確認とともに犠牲陽極材の交換時期を適切に判断できる．特に，腐食環境が大きく変動するような部位では，犠牲陽極材の損耗の予測が難しいため，防食電流のモニタリングが推奨される．なお，犠牲陽極板の Al 系の酸化物層は比較的厚く成長しやすいがポーラスであるため，防食電流の導通にほとんど問題がないことが確かめられている．

9.4 ボルト連結部の防食技術

鋼構造物の現場継手として一般的な高力ボルト連結部では，高力ボルトの形状的な問題により，必要な塗膜厚が確保しづらく，一般部と同等の防食性能を維持することが難しいため，鋼構造物の維持管理上の弱点になることが懸念される（2.1.3 および 4.1.3 参照）．さらに，防食被覆を有するボルトでは，ボルト締付け時に傷を受けやすく，一般部材よりも高い耐食性が要求される．本項では，重度の腐食損傷が数多く報告されているボルト連結部の防食技術について述べる．

9.4.1 ボルト・ナットキャップ

ボルトの耐食性を向上させるため，ナットやボルト頭部を塩化ビニール製のキャップで覆うなどの対策が行われる場合がある．ただし，このようなボルトキャップの設置後には，ボルト本体の外観状況を確認できないなど維持管理上の課題も生じる．このような課題に対して，透明な塩化ビニール樹脂を使って設置後の視認性を向上させたボルトキャップ（図-9.4.1）が研究・開発されている[37)-39)]．また，従来のボルトキャップではキャップ内に接着剤を完全に充填するが，これでは取外しに時間がかかるため（1 部位あたり 20～30 分），キャップのつばの部分にのみ接着剤を充填する方法[37)]が提案されている．この方法であれば，取外しに要する時間は 1～2 分であり，取替え時の作業効率が大幅に向上する．文献 37)では，日中 8 時間（9：00～17：00）の屋外暴露試験と夜間 16 時間（17：00～9：00）の塩水噴霧試験（JIS Z 2371[40)]）を 1 セットとしたサイクル試験を計 1500 時間（2 ヶ月）実施している．この試験では，視認性と耐食性が評価された．視認性については，キャップを取り外す前に行った外観からの腐食度の予測と，キャップを取り外した後に確認した実際の腐食状況を比較した結果，予測と実際の腐食状況はほぼ一致しており，キャップを取り外さなくても外観から腐食状況を把握できることが確認された．耐食性については，ボルトに補修塗装した後にキャップを取り付けると，試験開始から 1500 時間経過しても腐食は発生しないことが確認されている（図-9.4.2）．

適用時の留意点としては，紫外線を主要因とした経年劣化によるボルトキャップの割れに伴う耐食性の低下が懸念され，経年劣化を適切に評価した取換え判定基準の整備が望まれる．理想は桁およびボルト連結部の塗替え時に合わせてキャップ取換えを行うことであり，塗膜寿命と同等

 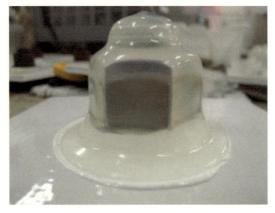

(a) 有色のボルトキャップ　　　　(b) 透明型ボルトキャップ

図-9.4.1 ボルトキャップの設置状況[37)]

(a) 新品（黒皮）ボルトに適用した場合　　(b) 補修塗装ボルトに適用した場合

図-9.4.2　透明型ボルトキャップの耐食性試験結果[37]

以上の長期的な耐久性が求められる．現在，従来の有色のキャップ，透明型キャップの両方を対象として，耐候性促進試験によってボルトキャップ自体の長期耐久性に関して検討が進められている[38),39)]．今後，塗膜寿命と同等以上の耐候性を有するキャップ樹脂素材の開発・適用が望まれる．

9.4.2　55%Al-Zn めっきボルト

鋼材に装飾や防食を目的としためっき処理は古くから行われており，機械，土木，建築など多くの分野で広く使用されている．防食目的としためっき処理は，一般に溶融 Zn めっきが多く行われている．さらに耐食性を向上させるために，Zn に Al や Mg 等を添加した合金系めっきが使用されている[41),42)]．これらの耐食性を高めた Zn-Al 系めっきや Zn-Al-Mg 系めっき部材の締結には，一般に溶融 Zn めっきボルトが使用されるが，母材との耐食性能に差があるため，維持管理上問題となることが考えられる．そこで，溶融 Zn めっき部材や合金系めっき部材の締結に，溶融 Zn めっきボルトよりも耐食性を高めた 55%Al-Zn めっきボルトが使用される事例がある．55%Al-Zn めっきは，米国の Bethlehem Steel 社によって開発され，1972 年に 55%Al-Zn めっき鋼板が量産化されたといわれている[41)]．55%Al-Zn めっきボルトの製造は，Zn に質量比で 55%の Al と少量の Si と溶融させためっき浴にボルトを漬け込み，めっき浴から引き上げて余分なめっきを落して製作される．Al と Zn の配合量については，環境遮断性に優れた Al と犠牲防食効果の高い Zn のそれぞれの効果を検討され，質量比で約 5.5 対 4.5 に調整されている（付録 3.1.2 参照）．また，少量の Si の添加はめっき厚さを調節する役割があり，ボルトねじ部などへめっきが厚く付着し過ぎないようにする効果がある．めっき浴の温度は約 610～650℃で，漬け込み時間は約 1～4 分間である．めっき層の断面は，鋼素地とめっき層の境界部に数μm の Fe-Al 合金層が形成され，その上に Al-Zn 層が形成される．めっきの付着量については，現在規格等はなく，製造者の仕様として膜厚40μm として管理されている事例がある．55%Al-Zn めっきボルトの製造状況を**図-9.4.3**に示す．このボルトの適用例としては，照明柱基部の固定部，ガードレールの固定部，海洋施設の配管等の固定部などの Zn めっき部材や Al めっき部材への適用があげられる（7.3.3 および付録 3.4.2 参照）．このボルトの耐食性については，一例として**図-9.4.4**に示すように，JIS H 8502[16)] の試

(a) Al-Zn めっき浴からの引上げ状況

(b) 完成品

図-9.4.3 55%Al-Zn めっきボルトの製造状況

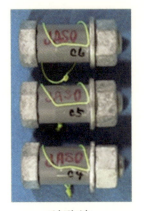
試験前

100 サイクル
（800 時間）

300 サイクル
（2400 時間）

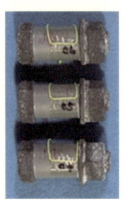
500 サイクル
（4000 時間）

図-9.4.4 55%Al-Zn めっきボルトの複合サイクル試験結果

験において 450 サイクル（3600 時間）まで赤さび（点さび）の発生がないことなどが確認されている．また，軸力管理をしていない普通ボルトを用いた部材の固定ではボルト締付け後の耐ゆるみ性が問題となることがある．この技術では，耐ゆるみ性を向上させる方法としてナット側の溝をくさび形状としたボルトセットも製作されている．

55%Al-Zn めっきボルトの課題としては，高力ボルトへの適用拡大があげられる．熱処理された高力ボルトは，高温のめっき浴に漬け込むことで強度が低下するが，現状ではこの強度低下量が定量評価されていない．高力ボルトへの適用に際しては，熱影響による強度低下量を検証した上で，使用強度区分を明確にする必要がある．

9.4.3 Al-5%Mg 溶射高力ボルト

Al-5%Mg 合金溶射を施した部材の連結には，従来，溶融 Zn めっきボルトなどが使用されていたが，母材との耐食性の差が課題であった．このため，母材と同等の耐食性を確保するためにAl-5%Mg 溶射高力ボルトが開発されている[43]．このボルトは工場で高力ボルトに Al-5%Mg プラズマアーク溶射を施工したもので，工場出荷時から膜厚 100～300μm 程度の溶射皮膜を有している．金属溶射は被施工物への熱影響が少ないことから，熱処理された高力ボルトでも強度低下しないため，未防食ボルトの強度区分（例えば，F10T）で使用できる．また，工場出荷時から溶射

M22 F10T:全面溶射　　M22 S10T:頭部溶射

(a) Al-5%Mg 溶射高力ボルトの外観　　(b) 新設橋における使用例

図-9.4.5 Al-5%Mg 溶射高力ボルトの外観と適用例

(a) ナット保護具　　(b) ボルト頭部とナット保護具

図-9.4.6 Al-5%Mg 溶射高力六角ボルト用の締付け保護具

皮膜があるため急速施工に優れており，長期耐食性が必要とされる新設ジャンクション橋などでも使用されるケースが多くなっている．ただし，ボルト締付け施工の直後に 2 次封孔処理が実施（一次封孔処理は工場で実施）され，一般にはその上に塗装が施工されている場合が多い．

Al-5%Mg 溶射高力ボルトの外観および施工例を**図-9.4.5**に示す．Al-5%Mg 溶射高力ボルトの締付けの施工性および疲労耐久性，並びに連結部の摩擦接合面を Al-5%Mg 溶射仕様とした場合のすべり係数については室内試験（模型桁と小型供試体試験）が実施され，高力ボルトとして要求性能は確保されており，すべり係数が 0.6 以上（無封孔の場合）であることなどが報告されている[44]．耐食性については，暴露試験や複合サイクル試験が実施されている．文献 45) では，ボルトに設計軸力（205kN）以上が導入されるように締付けた状態で複合サイクル試験（JIS H 8502[16]）および JIS K 5600-7-9[27]サイクル D）が実施されている．保護具（**図-9.4.6**）なしで締付けた場合は，6000 時間経過後にナット角部やねじ余長部にわずかに腐食生成物が付着し，溶射皮膜の消耗が認められるが，母材の腐食はほとんど進行していない（**図-9.4.7 (a)**）．一方，保護具を使用して締付けた場合は，複合サイクル試験 6000 時間経過後も溶射皮膜は健全であることが報告されている（**図-9.4.7 (b)**）．

適用時の留意点としては，高力六角タイプの Al-5%Mg 溶射高力ボルトは，ボルトねじ部にも溶射皮膜があるため締付け時のナットとの摩擦抵抗が大きく，トルク係数が大きくなる場合が考えられる．このため，Al-5%Mg 溶射高力ボルトの出荷時には製造ロットごとにトルク係数が確認さ

6000時間直後　　洗浄後　　　　　　　　6000時間直後　　洗浄後
(a) 保護具なしで締付け（無封孔）　　　(b) 保護具を使用して締付け（無封孔）

図-9.4.7　Al-5%Mg溶射高力六角ボルトの複合サイクル試験結果[45]

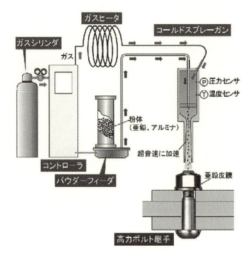

図-9.4.8　低温溶射によるボルト部防食技術の構成[47]

れているが，ボルト導入軸力不足が懸念されるため，ボルトの締付け施工方法にはナット回転法が採用されている．なお，ナット回転法は，諸外国の基準や国内の建築分野における施工では採用されているが，道路橋ではF8TおよびB8Tを除いて採用されていない．締付け施工においては，ボルトやナット角部の溶射皮膜の損傷が懸念されるため，ボルトやナットに保護具を装着することが望まれる．

9.4.4　低温溶射によるボルト連結部の防食

高力ボルトの防食性能を確保することを目的として，低温溶射（コールドスプレー）技術[46]を応用した特殊金属塗装技術が開発され，既設鋼構造物のボルト連結部に試験的に適用された事例がある．低温溶射は，金属材料の融点または軟化温度よりも低い温度のガス（作動ガス）をコールドスプレーガンのノズルで超高速流にし，その中に皮膜材料を投入し，それを固相状態のまま対象物に高速で衝突させて皮膜を形成する技術である（**図-9.4.8**）．主な皮膜材料は，低温で変形が容易なアルミニウム，銅，亜鉛，マグネシウム等の低融点，軟質金属である．低温溶射では，材料の融点以下で皮膜が生成されるため，熱によって皮膜に変質や組成変化は生じない．

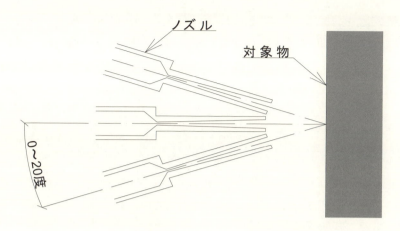

図-9.4.9　ノズルの操作範囲

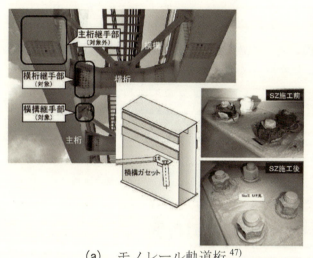

(a)　モノレール軌道桁[47]

(b)　鋼道路橋の支承部[48]

図-9.4.10　低温溶射による防食の適用事例

皮膜材料を対象物に衝突させるには，皮膜材料の粒子速度がある一定の速度（臨界速度）を超えなければならない．この臨界速度は，材料固有の値であり，粒子温度の上昇とともに低下する．低温溶射では，臨界速度以上の粒子速度を得るために，コールドスプレーガンのノズル形状の最適化を行っている．なお，超高速流となった作動ガスがノズルから噴出すると，大気中への拡散と摩擦によって速度は急激に低下してしまうため，ノズルの出口部と対象物は20mm程度まで近づけなければならない．低温溶射の装置には，作動ガスが1MPa以上の高圧タイプと1MPa以下の低圧タイプの2種類がある．高圧タイプは，作動ガスの温度を高温にすることで付着効率が高く，かつ皮膜材料として使用できる金属の種類が多いという利点がある．一方，低圧タイプは，皮膜材料として使用できるのが亜鉛，アルミニウム，銅等の延展性の良い材料に限られ，付着効率も低い．しかし，装置が小型であるため，現場施工に適しているという特徴がある．ボルト連結部への適用に際しては，低圧タイプの装置が用いられている．溶射材料は，亜鉛とアルミナを50：50で混合したものを使用され，アルミナによる素地調整機能が付加されるため，素地調整を省略できるという特長がある．また，生成した皮膜の微細孔容積率は5%未満と小さいため，従来の溶射技術では必要な封孔処理を省略できる．施工能率は，トルシア型高力ボルト頭部1部位あたり約2分，ナット部1部位あたり約5分である．ノズルの長さは120mmで，スプレーガン本体

と施工対象物との離隔距離を含めると，425mm以上の作業空間が必要となる．また，施工対象物との施工角度は70度〜90度（図-9.4.9）を推奨しており，狭隘部では施工困難部位が発生しやすい．適用事例としては，モノレール軌道桁のボルト継手部や道路橋の支承部の塗替え塗装における防食下地として適用された例がある（図-9.4.10）．

適用時の留意点としては，ノズルの先端と対象物の間隔を15mm程度で一定に保持しなければならず，施工姿勢によっては長時間の施工が難しく施工品質にばらつきが生じやすい．今後は，狭隘部での施工困難箇所の解消に向けたノズル長さの短縮やノズルの角度を変更できるジョイントの改良，および大面積の施工や品質の安定化のためのノズル径の拡大や施工の半自動化などの技術開発が望まれる．

9.5 防食性能回復のための施工性向上技術

9.5.1 先行床施工式フロア型システム吊足場

近年，橋梁等の作業用吊足場の組立て作業をより安全にする工法として，先行床施工式フロア型システム吊足場が採用されているケースがある．従来型の吊足場の組立て状況の一例を図-9.5.1に示す．一般的な組立順序は，1) 鋼製桁にチェーンクランプを取り付け，2) 取り付けたチェーンクランプに吊チェーンを掛け，3) チェーンに親パイプを取り付け，4) 親パイプにころばしパイプを取り付けた後，ころばしパイプ上に足場板を敷き落下防止ネットを取り付けるというものである．すべて乗り出し作業であり，墜落事故が起きやすいことが課題であった．この課題を改善する為に様々なパネル型足場が開発されてきた．先行床施工式フロア型システム吊足場（図-9.5.2(a)）はその一つであり，足場組上げ開始部分から延伸方向へのトラス構造の足場部材を取り付け，主構造部材であるトラス梁を水平旋回して跳ね出し構造（図-9.5.2(b)）とした上で手前から床構造部材を敷き込み（図-9.5.2(c)）敷きこんだ床上で次の吊チェーンを取り付ける（図-9.5.2(d)）先行床式組立方法である．これにより，空中の不安定な作業がなくなるため，作業員の安全性が向上する（図-9.5.3(a)）．

図-9.5.1 従来型の吊足場の組立て状況の一例

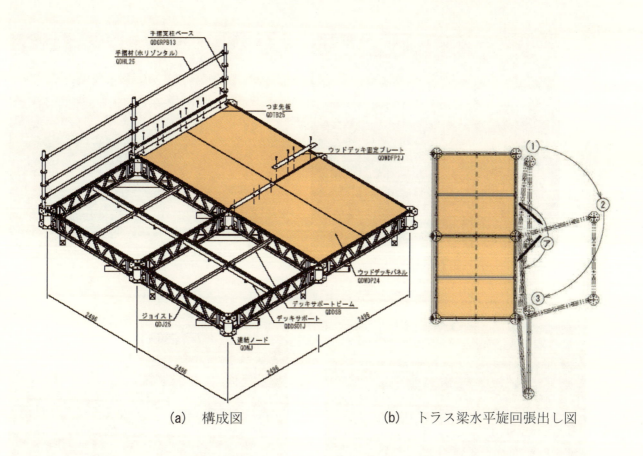

(a) 構成図　　　　　　　　　(b) トラス梁水平旋回張出し図

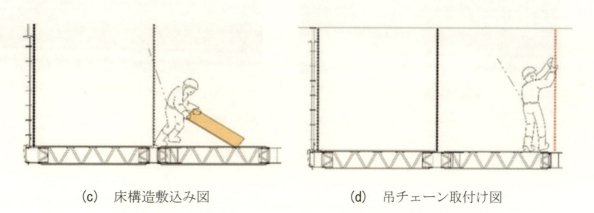

(c) 床構造敷込み図　　　　　(d) 吊チェーン取付け図

図-9.5.2　先行床施工式フロア型システム吊足場の概要

　従来型の吊足場との違いとして，本体構造がトラスフレームの構造床であること，および吊足場用チェーンの許容荷重が従来型吊足場の 2.35kN に対して 25.5kN と約 10 倍の強度を有する高強度チェーン（**図-9.5.3(b)**）であることから，チェーンクランプ設置箇所数の大幅な低減が可能である．一例として，橋長 40m の鋼 4 主 I 桁橋に対して，積載荷重 300 kg/m² の吊足場を組む場合を想定すると，従来型吊足場の吊チェーンピッチを 600 mm とするとチェーンクランプ設置部位数は 266 カ所，先行床施工式フロア型システム吊足場の吊チェーンピッチを 2500mm とするとチェーンクランプ設置部位数は 64 カ所となり，従来型吊足場に比べチェーンクランプ設置部位数が約 76％削減される．チェーンクランプ設置箇所数の減少によって，鋼構造物本体のチェーンクラン

(a) 組立て施工状況　　　　　　　　　(b) 吊構造部材

図-9.5.3　先行床施工式フロア型システム吊足場

(a) 従来式足場　　　　　　　　　(b) 先行床施工式フロア型システム吊足場

図-9.5.4　足場状況の比較

プ当たり部のブラスト困難部位の削減や，クランプの盛替え回数の削減により塗装品質の向上が期待できる．

　従来式の吊足場と本工法による足場の状況を**図-9.5.4**に示す．本工法を用いた吊足場の内部は，段差や隙間が少ないため，素地調整および塗装作業における施工性が向上でき，吊足場用チェーンの削減によって作業員の転倒防止等，安全性の向上も期待できる．また，ブラスト作業時における研削材や旧塗膜片，またはそれらに含まれる有害物質の外部への拡散リスクの削減にも寄与する．

　適用時の留意点としては，この工法を用いた足場施工では，安全で着実な施工を行うために，作業員に対する事前トレーニングが必要である．また，足場設置後に行われるブラスト等の素地調整作業や塗装作業の工法，使用機材などを考慮して足場計画を立てる必要がある．特に，旧塗膜除去の工程において有害物質の発生が見込まれる場合は，足場計画時に**9.5.2**に示すような「密封養生」などの対策も併せて検討することが望まれる．

9.5.2 熱収縮シート密封養生

現在，日本国内の橋梁塗装工事で広く使用されている養生方法としては，「板張り防護とシートによる養生」が一般的である．一般的な養生方法では，板張り防護の内側にシートを張ることで，旧塗膜剥離や素地調整作業により発生する粉塵および溶剤の吊足場外部への拡散が予防されている．しかし，板張り防護やシート養生では，使用される資材の材質や強度等に関する規定はなく，シート間の隙間は粘着テープ等でつなぎ合わせるのが一般的である．このため，僅かな隙間から粉塵や溶剤を完全には封じ込めるのは困難である．このような問題を解決する方法の一つとして，熱収縮性のシートで足場養生を行う方法がある．この技術で使用されている資材は，ポリエチレン製のシートで約 0.4mm の厚みがある．シート材質は，難燃性で加熱しても延焼しない自己消火型の性質を有している（米国防火協会：National Fire Protection Association の認定取得）．シートとシートは，専用器具で加熱することで溶融・密着するため，シート間のつなぎ目に隙間がなく（図-9.5.5(a)），収縮して足場構造と一体化してパネル状となるため，風のバタつきによる緩みやほつれが起きにくい．このため，このシートで壁床面が一体的に被われた空間は気密性・止水性が高く（図-9.5.5(b)），内部で発生した粉塵や溶液を封じ込めることが容易となり，ブラストや水洗い，ウォータージェットなどの施工に適している．このシートについては，ブラスト研削材の跳ね返りや誤射によるシートの破断に対する耐久性を確認するため，実際のブラストで研削材をシートに向けて投射し（投射距離1m，投射角度60度，吐出圧力0.7MPa，メタリングバルブ開度5，ラバール型ノズル No.6，フェロニッケルスラグ），シートが破断するまでの時間の比較試験が行われている．この試験の結果，一般のブルーシートや防炎シートの破断までの耐久時間はそれぞれ，0.5 秒程度と 0.9 秒程度であったのに対し，このシートの耐久時間は 5.2 秒と一般の養生に使用されるシートに比べて約 6 倍〜10 倍の耐久性が確認されている．

このシートを朝顔部分に採用することにより通常の板張り防護に比べて採光性が高くなり（図-9.5.6および図-9.5.7(a)），死荷重も低減できるため，足場の使用性が向上する．そして，前述の先行床施工式フロア型システム吊足場と組み合わせることで，十分なスペースのクリーンルーム（図-9.5.7(b)）の確保が可能となる．なお，台風など強風の風荷重が足場構造に加わる可能性

(a) シート張りの施工状況の例

(b) 養生状況の例

図-9.5.5　熱収縮シートを用いた密封養生

(a) 従来の板張り防護を用いた場合　　　(b) 熱収縮シートを用いた場合

図-9.5.6　従来工法と熱収縮シートを用いた朝顔部分

(a) 朝顔部分の養生例　　　(b) クリーンルームの設置例

図-9.5.7　熱収縮シートを用いた養生とクリーンルームの設置例

(a) 骨組み材の設置作業状況　　　(b) シート加熱の作業状況

図-9.5.8　熱収縮シート密封養生の作業状況

がある場合は，カッターにて朝顔シート部を切り裂き通風を確保できるため，板張り防護に比べて即応性があり，また熱圧着による補修も容易で復旧に要するコストの低減が可能となる．

適用時の留意点としては，この技術では，**図-9.5.8(a)**に示すような熱収縮シートを敷設するための骨組み材が必要であり，風荷重等を考慮，計算した足場計画に基づき施工することが重要である．また，シートの加熱と仕上げに際しては，一定の技術の習熟が必要であるため，作業員に対する事前トレーニングが必要である（**図-9.5.8(b)**）．なお，熱収縮シートは現場で容易に裁断でき，「廃プラスチック」として処分できる．

参考文献

1) 広野邦彦，福田雅人，武藤和好，貝沼重信，杁本正信：レーザー散乱光を用いたブラスト鋼板の表面粗さ性状の測定と評価，鋼構造年次論文報告集，Vol.25，pp.713-720，2017.
2) International Organization for Standardization : ISO 8501-1, Preparation of steel substrates before application of paints and related products-Visual assessment of surface cleanliness-Part 1:Rust Grades and preparation grades of uncoated steel substrates and of steel substrates after overall removal of previous coatings, 2007.
3) 特許第 6430204 号：表面清浄度判定装置および表面清浄度判定プログラム，2018.
4) 例えば　吉村武晃，周敏姐：レーザー散乱法を用いたオンライン表面粗さの測定法とその応用，測定自動制御学会論文集，Vol.31，No.1，pp.1-7，1995.
5) 道野正嗣，貝沼重信，平尾みなみ，八木孝介：大気環境における無塗装耐候性鋼材の腐食生成物層と鋼素地の表面性状の相関性，土木学会第 71 回年次学術講演会講演概要集，I-038，2016.
6) 新村稔：3D 測定事例，第 6 回 3DFFS 技術フォーラム発表資料，2017.
7) 土橋洋平，貝沼重信，石原修二：鋼部材の地際部における腐食速度評価センサの開発に関する研究，腐食防食学会，第 62 回材料と環境討論会講演集，C-112S，2015.
8) 土橋洋平，貝沼重信，木下優，石原修二：鋼部材の地際部におけるマクロセル腐食速度評価センサの開発に関する基礎的研究，土木学会第 69 回年次学術講演会講演概要集，I-622，PP.1243-1244，2014.
9) 貝沼重信，楊沐野，石原修二：地際部腐食センサを用いた鋼部材の気液界面の腐食性評価に関する研究，材料と環境，Vol.67，No.10，pp.404-415，2018.
10) 細見直史，山田隆明，貝沼重信：地際腐食の非接触・非破壊検査システム バウンダリーチェッカー，建設機械施工，Vol.66，No.7，pp.1-5，2014.
11) 特許第 6213859 号：地際腐食損傷部の平均腐食深さの推定による残存平均板厚推定方法，2017.
12) 例えば　入部孝夫，細見直史，藤井淳平，貝沼重信，永野徹，山田隆明：地際腐食損傷の非接触・自動非破壊検査による平均腐食深さの推定（その 2），土木学会第 69 回年次学術講演会講演概要集，I-621，pp.1241-1242，2014.
13) 特許第 5574354 号：塗膜除去方法及びレーザー塗膜除去装置，2014.
14) 豊澤一晃，本郷豊彦，前橋伸光，髙原和弘，秋吉徹明，藤田和久，沖原伸一朗：レーザークリーニング装置の開発と事業化，第 85 回レーザー加工学会講演論文集，pp.99-103，2016.
15) 藤田和久，奥田和男：鋼橋等 光技術による塗膜除去，IPAC レーザー講演発表資料，2017.
16) （財）日本規格協会：JIS H 8502「めっきの耐食性試験方法」，1999.
17) 塚本成昭，貝沼重信，山上哲示，木下優：腐食鋼部材に対する化学的素地調整の適用性に関

する基礎的研究，土木学会第 68 回年次学術講演会講演概要集，I-214，pp.427-428，2013.
18) 渡邉亮太，貝沼重信，鄭 映樹，塚本成昭：化学的素地調整が鋼材の表面性状に及ぼす影響に関する基礎的研究，鋼構造年次論文報告集，Vol.23，pp.372-377，2015.
19) 貝沼重信，鄭映樹，宇都宮一浩，安鎭熙：空間統計学的手法を用いた大気腐食環境における無塗装普通鋼板の経時腐食表面性状の数値シミュレーション，材料と環境，Vol.61，No.7，pp.283-290，2012.
20) （公社）日本道路協会：鋼道路橋防食便覧，III-63，2014.
21) 森勝彦，矢野誠之，安波博道，中島和俊，中野正則，片脇清士：福岡県汐入川橋の塗替えにおける早期さび再発防止対策，橋梁と基礎，Vol.49，No.10，pp.41-44，2015.
22) 増田清人，岩瀬嘉之，佐野大樹，西山研介，今井篤実，髙木優任，長澤慎：高塩分環境下における腐食性イオン固定化剤入り有機ジンクリッチペイント有効性評価，第 36 回防錆防食技術発表大会予稿，2016.
23) 斎藤満，北川明雄，枷場重正：亜硝酸リチウムによるアルカリ骨材膨張の抑制効果，材料，Vol.41，No.468，pp.1375-1381，1992.
24) 金好昭彦，内田博之，狩野裕之：大型コンクリート部材におけるリチウムの ASR 抑制効果に関する研究，コンクリート工学年次論文集，Vol.23，No.1，pp.403-408，2001.
25) 池田佳絵，池田幹友，下舞祥子，森山実加子，日比野誠，清水陽一：自己修復型防食塗料を用いた防食塗装システムの性能評価，土木学会西部支部平成 27 年度技術発表会論文集，pp.25-32，2015.
26) 森山実加子，天野佳絵，池田幹友，髙瀨聡子，清水陽一：高炉スラグ混合セメント系防食塗料組成物の挙動と防錆メカニズム，材料と環境，Vol.67，No.2，pp.78-82，2018.
27) （財）日本規格協会：JIS K 5600-7-9 「塗料一般試験方法－第 7 部：塗膜の長期耐久性－第 9 節：サイクル腐食試験方法―塩水噴霧／乾燥／湿潤」，2006.
28) （財）日本規格協会：JIS K 5600-7-1 「塗料一般試験方法－第 7 部：塗膜の長期耐久性－第 1 節：耐中性塩水噴霧性」，1999.
29) （公財）鉄道総合技術研究所：鋼構造物塗装設計施工指針，付属書 E，2013.
30) Turner-Fairbank Highway Research Center : Federal Highway Administration 100-Year Coating Study, 2012.
31) 村山康雄，福永靖雄，元井邦彦，入江政信，中村聖三：鋼橋の長寿命化に向けた金属溶射による防食提案，土木学会西部支部平成 25 年度技術発表会論文集，pp.25-30，2013.
32) 貝沼重信，宇都宮一浩，石原修二，内田大介，兼子彬：多孔質焼結板と繊維シートを用いた鋼部材の大気環境における犠牲陽極防食技術に関する基礎的研究，材料と環境，Vol.60，No.12，pp.535-540，2011.
33) 貝沼重信，宇都宮一浩，石原修二，内田大介，兼子彬，山内孝郎：大気環境における鋼材の犠牲陽極防食効果に及ぼす Al-Zn 多孔質焼結板の配合・気孔率と繊維シート特性の影響，材料と環境，Vol.62，No.8，pp.278-288，2013.
34) 石原修二，貝沼重信，木下優，内田大介，兼子彬，山内孝郎：多孔質焼結板と繊維シートを用いた腐食鋼部材の大気犠牲陽極防食効果に関する基礎的研究，材料と環境，Vol.63，No.12，pp.609-615，2014.
35) 貝沼重信，土橋洋平，石原修二，内田大介，兼子彬，山内孝郎：Al-Zn 合金鋳造板と繊維シー

トを用いた鋼部材の大気犠牲陽極防食技術に関する基礎的研究，材料と環境，Vol.65，No.9，pp.390-397，2016.
36) 貝沼重信，土橋洋平，石原修二，内田大介，兼子彬，山内孝郎：Al-Zn陽極材と吸水・保水繊維シートを用いた鋼部材の大気犠牲陽極防食技術に関する研究，土木学会論文集A，Vol.73，No.2，pp.313-329，2017.
37) 岩本達志，下里哲弘，田井政行，淵脇秀晃，与那原飛侑，清水隆：透明型キャップ・つばのみ充填法による鋼製高力ボルトの防錆性能，土木学会第68回年次学術講演会講演概要集，I-390，PP.779-780，2013.
38) 岩本達志，下里哲弘，淵脇秀晃，清水隆，吉田利樹，赤嶺健一：透明型防錆キャップの耐久性に関する研究，土木学会第42回関東支部技術研究発表会講演概要集，I-13，2015.
39) 岩本達志，佐竹久美，今井学，清水隆，吉田利樹，下里哲弘，淵脇秀晃，赤嶺健一：透明型防錆キャップの耐候性に関する調査，土木学会第71回年次学術講演会講演概要集，I-012，pp.23-24，2016.
40) （一財）日本規格協会：JIS Z 2371「塩水噴霧試験方法」，2015.
41) 保母芳彦：溶融Zn-Alめっき鋼板，表面技術，Vol.42，No.2，pp.160-168，1991.
42) 沖中将明：溶融Zn-Al-Mg系合金めっき鋼板，表面技術，Vol.62，No.1，pp.14-19，2011.
43) 特許第5404183号：締結具およびその製造方法，2015.
44) 村山康雄，元井邦彦，福永靖雄，松井隆行，中村聖三：アルミニウム・マグネシウム合金溶射を施した溶射高力ボルトの摩擦接合接手に関する研究，構造工学論文集Vol.62A，pp.693-704，2016.
45) 村山康雄，元井邦彦，福永靖雄，松井隆行，中村聖三：道路構造物へ金属溶射を適用するための基礎耐久性試験，鋼構造年次論文報告集，Vol.22，pp.496-503，2014.
46) 榊和彦：コールドスプレーの概要ならびにその軽金属皮膜，軽金属，Vol.56，No.7，pp.376-385，2006.
47) 清川昇悟，井口進，木村雅昭，下里哲弘：コールドスプレー技術で生成する金属皮膜を適用した高力ボルトの防食性能と機械的性質，鋼構造論文集，Vol.22，No.85，pp.133-141，2013.
48) 曽我麻衣子，井口進：コールドスプレーを用いた鋼橋の防食技術について，近畿地方整備局研究発表会，2016.

第10章　鋼橋における防食性能回復の手順と事例

　本章では効果的な防食性能回復のための基本的な考え方や具体的な方法を防食性能が低下・消失した鋼橋の4つの事例を対象として，**第2章**から**第9章**までの知見に基づき述べる．

10.1　防食性能回復の手順

　腐食損傷を有する鋼構造物に対する防食性能回復の基本的な手順を**図-10.1.1**に示す．まず，腐食損傷を調査することで，腐食損傷部位を把握し，その腐食形態（全面腐食，局部腐食，全面腐食と局部腐食の混在）や腐食深さを分類する．その後，これらの情報に基づき，構造上重要部位を主として防食性能回復の必要性を判定する．ここでは，構造上重要部位に該当しない部位は防食性能回復を必ずしも必要としない部位になる．また，主部材や腐食面積が比較的大きい場合であっても，全面腐食で腐食深さが浅い場合などでは，その状況に応じて経過観察とする判断もある．防食性能回復が必要と判断された場合には，腐食進行性を評価することになるが，これに先立って，応急的に腐食環境を改善（例えば，鋼橋では，伸縮装置や排水装置の破損等に対する応急処置，堆積物等の除去，導水処置など）することが望ましい．腐食進行性を評価する際に，過去の腐食損傷の調査結果があれば，一定期間における腐食進行性が把握できる．

　腐食要因の調査において，要因推定が比較的容易な場合と困難な場合がある．前者については，腐食センサを用いた部位レベル（ミクロ）の腐食環境を評価することで調査できる．一方，後者については，ミクロ腐食環境評価に加え，温湿度，飛来塩分量，結露等の構造物全体がさらされる（マクロ）腐食環境評価も必要となる．

　腐食要因を推定後は，腐食環境改善の可否を判定する．腐食環境改善ができない場合には，適切な防食性能回復を実施後に，その効果を確認する．腐食環境改善ができる場合には，環境改善の実施後にその効果を確認することになるが，さび層に塩類が内在する場合などについては，防食性能回復も併せて実施する必要がある．なお，防食性能回復や腐食環境改善の効果確認については，経過観察した上で，必要に応じて腐食進行性を評価する．

　図-10.1.1に示す防食性能回復の手順では，基本的考え方を示したが，詳細な手順については状況により異なる．以降の節では，**表-10.1.1**に示す4種類の架設地域に位置する鋼橋について，その防食性能回復の例について述べる．A橋は海岸部に位置する塗装橋であり，海水飛散の環境にさらされる無道床の鋼鉄道I桁橋である．実際に実施された腐食進行性の評価事例を示した上で，腐食環境改善と防食性能回復の方法例について述べる．B橋は無塗装耐候性鋼材が用いられた凍結防止剤の影響を受ける平野部の鋼道路I桁橋を想定した橋梁であり，腐食環境改善と防食性能回復の方法例を述べる．C橋は河口部に位置しており，波や飛来海塩の影響を受ける橋梁であり，塗装の防食性能回復の際に溶射を下地とした塗装が施された後，再度，防食性能回復が必要とされた鋼道路箱桁橋である．この橋梁では，実際に実施されたマクロとミクロの腐食環境評価を述べた上で，腐食環境改善の方法例を述べる．

第10章 鋼橋における防食性能回復の手順と事例

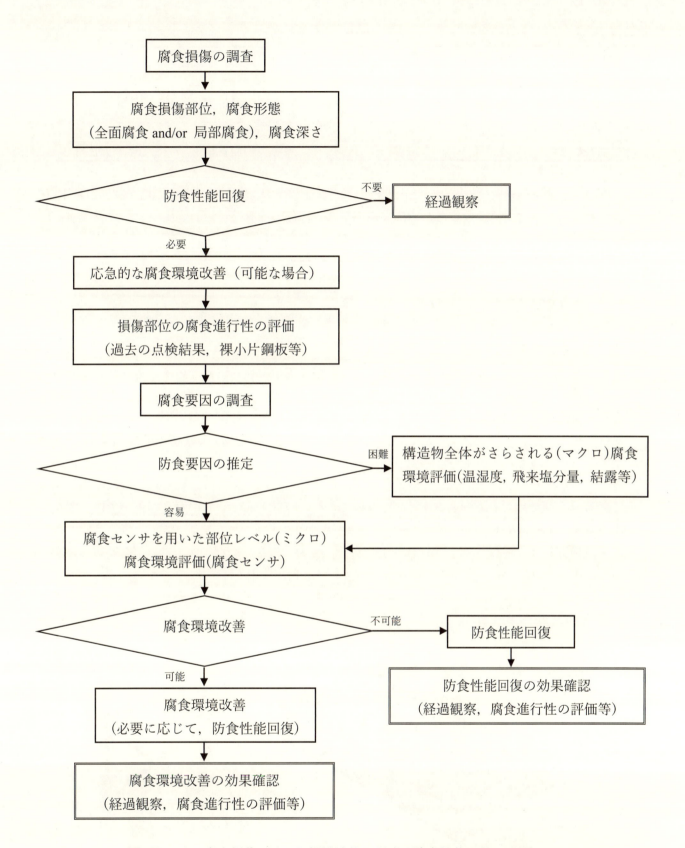

図-10.1.1 腐食損傷が生じた鋼構造物に対する防食性能回復の手順

表-10.1.1 対象橋梁

対象橋梁	架設地域	橋梁形式	防食方法	腐食部位
A橋	海岸部	I桁橋	塗装	桁端部
B橋	平野部	I桁橋	無塗装耐候性鋼	桁端部，外桁（外面）
C橋	河口部	箱桁橋	塗装	全面
D橋	山間部	上路トラス橋	無塗装耐候性鋼	格点部，下弦材

D橋は無塗装耐候性鋼材を用いた山間部の鋼道路上路トラス橋である．この橋梁は供用後10年程度で著しい腐食損傷が生じたために大規模な腐食損傷の調査，マクロとミクロの腐食環境の評価が行われた．ここでは，これらの調査と評価の一部を紹介した上で，いくつかの腐食損傷部位について腐食環境の改善方法と防食性能回復の方法を例示する．

10.2 海岸部の鋼鉄道I桁橋（A橋）

10.2.1 A橋の概要

A橋は海岸線沿いに架設された河川橋であり，飛来海塩にさらされている．さらに，満潮時には河口に海水が浸入して，桁下1.0m程度の高さまで海水面が上昇することから[1]，海水の飛散により部材に海塩が比較的多量に付着する状況にある．橋梁形式は鋼鉄道橋で一般的な構造形式である無道床の上路プレートガーダであり，塗装されている．無道床の鋼I桁橋では，図-10.2.1に示すように，まくらぎが主桁に直接設置されており，まくらぎ間は開放されている．このため，有道床鋼橋と異なり，大部分の主桁のウェブ面と部材上面については，付着塩の雨洗作用が期待できる．そのため，雨洗作用がほとんど期待できない部材下面に著しい腐食損傷が集中して発生する傾向にある．A橋についても，通常点検（2年以内に実施される検査であり，鋼鉄道橋では通常全般検査と呼ばれる．）の結果，塗膜劣化が部材全面に生じていないが，主桁下面に著しい腐食損傷が確認されている．腐食損傷の発生部位の外観を図-10.2.2に示す．

以下では，この種の橋梁に対して，防食性能回復のために実施された種々の調査と防食性能回復の事例について述べる．

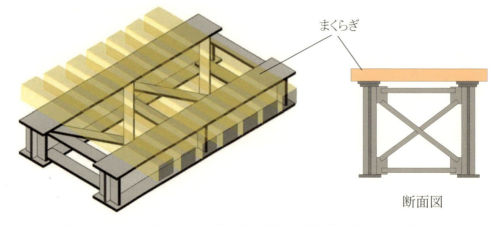

図-10.2.1 上路プレートガーダの構造例（軌道を除いた状態）

図-10.2.2 主桁下フランジの下面における著しい腐食損傷の発生事例

10.2.2 腐食損傷の調査
(1) 詳細な外観調査

通常点検の場合，鋼部材の塗膜劣化状態や腐食状態について，橋梁全体の細部にわたり調査することは困難である．そのため，近接目視による調査が必要とされる．この際に想定されるケースは，1)橋梁全体に塗膜劣化や腐食の兆候が認められるケースと，2)桁端部や主桁下フランジの下面など局所的に腐食しやすい部位のみが腐食しているケースである．詳細調査の結果，**図-10.2.3**に示すように，A 橋では主桁下フランジの下面で著しい腐食損傷が生じていた．また，主桁のウェブ面においても塗膜下腐食の発生が確認された．また，部材には最大で 20mm 程度の厚さの層状さびが生じており，部材の減肉を伴う著しい腐食により部材に著しい起伏が生じていることが確認された[1]．

(2) 腐食の進行性評価

対象橋梁の防食性能回復のための方針を検討するために，腐食損傷部位の腐食進行性を調査した．なお，この調査に際しては，対象橋梁の過去の点検結果を参照することが望ましい．A 橋については，構造上の変状の有無や，部材単位の**塗膜変状度**（6.1.2 に示す判定法 P に基づく評点）が記録されていた．また，**表-10.2.1** に示すように，1981 年以降の塗装履歴が記録されていた．塗装履歴によると，1981 年の全面塗替えから 3 年後の 1984 年に部分的な塗替えを実施されているが，その後は 10 年未満で塗替えを実施されている．

前回塗替え直前（2004 年）の部材下面の腐食状況と，前回塗替えから約 5 年経過した段階（2010年）の下フランジ下面の同一部位を**図-10.2.4** に示す．塗替えから約 5 年で著しい腐食が再発している．1998 年以降に適用された**塗装系 G-7** はエポキシ樹脂塗料からなる塗装系であり（**付表-2.5.18** 参照），一般環境では 15 年以上の耐久性が期待できる[2]．このことから，対象橋梁に生じた腐食進行性は著しく高いと推察される．

図-10.2.3 主桁のウェブ面における腐食損傷の事例

表-10.2.1 A橋の塗装履歴（1981年以降）[1]

	1981年9月	1984年3月	1992年3月	1998年3月	2005年6月
塗装系	B-7	B-7	B-7	G-7	G-7
塗装区分	全面	部分	全面	全面	全面

注：塗装系 B-7 および塗装系 G-7 の詳細は，付表-2.5.18 を参照．

(a) 前回塗替え直前（2004年）　　(b) 前回塗替えから約5年後（2010年）

図-10.2.4 同一部位の部材外観 [1]

10.2.3 腐食要因の調査

A 橋は海岸線沿いに架設されたこと，腐食損傷部位は主として部材下面であり，塗膜下腐食が発生していた．そこで，海塩または海水の飛散状況を確認するとともに，3.1.4 の塗装小片鋼板を用いて塗膜下腐食の進行性を推定した．

(1) 海塩または海水の飛散状況について

潮の干満に伴う海水の飛散程度を調査した結果，図-10.2.5 に示すように，A 橋の直下には根固め工が存在しており，満潮に近づくと根固め工に打ち付けられた海水が飛散し，A 橋の部材下面に海水が付着する傾向にあることが判明した．

(2) 塗装小片鋼板を用いた塗膜下腐食の進行性の推定

対象部位に設置した塗装小片鋼板は，JIS G 3101[3]に規定される冷間圧延鋼板（SS400，表面処理：サンドブラスト，寸法：75×70×3.2mm）を 0.01wt%塩水連続噴霧で 840 時間腐食させて，ワ

イヤブラシで浮きさびを除去した後に塗装系 T-7（付表-2.5.18参照）を塗布することで製作した．

塗装小片鋼板を A 橋の各部位に部位と鋼板の熱伝導性を考慮して1年間設置することで，経時的な塗膜変状程度を評価した．小片鋼板は海側の I 桁におけるウェブの内外側面および下フランジ下面に設置した．塗装小片鋼板は図-10.2.6 に示すように，各面方向において根固め工に打ち付けられた海水が飛散しやすい部位とそうでない部位の2ヶ所を選定して設置した．

図-10.2.5　A 橋直下の状況

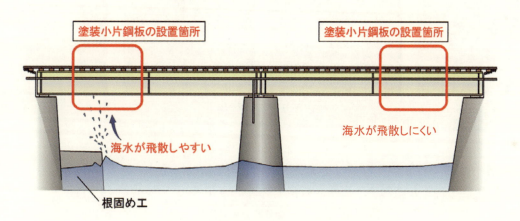

図-10.2.6　塗装小片鋼板の設置部位の概要

表-10.2.1　塗装小片鋼板の変状面積率

塗装小片鋼板の 海側 I 桁の設置部位	海水が飛散しやすい部位	海水が飛散しにくい部位
ウェブ外側	48%	38%
ウェブ内側	45%	30%
下フランジ下面	60%	6%

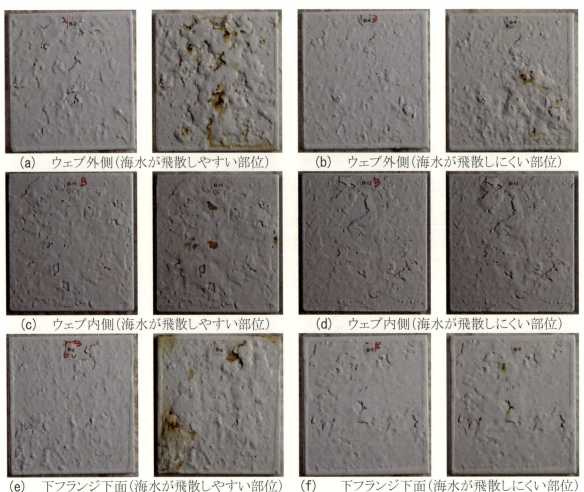

(a) ウェブ外側(海水が飛散しやすい部位)　(b) ウェブ外側(海水が飛散しにくい部位)
(c) ウェブ内側(海水が飛散しやすい部位)　(d) ウェブ内側(海水が飛散しにくい部位)
(e) 下フランジ下面(海水が飛散しやすい部位)　(f) 下フランジ下面(海水が飛散しにくい部位)

図-10.2.7　暴露前後の塗装小片鋼板の外観(左:暴露前, 右:暴露後)

　暴露開始 1 年後の塗装小片鋼板の変状面積率を**表-10.2.1** に示す．また，暴露前後の塗装小片鋼板の外観を**図-10.2.7** に示す．海水が飛散しにくい部位では，ウェブの内外面で 30～40%程度の変状面積率となり，下フランジ下面では 6%の変状面積率となった．このようにウェブに設置した塗装小片鋼板の変状面積率が大きくなる傾向は，腐食性の高い環境に架設された他の鋼鉄道橋でも同様となっている[4]．一方，海水が飛散しやすい部位では，海水の付着が最も多いと考えられる下フランジ下面で大きな変状面積率となり，その値は設置した塗装小片鋼板の中で最大となった．また，ウェブについても海水が飛散しにくい部位と比較して変状面積率が大きくなった．これらの結果から，A 橋では海水の飛散しやすい部位で塗膜下腐食が進行しやすい傾向にあるといえる．

10.2.4　腐食環境の改善方法の検討

　前項までの調査により，A 橋では海水の飛散により海塩が付着しやすく，特に，橋梁直下の根固め工が海水を飛散しやすいことが示唆されている．このような場合の環境改善として，以下の方法が考えられる．

1)遮塩板等を用いて，飛散した海水が橋梁部材に付着しないような防護策を講じる(**図-10.2.8**)．
2)根固め工を構造変更することで，海水が飛散しにくい構造にする．

　次項に述べるように，適切な素地調整を行うことで部材のさびや塩類を入念に除去した後に，

1)や 2)の方法を採用することで，腐食の進行を抑制できると考えられる．ただし，1)の方法を採用する場合には，遮塩板等の耐久性や，遮塩板等が破損した場合の構造物や列車の安全性等について十分に確認する必要がある．また，遮塩板等の設置によって，A橋の部材が高湿度環境にさらされる場合には，その対策を講じる必要がある．

2)の方法を採用する場合の対策例を図-10.2.9(a)～(c)に示す．このように構造変更する場合には，河川管理者等との協議や安全性の確認などが必要とされる．さらに，これらの方法を実施しても，腐食環境が改善されない場合もあるため，小片鋼板による腐食進行性の評価や腐食環境評価を行うことで，腐食環境の改善効果を確認する必要がある．

10.2.5 防食性能の回復方法の検討

腐食損傷の調査から，A橋では海塩の影響を受けやすい下フランジ下面を主として層状さびが形成されるような部材の減肉を伴う著しい腐食が発生しており，海水の飛散等により腐食進行性が高いことを明らかにした．

このような腐食環境の鋼構造物に対して，防食性能を回復させるためには，腐食環境を改善するとともに，さびを入念に除去した後に，適切に防食性能回復することが重要である．特に，A橋のように塩類により腐食した部材では，腐食生成物中に多量の塩が蓄積されているため，塗替え塗装の鋼素地調整時に塩が十分に除去できない場合には，塗膜下腐食が早期に発生することがある．以下では，A橋の防食性能回復方法の検討例として，さびの除去方法と適用する塗装系の検討について述べる．

(1) さびの除去方法の検討

A橋のように腐食によって部材に起伏が生じている部位のさびを除去する場合，手工具や動力工具によりさびを十分に除去することは困難である．このような場合には，ブラスト工法を採用することが望ましい．ただし，A橋のような無道床の鋼鉄道橋に対してブラスト工法を適用する場合には，道路橋のように床版を有する鋼橋とは異なり，まくらぎと鋼桁が接触する部位や，まくらぎを締結するアンカーボルトと鋼桁が接触する部位などの複雑な形状の部位に対して養生する必要がある．このような部位では，列車の走行を妨げず，かつ密封空間を確保するように養生する必要があるため，養生の材料やその設置方法などについて，十分な検討が必要とされる．また，著しく腐食した部位では，ブラスト工法を適用しても，さびが残存しやすい．文献 1)では，5.2.4に示した縦回転式動力工具(図-10.2.10)やブラスト工法による素地調整の施工が検討されており，縦回転式動力工具の作業性がブラスト工法に比して，著しく作業性が低いこと(約200×200mmの下フランジ下面のさび除去に1時間を要する)が確認されている．ブラスト工法については，動力工具では除去困難である大部分のさびを除去できるが，養生のための足場費用が通常の2倍程度になる．また，腐食損傷の凹部で図-10.2.11に示すように，さびの残存が確認されている．このような問題を最小限に留めるためには，5.2.2で述べた適切な施工管理が実施される必要がある．

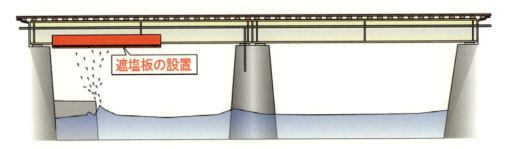

図-10.2.8 遮塩板の設置例

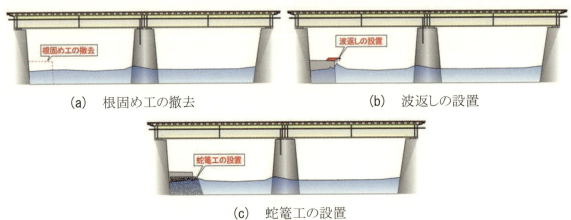

(a) 根固め工の撤去　　　　　　　　(b) 波返しの設置

(c) 蛇篭工の設置

図-10.2.9 根固め工の構造変更例

(a) 縦回転式動力工具の外観　　　　　(b) 素地調整前後の状況

図-10.2.10 縦回転式動力工具を用いた場合の素地調整前後の状況[1]

(a) 不適切にブラストした状況　(b) 概ね所定の除錆度でブラストした状況

図-10.2.11 ブラスト前後の腐食損傷部位の状況[1]

(2) 塗替え塗装に適用する塗装系の検討

ブラスト工法などさびがほとんど残存しない素地調整方法を選択した場合には，1層目の塗料が鋼素地のほぼ全面と密着（接触）するため，付表-2.5.22で示す塗装系L-6などのように，1層目にジンクリッチ系塗料（ここでは，有機ジンクリッチペイント（付2.3.1参照））を適用することで，防食性能が向上する場合もある．「ただし，手・動力工具の適用等により，さびの残存範囲が比較的大きくなり，1層目の塗料と鋼素地表面の密着が期待できない場合もある．このような場合には，ジンクリッチ系塗料の犠牲防食作用を発揮できない領域が大きくなるため，犠牲防食作用ジンクリッチ系塗料を適用しても防食性能が得られないことが少なくない．」対象橋梁では全面ブラストが採用されたが，腐食が進行した部位のみを対象として部分塗替えする場合には，6.3.3に示す施工管理上の注意事項（塗重ね部位への配慮，非ブラスト部の養生，施工管理体制の検討等）に配慮する必要がある．

10.3 平野部の鋼道路I桁橋（B橋）

10.3.1 B橋の概要

B橋の架設環境は，離岸距離約10km，冬季は凍結防止剤の散布が頻繁に行われる積雪寒冷地域である．橋梁形式は単純非合成I桁橋梁でJIS G 3114[5]に規定される溶接構造用耐候性熱間圧延鋼板が適用されている．供用開始後24年が経過しており，桁端部に著しい腐食損傷が生じていた．B橋の断面図を図-10.3.1に示す．

10.3.2 腐食損傷の調査
(1) 腐食状況調査

防食性能回復の方法を検討するため，さびの外観観察，およびさび厚と付着塩分量の測定を実施した．桁端部から最初の連結板までの下フランジ上下面，および，ウェブ立ち上がり200mm程度（桁端部付近のみウェブ上端まで）において異常なさび（層状剥離さび，うろこ状さび）が発生していた．他の部位は良好なさび状態（8.2.2のさび外観評点では，評点3～5）であった．異常さびの発生分布を図-10.3.2に示す．また，腐食損傷の状況を図-10.3.3に示す．

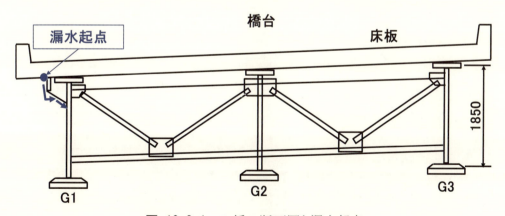

図-10.3.1 B橋の断面図と漏水起点

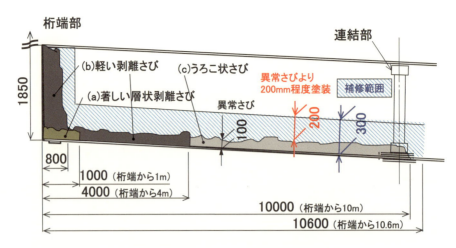

図-10.3.2　外桁の異常さび分布と補修塗装範囲（単位：mm）

(a) 著しい層状剥離さび　　(b) 軽い剥離さび　　(c) うろこ状さび

図-10.3.3　腐食状況

a) 異常さび

桁端から1,000mmの位置における下フランジ，およびウェブ立ち上がりについては，厚い層状剥離さびが生成されていた．また，桁端から800mmのウェブ，および桁端から1,000～4,000mmの下フランジとウェブ立ち上がりについては，薄い剥離さびが生じていた．桁端から4,000～10,000mmの下フランジとウェブ立ち上がりについては，うろこ状さびが生成していた．

b) 付着塩分量

異常さび発生部位で電導度法により付着塩分測定（5.2.3参照）を試みた．しかし，剥離さびが生じている部位では，測定セルと対象部位表面の密着性が確保できず，セル内の電解液が漏れ出し，測定できなかった．そのため，うろこ状さび部の下フランジ下面のみで測定した．測定の結果，付着塩分量は500～800 mg/m^{2}程度であった．

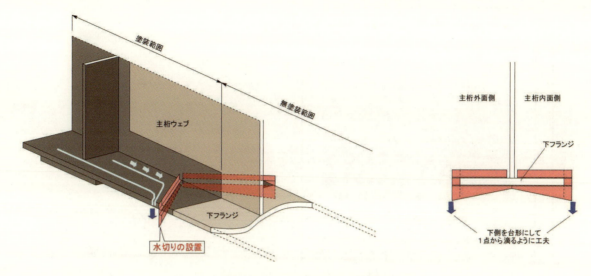

図-10.3.4 水切り板の設置

(2) 腐食発生要因

異常さびは一部分で生じているが，橋梁全体としては良好なさびが生成されていたことから，飛来海塩や凍結防止剤の飛散の影響はほとんどないと判断した．非排水型の伸縮装置の止水材が脱落しており，桁端部が最も著しく損傷していること，その部位に塩分が多量に付着していたことから，異常さびの発生原因は，伸縮装置から凍結防止剤を含んだ路面水の漏水であると推定された．また，縦断勾配により下流方向（支間中央方向）に漏水が広がった結果，広い範囲に異常さびが発生したと推察された．

10.3.3 腐食環境の改善方法の検討

異常さびの原因は伸縮装置からの漏水と推察されたため，漏水防止対策（腐食環境改善）として破損していた伸縮装置は交換することとした．伸縮装置を交換することにより，止水ができれば，桁端部の腐食環境は改善され，腐食進行性は著しく低下することになる．しかし，伸縮装置の経年劣化は避けられず，長期的には再漏水することが多い．このため，将来の漏水を想定して，4.7.2 に示したフェールセーフ機能の一つとして，再漏水の影響範囲が拡大しないために，**図-10.3.4** に示すような水切り設置（4.4.4 参照）を設置した．この際，水切りが下部構造付検査路の上方に位置していないことも確認した．なお，水切り板の形状は矩形ではなく，台形として，橋軸直角方向に対して傾けて下フランジに設置することで，水切り板の一点に雨水を速やかに集水・排水可能となり，対象部位の濡れ時間を極力短くできる．

10.3.4 防食性能の回復方法の検討

前節に示した腐食環境の改善に加え，漏水した際のリスクを小さくするため，異常さびの発生部位に対して，腐食損傷度や部位に応じた防食を併用することとした．また，異常さび部の板厚測定結果から，耐荷力上問題がないと判断できたため，補修・補強は行わず防食性能回復のみを実施した．

(1) 著しい層状剥離さび発生部位

桁端部の下フランジ下面は，防食性能回復時の作業性が悪く，さびや塩類などを十分に除去する素地調整が困難であることから，10.3.3 で示した腐食環境を改善後，経過観察することとした．

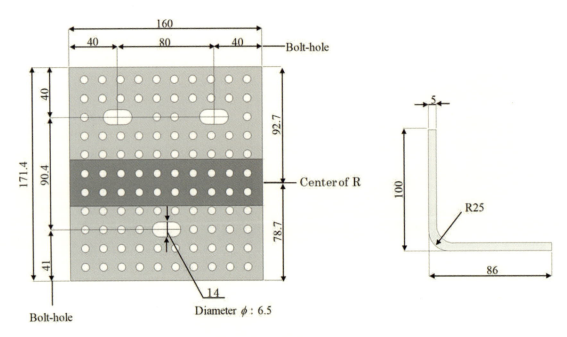

(a) 形状・寸法の例

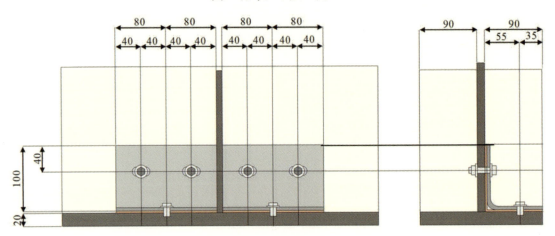

(b) 設置例

図-10.3.5 犠牲陽極板の形状・寸法の例と設置例（単位：mm）

(a) 施工直後

(b) 施工後 1.5 年

(c) 施工後 2.5 年

図-10.3.6 大気犠牲防食の設置状況と設置後 2.5 年までの外観

図-10.3.7 浮きさび除去前後の表面状態(ワイヤカップ使用)

桁端部の下フランジ上面には，塩分が多量に残留している厚い層状剥離さびが生成されており，腐食により鋼材表面の起伏が大きく，適切な素地調整によりさび層や塩類を除去できない．そこで，表面被覆による防食ではなく流電陽極防食（大気中犠牲陽極防食）工法（9.3.5参照）を適用した．また，ウェブ立ち上がり部は，下フランジ上面から連続したL字型の犠牲陽極パネル（図-10.3.5）を用いることで，陽極板を効率的に設置した．

犠牲陽極板の形状・寸法の例と設置例を図-10.3.5と図-10.3.6に示す．9.3.5に示したように，犠牲陽極板の設置後は，定期的に鋼部材と陽極板の導通を確認する必要がある．また，防食効果や陽極板の消耗量などに関する情報は，防食電流をモニタリングすることで得られる．

(2) 薄い剥離さびの発生部位

再漏水時のリスク（早期の腐食進行）対策として，Rc-I塗装系による防食を行い，剥離さび部よりも200mm程度広い範囲を塗装することとした．下地処理時はブラストと水洗を組み合わせて実施しても，表面塩分量が$50mg/m^2$まで低減できない場合で，$100〜150mg/m^2$程度であれば，塗装時の防食下地として，腐食性イオン固定化剤入り有機ジンクリッチペイント（9.3.1参照），セメント系防食下地材（9.3.2参照），一層塗り防せい塗料（9.3.3参照）などの適用が考えられる．また，塗装範囲より30〜50mm程度広い範囲（図-8.3.46余白）をブラスト処理することで，塗装端部からの腐食因子の侵入の低減が期待できる．また，前項で述べたように，主桁下フランジの塗装端部には，図-10.3.4に示した簡易的な水切り（4.4.4参照）を設置し，再度，漏水した場合の無塗装範囲への漏水の影響拡大を防止した．さびや塩類の除去の新技術として，9.2.1に示したレーザークリーニング技術がある．レーザークリーニングは，ブラスト処理などに比して比較的さびや塩分を除去しやすいが，鋼材の表面にウスタイトなどの酸化皮膜が形成されるため，その酸化物の除去や適切な表面粗さの確保などのために，レーザー後にブラストなどにより表面処理する必要がある．

(3) うろこ状さびの発生部位

塗装部位の端部に水切りを設置することで，うろこ状さびの発生部位に再漏水が影響しないと考えられたため，塗装は必要ないと判断した．ただし，表面の浮きさびに塩分が残留していると濡れ時間が長くなることから，早期に腐食環境を改善させるために，ワイヤカップ等で表面の浮きさびを除去した．ワイヤカップで浮きさびを除去した事例を図-10.3.7に示す．また，さびと塩類を十分に除去するために，薄い剥離さび発生部位の塗装時のブラスト処理範囲を拡大することも選択肢の一つとして考えられる．

10.3.5 防食性能回復後の経過観察

腐食要因の除去後の腐食環境の改善効果，および防食性能回復後の防食効果について，対策後に経過観察することが重要である．そこで，補修塗装部位を施工 5 年後に調査した．その結果，補修塗膜には，膨れやさび等は発生していなかった．

10.4 河口部の鋼道路箱桁橋（C 橋）

10.4.1 C 橋の概要

対象橋梁は図-10.4.1(a)に示す鋼 3 径間連続箱桁橋である．架設地点は図-10.4.1(c)に示すように，河口部に位置しており，対象橋梁は波や飛来海塩の影響を受けやすい環境にさらされている．塗装仕様には表-10.4.1に示す塩化ゴム系が適用されていた．架設 11 年後に，橋梁全体に腐食損傷が発生したため，防食性能回復と長期防食を期待して，表-10.4.2に示す粗面形成材を用いた Zn-Al 擬合金溶射を下地としたふっ素樹脂塗装仕様による塗替え塗装が実施された．

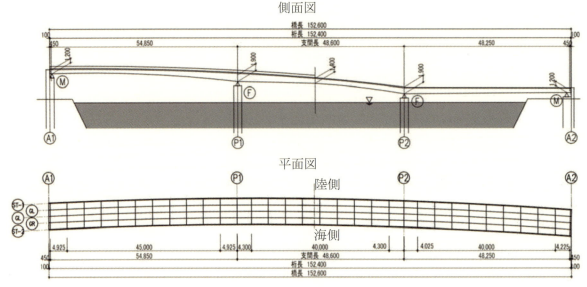

(a) 側面図と平面図

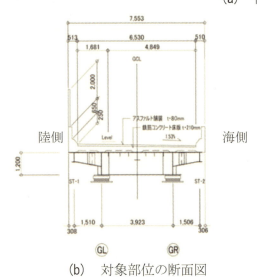

(b) 対象部位の断面図

(c) 外観

図-10.4.1　C 橋の諸元と外観

第10章 鋼橋における防食性能回復の手順と事例

表-10.4.1 建設時の塗装仕様

施工者	工程		名称・材料	標準使用量 (g/m²)	塗装方法	塗装間隔	標準膜厚
製作者	工場	第1層	長ばく型エッチングプライマー	130	スプレー	6時間～3ヵ月	15
		第2層	鉛系さび止めペイント1種	170	スプレー		35
						2日～1ヵ月	
		第3層	鉛系さび止めペイント2種	170	スプレー		35
						2日～1ヵ月	
		第4層	フェノール樹脂系 M.I.O.塗料	300	スプレー		45
						2日～12ヵ月	
現地塗装者	現場	第5層	塩化ゴム系塗料 中塗り	170	はけ		35
						1日～1ヵ月	
		第6層	塩化ゴム系塗料 上塗り	150	はけ		30

表-10.4.2 建設後11年で実施された塗替え仕様

種別	名称・材料	標準使用量 (g/m²)	塗装方法	塗装間隔	標準膜厚
水洗い					—
素地調整	塗膜剥離剤	1000			—
	素地調整程度2種，脱脂	—		4時間以内	—
亜鉛・アルミ溶射（粗面形成材使用）	粗面形成材	100	スプレー		
	亜鉛	530	スプレー	1時間～7日	100
	アルミニウム	210			
	封孔処理剤	250	スプレー	直後～7日	—
ふっ素樹脂	ふっ素樹脂塗料（中塗）	140	はけ	4時間～7日	30
	ふっ素樹脂塗料（上塗）	120		1日～7日	25

10.4.2 腐食損傷の調査

架設11年後に長期防食を期待して表-10.4.2の仕様で塗装塗替えしたが，その18年後には再発した腐食により最大1mm程度の板厚減少が生じていた．そこで，橋梁全体を対象として，腐食の調査を実施した．高水敷上は直接目視，河川上はランプ部の全面通行止めを避けるために特殊高所技術工法[6]を用いた近接目視調査とした．

陸側と海側のウェブ面と下フランジの腐食状況を図-10.4.2に示す．なお，図中(b)の下フランジの対空面に関しては陸側について示している．各径間の腐食の傾向はほぼ同様であることから，最も腐食進行が著しいP2～A2径間の部位別の外観調査結果を図-10.4.3に示す．

鋼道路橋防食便覧[7]の評価基準に基づき腐食損傷を評価した結果，劣化レベルは表-10.4.3に示すように，レベルⅢ～Ⅳであった．鋼道路橋防食便覧[7]には，劣化の目安として示されていない全面的な溶射皮膜の膨れや剥離が観察され，腐食も進行していた．溶射皮膜に膨れや剥離が発生した部位を剥離した部材表面の状況を図-10.4.4に示す．さびは発生しているものの板厚方向に進行する局部腐食は観察されず，板厚はほとんど減少していない．この状況を考慮して，本橋の防

食性能を回復することとした．

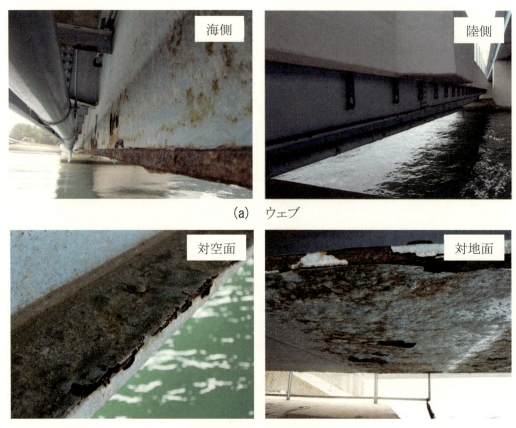

(a) ウェブ

(b) 下フランジ（陸側）

図-10.4.2 腐食の状況

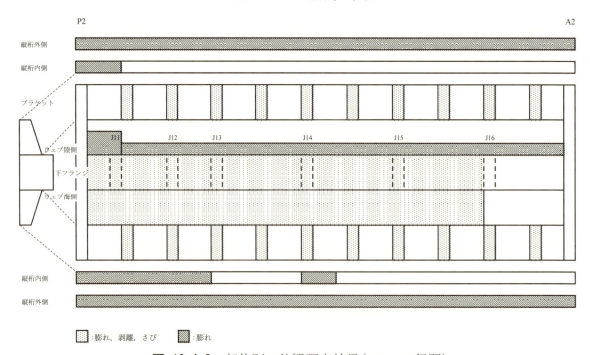

図-10.4.3 部位別の外観調査結果（P2〜A2径間）

表-10.4.3 鋼道路橋防食便覧に基づく劣化評価の結果

部位	劣化レベル	判定所見
ウェブ（海側）	IV	溶射金属の白さび化が進行し、塗装表面に点さび状に現れており、堤防上の陸上部（A1，A2付近）を除いて、鋼素地の赤さびが露出していた．ただし、堤防上の陸上部（A1，A2付近）はウェブ（陸側）とほぼ同様の状況であった．
下フランジ	IV	堤防上の陸上部（A1・A2付近）を除いて、全体的に鋼素地の赤さびが露出していた．また、堤防の真上付近の劣化が著しかった．ただし、堤防上の陸上部（A1・A2付近）はウェブ（陸側）とほぼ同様の状況であった．
ウェブ（陸側）	III	溶射金属の白さび化が進行し、塗装表面に点さび状に現れており、金属溶射が剥離した部位などで部分的に鋼素地の赤さびが露出していた．海側の劣化は、陸側に比して進行していた．

(a) ウェブ（海側）　　　　　　　　(b) 下フランジ

図-10.4.4 溶射皮膜の膨れ、剥がれ、および鋼部材の腐食進行の状況

10.4.3 腐食要因の調査

防食性能回復に際して腐食要因を調査した．本橋では桁端部などからの漏水はなく、腐食が橋梁全体に発生していた．そのため、損傷要因が施工時の不具合、塗替え塗装時の不十分な付着塩分除去、あるいは腐食性の高い環境であるのかが不明なため、腐食環境評価と塗替え塗装時の施工記録を確認した．腐食環境評価は**図-10.4.1**のA2橋台付近で行った．

(1) 腐食環境評価

橋梁全体がさらされるマクロ腐食環境のパラメータである風向、風速、降雨量および潮位については、気象庁の観測データを参照した．部位レベルのミクロ腐食環境評価は、夏季と冬季の風向と風速により、波や飛来海塩が著しく異なることが考えられたため、夏季（2012/5/17-8/31）と冬季（2012/12/17-3/31）の2回行った．ミクロ腐食環境は**図-10.4.5**に示す位置に3.2.1で述べたFe/Ag対ACM型腐食センサ（以下、ACMセンサ）を対象部位との熱伝導性を考慮して設置することで、センサ出力（ガルバニック腐食電流）を10分ごとにモニタリングし、記録した．また、センサ出力に基づき、降雨影響の判定と付着塩分量の経時性を評価するために、4ヶ所の各部位に温湿度センサを設置することで、気温と相対湿度についてもモニタリングした．また、裸普通鋼材の腐食速度を推定するために、ACMセンサ出力に基づき日平均電気量 q（C/day）を算出した．

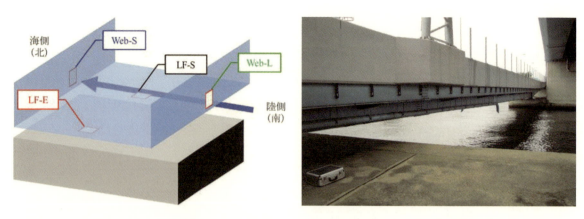

(a) ACM センサの貼付位置

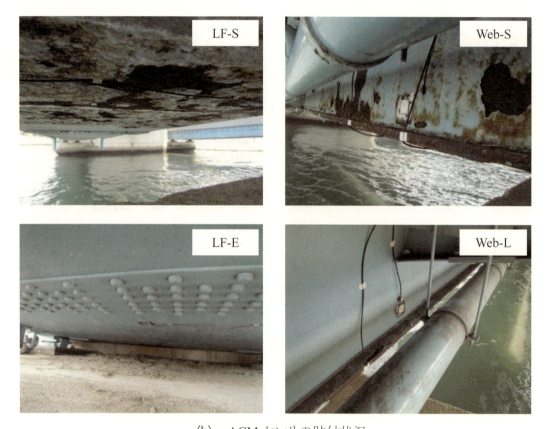

(b) ACM センサの貼付状況

図-10.4.5　ACM センサの貼付位置と貼付状況

なお，q の算出の際には，降雨がセンサ出力に及ぼす影響を考慮して文献8)に基づき算出した．

a) マクロ腐食環境の評価

　本橋のマクロ腐食環境の測定結果を図-10.4.6 に示す．ここで，平均風速は 1 日間に観測された全ての風速の平均値，瞬間最大風速は 1 日間で観測された最も大きな風速である．平均風速，瞬間最大風速および降水量の関係，および瞬間最大風速と潮位の関係をそれぞれ図-10.4.6(a)と(b)に示す．

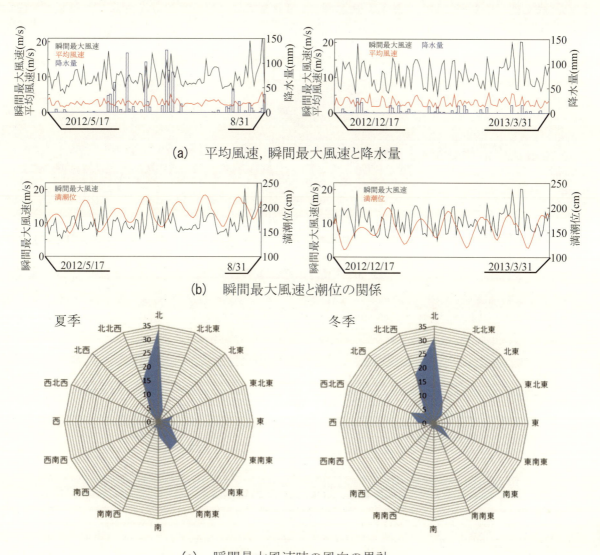

(a) 平均風速，瞬間最大風速と降水量

(b) 瞬間最大風速と潮位の関係

(c) 瞬間最大風速時の風向の累計

図-10.4.6 架設地点のマクロ環境データ

また，瞬間最大風速時の風向の累計を図-10.4.6(c)に示す．図-10.4.6(a)において，夏季と冬季の平均風速は同程度になっている．しかし，冬季の瞬間最大風速は15m/s以上となる強風日が夏季に比して多い．降水量については，冬季に比して夏季の方が多い．潮位については，図-10.4.6(b)に示すように，夏季に比して冬季が低くなる傾向にある．風向は図-10.4.6(c)に示すように，夏季も冬季も北風が卓越している．この結果から，海側（北）に面するウェブが陸側（南）に比して腐食進行性が高いことは，北風による飛来海塩に起因すると推察される．

b) ミクロ腐食環境の評価

温湿度センサから得られた相対湿度の経時性を図-10.4.7に示す．また，相対湿度の平均値を表-10.4.4に示す．相対湿度は夏季，冬季によらず，設置部位による差異はほとんどない．夏季の相対湿度の平均値は，設置部位によらず，冬季に比して約15%高くなっている．

ACMセンサの劣化状況を表-10.4.5に示す．センサの劣化は，設置部位によらず，夏季に比して冬季が著しくなっている．この傾向は設置部位によらず同様であった．

各部位におけるACMセンサの出力値の経時性，および降雨の有無を考慮して算出した日平均

電気量 $q^{8)}$ を図-10.4.8 に示す．最も腐食が著しい LF-S における冬季の q を計算した結果，0.129

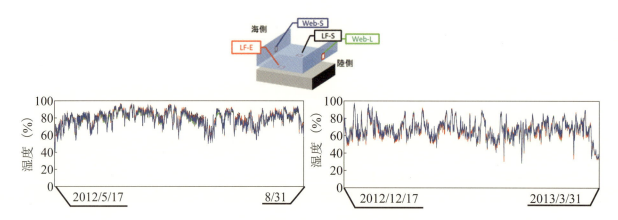

図-10.4.7　相対湿度の経時性

表-10.4.4　各部位における相対湿度の平均値

	夏季 2012/5/17-8/31	冬季 2012/12/17-2013/3/31
LF-S	80%	落下・紛失
LF-E	80%	66%
Web-S	79%	67%
Web-L	78%	66%

表-10.4.5　ACM センサの劣化状況

河川上の下フランジ(LF-S)		海側ウェブ(Web-S)	
夏季	冬季	夏季	冬季

（C/day）であった．この値は沖縄本島の K 橋下の暴露試験場（温度：23℃，相対湿度：74%RH，降水量：2,293mm，飛来海塩量：0.78mdd（2009/03-2013/05））における環境の 0.049（C/day）[9]に比して約 3 倍であるため，腐食性が著しく高いといえる．この結果は夏季の ACM センサ出力は，ほとんど降雨判定に用いられる出力値 $1\mu A$（$10^0 \mu A$）以下となっているが，冬期については $1\mu A$（$10^0 \mu A$）以上となる期間が多いことからも理解できる．なお，冬期の LF-S のデータは，センサの落下により欠損している．道路上などでの設置は落下防止ネットを設置するなどの二重の安全対策が必要である．

　ACM センサの出力値と降雨の関係について，図-10.4.8 と図-10.4.6(a)を確認すると，夏季の降雨量が多い日であっても，センサ出力が降雨による濡れの判定基準の $1\mu A$ を超えた日はほとんどない．一方，冬季については，センサ出力が $1\mu A$ を超える日が多数存在するにも関わらず，夏季ほど降雨の日はない．したがって，降雨の影響により，センサ出力が $1\mu A$ 以上となるといえる．冬季のなかでも最も ACM センサの出力値が大きかった 2 月の LF-S のセンサ出力，風速および降水量のデータを図-10.4.9 に示す．センサ出力は風速が速い，あるいは降水量と風速が同時に大きくなる時に増加している．これらの結果から，風速が速くなる日に腐食が進行しやすいため，腐食の主要因は橋梁下の護岸で砕波されたしぶきが桁にかかることであると推察された．そこで，冬季の降水量と風速が大きい日に現地調査した．その結果，護岸で砕波された波しぶきが直接桁にかかる状況が確認された．

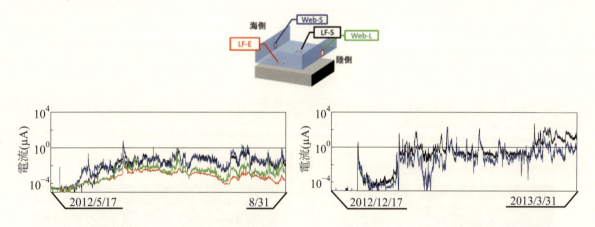

図-10.4.8　ACM センサの出力値

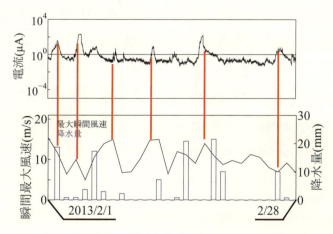

図-10.4.9　センサ出力，風速および降水量のデータ（LF-S，2 月）

(2) 塗替え施工記録の検証

　金属溶射は 1999 年 7 月～2000 年 3 月に施工された．当時は，既設橋に対する金属溶射の技術的な知見や施工実績が少なかった．図-10.4.3 に示したように，橋梁のほぼ全部材表面の溶射皮膜に浮きが発生しており，剥離面では鋼素地が観察されたため，粗面形成材と鋼素地の界面から溶射皮膜が剥離していることが判明した．したがって，溶射皮膜の早期劣化の因子として，溶射施工時の方法にも問題があることが推測された．そこで，当時の塗替え施工時の状況記録などに基づき溶射皮膜の早期劣化の因子を推定した．

a) 素地調整の問題

　施工時の素地調整は，図-10.4.10 に示す塗膜剥離剤を用いた素地調整程度 2 種であったため，鋼素地表面に塩類や腐食生成物が残留した状態で粗面形成材が塗布されたと考えられる．

b) 足場養生の問題

　前述のように，鋼素地調整にはブラストが適用されず，塗膜剥離剤が用いられたため，足場内は密閉状態ではなかったと推察される．また，工事の完了が 3 月であり，冬季に塗替えが実施されたと推察されるため，前述した多量の飛来海塩が素地調整時や塗装時において部材に付着した可能性がある．

c) 既設橋梁に対する金属溶射施工の知見不足の問題

　近年，新設橋梁に金属溶射を適用する場合には，製作・設計段階から溶射施工の作業性に配慮した構造が検討されている．しかし，溶射施工時には，良好な作業条件を確保できない溶射困難部位が考慮されていなかったと推察される．例えば，下フランジ下面などについては，高水敷上の桁下空間が 50cm 程度の離隔しかなく，溶射施工時に適切な投射距離を確保できなかったと推察される．また，近年，金属溶射を施工する部材角部には，最低 2R の面取り処理が実施されるが，溶射施工時には面取り処理されていないため，部材端部から溶射皮膜がはく離しやすい状態であった可能性がある．

(a) 塗膜剥離剤の施工状況　　　　(b) 素地調整程度 2 種終了時の状況

図-10.4.10 1999 年塗替え施工時の状況写真

10.4.4 腐食環境の改善方法の検討

本橋の腐食の主要因が橋梁下の護岸で砕波された波しぶきが桁に直接かかることによる海塩付着であることから，防食性能回復として，部材への波しぶきの付着予防による腐食環境改善が効果的な方法といえる．以下に，波返しの河川護岸への設置や遮塩板の橋梁への設置による対策案を示す．

(1) 波返しの河川護岸への設置

安価な方法として，プレキャストコンクリート板などによる波返しの設置がある．設置のイメージを図-10.4.11に示す．設置に先立って，事前にその効果を確認する必要がある．例えば，桁下空間が狭隘であることも考慮して簡易な構造として足場板を冬季に敷き並べることで，足場板の有無によるミクロ腐食環境を評価することで，腐食環境の改善効果を定量的に確認する．また，改善効果がある場合には，足場板の張り出し長さを変化させて，再度，ミクロ腐食環境を評価することで，最も腐食改善効果がある足場板の張り出し長を明らかにした上で，適切な張り出し長の波返しを設計・施工する．波返しの検討手順を図-10.4.12に示す．波返しの設計に際して，その死荷重に加えて，点検足場として活用する上載荷重も考慮する．また，波返しとして，プレキャストコンクリート板を採用する場合には，腐食性が高い環境であることを考慮して，コンクリートの適切なかぶりを考慮する必要がある．本手法の適用に際しては，波返しのH.W.Lからの設置高さなどに関して，河川管理者と協議する必要がある．

(2) 遮塩板の橋梁への設置

(1)の波返しの設置以外の方法として，4.1.1で述べた遮塩板を採用する方法がある．この方法は，図-10.4.13に示すように，遮塩板で桁全体を覆うことで，飛来海塩の桁への付着を遮断する方法である．遮塩板にはステンレス合金やアルミニウム合金などの耐塩性材料が適している．遮塩板の橋梁への設置は，本橋の通行止めによる社会的影響やコストが(1)の波返しの河川護岸へ

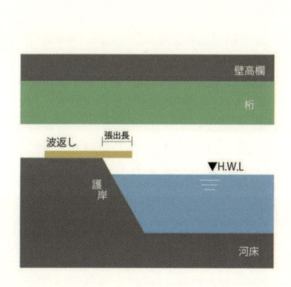

図-10.4.11 波返しのイメージ図

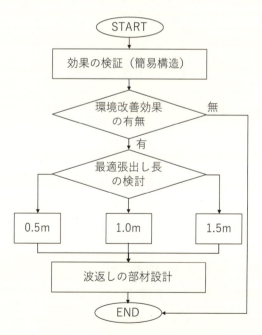

図-10.4.12 波返しの検討手順

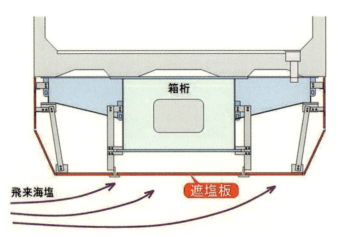

図-10.4.13 遮塩板のイメージ図

の設置に比して高いが，桁自体を完全密閉することから，腐食環境の改善効果の確実性は高い．しかし，遮塩板設置後に遮塩板密閉空間の湿度が著しく高くなる場合や遮塩板の接合部など海塩が密閉空間内に吹き込むことで部材に付着・蓄積する場合もあることから，これらを遮塩板の設置後に確認する必要がある．

遮塩板を点検用足場としても活用できるように設計することで，1車線しかないランプ橋であっても，橋梁点検車のように通行止めすることなく，近接点検が可能となることで点検費用の縮減にも寄与する．なお，遮塩板を設置する場合には橋梁全体の死荷重が増加するため，設計時に橋梁構造に支障がないかを十分に確認する必要がある．

本項で例示した2つの方法は，腐食環境を改善することで，腐食進行性を低減させ，防食性能を回復する方法である．一旦，塩類で重度に腐食した橋梁の腐食進行性は，腐食環境を改善しても完全に停留させることは難しいため，腐食損傷の進行性を経過観察する必要がある．

10.5 山間部の鋼道路上路トラス橋（D橋）[10)-12)]

10.5.1 D橋の概要

D橋は供用開始後10年程度で著しい腐食損傷が生じた図-10.5.1に示す無塗装耐候性鋼3径間連続トラス+単純箱桁橋であり，横断勾配により北側の部材の位置が南側に比して低くなっている．ここでは，トラス橋を検討対象とする．架設地点は図-10.5.2に示すように，西側の海岸線から直線距離で約5km（谷筋の距離で約7km）離れた山間部に位置しており，道路橋示方書[13)]に示される無塗装耐候性鋼橋が適用可能となる目安の海岸線（太平洋沿岸部）から2kmを約3km超える地域（飛来塩分量：0.05mdd以下とされる地域）に位置している．

10.5.2 腐食損傷の調査

(1) 腐食損傷の調査方法

腐食損傷の調査は，橋梁全体を対象として，検査路，街路および特殊高所技術工法[6)]で近接目視観察することで実施した．これらの目視観察時に撮影された写真に基づき，橋梁全体の部位レベルの腐食状況の確認を北側と南側の垂直材，斜材，下弦材および下弦材の格点について行った．腐食状況の確認に際して，表-10.5.1に示すさび層の表面の外観評点[14)]を用いた．なお，外観評

点1については，層状剥離さびの状況から，層状剥離が部分的に発生している場合を評点1小，層状剥離が部材の一部（1/3以下程度）発生している場合を評点1中，層状剥離が部材全体に発生している場合を評点1大と細分類した．

(2) 調査結果

北側と南側における下弦材と格点部の評点と腐食状況を**表-10.5.2**に示す．下弦材，横構など橋梁の下側に位置する部材の腐食の進行性は，北側と南側で異なっており，横断勾配が低く濡れ時間が長くなりやすい北側の部材が南側に比して高くなっている．格点部については，下弦材の張出し側の面，およびガセットの対空面を除く部位に多数の層状剥離さびが発生しており，その腐食の進行度は南側に比して北側が大きくなっている．

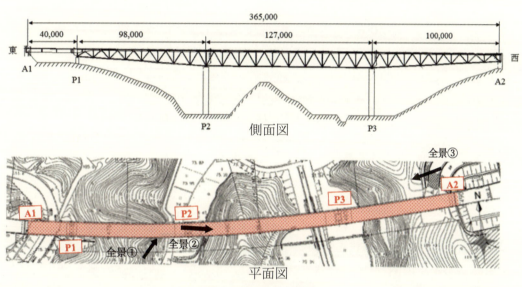

(a) 側面図と平面図

(b) 外観

図-10.5.1 D橋の諸元と外観 [10] を一部修正

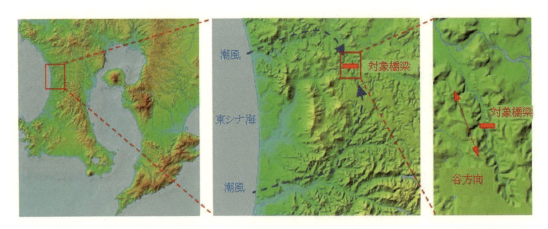

図-10.5.2　D橋の架設地点[10]

表-10.5.1　さび層の表面の外観評点[14]に基づき作成

外観評点	さびの状態（さびの厚さの基準参考値）
5	さびの量は少なく，比較的明るい色調を呈する．（約200μm未満）
4	さびの大きさは1mm程度以下で細かく均一である．（約400μm未満）
3	さびの大きさは1~5mm程度で粗い．（約400μm未満）
2	さびの大きさは5~25mm程度のうろこ状である．（約800μm未満）
1	さびは層状の剥離がある．（約800μm超）

　腐食程度については，評点3程度が橋梁全体に生じているが，下弦材や格点など橋梁の下側に位置する部材では，評点1となる著しい腐食損傷が生じている．特に，北側の下弦材の対地面については，部材全長にわたり層状さびが発生している．下弦材の対地面については，北側に層状さびが生じているが，南側では生じていない．なお，上弦材，横桁，縦桁および上横構については，下側の部材に比して腐食の進行は軽微であるが，横桁の下フランジについては，評点2となるうろこ状のさびが一定区間で生じていた．

　P2-P3径間中央における下弦材の対空面，対地面，北面および側面の腐食状況を図-10.5.3に示す．対空面では，図-10.5.4に示す張出し床版に5m間隔で配置されているスラブドレーンから排水された雨水が下弦材に落下する構造となっている．そのため，下弦材の対空面には排水によるさびこぶが局部的に生じており，この部位の評点は1となっている．これらの結果から，下弦材の対空面と外側北面では排水の落下部位を除いて評点4，対地面は評点1で層状さびが生じていたといえる．

表-10.5.2 北側と南側における下弦材と格点部の評点と腐食状況 [10]

下弦材の対地面	下弦材の格点部	垂直材
評点 1	評点 1	評点 1
① 北側	③	⑤
評点 3	評点 2	評点 3
② 南側	④	⑥

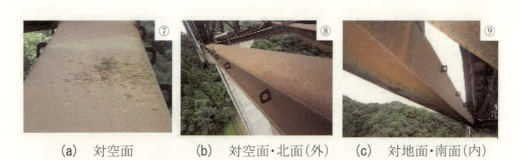

(a) 対空面　　(b) 対空面・北面(外)　　(c) 対地面・南面(内)

図-10.5.3 下弦材の対空面, 対地面, 北面および南面における腐食損傷の例 [10] を一部編集
（P2-P3 径間中央）

図-10.5.4 スラブドレーンからの雨水の滴下による下弦材の対空面の腐食損傷の例 [10]

橋脚上の下支材から支承部上部における主構の腐食状況を**図-10.5.5**に示す．橋脚上に位置する部材には塩を含む水分が滞水し，その水分が毛細管現象により上昇することで，部材表面にうろこ状のポーラスなさび層が生成されている．また，部材の隙間には，成長した積層さびが形成されている．

下弦材の連結部，高力ボルトおよび斜材の腐食損傷の例を**図-10.5.6**に示す．下弦材の連結部および高力ボルトでは，ポーラスなさび層が形成されており，腐食の進行が著しいといえる．斜材については対地面に層状のさびが生じている．

溶融亜鉛めっきの検査路の腐食損傷の状況を**図-10.5.7**に示す．**図-10.5.7(a)** に示すように，手摺の溶融亜鉛めっきの劣化や腐食損傷は北側の面が南側に比して著しく損傷している．これらの損傷度は，**図-10.5.1**に示す橋梁の側径間（P1-P2 および P3-A2）に比べて中央径間径間（P2-P3）の検査路が高くなっていた．なお，溶融亜鉛めっきの損傷過程の詳細については，7.2.2 を参照されたい．この検査路については，損傷程度を調査することで，橋梁が飛来海塩や凍結防止剤由来の塩の影響を著しく受けていることを容易に推定できる．また，塩の部材への付着による腐食損傷は，橋軸方向で大きく異なることも推定できる．なお，**表-10.5.2**，**図-10.5.4**，**図-10.5.5** および**図-10.5.6**の腐食状況を示す写真番号①〜⑬の撮影方向を**図-10.5.8**に示す．

(a) 下支材　　　　　　　　　(b) 斜材端部
図-10.5.5 橋脚上に位置する支承部の腐食状況の例 [10]

(a) 下弦材の連結部と高力ボルト　　(b) 斜材の対地面
図-10.5.6 ボルト連結部，高力ボルトおよび斜材の腐食損傷の例 [10]

第 10 章　鋼橋における防食性能回復の手順と事例

(a)　検査路の全景

(b)　手摺の腐食損傷の状況

図-10.5.7　溶融亜鉛めっきの検査路の腐食損傷の状況

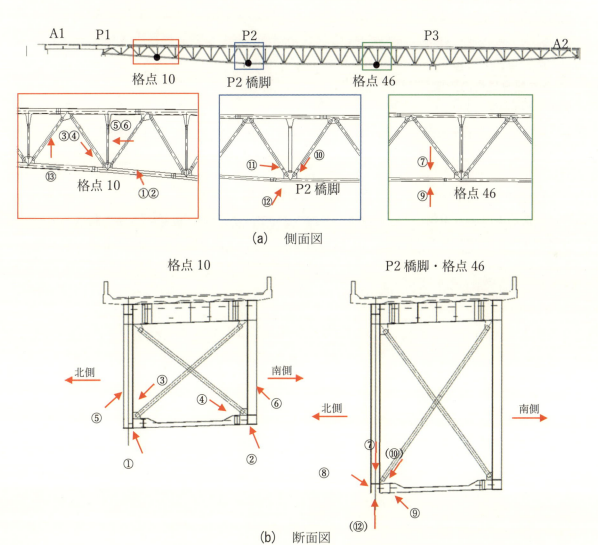

(a)　側面図

(b)　断面図

図-10.5.8　腐食損傷の写真番号の撮影方向 [10)]

(3) まとめ

1) 腐食の進行性は，橋梁の北側の部材が南側の部材に比して高い．また，トラス橋の下側に位置する部材（下弦材，格点部，下支材，下横構）の腐食の進行性は，上側に位置する部材（上弦材，縦桁，上横構，横桁）に比して高い．今後，これらの部材については適切な対策を実施しなければ，力学性能を著しく低下させる腐食損傷に至ることが懸念される．

2) 腐食損傷度は橋梁全体に1〜5mm程度の大きさのさびが分布していたが，橋梁の下側に位置する部材（下弦材，格点部，下支材，下横構）や対地面については，層状さびの剥離が生じている．

3) ボルト継手部に部材の横断勾配がある場合，低い側に位置するボルト・ナットは高い側に比べて，濡れ時間が長くなる傾向にあるため，腐食の進行性が高くなる．

4) 溶融亜鉛めっきされた検査路の手摺などのめっき劣化や腐食損傷を調査することで，橋梁が飛来海塩や凍結防止剤由来の塩にさらされている影響程度や橋軸方向の部材の損傷の差異を容易に推定できる．

10.5.3　腐食要因の調査

(1)　マクロ腐食環境の評価[11]

a)　評価方法

D橋のマクロな大気環境を定量的に把握するために，温湿度センサ，風向風速計，ドライガーゼ法（JIS Z 2382[15]）に基づいた飛来物質捕捉のためのガーゼ枠（以下，ガーゼ枠），および飛来物質の方向別捕捉器（以下，方向別捕捉器）を設置した．方向別捕捉器は単一方向からの飛来物質をガーゼ枠で捕捉する構造になっている．これらの設置位置と設置状況の例をそれぞれ図-10.5.9に示す．温湿度センサはP1-P2，P2-P3およびP3-A2のスパン中央に位置する検査路A，B，D，および格点A，Bの計5ヶ所に設置した．風向風速計については，P3橋脚近傍の格点Cに設置した．また，ガーゼ枠はP1-P2，P2-P3およびP3-A2のスパン中央に位置する検査路A，B，D，P3橋脚上の検査路C，P3橋脚近傍の格点C，および箱桁部の計7ヶ所に設置した．方向別捕捉器はP3橋脚近傍の格点Cに橋軸直角方向に位置する北と南に設置した．ガーゼにより捕捉した飛来物質は，アニオン（Cl^-，NO_3^-，SO_4^{2-}）とカチオン（Na^+，Ca^{2+}，Mg^{2+}）について，イオンクロマトグラフ法により分析した．海塩や凍結防止剤由来の塩NaClについては，Cl^-から換算することで算出した．

P2橋脚上および近傍の検査路にインターバル機能付きの約1,600万画素のデジタルカメラ（以下，定点カメラ）を設置し，部材の濡れ状況を15分ごとに観察した．定点カメラの設置位置，撮影方向および撮影範囲を図-10.5.10に示す．また，降雨時における部材の濡れ状況を橋脚上から，随時，目視観察した．

b)　評価結果

ⅰ）温度と相対湿度

2013年1月，4月，7月および10月における各設置部位の温度Tと相対湿度RHの月平均値の差異は，最大でもそれぞれ1°Cと5%であり，設置部位によらず同程度であったことから，格点Aの南側における測定結果をD橋の温湿度とした．D橋のTとRHの月平均値を図-10.5.11に示す．図中にはD橋から約8km離れた位置（Lat.31°40.1′N, Long.130°19.7′E）（以下，周辺地）におけるTを参考値（気象庁データ）として示す[16]．D橋と周辺地におけるTの月平均値は，同程度

第 10 章　鋼橋における防食性能回復の手順と事例

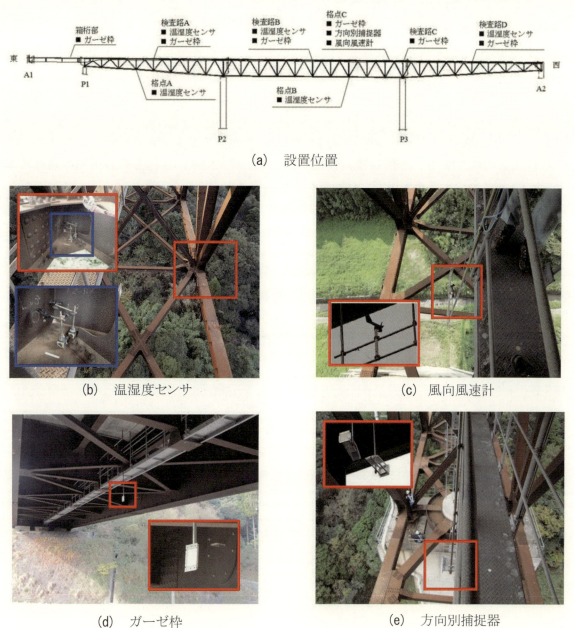

図-10.5.9　温湿度センサ，風向風速計，ガーゼ枠および方向別捕捉器の設置位置と設置状況の例[11]

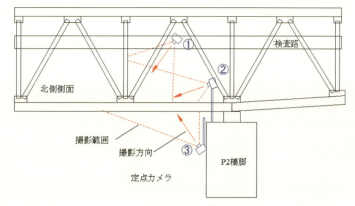

図-10.5.10　定点カメラの設置位置，撮影方向および撮影範囲[11]

になっている.また,D 橋の T と RH の年平均値は,それぞれ 17°C および 75% であった.

ii) 飛来塩分量とその塩類組成

D 橋における NaCl 換算の飛来塩分量 w_{NaCl} および凍結防止剤の散布回数 n_d を図-10.5.12 に示す.w_{NaCl} は 0.09〜0.97mdd と無塗装耐候性鋼材の適用限界値 0.05mdd[13),17)]より常に大きくなっており,その増減の傾向は設置位置によらず同様になっている.また,凍結防止剤の散布期間における w_{NaCl} は,n_d の増減と同様の傾向になっている.未散布期間中の w_{NaCl} については季節により変動が大きく,2013/04/03〜05/16 と 2013/06/12〜07/17 の期間については著しく高い.2013/05/16〜06/12 における w_{NaCl} は,他の期間に比して著しく小さくなっている.これは,2013/05/16〜06/12 のガーゼ回収数日前における周辺地では降水量が比較的多い降雨が観測されており[5)],その降雨によりガーゼに付着した飛来物質が雨洗されたためと考えられる.

2014/01/24〜2014/02/03 におけるトラス部(格点 C)と箱桁部の飛来塩分量 w_{NaCl} は,それぞれ 0.35mdd および 0.10mdd 程度であり,トラス部の w_{NaCl} は箱桁部の約 3 倍になっていた.これはトラス部が箱桁部に比して,構造的に通風性が高いことに起因すると考えられる.

飛来塩と凍結防止剤の塩類組成を図-10.5.13 に示す.飛来塩については,凍結防止剤の散布期間(2013/09/13〜2013/10/03)と未散布期間(2013/10/09〜2013/12/03)における塩類組成を示している.なお,D 橋に散布された凍結防止剤には,岩塩を用いている.凍結防止剤の散布期間における飛来塩の塩類組成を占める Na^++K^+ と Cl^- の割合は,凍結防止剤の未散布期間に比して高く,塩類組成の形状が凍結防止剤の形状に類似している.また,海水に一般的に含まれる Mg^{2+} および Ca^{2+} は,凍結防止剤には含有されず,飛来塩には含有されている.これらの結果から,飛来塩は D 橋の主な腐食要因であり,その飛来塩は海塩由来であるといえる.

方向別の飛来塩分量 w_{NaCl} と,風向および方向別平均風速をそれぞれ図-10.5.14 および図-10.5.15 に示す.2013/07/17〜2013/09/13 の期間では南側の w_{NaCl} が北側に比して大きく,2013/09/13〜2013/12/03 の期間では北側の w_{NaCl} が南側に比して大きい.風向と風速については,北西と南東が他の方位に比べて卓越している.また,北西からの風の卓越に伴い,北側の w_{NaCl} が増加している.これらの結果から,東シナ海からの風(西からの風)が図-10.5.2 に示す地形により南北に方向を変え,D 橋近くの谷筋に入り,北西と南東の風に変化したため,塩類は北および南の方位から飛来したといえる.

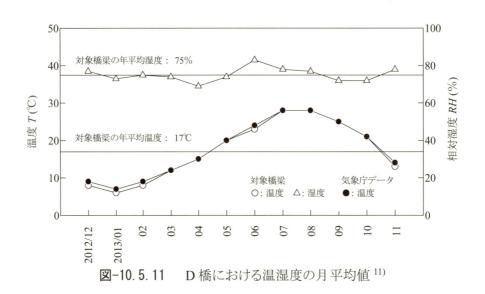

図-10.5.11　D 橋における温湿度の月平均値[11)]

第10章 鋼橋における防食性能回復の手順と事例

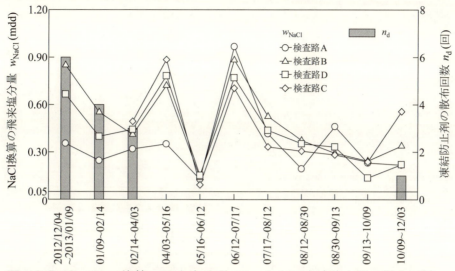

図-10.5.12 NaCl換算の飛来塩分量 w_{NaCl} および凍結防止剤の散布回数 n_d [11]

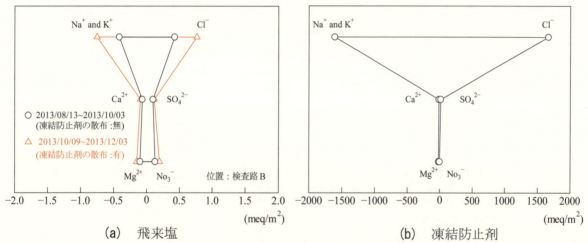

(a) 飛来塩　　　　　　　　　　　　　(b) 凍結防止剤

図-10.5.13 飛来塩と凍結防止剤の塩類組成 [11]

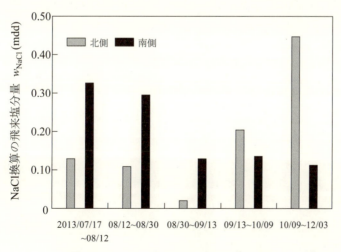

図-10.5.14 方向別の飛来塩分量 w_{NaCl} [11]

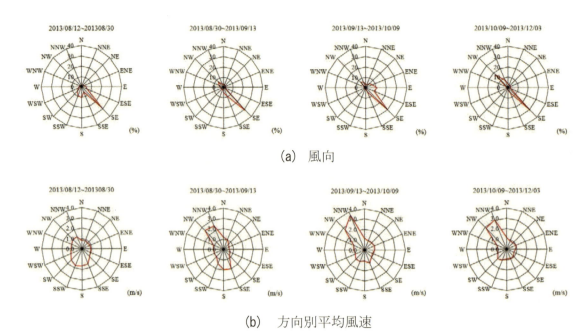

(a) 風向

(b) 方向別平均風速

図-10.5.15 風向および方向別平均風速 [11]

iii) 降雨，結露および霧による部材の濡れ状況

降雨時における下弦材および斜材の濡れ状況を**図-10.5.16**に示す．下弦材については，付着塩の雨洗効果がある対空面，および外側側面に付着した雨水が雨洗効果のほとんどない対地面と内側側面に流入する．一方，斜材については，腐食生成物層の毛細管現象により，集水・滞水した雨水がウェブの下端から吸い上げられている．また，スラブドレーンから排水され，下弦材の対空面に落下する雨水は，対空面から側面，対地面へと流れ，下弦材の全面を濡らす．そのため，凍結防止剤散布時は，凍結防止剤による塩化物がスラブドレーン直下に位置する下弦材の全面に付着すると考えられる．D橋の横断勾配により北側が南側に比して低いため，**図-10.5.17**に示すように，南側部材に付着した雨水が下支材などを介して北側部材に流出し，北側部材の対地面を濡らす状況にある．降雨終了後における格点部および連結部の湿潤時間は一般部に比して1時間程度長くなっていたことから，格点部と連結部は一般部に比して乾燥しにくいといえる．また，降雨により南北の下弦材がほぼ同時に濡れた場合，南側の下弦材が北側に比べて30分程度早く乾燥していた．スラブドレーンからの排水は，降雨終了後も数時間継続する状況にあり，北側の排水時間は南側に比して5倍程度長くなっていた．降雨終了後の北側の下弦材の対地面において，層状の腐食生成物層が生じている部位は，生じていない部位に比して濡れ状態が長時間継続いたことから，層状の腐食生成物層は長時間水分を保持するといえる．

定点カメラで観察した結露と霧状況を**図-10.5.18**に示す．結露の発生日数および霧の発生日数の撮影日数に対する割合は，それぞれ48%および38%程度であった．また，気象庁が観測した2012/12～2013/12における周辺地の年間降雨日数は約130日であった [16]．これらの結果から，D橋は頻繁に生じる結露と霧にさらされており，結露と霧の発生日数に年間降雨日数を加えると，D橋は年間を通じてほぼ濡れ状態にあるといえる．

下弦材における日照時間 T_{day} の算出結果を**表-10.5.3**に示す．南側の下弦材における T_{day} は，北側に比して長くなっている．その差異は夏至では1時間程度，春分と秋分については約4.5時間

になっている．前述した南側と北側の下弦材における乾燥時間の差異は，この南側と北側の下弦材における日照時間の差異に起因すると考えられる．

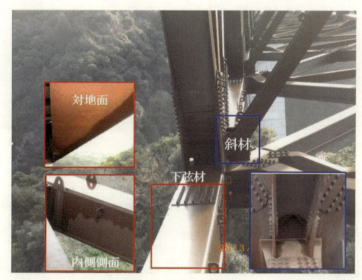

(a) 下弦材および斜材

(b) スラブドレーンからの排水

図-10.5.16 降雨時における下弦材および斜材の濡れ状況[11]

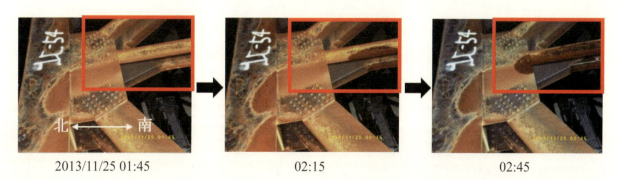

図-10.5.17 降雨による北側部材の濡れ状況（格点部の対地面）[11]

図-10.5.18 結露と霧の状況 [11]

表-10.5.3 日照時間 T_{day} の算出結果 [11]

季節	部位	日照時間 T_{day} (hr)
春分・秋分	北側	7.5
	南側	12.0
夏至	北側	6.5
	南側	7.5
冬至	北側	9.5
	南側	9.5

(d) まとめ

1) 対象とした上路トラス橋の腐食損傷の主要因の一つとして，北と南の両方位から飛来する海塩（0.09～0.97mdd）が挙げられる．この飛来海塩が腐食損傷に及ぼす影響は，冬季に散布される凍結防止剤に比して大きい．

2) D橋で著しい腐食損傷が生じている部位は，降雨，霧および結露により通年，ほぼ濡れ状態にあるため，濡れも腐食損傷の主要因として挙げられる．

3) スラブドレーンから排水された雨水は，降雨終了後も下弦材に数時間滴下するため，その対空面は他の部位に比して濡れ時間が長くなる．また，冬季には雨水に凍結防止剤が含まれるため，腐食の進行を著しく促進させる要因になる．

4) 雨洗作用がない部位であっても，滞水部位近傍に位置する場合，腐食生成物層による毛細管現象により薄膜水による濡れ状態になる．特に，層状の腐食生成物が生じた部位については，腐食生成物と鋼素地表面の界面において濡れが長時間継続する．
5) 北側の下弦材における日照時間は，南側の下弦材に比して短くなる．また，北側の下弦材が乾燥に要する時間は，南側の下弦材に比して長いため，北側の下弦材の腐食の進行性が高くなる．
6) 各部位の乾湿挙動は，構造条件，層状の腐食生成物層の有無や日照条件などにより著しく異なる．
7) 無塗装耐候性鋼橋を架設する際には，架設地点の飛来海塩量や霧などのマクロ的な大気環境を調査することが不可欠である．また，腐食損傷は部材ではなく，部位レベルで著しく異なるため，特に，構造上重要な部位については，架設後の早期に乾湿挙動や腐食性を調査することが重要になる．

(2) 腐食環境と腐食進行性の評価 [11), 12)]

D橋の腐食損傷要因として，凍結防止剤，飛来海塩および結露が考えられた．そこで，腐食進行性が高い部位の腐食要因を特定するために，Fe/Ag対ACM型腐食センサと熱電対を用いて，**第3章**で示した方法で腐食環境をモニタリングした．また，腐食進行性を定量評価するために，耐候性の裸小片鋼板（以下，MSP）を用いた大気暴露試験を実施した．部位レベルの腐食性評価の際には，3.1.2に示した手法を適用することで，平均腐食深さの経時性を簡易推定した．なお，ACMセンサとMSPは，これらの対象部位に対する表面温度の差異を極力低減するため，熱伝導ゲルシートを介して対象部位に設置することで，対象部位表面の温度変化に極力追従させた．

a) 腐食環境と腐食進行性の評価方法

i) ACMセンサ，熱電対およびモニタリングMSPの設置方法と設置位置

ACMセンサにはFe/Ag対のセンサを用い，その出力を10分ごとにモニタリングした．また，熱電対を用いて，部材の表面温度を20分ごとにモニタリングした．MSPにはJIS G 3114[5)]のSMA490AWの鋼板（板厚：9mm）の表裏面を切削することで製作した60×60×3mmの鋼板を用いた．試験体の表面は，大気暴露試験の開始早期に全面に均一の腐食生成物層を生成させるために，ブラスト処理（ISO 8501-1 Sa2 1/2）した．

ACMセンサ，熱電対，MSPの設置位置と設置状況の例をそれぞれ**図-10.5.19**および**図-10.5.20**に示す．なお，MSPとACMセンサの設置期間は，季節による気候変動を考慮して，いずれも約1年間とした．MSPは格点A，B，Cにおける南北の斜材と下弦材，P2とP3における北側の橋脚に設置した．下弦材については対空面，北面，南面および対地面に設置した．また，斜材については対空面と対地面に設置した．また，スラブドレーンからの排水による影響を考慮して，格点AとBにおける北側の下弦材のスラブドレーン直下に位置する対空面（以下，対空面（スラブドレーン直下））についても設置した．橋脚については，A1側とA2側の対空面と対地面に設置した．橋脚の対空面は，部材から剥落した腐食生成物が堆積していたため，**図-10.5.20**に示すように，設置したMSPを腐食生成物の堆積物で数mm埋没させた．ACMセンサは格点Aと格点Bの下弦材に設置した．北側の下弦材については，対空面，対空面（スラブドレーン直下）および対地面に設置した．南側下弦材については，対地面に設置した．熱電対は格点AとBにおける南北の下弦材の対空面，北面，南面および対地面，箱桁部の外側の側面と下フランジに設置した．なお，熱電対は大気からの影響を極力低減するため，熱伝導性の低い粘着テープにより対象部位に

貼付した．MSP，ACMセンサおよび熱電対は，設置位置の腐食生成物をディスクサンダーで除去し，素地調整程度2種に仕上げた後に設置した．MSPを設置する際の鋼素地調整の領域は，MSPの貼付領域の両辺に対して，約30mm拡大位して約90×90mmとなるようにした．下弦材の対地面にMSP，ACMセンサおよび熱電対を設置する際，下弦材の中央部には厚い層状さびが生成されており，高所作業環境で鋼素地調整が困難であったため，図10.5.20(a)に示すように下弦材の端部近傍に設置した．また，ACMセンサのFe基板およびMSPは，表面温度の差異を極力低減させ，対象部位の表面起伏にも配慮するため，熱伝導ゲルシートを介して対象部位に貼付することとした．

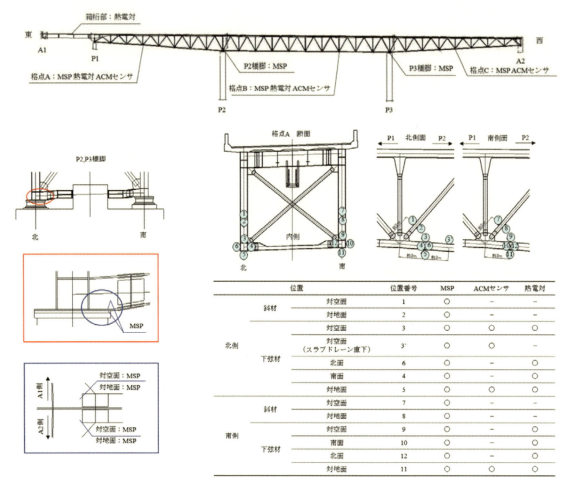

図-10.5.19　ACMセンサ，熱電対およびMSPの設置位置[12]

第10章　鋼橋における防食性能回復の手順と事例

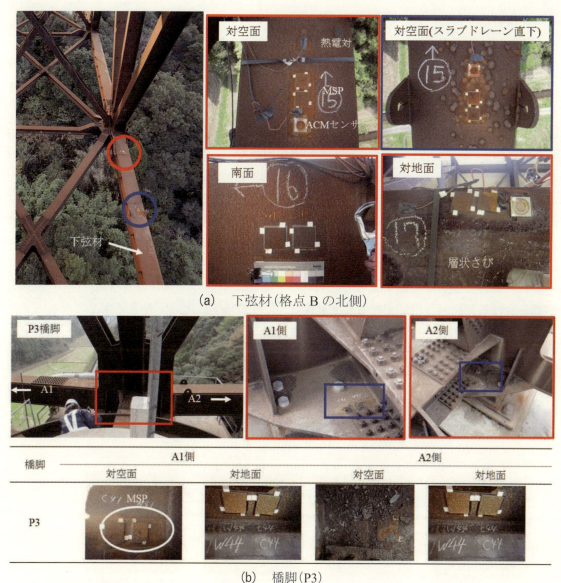

(a) 下弦材(格点Bの北側)

(b) 橋脚(P3)

図-10.5.20　ACMセンサ, 熱電対, MSPの設置状況(回収時：2013/12/03)[12]

ii) 腐食進行性の評価方法

大気暴露試験したMSPの腐食生成物層の厚さ $t_{r,mean}$ は，電磁式デジタル膜厚計を用いて，MSPの中央部を対象にして測定した．また，格点Aと格点Bにおける南北の斜材の対地面，および南北の下弦材の対空面と対地面については，MSPの回収時にMSP周囲の鋼素地調整部の $t_{r,mean}$ を測定し，MSPの $t_{r,mean}$ と比較した．なお，MSPは中央部1点における11回の測定値の平均値を $t_{r,mean}$ とした．d_{mean} は設置前と腐食生成物除去後におけるMSPの重量変化量に基づき算出した．MSPの腐食状況の外観観察は，中央部を対象として，デジタルマイクロスコープを用いて100倍で観察した．また，ACMセンサの出力Iを用いて，対象部位の雨洗作用の有無を評価するとともに，降雨時間Tr（I ≧ 1μA）および濡れ時間Tw（I ≧ 0.01μA）を算出した．

MSPの平均腐食深さの推定値 $d_{mean,eva}$ は，付着海塩の雨洗効果と飛来海塩の付着・蓄積の有無を考慮して，3.1.2に示した推定式（3.1.2）に基づき算出した．なお，付着海塩の雨洗効果と飛来塩の付着・蓄積の有無は，ACMセンサの出力，MSPの腐食生成物層の表面状態および構造条件に基づき判定した．

b) 腐食環境と腐食進行性の評価結果
i) 部材温度

　格点Aと格点Bにおける部材の温度は，ほぼ同様であったため，ここでは格点Aにおける結果を例に挙げて述べる．下弦材（格点A）の部材温度Tの経時変化（2013/09）を図-10.5.21に示す．南北の下弦材の全面において，Tは朝から昼にかけ上昇し，昼から翌日の朝にかけて低下している．北側の下弦材における各面のTは，ほぼ同程度である．一方，南側の下弦材では，昼における対空面と南面のTは，対地面と北面に比して約10～20℃高くなっている．また，昼における南側の下弦材の対空面と南面のTは約40～60℃であり，大気の温度に比べて著しく高くなっている．格点AとBにおける下弦材の月平均部材温度T_{mean}（2013/09）を図-10.5.22に示す．南側の下弦材については，対空面と南面のT_{mean}は，北面と対地面に比して4℃程度高くなっている．一方，北側の下弦材については，各面のT_{mean}は同程度である．また，南側の下弦材におけるT_{mean}は，北側の下弦材に比して高くなっている．これらの部位における部材温度の差異は，各部位における日照条件の差異に起因すると考えられる．また，南側の下弦材の対空面や南面などの日照の影響を受ける部材の日中における表面温度は，大気の温度に比して著しく高温になるといえる．

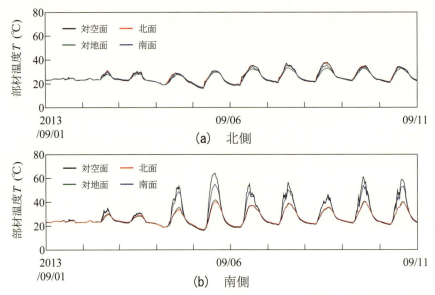

図-10.5.21　下弦材（格点A）における部材温度Tの経時変化（2013/09）[12]

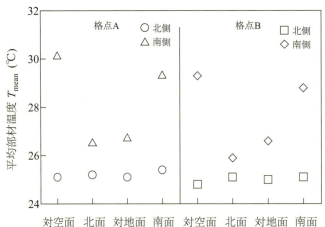

図-10.5.22　下弦材の月平均部材温度T_{mean}（2013/09）[12]

ii） 降雨時間と濡れ時間

下弦材における ACM センサの出力 I を図-10.5.23 に示す．また，2013/01～2013/11 における月降雨時間 T_r，月濡れ時間 T_w，およびその差 T_w-T_r の期間平均値を表-10.5.4 に示す．降雨時，対空面の I は降雨のしきい値の 1μA 以上になっているが，対地面は対空面に比して著しく小さく，1μA 以下となっている．また，対空面の T_r は，対地面に比して大きくなっている．したがって，対空面は雨洗作用を得やすく，対地面は雨洗作用を得にくいといえる．また，各部位の T_w は約 80%以上であり，降雨，霧および結露の影響により常時，濡れているといえる．この濡れの状況は，定点カメラにおいても観察されている．対地面における T_w-T_r は，対空面に比して大きく，対地面では比較的薄い水膜による濡れ時間が対空面に比して長いといえる．したがって，対地面は対空面に比して腐食性が高いと考えられる．これら結果から，飛来塩に加え降雨，結露および霧による濡れもまた，D 橋の腐食の主要因の一つであるといえる．なお，これらの結果は，格点 A に設置した ACM センサにおいても同様であった．

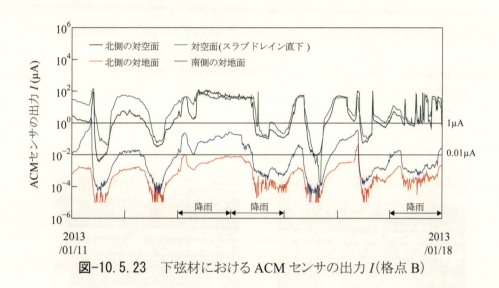

図-10.5.23 下弦材における ACM センサの出力 I（格点 B）

表-10.5.4 月降雨時間 T_r，月濡れ時間 T_w，およびその差 T_w-T_r の期間平均値（格点 B の下弦材）[12]

部位	T_r (hr) / (%)	T_w (hr) / (%)	T_w-T_r (hr) / (%)
北側の対空面	332/45	722/97	390/52
対空面（スラブドレーン直下）	382/52	685/92	300/40
北側の対地面	95/13	623/84	529/71
南側の対地面	75/10	651/88	576/77

iii) 腐食生成物層の厚さと平均腐食深さ

MSP を貼付した周辺領域の鋼素地調整部と MSP の腐食状況を図-10.5.24 に示す．斜材の対地面および下弦材の対空面では，鋼素地調整部における腐食生成物表面の色彩はほぼ均一であり，MSP の腐食生成物と同様であった．一方，下弦材の対地面における鋼素地調整部の腐食生成物の色は，位置により差異があり，MSP の腐食生成物と異なる部位もあった．また，格点 B おける南側の下弦材の対地面の鋼素地調整部では，その色は MSP と著しく異なっており，ばらつきも大きくなっている．

MSP と鋼素地調整した領域の $t_{r,mean}$ を図-10.5.25 に示す．鋼素地調整部の $t_{r,mean}$ は MSP に比してばらつきが大きい．特に，下弦材の対地面については，格点 A と格点 B によらず，ばらつきが大きい傾向にある．下弦材の対地面における鋼素地調整部の色と $t_{r,mean}$ のばらつきについては，側面から対地面に流れた雨水が MSP の表面を流れず，MSP を迂回するため，濡れ状況が位置により異なったと考えられる．格点 B における南側の下弦材の対地面以外の部位では，MSP と鋼素地調整部の $t_{r,mean}$ は同程度であるため，MSP により対象部位の腐食性を精度良く評価できるといえる．なお，格点 B における南側の下弦材の対地面に設置した MSP は，鋼素地調整部と $t_{r,mean}$ が大きく異なることから，以降の検討では参考値とする．

点 A における北側の下弦材に設置した MSP の腐食表面を図-10.5.26 に示す．下弦材の対空面の起伏は，他の対象面に比して小さくなっている．これは対空面では，直接，雨がかかり，腐食生成物が降雨時に流出しやすいためと考えられる．この傾向は格点 10 および格点 67 に設置したMSP についても同様であった．

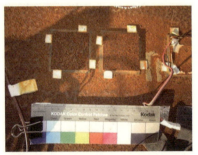

(a) 北側の対空面

(b) 北側の対地面

(c) 南側の対空面

(d) 南側の対地面

図-10.5.24 MSP と鋼素地調整部の腐食状況の比較（格点 B の下弦材）[12]

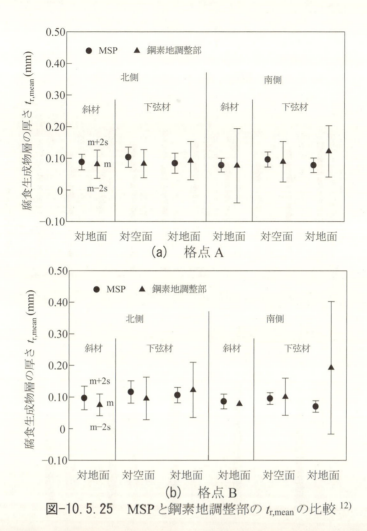

(a) 格点 A

(b) 格点 B

図-10.5.25 MSP と鋼素地調整部の $t_{r,mean}$ の比較[12]

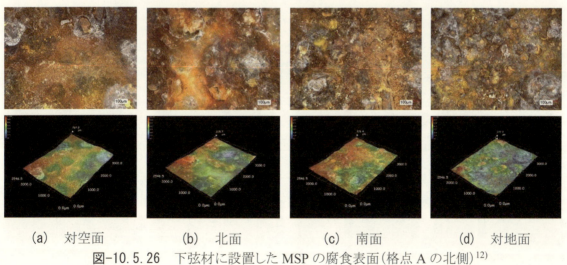

(a) 対空面　　(b) 北面　　(c) 南面　　(d) 対地面

図-10.5.26 下弦材に設置した MSP の腐食表面（格点 A の北側）[12]

MSP の腐食生成物層の厚さ $t_{r,mean}$ および平均腐食深さ d_{mean} を，それぞれ図-10.5.27 および図-10.5.28 に示す．斜材および下弦材では，北側の部材における $t_{r,mean}$ および d_{mean} は，南側の部材に比して大きい傾向にあることから，北側の部材における腐食性は南側の部材に比べて高いとい

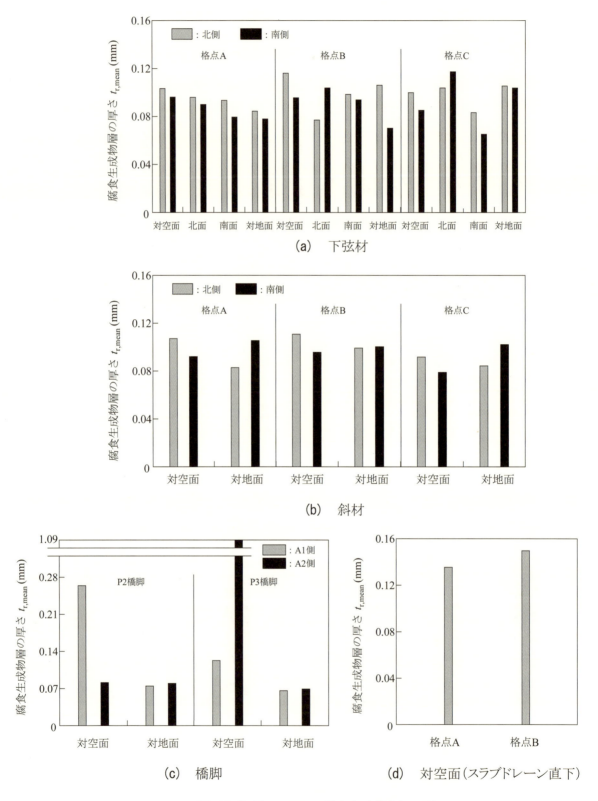

図-10.5.27 MSP の腐食生成物層の厚さ $t_{r,mean}$

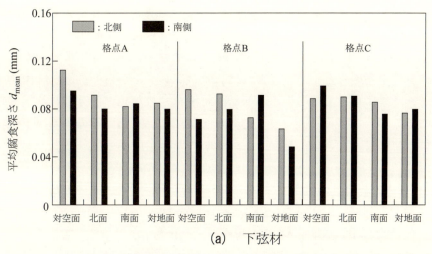
(a) 下弦材

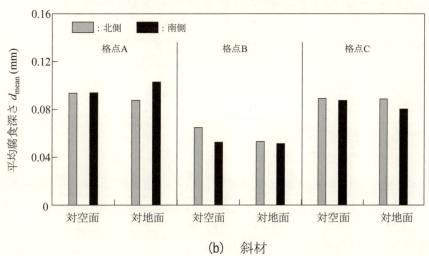
(b) 斜材

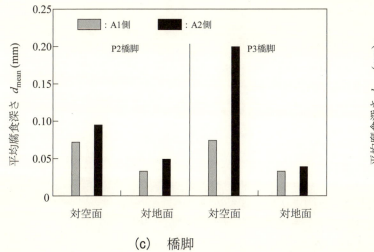
(c) 橋脚

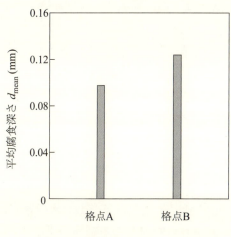
(d) 対空面（スラブドレーン直下）

図-10.5.28　MSP の平均腐食深さ d_{mean} [12]

える．これは，日照条件の差異により，北側の部材の濡れ時間が南側の部材に比して長時間継続すること[11]に起因すると考えられる．また，下弦材については，対空面，北面および南面は付着塩の雨洗効果があり，初期の腐食性が雨洗効果のない対地面に比して高いため，対空面，北面および南面の d_{mean} は，対地面に比して大きい傾向にある．対空面（スラブドレーン直下）の $t_{r,mean}$ および d_{mean} は，下弦材の対空面と同程度以上であることから，スラブドレーンからの排水は，滴下する部位の腐食性を高めるといえる．これはスラブドレーンからの排水が降雨終了後も数時間継続することと，冬季におけるその排水は凍結防止剤を含むためと考えられる．橋脚の対地面における $t_{r,mean}$ と d_{mean} は，対空面に比べて小さくなっている．また，その差異は下弦材における対空面と対地面の差に比して大きいことから，剥落した腐食生成物の堆積物は，腐食を促進するといえる．

iv) 平均腐食深さの経時性の推定

格点 B の下弦材と斜材，および P3 橋脚に設置した MSP の平均腐食深さの推定値 $d_{mean,eva}$ を図-10.5.29 に示す．なお，P3 橋脚の A2 側の対空面における $d_{mean,eva}$ は，$t_{r,mean}$ が推定式の適用範囲外であるため参考値とする．また，各部位における滞水・雨洗効果の有無，および飛来塩の付着・蓄積の有無を表-10.5.5 に示す．下弦材の対空面，北面，南面，および斜材の対空面では，雨洗効果により腐食初期に腐食が促進されるとともに，比較的緻密な保護性のある腐食生成物が形成される．そのため，それらの部位の $d_{mean,eva}$ は初期の数年間に著しく増加するが，その後，増加率は小さくなる．一方，下弦材の対地面，斜材の対地面，および橋脚の対空面と対地面では，雨洗効果の影響が小さく付着塩を蓄えながら腐食生成物を形成するため，ポーラスな保護性の低い腐食生成物が形成される．そのため，これらの部位の $d_{mean,eva}$ は，ほぼ線形的に増加する．これらの結果から，雨洗効果がない部位の腐食性は，雨洗効果がある部位に比して高いと推定される．P3 橋脚の A2 側の対空面における $d_{mean,eva}$ は参考値であるが，腐食深さは線形的に増加すると推定される．1 年間における d_{mean} は約 0.2mm であるため，10 年後における d_{mean} は約 2.0mm 程度なると考えられ，他の部位に比して著しく大きい．このことから，剥落した腐食生成物が堆積する部位の腐食性は，堆積しない部位に比して高いと考えられる．この結果から，剥落した腐食生成物の堆積物は早期に除去する必要があるといえる．

c) まとめ

1) 対象とした下路トラス橋における南側下弦材の部材温度は，北側下弦材に比して高くなる．また，南側下弦材では，対空面と南面の部材温度は，対地面と北面に比して高くなる．これらの部材温度の差異は，部位における日照条件の差異に起因する．

2) 日照の影響を受ける部材の日中における部材表面の温度は，大気の温度に比して著しく高温になる．

3) 下弦材における対空面は，降雨による付着塩の雨洗効果があるが，対地面については雨洗効果がない．また，対地面は比較的薄い水膜による濡れ時間が対空面に比して長くなる．

4) D 橋の北側の斜材と下弦材の腐食性は，南側に比して高くなる．

5) 下弦材の対空面と側面のように，降雨による付着塩の雨洗効果がある部位の腐食深さは，初期の数年は著しく増加するが，その後増加率は減少すると推定される．

6) 下弦材の対地面および橋脚の対空面と対地面のように，雨洗効果がほとんどなく，飛来塩が付着・蓄積する部位の腐食深さは，線形的に増加すると考えられる．

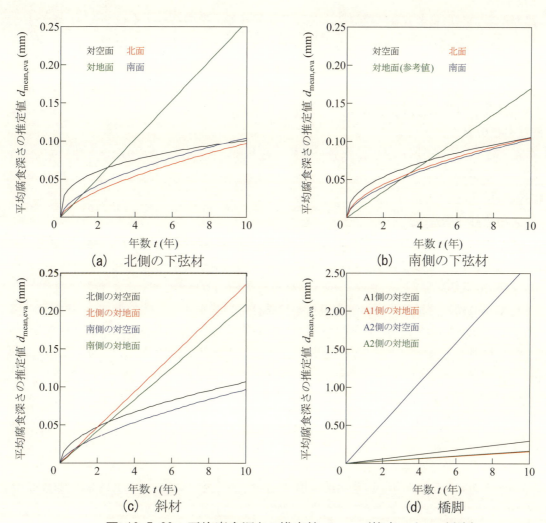

図-10.5.29　平均腐食深さの推定値 $d_{mean,eva}$（格点 B と P3 橋脚）

表-10.5.5　降雨の影響および飛来塩の付着・蓄積の有無

部位		滞水・雨洗効果の有無	飛来塩の付着・蓄積の有無
下弦材	対空面	滞水	無
	北面	有	無
	南面	有	無
	対地面	無	有
斜材	対空面	有	無
	対地面	無	有
橋脚	対空面	無	有
	対地面	無	有

7) スラブドレーンからの排水の影響を直接受ける部位の腐食性は，それ以外の部位に比して高くなる．

8) 剥離した腐食生成物が堆積する部位の腐食性は，堆積していない部位に比して腐食性が高くなる．

　無塗装耐候性鋼橋の各部位における腐食性は，降雨の影響，飛来塩の付着・蓄積の有無，濡れ

時間，路面からの漏水および堆積物等により著しく異なる．そのため，本調査の D 橋のように，架設位置の飛来海塩量が 0.05mdd 以下とされる地域[13),17)]であっても，特定部位に著しい腐食損傷が生じる可能性があるといえる．

10.5.4 腐食環境の改善方法の検討
(1) 層状さびの除去
8.1.4 に示したように，層状さびは水分を保持してしまうため，ハンマーなどで叩いて除去し，濡れ時間を短くする．

(2) 構造改良
a) トラス格点部の構造改良
D 橋では，下弦材と斜材および横構の取付けガセットが配置される格点部において，評点 1 となる層状剥離さびが発生しており，特に北側に位置する格点部において腐食の進行度が大きくなっている（**図-10.5.30**）．耐候性鋼橋のトラス格点部の構造改良としては，4.1.2 で述べた，①合理化された格点部構造の採用，②格点部近傍を塗装仕様に変更する，③格点部カバーの採用，の 3 つの選択肢が考えられる．このうち①については，既設橋梁の格点部を合理化構造に変更することは現実的には難しく，採用できない．②については，次項に示すような防食性能の回復を考える．③については，格点部に腐食要因を侵入させないことを目的に樹脂製の格点部カバー（**図-4.1.6**）を設置するものである．

格点部カバーの主たる目的は，**図-10.5.31** に例示するように複雑な構造となる格点部に土砂や塵埃などを堆積させないことである．したがって，D 橋のように外部からの土砂や塵埃の流入が少ない上路式トラス橋への適用にあたっては，格点部に堆積するものが何かを事前に把握しておく必要がある．**表-10.5.2** あるいは**図-10.5.31** に示すように，堆積物の大半は外的飛来物ではなく層状剥離したさびであると考えられる．したがって，格点部カバーの設置は大きな効果は期待できない可能性がある．なお，格点部カバーを設置した場合は，湿潤状態になった場合に乾燥が遅くなり，濡れ時間も長くなる可能性にも留意する．

b) 適切な排水設備の設置
D 橋では，**図-10.5.4** に示したように，張り出し床版部のスラブドレーンには水抜きパイプが接続されておらず，排出された雨水が直接下弦材上に落下しており，下弦材の対空面に局部的に著しいこぶさびが発生している．多くの橋梁において，スラブドレーンへの水抜きパイプの未設置

図-10.5.30 格点部（北側）の腐食状況

図-10.5.31 格点部における堆積物の例

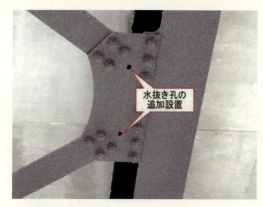

図-10.5.32　水抜きパイプの設置　　　　　　　　図-10.5.33　水抜き孔の追加設置

によって同様の腐食事例が確認されている．このため，4.3.2で述べた水抜きパイプを設置し，防食性能を回復する必要がある．留意点としては，①水抜きパイプの接続は，脱落のないようスラブドレーンと強固に行うこと，②水抜きパイプの配置は適切な排水勾配を設けること，③水抜きパイプの固定に用いる金具は，鋼桁との異種金属接触腐食に配慮すること，④水抜きパイプの端末は，本体構造に飛沫がかからないよう配慮すること等が挙げられる．水抜きパイプの設置例を，図-10.5.32に示す．

c) 高力ボルト継手部の水抜き孔設置

D橋では，図-10.5.5に示したように，橋脚上に位置する支承部において，塩分を含んだ水分が滞水することによって，うろこ状のポーラスなさび層が生成されている．滞水が主な腐食要因であることから4.1.4の図-4.1.35で示した，適切な位置に水抜き孔を設置することが考えられる．なお，水抜き孔の設置にあたっては，①断面欠損による応力増加に対して孔下方にダブリングを施すなどの配慮をすること（水切りとしても機能），②水抜き孔からの排水が他の部位に掛からないよう留意すること，が挙げられる．水抜き孔の追加設置例を，図-10.5.33に示す．

10.5.5　防食性能の回復方法の検討

(1) 金属被膜を施した構造物の防食性能回復

D橋では，橋梁断面中央部に溶融亜鉛めっき処理による検査路が1条設置されている．現地調査の結果によると，P2～P3間の検査路の手摺りに亜鉛皮膜の消耗によると考えられる腐食が確認されている（図-10.5.34）．腐食は，特に南側面が進行しており，飛来海塩の影響が指摘される．防食性能の回復にあたっては，現状の亜鉛皮膜の消耗状況と供用年数から，7.2.2に示した溶融亜鉛めっきの劣化レベルの判定を行い，防食性能の回復の必要性と手法について検討する．防食性能の回復にあたっては，7.3.2に示した溶融亜鉛めっきの補修方法のうち，①塗装で補修する，②再度めっきにより補修する，③部材交換により補修する，から選定される．

一方，D橋のようなトラス橋においては，格点部が重要な構造部位であることから，定期点検において容易に点検員が容易にアクセスできることが望まれる．そのため，現在の位置に加えて下弦材に2条，検査路を追加することが考えられる．また最近では，溶融亜鉛めっきと比べて耐久性の高い金属皮膜（Alめっき（付3.3.2参照），Zn-Al合金めっき[18]や材料（アルミニウム合金製[19]，FRP製[20]）などの検査路が開発されている．そこで，D橋における腐食環境を考慮して，図-4.1.34に例示するようにこれらの検査路を選定することも橋梁全体の防食性や健全性を回復，

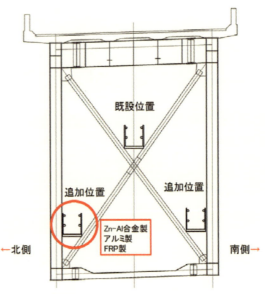

図-10.5.34 検査路の皮膜劣化状況　　　図-10.5.35 検査路の設置案

維持することに貢献できることとなる．図-10.5.35に検査路の設置案を示す．

(2) 防食性能回復における素地調整の留意点

耐候性鋼橋に対して，5.6.2で述べたように，塗装または金属皮膜による防食に転換する場合，転換後の防食性能を確保するためには，現状の不良なさび層を確実に除去することが必要であり，そのための素地調整が非常に重要になる．一般的に素地調整にはブラスト工法が用いられるが，D橋のような上路トラス橋の場合，弦材や斜材の一般部は平面が多く比較的ブラスト容易であるが，格点部は出隅入隅が非常に複雑に組み合わされた構造のため，5.4.1で述べた素地調整困難部位に相当する．図-10.5.36に当該橋梁の格点部周辺の状況を示す．

　素地調整が容易な一般部は，第5章で述べた手工具，電動工具または8.3.3で述べたダイヤモンド工具を用いて強固なさびを除去した後，ブラスト処理により，各種工具でも除去できなかったさびを除去するとともに，付着塩分量を基準値（目安）の50mg/m^2までの低減と素地調整程度をSa 3やSa 2 1/2の仕上がりを確保したのち，重防食塗装または金属皮膜による防食を行う．一方，図-10.5.36に赤矢印で示した格点内部は複雑な形状であるため，素地調整困難であることが多い．特に格点内部の溶接線部やボルト接合部は，物理的に通常の手工具や電動工具，ダイヤモンド工具が入らないまたは素地に当たらない，ブラスト処理を用いた場合においても素地調整面に対してブラストできないため，全ての異常さびや鋼材表面の高い付着塩分量を除去することが困難である．そこで，このような部位に対して，例えばウォータージェット工法（5.2.4参照）やレーザークリーニング（9.2.1参照）や化学的素地調整（9.2.2参照）を補助工法として用いることで，通常の手工具，電動工具，ダイヤモンド工具またはブラスト処理では除去できない鋼材表面近傍の高い付着塩分を除去できる可能性がある．このような補助工法を駆使しても鋼材表面の付着塩分量が基準値（目安）の50mg/m^2まで低減できない場合は，9.3に示した腐食性イオン固定化剤入り有機ジンクリッチペイントや，セメント系防食下地材，一層塗り防せい塗料などを用いることで，通常の有機ジクリッチペイントを用いたRC-Ⅰ塗装系より高い防食性能を確保できる可能性がある．

図-10.5.36　D橋トラス格点部

なお，レーザークリーニングや化学的素地調整を補助工法としても高い付着塩分量を低減することが困難な場合は，9.3.5や10.3.4のB橋で示した大気犠牲防食[21]を検討する．

このような部位に対して，これまで述べた工法を適用することで高い防食性能を維持し続けることは現状の技術ではほとんど実績もなく，未知な面が多いため，通常の5年に1回の定期点検だけでなく，1年に1回程度のモニタリングが必要である．この際，アクセス困難な上路トラスの下部格点のモニタリングには，モニタリング用検査路の設置または，特殊高所技術工法[6]の適用が考えられる．

参考文献

1) 松本英宜, 中山太士, 坂本達朗：鋼鉄道橋の塗替え塗装におけるケレン方法の検討, 土木学会第67回年次学術講演会講演概要集, VI-065, PP.129-130, 2012.
2) (公財)鉄道総合技術研究所：鋼構造物塗装設計施工指針, 2013.
3) (公財)日本規格協会：JIS G 3101「一般構造用圧延鋼材」, 2017.
4) 坂本達朗, 鈴木実, 貝沼重信：屋外暴露した塗装さび鋼板の腐食挙動調査, 第62回材料と環境討論会講演集, pp.33-36, 2015.
5) (公財)日本規格協会：JIS G 3114「溶接構造用耐候性熱間圧延鋼材」, 2016.
6) 新技術情報提供システム（NETIS）SK-080009-VE
7) (公社)日本道路協会：鋼道路橋防食便覧, V-52, 2014.
8) 貝沼重信, 山本悠哉, 林秀幸, 伊藤義浩, 押川渡：Fe/Ag対ACM型腐食センサを用いた大気環境における無塗装普通鋼板の経時腐食深さの評価方法, 材料と環境, Vol.63, No.2, pp.50-57, 2014.
9) 貝沼重信, 山本悠哉, 伊藤義浩, 林秀幸, 押川渡：腐食生成物層の厚さを用いた無塗装普通鋼材の腐食深さとその経時性の評価方法, 材料と環境, Vol.61, No.12, pp.483-494, 2012.
10) 藤岡靖, 藁科彰, 高木真一郎, 仲健一, 貝沼重信, 道野正嗣, 山本悠哉：高腐食性環境におけ

る無塗装耐候性鋼上路トラス橋における腐食損傷の要因推定と腐食性評価（その1）―腐食損傷の調査―，防錆管理，Vol.60，No.5，pp.165-172，2016.

11) 貝沼重信，道野正嗣，山本悠哉，藤岡靖，藁科彰，高木真一郎，仲健一：高腐食性環境における無塗装耐候性鋼上路トラス橋における腐食損傷の要因推定と腐食性評価（その2）―腐食環境評価と腐食要因分析―，防錆管理，Vol.60，No.8，pp.298-305，2016.

12) 貝沼重信，道野正嗣，山本悠哉，藤岡靖，藁科彰，高木真一郎，仲健一：高腐食性環境における無塗装耐候性鋼上路トラス橋における腐食損傷の要因推定と腐食性評価（その3）―部位レベルの腐食環境と腐食性の評価―，防錆管理，Vol.60，No.9，pp.338-346，2016.

13) 日本道路協会：道路橋示方書・同解説，II鋼橋・鋼部材編，2017.

14) 日本橋梁建設協会：無塗装橋梁の手引き（第2版），2007.

15) （公財）日本規格協会：JIS Z 2382「大気環境の腐食性を評価するための環境汚染因子の測定」，1998.

16) 気象庁：http://www.jma.go.jp/jma/index.html.

17) 建設省土木研究所，鋼材倶楽部，日本橋梁建設協会：耐候性鋼材の橋梁への適用に関する共同研究報告書（XX）―無塗装耐候性橋梁の設計・施工要領（改訂案）―，1993.

18) 北浦美涼，東田典雅，市川翔太，前山雅博，諸岡俊彦，阿部真丈，柴山裕：塩害環境下における亜鉛アルミニウム合金めっき検査路の耐食性，土木学会第69回年次学術講演会概要集，V-440，pp.879-880，2014.

19) 金澤宏明，十亀富男，中東剛彦：アルミ製検査路の開発，横河ブリッジホールディングス技報，42号，pp.106-107，2013.

20) 永見研二，久保圭吾，佐藤昌義，永谷秀樹，小林裕輔：10m級FRP検査路の開発，宮地技報 No.24，pp.28-31，2009.

21) 山下和也，貝沼重信，石原修二，内田大介，兼子彬，山内孝郎：重度に腐食した耐候性鋼橋に対するAl-3%Zn陽極材と繊維シートによる犠牲陽極防食技術の適用性，平成29年度土木学会西部支部研究発表会講演概要集，I-46，2018.

付 録

目 次

付録1　鋼材の腐食に関する基礎知識 ··· 1
　付1.1　鋼材の腐食 ·· 1
　付1.2　鋼材腐食の電気化学反応と腐食生成物 ·· 1
　付1.3　腐食の分類 ·· 3
　付1.4　腐食メカニズム ··· 4
　　付1.4.1　ミクロセル腐食（全面腐食）とマクロセル腐食（局部腐食） ···················· 4
　　付1.4.2　異種金属接触腐食 ·· 5
　　付1.4.3　隙間腐食 ··· 7
　　付1.4.4　孔食 ·· 7
　　付1.4.5　コンクリート地際部腐食 ·· 8
　付1.5　大気環境における腐食速度の影響因子 ··· 9
　　付1.5.1　水膜厚と腐食速度 ·· 9
　　付1.5.2　塩類 ··· 10
　　付1.5.3　その他の腐食影響因子 ··· 11
　付1.6　大気環境による鋼材の腐食性分類 ··· 12

付録2　塗膜による防食機構の基礎知識 ·· 14
　付2.1　各種防食手法の概要 ·· 14
　付2.2　塗膜の防食作用の劣化 ··· 14
　付2.3　一般的な塗装系の概要 ··· 19
　　付2.3.1　防食塗料・防食下地 ·· 19
　　付2.3.2　耐候性上塗塗料 ·· 21
　付2.4　重防食塗装系の機能と構成 ··· 22
　付2.5　鋼道路橋および鋼鉄道橋の塗装系の変遷 ··· 24

付録3　金属皮膜による防食機構の基礎知識 ·· 40
　付3.1　金属皮膜の種類 ·· 40
　　付3.1.1　金属溶射 ·· 40
　　付3.1.2　溶融めっき ··· 41
　付3.2　防食メカニズム ··· 46
　　付3.2.1　金属溶射 ·· 46
　　付3.2.2　溶融めっき ··· 47
　付3.3　各種環境への適用性 ··· 50
　　付3.3.1　金属溶射 ·· 50
　　付3.3.2　溶融めっき ··· 53

付 3.4　適用事例 ・・ 55
　付 3.4.1　金属溶射 ・・ 55
　付 3.4.2　溶融めっき ・・ 57

施工動画（DVD 収録）

1	先行床施工式フロア型システム吊足場	(1'15")
2	熱収縮シート	(1'33")
3	剥離剤による塗膜除去	(2'39")
4	電磁誘導加熱（IH）式被膜剥離工法	(1'30")
5	レーザー光による表面処理	(1'39")
6	動力工具による塗膜除去（@ニードルガン）	(1'08")
7	バキュームブラスト（@溶融アルミナ）	(1'40")
8	剥離剤後エアーブラスト（@ガーネット）	(1'34")
9	エアーブラスト（@フェロニッケルスラグ）	(0'38")
10	モイスチュアブラスト 湿式工法（@フェロニッケルスラグ）	(1'10")
11	研削材回収	(1'08")
12	各種溶射説明	(2'03")

付録1　鋼材の腐食に関する基礎知識

付1.1　鋼材の腐食

　腐食とは，金属がその周辺環境中の物質と化学的に反応して，金属イオンとなり溶出したり，金属以外の物質（非金属物質）に変わることで，金属が損耗していく現象である．金属の腐食現象は，電位の異なる二極の存在のもとで生じるイオンの溶出と電子の移動を伴う電気化学反応（電池作用）であるとして説明できる．

　鋼材は鉄（Fe）に0.02~2%の炭素を含む金属材料であるが，鋼材とFeの電気化学的性質はほぼ同じであり，鋼材の腐食はFeの腐食現象と同義である．Feは単体の金属として存在することはほとんどなく，自然界ではFeの酸化物や硫化物である鉄鉱石として存在する．これらを原料として高炉で莫大なエネルギーを与えて還元して生成した材料が鋼材である．そのため，鋼材は化学的には不安定な材料であり，大気環境で放置すると元の安定な状態に戻ろうとして酸化，すなわち腐食することになる．つまり，腐食とはFeが酸化鉄に戻ろうとする現象である．

　Feが腐食するためには以下の2つの条件が必要となるが，これらの条件は鋼構造物が曝される大気環境においては容易に成立する．
1) 材料として，電気的に導通状態にあること．→Feは電気伝導体
2) 環境として，水分と酸素が存在すること．　→ 大気中，水中，地中で存在

付1.2　鋼材腐食の電気化学反応と腐食生成物[1)-4)]

　大気中や水中での鋼材の腐食反応は，鋼材表面で生じる電気化学的な現象である．電気化学では外部回路に電子が流れ出す電極をアノード，外部回路から電子が流れ込む電極をカソードと定義している．アノードは，JIS Z 0103[1)]で「電流が電極から電解質に向かって流れ，酸化反応が行われる電極．陽極ともいう．」，カソードは，JIS Z 0103[1)]で「電流が電解質から電極に向かって流れ，還元反応が行われる電極．陰極ともいう．」とそれぞれ定義されている．鋼材表面でアノード，カソードが同時に発生して局部電池を形成することで，腐食が生じる．**付図-1.2.1**に鋼材表面で発生する局部電池の模式図を示す．

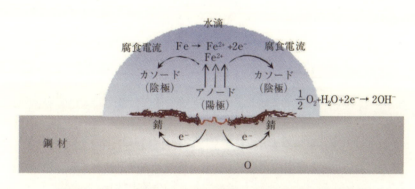

付図-1.2.1　鋼材表面での腐食の局部電池の模式図[4)]

鋼材腐食の電気化学反応は，以下の段階を経て進行する．

(i) 鋼材表面の鉄が鉄イオンとなり溶出する（アノード部の反応）．
$$2Fe \rightarrow 2Fe^{2+} + 4e^- \tag{1.2.1}$$
(ii) 鋼材内部を移動してきた電子が酸素と水に反応し水酸化イオンが生成する（カソード部の反応）．
$$O_2 + 2H_2O + 4e^- \rightarrow 4OH^- \tag{1.2.2}$$
(iii) この2つの反応から，水酸化第一鉄が生成される．
$$2Fe^{2+} + 4OH^- \rightarrow 2Fe(OH)_2 \tag{1.2.3}$$
(iv) この水酸化第一鉄は速やかに酸化されて，
$$2Fe(OH)_2 + (1/2)O_2 \rightarrow Fe_2O_3 \cdot H_2O \tag{1.2.4}$$

となり，さらに FeOOH（オキシ水酸化鉄：赤さび），Fe_2O_3（酸化第二鉄，ヘマタイト：赤さび），Fe_3O_4（四酸化三鉄，マグネタイト：黒さび）などの酸化物が生成される（**付図-1.2.2**）．

(i) 〜 (iv) の反応が繰り返されることで，腐食が進行していく．すなわち，一般的な鋼材の腐食は，鋼材の表面にできた局部電池によって鉄が溶出して，水・酸素との反応を経てさびを生成する現象を意味する．

アノード領域で生じるアノード反応（陽極反応）とカソード領域で生じるカソード反応（陰極反応）は，必ず等量で進行する．したがって，一方の反応を抑制すれば，もう一方の反応が抑制されるため，腐食反応は止まる．鉄が溶出するアノード反応が生じるためには，水分と鋼材の接触が必要であり，カソード反応の進行には，水と酸素の存在が必要になる．このように，水と酸素の存在は腐食反応が生じるための不可欠な条件であるとともに，水と酸素の量によってさまざまな組成のさびが生成される．

鉄さび（腐食生成物）の種類を**付表-1.2.1**に示す．塩化物水溶液中で生成したさびは，熱力学的に不安定なβ-FeOOHを多く含むのに対して，付着水が清浄な雨水である環境で生成したさびは，アモルファスを経て熱力学的により安定なα-FeOOHとなる．また，α-FeOOHの被膜は欠陥が少なく，腐食要因物質に対して保護性の高い被膜を形成するのに対して，β-FeOOHの被膜はひび割れを含む多孔性膜で保護性が低いといわれている．

さびには多くの種類があるが，大気環境の違いによって，これらの成分の量的関係が異なる．工業地帯ではFe_3O_4は少なく，α-FeOOHおよびγ-FeOOHが多いとされている．SOxが硫酸となって作用

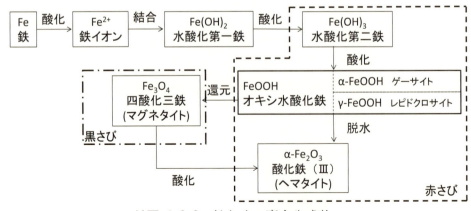

付図-1.2.2　鉄(Fe)の腐食生成物

付表-1.2.1 鉄(Fe)の主な腐食生成物

化学式	名称	その他の名称		色調
$Fe(OH)_2$	水酸化第一鉄	水酸化鉄（Ⅱ）		白色〜淡緑色
$Fe(OH)_3$	水酸化第二鉄	水酸化鉄（Ⅲ）		赤色〜褐色
$\alpha\text{-FeOOH}$	α-オキシ水酸化鉄		ゲーサイト（針鉄鉱）	黄色〜掲色
$\beta\text{-FeOOH}$	β-オキシ水酸化鉄		アカガネイト（赤金鉱）	明るめの黄赤色
$\gamma\text{-FeOOH}$	γ-オキン水酸化鉄		レビドクロサイト（鱗鉄鉱）	黄褐色〜茶色
FeO	酸化第一鉄	酸化鉄（Ⅱ）	ウスタイト	灰色〜黒色
$\alpha\text{-Fe}_2O_3$	α-酸化第二鉄	α-酸化鉄（Ⅲ）	ヘマタイト（赤鉄鉱）	赤褐色
$\beta\text{-Fe}_2O_3$	γ-酸化第二鉄	γ-酸化鉄（Ⅲ）	マグヘマイト（磁赤鉄鉱）	淡褐色
Fe_3O_4	四酸化三鉄	酸化鉄（Ⅱ,Ⅲ）	マグネタイト（磁鉄鉱）	黒色

する環境では，γ-FeOOH からα-FeOOH への変態が促進される．塩分の多い臨海地帯では Fe_3O_4 が多く，α-FeOOH およびγ-FeOOH のほかに，塩化物イオンの作用によってβ-FeOOH が生成するといわれている．

付1.3 腐食の分類

鋼材の腐食にはさまざまな形態がある．代表的な腐食は一般に**付図-1.3.1**のように分類される．まず，鋼材の腐食は，化学反応に水が関与する湿食と，水が関与しない乾食に大別される．湿食は常温状態において生じる腐食であり，鉄がイオン化して水の中へ溶解する電気化学反応により進行する腐食である．乾食は高温環境で金属と酸化剤が直接反応することで腐食が進行するもので，鋼材の熱間圧延時に表面にミルスケール（黒皮）を生成する現象などが知られている．乾食は常温ではその進行は著しく遅く，鋼構造物で問題となる鋼材の腐食はほとんどが湿食である．

湿食は全面腐食と局部腐食に分類される．全面腐食は鋼材表面が均一な環境に曝されている場合に生じ，全面がほぼ均一に腐食する現象である．全面腐食の腐食速度は一般に小さい．局部腐食は鋼材表面の状態の不均一または環境の不均一により，腐食が局部に集中して生じる現象である．そのため，腐食される場所（アノード）が固定されることで，腐食速度は全面腐食の場合に比べて高

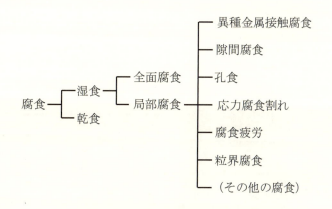

付図-1.3.1 鋼材の腐食の分類

くなる．また，腐食が鋼材の深さ方向に進行することで，鋼材の断面減少量が全面腐食の場合に比べて大きくなる．このため，鋼構造物の腐食損傷で特に問題となるのは全面腐食ではなく，局部腐食になる．鋼材の局部腐食には，付図-1.3.1に示すように異種金属接触腐食，隙間腐食，孔食，応力腐食割れ，腐食疲労，粒界腐食など多くの種類がある．

付1.4 腐食メカニズム[2)-4)]

金属の腐食は，付図-1.3.1に示したように多種多様である．それぞれの腐食は，様々な環境と要因により，種々の形態で生じる．また，それぞれの腐食の発生のしやすさも対象とする金属により異なる．本節では，鋼橋における代表的な腐食現象に着目して，腐食の形態やメカニズムについて述べる．まず，全面腐食と局部腐食の腐食メカニズムの違いについて説明する．次に，鋼橋における局部腐食の代表例である異種金属接触腐食，隙間腐食，孔食のそれぞれについて，腐食の形態とメカニズムを述べる．最後に，実構造物における腐食の代表的な例として，コンクリート地際部における腐食メカニズムについて述べる．

付1.4.1 ミクロセル腐食（全面腐食）とマクロセル腐食（局部腐食）

水や土壌など電解質に接している鋼材の表面には表面状態，金属組織，環境などの僅かな違いにより微視的なアノード（陽極部）とカソード（陰極部）から成るミクロセルと呼ばれる局部電池が多数形成されている．この局部電池による腐食をミクロセル腐食というが，アノードとカソードは時間の経過とともに位置を変えながら腐食が進行するため，表面全面でほぼ均一な腐食が生じる（付図-1.4.1(a)）．

ミクロセル腐食に対して，2種類の金属による異種金属接触腐食のように，相対的に自然電位の卑な部分（アノード）と貴な部分（カソード）がマクロセルと呼ばれる巨視的な電池を形成して，アノードの腐食が促進される腐食形態はマクロセル腐食と呼ばれている（付図-1.4.1(b)）．マクロセル腐食では，カソード部面積／アノード部面積の比が腐食の重要な因子となり，腐食進行速度はほぼこの比に比例する．

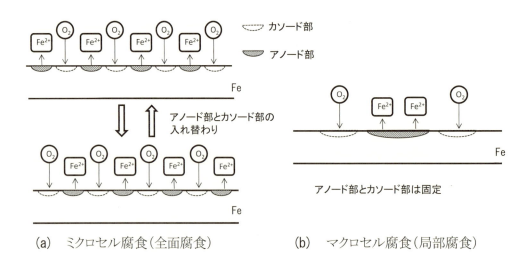

付図-1.4.1 ミクロセル腐食とマクロセル腐食のイメージ

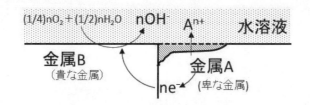

付図-1.4.2　異種金属接触腐食の模式図[5]を一部修正

付1.4.2　異種金属接触腐食[5],[6]

　異なる金属が海水，淡水，大気からの凝縮水または土中のような連続した電解質中で電気的につながっている場合に，それぞれの金属の腐食電位の違いによって電位の低い方の金属の腐食が促進される現象を異種金属接触腐食という．一般に，金属は水分のある環境中で固有の電位（自然電位）を示す．この電位の大きい側を「貴な金属」，小さい側を「卑な金属」という．電解質中で電位差のある金属を接触させると電子の移動が始まり，電流が流れ，卑な金属をアノード，貴な金属をカソードとする局部電池が形成され，卑な金属の腐食が促進される．一方，貴な金属の腐食は抑制される（付図-1.4.2）．このように，異種金属接触腐食とは，電解質中で異種金属が接触することで生じる腐食である．実際の構造物では，ボルトなどによる接合部や溶接部で異種金属が接合する場合にしばしば問題になる．例えば，鋼材にステンレス鋼が接触して，そこに電解質を含んだ雨水等が付着すると，電位がより卑な金属である鋼材が著しく腐食することになる．

　異種金属が接触する場合の腐食傾向は，電解質中における腐食電位列の位置，電解質の電気伝導度および異種金属の面積比で決定され，以下のような特徴がある．

1) より卑な電位を持つ金属の腐食がより貴な電位を持つ金属により加速される．
2) 腐食環境の電気伝導度が小さくなると，異種金属接触腐食の程度が小さくなる．（海水の電気伝導率は著しく高く，流れる電流に対する抵抗が低いので腐食電流は遠くまで届くのに対し，淡水の電気伝導率は海水の1/100程度であり，腐食電流は遠くまで届かない．）
3) （卑な金属の面積）/（貴な金属の面積）の比が小さくなるほど，卑な金属の腐食速度が大きくなる．（例えば，海中でステンレス鋼板の接合に炭素鋼のボルトを使うとボルトは急速に腐食する．一方，その逆の場合，炭素鋼に対するステンレス鋼ボルトの影響は小さくなる．）

　このような腐食現象を防止するためには，

1) 絶縁体（例えば絶縁シートなど）により異種金属同士を電気的に絶縁する．
2) 電位差の小さい金属を組み合わせるようにする．
3) 腐食されやすい（卑な）金属面を電位の高い（貴な）金属より大きな面積にする．
4) 全体を防食塗装する（両金属の接触距離を大きくする．ただし，塗装部に欠陥部があった場合の欠陥部の腐食の加速を避けるためアノード側になる金属のみを塗装することは避ける）

といった工夫が必要になる．

　異種金属接触腐食の一般的な対策を**付表-1.4.1**に示す．表中には汎用的な金属部品をイメージした手法が示されており，橋梁では一般的でない手法も含まれている．しかし，例えば，ステンレスボルトで鋼板を接合する場合などについては，橋梁でも一般に採用されるため，異種金属を接合する際には参考になる．

　金属の腐食電位は電解溶液の種類によって異なるが，一例として海水中における金属および合金の自然電位列を**付図-1.4.3**に示す．

付表-1.4.1 異種金属接触による腐食損傷を防止する一般的手法[6]を一部修正

方法	内容	具体例
材料間の相互作用を少なくさせる方法	材料間を絶縁する（スペーサ，ペイント使用）	(a) 絶縁体 (b) 塗装
	腐食電位差の小さい材料を用いる（共金使用）	ステンレス鋼同士，銅合金同士，炭素鋼同士などを組み合わせる（同一グレードがさらに望ましい）
	材料間距離を大きくとる（電位分布をなだらかにする）	銅合金ボルト／炭素鋼　ワッシャーとしてオーステナイト鋳鉄使用
相互作用が存在しても腐食損傷を少なくさせる方法	アノード／カソード面積比 A_2/A_1 を大きくとる	(a) $A_2/A_1=$ 小（誤り） (b) $A_2/A_1=$ 大（正しい）　ステンレス鋼／炭素鋼
	塗装はまずカソード部材へ施す．両者に施すのがベスト．アノード部材へ施す(a)のは最悪．	(a) 塗膜 Fe Cu 局部で速い浸食が生じる（誤り） (b) Fe側の腐食が抑制される（正しい）塗膜
	アノード部材を交換可能とする（消耗品扱いとする）	交換の容易なボルト，ナットを炭素鋼（サイズ大）とし毎々交換する

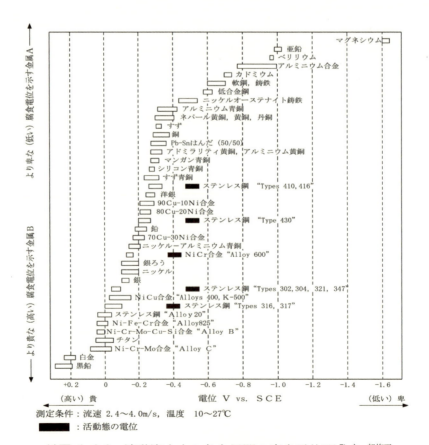

測定条件：流速 2.4～4.0m/s，温度 10～27℃
■：活動態の電位

付図-1.4.3　流動海水中の各金属間の腐食電位列[7]を一部修正

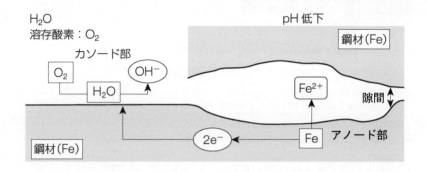

付図-1.4.4 隙間腐食のモデル[8]を一部修正

付 1.4.3 隙間腐食

　隙間腐食とは，一般的には鋼材と鋼材または鋼材と非金属の間に 10μm 程度の「隙間」が存在する場合に，隙間内部で腐食し続ける現象のことである．このように，隙間に発生する腐食には，1) 隙間の入口と内部との酸素濃度差が原因で発生する通気差腐食，2) ステンレス鋼などの不動態化する金属で，塩化物イオン等の影響を受け，隙間内部に生じる通気差腐食，の 2 種類がある．

　1) の腐食は酸素濃淡電池腐食ともいわれ，同一濃度の溶液中で溶存酸素量に差がある場合，酸素濃度の高いところがカソード，酸素濃度の低いところがアノードとなって電流が流れ，腐食が進行する．重ね合わせた 2 枚の平滑な金属板の間や，金属をボルトで接合した際に金属とボルトの間にできる著しく狭い隙間では，その内部の酸素が欠乏して隙間内外で通気差電池が形成される（**付図-1.4.4**）．隙間部の腐食が進行すると金属イオンや水素イオンが蓄積することで，塩濃度の増加と pH の低下により腐食の進行は一層促進される．この腐食は通気差腐食であり，厳密な意味での隙間腐食とは異なるが，一般的に隙間腐食と称されることが多い．

　2) の腐食が厳密な意味での隙間腐食であり，隙間が 10μm 程度といった極めて狭い間隔でも生じる．ステンレス鋼などの不動態化した金属においては，狭隘な隙間があり，その隙間の入口と内部で，仮に酸素濃度の濃淡による電池が形成しても，不動態皮膜が健全なため，実用上問題となるような濃淡電池腐食は生じない．しかし，水溶液中に塩化物イオン（Cl^-）が存在すると，酸素濃淡電池の電位差により，アノード部となる隙間内部に塩化物イオンが移動・蓄積する．この結果として，隙間内部の pH 低下と塩化物イオンによる不動態皮膜が破壊されることで，著しい局部腐食が生じる．この現象は海水中でステンレス鋼を使用する場合などに問題となっている．

付 1.4.4 孔食

　局部的な侵食が速い腐食，すなわち局部腐食の代表的な形態が孔食である．孔食とは金属が表面から孔状に侵食される腐食現象であるが，その厳密な定義はない．孔食により生じる孔（食孔）の形状は様々である．孔食は腐食の形態であるため，その発生機構は金属の種類や環境によって異なり，鋼材でも生じることがあるが，ステンレス鋼やアルミニウムなどの不動態皮膜を形成する金属に発生しやすい．アルミニウム合金に発生した孔食の断面ミクロ組織を**付図-1.4.5**に示す．

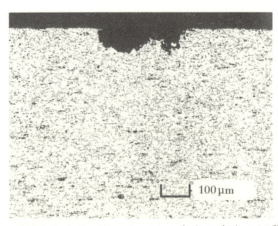
付図-1.4.5 アルミニウム合金の腐食の例[9]

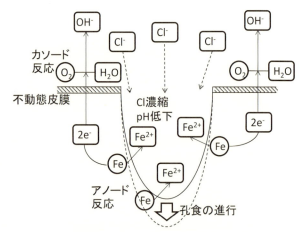
付図-1.4.6 孔食の進行モデル

ステンレス鋼などの不動態皮膜を形成する金属では，塩化物イオンが存在すると部分的に壊される．その部分は本来卑な電位をもつため，不動態皮膜が健全な部分をカソード，破壊された部分をアノードとする局部電池を形成する．アノード部では溶出金属の加水分解により，溶液が酸性となる．ステンレス鋼の場合には溶出成分のうち，クロムイオンが特に加水分解し易く，pH低下の主役となる．また，電池作用により，塩化物イオンが泳動してきて濃縮される（付図-1.4.6）．腐食の結果生じた食孔内では溶液の塩素イオン濃度が高く，pHが低いため，不動態皮膜は再生されず孔食が進行する．

不動態皮膜を生じない一般的な鋼材に孔食を生じさせる機構は前述のステンレス鋼とは異なり，溶存酸素濃度が部分的に異なることで生じる．付-1.4.3で述べた通気差腐食がその代表例である．この腐食は海洋環境のように金属表面が塩類を多く含んだ水で部分的に濡れて接水部に通気差を生じる場合や，さびこぶが形成された場合に，さびこぶ内で環境が不均一になった場合などに観察される．

付1.4.5 コンクリート地際部腐食

コンクリート中のアルカリ性環境にある鋼材は，電位が高いため不動態皮膜が破壊されるとマクロセル電池が形成される．付図-1.4.7に示すように，鋼材の一方がコンクリート中に埋設され，他方が大気中に露出している場合にもマクロセル電池が形成される．コンクリートがpH13程度の高いアルカリ性であるため，コンクリート中の鋼材は不動態化するため高い電位を示す．一方，大気中に曝されている鋼材には，ミクロセルによる全面腐食が生じる．また，鋼材の電位が高いため活性態になりにくく，緻密で密着性の良いさび被膜により腐食速度が低下する．しかし，コンクリートと鋼材との地際部が長時間湿潤状態にさらされるため，塩化物イオンが存在する腐食環境では，塩化物イオンが地際部のさび被膜を破壊する．そのため，不動態皮膜やさび被膜が形成されて貴な電位を示す鋼材がカソードとなり，地際面から毛管凝縮が生じる狭い卑な領域がアノードとなる．また，露出しているアノード領域内でもアノードとカソードに分極され，マクロセルが形成される．このように，地際部では，腐食環境に不連続な部位が生じることで，腐食領域が地際部に限定されることで，地際部の局部腐食が著しく進行する．

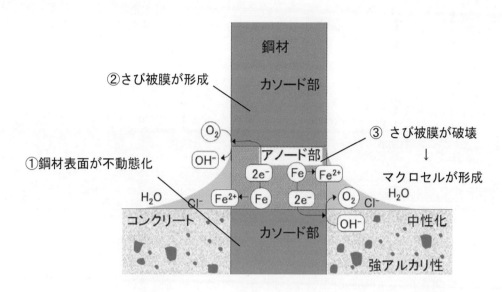

付図-1.4.7　コンクリート中の鋼の腐食（マクロセル腐食）

付1.5　大気環境における腐食速度の影響因子

　大気環境における鋼材の腐食は，水と酸素の存在下で進行する電気化学反応により生じる．大気環境では酸素は十分に供給されるが，水の供給が制限されることが多いのが特徴である．大気中で腐食が進展するためには，金属界面に水分が存在する（湿潤状態になっている）ことが必要条件となる．大気環境における腐食は，結露や降雨により金属表面に水分が付着することで生じる．しかし，結露や降雨は間欠的な現象であるため，生じた湿潤状態をいかに長期間維持できるかによって，年単位での平均の腐食速度が大きく変化する．

　水と酸素以外の腐食促進物質としては，海塩粒子に由来する塩類や，大気汚染物質である硫黄酸化物（SOx）や窒素酸化物（NOx）などがある．また，粒子状物質などのダストは，水膜を形成することで腐食を促進する．

　以下では，これらの大気環境における鋼材の腐食速度の影響因子について説明する．

付1.5.1　水膜厚と腐食速度[2]

　大気中の水分がある量を超えると，鋼材表面に吸着した水分子による水膜が形成される．その水膜とそこに溶け込んだ酸素によって腐食が起こる．水膜の厚さによって酸素の供給速度が変化し，腐食速度が変化することになる．

　付図-1.5.1は，炭素鋼の腐食速度と水膜厚の関係を概念的に示したもので，Tomashovモデルと呼ばれている．腐食速度は乾燥状態から水膜厚とともに増加して1μmで極大値をとったのち，酸素（O_2）の水膜を拡散しての供給が律速となって減少に転じ，1mm以上で浸漬状態に相当した一定値となるものである．炭素鋼の腐食速度と水膜厚の関係については，酸性溶液や塩類を含む水分環境などで実験的に検討されており，平均水膜厚が10～100μm程度のときに腐食速度が最大になるとされている[10)-12)]．

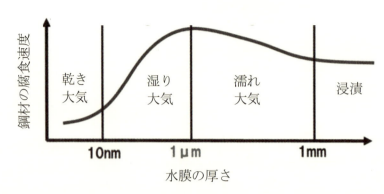

付図-1.5.1 水膜の厚さと炭素鋼の腐食速度(Tomashovモデル) [2)を加筆修正]

付図-1.5.1の概念図における4つの領域の腐食の詳細は，以下のとおりである．

1) 乾き大気腐食

一般的には，大気の相対湿度80％程度までで，湿度に依存する水分子吸着による水膜（厚み10nm程度まで）で発生する腐食をいう．表面の水膜が薄いため，鋼表面への酸素拡散量は多いが，吸着水やイオンの移動が制限されるため，水膜の電気伝導性は著しく低くなる．このため腐食速度は著しく小さくなる．

2) 湿り大気腐食

高い湿度での水吸着，塩類で汚染された鋼表面の潮解・吸湿，気温と鋼表面の温度差に依存する軽微な結露現象などにより生じる比較的厚い水膜（10nm〜1μm程度まで）で発生する腐食をいう．

水膜厚さの増加に伴い，水分子やイオンが比較的自由に動けるようになり，電解質水溶液として機能する（電荷の移動が増える）ため，厚みの増加とともに腐食速度が増加する．一方，水膜厚みの増加で酸素の拡散流束（鋼表面の到達量）は減少する．酸素の拡散流束の減少と電解質としての機能増加のバランスにより水膜厚み 1μm程度で腐食速度の極大値に至る．

3) 濡れ大気腐食

外気温度と鋼表面温度に大きい温度差が生じると，著しい結露による濡れに至る．この結露や降雨などによる水膜厚みが，1μm 以上で生じる腐食をいう．この領域では，水分子やイオンの移動に差がなくなり，腐食速度は，溶存酸素の鋼表面への拡散流束に依存するようになる．すなわち，水膜厚みの増加に伴い，酸素の拡散流束が低下し，腐食速度が減少し始める．水膜厚みが酸素拡散層の厚み（静止水で 500μm程度）を超えると，鋼表面に達する酸素の流束はほぼ一定になるため，腐食速度は水膜厚みに依存しなくなる．

4) 浸漬腐食

水膜が1mmを越える腐食のことであり，水中での腐食と同じになり，酸素の拡散速度によって腐食の進行する速度が決定することになるが，溶存酸素濃度はほとんど変化しないので腐食速度もほぼ一定になる．

付1.5.2 塩類

大気環境で腐食に対して最も影響が大きい腐食促進物質は飛来塩分などの塩類である．大気環境における塩類は，海から飛来する海塩粒子や冬季に散布される凍結防止剤に由来するものであり，塩化ナトリウム（NaCl），塩化マグネシウム（$MgCl_2$），塩化カルシウム（$CaCl_2$）などが含まれている．これらの塩類には，比較的低い相対湿度で大気中の水蒸気を取り込み水溶液になる潮解現象が

あることが知られている．潮解現象は大気中の飽和水蒸気圧よりも低い水蒸気圧で生じ，塩化ナトリウムの場合，常温において相対湿度76~78%で生じるとされており，塩化マグネシウムや塩化カルシウムの場合，相対湿度30%前後で潮解現象が生じるとされている．

海塩粒子が付着した固体表面は，相対湿度に応じた水分子の吸着に加えて，塩の潮解による水膜を考慮する必要がある．特に，含有量が多く，低い相対湿度で潮解する塩化マグネシウム（$MgCl_2$）と塩化ナトリウム（$NaCl$）の寄与が大きいと考えられる．塩類が鋼材表面に付着すると，潮解現象により低湿度であっても濡れ状態となり，気温が露点より高くなっても，一定時間，濡れ状態が維持される．このように大気中の水分を吸収し，濡れ時間を増加させ，さらに電解質として作用することで鋼材を激しく腐食させる．これが，塩類の付着により鋼材の腐食速度が高くなる大きな理由の一つである．さらに，塩類が存在する場合，付着水は塩化物水溶液となる．この付着水中の塩化物イオンによってさび層の保護性が低下することが，鋼材の腐食を促進させるもう一つの要因になる．

付1.5.3 その他の腐食影響因子

(1) 気温

腐食速度は，乾湿が繰り返される環境下では，気温の影響を受ける．温度が増加すると，電気化学反応が促進されて腐食速度が速くなる．

(2) 湿度

腐食に影響を与える水分の供給源としては，相対湿度100%以下で起こる大気中の水分の吸着凝縮と，気温の急激な変化などにより大気中の水蒸気が凝縮した結露がある．

乾湿が繰り返されることで，電気化学反応の進行と酸素の供給が繰り返されて腐食は促進される．

(3) 降雨・降雪・濃霧 [4]

鋼材面への水の供給源としては，大気中に含まれる水分以外にも降雨，降雪や濃霧がある．降雨は多量の水を供給するが，鋼材表面に付着した汚染物質や腐食生成物を洗浄する作用がある．そのため，雨が直接あたる部位の腐食を低減させる効果により，構造物の部位によって腐食速度は著しく異なる場合がある．降雪は積雪の状態であっても数十cm程度であれば，太陽エネルギーが鋼材に到達して，鋼材表面近傍の雪が溶けるため，腐食反応が生じる．

付着塩の雨洗作用の有無による炭素鋼の腐食速度の違いの例を**付図-1.5.2**に示す．この試験データは，全国6か所の暴露試験場において，暴露架台に覆いを設けた場合(雨洗作用なし)と設けない場合(雨洗作用あり)との比較を行ったもので，横軸に曝露地点での飛来塩分量を取って整理している．雨洗作用のない場合の腐食速度は，ある場合に比べて大きくなっている．また，飛来塩分量が多いほど腐食速度が速くなっている．なお，海塩の飛来量に対する付着量の割合は，湿度，雨洗作用や鋼材表面の状態などにより異なるため，飛来海塩量と腐食速度には相関がない場合もあることに留意する必要がある [13),14)]．

(4) 硫黄酸化物（SO_x），窒素酸化物（NO_x）

火山性ガスの影響を受ける地域を除き，工業地帯や都市部の腐食速度と田園部，山間部の腐食速度に大きな差がない．これは，我が国では大気汚染対策が進み，工業地帯での亜硫酸ガス濃度は大幅に低下したためである（**付図-1.5.3**）．近隣国の急速な工業化により発生した亜硫酸ガスが季節風に乗って我が国に流れてきて酸性雨となり，鋼材の腐食に少なからず悪影響を与え始めているとの指摘もある．

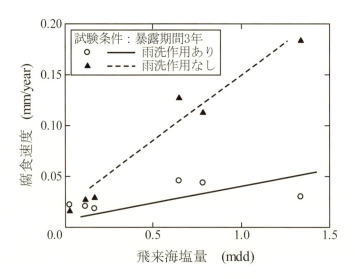

付図-1.5.2 塩類の雨洗作用の有無による鋼材の腐食速度の違いの例[4] を一部修正

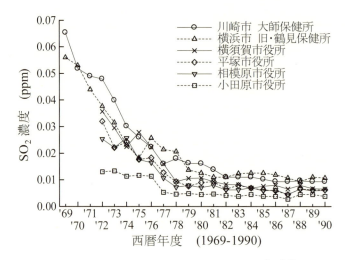

付図-1.5.3 大気中の SOx 濃度の変化[3] を一部修正

付1.6 大気環境における鋼材の腐食性分類

　鋼構造物の腐食現象には大気環境が大きく影響するが，大気環境は地域により異なるため，それに伴い腐食性状も異なる．このため，大気腐食環境の特徴を捉え，大まかに区分することで鋼材の腐食傾向が検討されてきた[13),14)]．

　我が国では便宜的に，海塩粒子の影響と大気汚染程度を考慮した簡便な区分として，田園大気，工業大気，臨海大気に分類されることがある．厳密さを欠くが，概略の腐食性を推定する際に参考となる．このほかに，気候の違いによる区分も比較的用いられる．日本列島を季節風・気温・湿度などの気象条件の異なる地域に区分して腐食性を評価することも一般的な方法である．

　金属の腐食について，国際規格であるISOでは，構造物等の適切な設計，防せい・防食対策の適切な選定に必要な情報を与えることを目的として，ISO9223[15)]「金属材料の腐食性区分」を制定している．この基準では，地域的な区分ではなく大気環境の腐食因子の中でも濡れ時間（Time of

Wetness：TOW），SO_2汚染量および塩化物付着量を重要な因子として取り上げており，これらの因子により大気の腐食性を分類する方法が1992年に初めて規格化された．しかし，全世界で異なる腐食環境を統一的に評価することは困難であり，2012年には標準金属による1年間の大気暴露試験による腐食の状態で腐食カテゴリーを分類することが基本となるように改訂されている[15]．

参考文献

1) （公財）日本規格協会：JIS Z 0103「防せい防食用語」，1996．
2) 藤井哲雄：錆・腐食・防食のすべてがわかる事典，ナツメ社，2017．
3) 神奈川県：かながわ環境白書 '91，神奈川県，1991．
4) 日本鋼構造協会編：重防食塗装〜防食原理から設計・施工・維持管理・補修まで〜，技報堂出版，2012．
5) 鋼材倶楽部編：海洋鋼構造物の防食Q&A，p.126，技報堂出版，2001．
6) 腐食防食協会編：腐食・防食ハンドブック，丸善，p.70，2000．
7) 腐食防食学会：金属の腐食・防食Q&A 石油産業編，p.180，丸善，1999．
8) 藤野陽三ほか：巨大構造物のヘルスモニタリング―劣化のメカニズムから監視技術とその実際まで―，エヌ・ティー・エス，2015．
9) 石原只雄：最新・腐食事例解析と腐食診断法，テクノシステム，p.168，2008．
10) A. Nishikata, T. Ichihara, T. Tsuru, An application of electrochemical impedancespectroscopy to atmospheric corrosion study, Corrosion Science, Vol. 37, No. 6, pp.897-911, 1995.
11) 片山英樹，野田和彦，山本正弘，小玉俊明：人工海水液薄膜下での鋼の腐食速度と水膜厚さの関係，日本金属学会誌，Vol.65, No.4, pp.298-302, 2001．
12) M. Stratmann and H. Streckel：The investigation of the corrosion of metal surfaces, covered with thin electrolyte layers. A new experimental technique, Phys. Chem., Vo.92, No.11, pp.1244-1250, 1988.
13) S. Kainuma, Y. Yamamoto, J.H. Ahn and Y.S. Jeong：Evaluation method for time-dependent corrosion depth of uncoated weathering steel using thickness of corrosion product layer, Structural Engineering and Mechanics, Vol. 65, No.2, pp.191-201, 2017.
14) 貝沼重信，山本悠哉，伊藤義浩，宇都宮一浩，押川渡：腐食生成物層の厚さを用いた無塗装普通鋼材の腐食深さとその経時性の評価方法，材料と環境，Vol.61, No.12, pp.535-540, 2012．
15) International Organization for Standardization：ISO9223, Corrosion of metals and alloys -corrosivity of atmospheres-Classification, 2012.

付録2 塗膜による防食機構の基礎知識

付2.1 各種防食手法の概要

鋼材の主な防食方法には，鋼材表面を環境から遮断する表面被覆，電気化学的にさびを抑制する犠牲陽極や外部からの電位制御，腐食環境や腐食抑制剤（インヒビター）の添加などがある．また，鋼材自体を改質して腐食を抑制する方法がある．

付図-2.1.1に鋼構造物に適用される主な防食方法を示す．

付2.2 塗膜の防食作用の劣化

金属の腐食（湿食）は，水（電解質溶液）と酸素の存在する環境でアノード（陽極）とカソード（陰極）の両極に局部電池が生じて腐食電流が流れることで発生する．このため，水と酸素の存在がなければ局部電池が発生しないため，腐食も生じない．したがって，水や酸素を遮断して環境を変えることで，金属を防食できる．

塗装による防食は，形成塗膜による腐食因子（水，酸素，酸類，塩類等）の遮断を主目的としている．塗装時に鋼素地調整を行うことで，被塗面に存在するさびや塩類などの異物が除去されるため，部分的な電位差は小さくなる．また，鋼素地面と塗膜の付着性を向上させる粗さを付与する目的もある．

塗料の多くは，金属に塗装するとある程度の腐食因子の遮断効果があるため，腐食の発生を遅延できる．しかし，紫外線や酸化チタンの光触媒作用（**付2.2参照**）などによる塗膜の化学的劣化やピンホールや顔料粒子との接触界面等に生じたホリデー（異状部）により，その遮断効果が低下するため，塗膜の遮断効果のみでは長期的な鋼材の防食は期待できない．

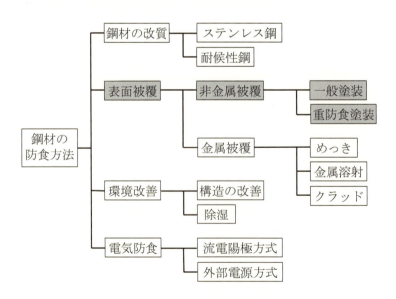

付図-2.1.1 鋼構造物に適用される主な防食方法

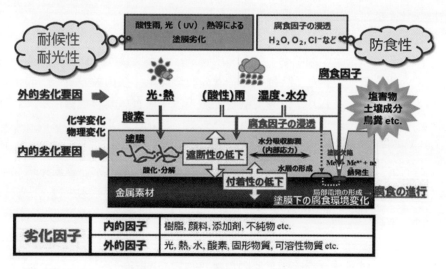

付図-2.2.2 塗膜の主な劣化要因

　塗膜の主な劣化要因を**付図-2.2.2**に示す．塗膜の劣化要因としては，外的要因（光，熱，水，酸素，塩類・酸性雨などの腐食因子等）と内的要因（塗膜を構成する樹脂，顔料，塗料添加剤，原料不純物など）がある．これらの要因が単独または複合的に作用して，塗膜の機能（遮断性，鋼との付着力など）が低下することで，腐食が発生・進行する．

　塗膜下腐食は裸鋼材の腐食形態とは大きく異なる．これは塗膜が腐食生成物の移動や拡散を抑制することに起因する．塗装鋼に発生する腐食は，局部アノード（金属が溶解する領域）と局部カソード（水素イオンや酸素の還元反応が起こる領域）が分離した状態で生じうる．局部アノードでは，鉄が水分の存在下で酸化反応により鉄イオンとして溶解することで，**付式2.2.1**の鉄イオンの加水分解反応によりpHが低下する．局部カソードでは，中性からアルカリの水溶液中では，**付式2.2.2**の溶存酸素の還元反応によりpHが増加する．

$$Fe^{2+} + 2H_2O \rightarrow Fe(OH)^2 + 2H^+ \tag{2.2.1}$$

$$1/2 O_2 + H_2O + 2e \rightarrow 2OH^- \tag{2.2.2}$$

　塗膜下腐食には，塗膜膨れ（ブリスター），初期斑点さび，瞬間さび（フラッシュラスト），陽極もぐりさび，糸さび，陰極剥離などがある．塗膜下腐食の種類とその発生原因を**付表-2.2.1**に示す．

付表-2.2.1　塗膜下腐食の種類とその原因

塗膜下腐食	塗膜膨れ (Blistering)	原因には諸説あるが・・・ ・膨潤説：塗膜の吸水による局所的な膨潤が原因。 ・空隙説：気泡または蒸発成分脱出後の空隙が原因。 ・電気浸透説：電位勾配下の電気浸透現象が原因。 ・浸透圧説：素地界面での水可溶性塩の存在が原因。 ・温度勾配説：温度勾配下の透過水蒸気の凝縮が原因。
	初期斑点さび (Early rusting)	ラテックス塗膜で高湿度の時に発生することがある。乾燥速度の遅いことが原因。
	瞬間さび (Flash rusting)	ブラストした鋼材に水性塗料を塗布した時に発生することがある。素地の活性が原因。
	陽極もぐりさび (Anodic undermining)	主に塗膜下のアノード反応で塗膜剥離と錆生成が進行する腐食。
	糸さび (Filiform corrosion)	相対湿度65〜95%で鉄鋼、アルミニウム等に発生する糸状の腐食。
	陰極剥離 (Cathodic delamination)	塗装塗膜が陰極電解や腐食カソード部で容易に剥離する現象。

塗膜下腐食は塗替え塗装された腐食部位で生じることが多く，塗替え後の比較的早い段階で発生し，板厚減少を伴う進行性が高い腐食であることから，問題視されることが多い．塗膜下腐食の原因は塗膜劣化ではなく，塗替えの際の不十分な素地調整による塩類の残留などであることが多い．このため，第5章と第6章で述べたように，作業者の技能向上，技術者の技術力向上および高品質な作業機械の導入が求められており，併せて品質管理手法や検査体制の厳格化が図られている．

塗膜は各種の樹脂，顔料，添加剤等の複合材料のため，詳細に考察された事例は少ないが，塗装鋼の腐食要因と塗膜特性の間には**付表-2.2.2**に示すような影響要因がある．塗膜劣化には**付図-2.2.3**に示すように，屋外環境因子として太陽光（特に，紫外線），水，酸素，塩などのイオン性物質，オゾンなどの酸化性ガス成分などが関与する．塗膜表層で生じる劣化は，太陽光，水や酸素に大きな影響を受ける．

付表-2.2.2 腐食要因と塗膜特性の関係

腐食要因	塗膜特性	主な影響要因
腐食因子の浸透	・物理的な保護性	基体樹脂，硬化剤，顔料組成
	・腐食因子の捕捉性	防せい顔料，防せい剤
樹脂成分の劣化	・耐候性 ・凝集力，応力緩和特性	基体樹脂，硬化剤，顔料組成
塗膜下の腐食環境変化	・耐酸，耐アルカリ性	基体樹脂，硬化剤，顔料組成
	・PH緩衝性 ・腐食抑制効果 （腐食生成物の安定化and/or不働態化）	防せい顔料，防せい剤
塗膜の不均一性	・熱流動性	樹脂組成，顔料分散性
付着性	・初期付着性 ・耐水負荷付着性	基体樹脂，硬化剤，顔料組成

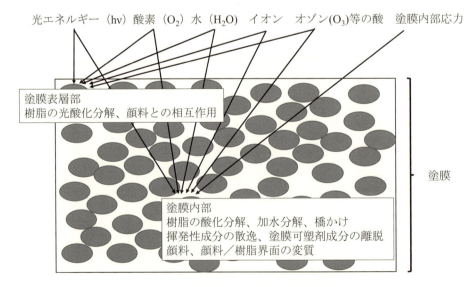

付図-2.2.3 塗膜自体の劣化模式図 [6]を一部修正

付録2　塗膜による防食機構の基礎知識

　塗膜下腐食の発生要因は，塗膜と鋼素地の間の水膜形成であるといわれている．塗膜下腐食の初期過程を**付図-2.2.4**示す．水膜に接する金属で局部電池が形成される．塗膜の酸素透過係数は，十分に小さいので，水膜は酸素欠乏の状態になる．この全領域がアノードとなり，その周囲がカソードとなる．さらに劣化が進行すると，周囲の塗膜がカソード生成物のアルカリ性作用により剥離して，全体が膨れる場合もある．塗膜表層から海塩粒子のような腐食要因物質が塗膜下に浸透した場合は，塗膜下でアノードとカソードに分離して，鋼材の腐食が促進され，塗膜膨れが生じる．しかし，塩化物イオンの透過性は，水分や酸素に比してさらに小さいため，このような事例はほとんどない．塗膜と金属の界面における水膜の形成が問題となるが，この劣化の促進要因としては，金属表面に付着した海塩粒子等の水溶性塩類による汚染等が考えられる．塗膜は半透膜の性質を示し，塗膜表面が雨水でイオン性が低く，鋼表面が塩類の残留によりイオン性が高い場合，浸透圧が高くなり，塗膜内に塗膜表面に付着した水分が浸透することで，塗膜下腐食が発生・促進される．

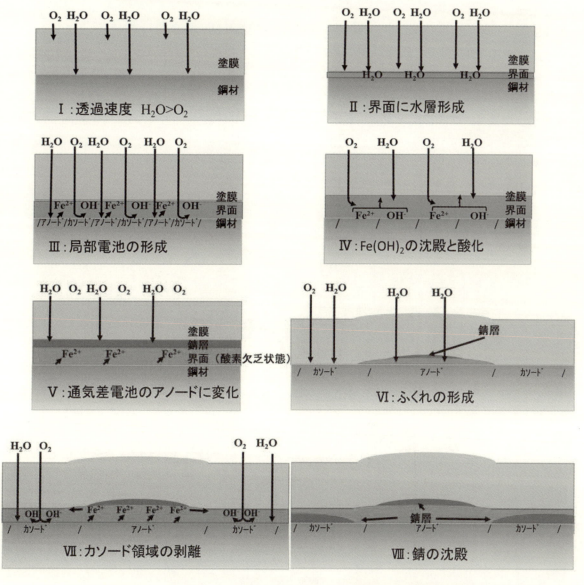

付図-2.2.4　塗膜下腐食の初期過程[4]を編集

塗膜は有機物であるので，紫外線の光エネルギーによって樹脂が分解連鎖により劣化する．以下にその反応の一例を示す．

RH　　　　＋　　　hν　　　→　　　R・　　　＋　　　・H　　　　(2.2.3)
（分解前の樹脂）　（紫外線エネルギー）　（樹脂成分ラジカル）　（水素ラジカル）

R・ ＋ O_2 → ROO・（パーオキサイドラジカル）　　　　　　　　　　　　　　(2.2.4)
ROO・ ＋ H_2O → ROOH（パーオキサイド） ＋ HO・（ヒドロキシラジカル）　(2.2.5)
ROO・ ＋ R'H（分解前の他の樹脂）→ R'OOH ＋R・　　　　　　　　　　　　(2.2.6)
R'OOH → R'O・ ＋HO・　　　　　　　　　　　　　　　　　　　　　　　(2.2.7)
2ROOH → ROO・ ＋ RO・ ＋ H_2O　　　　　　　　　　　　　　　　　　　(2.2.8)
以下同じパターンで分解連鎖が続く．

　白色の塗膜が特異的に劣化する事例が報告されている．これは，白色顔料である酸化チタンが光の存在下で吸着水と酸素から水酸基ラジカルを発生させる光触媒反応を起こして，発生した水酸基ラジカルが酸化チタン周辺の樹脂を分解するためと考えられている．特に，水酸基ラジカルの分解は塗料用に用いられるいかなる樹脂結合よりも強い．樹脂分解は表層に近い部分に存在する酸化チタン表面から始まり，次第に拡大する．この劣化は水が塗膜に浸透しやすい高温高湿で濡れ時間の長い環境に曝される部位で観察される．酸化チタンの光触媒活性メカニズム，および濡れ時間の長い環境における塗膜（酸化チタン顔料が配合された塗膜）の初期劣化過程をそれぞれ付図-2.2.5と付図-2.2.6に示す．

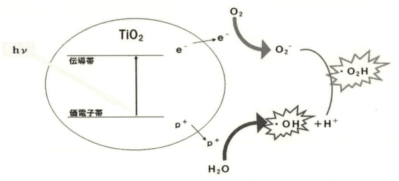

付図-2.2.5　酸化チタンの光触媒活性メカニズム

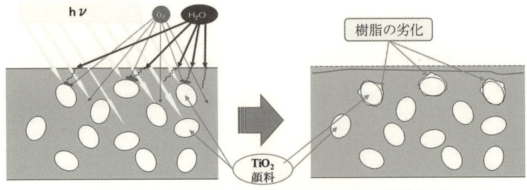

付図-2.2.6　酸化チタン顔料が配合された塗膜の初期劣化過程

付2.3 一般的な塗装系の概要 [1)-6)]

付2.3.1 防食塗料・防食下地

金属の防食を重視して，各種のさび止め顔料や腐食因子が透過しにくいビヒクル（顔料以外の塗膜形成要素）を用いた塗料を防食塗料と呼んでいる．

塗膜が腐食因子を完全に遮断でき，付着性や物理的強度が十分であれば，高い防食性能を発揮できる．しかし，腐食因子を完全に遮断できないため，腐食因子の侵入後に塗膜下腐食を抑制するための各種さび止め顔料が下塗塗料に配合されている．代表的な防せい顔料の性状とその防せい作用を**付表-2.3.1**に示す．これらの防せい作用を以下に示す．

1) ビヒクルと反応して，膨潤の少ない緻密な塗膜を形成して，腐食因子の不透過性を向上させる．
2) 顔料のアルカリ性物質が僅かに水に溶けて陰極反応を防止する．
3) 水溶分が鋼素地面に達して，素地面を不動態化する．
4) 酸性物質を中和して，腐食を防止する．

ジンクリッチペイントは重防食塗装で最も採用されている防食下地である．その防食の機能を**付図-2.3.1**に示す．

1) 透過水分により腐食電池が形成された場合，高濃度に配合された亜鉛末が鋼素地に代わって腐食すること（亜鉛の犠牲防食作用）で優れた防食性を示す．外部からの腐食因子の透過は，亜鉛化合物（溶出した亜鉛が水分や炭酸ガスと反応して形成される）がジンクリッチペイントの塗膜表面や塗膜内にある空隙を徐々に埋め尽くして緻密化されることで制御される．
2) 鋼素地鉄面をアルカリ性雰囲気に保つことで，鋼材自体の腐食を抑制する機能を有している．

付表-2.3.1 代表的な防せい顔料の性状と防せい作用 [2),5),7)] を編集

顔料名	組成	色	密度	水溶分(%)	水溶分pH	防錆作用
鉛丹	Pb_3O_4	赤橙色	9.1	0.2以下	8.3	微アルカリ性、不働態化作用、鉛石鹸の生成
シアナミド鉛	$PbCN_2$	黄色	6.4-6.8	2.5以下	8.0-11.0	アルカリ性、酸性物質の中和、鉛石鹸の生成
亜酸化鉛	Pb_2O	暗灰色	8.3	0.3以下	9.3	アルカリ性、酸性物質の中和、鉛石鹸の生成
塩基性クロム酸鉛	$mPbO \cdot PbCrO_4 + BaSO_4$	橙色	5.5-6.2	1以下	8.5-10.5	微アルカリ性、不働態化作用、鉛石鹸の生成
塩基性硫酸鉛	$mPbO \cdot nPbSO_4$	白	6.4-6.6	1.5以下	5.5-7.5	鉛石鹸の生成
鉛酸カルシウム	$2CaO \cdot PbO_2$	クリーム色	5.7	3以下	10.0-13.0	アルカリ性、鉛石鹸の生成
ジンククロメート(ZPC型)	$K_2CrO_4 \cdot 3ZnCrO_4 \cdot ZnO \cdot 3H_2O$	黄色	3.8	6-8	5.5-7.5	不働態皮膜の形成
ジンククロメート(ZTO型)	$ZnCrO_4 \cdot 4Zn(OH)_2$	黄色	2.9	1.0以下	6.8	不働態皮膜の形成
亜鉛末	Zn	灰青色	7.1	−	−	犠牲防食作用、腐食生成物による塗膜緻密化
アルミニウム粉	Al	銀白色	2.5-2.8	−	−	腐食因子の透過抑制
リン酸亜鉛	$Zn_3(PO_4)_2 \cdot nH_2O$	白	3.0	1以下	6.5-7.0	不働態皮膜の形成
塩基性リン酸亜鉛	$Zn_3(PO_4)_2 \cdot nH_2O/ZnO$	白	3.0	2以下	6.8-7.3	不働態皮膜の形成
リン酸マグネシウム	$MgHPO_4 \cdot 3H_2O$	白	2.1	2.5	6.5-8.5	不働態皮膜の形成
トリポリリン酸アルミニウム	$AlH_2P_3O_{10} \cdot 2H_2O$	白	3.0-3.3	1.5以下	6.0-7.0	不働態皮膜の形成
リンモリブデン酸アルミニウム	$AlH_2P_3O_{10} \cdot 2H_2O/ZnO/ZnMoO_4$	白	3.2-3.5	1以下	5.5-7.5	不働態皮膜の形成
亜リン酸亜鉛	$ZnPHO_3 \cdot ZnO$	白	3-4	1以下	7.0-8.0	不働態皮膜の形成
亜リン酸カルシウム	$CaPHO_3$	白	3	5以下	8.0-10.0	不働態皮膜の形成
モリブデン酸亜鉛	$ZnMoO_4 \cdot ZnO$	白	5.0-5.7	3以下	6.0-7.0	不働態皮膜の形成
モリブデン酸亜鉛カルシウム	$CaMoO_4 \cdot ZnMoO_4 \cdot ZnO$	白	3.0-3.5	1以下	7.5-8.5	不働態皮膜の形成
モリブデン酸カルシウム	$CaMoO_4$	白	3	0.1-1.0	8.0-10.0	不働態皮膜の形成

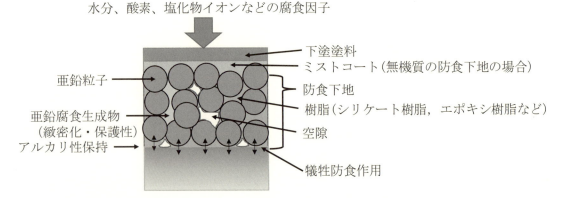

付図-2.3.1 ジンクリッチペイントによる防食モデル[3] を一部修正

付表-2.3.2 無機ジンクリッチペイントと有機ジンクリッチペイントの比較[1] に基づき作成

	無機質ジンクリッチペイント	有機質ジンクリッチペイント
樹脂	シリケート樹脂	エポキシ樹脂
塗膜中の亜鉛末含有量（重量%）	75～90	70～90
防食性（持続性）	◎	○
塗装作業性	○ 過度に厚膜になると割れ	◎
付着性	○～△	○
要求下地処理程度 ISO 8501-1	除錆度と共に適切な表面粗さが必要。　ISO Sa 2 1/2以上	無機質に比べて許容度が大きい。ISO Sa 2以上
その他	適当な湿度（水分）が必要である。低温時の硬化、低湿度時の硬化が遅い。すべり摩擦係数が大きく、添接部などの摩擦接合部に適用できる。耐溶剤性が優れる。塗膜に空隙ができ、ミストコートが必要。	低温時の硬化が遅い。塗膜に空隙がほとんどなく、無機質系のようなミストコートは不要。

　安定した塗膜の性能・物理的強度などの目的で配合される亜鉛末の量は，付表-2.3.2に示すように，有機ジンクリッチペイントに比して，無機ジンクリッチペイントが若干多い．また，無機の樹脂は，微視的なクラックが形成され，亜鉛末と鋼材との電気的導通が得られやすいため，有機ジンクリッチペイントに比べて無機ジンクリッチペイントの防食性が高くなる．

　ジンクリッチペイントの防食機能を発揮させるためには，鋼材と亜鉛末が直接接触することが重要になる．したがって，ミルスケールや導電性の低い旧塗膜が残存している場合には，その防食効果は著しく低下する．ジンクリッチペイントでは亜鉛末が高濃度に配合されるため，他の塗料に比べて十分な付着性が得られにくいため，高い品質の鋼素地面が必要となる．また，腐食部位にさびが残存する場合，亜鉛の消耗が促進されるため，ジンクリッチペイントの防食性能が早期に消失する．

　無機ジンクリッチペイントは，シロキサン結合による無機質の塗膜を形成するので，有機ジンクリッチペイントに比べて，耐水性が高く，かつ電気防食作用の持続性に優れている．しかし，無機ジンクリッチペイントは硬く脆い塗膜を形成するため，鋼素地に対する付着性が有機ジンクリッチペイントに比べて劣るため，より高品質な素地調整が必要とされる．また，除錆度だけでなく，適

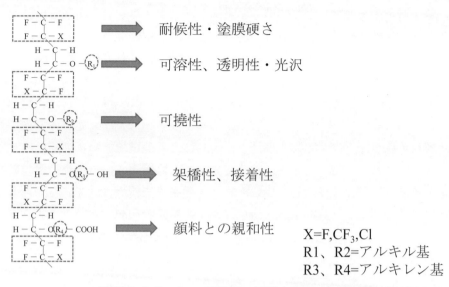

付図-2.3.2 ふっ素樹脂の構造と構造上の特徴

付表-2.3.3 各種結合の原子間結合エネルギー[8]

化合物	結合部	結合エネルギー (KJ/mol)
ふっ素化合物	CF_3-CF_3	414
	CF_3-CH_3	424
	$F-CF_2CH_3$	523
	CF_3CH_2-H	447
一般化合物	CH_3-CH_3	379
	CH_3CH_2-H	411

切な表面粗さも必要とされる．

付2.3.2 耐候性上塗塗料

耐候性上塗塗料は，ポリウレタン樹脂塗料，シリコン樹脂塗料，ふっ素樹脂塗料などの耐候性（耐光性）を有する塗料で，塗装仕様の最終層として塗装される．特に，重防食塗装仕様で近年実績の多いふっ素樹脂は，ポリエチレンやポリプロピレンなどに代表される脂肪族炭化水素系樹脂の水素原子の一部または全てがふっ素原子に置き替わった構造をしている（付図-2.3.2）．ふっ素樹脂は結合エネルギーが強く（付表-2.3.3），紫外線，酸，アルカリなどの外的要因に対して影響を受けにくいため耐候性に優れている．代表的なものとして，フルオロエチレンビニルエーテル共重合体などがある．

常温硬化形ふっ素樹脂塗料は，ふっ素樹脂の安定化のうち，特に，耐紫外線安定性（耐候性）に着目して，塗料に使うために有機溶剤に溶解するように作られる．また，樹脂中のふっ素結合部に影響しない部分にも樹脂（例えば，イソシアネート架橋タイプではヒドロキシル基，シロキサン架橋タイプではアルコキシシリル基）を導入して，常温で硬化乾燥するようにした塗料である．

この塗料は，鋼構造物の上塗塗料として多くの実績があるポリウレタン樹脂塗料に比べて，耐候性に優れていることが各地で確認されており，海上・海浜部の鋼橋，高層煙突，貯油タンク化学プラントなど長期耐久性と外観性が要求される鋼構造物の上塗塗料として広く採用されている．

付 2.4　重防食塗装系の機能と構成

重防食塗装は鋼材の腐食を抑制する防食機能と，色彩による美粧機能を長期間維持する耐久性を有している．しかし，これらの機能を 1 層の塗膜で担うことは困難であるため，塗装系はそれぞれ異なる機能を有する防食下地，下塗塗膜，中塗塗膜，上塗塗膜で構成されている．

重防食塗装の基本的な構成，塗膜の構成と特徴，および重防食塗装に用いられる塗料をそれぞれ**付図-2.4.1，付表-2.4.1 および付表 2.4.2** に示す．また，鋼道路橋防食便覧[1]に示される新設に対する主な重防食塗装仕様を**付表 2.4.3** に示す．

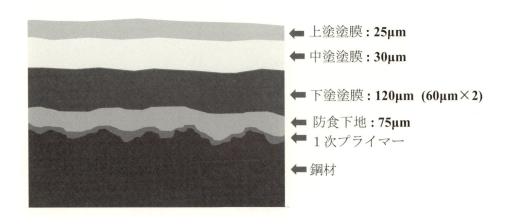

付図-2.4.1　重防食塗装の構成例(鋼道路橋防食便覧 C-5 塗装系の場合)

付表-2.4.1　塗膜の構成と特徴

塗膜	特徴
1次プライマー	鋼材をブラストした後、切断、溶接、加工、組み立ての期間中の発錆を防ぐ目的で塗装する。 重防食塗装では、ジンクリッチプライマーが塗装される。
防食下地	ジンクリッチペイント：金属亜鉛末を主成分としている塗料で、膜厚75μm塗装することによって、長期防錆効果を得る目的の防食下地として用いられる。 ビヒクルとして使用される樹脂により、有機系と無機系に分類される。 他に溶融亜鉛メッキや金属溶射皮膜も防食下地として適用される。
下塗塗膜	①腐食因子(水、酸素) や腐食促進因子(塩化物など) の浸透抑制。重防食塗装ではエポキシ樹脂塗料下塗が塗装される。 ②、各種防錆顔料を多く配合していて、鋼材に直接塗付する場合の防錆性を向上させている。 ③鋼材や防食下地に対する付着性がよい。
中塗塗膜	①下塗塗料、上塗塗料の双方に付着性が良い。 ②上塗塗料に比べ、顔料成分が多い。 ③上塗塗料に比べて厚塗りが可能である。
上塗塗膜	①塗膜に光沢があり、いろいろな色相が与えられる。 ②耐候性がよい。中塗、下塗に比べ、長時間艶が有り、変色しにくく、割れ、減耗などで塗膜欠陥を生じにくい。 ③耐水性があり、雨、水滴に耐える。

付表-2.4.2　重防食塗装に用いられる塗料

構成	新設塗装	塗替塗装
上塗	ふっ素樹脂塗料 ポリウレタン樹脂塗料	弱溶剤形ふっ素樹脂塗料 弱溶剤形ポリウレタン樹脂塗料
中塗 ※1)	ポリウレタン樹脂塗料用中塗 ふっ素樹脂塗料用中塗	弱溶剤形ポリウレタン樹脂塗料用中塗 弱溶剤形ふっ素樹脂塗料用中塗
下塗	エポキシ樹脂塗料 超厚膜形エポキシ樹脂塗料 ガラスフレーク含有エポキシ樹脂塗料	弱溶剤形変性エポキシ樹脂塗料
防食下地	無機ジンクリッチペイント 有機ジンクリッチペイント 溶融亜鉛めっき 金属溶射	有機ジンクリッチペイント （金属溶射）
溶剤タイプ	強溶剤：キシレン、トルエンなど	弱溶剤：ターペン、石油炭化水素系

※1)：上塗塗料の名称と同じ「××塗料用中塗」と表記される場合では上塗とは異なる樹脂が使用されている場合が多い。
※2)：鉄鋼メーカーで鋼材原板の製造直後に塗装される一次プライマーは、構造物製作後、防食下地を塗装する直前にブラストで全面除去されるため、防食下地には含まれない。
※3)：無機ジンクリッチペイントは、塗膜中に空隙が多く存在するため、下塗りを塗装する前にはミストコートが必要である。

付表-2.4.3　鋼道路橋防食便覧に示される新設に対する重防食塗装仕様[1]を加筆修正

塗装系記号	塗装区分	工程	塗料名	目標膜厚(μm)	塗装方法	使用量(g/m^2)	塗装間隔
C-5	製鋼工場	素地調整	ブラスト処理　ISO Sa 2 1/2				4時間以内
		プライマー	無機ジンクリッチプライマー	15	スプレー	160	6カ月以内
	橋梁製作工場	2次素地調整	ブラスト処理　ISO Sa 2 1/2				4時間以内
		防食下地	無機ジンクリッチペイント	75	スプレー	600	2日～10日
		ミストコート	エポキシ樹脂塗料下塗	－	スプレー	160	1日～10日
		下塗り	エポキシ樹脂塗料下塗	120	スプレー	540	1日～10日
		中塗り	ふっ素樹脂塗料用中塗	30	スプレー	170	1日～10日
		上塗り	ふっ素樹脂塗料上塗	25	スプレー	140	

　塗替え塗装においても，現場ブラストが可能な環境が整いつつあり，新設塗装における重防食塗装系と同様な構成で塗替えされるようになってきた．

　塗替え塗装では，構造物管理者が定期点検や詳細点検などの結果に基づいて防食機能が合理的に維持されるように，塗替え時期や塗装仕様を決定する必要がある．なお，防食機能以外に景観性が特に必要とされる場合には，変退色や汚れの程度も考慮するなど，必要に応じて防食機能に限らずその橋の塗装に要求された性能の劣化の観点から塗替え時期や塗装仕様を検討する必要がある．

　塗替え塗装の塗装仕様は，旧塗膜の塗装系，塗替え時の劣化程度，および塗替え後の塗膜の期待耐久年数に応じて塗装仕様を選定する必要がある．鋼橋については，従来，塗膜の曝される環境が塗替え後も変わらないという理由から，旧塗装と同じ性能を有する塗装系が一般に選定されてきた．

付表-2.4.4 鋼道路橋防食便覧に示される主な塗替えの重防食塗装仕様[1]に基づき作成

塗装系記号	旧塗膜塗装系	塗装方法	工程	塗料名	使用量(g/m²)	塗装間隔(20°C)
Rc-I	A,B a,b,c	スプレー	素地調整	1種		4時間以内
			下塗り	有機ジンクリッチペイント	600	1日〜10日
			下塗り	弱溶剤形変性エポキシ樹脂塗料下塗	240	1日〜10日
			下塗り	弱溶剤形変性エポキシ樹脂塗料下塗	240	1日〜10日
			中塗り	弱溶剤形ふっ素樹脂塗料用中塗	170	1日〜10日
			上塗り	弱溶剤形ふっ素樹脂塗料上塗	140	1日〜10日
Rc-III	A,B,C a,b,c	はけ,ローラー	素地調整	3種		4時間以内
			下塗り	弱溶剤形変性エポキシ樹脂塗料下塗（鋼材露出部のみ）	(200)	1日〜10日
			下塗り	弱溶剤形変性エポキシ樹脂塗料下塗	200	1日〜10日
			下塗り	弱溶剤形変性エポキシ樹脂塗料下塗	200	1日〜10日
			中塗り	弱溶剤形ふっ素樹脂塗料用中塗	140	1日〜10日
			上塗り	弱溶剤形ふっ素樹脂塗料上塗	120	1日〜10日
Rc-IV	C c	はけ,ローラー	素地調整	4種		4時間以内
			下塗り	弱溶剤形変性エポキシ樹脂塗料下塗	200	1日〜10日
			中塗り	弱溶剤形ふっ素樹脂塗料用中塗	140	1日〜10日
			上塗り	弱溶剤形ふっ素樹脂塗料上塗	120	1日〜10日

しかし，LCC，環境対策，景観上の配慮などの観点から，より耐久性の優れた塗装系に変更することが有利かつ合理的と考えられるようになってきた．そのため，塗替え塗装の仕様は旧塗装に比して，耐久性に優れている重防食塗装系を選択すること一般的になっている．鋼道路橋防食便覧に示される主な塗替えの重防食塗装の仕様を付表-2.4.4に示す．

付2.5 鋼道路橋および鋼鉄道橋の塗装系の変遷

鋼橋に適用される塗装系は，塗料の開発や塗装を取巻く技術的・社会的環境の変化により下塗り，中塗り，上塗り塗料のそれぞれの特性を考慮した塗装系が時代とともに確立されてきた．鋼道路橋における塗装仕様は，「鋼道路橋塗装便覧」として1971年（昭和46年）に発刊され，技術や材料の進展に伴い1979年（昭和54年），1990年（平成2年）に改訂され，2005年（平成17年）の「鋼道路橋塗装・防食便覧」，2012年（平成24年）の「鋼道路橋防食便覧」の発刊までに様々な塗装系が示され，また統廃合されてきた．既設橋梁の防食性能回復を検討する際には，架設年代における塗装仕様の調査が重要である．鋼道路橋の新設橋梁における塗装仕様を付表-2.5.1から付表-2.5.5に示す．また，鋼道路橋の既設橋梁における塗替え塗装仕様を付表-2.5.6から付表-2.5.10に示す[1),9)-12)]．

鋼鉄道橋においては，1943年（昭和18年）の土木工事標準示方書に始まり，鉄桁塗装工事仕方書，鉄けた塗装工事設計施工指針（案）などで塗装仕様が示され，その後，1987年（昭和62年）に「鋼構造物塗装設計施工指針」が発刊され，1992年（平成4年），2005年，2013年（平成25年）の改訂に至るまでに様々な塗装仕様が追加・集約・廃止されてきた．鋼鉄道橋の新設橋梁における塗装仕様の変遷を付表-2.5.11から付表-2.5.16に，塗替え仕様の変遷を付表-2.5.17から付表-2.5.22に示す[6),13),14)]．

付表-2.5.1 鋼道路橋塗装便覧 1971年11月 新設[9] を編集

基準名等	記号	使用区分	工程		塗料	使用量 (g/m²)
鋼道路橋塗装便覧（昭和46年11月）	A-1	一般環境	前処理		1種ケレン 金属前処理塗料長ばく用	80
			工場塗装	下塗第1層	鉛丹さび止めペイント1種	200
				下塗第2層	鉛丹さび止めペイント2種	180
			現場塗装	上塗第1層	長油性フタル酸樹脂系中塗	120
				上塗第2層	長油性フタル酸樹脂系上塗	100
	A-2	一般環境	前処理		1種ケレン 金属前処理塗料長ばく用	80
			工場塗装	下塗第1層	鉛丹さび止めペイント1種	200
				下塗第2層	鉛丹さび止めペイント2種	180
			現場塗装	中塗	鉛系さびどめペイント2種	140
				上塗第1層	長油性フタル酸樹脂系中塗	120
				上塗第2層	長油性フタル酸樹脂系上塗	100
	A-3	一般環境	前処理		1種ケレン 金属前処理塗料長ばく用	80
			工場塗装	下塗第1層	鉛系さびどめペイント1種	140
				下塗第2層	鉛系さびどめペイント1種	140
			現場塗装	上塗第1層	長油性フタル酸樹脂系中塗	120
				上塗第2層	長油性フタル酸樹脂系上塗	100
	A-4	一般環境	前処理		1種ケレン 金属前処理塗料長ばく用	80
			工場塗装	下塗第1層	鉛系さびどめペイント1種	140
				下塗第2層	鉛系さびどめペイント1種	140
			現場塗装	中塗	鉛系さびどめペイント2種	140
				上塗第1層	長油性フタル酸樹脂系中塗	120
				上塗第2層	長油性フタル酸樹脂系上塗	100
	A-5	海岸地域等腐食性環境外面	前処理		1種ケレン ジンクリッチペイント	120
			工場塗装	下塗第1層	フェノール樹脂系さび止めペイント	130
				下塗第2層	フェノール樹脂系さび止めペイント	130
			現場塗装	中塗	（長油性フタル酸樹脂ペイント中塗）	(120)
				上塗第1層	長油性フタル酸樹脂系中塗	120
				上塗第2層	長油性フタル酸樹脂系上塗	100
	B-1	腐食性の著しい環境浸水部または箱桁内面	前処理		1種ケレン ジンクリッチペイント	120
			工場塗装	下塗第1層	タールエポキシ樹脂塗料（2液型）	230
				下塗第2層	タールエポキシ樹脂塗料（2液型）	230
			現場塗装	中塗	タールエポキシ樹脂塗料（2液型）	200
	B-2	耐水性を必要とする箇所	前処理		1種ケレン 金属前処理塗料長ばく用	80
			工場塗装	下塗第1層	フェノール樹脂系プライマー	130
				下塗第2層	フェノール樹脂系プライマー	130
			現場塗装	上塗第1層	フェノール樹脂系上塗	120
				上塗第2層	フェノール樹脂系上塗	120
	C-1	海岸地域等腐食性環境	前処理		1種ケレン ジンクリッチペイント	120
			工場塗装	下塗第1層	HB塩化ゴム系プライマー	160
			現場塗装	上塗第1層	塩化ゴム系上塗	140
				上塗第2層	塩化ゴム系上塗	140
	C-2	長期防錆防食を必要とする箇所または腐食性の著しい環境	前処理		1種ケレン ジンクリッチペイント	120
			工場塗装	下塗第1層	ジンクリッチペイント	120
			現場塗装	中塗	エポキシ樹脂系プライマー（2液型）	160
				上塗第1層	エポキシ樹脂系上塗（2液型）	150
				上塗第2層	エポキシ樹脂系上塗（2液型）	150
	C-3	寒冷地域	前処理		1種ケレン ジンクリッチペイント	120
			工場塗装	下塗第1層	ジンクリッチペイント	120
			現場塗装	中塗	ポリウレタン樹脂系プライマー	160
				上塗第1層	ポリウレタン樹脂系上塗	150
				上塗第2層	ポリウレタン樹脂系上塗	150
	C-4	長大橋または海岸地域などの長期防錆用	前処理		1種ケレン ジンクリッチペイント 短ばくエッチングプライマー併用	120 / 80
			工場塗装	下塗第1層	フェノール系ジンククロメートプライマー	
				下塗第2層	マイカスアイアンオキサイド系プライマー	
			現場塗装	中塗	マイカスアイアンオキサイド系プライマー	
				上塗第1層	マイカスアイアンオキサイド系上塗	
				上塗第2層	マイカスアイアンオキサイド系上塗	
	F-16	長大橋または海岸地域などの長期防錆用。色彩に制限のある場合に適用	前処理		1種ケレン ジンクリッチペイント 短ばくエッチングプライマー併用	120 / 80
			工場塗装	下塗第1層	フェノール系ジンククロメートプライマー	
				下塗第2層	マイカスアイアンオキサイド系プライマー	
				中塗	マイカスアイアンオキサイド系プライマー	
			現場塗装	上塗第1層	長油性フタル酸樹脂系上塗	120
				上塗第2層	長油性フタル酸樹脂系上塗	100

付表-2.5.2 鋼道路橋塗装便覧 1979年2月 新設[10] を編集

基準名等	記号	使用区分	工程		塗料	使用量 (g/m²)	目標膜厚 (μm)
鋼道路橋塗装便覧（昭和54年2月）	A-1	外面用一般塗装系	前処理	素地調整	原板ブラストを行う場合は1次プライマーを塗付する。製品ブラストを行う場合は1次プライマーを省略してよい。		
				1次プライ	長ばく形エッチングプライマー	130	15
			工場塗装	下塗	鉛系さび止めペイント1種	250	40
					鉛系さび止めペイント1種	170	35
				下塗	鉛系さび止めペイント2種	220	35
					鉛系さび止めペイント1種	170	35
			現場塗装	中塗	長油性フタル酸樹脂中塗り塗料	120	30
				上塗	長油性フタル酸樹脂上塗り塗料	110	25
	A-2	外面用一般塗装系	前処理	素地調整	原板ブラストを行う場合は1次プライマーを塗付する。製品ブラストを行う場合は1次プライマーを省略してよい。		
				1次プライ	長ばく形エッチングプライマー	130	15
			工場塗装	下塗	鉛系さび止めペイント1種	250	40
					鉛系さび止めペイント1種	170	35
				下塗	鉛系さび止めペイント2種	220	35
					鉛系さび止めペイント1種	170	35
			現場塗装	下塗	鉛系さびどめペイント1種	140	35
				中塗	長油性フタル酸樹脂中塗り塗料	120	30
				上塗	長油性フタル酸樹脂上塗り塗料	110	25
	A-3	外面用一般塗装系	前処理	素地調整	原板ブラストを行う場合は1次プライマーを塗付する。製品ブラストを行う場合は1次プライマーを省略してよい。		
				1次プライ	長ばく形エッチングプライマー	130	15
			工場塗装	下塗	鉛系さびどめペイント1種	170	35
				下塗	鉛系さびどめペイント1種	170	35
					フェノールMIO塗料	300	45
			現場塗装	中塗	長油性フタル酸樹脂中塗り塗料	120	30
				上塗	長油性フタル酸樹脂上塗り塗料	110	25
	B-1	外面用一般塗装系	前処理	素地調整	原板ブラストを行う場合は1次プライマーを塗付する。製品ブラストを行う場合は1次プライマーを省略してよい。		
				1次プライ	長ばく形エッチングプライマー	130	15
			工場塗装	下塗	鉛系さびどめペイント1種	170	35
				下塗	鉛系さびどめペイント1種	170	35
					フェノールMIO塗料	300	45
			現場塗装	中塗	塩化ゴム系中塗り塗料	170	35
				上塗	塩化ゴム系上塗り塗料	150	30
	B-2	外面用一般塗装系	前処理	素地調整	原板ブラストを行う場合は1次プライマーを塗付する。製品ブラストを行う場合は1次プライマーを省略してよい。		
				1次プライ	ジンクリッチプライマー	200	15
			工場塗装	下塗	ジンクリッチプライマー	200	15
				下塗	塩化ゴム系下塗り塗料	250	45
				下塗	塩化ゴム系下塗り塗料	250	45
			現場塗装	中塗	塩化ゴム系中塗り塗料	170	35
				上塗	塩化ゴム系上塗り塗料	150	30
	C-1	外面用長期防錆形塗装系	前処理	素地調整	原板ブラストを行う場合は1次プライマーを塗付する。製品ブラストを行う場合は1次プライマーを省略してよい。		
				1次プライマー	ジンクリッチプライマー	200	15
			工場塗装	下塗	厚膜形ジンクリッチペイント	700	70
				下塗	ミストコート	160	-
				下塗	塩化ゴム系下塗り塗料	250	45
				下塗	塩化ゴム系下塗り塗料	250	45
			現場塗装	中塗	塩化ゴム系中塗り塗料	170	35
				上塗	塩化ゴム系上塗り塗料	150	30
	C-2	外面用長期防錆形塗装系	前処理	素地調整	原板ブラストを行う場合は1次プライマーを塗付する。製品ブラストを行う場合は1次プライマーを省略してよい。		
				1次プライ	ジンクリッチプライマー	200	15
			工場塗装	下塗	厚膜形ジンクリッチペイント	700	70
				下塗	ミストコート	160	-
				下塗	エポキシ樹脂下塗り塗料	250	50
				下塗	エポキシMIO塗料	300	50
			現場塗装	中塗	ポリウレタン樹脂塗料用中塗り塗料	140	30
				上塗	ポリウレタン樹脂上塗り塗料	120	25
	C-3	外面用長期防錆形塗装系	前処理	素地調整	原板ブラストを行う場合は1次プライマーを塗付する。製品ブラストを行う場合は1次プライマーを省略してよい。		
				1次プライ	ジンクリッチプライマー	200	15
			工場塗装	下塗	厚膜形ジンクリッチペイント	700	70
				下塗	短ばく形エッチングプライマー	130	-
				下塗	フェノールジンククロメート下塗り塗料	150	30
				下塗	フェノールMIO中塗り塗料	300	45
			現場塗装	中塗	塩化ゴム系中塗り塗料	170	35
				上塗	塩化ゴム系上塗り塗料	150	30
	D	内面用塗装系	前処理		外面の塗装系の前処理とおなじでよい		
			工場塗装	下塗	タールエポキシ樹脂塗料	250	80
				下塗	タールエポキシ樹脂塗料	250	80
				下塗	タールエポキシ樹脂塗料	250	80
	E	内面用塗装系	前処理	素地調整	原板ブラストを行う場合は1次プライマーを塗付する。製品ブラストを行う場合は1次プライマーを省略してよい。		
				1次プライ	ジンクリッチプライマー	200	15
				下塗	厚膜形ジンクリッチペイント	700	70

塗料使用量　工場塗装：スプレー塗りの場合を示す。
　　　　　　現場塗装：はけ塗りの場合を示す。

付表-2.5.3　鋼道路橋塗装便覧　1990年6月　新設[11] を編集

基準名等	記号	使用区分	工程		塗料	使用量 (g/m²)	目標膜厚 (μm)
鋼道路橋塗装便覧（平成2年6月）	A-1	外面用塗装系一般環境に使用する	前処理	素地調整	ブラスト処理　SIS Sa 2.5 SPSS Sd 2 Sh 2		
				プライマー	長ばく形エッチングプライマー	130	(15)
			工場塗装	2次素地調整	動力工具処理　SIS St 3 SPSS Pt 3		
				下塗	鉛系さび止めペイント1種	170	35
				下塗	鉛系さび止めペイント1種	170	35
			現場塗装	中塗	長油性フタル酸樹脂中塗り塗料	120	30
				上塗	長油性フタル酸樹脂上塗り塗料	110	25
	A-2		前処理	素地調整	ブラスト処理　SIS Sa 2.5 SPSS Sd 2 Sh 2		
				プライマー	長ばく形エッチングプライマー	130	(15)
			工場塗装	2次素地調整	動力工具処理　SIS St 3 SPSS Pt 3		
				下塗	鉛系さび止めペイント1種	170	35
				下塗	鉛系さび止めペイント1種	170	35
				中塗	フェノール樹脂MIO塗料	300	45
			現場塗装	中塗	長油性フタル酸樹脂中塗り塗料	120	30
				上塗	長油性フタル酸樹脂上塗り塗料	110	25
	A-3		前処理	素地調整	ブラスト処理　SIS Sa 2.5 SPSS Sd 2 Sh 2		
				プライマー	長ばく形エッチングプライマー	130	(15)
			工場塗装	2次素地調整	動力工具処理　SIS St 3 SPSS Pt 3		
				下塗	鉛系さび止めペイント1種	170	35
				下塗	鉛系さび止めペイント1種	170	35
			現場塗装	中塗	シリコンアルキド樹脂塗料中塗	120	30
				上塗	シリコンアルキド樹脂塗料上塗	110	25
	A-4		前処理	素地調整	ブラスト処理　SIS Sa 2.5 SPSS Sd 2 Sh 2		
				プライマー	長ばく形エッチングプライマー	130	(15)
			工場塗装	2次素地調整	動力工具処理　SIS St 3 SPSS Pt 3		
				下塗	鉛系さび止めペイント1種	170	35
				下塗	鉛系さび止めペイント1種	170	35
				中塗	フェノール樹脂MIO塗料	300	45
			現場塗装	中塗	シリコンアルキド樹脂塗料用中塗	120	30
				上塗	シリコンアルキド樹脂塗料上塗	110	25
	B-1	外面用塗装系やや厳しい腐食環境に使用する	前処理	素地調整	ブラスト処理　SIS Sa 2.5 SPSS Sd 2 Sh 2		
				プライマー	長ばく形エッチングプライマー	130	(15)
			工場塗装	2次素地調整	動力工具処理　SIS St 3 SPSS Pt 3		
				下塗	鉛系さびどめペイント1種	170	35
				下塗	鉛系さびどめペイント1種	170	35
				下塗	フェノールMIO塗料	300	45
			現場塗装	中塗	塩化ゴム系塗料中塗	170	35
				上塗	塩化ゴム系塗料上塗	150	30
	C-1		前処理	素地調整	ブラスト処理　SIS Sa 2.5 SPSS Sd 2 Sh 2		
				プライマー	無機ジンクリッチプライマー	200	(15)
			工場塗装	2次素地調整	ブラスト処理　SIS Sa 2.5 SPSS Sd 2 Sh 2		
				下塗	無機ジンクリッチペイント	700	75
				ミストコート	ミストコート	160	-
				下塗	エポキシ樹脂下塗り塗料	300	60
				下塗	エポキシMIO塗料	360	60
			現場塗装	中塗	ポリウレタン樹脂塗料用中塗	140	30
				上塗	ポリウレタン樹脂塗料上塗	120	25
	C-2	外面用塗装系厳しい腐食環境に使用する。塗替えが容易でない橋梁に適用する。鋼床版析に適用する。	前処理	素地調整	ブラスト処理　SIS Sa 2.5 SPSS Sd 2 Sh 2		
				プライマー	無機ジンクリッチプライマー	200	(15)
			工場塗装	2次素地調整	ブラスト処理　SIS Sa 2.5 SPSS Sd 2 Sh 2		
				下塗	無機ジンクリッチペイント	700	75
				ミストコート	ミストコート	160	-
				下塗	エポキシ樹脂下塗り塗料	300	60
				下塗	エポキシ樹脂下塗り塗料	300	60
				中塗	ポリウレタン樹脂塗料用中塗	170	30
				上塗	ポリウレタン樹脂塗料上塗	140	25
	C-3		前処理	素地調整	ブラスト処理　SIS Sa 2.5 SPSS Sd 2 Sh 2		
				プライマー	無機ジンクリッチプライマー	200	(15)
			工場塗装	2次素地調整	ブラスト処理　SIS Sa 2.5 SPSS Sd 2 Sh 2		
				下塗	無機ジンクリッチペイント	700	75
				ミストコート	ミストコート	160	-
				下塗	エポキシ樹脂下塗り塗料	300	60
				下塗	エポキシMIO塗料	360	60
			現場塗装	中塗	ふっ素樹脂塗料用中塗	140	30
				上塗	ふっ素樹脂塗料上塗	120	25
	C-4		前処理	素地調整	ブラスト処理　SIS Sa 2.5 SPSS Sd 2 Sh 2		
				プライマー	無機ジンクリッチプライマー	200	(15)
			工場塗装	2次素地調整	ブラスト処理　SIS Sa 2.5 SPSS Sd 2 Sh 2		
				下塗	無機ジンクリッチペイント	700	75
				ミストコート	ミストコート	160	-
				下塗	エポキシ樹脂下塗り塗料	300	60
				下塗	エポキシ樹脂下塗り塗料	300	60
				中塗	ふっ素樹脂塗料用中塗	170	30
				上塗	ふっ素樹脂塗料上塗	140	25
	D-1	内面用塗装系箱析や橋脚などの内面に適用する。	前処理	素地調整	ブラスト処理　SIS Sa 2.5 SPSS Sd 2 Sh 2		
				プライマー	長ばく形エッチングプライマー	120	(15)
			工場塗装	2次素地調整	動力工具処理　SIS St 3 SPSS Pt 3		
				第1層	タールエポキシ樹脂塗料1種	360	120
				第2層	タールエポキシ樹脂塗料1種	360	120
	D-2		前処理	素地調整	ブラスト処理　SIS Sa 2.5 SPSS Sd 2 Sh 2		
				プライマー	長ばく形エッチングプライマー	120	(15)
			工場塗装	2次素地調整	動力工具処理　SIS St 3 SPSS Pt 3		
				第1層	変性エポキシ樹脂塗料内面用	450	120
				第2層	変性エポキシ樹脂塗料内面用	450	120
	D-3		前処理	素地調整	ブラスト処理　SIS Sa 2.5 SPSS Sd 2 Sh 2		
				プライマー	無機ジンクリッチプライマー	200	(15)
			工場塗装	2次素地調整	動力工具処理　SIS St 3 SPSS Pt 3		
				第1層	タールエポキシ樹脂塗料1種	360	120
				第2層	タールエポキシ樹脂塗料1種	360	120
	D-4		前処理	素地調整	ブラスト処理　SIS Sa 2.5 SPSS Sd 2 Sh 2		
				プライマー	無機ジンクリッチプライマー	200	(15)
			工場塗装	2次素地調整	動力工具処理　SIS St 3 SPSS Pt 3		
				第1層	変性エポキシ樹脂塗料内面用	450	120
				第2層	変性エポキシ樹脂塗料内面用	450	120

基準名等	記号	使用区分	工程		塗料	使用量 (g/m²)	目標膜厚 (μm)
鋼道路橋塗装便覧（平成2年6月）	F-1	現場継手部塗装系 (A-1, A-3用)	現場塗装	素地調整	動力工具処理　SIS St 3 SPSS Pt 3		
				下塗	鉛系さび止めペイント1種	140	35
				下塗	鉛系さび止めペイント1種	140	35
				下塗	鉛系さび止めペイント1種	140	35
				中塗	一般部の塗装系と同じ		
				上塗	一般部の塗装系と同じ		
	F-2	現場継手部塗装系 (A-2, A-4, B-1用)	現場塗装	素地調整	動力工具処理　SIS St 3 SPSS Pt 3		
				下塗	鉛系さび止めペイント1種	140	35
				下塗	鉛系さび止めペイント1種	140	35
				下塗	フェノール樹脂MIO塗料	250	45
				中塗	一般部の塗装系と同じ		
				上塗	一般部の塗装系と同じ		
	F-3	現場継手部塗装系 (C-1, C-3用)	現場塗装	素地調整	動力工具処理　SIS St 3 SPSS Pt 3		
				下塗	変性エポキシ樹脂塗料下塗	240	60
				下塗	変性エポキシ樹脂塗料下塗	240	60
				下塗	変性エポキシ樹脂塗料下塗	240	60
				下塗	エポキシ樹脂MIO塗料	240	60
				中塗	一般部の塗装系と同じ		
				上塗	一般部の塗装系と同じ		
	F-4	現場継手部塗装系 (C-2, C-4用)	現場塗装	素地調整	動力工具処理　SIS St 3 SPSS Pt 3		
				下塗	変性エポキシ樹脂塗料下塗	240	60
				下塗	変性エポキシ樹脂塗料下塗	240	60
				下塗	変性エポキシ樹脂塗料下塗	240	60
				下塗	変性エポキシ樹脂塗料下塗	240	60
				中塗	一般部の塗装系と同じ		
				上塗	一般部の塗装系と同じ		
	F-5	現場継手部塗装系 (D-1, D-3用)	現場塗装	素地調整	動力工具処理　SIS St 3 SPSS Pt 3		
				下塗	タールエポキシ樹脂塗料	180	60
				下塗	タールエポキシ樹脂塗料	180	60
				下塗	タールエポキシ樹脂塗料	180	60
				下塗	タールエポキシ樹脂塗料	180	60
	F-6	現場継手部塗装系 (D-2, D-4用)	現場塗装	素地調整	動力工具処理　SIS St 3 SPSS Pt 3		
				下塗	変性エポキシ樹脂塗料内面用	240	60
				下塗	変性エポキシ樹脂塗料内面用	240	60
				下塗	変性エポキシ樹脂塗料内面用	240	60
				下塗	変性エポキシ樹脂塗料内面用	240	60
	F-7	現場継手部塗装系（部材制作時に高力ボルト継手部を塗装しておく場合に適用）(C-1, C-3用)	前処理	素地調整	ブラスト処理　SIS Sa 2.5 SPSS Sd 2 Sh 2		
				プライマー	無機ジンクリッチプライマー	200	(15)
			工場塗装	2次素地調整	ブラスト処理　SIS Sa 2.5 SPSS Sd 2 Sh 2		
				下塗	無機ジンクリッチペイント	700	75
				素地調整	動力工具処理　SIS St 3 SPSS Pt 3		
				ミストコート	ミストコート	130	-
				下塗	変性エポキシ樹脂塗料下塗	240	60
				下塗	変性エポキシ樹脂塗料下塗	240	60
			現場塗装	下塗	変性エポキシ樹脂塗料下塗	240	60
				下塗	エポキシ樹脂MIO塗料	240	60
				中塗	一般部の塗装系と同じ		
				上塗	一般部の塗装系と同じ		
	F-8	現場継手部塗装系（部材制作時に高力ボルト継手部を塗装しておく場合に適用）(C-2, C-4用)	前処理	素地調整	ブラスト処理　SIS Sa 2.5 SPSS Sd 2 Sh 2		
				プライマー	無機ジンクリッチプライマー	200	(15)
			工場塗装	2次素地調整	ブラスト処理　SIS Sa 2.5 SPSS Sd 2 Sh 2		
				下塗	無機ジンクリッチペイント	700	75
				素地調整	動力工具処理　SIS St 3 SPSS Pt 3		
				ミストコート	ミストコート	130	-
			現場塗装	下塗	変性エポキシ樹脂塗料下塗	240	60
				下塗	変性エポキシ樹脂塗料下塗	240	60
				下塗	変性エポキシ樹脂塗料下塗	240	60
				中塗	一般部の塗装系と同じ		
				上塗	一般部の塗装系と同じ		
	F-9	現場継手部塗装系（部材制作時に高力ボルト継手部を塗装しておく場合に適用）(D-3用)	前処理	素地調整	ブラスト処理　SIS Sa 2.5 SPSS Sd 2 Sh 2		
				プライマー	無機ジンクリッチプライマー	200	(15)
			工場塗装	2次素地調整	ブラスト処理　SIS Sa 2.5 SPSS Sd 2 Sh 2		
				下塗	無機ジンクリッチペイント	700	75
				素地調整	動力工具処理　SIS St 3 SPSS Pt 3		
				ミストコート	ミストコート	130	-
			現場塗装	下塗	タールエポキシ樹脂塗料	180	60
				下塗	タールエポキシ樹脂塗料	180	60
				下塗	タールエポキシ樹脂塗料	180	60
				下塗	タールエポキシ樹脂塗料	180	60
	F-10	現場継手部塗装系（部材制作時に高力ボルト継手部を塗装しておく場合に適用）(D-4用)	前処理	素地調整	ブラスト処理　SIS Sa 2.5 SPSS Sd 2 Sh 2		
				プライマー	無機ジンクリッチプライマー	200	(15)
			工場塗装	2次素地調整	ブラスト処理　SIS Sa 2.5 SPSS Sd 2 Sh 2		
				下塗	無機ジンクリッチペイント	700	75
				素地調整	動力工具処理　SIS St 3 SPSS Pt 3		
				ミストコート	ミストコート	130	-
			現場塗装	下塗	変性エポキシ樹脂塗料内面用	240	60
				下塗	変性エポキシ樹脂塗料内面用	240	60
				下塗	変性エポキシ樹脂塗料内面用	240	60
				下塗	変性エポキシ樹脂塗料内面用	240	60

塗料使用量　　工場塗装：スプレー塗りの場合を示す。
　　　　　　　現場塗装：はけ塗りの場合を示す。

付表-2.5.4 鋼道路橋塗装・防食便覧 2005年12月 新設[12] を編集

基準名等	記号	使用区分	工程		塗料	使用量 (g/m²)	目標膜厚 (μm)
鋼道路橋塗装・防食便覧（平成17年12月）	C-5	一般外面	製鋼工場	素地調整	ブラスト処理 ISO Sa2 1/2		
				プライマー	無機ジンクリッチプライマー	160	(15)
			橋梁製作工場	2次素地調整	ブラスト処理 ISO Sa2 1/2		
				防食下地	無機ジンクリッチペイント	600	75
				ミストコート	エポキシ樹脂塗料下塗	160	-
				下塗	エポキシ樹脂塗料下塗	540	120
				中塗	ふっ素樹脂塗料用中塗	170	30
				上塗	ふっ素樹脂塗料上塗	140	25
	A-5	一般外面	製鋼工場	素地調整	ブラスト処理 ISO Sa2 1/2		
				プライマー	長ばく形エッチングプライマー	130	(15)
			橋梁製作工場	2次素地調整	動力工具処理 ISO St3		
				下塗	鉛・クロムフリーさび止めペイント	170	35
				下塗	鉛・クロムフリーさび止めペイント	170	35
			現場	中塗	長油性フタル酸樹脂塗料中塗	120	30
				上塗	長油性フタル酸樹脂塗料上塗	110	25
	D-5	箱桁内面	製鋼工場	素地調整	ブラスト処理 ISO Sa2 1/2		
				プライマー	無機ジンクリッチプライマー	160	(15)
			橋梁製作工場	2次素地調整	動力工具処理 ISO St3		
				下塗	変性エポキシ樹脂塗料内面用	410	120
				下塗	変性エポキシ樹脂塗料内面用	410	120
	D-6	箱桁内面	製鋼工場	素地調整	ブラスト処理 ISO Sa2 1/2		
				プライマー	長ばく形エッチングプライマー	130	(15)
			橋梁製作工場	2次素地調整	動力工具処理 ISO St3		
				下塗	変性エポキシ樹脂塗料内面用	410	120
				下塗	変性エポキシ樹脂塗料内面用	410	120
	ZC-1	新設溶融亜鉛めっき面外面	橋梁製作工場	前処理	スイープブラスト処理またはりん酸塩処理		
				第1層	亜鉛めっき用エポキシ樹脂塗料下塗	200 (160)	40
				第2層	ふっ素樹脂塗料用中塗	170 (140)	30
				第3層	ふっ素樹脂塗料上塗	140 (120)	25
	ZD-1	新設溶融亜鉛めっき面内面	橋梁製作工場	前処理	スイープブラスト処理またはりん酸塩処理		
				第1層	亜鉛めっき用エポキシ樹脂塗料下塗	200 (160)	40
				第2層	変性エポキシ樹脂塗料内面用	210 (200)	60
	F-11	高力ボルト連結部（外面）	製鋼工場	素地調整	ブラスト処理 ISO Sa2 1/2		
				プライマー	無機ジンクリッチプライマー	160	(15)
			橋梁製作工場	2次素地調整	ブラスト処理 ISO Sa2 1/2		
				防食下地	無機ジンクリッチペイント	600	75
			現場	ミストコート	変性エポキシ樹脂塗料下塗	160 (130)	-
				下塗	超厚膜形エポキシ樹脂塗料	1100 (500×2)	300
				中塗	ふっ素樹脂塗料用中塗	170 (140)	30
				上塗	ふっ素樹脂塗料上塗	140 (120)	25
	F-12	高力ボルト連結部（内面）	製鋼工場	素地調整	ブラスト処理 ISO Sa2 1/2		
				プライマー	無機ジンクリッチプライマー	160	(15)
			橋梁製作工場	2次素地調整	ブラスト処理 ISO Sa2 1/2		
				防食下地	無機ジンクリッチペイント	600	75
			現場	ミストコート	変性エポキシ樹脂塗料下塗	160 (130)	-
				下塗	超厚膜形エポキシ樹脂塗料	1100 (500×2)	300
	F-13	溶接部（外面）	現場	素地調整	ブラスト処理 ISO Sa2 1/2		
				下塗	有機ジンクリッチペイント	600 (300×2)	75
				下塗	変性エポキシ樹脂塗料下塗	240 (200)	60
				下塗	変性エポキシ樹脂塗料下塗	240 (200)	60
				中塗	ふっ素樹脂塗料用中塗	170 (140)	30
				上塗	ふっ素樹脂塗料上塗	140 (120)	25
	F-14	溶接部（内面）	現場	素地調整	ブラスト処理 ISO Sa2 1/2		
				下塗	有機ジンクリッチペイント	600 (300×2)	75
				下塗	超厚膜形エポキシ樹脂塗料	1100 (500×2)	300
	F-15	A塗装系の現場連結部（外面）	現場	素地調整	動力工具処理 ISO St3		
				下塗	鉛・クロムフリーさび止めペイント	(140)	35
				下塗	鉛・クロムフリーさび止めペイント	(140)	35
				下塗	鉛・クロムフリーさび止めペイント	(140)	35
				中塗	長油性フタル酸樹脂塗料中塗	(120)	30
				上塗	長油性フタル酸樹脂塗料上塗	(110)	25
	F-16	A塗装系の現場連結部（内面）	現場	素地調整	動力工具処理 ISO St3		
				下塗	変性エポキシ樹脂塗料下塗	240 (200)	60
				下塗	超厚膜形エポキシ樹脂塗料	1100 (500×2)	300

使用量の数値はスプレーとし、（＊＊＊）ははけ・ローター塗りの場合を示す。

付表-2.5.5 鋼道路橋防食便覧 2014年3月 新設[1] を編集

基準名等	記号	使用区分	工程		塗料	使用量 (g/m²)	目標膜厚 (μm)
鋼道路橋防食便覧（平成26年3月）	C-5	一般外面	製鋼工場	素地調整	ブラスト処理 ISO Sa2 1/2		
				プライマー	無機ジンクリッチプライマー	160	(15)
			橋梁製作工場	2次素地調整	ブラスト処理 ISO Sa2 1/2		
				防食下地	無機ジンクリッチペイント	600	75
				ミストコート	エポキシ樹脂塗料下塗	160	-
				下塗	エポキシ樹脂塗料下塗	540	120
				中塗	ふっ素樹脂塗料用中塗	170	30
				上塗	ふっ素樹脂塗料上塗	140	25
	A-5	一般外面	製鋼工場	素地調整	ブラスト処理 ISO Sa2 1/2		
				プライマー	長ばく形エッチングプライマー	130	(15)
			橋梁製作工場	2次素地調整	動力工具処理 ISO St3		
				下塗	鉛・クロムフリーさび止めペイント	170	35
				下塗	鉛・クロムフリーさび止めペイント	170	35
			現場	中塗	長油性フタル酸樹脂塗料中塗	120	30
				上塗	長油性フタル酸樹脂塗料上塗	110	25
	D-5	箱桁内面	製鋼工場	素地調整	ブラスト処理 ISO Sa2 1/2		
				プライマー	無機ジンクリッチプライマー	160	(15)
			橋梁製作工場	2次素地調整	動力工具処理 ISO St3		
				下塗	変性エポキシ樹脂塗料内面用	410	120
				下塗	変性エポキシ樹脂塗料内面用	410	120
	D-6	箱桁内面	製鋼工場	素地調整	ブラスト処理 ISO Sa2 1/2		
				プライマー	長ばく形エッチングプライマー	130	(15)
			橋梁製作工場	2次素地調整	動力工具処理 ISO St3		
				下塗	変性エポキシ樹脂塗料内面用	410	120
				下塗	変性エポキシ樹脂塗料内面用	410	120
	ZC-1	新設溶融亜鉛めっき面外面	橋梁製作工場	前処理	スイープブラスト処理またはりん酸塩処理		
				第1層	亜鉛めっき用エポキシ樹脂塗料下塗	200 (160)	40
				第2層	ふっ素樹脂塗料用中塗	170 (140)	30
				第3層	ふっ素樹脂塗料上塗	140 (120)	25
	ZD-1	新設溶融亜鉛めっき面内面	橋梁製作工場	前処理	スイープブラスト処理またはりん酸塩処理		
				第1層	亜鉛めっき用エポキシ樹脂塗料下塗	200 (160)	40
				第2層	変性エポキシ樹脂塗料内面用	210 (200)	60
	F-11	高力ボルト連結部（外面）	製鋼工場	素地調整	ブラスト処理 ISO Sa2 1/2		
				プライマー	無機ジンクリッチプライマー	160	(15)
			橋梁製作工場	2次素地調整	ブラスト処理 ISO Sa2 1/2		
				防食下地	無機ジンクリッチペイント	600	75
			現場	ミストコート	変性エポキシ樹脂塗料下塗	160 (130)	-
				下塗	超厚膜形エポキシ樹脂塗料	1100 (500×2)	300
				中塗	ふっ素樹脂塗料用中塗	170 (140)	30
				上塗	ふっ素樹脂塗料上塗	140 (120)	25
	F-12	高力ボルト連結部（内面）	製鋼工場	素地調整	ブラスト処理 ISO Sa2 1/2		
				プライマー	無機ジンクリッチプライマー	160	(15)
			橋梁製作工場	2次素地調整	ブラスト処理 ISO Sa2 1/2		
				防食下地	無機ジンクリッチペイント	600	75
			現場	ミストコート	変性エポキシ樹脂塗料下塗	160 (130)	-
				下塗	超厚膜形エポキシ樹脂塗料	1100 (500×2)	300
	F-13	溶接部（外面）	現場	素地調整	ブラスト処理 ISO Sa2 1/2		
				下塗	有機ジンクリッチペイント	600 (300×2)	75
				下塗	変性エポキシ樹脂塗料下塗	240 (200)	60
				下塗	変性エポキシ樹脂塗料下塗	240 (200)	60
				中塗	ふっ素樹脂塗料用中塗	170 (140)	30
				上塗	ふっ素樹脂塗料上塗	140 (120)	25
	F-14	溶接部（内面）	現場	素地調整	ブラスト処理 ISO Sa2 1/2		
				下塗	有機ジンクリッチペイント	600 (300×2)	75
				下塗	超厚膜形エポキシ樹脂塗料	1100 (500×2)	300
	F-15	A塗装系の現場連結部（外面）	現場	素地調整	動力工具処理 ISO St3		
				下塗	鉛・クロムフリーさび止めペイント	(140)	35
				下塗	鉛・クロムフリーさび止めペイント	(140)	35
				下塗	鉛・クロムフリーさび止めペイント	(140)	35
				中塗	長油性フタル酸樹脂塗料中塗	(120)	30
				上塗	長油性フタル酸樹脂塗料上塗	(110)	25
	F-16	A塗装系の現場連結部（内面）	現場	素地調整	動力工具処理 ISO St3		
				下塗	変性エポキシ樹脂塗料下塗	240 (200)	60
				下塗	超厚膜形エポキシ樹脂塗料	1100 (500×2)	300

使用量の数値はスプレーとし、（＊＊＊）ははけ・ローター塗りの場合を示す。

付表-2.5.6 鋼道路橋塗装便覧 1971年11月 塗替え[9] を編集

基準名等	記号	使用区分	工程	塗料	使用量 (g/m²)
鋼道路橋塗装便覧(昭和46年11月)	a-1	発鏽の著しい部分 (旧塗装系はフタル酸樹脂系)	前処理	2種ケレン	
			下塗第1層	鉛系さびどめペイント1種	140
			下塗第2層	鉛系さびどめペイント2種	140
			上塗第1層	長油性フタル酸樹脂系中塗	120
			上塗第2層	長油性フタル酸樹脂系上塗	100
	a-2	軽度の塗膜劣化 (旧塗装系はフタル酸樹脂系)	前処理	3種ケレン	
			下塗第1層	鉛系さびどめペイント1種	140
			上塗第1層	長油性フタル酸樹脂系中塗	120
			上塗第2層	長油性フタル酸樹脂系上塗	100
	a-3	上塗塗膜のみ劣化 (旧塗装系はフタル酸樹脂系)	前処理	4種ケレン	
			上塗第1層	長油性フタル酸樹脂系中塗	120
			上塗第2層	長油性フタル酸樹脂系上塗	100
	a-4	下地亜鉛面の場合発錆の著しい部分 (旧塗装系はフタル酸樹脂系)	前処理	2種ケレン	
			下塗第1層	フェノール樹脂系プライマー	130
			下塗第2層	鉛系さびどめペイント2種	140
			上塗第1層	長油性フタル酸樹脂系中塗	120
			上塗第2層	長油性フタル酸樹脂系上塗	100
	a-5	a-4より軽度の塗膜劣化 (旧塗装系はフタル酸樹脂系)	前処理	3種ケレン	
			下塗第1層	フェノール樹脂系プライマー	130
			下塗第2層	鉛系さびどめペイント2種	140
			上塗第1層	長油性フタル酸樹脂系上塗	100
	b-1	密閉部など直射日光の当たらない箇所で耐水耐薬品性の要求される場合 (旧塗装系はタールエポキシ系)	前処理	2種ケレン	
			下塗第1層	タールエポキシ樹脂塗料 (2液型)	230
			下塗第2層	タールエポキシ樹脂塗料 (2液型)	230
			上塗第2層	タールエポキシ樹脂塗料 (2液型)	200
	b-2	密閉部など直射日光の当たらない箇所で耐水耐薬品性の要求される場合 (旧塗装系はタールエポキシ系)	前処理	3種ケレン	
			下塗第1層	タールエポキシ樹脂塗料 (2液型)	230
			下塗第2層	タールエポキシ樹脂塗料 (2液型)	200
	c-1	耐水、耐薬品性の要求される場合 (旧塗装系はフェノール樹脂系)	前処理	2種ケレン	
			下塗第1層	鉛系さびどめペイント1種	140
			下塗第2層	鉛系さびどめペイント2種	140
			上塗第1層	フェノール樹脂系中塗	120
			上塗第2層	フェノール樹脂系上塗	120
	c-2	耐水、耐薬品性の要求される場合 (旧塗装系はフェノール樹脂系)	前処理	3種ケレン	
			下塗第1層	鉛系さびどめペイント1種	140
			上塗第1層	フェノール樹脂系中塗	120
			上塗第2層	フェノール樹脂系上塗	120
	d-1	耐酸性、低温乾燥性を要求される場合 (旧塗装系は塩化ゴム系)	前処理	2種ケレン	
			下塗第1層	塩化ゴム系プライマー	
			下塗第2層	塩化ゴム系プライマー	
			上塗第1層	塩化ゴム系上塗	140
			上塗第2層	塩化ゴム系上塗	140
	d-2	耐酸性、低温乾燥性を要求される場合 (旧塗装系は塩化ゴム系)	前処理	3種ケレン	
			下塗第1層	塩化ゴム系プライマー	
			上塗第1層	塩化ゴム系上塗	140
			上塗第2層	塩化ゴム系上塗	140
	e-1	耐薬品性を要求される場合 (旧塗装系はエポキシ系)	前処理	2種ケレン	
			下塗第1層	エポキシ樹脂系プライマー	180
			下塗第2層	エポキシ樹脂系プライマー	180
			上塗第1層	エポキシ樹脂系中塗	160
			上塗第2層	エポキシ樹脂系上塗	150
	e-2	耐薬品性を要求される場合 (旧塗装系はエポキシ系)	前処理	3種ケレン	
			下塗第1層	エポキシ樹脂系プライマー	180
			上塗第1層	エポキシ樹脂系中塗	160
			上塗第2層	エポキシ樹脂系上塗	150
	f-1	耐薬品性、低温乾燥性耐候性を要求される場合 (旧塗装系はポリウレタン樹脂系)	前処理	2種ケレン	
			下塗第1層	ポリウレタン樹脂系プライマー	160
			下塗第2層	ポリウレタン樹脂系プライマー	160
			上塗第1層	ポリウレタン樹脂系中塗	150
			上塗第2層	ポリウレタン樹脂系上塗	150
	f-1	耐薬品性、低温乾燥性耐候性を要求される場合 (旧塗装系はポリウレタン樹脂系)	前処理	3種ケレン	
			下塗第1層	ポリウレタン樹脂系プライマー	160
			上塗第1層	ポリウレタン樹脂系中塗	150
			上塗第2層	ポリウレタン樹脂系上塗	150
	g-1	発錆の著しい部分 (旧塗膜はマイカスアイアンオキサイド系)	前処理	2種ケレン	
			下塗第1層	フェノール樹脂系プライマー	130
			下塗第2層	マイカスアイアンオキサイド系プライマー	
			上塗第1層	マイカスアイアンオキサイド系中塗	
			上塗第2層	マイカスアイアンオキサイド系上塗	
	g-2	軽度の塗膜劣化 (旧塗膜はマイカスアイアンオキサイド系)	前処理	3種ケレン	
			下塗第1層	フェノール樹脂系プライマー	130
			上塗第1層	マイカスアイアンオキサイド系中塗	
			上塗第2層	マイカスアイアンオキサイド系上塗	
	g-3	上塗のみの塗替え (旧塗膜はマイカスアイアンオキサイド系)	前処理	4種ケレン	
			上塗第1層	マイカスアイアンオキサイド系中塗	
			上塗第2層	マイカスアイアンオキサイド系上塗	
	g-3	上塗のみの塗替え (旧塗膜はマイカスアイアンオキサイド系とフタル酸樹脂系の組合せ)	前処理	4種ケレン	
			上塗第1層	長油性フタル酸樹脂系上塗	120
			上塗第2層	長油性フタル酸樹脂系上塗	100

付表-2.5.7 鋼道路橋塗装便覧 1979年2月 塗替え[10] を編集

基準名等	記号	使用区分	工程	塗料	使用量 (g/m²)
鋼道路橋塗装便覧(昭和54年2月)	a	旧塗装系 A-1, A-2, A-3用	下塗第1層	鉛系さびどめペイント1種	140
			下塗第2層	鉛系さびどめペイント1種	140
			中塗	長油性フタル酸樹脂系中塗	120
			上塗	長油性フタル酸樹脂系上塗	110
	b-1	旧塗装系 B-1用	下塗第1層	鉛系さびどめペイント1種	140
			下塗第2層	鉛系さびどめペイント1種	140
			下塗第3層	フェノールMIO塗料	250
			中塗	塩化ゴム系中塗り塗料	170
			上塗	塩化ゴム系上塗塗料	150
	b-2	旧塗装系 B-2用	下塗第1層	エポキシ樹脂下塗り塗料	200
			下塗第2層	エポキシ樹脂下塗り塗料	200
			中塗	塩化ゴム系中塗り塗料	170
			上塗	塩化ゴム系上塗塗料	150
	d	旧塗装系 A-1, A-2, D用	下塗第1層	タールエポキシ樹脂塗料	230
			下塗第2層	タールエポキシ樹脂塗料	230
			上塗	タールエポキシ樹脂塗料	230
	g-1	注) 参照	下塗第1層	鉛酸カルシウムさび止めペイン	140
			下塗第2層	鉛酸カルシウムさび止めペイン	140
			中塗	長油性フタル酸樹脂系中塗	120
			上塗	長油性フタル酸樹脂系上塗	110
	g-2	注) 参照	下塗第1層	フェノール樹脂下塗り塗料	140
			下塗第2層	フェノール樹脂下塗り塗料	140
			中塗	長油性フタル酸樹脂系中塗	120
			上塗	長油性フタル酸樹脂系上塗	110

上表は、塩路調整の程度に応じて次のように適用する。
① 清浄度1種、2種 (1種、2種ケレン)
　上表のとおり適用する。
② 清浄度3種 (3種ケレン)
　さび除去部分；上表のとおり適用する。
　活膜残存部；下塗り第1層を省略する。
③ 清浄度4種 (4種ケレン)
　さび除去部分；上表のとおり適用する。
　活膜残存部；下塗りを省略する。
表中の数値は塗料の使用量を表す。単位はg/m²。
注) ジンクリッチプライマーが使用されだした時期に、ジンクリッチプラ油性さび止めペイント、フタル酸樹脂塗料を塗布する塗装系が用いられがあるが、この塗装系の塗替え用である。現在のところ、ジンクリッチ上に油性さび止めペイントを塗布する塗装系は、現在使用されていない。

付表-2.5.8　鋼道路橋塗装便覧
1990年6月　塗替え[11]を編集

基準名等	記号	使用区分	工程	塗料	使用量 (g/m²)
鋼道路橋塗装便覧（平成2年6月）	a-1	旧塗装系 A-1, A-2用	素地調整	2種	
			下塗	鉛系さびどめペイント1種	140
			下塗	鉛系さびどめペイント1種	140
			中塗	長油性フタル酸樹脂塗料中塗	120
			上塗	長油性フタル酸樹脂塗料上塗	110
			素地調整	3種	
			下塗	鉛系さびどめペイント1種（鋼材露出部のみ）	140
			下塗	鉛系さびどめペイント1種	140
			中塗	長油性フタル酸樹脂塗料中塗	120
			上塗	長油性フタル酸樹脂塗料上塗	110
			素地調整	4種	
			下塗	鉛系さびどめペイント1種	140
			中塗	長油性フタル酸樹脂塗料中塗	120
			上塗	長油性フタル酸樹脂塗料上塗	110
	a-3	旧塗装系 A-1, A-2, A-3, A-4用	素地調整	2種	
			下塗	鉛系さびどめペイント1種	140
			下塗	鉛系さびどめペイント1種	140
			中塗	シリコンアルキド樹脂塗料中塗	120
			上塗	シリコンアルキド樹脂塗料上塗	110
			素地調整	3種	
			下塗	鉛系さびどめペイント1種（鋼材露出部のみ）	140
			下塗	鉛系さびどめペイント1種	140
			中塗	シリコンアルキド樹脂塗料用中塗	120
			上塗	シリコンアルキド樹脂塗料上塗	110
			素地調整	4種	
			下塗	鉛系さびどめペイント1種	140
			中塗	シリコンアルキド樹脂塗料用中塗	120
			上塗	シリコンアルキド樹脂塗料上塗	110
	b-1	旧塗装系 A-1, A-2, B-1用	素地調整	2種	
			下塗	鉛系さびどめペイント1種	140
			下塗	鉛系さびどめペイント1種	140
			下塗	フェノール樹脂MIO塗料	250
			中塗	塩化ゴム系塗料中塗	170
			上塗	塩化ゴム系塗料上塗	150
			素地調整	3種	
			下塗	鉛系さびどめペイント1種（鋼材露出部のみ）	140
			下塗	鉛系さびどめペイント1種	140
			下塗	フェノール樹脂MIO塗料	250
			中塗	塩化ゴム系塗料中塗	170
			上塗	塩化ゴム系塗料上塗	150
		旧塗装系 B-1用	素地調整	4種	
			中塗	塩化ゴム系塗料中塗	170
			上塗	塩化ゴム系塗料上塗	150
	c-1	旧塗装系 A-1, A-2, A-3, A-4, B-1, C-1, C-2用	素地調整	2種	
			下塗	有機ジンクリッチペイント	300
			下塗	変性エポキシ樹脂塗料下塗	240
			下塗	変性エポキシ樹脂塗料下塗	240
			中塗	ポリウレタン樹脂塗料用中塗	140
			上塗	ポリウレタン樹脂塗料上塗	120
			素地調整	3種	
			下塗	変性エポキシ樹脂塗料下塗（鋼材面露出部のみ）	240
			下塗	変性エポキシ樹脂塗料下塗	240
			下塗	変性エポキシ樹脂塗料下塗	240
			中塗	ポリウレタン樹脂塗料用中塗	140
			上塗	ポリウレタン樹脂塗料上塗	120
			素地調整	4種	
			下塗	変性エポキシ樹脂塗料下塗	240
			中塗	ポリウレタン樹脂塗料用中塗	140
			上塗	ポリウレタン樹脂塗料上塗	120
	c-3	旧塗装系 A-1, A-2, A-3, A-4, B-1, C-1, C-2用	素地調整	2種	
			下塗	有機ジンクリッチペイント	300
			下塗	変性エポキシ樹脂塗料下塗	240
			下塗	変性エポキシ樹脂塗料下塗	240
			中塗	ふっ素樹脂塗料用中塗	140
			上塗	ふっ素樹脂塗料上塗	120
			素地調整	3種	
			下塗	変性エポキシ樹脂塗料下塗（鋼材面露出部のみ）	240
			下塗	変性エポキシ樹脂塗料下塗	240
			下塗	変性エポキシ樹脂塗料下塗	240
			中塗	ふっ素樹脂塗料用中塗	140
			上塗	ふっ素樹脂塗料上塗	120
			素地調整	4種	
			下塗	変性エポキシ樹脂塗料下塗	240
			中塗	ふっ素樹脂塗料用中塗	140
			上塗	ふっ素樹脂塗料上塗	120
	c-5	旧塗装系 C-1, C-2用	素地調整		
			下塗	エポキシ樹脂プライマー	120
			下塗	超厚膜形エポキシ樹脂塗料	1000
			上塗	ポリウレタン樹脂塗料上塗	120
	c-6	旧塗装系 C-3, C-4用	素地調整	2種	
			下塗	エポキシ樹脂プライマー	120
			下塗	超厚膜形エポキシ樹脂塗料	1000
			上塗	ふっ素樹脂塗料上塗	120
	d-1	旧塗装系 D-1, D-3用	素地調整	3種	
			第1層	無溶剤形タールエポキシ樹脂塗料	300
			第2層	無溶剤形タールエポキシ樹脂塗料	300
	d-2	旧塗装系 D-1, D-2, D-3, D-用	素地調整	3種	
			第1層	無溶剤形変性エポキシ樹脂塗料	300
			第2層	無溶剤形変性エポキシ樹脂塗料	300

付表-2.5.9　鋼道路橋塗装・防食便覧
2005年12月　塗替え[12]を編集

基準名等	記号	使用区分	工程	塗料	使用量 (g/m²)
鋼道路橋塗装・防食便覧（平成17年12月）	Rc-Ⅰ	外面 旧塗装系 A, B, a, b, c用	素地調整	1種	
			下塗	有機ジンクリッチペイント	600
			下塗	弱溶剤形変性エポキシ樹脂塗料下塗	240
			下塗	弱溶剤形変性エポキシ樹脂塗料下塗	240
			中塗	弱溶剤形ふっ素樹脂塗料用中塗	170
			上塗	弱溶剤形ふっ素樹脂塗料上塗	140
	Rc-Ⅱ	外面 旧塗装系 B, b, c用	素地調整	2種	
			下塗	有機ジンクリッチペイント	(240)
			下塗	弱溶剤形変性エポキシ樹脂塗料下塗	(200)
			下塗	弱溶剤形変性エポキシ樹脂塗料下塗	(200)
			中塗	弱溶剤形ふっ素樹脂塗料用中塗	(140)
			上塗	弱溶剤形ふっ素樹脂塗料上塗	(120)
	Rc-Ⅲ	外面 旧塗装系 A, B, C, a, b, c用	素地調整	3種	
			下塗	弱溶剤形変性エポキシ樹脂塗料下塗（鋼板露出部のみ）	(200)
			下塗	弱溶剤形変性エポキシ樹脂塗料下塗	(200)
			下塗	弱溶剤形変性エポキシ樹脂塗料下塗	(200)
			中塗	弱溶剤形ふっ素樹脂塗料用中塗	(140)
			上塗	弱溶剤形ふっ素樹脂塗料上塗	(120)
	Rc-Ⅳ	外面 旧塗装系 C, c用	素地調整	4種	
			下塗	弱溶剤形変性エポキシ樹脂塗料下塗	(200)
			中塗	弱溶剤形ふっ素樹脂塗料用中塗	(140)
			上塗	弱溶剤形ふっ素樹脂塗料上塗	(120)
	Ra-Ⅲ	外面 旧塗装系 A, a用	素地調整	3種	
			下塗	鉛・クロムフリーさび止めペイント（鋼板露出部のみ）	(140)
			下塗	鉛・クロムフリーさび止めペイント	(140)
			下塗	鉛・クロムフリーさび止めペイント	(140)
			中塗	長油性フタル酸樹脂塗料中塗	(120)
			上塗	長油性フタル酸樹脂塗料上塗	(110)
	Rd-Ⅲ	内面 旧塗装系 D, d用	素地調整	3種	
			第1層	無溶剤形変性エポキシ樹脂塗料	(300)
			第2層	無溶剤形変性エポキシ樹脂塗料	(300)
	RZc-Ⅰ	内面 亜鉛めっき用	素地調整	1種（ISO Sa 1）	
			下塗	亜鉛めっき用エポキシ樹脂塗料下塗	200
			中塗	弱溶剤形変性エポキシ樹脂塗料用中塗	170
			上塗	弱溶剤形ふっ素樹脂塗料上塗	140

使用量の数値はスプレーとし、（＊＊＊）ははけ・ローター塗りの場合

付表-2.5.10　鋼道路橋防食便覧
2014年3月　塗替え[1]を編集

基準名等	記号	使用区分	工程	塗料	使用量 (g/m²)
鋼道路橋防食便覧（平成26年3月）	Rc-Ⅰ	外面 旧塗装系 A, B, a, b, c用	素地調整	1種	
			下塗	有機ジンクリッチペイント	600
			下塗	弱溶剤形変性エポキシ樹脂塗料下塗	240
			下塗	弱溶剤形変性エポキシ樹脂塗料下塗	240
			中塗	弱溶剤形ふっ素樹脂塗料用中塗	170
			上塗	弱溶剤形ふっ素樹脂塗料上塗	140
	Rc-Ⅱ	外面 旧塗装系 B, b, c用	素地調整	2種	
			下塗	有機ジンクリッチペイント	(240)
			下塗	弱溶剤形変性エポキシ樹脂塗料下塗	(200)
			下塗	弱溶剤形変性エポキシ樹脂塗料下塗	(200)
			中塗	弱溶剤形ふっ素樹脂塗料用中塗	(140)
			上塗	弱溶剤形ふっ素樹脂塗料上塗	(120)
	Rc-Ⅲ	外面 旧塗装系 A, B, C, a, b, c用	素地調整	3種	
			下塗	弱溶剤形変性エポキシ樹脂塗料下塗（鋼板露出部のみ）	(200)
			下塗	弱溶剤形変性エポキシ樹脂塗料下塗	(200)
			下塗	弱溶剤形変性エポキシ樹脂塗料下塗	(200)
			中塗	弱溶剤形ふっ素樹脂塗料用中塗	(140)
			上塗	弱溶剤形ふっ素樹脂塗料上塗	(120)
	Rc-Ⅳ	外面 旧塗装系 C, c用	素地調整	4種	
			下塗	弱溶剤形変性エポキシ樹脂塗料下塗	(200)
			中塗	弱溶剤形ふっ素樹脂塗料用中塗	(140)
			上塗	弱溶剤形ふっ素樹脂塗料上塗	(120)
	Ra-Ⅲ	外面 旧塗装系 A, a用	素地調整	3種	
			下塗	鉛・クロムフリーさび止めペイント（鋼板露出部のみ）	(140)
			下塗	鉛・クロムフリーさび止めペイント	(140)
			下塗	鉛・クロムフリーさび止めペイント	(140)
			中塗	長油性フタル酸樹脂塗料中塗	(120)
			上塗	長油性フタル酸樹脂塗料上塗	(110)
	Rd-Ⅲ	内面 旧塗装系 D, d用	素地調整	3種	
			第1層	無溶剤形変性エポキシ樹脂塗料	(300)
			第2層	無溶剤形変性エポキシ樹脂塗料	(300)
	RZc-Ⅰ	内面 亜鉛めっき用	素地調整	1種（ISO Sa 1）	
			下塗	亜鉛めっき用エポキシ樹脂塗料下塗	200
			中塗	弱溶剤形変性エポキシ樹脂塗料用中塗	170
			上塗	弱溶剤形ふっ素樹脂塗料上塗	140

使用量の数値はスプレーとし，（＊＊＊）ははけ・ローター塗りの場合を示す。

付表-2.5.11 鋼鉄道橋の塗装仕様 1943年～1976年 新設[13]を編集

基準名簿	記号	使用区分	工程	塗料	使用量(g/m²)
土木工事標準示方書[昭和18年]			現場第1層	現場調合鉛丹さび止めペイント	190
			現場第2層	現場調合鉛丹さび止めペイント	190
			現場第3層	現場調合赤錆ペイント	110
鉄桁塗装工事示方書[昭和25年]			現場第1層	現場調合鉛丹さび止めペイント	190
			現場第2層	現場調合鉛丹さび止めペイント	190
			現場第3層	調合ペイント	110
鋼鉄道橋(JRS 05000)[昭和38年] 土木工事標準示方書(JRS 05000)[昭和39年]	新-イ	一般外面 一般、山間、海岸、潮風、海水しぶき	工場第1層	金属前処理塗料(長バク形)	100
			工場第1層	金属前処理塗料(短バク形)	80
			工場第2層	鉛丹さび止めペイント1種	200
			工場第3層	鉛丹さび止めペイント2種	180
			現場第4層	鉄ゲタ用長油性フタル酸樹脂塗料A	110
			現場第5層	鉄ゲタ用長油性フタル酸樹脂塗料A	95
鉄けたの塗装工事設計施工指針(案)[昭和40年]	新-ロ	一般外面 腐食性ガス又は腐食性液体のかかる特殊な部分	工場第1層	金属前処理塗料(長バク形)	100
			工場第1層	金属前処理塗料(短バク形)	80
			工場第2層	塩化ビニルプライマー	120
			工場第3層	塩化ビニルプライマー	120
			現場第4層	塩化ビニルエナメル	120
			現場第5層	塩化ビニルエナメル	120
			現場第6層	塩化ビニルエナメル	120
鉄けたの塗装方法(JRS 05000)[昭和45年]	新-1	一般外面 一般、山間、海岸、潮風、海水しぶき	工場第1層	金属前処理塗料(長バク形)	130
			工場第2層	鉛丹さび止めペイント1種	250
			工場第3層	鉛丹さび止めペイント2種	230
			現場第4層	鉄ゲタ用長油性フタル酸樹脂塗料A	110
			現場第5層	鉄ゲタ用長油性フタル酸樹脂塗料A	95
鋼鉄道橋(JRS 05000)[昭和46年]	新-2	一般外面	工場第1層	金属前処理塗料(長バク形)	130
			工場第2層	鉛丹さび止めペイント1種	250
			工場第3層	鉛丹さび止めペイント2種	230
			現場第4層	鉛丹さび止めペイント2種	110
			現場第5層	鉄ゲタ用長油性フタル酸樹脂塗料A	110
			現場第6層	鉄ゲタ用長油性フタル酸樹脂塗料A	95
	新-3	一般外面	工場第1層	金属前処理塗料(長バク形)	130
			工場第2層	鉛丹さび止めペイント	250
			工場第3層	鉛丹さび止めペイント	230
			現場第4層	結露面用塗料	110
			現場第5層	結露面用塗料	95
	新-3	一般外面	工場第1層	金属前処理塗料(長バク形)	130
			工場第2層	鉛丹さび止めペイント	250
			工場第3層	鉛丹さび止めペイント	230
			工場第4層	鉛丹さび止めペイント	180
			現場第5層	結露面用塗料	110
			現場第6層	結露面用塗料	95
鋼鉄道橋(JRS 05000)の改訂[昭和50年]		箱けた内面	工場第1層	金属前処理塗料(長バク形)	130
			工場第2層	タールエポキシ樹脂塗料	300
			工場第3層	タールエポキシ樹脂塗料	300
鋼橋暫定仕様[昭和51年]	13A	一般外面	工場第1層	無機ジンクリッチプライマ	200
			工場第2層	厚膜型変性エポキシ樹脂系塗料	330
			工場第3層	厚膜型変性エポキシ樹脂系塗料	330
			工場第4層	厚膜型変性エポキシ樹脂系塗料	330
	14A-1	一般外面	工場第1層	厚膜型無機ジンクリッチペイント	700
			工場第2層	ミストコート	150
			工場第3層	厚膜型エポキシ樹脂塗料	300
			工場第4層	厚膜型エポキシ樹脂塗料	300
			工場第5層	ポリウレタン樹脂塗料中塗	200
			工場第6層	非黄変型ポリウレタン樹脂塗料上塗	200
	14A-2	一般外面	工場第1層	厚膜型エポキシジンクリッチペイント	700
			工場第2層	厚膜型エポキシ樹脂塗料	300
			工場第3層	厚膜型エポキシ樹脂塗料	300
			工場第4層	ポリウレタン樹脂塗料中塗	200
			工場第5層	非黄変型ポリウレタン樹脂塗料上塗	200
	14A-3-(1) 14A-3-(2)	一般外面	工場第1層	亜鉛溶射	μm
			工場第1層	厚膜型無機ジンクリッチペイント	700
			工場第2層	エッチングプライマ(短バク形)	130
			工場第3層	フェノール樹脂系ジンククロメートプライマー	150
			工場第4層	フェノール樹脂系MIO塗料	340
			工場第5層	フェノール樹脂系MIO塗料	340
			工場第6層	着色塗料(塩化ゴム系塗料)	200
			工場第7層	着色塗料(塩化ゴム系塗料)	200
	14A-4	一般外面	工場第1層	厚膜型無機ジンクリッチペイント	750
			工場第2層	ミストコート	150
			工場第3層	厚膜型ビニル樹脂塗料下塗	400
			工場第4層	厚膜型ビニル樹脂塗料下塗	400
			工場第5層	厚膜型ビニル樹脂塗料中塗	400
			工場第6層	厚膜型ビニル樹脂塗料上塗	160
	14A-5	一般外面	工場第1層	厚膜型無機ジンクリッチペイント	750
			工場第2層	ミストコート	150
			工場第3層	厚膜型塩化ゴム系塗料下塗	400
			工場第4層	厚膜型塩化ゴム系塗料下塗	400
			工場第5層	塩化ゴム系塗料中塗	240
			工場第6層	塩化ゴム系塗料上塗	240
	14A-6	一般外面	工場第1層	金属前処理塗料(長バク形)	130
			工場第2層	鉛丹さび止めペイント	290
			工場第3層	鉛丹さび止めペイント	260
			工場第4層	鉄ゲタ用長油性フタル酸樹脂塗料A	150
			工場第5層	鉄ゲタ用長油性フタル酸樹脂塗料A	130

付表-2.5.12 鉄けた塗装工事設計施工指針(案) 1981年 新設[13]を編集

基準名簿	記号	使用区分	工程	塗料	使用量(g/m²)
鉄けた塗装工事設計施工指針(案)[昭和56年]	A-1	一般外面(昭和60年に廃止)	工場第1層	エッチングプライマ2種又は3種	130
			工場第2層	鉛丹さび止めペイント	250
			工場第3層	鉛丹さび止めペイント	230
			現場第4層	長油性フタル酸樹脂塗料	110
			現場第5層	長油性フタル酸樹脂塗料	105
	B-1	一般外面	工場第1層	エッチングプライマ2種又は3種	130
			工場第2層	鉛系さび止めペイント	170
			工場第3層	鉛系さび止めペイント	170
			現場第4層	長油性フタル酸樹脂塗料	110
			現場第5層	長油性フタル酸樹脂塗料	105
	C-1	一般外面(昭和60年に廃止)	工場第1層	エッチングプライマ2種又は3種	130
			工場第2層	鉛丹さび止めペイント	250
			工場第3層	鉛丹さび止めペイント	230
			現場第4層	結露面用塗料	110
			現場第5層	結露面用塗料	95
	D-1	一般外面	工場第1層	エッチングプライマ2種又は3種	130
			工場第2層	鉛系さび止めペイント	170
			工場第3層	鉛系さび止めペイント	170
			現場第4層	結露面用塗料	120
			現場第5層	結露面用塗料	120
	E-2	箱けた内面	工場第1層	タールエポキシ樹脂塗料	300
			工場第2層	タールエポキシ樹脂塗料	300
			工場第3層	タールエポキシ樹脂塗料	300
	H-1 H-2	一般外面 H-1:6,7層現場 H-2:全工場	工場第1層	厚膜型無機ジンクリッチペイント	700
			工場第2層	ミストコート	150
			工場第3層	エポキシ樹脂塗料	300
			工場第4層	エポキシ樹脂塗料	300
			工場第5層	(エポキシ系MIO塗料)	300
			第6層	ポリウレタン樹脂塗料	130
			第7層	ポリウレタン樹脂塗料	110
	J-1 J-2	一般外面 J-1:5,6層現場 J-2:全工場	工場第1層	厚膜型エポキシ樹脂ジンクリッチペイント	700
			工場第3層	エポキシ樹脂塗料	300
			工場第4層	(エポキシ系MIO塗料)	300
			工場第5層	ポリウレタン樹脂塗料	130
			第6層	ポリウレタン樹脂塗料	110
	K-1 K-2	一般外面 K-1:6,7層現場 K-2:全工場	工場第1層	厚膜型無機ジンクリッチペイント	700
			工場第2層	エッチングプライマ	
			工場第3層	フェノール系ジンククロメート塗料	150
			工場第4層	フェノール系MIO塗料	300
			工場第5層	フェノール系MIO塗料	300
			第6層	塩化ゴム塗料	210
			第7層	塩化ゴム系塗料	150
	L-2	一般外面	工場第1層	無機ジンクリッチプライマ	200
			工場第2層	厚膜型変性エポキシ塗料	350
			工場第3層	厚膜型変性エポキシ塗料	350
			工場第4層	厚膜型変性エポキシ塗料	350
	M-2	一般外面	工場第1層	無機ジンクリッチプライマ	200
			工場第2層	タールエポキシ樹脂塗料	300
			工場第3層	タールエポキシ樹脂塗料	300
			工場第4層	タールエポキシ樹脂塗料	300

付表-2.5.13 鋼構造物塗装設計施工指針 1987年 新設 [13] を編集

基準名簿	記号	使用区分	工程	塗料	使用量 (g/m²)
鋼構造物塗装設計施工指針〔昭和62年〕	B-1	一般外面		鉄けた塗装工事設計施工指針（案）〔昭和56年〕に同じ	
	D-1	一般外面		鉄けた塗装工事設計施工指針（案）〔昭和56年〕に同じ	
	B-7	一般外面		鉄けた塗装工事設計施工指針（案）〔昭和56年〕に同じ	
	D-7	一般外面		鉄けた塗装工事設計施工指針（案）〔昭和56年〕に同じ	
	E-2	一般外面		鉄けた塗装工事設計施工指針（案）〔昭和56年〕に同じ	
	G-2	一般外面	工場第1層	エッチングプライマ2種又は3種	130
			工場第2層	厚膜型変性エポキシ塗料	300
			工場第3層	厚膜型変性エポキシ塗料	300
			工場第4層	厚膜型変性エポキシ塗料	300
	EE-2 MN-2	箱けた内面	工場ショップ板	（無機ジンクリッチプライマ）	-
			工場第1層	タールエポキシ樹脂塗料	300
			工場第2層	タールエポキシ樹脂塗料	300
			工場第3層	タールエポキシ樹脂塗料	300
	H-1	一般外面		鉄けた塗装工事設計施工指針（案）〔昭和56年〕に同じ	
	H-2	一般外面		鉄けた塗装工事設計施工指針（案）〔昭和56年〕に同じ	
	J-1	一般外面		鉄けた塗装工事設計施工指針（案）〔昭和56年〕に同じ	
	J-2	一般外面		鉄けた塗装工事設計施工指針（案）〔昭和56年〕に同じ	
	K-1	一般外面		鉄けた塗装工事設計施工指針（案）〔昭和56年〕に同じ	
	K-2	一般外面		鉄けた塗装工事設計施工指針（案）〔昭和56年〕に同じ	
	L-2	一般外面		鉄けた塗装工事設計施工指針（案）〔昭和56年〕に同じ	
	M-2	一般外面		鉄けた塗装工事設計施工指針（案）〔昭和56年〕に同じ	
	H-3 J-3	一般外面：新設時の添接板	工場第1層	厚膜型無機ジンクリッチペイント	700
			工場第1層	厚膜型エポキシ樹脂ジンクリッチペイント	700
			現場第2層	厚膜型エポキシ樹脂系塗料下塗	240
			現場第3層	厚膜型エポキシ樹脂系塗料下塗	240
			現場第4層	厚膜型エポキシ樹脂系塗料下塗	240
			現場第5層	ポリウレタン樹脂塗料用中塗	130
			現場第6層	ポリウレタン樹脂塗料上塗	110
	K-3	一般外面：新設時の添接板	工場第1層	厚膜型無機ジンクリッチペイント	700
			現場第2層	エッチングプライマ	100
			現場第3層	フェノール系ジンククロメート塗料	120
			現場第4層	フェノール系ジンククロメート塗料	120
			現場第5層	フェノール系ＭＩＯ塗料	240
			現場第6層	フェノール系ＭＩＯ塗料	240
			現場第7層	塩化ゴム系塗料	170
			現場第8層	塩化ゴム系塗料	130
	L-3	一般外面：新設時の添接板	工場第1層	無機ジンクリッチプライマ	200
			現場第2層	厚膜型変性エポキシ塗料	200
			現場第3層	厚膜型変性エポキシ塗料	200
			現場第4層	厚膜型変性エポキシ塗料	200
			現場第5層	厚膜型変性エポキシ塗料	200
	M-3	一般外面：新設時の添接板	工場第1層	無機ジンクリッチプライマ	200
			現場第2層	タールエポキシ樹脂塗料	190
			現場第3層	タールエポキシ樹脂塗料	190
			現場第4層	タールエポキシ樹脂塗料	190
			現場第5層	タールエポキシ樹脂塗料	190
	S-7	上フランジ上面	現場第1層	専用プライマ	300
			現場第2層	ガラスフレーク塗料	1,050
			現場第3層	ガラスフレーク塗料	1,050

付表-2.5.14 鋼構造物塗装設計施工指針 1992年 新設 [13] を編集

基準名簿	記号	使用区分	工程	塗料	使用量 (g/m²)
鋼構造物塗装設計施工指針〔平成4年〕	B-1	一般外面		鋼構造物塗装設計施工指針〔昭和62年〕に同じ	
	B-2	一般外面 B-1：4,5層現場 B-2：全工場塗装	工場第1層	エッチングプライマ2種又は3種	130
			工場第2層	鉛系さび止めペイント	170
			工場第3層	鉛系さび止めペイント	170
			工場第4層	長油性フタル酸樹脂塗料中塗	140
			工場第5層	長油性フタル酸樹脂塗料上塗	130
	D-1	一般外面		鋼構造物塗装設計施工指針〔昭和62年〕に同じ	
	E-2	一般外面		鋼構造物塗装設計施工指針〔昭和62年〕に同じ	
	G-2	一般外面		鋼構造物塗装設計施工指針〔昭和62年〕に同じ	
	EE-2	箱けた内面		鋼構造物塗装設計施工指針〔昭和62年〕に同じ	
	MN-2	箱けた内面		鋼構造物塗装設計施工指針〔昭和62年〕に同じ	
	H-1	一般外面		鋼構造物塗装設計施工指針〔昭和62年〕に同じ	
	H-2	一般外面		鋼構造物塗装設計施工指針〔昭和62年〕に同じ	
	J-1	一般外面		鋼構造物塗装設計施工指針〔昭和62年〕に同じ	
	J-2	一般外面		鋼構造物塗装設計施工指針〔昭和62年〕に同じ	
	K-1 K-2	一般外面 K-1：6,7層現場 K-2：全工場	工場第1層	厚膜型無機ジンクリッチペイント	700
			工場第2層	エッチングプライマ	130
			工場第3層	フェノール樹脂系ジンククロメート塗料	150
			工場第4層	フェノール樹脂系ＭＩＯ塗料	300
			工場第5層	フェノール樹脂系ＭＩＯ塗料	300
			第6層	シリコンアルキド樹脂塗料用中塗	150
			第7層	シリコンアルキド樹脂塗料上塗	140
	L-2	一般外面		鋼構造物塗装設計施工指針〔昭和62年〕に同じ	
	M-2	一般外面		鋼構造物塗装設計施工指針〔昭和62年〕に同じ	
	K-3	一般外面：新設時の添接板	工場第1層	厚膜型無機ジンクリッチペイント	700
			現場第2層	エッチングプライマ　1種	100
			現場第3層	フェノール系ジンククロメートさび止めペイント	120
			現場第4層	フェノール系ジンククロメートさび止めペイント	120
			現場第5層	フェノール樹脂系ＭＩＯ塗料	240
			現場第6層	フェノール樹脂系ＭＩＯ塗料	240
			現場第7層	シリコンアルキド樹脂塗料用中塗	120
			現場第8層	シリコンアルキド樹脂塗料上塗	110
	L-3	一般外面		鋼構造物塗装設計施工指針〔昭和62年〕に同じ	
	M-3	一般外面		鋼構造物塗装設計施工指針〔昭和62年〕に同じ	
	RR-3	防鏽処理ができないボルト・ナット・平座金等	現場第1層	専用プライマ	300
			現場第2層	超厚膜型エポキシ樹脂塗料	1,000
			現場第3層	ポリウレタン樹脂塗料用中塗	130
			現場第4層	ポリウレタン樹脂塗料上塗	110

付表-2.5.15　鋼構造物塗装設計施工指針　2005年　新設[14]を編集

基準名等	記号	使用区分	工程			塗料	使用量 (g/m^2)
鋼構造物塗装設計施工指針（平成17年5月）	BSU-1	一般外面	工場塗装		第1層	鉛・クロムフリー長ばく型エッチングプライマー	130
					第2層	鉛・クロムフリーさび止めペイント	170
					第3層	鉛・クロムフリーさび止めペイント	170
			現場塗装		第4層	長油性フタル酸樹脂塗料中塗	(110)
					第5層	長油性フタル酸樹脂塗料上塗	(105)
	BMU1-1	一般外面	工場塗装		第1層	無機ジンクリッチプライマー	200
					第2層	厚膜型変性エポキシ樹脂系塗料	(200)
					第3層	厚膜型変性エポキシ樹脂系塗料	(200)
					第4層	ポリウレタン樹脂塗料上塗	(110)
	BMU1-2	一般外面	工場塗装		第1層	無機ジンクリッチプライマー	200
					第2層	厚膜型変性エポキシ樹脂系塗料	300
					第3層	ポリウレタン樹脂塗料上塗	140
	BMU1-3	一般外面に塗装系BSU以外を適用する添接部表面（箱型・箱桁部材内面を除く）	工場塗装	第1層	添接板表面	厚膜型無機ジンクリッチペイント	700
					ボルト・ナット・平座金	—	—
			現場塗装	素地調整	添接板表面	添接板に赤さびが発生した部分は、手・動力工具を用いて素地調整（除錆度-3）を行ない、その日の内に第2層目を塗装すること。	
					ボルト・ナット・平座金	ボルト・ナット・平座金は締付けにより傷を生じ、さびが発生した部分は、十分さび落としを行ない、その日の内に第2層目を塗装すること。	
				第2層		厚膜型変性エポキシ樹脂系塗料	(200)
				第3層		厚膜型変性エポキシ樹脂系塗料	(200)
				第4層		ポリウレタン樹脂塗料上塗	(110)
	BSU-2	一般外面	工場塗装		第1層	鉛・クロムフリー長ばく型エッチングプライマー	130
					第2層	鉛・クロムフリーさび止めペイント	170
					第3層	鉛・クロムフリーさび止めペイント	170
					第4層	長油性フタル酸樹脂塗料中塗	140
					第5層	長油性フタル酸樹脂塗料上塗	130
	BSU-3	一般外面に塗装系BSUを適用する添接部表面（箱型・箱桁部材内面を除く）	工場塗装		第1層	鉛・クロムフリー長ばく型エッチングプライマー	130
			現場塗装		第2層	鉛・クロムフリーさび止めペイント	(140)
					第3層	鉛・クロムフリーさび止めペイント	(140)
					第4層	長油性フタル酸樹脂塗料中塗	(110)
					第5層	長油性フタル酸樹脂塗料上塗	(105)
	J-1	一般外面	工場塗装		第1層	厚膜型エポキシ樹脂ジンクリッチペイント	700
					（第2層）	（ミストコート（第2層目塗料の50％希釈））	150
					第2層	厚膜型エポキシ樹脂系塗料下塗	300
					第3層	厚膜型エポキシ樹脂系塗料下塗	300
					第4層	エポキシ樹脂MIO塗料	300
			現場塗装		第5層	ポリウレタン樹脂塗料用中塗	130
					第6層	ポリウレタン樹脂塗料上塗	110
	J-2	一般外面	工場塗装		第1層	厚膜型エポキシ樹脂ジンクリッチペイント	700
					（第2層）	（ミストコート（第2層目塗料の50％希釈））	150
					第2層	厚膜型エポキシ樹脂系塗料下塗	300
					第3層	厚膜型エポキシ樹脂系塗料下塗	300
					第4層	ポリウレタン樹脂塗料用中塗	160
					第5層	ポリウレタン樹脂塗料上塗	140
	J-3	一般外面に塗装系BSUを適用する添接部表面（箱型・箱桁部材内面を除く）	工場塗装	第1層	添接板表面	厚膜型無機ジンクリッチペイント	700
					ボルト・ナット・平座金	—	—
			現場塗装	素地調整	添接板表面	添接板に赤さびが発生した部分は、手・動力工具を用いて素地調整（除錆度-3）を行ない、その日の内に第2層目を塗装すること。	
					ボルト・ナット・平座金	ボルト・ナット・平座金は締付けにより傷を生じ、さびが発生した部分は、十分さび落としを行ない、その日の内に第2層目を塗装すること。	
				第2層		厚膜型エポキシ樹脂系塗料下塗	(240)
				第3層		厚膜型エポキシ樹脂系塗料下塗	(240)
				第4層		厚膜型エポキシ樹脂系塗料下塗	(240)
				第5層		ポリウレタン樹脂塗料用中塗	(130)
				第6層		ポリウレタン樹脂塗料上塗	(110)

付表-2.5.15　鋼構造物塗装設計施工指針　2005年　新設（つづき）[14]を編集

基準名等	記号	使用区分	工程		塗料	使用量(g/m²)
鋼構造物塗装設計施工指針（平成17年5月）	L-1	一般外面	工場塗装	第1層	無機ジンクリッチプライマー	200
			現場塗装	第2層	厚膜型変性エポキシ樹脂系塗料	(200)
				第3層	厚膜型変性エポキシ樹脂系塗料	(200)
				第4層	厚膜型変性エポキシ樹脂系塗料	(200)
				第5層	厚膜型ポリウレタン樹脂塗料上塗	(200)
				（第5層）	（厚膜型変性エポキシ樹脂系塗料上塗）	(150)
	L-2	一般外面	工場塗装	第1層	無機ジンクリッチプライマー	200
				第2層	厚膜型変性エポキシ樹脂系塗料	350
				第3層	厚膜型変性エポキシ樹脂系塗料	350
				第4層	厚膜型ポリウレタン樹脂塗料上塗	180
				（第4層）	（厚膜型変性エポキシ樹脂系塗料上塗）	350
	L-3	一般外面に塗装系BSU以外を適用する添接部表面（箱型・箱桁部材内面を除く）	工場塗装	第1層 添接板表面	厚膜型無機ジンクリッチペイント	700
				第1層 ボルト・ナット・平座金	—	
			現場塗装	素地調整 添接板表面	添接板に赤さびが発生した部分は、手・動力工具を用いて素地調整（除錆度-3）を行ない、その日の内に第2層目を塗装すること。	
				素地調整 ボルト・ナット・平座金	ボルト・ナット・平座金は締付けにより傷を生じ、さびが発生した部分は、十分なさび落としを行ない、その日の内に第2層目を塗装すること。	
				第2層	厚膜型変性エポキシ樹脂系塗料	(200)
				第3層	厚膜型変性エポキシ樹脂系塗料	(200)
				第4層	厚膜型変性エポキシ樹脂系塗料	(200)
				第5層	厚膜型ポリウレタン樹脂塗料上塗	(150)
				（第5層）	（厚膜型変性エポキシ樹脂系塗料上塗）	(200)
	WW-3	一般外面に塗装系BSU1以外を適用する添接部表面（箱型・箱桁部材内）	工場塗装	第1層 添接板表面	厚膜型無機ジンクリッチペイント	700
				第1層 ボルト・ナット・平座金	—	
			現場塗装	素地調整 添接板表面	添接板に赤さびが発生した部分は、手・動力工具を用いて素地調整（除錆度-3）を行ない、その日の内に第2層目を塗装すること。	
				素地調整 ボルト・ナット・平座金	ボルト・ナット・平座金は締付けにより傷を生じ、さびが発生した部分は、十分なさび落としを行ない、その日の内に第2層目を塗装すること。	
				第2層	無溶剤型変性エポキシ樹脂塗料	(300)
				第3層	無溶剤型変性エポキシ樹脂塗料	(300)
	LN-2	箱桁内面等	工場塗装	素地調整	仮組後、さびの発生している部分は部分ブラストによりさび落としを行ない、その他の部分は、白さびや付着物等を十分に除去し、その日の内に第1層目を塗装すること。	
				第1層	厚膜型変性エポキシ樹脂系塗料	300
				第2層	厚膜型変性エポキシ樹脂系塗料	300
				第3層	厚膜型変性エポキシ樹脂系塗料上塗	300
	R-2	桁端部等	工場塗装	第1層	専用プライマー	注1
				第2層	超厚膜型エポキシ樹脂塗料	1200
				（第3層）	（一般外面用塗装系の上塗り塗料）	
	RR-3	防錆処理ができないボルト・ナット・平座金を用いた添接部表面	現場塗装	第1層	専用プライマー	注1
				第2層	超厚膜型エポキシ樹脂塗料	(1000)
				第3層	ポリウレタン樹脂塗料用中塗	(130)
				第4層	ポリウレタン樹脂塗料上塗	(110)
	S-2	上フランジ上面（まくらぎ下用）	工場塗装	第1層	専用プライマー	注1
				第2層	ガラスフレーク塗料	1200
				第3層	ガラスフレーク塗料	1200

使用量の数値はスプレーとし、（＊＊＊）ははけ・ローター塗りの場合を示す。
注1：専用プライマーは、塗料製造会社の指定する塗料・標準使用量・塗装間隔とする。

付表-2.5.16 鋼構造物塗装設計施工指針 2013年 新設[6]を編集

基準名等	記号	使用区分	工程			塗料	使用量 (g/m²)
鋼構造物塗装設計施工指針（平成25年12月）	BSU-1	鋼構造物塗装設計施工指針（平成17年）に同じ					
	BSU-1-1	鋼構造物塗装設計施工指針（平成17年）に同じ					
	BMU1-2	一般外面	工場塗装	第1層		無機ジンクリッチプライマー	200
				第2層		厚膜型変性エポキシ樹脂系塗料	350
				第3層		ポリウレタン樹脂塗料上塗	140
	BSU-1-3	鋼構造物塗装設計施工指針（平成17年）に同じ					
	BSU-2	鋼構造物塗装設計施工指針（平成17年）に同じ					
	BSU-3	鋼構造物塗装設計施工指針（平成17年）に同じ					
	J-2	一般外面	工場塗装	第1層		厚膜型エポキシ樹脂ジンクリッチペイント	700
				第2層		厚膜型エポキシ樹脂系塗料下塗	300
				第3層		厚膜型エポキシ樹脂系塗料下塗	300
				第4層		ポリウレタン樹脂塗料用中塗	160
				第5層		ポリウレタン樹脂塗料上塗	140
	J-3	鋼構造物塗装設計施工指針（平成17年）に同じ					
	L-2	一般外面	工場塗装	第1層		無機ジンクリッチプライマー	200
				第2層		厚膜型変性エポキシ樹脂系塗料	350
				第3層		厚膜型変性エポキシ樹脂系塗料	350
				第4層		厚膜型ポリウレタン樹脂塗料上塗	180
				（第4層）		（厚膜型変性エポキシ樹脂系塗料上塗）	350
	JECO-2	一般外面	工場塗装	第1層		厚膜型エポキシ樹脂ジンクリッチペイント	700
				第2層		厚膜型エポキシ樹脂系塗料下塗	300
				第3層		厚膜型エポキシ樹脂系塗料下塗	300
				第4層		水系ポリウレタン樹脂塗料用中塗	160
				第5層		水系ポリウレタン樹脂塗料上塗	150
	JECO-3	一般外面に塗装系BSU以外を適用する添接部表面（Ⅱ型桁やトラス箱型部材内）	工場塗装	第1層	添接板表面	厚膜型無機ジンクリッチペイント	700
					ボルト・ナット・平座金	—	—
			現場塗装	素地調整	添接板表面	添接板に赤さびが発生した部分は、手・動力工具を用いて素地調整（除錆度-3）を行ない、その日の内に第2層目を塗装すること。	
					ボルト・ナット・平座金	ボルト・ナット・平座金は締付けにより傷を生じ、さびが発生した部分は、十分なさび落としを行ない、その日の内に第2層目を塗装すること。	
				第2層		厚膜型エポキシ樹脂系塗料下塗	(240)
				第3層		厚膜型エポキシ樹脂系塗料下塗	(240)
				第4層		厚膜型エポキシ樹脂系塗料下塗	(240)
				第5層		水系ポリウレタン樹脂塗料用中塗	(130)
				第6層		水系ポリウレタン樹脂塗料上塗	(120)
	L-3	鋼構造物塗装設計施工指針（平成17年）に同じ					
	WW-3	鋼構造物塗装設計施工指針（平成17年）に同じ					
	LN-2	箱桁内面等	工場塗装	素地調整		仮組後、さびの発生している部分は部分ブラストによりさび落としを行ない、その他の部分は、白さびや付着物等を十分に除去し、その日の内に第1層目を塗装すること。	
				第1層		厚膜型変性エポキシ樹脂系塗料	350
				第2層		厚膜型変性エポキシ樹脂系塗料	350
				第3層		厚膜型変性エポキシ樹脂系塗料上塗	350
	R-2	鋼構造物塗装設計施工指針（平成17年）に同じ					
	RR-3	鋼構造物塗装設計施工指針（平成4年）に同じ					
	S-2	鋼構造物塗装設計施工指針（平成17年）に同じ					

付表-2.5.16　鋼構造物塗装設計施工指針 2013年　新設(つづき)[6]を編集

基準名等	記号	使用区分	工程		塗料	使用量(g/m²)
鋼構造物塗装設計施工指針（平成25年12月）	WS1-2	一般外面（耐候性、保護性さびの形成されない場合が多い部位）	工場塗装	第1層	無機ジンクリッチプライマー	200
				第2層	厚膜型変性エポキシ樹脂系塗料	350
				第3層	厚膜型変性エポキシ樹脂系塗料	350
				第4層	厚膜型ポリウレタン樹脂塗料上塗	180
				（第4層）	（厚膜型変性エポキシ樹脂系塗料上塗）	350
	WS1-3	添接部（耐候性、保護性さびが形成されない場合が多い部位、箱桁内面）	工場塗装	第1層	厚膜型無機ジンクリッチペイント	700
			現場塗装	第2層	無溶剤型変性エポキシ樹脂塗料	(300)
				第3層	無溶剤型変性エポキシ樹脂塗料	(300)
	WS1-3	添接部（耐候性、保護性さびが形成されない場合が多い部位、Ⅱ型桁等）	工場塗装	第1層	厚膜型無機ジンクリッチペイント	700
			現場塗装	第2層	厚膜型変性エポキシ樹脂系塗料	(200)
				第3層	厚膜型変性エポキシ樹脂系塗料	(200)
				第4層	厚膜型変性エポキシ樹脂系塗料	(200)
				第5層	厚膜型ポリウレタン樹脂塗料上塗	(150)
				（第5層）	（厚膜型変性エポキシ樹脂系塗料上塗）	(200)
	ZP1-2	保護塗装（亜鉛めっき面）	素地調整		溶融亜鉛めっき鋼に対して長期に安定した塗膜の付着性を確保するため、リン酸塩処理や軽度のブラスト処理を行なった後に第1層目を塗装する。これらの処理が困難な場合には、動力工具を用いて素地調整する。	
			第1層		亜鉛めっき面用変性エポキシ樹脂系塗料下塗	200
			第2層		ポリウレタン樹脂塗料用中塗	160
			第3層		ポリウレタン樹脂塗料上塗	140
		添接部（接触面）	工場塗装		厚膜型無機ジンクリッチペイント	700

使用量の数値はスプレーとし、（＊＊＊）ははけ・ローター塗りの場合を示す。

付表-2.5.17 鋼鉄道橋の塗装仕様 1943年～1976年 塗替え[13] を編集

基準名簿	記号	使用区分	工程	塗料	使用量 (g/m²)
鋼鉄道橋 (JRS 05000) [昭和38年] 土木工事標準示方書 (JRS 05000) [昭和39年] 鉄けた塗装工事設計施工指針 (案) [昭和40年]	替-イ	一般外面 腐食環境が悪い時	現場第1層	鉛系さび止めペイント	140
			現場第2層	鉛系さび止めペイント	140
			現場第3層	鉄ゲタ用長油性フタル酸樹脂塗料B	120
			現場第4層	鉄ゲタ用長油性フタル酸樹脂塗料B	120
	替-ロ	一般外面 腐食環境が良い時	現場第1層	一般さび止めペイント	140
			現場第2層	一般さび止めペイント	140
			現場第3層	塗替用フタル酸樹脂塗料	120
			現場第4層	塗替用フタル酸樹脂塗料	120
	替-ハ	一般外面 腐食性ガス又は腐食性液体のかかる特殊な部分	現場第1層	塩化ビニルプライマー	120
			現場第2層	塩化ビニルプライマー	120
			現場第3層	塩化ビニルエナメル	120
			現場第4層	塩化ビニルエナメル	120
			現場第5層	塩化ビニルエナメル	120
工事設計施工指針案 [昭和43年]		箱けた内面	現場第1層	タールエポキシ樹脂塗料	
			現場第2層	タールエポキシ樹脂塗料	
		箱けた内面	現場第1層	フェノール樹脂系塗料	
			現場第2層	フェノール樹脂系塗料	
鉄けたの塗装方法 (JRS 05000) [昭和45年] 鋼鉄道橋 (JRS 05000) [昭和46年]	替-1	一般外面 腐食環境が悪い時	現場第1層	鉛系さび止めペイント	140
			現場第2層	鉛系さび止めペイント	140
			現場第3層	鉄ゲタ用長油性フタル酸樹脂塗料B	120
			現場第4層	鉄ゲタ用長油性フタル酸樹脂塗料B	120
	替-2	一般外面 腐食環境が良い時	現場第1層	一般さび止めペイント	140
			現場第2層	一般さび止めペイント	140
			現場第3層	塗替用フタル酸樹脂塗料	120
			現場第4層	塗替用フタル酸樹脂塗料	120
	替-3	一般外面	現場第1層	結露面用塗料下塗り	140
			現場第2層	結露面用塗料下塗り	140
			現場第3層	結露面用塗料中塗り	120
			現場第4層	結露面用塗料上塗り	120
鉄けた内面の塗装方法 [昭和51年]		箱けた内面	現場第1層	無溶剤型タールエポキシ塗料	300
			現場第2層	無溶剤型タールエポキシ塗料	300

付表-2.5.18 鉄けた塗装工事設計施工指針（案） 1981年 塗替え[13] を編集

基準名簿	記号	使用区分	工程	塗料	使用量 (g/m²)
鉄けた塗装工事設計施工指針（案）[昭和56年]	B-7	一般外面	現場第1層	鉛系さび止めペイント	140
			現場第2層	鉛系さび止めペイント	140
			現場第3層	長油性フタル酸樹脂塗料	110
			現場第4層	長油性フタル酸樹脂塗料	105
	D-7	一般外面	現場第1層	結露面用塗料 下塗	140
			現場第2層	結露面用塗料 下塗	140
			現場第3層	結露面用塗料 中塗	120
			現場第4層	結露面用塗料 上塗	120
	G-7	一般外面 特殊環境に位置する橋梁	現場第1層	厚膜型変性エポキシ塗料	200
			現場第2層	厚膜型変性エポキシ塗料	200
			現場第3層	厚膜型変性エポキシ塗料	200
			現場第4層	厚膜型変性エポキシ塗料	200
	F-7	箱けた内面	現場第1層	無溶剤型タールエポキシ樹脂塗料	300
			現場第2層	無溶剤型タールエポキシ樹脂塗料	300
	H-6 H-7	一般外面 H-6:部分塗替 H-7:全面塗替	工場第1層	厚膜型無機ジンクリッチペイント	700
			工場第2層	ミストコート	150
			工場第3層	エポキシ樹脂塗料	300
			工場第4層	エポキシ樹脂塗料	300
			工場第5層	（エポキシ系MIO塗料）	300
			第6層	ポリウレタン樹脂塗料	130
			第7層	ポリウレタン樹脂塗料	110
	J-6 J-7	一般外面 J-6:部分塗替 J-7:全面塗替	工場第1層	厚膜型エポキシ樹脂ジンクリッチペイント	700
			工場第2層	エポキシ樹脂塗料	300
			工場第3層	エポキシ樹脂塗料	300
			工場第4層	（エポキシ系MIO塗料）	300
			第5層	ポリウレタン樹脂塗料	130
			第6層	ポリウレタン樹脂塗料	110
	K-6 K-7	一般外面 K-6:部分塗替 K-7:全面塗替	工場第1層	厚膜型無機ジンクリッチペイント	700
			工場第2層	エッチングプライマ	130
			工場第3層	フェノール系ジンククロメート塗料	150
			工場第4層	フェノール系MIO塗料	300
			工場第5層	フェノール系MIO塗料	300
			第6層	塩化ゴム系塗料	210
			第7層	塩化ゴム系塗料	150

付表-2.5.19 鋼構造物塗装設計施工指針 1987年 塗替え[13] を編集

基準名簿	記号	使用区分	工程	塗料	使用量 (g/m²)
鋼構造物塗装設計施工指針 [昭和62年]	E-2	一般外面	現場第1層	タールエポキシ樹脂塗料	190
			現場第2層	タールエポキシ樹脂塗料	190
			現場第3層	タールエポキシ樹脂塗料	190
			現場第4層	タールエポキシ樹脂塗料	190
	G-7	一般外面	鉄けた塗装工事設計施工指針（案）[昭和56年] に同じ		
	F-7	箱けた内面	鉄けた塗装工事設計施工指針（案）[昭和56年] に同じ		
	H-6	一般外面	鉄けた塗装工事設計施工指針（案）[昭和56年] に同じ		
	H-7	一般外面	鉄けた塗装工事設計施工指針（案）[昭和56年] に同じ		
	J-6	一般外面	鉄けた塗装工事設計施工指針（案）[昭和56年] に同じ		
	J-7	一般外面	鉄けた塗装工事設計施工指針（案）[昭和56年] に同じ		
	K-6	一般外面	鉄けた塗装工事設計施工指針（案）[昭和56年] に同じ		
	K-7	一般外面	鉄けた塗装工事設計施工指針（案）[昭和56年] に同じ		

付表-2.5.20 鋼構造物塗装設計施工指針 1992年 塗替え[13] を編集

基準名簿	記号	使用区分	工程	塗料	使用量 (g/m²)
鋼構造物塗装設計施工指針 [平成4年]	B-7	一般外面	鋼構造物塗装設計施工指針 [昭和62年] に同じ		
	D-7	一般外面	鋼構造物塗装設計施工指針 [昭和62年] に同じ		
	E-7	一般外面	鋼構造物塗装設計施工指針 [昭和62年] に同じ		
	G-7	一般外面	鋼構造物塗装設計施工指針 [昭和62年] に同じ		
	F-7	箱けた内面	鋼構造物塗装設計施工指針 [昭和62年] に同じ		
	H-6	一般外面	鋼構造物塗装設計施工指針 [昭和62年] に同じ		
	H-7	一般外面	鋼構造物塗装設計施工指針 [昭和62年] に同じ		
	J-6	一般外面	鋼構造物塗装設計施工指針 [昭和62年] に同じ		
	J-7	一般外面	鋼構造物塗装設計施工指針 [昭和62年] に同じ		
	K-6 K-7	一般外面 K-6:部分塗替 K-7:全面塗替	工場第1層	厚膜型無機ジンクリッチペイント	700
			工場第2層	エッチングプライマ	130
			工場第3層	フェノール樹脂系ジンククロメート塗料	150
			工場第4層	フェノール樹脂系MIO塗料	300
			工場第5層	フェノール樹脂系MIO塗料	300
			第6層	シリコンアルキド樹脂塗料用中塗	150
			第7層	シリコンアルキド樹脂塗料上塗	140
	R-6	橋梁端部・添接部表面	現場第1層	専用プライマ	300
			現場第2層	超厚膜型エポキシ樹脂塗料	1,000
	S-6	上フランジ上面	現場第1層	専用プライマ	300
			現場第2層	ガラスフレーク塗料	1,050
			現場第3層	ガラスフレーク塗料	1,050

付表-2.5.21　鋼構造物塗装設計施工指針 2005年 塗替え [14] を編集

基準名等	記号	使用区分	工程	塗料	使用量 (g/m²)	区分
鋼構造物塗装設計施工指針（平成17年5月）	BMU1-7 替ケレン-4	一般外面	第1層	厚膜型変性エポキシ樹脂系塗料	(200)	全面
			第2層	ポリウレタン樹脂塗料上塗	(110)	全面
	BMU1-7 替ケレン-2,3	一般外面	第1層	厚膜型変性エポキシ樹脂系塗料	(200)	補修
			第2層	厚膜型変性エポキシ樹脂系塗料	(200)	全面
			第3層	ポリウレタン樹脂塗料上塗	(110)	全面
	BMU2-7 替ケレン-4	一般外面	第1層	厚膜型変性エポキシ樹脂系塗料	(200)	補修
			第2層	長油性フタル酸樹脂塗料中塗	(110)	全面
			第3層	長油性フタル酸樹脂塗料上塗	(105)	全面
	BMU2-7 替ケレン-2,3	一般外面	第1層	厚膜型変性エポキシ樹脂系塗料	(200)	補修
			第2層	厚膜型変性エポキシ樹脂系塗料	(200)	補修
			第3層	長油性フタル酸樹脂塗料中塗	(110)	全面
			第4層	長油性フタル酸樹脂塗料上塗	(105)	全面
	G-7 替ケレン-4	一般外面	第1層	厚膜型変性エポキシ樹脂系塗料	(200)	補修
			第2層	厚膜型変性エポキシ樹脂系塗料	(200)	補修
			第3層	厚膜型変性エポキシ樹脂系塗料	(200)	全面
			第4層	厚膜型変性エポキシ樹脂系塗料上塗	(200)	全面
	G-7 替ケレン-2,3	一般外面	第1層	厚膜型変性エポキシ樹脂系塗料	(200)	補修
			第2層	厚膜型変性エポキシ樹脂系塗料	(200)	全面
			第3層	厚膜型変性エポキシ樹脂系塗料	(200)	全面
			第4層	厚膜型変性エポキシ樹脂系塗料上塗	(200)	全面
	J-6 替ケレン-2,3	一般外面	第1層	厚膜型エポキシ樹脂ジンクリッチペイント	(300)	補修
			第2層	厚膜型エポキシ樹脂ジンクリッチペイント	(300)	補修
			第3層	厚膜型変性エポキシ樹脂系塗料	(240)	補修
			第4層	厚膜型変性エポキシ樹脂系塗料	(240)	補修
			第5層	ポリウレタン樹脂塗料用中塗	(130)	補修
			第6層	ポリウレタン樹脂塗料上塗	(110)	補修
	L-6 替ケレン-2,3	一般外面	第1層	厚膜型エポキシ樹脂ジンクリッチペイント	(300)	補修
			第2層	厚膜型変性エポキシ樹脂系塗料	(200)	補修
			第3層	厚膜型変性エポキシ樹脂系塗料	(200)	補修
			第4層	厚膜型変性エポキシ樹脂系塗料	(200)	補修
			第5層	厚膜型ポリウレタン樹脂塗料上塗	(200)	補修
			(第5層)	(厚膜型変性エポキシ樹脂系塗料上塗)	(150)	(補修)
	T-7 替ケレン-4	一般外面	第1層	厚膜型変性エポキシ樹脂系塗料	(200)	補修
			第2層	厚膜型変性エポキシ樹脂系塗料	(200)	補修
			第3層	厚膜型変性エポキシ樹脂系塗料	(200)	全面
			第4層	厚膜型ポリウレタン樹脂塗料上塗	(150)	全面
	T-7 替ケレン-2,3	一般外面	第1層	厚膜型変性エポキシ樹脂系塗料	(200)	補修
			第2層	厚膜型変性エポキシ樹脂系塗料	(200)	全面
			第3層	厚膜型変性エポキシ樹脂系塗料	(200)	全面
			第4層	厚膜型ポリウレタン樹脂塗料上塗	(150)	全面
	ECO1-7 替ケレン-2,3,4	一般外面	第1層	厚膜型変性エポキシ樹脂系塗料	(200)	補修
			第2層	厚膜型変性エポキシ樹脂系塗料	(200)	補修
			第3層	水系エポキシ樹脂塗料	(220)	全面
			第4層	水系上塗塗料	(120)	全面
	ECO2-7 替ケレン-2,3,4	一般外面	第1層	厚膜型変性エポキシ樹脂・樹脂ジンクリッチペイント	(500)	補修
			第2層	厚膜型変性エポキシ樹脂系塗料	(200)	補修
			第3層	水系エポキシ樹脂塗料	(220)	全面
			第4層	水系上塗塗料	(120)	全面
	R-6	桁端部等	第1層	専用プライマー	注1	-
			第2層	超厚膜型エポキシ樹脂塗料	(1000)	-
			(第3層)	(一般外面用塗装系の上塗り塗料)	(一般外面用)	-
	S-6	まくらぎ下用	第1層	専用プライマー	注1	-
			第2層	ガラスフレーク塗料	(1050)	-
			第3層	ガラスフレーク塗料	(1050)	-

使用量の数値はスプレーとし、（＊＊＊）ははけ・ローター塗りの場合を示す。
注1：専用プライマーは、塗料製造会社の指定する塗料・標準使用量・塗装間隔とする。

付表-2.5.22　鋼構造物塗装設計施工指針　2013年　塗替え[6]を編集

基準名等	記号	使用区分	工程	塗料	使用量 (g/m²)	区分
鋼構造物塗装設計施工指針（平成25年12月）	BMU1-7 替ケレン-4	一般外面	第1層	厚膜型変性エポキシ樹脂系塗料	240(200)	全面
			第2層	ポリウレタン樹脂塗料上塗	140(110)	全面
	BMU1-7 替ケレン-4以外	一般外面	第1層	厚膜型変性エポキシ樹脂系塗料	240(200)	補修
			第2層	厚膜型変性エポキシ樹脂系塗料	240(200)	全面
			第3層	ポリウレタン樹脂塗料上塗	140(110)	全面
	BMU2-7 替ケレン-4	一般外面	第1層	厚膜型変性エポキシ樹脂系塗料	240(200)	補修
			第2層	長油性フタル酸樹脂塗料中塗	140(110)	全面
			第3層	長油性フタル酸樹脂塗料上塗	130(105)	全面
	BMU2-7 替ケレン-4以外	一般外面	第1層	厚膜型変性エポキシ樹脂系塗料	240(200)	補修
			第2層	厚膜型変性エポキシ樹脂系塗料	240(200)	補修
			第3層	長油性フタル酸樹脂塗料中塗	140(110)	全面
			第4層	長油性フタル酸樹脂塗料上塗	130(105)	全面
	G-7 替ケレン-4	一般外面	第1層	厚膜型変性エポキシ樹脂系塗料	240(200)	補修
			第2層	厚膜型変性エポキシ樹脂系塗料	240(200)	補修
			第3層	厚膜型変性エポキシ樹脂系塗料	240(200)	全面
			第4層	厚膜型変性エポキシ樹脂系塗料上塗	240(200)	全面
	G-7 替ケレン-4以外	一般外面	第1層	厚膜型変性エポキシ樹脂系塗料	240(200)	補修
			第2層	厚膜型変性エポキシ樹脂系塗料	240(200)	全面
			第3層	厚膜型変性エポキシ樹脂系塗料	240(200)	全面
			第4層	厚膜型変性エポキシ樹脂系塗料上塗	240(200)	全面
	J-6 部分ケレン	一般外面	第1層	厚膜型エポキシ樹脂ジンクリッチペイント	700(300)	補修
			第2層	厚膜型エポキシ樹脂ジンクリッチペイント	注1(300)	補修
			第3層	厚膜型変性エポキシ樹脂系塗料	240(200)	補修
			第4層	厚膜型変性エポキシ樹脂系塗料	240(200)	補修
			第5層	ポリウレタン樹脂塗料用中塗	160(130)	補修
			第6層	ポリウレタン樹脂塗料上塗	140(110)	補修
	L-6 部分ケレン	一般外面	第1層	厚膜型エポキシ樹脂ジンクリッチペイント	350(300)	補修
			第2層	厚膜型変性エポキシ樹脂系塗料	240(200)	補修
			第3層	厚膜型変性エポキシ樹脂系塗料	240(200)	補修
			第4層	厚膜型変性エポキシ樹脂系塗料	240(200)	補修
			第5層	厚膜型ポリウレタン樹脂塗料上塗	180(150)	補修
			（第5層）	（厚膜型変性エポキシ樹脂系塗料上塗）	240(200)	（補修）
	T-7 替ケレン-4	一般外面	第1層	厚膜型変性エポキシ樹脂系塗料	240(200)	補修
			第2層	厚膜型変性エポキシ樹脂系塗料	240(200)	補修
			第3層	厚膜型変性エポキシ樹脂系塗料	240(200)	全面
			第4層	厚膜型ポリウレタン樹脂塗料上塗	180(150)	全面
	T-7 替ケレン-4以外	一般外面	第1層	厚膜型変性エポキシ樹脂系塗料	240(200)	補修
			第2層	厚膜型変性エポキシ樹脂系塗料	240(200)	全面
			第3層	厚膜型変性エポキシ樹脂系塗料	240(200)	全面
			第4層	厚膜型ポリウレタン樹脂塗料上塗	180(150)	全面
	ECO1-7	一般外面	第1層	厚膜型変性エポキシ樹脂系塗料	240(200)	補修
			第2層	厚膜型変性エポキシ樹脂系塗料	240(200)	補修
			第3層	水系エポキシ樹脂塗料	260(220)	全面
			第4層	水系ポリウレタン樹脂塗料上塗	150(120)	全面
	ECO2-7	一般外面	第1層	厚膜型エポキシ樹脂ジンクリッチペイント	700(500)	補修
			第2層	厚膜型変性エポキシ樹脂系塗料	240(200)	補修
			第3層	水系エポキシ樹脂塗料	260(220)	全面
			第4層	水系ポリウレタン樹脂塗料上塗	150(120)	全面
	R-6	鋼構造物塗装設計施工指針（平成17年）に同じ				
	S-6	鋼構造物塗装設計施工指針（平成17年）に同じ				

付表-2.5.22　鋼構造物塗装設計施工指針　2013年　塗替え（つづき）[6] を編集

基準名等	記号	使用区分	工程	塗料	使用量 (g/m²)	区分
鋼構造物塗装設計施工指針（H25）	W-7	箱桁内面等	第1層	無溶剤型変性エポキシ樹脂塗料	(300)	全面
			第2層	無溶剤型変性エポキシ樹脂塗料	(300)	全面
	WS1-6	保護時塗装（耐候性、素地調整にブラスト工法が採用できる場合）	第1層	厚膜型エポキシ樹脂ジンクリッチペイント	350(300)	補修
			第2層	厚膜型変性エポキシ樹脂系塗料	240(200)	補修
			第3層	厚膜型変性エポキシ樹脂系塗料	240(200)	補修
			第4層	厚膜型変性エポキシ樹脂系塗料	240(200)	補修
			第5層	厚膜型ポリウレタン樹脂塗料上塗	180(150)	補修
			(第5層)	(厚膜型変性エポキシ樹脂系塗料上塗)	240(200)	(補修)
	WS2-6	保護時塗装（耐候性、素地調整に手工具と動力工具のを併用する場合）	第1層	厚膜型変性エポキシ樹脂系塗料	240(200)	補修
			第2層	厚膜型変性エポキシ樹脂系塗料	240(200)	補修
			第3層	厚膜型変性エポキシ樹脂系塗料	240(200)	補修
			第4層	厚膜型ポリウレタン樹脂塗料上塗	180(150)	補修
			(第4層)	(厚膜型変性エポキシ樹脂系塗料上塗)	240(200)	(補修)
	ZP-7	保護時塗装（溶融亜鉛めっき面）	第1層	劣化亜鉛面用厚膜型変性エポキシ樹脂系塗料下塗	(190)	−
			第2層	劣化亜鉛面用厚膜型変性エポキシ樹脂系塗料上塗	(150)	−

使用量の数値はスプレーとし、（＊＊＊）ははけ・ローター塗りの場合を示す。
注1：スプレー塗装の場合、第2層目を省略できる

参考文献

1) （公社）日本道路協会：鋼道路橋防食便覧，2014.
2) （社）日本塗料工業会：重防食塗料ガイドブック第4版，2013.
3) （社）日本鋼構造協会：重防食塗装－防食設計から設計・施工・維持管理まで－，2012.
4) （社）日本鋼構造協会：重防食塗装の実際，1988.
5) 関西鋼構造物塗装研究会：－改訂－わかりやすい塗装のはなし塗る，2014.
6) （公財）鉄道総合技術研究所：鋼構造物塗装設計施工指針，2013.
7) （一社）日本塗料工業会：塗料原料便覧(第9版)，2014.
8) Bure. E, Smart : Fluorinated Organic Molecules, Molecular structure and energetics vol.3, Chap.4, pp.141-191, 1986.
9) （公社）日本道路協会：鋼道路橋塗装便覧，1971.
10) （公社）日本道路協会：鋼道路橋塗装便覧，1979.
11) （公社）日本道路協会：鋼道路橋塗装便覧，1990.
12) （公社）日本道路協会：鋼道路橋塗装・防食便覧，2005.
13) （社）日本鋼構造協会：鋼橋塗装ライフサイクル調査研究最終報告，1994.
14) （財）鉄道総合技術研究所：鋼構造物塗装設計施工指針，2005.

付録3　金属皮膜による防食機構の基礎知識

付3.1　金属皮膜の種類

付3.1.1　金属溶射

　金属溶射による防食とは，鋼材に比べて電気化学的に卑な電位を示す亜鉛（Zn），アルミニウム（Al），マグネシウム（Mg）またはそれらの合金を溶融して，鋼部材の表面に吹き付けることで鋼材を保護する工法をいう．金属溶射は，溶射する金属，溶射対象面の粗面形成法，溶射法の組合せにより区分される．粗面形成にはブラスト処理と粗面形成材を塗布する場合に区分される．また，溶射法には金属を溶融するための熱源と金属線材の溶融機構に応じた区分がある．大気環境の鋼構造物に適用される溶射金属皮膜，粗面形成法および溶射法の組合せを**付表-3.1.1**に示す．

付表-3.1.1　防食に用いられる溶射金属と溶射法

区分	溶射金属の種類・名称	溶射用線材の規格［記号］／線材加工前の地金・素材	粗面形成法	溶射法 ガスフレーム	溶射法 アーク	溶射法 プラズマ*1
JIS H 8300 準拠	亜鉛	JIS H 8261[1]：[Zn99.99]／JIS H 2107[2]：特種亜鉛地金	ブラスト	○	―	―
	アルミニウム	JIS H 8261[1]：[Al99.5]／JIS H 2102[3]：アルミニウム地金2種		○	○	○
	亜鉛・アルミニウム合金	JIS H 8261[1]：[ZnAl15]／JIS H 2107[2]：普通亜鉛地金／JIS H 2102[3]：アルミニウム地金1種		○	○	○
	アルミニウム・マグネシウム合金	JIS H 8261[1]：[AlMg5]／JIS H 4040[4]：A5056		○	○	○
その他	亜鉛・アルミニウム擬合金	JIS H 2107[2]：普通亜鉛地金／JIS H 2102[3]：アルミニウム地金1種	粗面形成材の塗布	―	○*2	―

注記：1) 適用される溶射法を○印で示す．
　　　2) *1 … 線材が適用可能な溶射機による（従来の一般機器では粉末材料を使用）．
　　　3) *2 … 溶射の対象となる部材が高温にならない特殊なアーク溶射機による．
　　　4) 溶射用線材の規格および線材加工前の地金・素材のJIS記号に付した番号は文献番号を示す．

付表-3.1.2　国内における主な防食溶射の仕様

基準類あるいは実施機関	溶射金属	素地調整 除錆度	素地調整 表面粗さ	金属皮膜厚（μm）	封孔処理面上への塗装仕様等	備考
鋼道路橋防食便覧（日本道路協会）	1) Zn／2) Zn-Al 合金	Sa 2 1/2	Ra：8 μm以上／Rz：50 μm以上	100 以上	環境条件を考慮して選択する旨を記述．ふっ素樹脂塗装系の中塗・上塗仕様を例示．	Raおよび溶射金属1)～4)の除錆度は「5.2.2　素地調整」の表-V.5.1に記載されている．
	3) Al／4) Al-5%Mg 合金	Sa 3				
	5) Zn-Al 擬合金	Sa 2／Sa 2 1/2／St 3				
福岡北九州高速道路公社	1) Zn-Al 合金／2) Zn-Al 擬合金	Sa 2 1/2	Rz：50 μm以上	100～500 ※摩擦接合面 100～300	a) 上塗り無しあるいは b) 2次封孔処理	
西日本高速道路株式会社	Al-5%Mg 合金	Sa 3	Ra：8 μm以上／Rz：50 μm以上	100 以上	2次封孔処理を重ねる	
構造物施工管理要領（東日本・中日本・西日本高速道路㈱）	1) Zn／2) Zn-15%Al 合金	Sa 2 1/2	Ra：8 μm以上／Rz：50 μm以上	100 以上	ふっ素樹脂塗装系の中塗・上塗	
	3) Al／4) Al-5%Mg 合金	Sa 3				

注記：1) 除錆度はISO 8501-1（文献9）を参照）による．
　　　2) 表面粗さ（Ra：算術平均粗さ，Rz：最大高さ粗さ）はJIS B 0601[10]の定義による．

現在，国内で実施されている上記の防食溶射には，鋼道路橋防食便覧[5]，福岡北九州高速道路公社の基準[6]，西日本高速道路株式会社の基準[7]，構造物施工管理要領[8]に定められている仕様がそれぞれ適用されている．それらの一覧を**付表-3.1.2**に示す．なお，金属溶射皮膜は多孔質であり，溶射後の状態のままで長期間放置すると，腐食因子が鋼素地に到達して防食性能低下の要因となること，または金属組織が反応面積の大きい状態になるため，皮膜の早期消耗の原因にもなる．そこで，皮膜内の気孔に無機系または有機系材料を含浸させることで金属組織の状態を改善する後処理（封孔処理）が行われる．封孔処理剤には常温硬化するもの（大気乾燥タイプ），触媒作用で硬化するもの，熱により硬化させるもの，乾燥不要なものなどがある．鋼構造物の防食溶射には，常温で硬化するシリコン樹脂系，ポリウレタン樹脂系，触媒で硬化するアクリルシリコン樹脂系，エポキシ樹脂系，ポリウレタン樹脂系が一般に採用される．

金属溶射後に封孔処理した部材が実用に供される場合のほかに，金属溶射皮膜にポリウレタン樹脂塗料やふっ素樹脂塗料などを塗り重ねる仕様が適用されることもある．これは，鋼素地を電気化学的に保護する防食下地として溶射により金属皮膜を形成して，その上に重ねた塗料に環境遮断効果を期待する仕様であり，飛来海塩の多い地域や海上・海岸の橋梁に適用されることが多い．我が国における初期の事例（宮内庁二重橋，関門橋，大三島橋検査車レール部など）では，亜鉛溶射に各種塗料が塗り重ねられていたが，近年はAl系溶射皮膜の耐食性が注目され，この上にふっ素樹脂塗装系が適用されることが多い．

付3.1.2 溶融めっき
(1) 溶融亜鉛めっき

亜鉛めっきは，溶融亜鉛めっきと電気亜鉛めっきに分類される．溶融亜鉛めっきは溶融した亜鉛に鋼材を浸漬し，亜鉛と鉄の合金化反応により，めっき皮膜が形成される．また，電気亜鉛めっきについては，電気分解により亜鉛を鋼材表面に付着させてめっき皮膜が形成される．

溶融亜鉛めっきには，連続的に鋼板や鋼線といった厚さや径が一定の素材にめっきを施す連続式溶融亜鉛めっきと，加工・組立した鋼部材を溶融亜鉛槽に浸漬するバッチ式溶融亜鉛めっきがある．連続式めっきは，断面形状や寸法が一定の鋼材をめっき工場で連続的かつ一定速度でめっき槽に浸漬するため，めっき皮膜厚のばらつきが少ない．しかし，鋼部材の加工工場で鋼板や線材が切断されると，切断面で鋼素地が露出することになる．一方，バッチ式めっきでは加工・組立した鋼部材をめっき処理するため，鋼素地の露出部は生じない．しかし，形状・寸法の異なる鋼材を様々な形状に組み合わせた鋼部材をめっき槽に浸漬するため，各部位のめっき皮膜厚に大きな差異が生じやすい．以下では，バッチ式溶融亜鉛めっきについて述べる．

溶融亜鉛めっきは電気亜鉛めっきに比べて皮膜が厚く，防食性能が長期にわたり持続される特徴がある．大気環境にさらされる鋼構造物に広く採用されている．塩害環境における耐食性を向上するために，亜鉛に質量比5%のアルミニウムまたは5%のアルミニウムと1%のマグネシウムを添加した合金めっきも適用されている．

一般の大気環境における溶融亜鉛めっき皮膜は，ほぼ一定の速度で減耗するため，皮膜の耐用年数は初期の付着量に依存する．溶融亜鉛めっきの初期付着量は，**付表-3.1.3**に示すJIS H 8641[11]で規定されている．また，5%のアルミニウムを含有する合金めっき（以下，溶融Zn-5%Al合金めっき）については，（一社）日本溶融亜鉛鍍金協会（以下，JGA）の規格[12]で**付表-3.1.4**のように定められている．なお，独自の基準がある機関もあるので，それらの適用の際には注意を要する．

亜鉛めっき皮膜の耐食性は，その減耗速度に大きく支配されることから，構造物の位置する大気環境によって異なる．JGAでは皮膜の耐食性に及ぼす影響度に着目して，田園地域（海岸から2km以上離れ，大気汚染の影響の少ない地域），都市工業地域（大気汚染の影響の大きい地域）および海岸地域（海岸から概ね2km以内で，飛来塩分の影響の大きい地域）の3種類の地域に区分している．各地域の大気暴露試験から得られた亜鉛めっき皮膜の推定耐用年数は，**付表-3.1.5**に示すJIS H 8641で例示されている[13]．

亜鉛・アルミニウム合金めっきは，高塩分環境で優れた耐食性を示す．東日本高速道路（株）とJGAにより，日本海側の海塩飛来環境に位置する鋼橋で実施された亜鉛めっきと亜鉛系合金めっきの大気暴露試験の10年後[14]と15年後の結果[15]に基づく皮膜の推定耐用年数の例を**付表-3.1.6**に示す．

(2) 溶融アルミニウムめっき

溶融アルミニウムめっき（以下，溶融Alめっき）は，溶融したAlに鋼部材を浸漬することで，鋼材表面にAl皮膜が形成されるめっきである．亜鉛系のめっきに比べて，耐食性，耐熱性および耐硫化水素性等に優れていることから，製鉄所，石油化学プラント，船舶関連の配管などで採用されてきた．近年では，海岸地域や海洋環境における桟橋，海上橋の検査路やグレーチングなどの鋼部材に適用されている．

付表-3.1.3　主な亜鉛めっきの種類と付着量 [11] 表1

種類	記号	付着量 (g/m^2)	平均めっき膜厚 (μm)	適用例（参考）
2種35	HDZ35	350以上	49以上	厚さ1mm以上2mm以下の鋼材・鋼製品，直径12mm以上のボルト・ナット及び厚さ2.3mmを超える座金類
2種40	HDZ40	400以上	56以上	厚さ2mmを超え3mm以下の鋼材・鋼製品及び鋳鍛造品類
2種45	HDZ45	450以上	63以上	厚さ3mmを超え5mm以下の鋼材・鋼製品及び鋳鍛造品類
2種50	HDZ50	500以上	69以上	厚さ5mmを超える鋼材・鋼製品及び鋳鍛造品類
2種55	HDZ55	550以上	76以上	過酷な環境下で使用される鋼材・鋼製品及び鋳鍛造品類

注記：1) めっき膜厚とは，めっき表面から素材表面までの距離をいう．
2) 平均めっき膜厚は，めっき皮膜の密度を7.2 g/cm^{3}として，付着量をこれで除した値を参考として示すものである．

付表-3.1.4　溶融 Zn-5%Al 合金めっきの種類と付着量 [12]

種類の記号	付着量 (g/m^2)	適用例（参考）
HZA25	250以上	厚さ1.6mm以上3.2mm以下の鋼材・鋼製品，鋼管類
HZA35	350以上	厚さ3.2mmを超える鋼材・鋼製品，鋼管類及び鋳鍛造品類

付表-3.1.5　主な環境における亜鉛めっき皮膜の腐食減量と耐用年数算定の例 [13] 解説附属書2 表1

暴露試験地域	平均腐食速度 (g/m^2/年)	推定耐用年数 (年)
都市工業地帯	8.0	62
田園地帯	4.4	113
海岸地帯	19.6	25

注記：1) 推定耐用年数の算出方法
(社)日本溶融亜鉛鍍金協会が実施した10年間（1992年～2002年）の大気暴露試験結果を用い，めっき皮膜の90%が消耗するまでの期間として次式により算出した．

$$推定耐用年数 = \frac{初期付着量}{平均腐食速度} \times 0.9$$

ただし，初期付着量には，HDZ55の規定値の最小値である550g/m^{2}を用いた．

2) 暴露試験地域
都市工業地帯 …… 神奈川県横浜市鶴見区．周辺には工場が点在している．
田園地帯 ………… 奈良県桜井市桜町倉橋．畑地で大気汚染のきわめて少ない田園地域である．
海岸地帯 ………… 沖縄県中頭郡中城村．太平洋に面し，海岸から20mの位置である．

溶融 Al めっきの厚さや付着量は JIS H 8642[16]で**付表-3.1.7**に示すように規定され，使用目的に応じて付着量が定められている．大気環境については耐候性目的の HDA1，腐食性の高い環境では HDA2 が一般に適用される．

(3) 溶融 55%アルミニウム・亜鉛合金めっき

溶融 55%アルミニウム・亜鉛合金めっき（以下，溶融 55%Al-Zn 合金めっき）は，鋼材表面に Al と Zn の合金皮膜を形成するめっきであり，質量比 55%の Al，40〜43%の Zn および 2%以上のシリコン（Si）の合金で皮膜が構成されている．この皮膜は Al の高耐食性能と Zn の犠牲防食性能を兼備していることを特徴としており，表面にきずが生じやすいボルト・ナットなどの締結金具に用いられることが多い．

アルミニウム・亜鉛合金めっき皮膜の耐食性は，Al の含有量に応じて変化する．Zn-Al 合金めっき皮膜の腐食減量と Al 含有量との関係を**付図-3.1.1**に示す．この結果は米国のベスレヘム・スチール社が 1974 年から実施した大気暴露試験の 5 年後の測定値に基づく結果[17]である．環境区分と暴露位置を**付表-3.1.8**に示す．腐食環境によらず，Al 含有率の増加に伴う腐食減量の変動の傾向はほぼ同様となっている．含有率が 0〜7%の場合では腐食減量は減少し，7〜20%では増加する傾向がある．一方，溶融 Zn-Al 合金めっきでは，Al 含有率が 60%程度以上から不働態皮膜が形成されやすくなり，犠牲防食性能が著しく減少することが知られている．このような犠牲防食性能の特性と，**付図-3.1.1**に基づく皮膜の耐食性能の特性の概念図を**付図-3.1.2**に示す．Al を質量比 55%で含有する溶融 55%Al-Zn 合金めっき皮膜は，耐食性能と犠牲防食性能の両者をバランス良く有している

付表-3.1.6 海塩飛来環境における亜鉛系めっき皮膜の腐食減量と耐用年数算定の例[14),15)]

めっきの種類	年間腐食減量 (g/m^2/年)	推定耐用年数 (年)	備考
Zn	46.5	11	2011 年時点（10 年経過）の測定値による
Zn-5%Al	10.0	32	2016 年時点（15 年経過）の測定値による
Zn-5%Al-1%Mg	5.1	62	同上

注記：1) 推定耐用年数の算出方法
　　　東日本高速道路(株) 新潟支社および(一社)日本溶融亜鉛鍍金協会により 2001 年から実施中の大気暴露試験のうち，2011 年時点あるいは 2016 年時点の結果を用い，めっき皮膜の 90%が消耗するまでの期間として次式により算出した．

$$推定耐用年数 = \frac{初期付着量}{年間腐食減量} \times 0.9$$

　　　ただし，初期付着量として，亜鉛めっきには HDZ55 の規定値の最小値である 550g/m^2 を，合金めっきには HZA35 の 350g/m^2 をそれぞれ用いた．

　2) 暴露試験の概要
　　① 日本海に面した谷間にあって前後をトンネルに挟まれ，海岸線から距離 230m，地上高 45m に位置する上路式橋梁の上部工検査路の架台に試験体を配置した．
　　② 当該橋梁は，冬季には日本海からの強烈な季節風にさらされ，検査路上における冬季の飛来塩分量の測定値は 1.2 mdd 程度である．

付表-3.1.7 主な溶融アルミニウムめっきの種類・厚さ・付着量[16) 表1]

種類	記号	めっき厚さ (μm)	付着量 (g/m^2)	備考
溶融アルミニウムめっき 1 種	HDA1	60 以上	110 以上	耐候性を目的とするもの
溶融アルミニウムめっき 2 種	HDA2	70 以上*1	120 以上	耐食性を目的とするもの
溶融アルミニウムめっき 3 種	HDA3	合金層厚さは 50 以上	―	耐熱性を目的とするもの

注記：1) めっき厚さは，アルミニウム層厚さと合金層厚さの合計とする．
　　　2) *1 … アルミニウム層厚さは原則として 10 μm 以上とする．

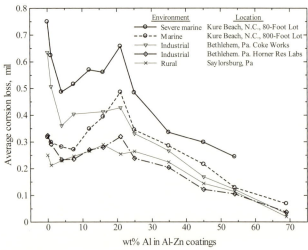

付図-3.1.1 Al-Zn 合金めっき皮膜の腐食減量に及ぼす Al 含有量の影響[17]

付表-3.1.8 環境区分と暴露位置

環境区分	暴露位置
Severe marine（厳しい海岸地帯）	ノースカロライナ州 キュアービーチから 24.4m（80ft）の位置
Marine（海岸地帯）	同州・同地から 244m（800ft）の位置
Industrial（工業地帯）	ペンシルバニア州 ベスレヘム市内 ベスレヘム・スチール社のコーク工場
Industrial（工業地帯）	同州・同市内 ホーナー研究所
Rural（田園地帯）	同州 モンロー郡 セイラーズバーグ

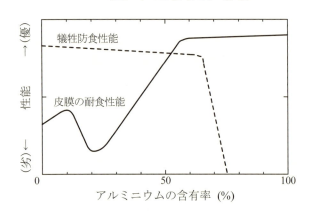

付図-3.1.2 Al-Zn 合金めっき皮膜の耐食性能・犠牲防食性能と Al 含有量の関係（概念図）（文献 18)に基づき作成）

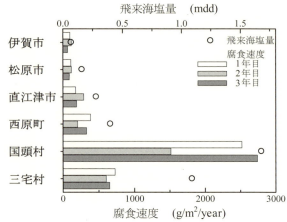

付図-3.1.3 暴露地における年間平均飛来塩分量と SPCC の腐食速度（文献 19)に基づき作成）

といえる．この合金めっきは最近開発されたため，めっき厚など関して規格化されていないため，腐食促進試験の結果に基づき，めっき皮膜厚さを 40 μm 以上とする製造者仕様が適用されている．

溶融 Al めっき皮膜と溶融 55%Al-Zn 合金めっきの耐食性については，大気暴露試験[19]で検討されている．文献 19)では，Zn，Zn-5%Al-1%Mg 合金，55%Al-Zn 合金，Al の 4 種類の溶融めっき皮膜について，腐食性の低い環境（三重県伊賀市），窒素酸化物の多い環境（大阪府松原市），飛来海塩量の比較的多い環境（新潟県直江津市，沖縄県西原町，沖縄県国頭村），火山性ガス（SO_2）の多い環境（東京都三宅村），における 3 年間の大気暴露試験結果が示されている．6 つの暴露地点における年間の平均飛来海塩量と裸仕様の SPCC（冷間圧延鋼板：JIS G 3141[20]）の腐食速度（年間平均腐食量）を付図-3.1.3 に示す．飛来海塩量と腐食速度には相関性がある．

各大気暴露地点のめっき皮膜の腐食減量と暴露期間の関係を付図-3.1.4 に示す．なお，図中の回帰直線は，腐食減量に基づき本委員会で算出した．窒素酸化物には Al リッチな皮膜，飛来海塩には合金皮膜と Al 皮膜，火山性ガスには Al リッチな皮膜が耐食性上，有利であると推察される．ただし，これらは試験の初期段階の結果であるため，今後，長期間の大気暴露試験の結果に基づく評価が望まれる．

付録3　金属皮膜による防食機構の基礎知識

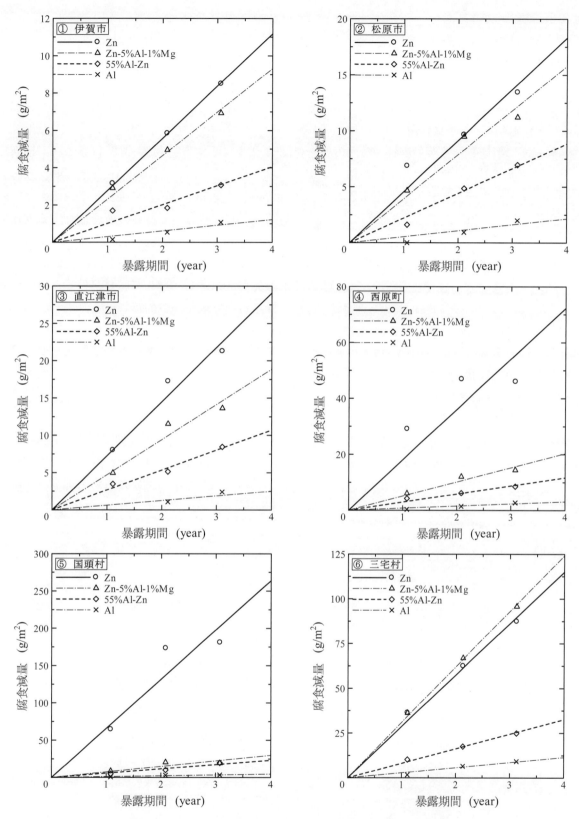

付図-3.1.4　溶融めっき皮膜の腐食減量と暴露期間の関係
（文献19)に基づき作図）

付 3.2 防食メカニズム

付 3.2.1 金属溶射

金属溶射により形成される皮膜は，皮膜が鋼材を腐食環境から遮断することによる防食作用と電気化学的な効果による防食作用を発揮する．それぞれの防食作用について説明する．

(1) 環境遮断による防食作用

鋼材表面に形成される溶射皮膜の断面の例を**付図-3.2.1**に示す[21]．**付図-3.2.1(a)**は鋼素地面にブラスト処理で素地調整したのちに亜鉛・アルミニウム合金溶射（以下，Zn-Al 合金溶射）した皮膜の断面を示している．また，**付図-3.2.1(b)**は粗面形成材を塗布したのちに亜鉛・アルミニウム擬合金溶射（以下，Zn-Al 擬合金溶射）した皮膜の断面を示している．これらの構造を有する皮膜により腐食因子である水，酸素，塩化物イオンなどを遮断することで，鋼材を防食する．しかし，溶射直後の金属皮膜組織には，大気環境に通じる多数の空隙（開口気孔）が存在し，皮膜表面から鋼素地に達する貫通気孔も有しているため，水滴や水蒸気が鋼素地面に達して腐食が生じる場合がある．そこで，溶射直後に封孔処理剤を塗布・含浸させる封孔処理が一般に行われる．

封孔処理は応急処置であり，これによって開口気孔が完全に充填されない．しかし，時間の経過に伴って溶射金属の反応生成物（塩基性炭酸亜鉛と含水酸化物）が開口気孔を埋め閉塞化することで，気孔の少ない状態になるといわれている．

(2) 電気化学的防食作用

電位差のある金属どうしを電解質溶液中で接続させた時，電位の低い（卑な）金属が先行して溶出する（イオン化）ことで，電位の高い（貴な）金属が防食される（腐食電位列の例は，**付図-1.4.3**を参照）．この概念図を**付図-3.2.2**に示す．電位的に卑な溶射金属（元素記号を仮に Me とする）が n 価の陽イオンになるアノード反応と，溶射金属から電離した電子が鋼材露出部の表面に移動して水酸化物イオンを生成するカソード反応からなる犠牲防食作用が生じる（**付式 3.2.1** と **付式 3.2.2**）．

1) 溶射皮膜側（陽極）
   [アノード反応]：$Me \rightarrow Me^{n+} + n \cdot e^-$ (付 3.2.1)
2) 鋼素地側（陰極）
   [カソード反応]：$2H_2O + O_2 + 4e^- \rightarrow 4OH^-$ (付 3.2.2)

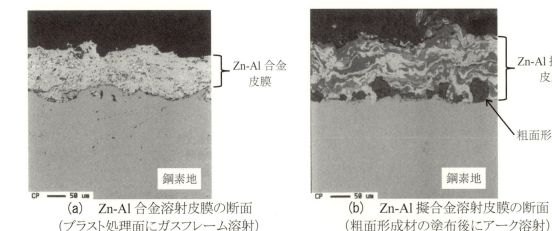

(a) Zn-Al 合金溶射皮膜の断面　　(b) Zn-Al 擬合金溶射皮膜の断面
（ブラスト処理面にガスフレーム溶射）　（粗面形成材の塗布後にアーク溶射）

付図-3.2.1　亜鉛とアルミニウムを用いた金属溶射皮膜の断面[21]

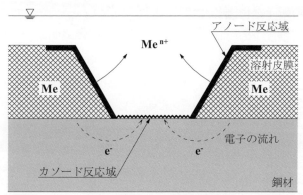
付図-3.2.2 溶射皮膜による犠牲防食作用の概念図

電気化学的防食作用は溶射金属の種類に関係なく同じであるが，金属の性質の違いに起因して溶射皮膜の防食性能に差異が生じる．亜鉛，アルミニウム，マグネシウムについて，それぞれの特徴は以下に示す．

1) 亜鉛：犠牲防食作用による電気化学的防食を発現する．また，亜鉛が酸化して生成される反応生成物が皮膜内の気孔を充填することで皮膜が緻密化して，環境遮断効果の向上に寄与することがある．

2) アルミニウム：高塩分環境において，皮膜にきずが発生するなどして鋼素地が露出した場合に犠牲防食作用による電気化学的防食が機能する．また，表面の酸化に伴う不働態化により耐食性が向上する．しかし，自然電位が鋼材よりも貴化して，極性が逆転することがある．この状態では早期に鋼素地に点さびや腐食が発生しやすくなるため，溶射後に封孔処理が必要になる．また，皮膜にきずが生じるなどして鋼素地が露出した場合には，露出部から腐食が進行しやすいことから，早急な補修が望ましい．

3) マグネシウム：皮膜にきずが発生して鋼素地が露出した場合，電離したマグネシウムが難溶性の水酸化マグネシウム（$Mg(OH)_2$）として鋼素地に析出することで皮膜を修復する効果を発揮する．また，亜鉛やアルミニウムに比して電位的に卑であるため，これらの金属よりも大きな犠牲防食作用による防食効果が期待できる．

これらの各元素の性質を考慮して，単独または2種類の元素を組み合わせた合金の溶射線材を用いた溶射や，2種類の線材を用いた擬合金溶射が行われている．

電気化学的防食により犠牲陽極金属の皮膜が消耗・消失して，腐食生成物に変化した時点で，防食機能が失われる．ただし，鋼構造物では封孔処理や溶射皮膜上に塗装が施されているため，皮膜表面から消耗が進行して皮膜厚さが減少する劣化現象は生じにくいため，きずなどの欠陥部や皮膜端部から鋼素地面と金属皮膜の界面に腐食因子が浸入した場合に，鋼材の腐食や金属皮膜の膨れが生じると考えられる．いずれにしても，高塩分環境では金属皮膜の腐食反応速度が速くなるため，適用に際しては十分な事前検討が必要である．

付3.2.2 溶融めっき
(1) 溶融亜鉛めっき
a) 亜鉛めっき皮膜の組織

溶融亜鉛めっきは，溶融した亜鉛に鋼材を浸漬することでFeとZnの反応拡散が生じ，合金層が

形成される．めっき皮膜の断面を**付図-3.2.3**に示す．通常のめっき条件で形成されるめっき皮膜は，最表面にある亜鉛浴とほぼ同一成分の純亜鉛層（η層）と鋼素地側の合金層（ζ層，δ_1層，Γ層）で構成される．以下に各層の特徴を示す．

1) η（イータ）層：六方晶系に属し，亜鉛浴とほぼ同一成分で0.03%程度の鉄分を含む以外はほぼ純亜鉛で形成される．初期表面は光沢があり，スパングルと呼ばれる結晶模様を呈することもある．

2) ζ（ツェータ）層：単斜晶系に属し，顕著な柱状組織である．鉄と亜鉛の合金で，$FeZn_{13}$と考えられ，鉄を6%程度含む．この層まで腐食が進むと，斑点状に赤褐色を呈する．ただし，耐食性は純亜鉛層（η層）と同程度である．

3) δ_1（デルタワン）層：めっき皮膜の最深部に見られる層で，六方晶系の構造を持ち，柵状層とも呼ばれ，靭性・延性に富む．ζ層と互いに混晶している部分もあるが，$FeZn_7$と考えられ，7〜11%の鉄を固溶する．ビッカース硬度200HV以上で，炭素鋼なみの硬度を有する．

4) Γ（ガンマ）層：鋼素地に接した層で$FeZn_{10}$と考えられ，鉄分を25%程度含む．ただし，この層は非常に薄いため，断面組織写真で観察されることはほとんどない．

b) **亜鉛めっき皮膜の耐食性**

　溶融亜鉛めっきは，鋼材の表面を完全に覆い，腐食因子から遮断することで防食性能を発揮する．さらに，腐食性の低い大気環境では，めっき皮膜表面に緻密な保護皮膜が形成されることで，皮膜の腐食進行が抑制される．また，亜鉛めっき皮膜にきずが生じて，鋼素地が露出しても，亜鉛による犠牲防食作用により，鋼材露出部が防食されることも溶融亜鉛めっきの特徴といえる．

c) **溶融亜鉛・5%アルミニウム合金めっき**

　高塩分環境で優れた耐食性を示すめっきとして，亜鉛にアルミニウムを添加した合金めっき技術が開発され，1970年代に高炉メーカーによって，亜鉛・アルミニウム合金めっき鋼板（商品名：ガルバリューム-55%Al，ガルファン-5%Al 等）が製品化されている．その後，バッチ式溶融亜鉛めっきで鋼構造物に亜鉛・アルミ合金めっきを施す技術が開発された．さらにMgを1%添加した合金めっきも開発され，現在に至っている．

　合金めっきの方法には，裸鋼材をZn-Al合金めっき浴に浸漬して合金めっき皮膜を形成する一浴法と，裸鋼材に亜鉛めっきを施した後に合金めっきを行う二浴法がある．めっき皮膜はいずれもAl-Fe系金属間化合物（合金層）とZn-Al合金から形成されるが，生成機構が異なるため，皮膜構造にも差異がある．一浴法によるめっき皮膜，および二浴法による溶融Zn-5%Al合金めっき皮膜の断面をそれぞれ**付図-3.2.4(a)**と**付図-3.2.4(b)**に示す．一浴法ではZn-Al合金層が最表面に，内部

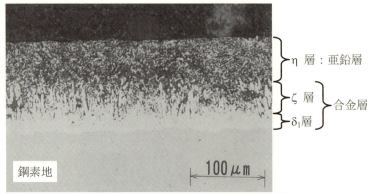

付図-3.2.3　亜鉛めっき皮膜の構造

の Al-Fe 合金層として表層側に細粒の Fe_4Al_{13} 層，鋼素地側に Zn を多く含有する Fe_2Al_5 層がそれぞれ形成される．二浴法では Zn-Al 合金中にβ-Zn 塊や Zn-5%Al の共晶が散在する層が表面に，鋼素地側に Zn を固溶した Fe_4Al_{13} 層がそれぞれ形成される．

(2) 溶融アルミニウムめっき

溶融 Al めっき皮膜の断面は**付図-3.2.5**に示すように，最表面の Al_2O_3 皮膜（酸化 Al 皮膜，厚さ数 nm），内側の Al 層（厚さ 10～30 μm），最も鋼素地側の Al-Fe 合金層（厚さ 60～100 μm）により構成されている．なお，文献 22)の SEM-EDX による元素同定の結果，Al-Fe 合金層における Al と Fe の構成比率はそれぞれ 69.7At%（52.6wt%），30.3At%（47.4wt%）であることが示されている．ここで，At%と wt%はそれぞれ原子パーセントと重量パーセントを示す．それらのうち，Al_2O_3 皮膜は，極めて薄い皮膜にも関わらず緻密で安定していることから，本来は電位が卑な金属である Al を長期間にわたって防食する皮膜の役目を担っている．また，Al 層は Al_2O_3 皮膜が生成されるための Al の供給源となっており，摩耗などの物理的要因によって Al_2O_3 皮膜が破損しても，その内側にある Al が大気中の酸素と反応して Al_2O_3 皮膜が再生される．Al-Fe 合金層はめっき皮膜の大部分を占めている層であり，耐食性に優れるとともにビッカース硬度 900HV を有してきずが付きにくく，さらに舌状と呼ばれる鋸の刃のような形状で素地鋼材と金属結合していることから密着性に優れている．

溶融 Al めっき皮膜は，これらの 3 層構造で腐食性の高い環境である海上・海岸地域であっても優れた耐久性を維持できる．溶融 Al めっき皮膜は耐食性に優れているが，めっき表面に起伏が残るため，ボルトに適用する場合には，ねじ部の寸法精度の確保が困難となる．そこで，熱変形，結晶粒の粗大化，材質の劣化のデメリットの原因とならずに皮膜表面の状態を改質する，溶融アルミめっき低温二次拡散処理 23)（以下，低温二次拡散処理）が適用される場合がある．これは，700℃以下

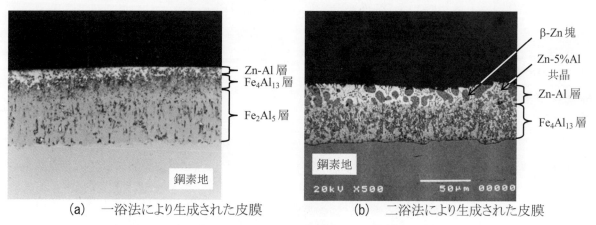

(a) 一浴法により生成された皮膜　　(b) 二浴法により生成された皮膜

付図-3.2.4 溶融 Zn-5%Al 合金めっき皮膜の構造

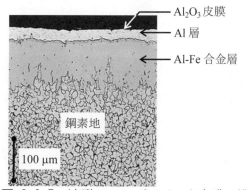

付図-3.2.5 溶融アルミニウムめっき皮膜の構造

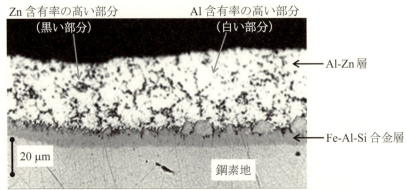

付図-3.2.6　溶融55%Al-Zn合金めっき皮膜の構造

でめっき表面のAl_2O_3層とAl層を鋼素地に完全に拡散させて，めっき皮膜をAl-Fe合金層のみにする方法で，従来の800℃前後の高温で長時間の熱処理の欠点が解消される．低温二次拡散処理によって形成されるAl-Fe合金層の厚さは，処理前のめっき皮膜厚に比べて大きく，表面の起伏の低減のほかに，耐摩耗性や耐焼付性に優れている．また，皮膜表面のAlリッチな層が消失して，Feを含む合金層が露出するため，耐アルカリ性に欠けるというAlの欠点が改善された耐食性に優れる皮膜が形成される．

(3) 溶融55%アルミニウム・亜鉛合金めっき

溶融55%Al-Zn合金めっき皮膜の断面を付図-3.2.6に示す．最表面に緻密で安定な極めて薄いAlとZnの複合酸化皮膜が存在するといわれており，その内側のAl-Zn合金層（厚さ30～40μm），最も鋼素地側のAl-Fe-Si合金層（アルミニウム・鉄・シリコン合金層，厚さ10～20μm）によって構成されている．それらのうちAl-Zn合金層は，Alの高耐食性能と亜鉛の犠牲防食性能を兼備していることから，仮に鋼素地に達するきずが生じても，亜鉛が優先的に腐食されることで鋼素地を防食し，やがて亜鉛とAlの腐食生成物がきず部を覆うことで腐食進行を抑制する．

付3.3　各種環境への適用性

前述したように，金属溶射や金属めっきでは金属が単独で用いられたり，または複数の金属が合金や擬合金として用いられる．使用される金属の種類や成分比に応じて皮膜の耐食性に差異が生じるため，構造物の環境に応じて金属を適切に選定する必要がある．ここでは，付3.1に示した金属溶射皮膜と溶融めっき皮膜に関する腐食試験の事例のうち，主に中性塩水噴霧複合サイクル試験と大気暴露試験の結果に基づき，各種環境の鋼構造物の防食皮膜に適する金属と適用上の留意事項について述べる．

付3.3.1　金属溶射
(1) 腐食促進試験による検討

溶射皮膜の耐食性・防食性の評価には，塩水噴霧試験（JIS Z2371[24]またはJIS H8502[25]）が用いられてきた．しかし，この方法では試験時間が10000時間を経過しても明確な試験結果が得られない場合が多いため，近年，中性塩水噴霧複合サイクル試験（JIS H 8502またはJIS K 5600-7-9[26]）の適用が一般的になっている．

文献27)ではJIS H 8502の中性塩水噴霧複合サイクル試験（以下，複合サイクル試験）を行い，

封孔処理された Zn-15%Al 合金, Al, および Al-5%Mg 合金の 3 種類の溶射皮膜の耐食性を比較している. 試験体の外観変化と重量変化から, 塩水の飛沫が付着する環境では, Al-5%Mg 合金, Al, Zn-15%Al 合金の順で耐食性に優れていることが示されている.

文献 28)では, JIS K 5600-7-9 のサイクル D の複合サイクル試験を行い, 封孔処理された Zn-30%Al 合金, Zn-Al 擬合金（体積比 50:50, 質量比 70:30, 溶射前に粗面形成材を塗布）および Al の 3 種類の溶射皮膜の耐食性を比較している. 皮膜の減少率, および赤さび生成時の試験時間とその時の皮膜残存率から, Al, Zn-30%Al 合金, Zn-Al 擬合金の順で耐食性に優れていると報告されている. 文献 29)では, JIS K 5600-7-9 のサイクル D の複合サイクル試験を行い, 封孔処理のない Al-5%Mg 合金および Zn-15%Al 合金の 2 種類の溶射皮膜の耐食性を比較している. 試験体の外観変化（皮膜の消失と鋼素地の腐食状況）から, Al-5%Mg 合金は Zn-15%合金の 2 倍以上の耐食性を有していることが示されている.

(2) 大気暴露試験による検討

大気暴露試験により溶射皮膜の防食性・耐食性や腐食因子の遮蔽性を確認した事例に, 海塩飛来環境, 都市・工業地帯のように硫黄酸化物・窒素酸化物の影響を受ける環境, 温泉地などの硫化水素の影響を受ける環境における検討がある. 文献 30)では, 沖縄県の海岸部に約 10 年間暴露された塗装仕様で実部材と同等寸法の試験桁 2 体について, 素地調整後に Zn-Al 擬合金, Zn, Al および Zn-15%Al 合金の 4 種類の溶射を行い, 溶射後 10 年間の暴露試験の結果が示されている. 2 体の試験桁それぞれにおいて, 部位ごとに数種類の溶射仕様と対比用の塗装が施工されており, また Zn-Al 擬合金と Zn-15%Al 合金の溶射については, 封孔処理までの仕様とその上にふっ素樹脂系塗装または変性エポキシ樹脂系塗装を重ねる仕様の 2 種類が設けられている. また, 全ての皮膜においてクロスカットなどのきずは導入されていない. 封孔処理までの溶射仕様の部位では, Zn, Zn-Al 擬合金の順に顕著な腐食が生じて, Al と Zn-15%Al 合金の部位には皮膜の著しい減少や変色は観察されていない. Zn の部位では大気暴露 8 年後, その部位は Al-5%Mg 合金, Al, Zn-15%Al 合金, および Zn-Al 擬合金の 4 種類の金属を用いて, 封孔処理までの仕様と塗装を重ねる仕様で補修された. また, Zn-Al 擬合金の部位では溶射施工前の腐食損傷が著しく, 素地調整でさびや塩類が除去できず, 残留したことで腐食が進行した可能性が指摘されている. この部位は大気暴露 10 年後に付着塩分量を 50mg/m^2 以下にして補修塗装された.

文献 31)では, 封孔処理のない Al, Al-5%Mg 合金および Zn-13%Al 合金の 3 種類の溶射皮膜とニッケル・クロム合金による下地溶射後に Al 溶射を行い, その上に封孔処理剤と 2 層の塗膜を重ねた仕様の合計 4 種類の試験体について港湾地域において大気暴露試験が行われている. 試験体寸法は 100mm×200mm×厚さ 3mm で, クロスカットが導入されている. 当初は, 実際の海水を用いて乾湿繰返しのあるシャワー環境で数年間の腐食試験が実施されており, その後, 岸壁から約 10m で飛来海塩量 0.17mdd 程度の位置で 20 年間の大気暴露試験が実施されたものである. 20 年経過後の試験体に外観観察, 断面観察と断面組成分析, 電気化学インピーダンス測定が行われている. Al と Al-5%Mg では皮膜に若干の変色が生じていたが, 架台取付用のボルト部以外では基材からの赤さびは観察されていない. 一方, Zn-13%Al 合金ではほぼ全面にわたって溶射皮膜が消失し, 腐食と減肉が進行していた. Al 溶射に塗装を重ねた皮膜では, 日光照射による光沢消失と塗膜の膨れが全面にわたって生じていた. 断面観察と断面組成分析から, Al と Al-5%Mg 合金では厚さ 10μm 程度の Al 由来の腐食生成物層が金属皮膜の表層に確認され, Al と塗装の塗重ねでは, 塗膜と Al 層の間に 100 μm 程度の腐食生成物層が確認されている. 塗重ねの皮膜では, 紫外線などによる塗膜劣化に伴

って腐食因子がAl表層に到達することで，Alの腐食による体積膨張が塗膜の膨れの原因になっている．Zn-13%Al合金では，皮膜の残存部分からもNaやOが検出され，腐食因子が皮膜と基材の界面まで到達していた．皮膜がほぼ全体にわたって腐食し，部分的に基材から剥離している状況も観察されている．また，電気化学インピーダンスの測定結果から，海塩によるAlの腐食生成物が基材の腐食に関する高い保護性を有することが示されている．

文献32)では，文献28)で適用した複合サイクル試験の5%NaCl水溶液に硝酸，硫酸および10%水酸化ナトリウム溶液を加えて，pHを3.5に調整した人工酸性雨に置き換えた腐食試験が行われている．試験対象は文献28)と同じ3種類の溶射皮膜で，皮膜の減少量に基づき，Al，Zn-Al擬合金，Zn-30%Al合金の順で耐食性に優れていると報告されている．

文献33)では，封孔処理のないZn，Zn-15%Al合金およびAlの3種類の溶射皮膜に関する大都市近郊環境と冬季季節風・積雪環境における長期暴露試験が行われている．暴露地は東京都大田区と札幌市で，いずれも22年後の試験体の溶射皮膜中の金属成分と大気汚染成分の分布観察や電気化学試験が行われている．成分分析からは，Znでは硫黄（S）や塩素（Cl）を含む腐食生成物層が溶射皮膜の表面に形成されていることや，Zn-15%Al合金やAlでは，皮膜内部の空隙が拡大し，汚染物質（S，Cl）を含む腐食生成物がここを充填して防食性能が期待できない状態に至っていることが示されている．アノード分極測定からは，試験後のZnのアノード分極が未試験の皮膜の10～100倍程度に増加すること，Zn-15%Al合金もZnと同様の傾向を示すこと，Alは自然電位が大幅に増加することが示されている．

文献34)では文献33)に示された大気暴露試験の一環として，暴露期間後半の12年間において並行実施されたZn，Zn-5%Al合金，Zn-13%Al合金，Zn-15%Al合金およびAlの5種類の溶射皮膜の暴露試験結果が報告されている．EPMA分析の結果から，Zn-Al合金は，Znに比べてSとClの皮膜内部への浸入が多く，かつAlの添架量が増加するにしたがってSとClともに侵入量が増加し，特に，Clの増加傾向が顕著であることが示されている．これらの汚染成分の侵入・蓄積は，東京に比べて札幌が多くなっている．一方，Alにおいて，Sが多量に侵入しているが，Clの侵入量は少ないことも観察されている．分極測定の結果から，Alは環境汚染成分（S）が浸入しても不動態が維持されることが明らかにされている．

文献35)と文献36)では，重工業地帯，海岸地帯，田園地帯，軽工業地帯で大気暴露試験することで，Zn，Zn-Al合金およびAlの溶射皮膜を比較した結果が示されている．文献35)ではZn，Zn-Al合金（Al含有率は未掲載）およびAlの3種類の溶射皮膜について，川崎市（重工業地帯），茨城県海岸部，平塚市（田園地帯），東京都（軽工業地帯）における6年間の大気暴露試験が報告されている．また，3種類の溶射金属それぞれにおいて皮膜厚を50μm，100μm，150μmの3通りとし，皮膜厚と防食性の関係についても検討されている．大気暴露試験した試験体の重量変化から，海岸地帯ではZn-Al合金が推奨され，ZnやAlも適用可能，工業地帯においてもZn-Al合金が最適で，Alも適用可能，田園地帯ではAlやZnが好ましいとされている．

文献36)ではZn，Zn-30%Al合金およびAlの3種類の溶射皮膜について，重工業地帯，海岸地帯，田園地帯，軽工業地帯における9年間の大気暴露試験結果と，Zn，Zn-15%Al合金，Zn-30%Al合金およびAlの4種類について，札幌市（寒冷地），東京都大田区における5年間の試験結果が紹介されている．これらの結果から，試験体の重量変化はAl，Zn-Al合金，Znの順に少なく，この順で皮膜が安定しているとされている．また，Zn-Al合金の重量変化には，Al含有率による顕著な差異は生じていない．

付表-3.3.1 金属溶射皮膜の防食性・耐食性の比較例

溶射金属の種類 大気環境の種類	Zn	Zn-15%Al 合金	Zn-Al 擬合金 *1	Al	Al-5%Mg 合金
海塩飛来環境 [30),31),35),36)]	④	③ *2	③	②	①
酸性雨環境（pH3.5）[32)]	—	③ *3	②	①	① **
大都市近郊（硫黄酸化物）[33),34)]	①	③	—	②	② **
工業地域（窒素酸化物）[35),36)]	③	①	—	②	② **
火山性ガス環境（H_2S, SO_2）[37)]	② **	① *4	—	① **	① **

注記：1) 性能の最も優れるものから順に①，②，…，④の番号を付している．異なる環境において同じ番号であっても優劣の程度が同程度とは限らない．
2) 溶射皮膜の上に塗装を塗り重ねる仕様は，比較対象に含めていない．
3) "—"は，本文中に試験結果がなく，推定も困難なものを示す．
4) ** … 本文中の文献に記述はないが，構成元素や成分比に基づく推定による．
5) *1 … 体積比 50:50，質量比 70:30 で，溶射前に粗面形成材を塗布する工法のうち，腐食の無い鋼素地に溶射されたもの．
6) *2 … Zn-Al 擬合金皮膜と同時に試験されたのは Al 含有率 30%のもので，合金皮膜のほうが擬合金皮膜に比べて優れていたため，Al 含有率 15%の合金皮膜と擬合金をほぼ同等とした．
7) *3 … 文献の試験における溶射金属の Al 含有率は 30%である．
8) *4 … 文献の試験における溶射金属の Al 含有率は記載されていない．

　文献 37)では，温泉地における大気暴露試験によって，Zn-Al 合金（Al 含有率は未掲載）の溶射皮膜と溶融めっき皮膜の防食性や耐食性を検討した結果が報告されている．亜硫酸ガス（SO_2）環境の草津温泉，硫化水素ガス（H_2S）環境の万座温泉における 6 年 9 か月の大気暴露試験の結果，溶融亜鉛めっき試験体には全面にわたって赤さびが生じたが，Zn-Al 合金溶射皮膜と溶融 Zn-Al 合金めっきには赤さびが発生しなかった．この結果から，火山性ガス環境では Al を含有する金属皮膜が有効であるとされている．

　以上で述べた検討結果を防食性・耐食性の比較例としてまとめた結果を付表-3.3.1に示す．ここでは，溶射皮膜の上に塗装を塗り重ねない仕様に関するデータを示している．なお，溶射直前の鋼素地の状態が及ぼす影響が大きく，ブラスト前の基材の状態（黒皮またはプライマー塗布）や溶射直前の清浄度に応じて，溶射皮膜の防食性・耐食性に差異が生じることに注意が必要である．

付 3.3.2　溶融めっき

　溶融めっきは，亜鉛を主成分とするものとアルミニウムを主成分とするめっきに大別され，添加される元素とその成分比に応じた耐食性が比較されている．

　文献 38)では，バッチ式の亜鉛および Zn-5%Al-1%Mg 合金の 2 種類のめっき皮膜と連続式合金めっき鋼板について，JIS H 8502[25)]に基づく複合サイクル試験と各種環境における大気暴露試験の結果が報告されている．この結果によると，田園地域や都市工業地域では亜鉛めっきと Zn-5%-1%Mg 合金めっきの両者が，海岸地域では Zn-5%-1%Mg 合金めっきが耐用年数の観点で優位であるとされている．

　冬季の季節風の著しい海塩飛来環境における大気暴露試験によって，亜鉛および亜鉛系合金めっきの耐食性を比較した事例は，文献 14)，文献 15)および文献 39)に報告されている．比較対象とされた合金皮膜は，Al の含有率を変化させた Zn-1%Al，Zn-3%Al，Zn-5%Al，Zn-1%Al-1%Mg，Zn-3%Al-1%Mg および Zn-5%Al-1%Mg の 6 種類で，Al や Mg の含有量が増えるほど耐食性が向上していた．

付表-3.3.2 溶融めっき皮膜の防食性・耐食性の比較例

大気環境の種類と比較項目		めっき金属	Zn	Zn-5%Al合金	Zn-5%Al-1%Mg合金	55%Al-Zn合金	Al
		付着量(g/m^2)	550	350	350	40 *1	120
田園地域 [19),38),40)]		金属の腐食速度	②	①	①	—	—
		皮膜の耐用年数	①	① **	①	—	—
都市工業地域 [19),38),40)]		金属の腐食速度	②	①	①	—	—
		皮膜の耐用年数	①	① **	①	—	—
海塩飛来環境 [14),15),19),38)-41)]		金属の腐食速度	⑤	④	③	②	①
		皮膜の耐用年数	⑤	③	②	④ **	① **
火山性ガス環境 [19),42)](H_2S, SO_2)		金属の腐食速度	⑤	④	③	②	①
		皮膜の耐用年数	⑤	②	③	④ *2	① **

注記：1) 性能の最も優れるものから順に①，②，…，⑤の番号を付している．異なる環境において同じ番号であっても優劣の程度が同程度とは限らない．
2) "—"は，本文中に試験結果がなく，かつあまり適用されないものを示す．
3) ** … 本文中の文献に記述はないが，皮膜の腐食速度と付着量からの推定による．
4) *1 … 文献40)の試験体では120mg/m^2，文献41)では350mg/m^2が適用されている．
5) *2 … 一般に適用されている付着量40g/m^2で算出した耐用年数に基づく．

文献40)では，Zn および Zn-5%Al 合金の 2 種類のめっき皮膜について，海岸地域，都市工業地域および田園地域における大気暴露試験結果が報告されている．海岸地域における Zn の腐食速度がZn-5%Al 合金の 2 倍程度，都市工業地域や田園地域では 1.6 倍程度であることが示されている．

文献41)では，亜鉛，Al および Zn-5%Al 合金の 2 種類のめっき皮膜について，約 7 年の海水シャワー暴露試験の結果が報告されている．めっき皮膜の腐食速度の比較では，Al，Zn-5%Al 合金，Znの順で優位となった．また，Al および Zn-5%Al 合金では，腐食速度が経時とともに減少することが確認されており，めっき金属中の Al 由来の腐食生成物が保護膜として機能することで，めっき金属の腐食が抑制されることや，Zn の腐食速度がほぼ一定であることから Zn 由来の腐食生成物の保護効果が Al に比べて小さいことが示されている．

文献42)では，JR 北海道・登別駅付近の火山性ガスによる腐食環境における Zn，Zn-5%Al 合金，Zn-5%Al-1%Mg 合金，55%Al-Zn 合金の 4 種類のめっき皮膜の耐食性が報告されている．暴露地の腐食性ガス濃度は，亜硫酸ガスが札幌市内の 2～5 倍，硫化水素ガスが一般的な田園地帯（石狩郡当別町）の 8～10 倍であり，高い腐食性環境である．めっき皮膜の腐食減量の比較では，55%Al-Zn合金が最も優位であるが，鋼材への付着量も考慮に入れた耐用年数は，55%Al-Zn 合金と Zn-5%Al合金がほぼ同等で最も優位となり，次いで Zn-5%Al-1%Mg 合金，Zn の順となっている．

文献19)では，付図-3.1.4 で示したように，4 種類のめっき皮膜について，火山性ガス（SO_2）の多い環境，海塩飛来環境，窒素酸化物の多い環境，腐食因子濃度が比較的低い環境における 3 年間の大気暴露試験結果が報告されている．腐食環境ごとのめっき皮膜の耐食性については前述のとおりである．

以上に述べた検討結果を防食性・耐食性の比較例としてまとめた結果を付表-3.3.2 に示す．なお，各めっき金属で施工可能な付着量が異なるため，めっき金属層や鋼との合金層の腐食速度による比較だけではなく，実際の鋼構造物に形成されるめっき皮膜の推定耐用年数を用いた比較との併記とした．

付図-3.4.1　厚東川新橋
（新設橋・Al 溶射）

付図-3.4.2　宇美川大橋
（既設橋の塗装から置き換え・Zn-Al 擬合金溶射）

付 3.4　適用事例

付 3.4.1　金属溶射

　橋梁への金属溶射の適用は 1963 年に塗装の防食下地として亜鉛溶射が用いられた皇居の二重橋や，1972 年に完成した関門橋などに始まり，その後 1971 年の JIS 規格制定などを経て，次第に増加していった．当初は金属皮膜の上に 5 層の塗装が重ねられていたが，鹿児島市の天保山シーサイドブリッジ（1997 年），福岡市の海の中道大橋（1998 年）および香椎かもめ大橋（2000 年）などの海上・海岸では，塩害に強い Al 溶射が採用され，封孔処理後の塗装は中塗・上塗の 2 層に簡略化されるようになった．Zn-Al 擬合金溶射を防食下地に用いた事例には，北海道の千歳ジャンクション（1997 年）などがある．

　金属溶射皮膜を主要な皮膜として防食を施した代表例に，2003 年から供用を順次開始した福岡高速 5 号線があり，Zn-Al 擬合金，Zn-Al 合金，およびアルミニウム・マグネシウム合金（以下，Al-Mg 合金）による溶射がそれぞれ適用された．このように，金属溶射が適用された橋梁では，金属溶射皮膜そのものを防食皮膜として用いる場合と，塗装の防食下地として用いる場合がある．前者の使用法では，封孔処理のみで完成とされる場合と，初期の色むらを防止する目的で封孔処理後に着色処理がなされる事例がある．これらの適用事例の一部を紹介する．

(1) 封孔処理のみの事例

　Al 溶射に封孔処理を行った新設橋梁の事例には，宇部湾岸道路に位置する厚東川（ことうがわ）新橋（付図-3.4.1）があり，供用後 13 年程度が経過しているが，全体的には概ね良好な状態である．福岡高速 4 号線の宇美川大橋（付図-3.4.2）は，1999 年の主桁の増設に伴って，建設当初の塗装仕様から粗面形成材を用いる Zn-Al 擬合金溶射に置き換えられた事例である．

(2) 封孔処理後の着色処理の事例

　2003 年の一部区間の供用開始から 2012 年の全線開通まで，福岡高速 5 号線では金属溶射が大規模に採用された．初期の建設区間では着色された封孔処理のみを行う仕様であったが，その後，封孔処理後の表面に初期の色むら防止のための着色処理を追加した仕様も使われ始めた．福岡高速 5 号線のうち前期の工区で主に採用された開断面箱桁橋と，後期の工区で主に採用された細幅箱桁橋の事例をそれぞれ付図-3.4.3に示す．なお，この着色処理のための塗装は「2 次封孔処理」とも呼ばれている．

(a) 開断面箱桁橋　　　　　　　　　　　(b) 細幅箱桁橋

付図-3.4.3　着色処理の事例（福岡高速5号線）

付図-3.4.4　霧多布大橋　　　　　　　　　付図-3.4.5　伊良部大橋
（粗面形成材の塗布後にZn-Al擬合金溶射）　　（ブラスト処理面にAl-Mg合金溶射）

付図-3.4.6　広告塔へのAl溶射の事例

(3)　塗装の防食下地の事例

　金属皮膜の上に重ねられた塗膜との組合せによって，耐食性に優れた皮膜を形成することを目的として金属溶射が採用された事例を示す．1999年に架け替えられた霧多布（きりたっぷ）大橋（**付図-3.4.4**）は，粗面形成材を用いたZn-Al擬合金溶射が施され，その上にふっ素樹脂塗装系が塗布された事例である．2015年に供用開始された伊良部大橋（**付図-3.4.5**）は，ブラスト処理後にAl-Mg合金溶射が施され，その上にふっ素樹脂塗装系が塗布された事例である．鋼橋以外における適用として，広告塔の柱と支材にAl溶射が施され，エポキシ樹脂系塗料による封孔処理と下塗り塗装され

付図-3.4.7 流藻川橋

付図-3.4.8 四方寄跨道橋

付図-3.4.9 新温井川橋

付図-3.4.10 中央高架橋

てから，ポリウレタン系塗料が上塗りされた事例を**付図-3.4.6**に示す．この広告塔は1981年に設置されたもので[43]，柱の一部および柱と支材の交差部に軽微な腐食が生じているが，それ以外の部位は概ね健全である．

付3.4.2 溶融めっき
(1) 溶融亜鉛めっき

橋梁本体に溶融亜鉛めっきが適用されたのは，1960年代のカナダのポントリゾット橋（アーチ橋，橋長：122m）が最初とされている．日本でもほぼ同時期に採用が始まり，1963年7月に建設されたH形鋼橋の流藻川（りゅうそうがわ）橋（熊本県，橋長13m，鋼重23ton，**付図-3.4.7**)，1965年の四方寄（よもぎ）跨道橋（熊本県，橋長39m，鋼重21ton，**付図-3.4.8**)の建設を皮切りに，これまでに750橋以上が建設されている[44]．国内の溶融亜鉛めっき橋梁は，海岸地域，田園地域，都市工業地域など様々な環境に位置しているが，そのほとんどの橋梁は，めっき皮膜が健全な状態で使用されている．1964年に建設された新温井川（しんぬくいかわ）橋（群馬県）は**付図-3.4.9**のとおりで，中央高架橋（北九州市・国道3号，**付図-3.4.10**）は同じく1964年に建設されたH形鋼橋である．北九州高速4号線の中津口新橋（**付図-3.4.11**）は，1973年に供用開始された単純I桁橋である．

亜鉛めっきは橋梁本体のほかに道路の付帯設備に採用されることが多く，ガードレール，標識柱，照明柱，遮音壁，防雪柵，落下物防止柵等に幅広く採用されている．海上に架かる海峡吊橋における検査車通路への適用事例を**付図-3.4.12**に示す．

付図-3.4.11 中津口新橋

付図-3.4.12 海峡吊橋の検査車通路への適用例

(a) 歩行部の状況

(b) 手摺外面の状況

付図-3.4.13 海上吊橋の検査路への適用例

付図-3.4.14 車両防護柵への適用例

付図-3.4.15 鋼製排水溝への適用例

(2) 溶融亜鉛・5%アルミニウム・1%マグネシウム合金めっき

　溶融亜鉛・5%アルミニウム・1%マグネシウム合金めっきは，海塩や凍結防止剤の影響を受ける環境に適している．海上に架かる吊橋の検査路（付図-3.4.13），道路の付帯設備（付図-3.4.14～付図-3.4.16），海岸の防風柵（付図-3.4.17）への適用事例がある．付表-3.1.6に示したように，この合金めっきは高塩分環境においても優れた耐食性を有することから，顕著な変状事例はこれまで報告されていない．

付図-3.4.16 路肩部オープングレーチングへの適用例

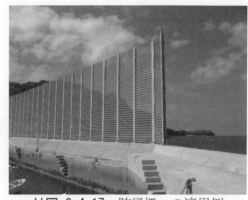

付図-3.4.17 防風柵への適用例

(a) 桟橋海上部の全景

(b) 配管部（海上部）

付図-3.4.18 油槽所桟橋の主構・配管への適用例

(a) 桟橋の全景

(b) 歩廊中央部グレーチング

付図-3.4.19 観測桟橋のグレーチングへの適用例

(3) 溶融アルミニウムめっき

溶融 Al めっきは，高耐食性能を有することから，特に厳しい腐食性環境である海上・海岸地域で使用されている．それらの例を紹介する．

油槽所の桟橋のトラス主構の H 形鋼などと配管にめっきが適用された事例を**付図-3.4.18**に示す．建設後 27 年が経過しているが，全体として健全な状態を維持している．観測桟橋の歩廊用グレーチングと歩廊目地部の溝蓋板に溶融 Al めっきが施された事例は**付図-3.4.19**のとおりである．設置後 16 年であるが健全である．魚釣り桟橋の歩廊（エキスパンドメタル，溝形鋼の梁材など）への適用

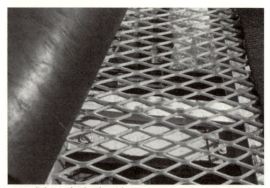

(a) 桟橋全景　　　　　　　　　(b) 歩廊路肩部のエキスパンドメタル

付図-3.4.20　海洋魚釣り公園桟橋の歩廊への適用例

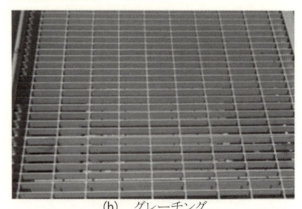

(a) 検査路の設置状況　　　　　　　(b) グレーチング

付図-3.4.21　海上吊橋の検査路への適用例

付図-3.4.22　照明柱(亜鉛めっき処理)の　　付図-3.4.23　車両用防護柵(亜鉛めっき上に塗
　　　　　　アンカーボルトへの適用例　　　　　　　　　　装)の組立ボルトへの適用例

例は付図-3.4.20のとおりで，設置後16年の現在でもめっきは健全である．

海上に架かる吊橋の検査路（付図-3.4.21）では，約6年が経過しているが変状は生じていない．

(4) 溶融55％アルミニウム・亜鉛合金めっき

溶融55％Al-Zn合金めっきは主にボルト・ナットなどの締結金具に適用されており，その本体部には別仕様のめっきまたは金属溶射が施されている場合が多い．亜鉛めっき処理された照明柱に，合金めっきのアンカーボルト，ナットおよび座金が使用された事例を付図-3.4.22に示す．付図-3.4.23は車両防護柵の組立ボルトへの適用例で，防護柵本体は亜鉛めっきの上に塗装された仕様である．このほかにも，溶融Alめっき処理された生簀枠に用いるボルト・ナットまたはAl溶射の

施された生簀枠に用いるボルト・ナットに，それぞれ溶融55%Zn-Al合金めっきが適用された事例がある．

参考文献

1) （財）日本規格協会：JIS H 8261「溶射用の線材，棒材及びコード材」，2019.
2) （一財）日本規格協会：JIS H 2107「亜鉛地金」，2015.
3) （財）日本規格協会：JIS H 2102「アルミニウム地金」，2011.
4) （一財）日本規格協会：JIS H 4040「アルミニウム及びアルミニウム合金の棒及び線」，2015.
5) （公社）日本道路協会：鋼道路橋防食便覧，pp.V-18-V-19，2014.
6) 福岡北九州高速道路公社：金属溶射の維持管理要領，2008.
7) 武藤和好，入江政信，井上靖：表-3 溶射施工時の主な品質管理項目，アルミニウム・マグネシウム合金溶射による既設鋼橋桁端部の長寿命化技術の開発と現地施工，高速道路と自動車，Vol.58，No.11，p.32，2015.
8) 東日本・中日本・西日本高速道路株式会社：構造物施工管理要領，p.II-115，2017.
9) International Organization for Standardization：ISO 8501-1, Preparation of steel substrates before application of paints and related products-Visual assessment of surface cleanliness-Part 1:Rust grades and preparation grades of uncoated steel substrates and of steel substrates after overall removal of previous coatings，2007.
10) （一財）日本規格協会：JIS B 0601「製品の幾何特性仕様（GPS）—表面性状：輪郭曲線方式—用語，定義及び表面性状パラメータ」，2013.
11) （財）日本規格協会：JIS H 8641「溶融亜鉛めっき」，2007.
12) （社）日本溶融亜鉛鍍金協会：溶融亜鉛-5%アルミニウム合金めっき，p.1，2003.
13) （財）日本規格協会：解説附属書2 溶融亜鉛めっきの耐食性，JIS H 8641「溶融亜鉛めっき」，p.23，2007.
14) 北浦美涼，東田典雅，市川翔太，前山雅博，諸岡俊彦，阿部真丈，柴山 裕：塩害環境下における亜鉛アルミニウム合金めっき検査路の耐食性，土木学会第69回年次学術講演会講演概要，V-440，pp.879-880，2014.
15) 戸久世昂真，東田典雅，小川正幸，前山雅博，諸岡俊彦，阿部真丈：飛来塩分環境下における溶融亜鉛-アルミ合金めっきの曝露試験15年目の結果，土木学会第72回年次学術講演会講演概要，V-598，pp.1195-1196，2017.
16) （財）日本規格協会：JIS H 8642「溶融アルミニウムめっき」，1995.
17) D.J Blickwede：55%Al-Zn-Alloy-Coated Sheet Steel，鉄と鋼，Vol.66，No.7，pp.821-834，1980.
18) 保母芳彦：溶融Zn-Alめっき鋼板，表面技術，Vol.42，No.2，pp.160-168，1991.
19) 藤橋健太，奥地丈浩，奥地誠，押川渡：強塩害地及びSO_2環境での高耐食性めっき鋼板の暴露試験，材料と環境2017講演集，B-309，pp.209-212，2017.
20) （一財）日本規格協会：JIS G 3141「冷間圧延鋼板及び鋼帯」，2017.
21) （社）日本橋梁建設協会：亜鉛・アルミニウム溶射マニュアル（改訂版），2003.
22) 貝沼重信，八木孝介，平尾みなみ，橋本幹雄，宇都章彦：海岸環境で約25年間供用された溶融アルミニウムめっき桟橋の腐食性と耐食・防食性，防錆管理，Vol.61，No.9，pp.329-340，2017.
23) 小嶋 豊：4.新金属材料としてのアルミナイズ加工とα処理について，日本舶用機関学会誌，Vol.21，

No.9, pp.574-579, 1986.

24) （一財）日本規格協会：JIS Z 2371「塩水噴霧試験方法」，2015.

25) （財）日本規格協会：JIS H 8502「めっきの耐食性試験方法」，1999.

26) （財）日本規格協会：JIS K 5600-7-9「塗料一般試験方法—第7部：塗膜の長期耐久性—第9節：サイクル腐食試験方法—塩水噴霧／乾燥／湿潤」，2006.

27) 古賀義人：複合サイクル試験による Al, Zn-Al 及び Al-Mg 合金溶射皮膜の耐食性，溶射，Vol.41, No.3, pp.109-112, 2004.

28) 伊藤義人，金仁泰，肥田達久，坪内佐織，忽那幸治：鋼橋防食に用いられる金属皮膜の腐食劣化評価に関する実験的研究，構造工学論文集，Vol.51A, pp.1059-1067, 2005.

29) 貝沼重信，郭小竜，小林淳二，武藤和好，宮田弘和：NaCl による高腐食性環境における Al-5Mg 合金溶射皮膜の耐食・防食特性に関する基礎的研究，土木学会論文集 A1, Vol.72, No.3, pp.440-452, 2016.

30) 大庭哲也，花輪務，高埜真二，前田博，冨山禎仁，守屋進：腐食環境の厳しい場所（沖縄地区）における鋼構造物試験体溶射施工部の耐久性確認試験，第35回鉄構塗装技術討論会発表予稿集，pp.81-90, 2012.

31) 松永修平，佐藤弘隆，佐々木信博，山路徹：海洋環境で長期暴露した Al 溶射皮膜の防食性評価，第37回防錆防食技術発表大会講演予稿集，pp.101-104, 2017.

32) 伊藤義人，清水善行，小山明久：酸性雨と塩水噴霧複合サイクル環境促進実験による金属皮膜防食の耐久性に関する研究，土木学会論文集 A, Vol.63, No.4, pp.795-810, 2007.

33) 塗谷紘宣，鈴木紹夫，石川量大，北村義治：Zn, Al および Zn-Al 合金溶射皮膜の耐候性，材料と環境，Vol.51, No.9, pp.404-409, 2002.

34) 塗谷紘宣，鈴木紹夫，北村義治，石川量大：Zn, Al および Zn-Al 合金溶射皮膜の耐候性評価 —12年間大気暴露試験結果の考察—，日本大学生産工学部研究報告 A, Vol.39, No.1, pp.33-39, 2006.

35) 長坂秀雄，内田荘祐，関元治：金属溶射を施した鋼材の大気暴露試験（第二報），日本溶射協会誌，Vol.12, No.1, pp.233-237, 1975.

36) 関元治，石川量大：金属溶射皮膜の耐食性について，防錆管理，Vol.25, No.1, pp.14-22, 1981.

37) 尾城武司，杉本正威，鈴木恒久：泉害地区における鋼材暴露試験結果，第37回腐食防食討論会講演集，pp.109-111, 1990.

38) （一社）日本溶融亜鉛鍍金協会：バッチ式溶融亜鉛めっきと CGL 系溶融亜鉛アルミ合金めっきの耐食性比較，日本溶融亜鉛鍍金協会ホームページ http://www.aen-mekki.or.jp/.

39) （社）日本溶融亜鉛鍍金協会 技術・技能検定委員会 耐食性グループ：北陸自動車道 徳合川橋における溶融亜鉛めっきおよび溶融亜鉛-アルミニウム合金めっき大気暴露試験報告書（10ヵ年経過後），2011.

40) （社）日本溶融亜鉛鍍金協会：溶融亜鉛-5%アルミニウム合金めっき，pp.5-6, 2003.

41) 橋本幹雄，吉平裕，鶴林勇次，大橋義博，河野通宏，山盛光芳，阿部正美：溶融アルミニウムめっきの海洋環境下での耐食性，第28回防錆防食技術発表大会講演予稿集，2008.

42) （一社）日本溶融亜鉛鍍金協会：溶融亜鉛めっきの耐食性に対する火山ガスの影響，日本溶融亜鉛鍍金協会ホームページ http://www.aen-mekki.or.jp/.

43) 赤沼正信，片山直樹，田中大之，斎藤隆之，黒田清一，石井宏和：鋼道路橋への防食溶射技術，

北海道立工業試験場報告，No.306，pp.165-169，2007.
44) （社）日本橋梁建設協会，（社）日本溶融亜鉛鍍金協会：溶融亜鉛めっき橋実績表，1999.

鋼・合成構造標準示方書一覧

	書名	発行年月	版型：頁数	本体価格
※	2013年制定 鋼・合成構造標準示方書 維持管理編	平成26年1月	A4：344	4,800
※	2016年制定 鋼・合成構造標準示方書 総則編・構造計画編・設計編	平成28年7月	A4：414	4,700
※	2018年制定 鋼・合成構造標準示方書 耐震設計編	平成30年9月	A4：338	2,800
※	2018年制定 鋼・合成構造標準示方書 施工編	平成31年1月	A4：180	2,700

鋼構造架設設計施工指針

	書名	発行年月	版型：頁数	本体価格
※	鋼構造架設設計施工指針［2012年版］	平成24年5月	A4：280	4,400

鋼構造シリーズ一覧

	号数	書名	発行年月	版型：頁数	本体価格
	1	鋼橋の維持管理のための設備	昭和62年4月	B5：80	
	2	座屈設計ガイドライン	昭和62年11月	B5：309	
	3-A	鋼構造物設計指針 PART A 一般構造物	昭和62年12月	B5：157	
	3-B	鋼構造物設計指針 PART B 特定構造物	昭和62年12月	B5：225	
	4	鋼床版の疲労	平成2年9月	B5：136	
	5	鋼斜張橋－技術とその変遷－	平成2年9月	B5：352	
	6	鋼構造物の終局強度と設計	平成6年7月	B5：146	
	7	鋼橋における劣化現象と損傷の評価	平成8年10月	A4：145	
	8	吊橋－技術とその変遷－	平成8年12月	A4：268	
	9-A	鋼構造物設計指針 PART A 一般構造物	平成9年5月	B5：195	
	9-B	鋼構造物設計指針 PART B 合成構造物	平成9年9月	B5：199	
	10	阪神・淡路大震災における鋼構造物の震災の実態と分析	平成11年5月	A4：271	
	11	ケーブル・スペース構造の基礎と応用	平成11年10月	A4：349	
	12	座屈設計ガイドライン 改訂第2版［2005年版］	平成17年10月	A4：445	
	13	浮体橋の設計指針	平成18年3月	A4：235	
	14	歴史的鋼橋の補修・補強マニュアル	平成18年11月	A4：192	
※	15	高力ボルト摩擦接合継手の設計・施工・維持管理指針（案）	平成18年12月	A4：140	3,200
	16	ケーブルを使った合理化橋梁技術のノウハウ	平成19年3月	A4：332	
	17	道路橋支承部の改善と維持管理技術	平成20年5月	A4：307	
※	18	腐食した鋼構造物の耐久性照査マニュアル	平成21年3月	A4：546	8,000
※	19	鋼床版の疲労［2010年改訂版］	平成22年12月	A4：183	3,000
	20	鋼斜張橋－技術とその変遷－［2010年版］	平成23年2月	A4：273＋CD-ROM	
※	21	鋼橋の品質確保の手引き［2011年版］	平成23年3月	A5：220	1,800
※	22	鋼橋の疲労対策技術	平成25年12月	A4：257	2,600
	23	腐食した鋼構造物の性能回復事例と性能回復設計法	平成26年8月	A4：373	
	24	火災を受けた鋼橋の診断補修ガイドライン	平成27年7月	A4：143	
※	25	道路橋支承部の点検・診断・維持管理技術	平成28年5月	A4：243＋CD-ROM	4,000
※	26	鋼橋の大規模修繕・大規模更新－解説と事例－	平成28年7月	A4：302	3,500
※	27	道路橋床版の維持管理マニュアル2016	平成28年10月	A4：186＋CD-ROM	3,300
※	28	道路橋床版防水システムガイドライン2016	平成28年10月	A4：182	2,600
※	29	鋼構造物の長寿命化技術	平成30年3月	A4：262	2,600
※	30	大気環境における鋼構造物の防食性能回復の課題と対策	令和1年7月	A4：578＋DVD-ROM	3,800

※は、土木学会および丸善出版にて販売中です。価格には別途消費税が加算されます。

定価（本体 3,800 円＋税）

鋼構造シリーズ 30
大気環境における鋼構造物の防食性能回復の課題と対策

令和 1 年 7 月 25 日　第 1 版・第 1 刷発行

編集者……公益社団法人　土木学会　鋼構造委員会
　　　　　　鋼構造物の防食性能の回復に関する調査研究小委員会
　　　　　　委員長　貝沼　重信
発行者……公益社団法人　土木学会　専務理事　塚田　幸広

発行所……公益社団法人　土木学会
　　　　　　〒160-0004　東京都新宿区四谷 1 丁目（外濠公園内）
　　　　　　TEL　03-3355-3444　FAX　03-5379-2769
　　　　　　http://www.jsce.or.jp/
発売所……丸善出版株式会社
　　　　　　〒101-0051　東京都千代田区神田神保町 2-17　神田神保町ビル
　　　　　　TEL　03-3512-3256　FAX　03-3512-3270

©JSCE2019／Committee on Steel Structures
ISBN978-4-8106-0942-4
印刷・製本・用紙：シンソー印刷（株）

・本書の内容を複写または転載する場合には、必ず土木学会の許可を得てください。
・本書の内容に関するご質問は、E-mail（pub@jsce.or.jp）にてご連絡ください。